개념과 **유형**이 하나로

개념+유형

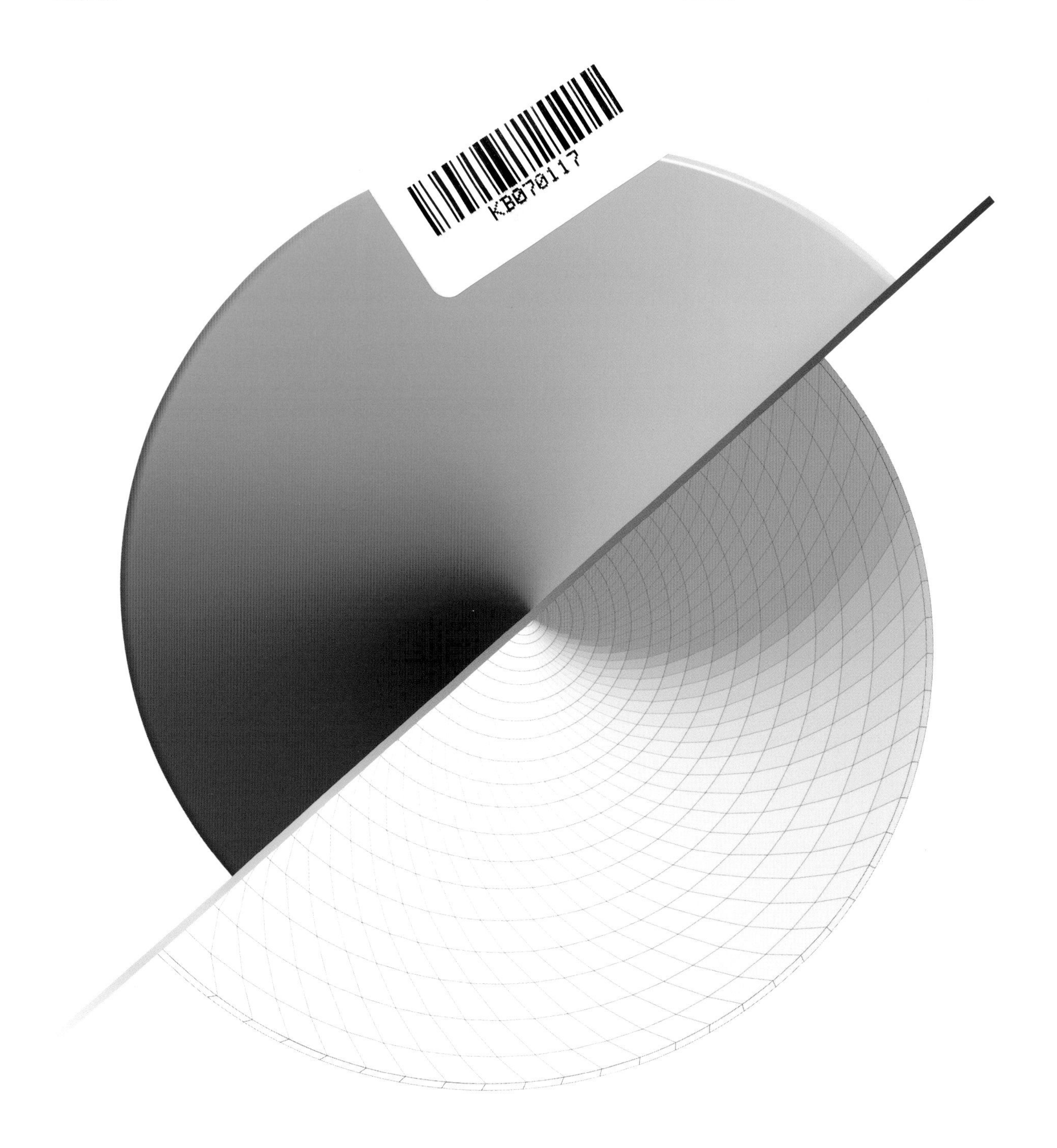

15개정 교육과정

개발 조아라 남예지 장윤정
저자 김기탁
디자인 이민영 안상현

발행일 2019년 11월 1일
펴낸날 2019년 11월 1일
펴낸곳 (주)비상교육
펴낸이 양태회
신고번호 제2002-000048호
출판사업총괄 최대찬
개발총괄 채진희
개발책임 고경진
디자인책임 김재훈
영업책임 이지웅
품질책임 석진안
마케팅책임 이은진
대표전화 1544-0554
주소 서울특별시 구로구 디지털로33길 48
대륭포스트타워 7차 20층

교육기업대상
5년 연속 수상
초중고 교과서
부문 1위

한국산업의
브랜드파워 1위
중고등교재
부문 1위

2022 국가브랜드대상
9년 연속 수상
교과서 부문 1위
중·고등 교재 부문 1위

2019~2022
A' DESIGN AWARD
4년 연속 수상
GOLD · SILVER
BRONZE · IRON

2022 reddot
WINNER

세상이 변해도 배움의 즐거움은 변함없도록

시대는 빠르게 변해도
배움의 즐거움은
변함없어야 하기에

어제의 비상은
남다른 교재부터
결이 다른 콘텐츠
전에 없던 교육 플랫폼까지

변함없는 혁신으로
교육 문화 환경의 새로운 전형을
실현해왔습니다.

비상은 오늘, 다시 한번
새로운 교육 문화 환경을 실현하기 위한
또 하나의 혁신을 시작합니다.

오늘의 내가 어제의 나를 초월하고
오늘의 교육이 어제의 교육을 초월하여
배움의 즐거움을 지속하는 혁신,

바로, 메타인지학습을.

상상을 실현하는 교육 문화 기업 비상

메타인지학습

초월을 뜻하는 meta와 생각을 뜻하는 인지가 결합된 메타인지는 자신이 알고 모르는 것을 스스로 구분하고 학습계획을 세우도록 하는 궁극의 학습 능력입니다. 비상의 메타인지학습은 메타인지를 키워주어 공부를 100% 내 것으로 만들도록 합니다.

개념과 유형이 하나로

개념 PLUS 유형

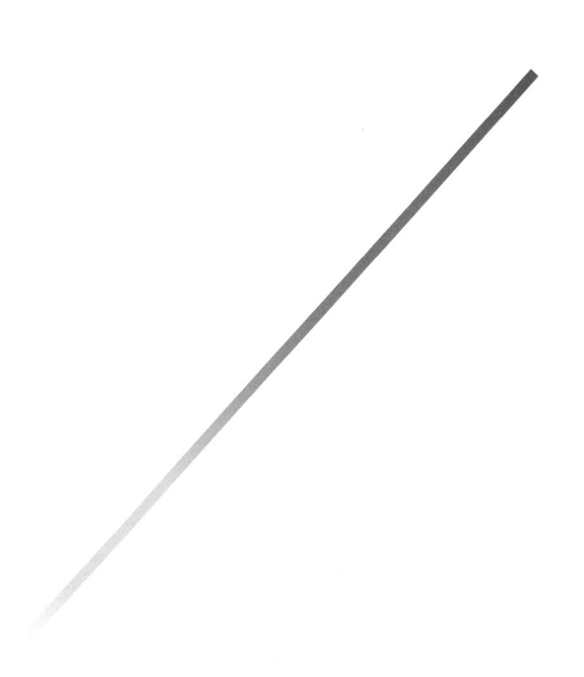

개념편 기하

STRUCTURE ••• 구성과 특징

개념 정리

한 번에 학습할 수 있는 효과적인 분량으로 구성하여 중요한 개념을 보다 쉽게 이해할 수 있도록 하였습니다.

필수 예제

시험에 출제되는 꼭 필요한 문제를 풀이 방법과 함께 제시하여 학교 내신에 대비할 수 있도록 하였습니다.

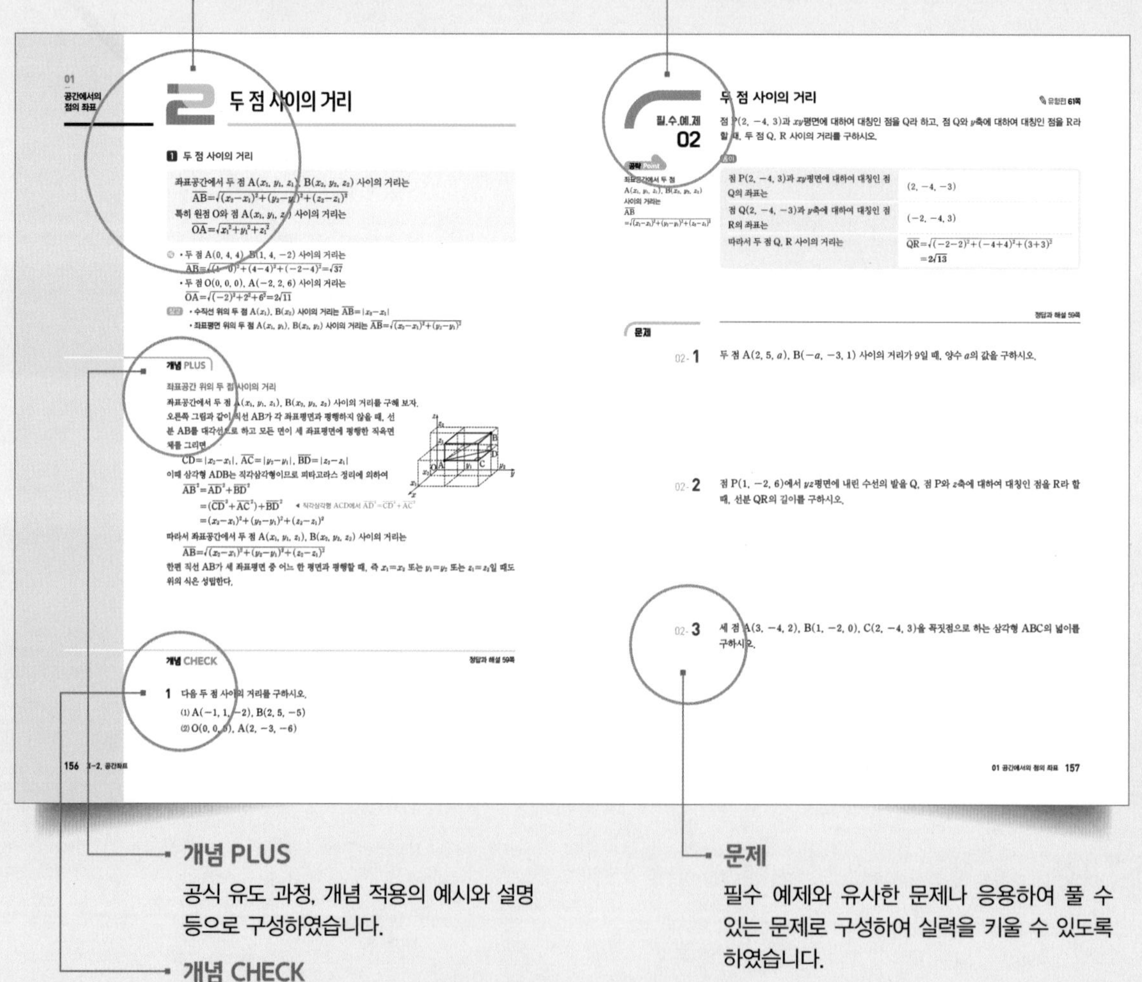

01 공간에서의 점의 좌표

2 두 점 사이의 거리

1 두 점 사이의 거리

좌표공간에서 두 점 $A(x_1, y_1, z_1)$, $B(x_2, y_2, z_2)$ 사이의 거리는

$\overline{AB}=\sqrt{(x_2-x_1)^2+(y_2-y_1)^2+(z_2-z_1)^2}$

특히 원점 O와 점 $A(x_1, y_1, z_1)$ 사이의 거리는

$\overline{OA}=\sqrt{x_1^2+y_1^2+z_1^2}$

- 두 점 A(0, 4, 4), B(1, 4, −2) 사이의 거리는 $\overline{AB}=\sqrt{(1-0)^2+(4-4)^2+(-2-4)^2}=\sqrt{37}$
- 두 점 O(0, 0, 0), A(−2, 2, 6) 사이의 거리는 $\overline{OA}=\sqrt{(-2)^2+2^2+6^2}=2\sqrt{11}$

참고
- 수직선 위의 두 점 $A(x_1)$, $B(x_2)$ 사이의 거리는 $\overline{AB}=|x_2-x_1|$
- 좌표평면 위의 두 점 $A(x_1, y_1)$, $B(x_2, y_2)$ 사이의 거리는 $\overline{AB}=\sqrt{(x_2-x_1)^2+(y_2-y_1)^2}$

개념 PLUS

좌표공간 위의 두 점 사이의 거리

좌표공간에서 두 점 $A(x_1, y_1, z_1)$, $B(x_2, y_2, z_2)$ 사이의 거리를 구해 보자.
오른쪽 그림과 같이 직선 AB가 각 좌표평면과 평행하지 않을 때, 선분 AB를 대각선으로 하고 모든 면이 세 좌표평면에 평행한 직육면체를 그리면

$\overline{CD}=|x_2-x_1|$, $\overline{AC}=|y_2-y_1|$, $\overline{BD}=|z_2-z_1|$

이때 삼각형 ADB는 직각삼각형이므로 피타고라스 정리에 의하여

$\overline{AB}^2=\overline{AD}^2+\overline{BD}^2$
$=(\overline{CD}^2+\overline{AC}^2)+\overline{BD}^2$ ◀ 직각삼각형 ACD에서 $\overline{AD}^2=\overline{CD}^2+\overline{AC}^2$
$=(x_2-x_1)^2+(y_2-y_1)^2+(z_2-z_1)^2$

따라서 좌표공간에서 두 점 $A(x_1, y_1, z_1)$, $B(x_2, y_2, z_2)$ 사이의 거리는

$\overline{AB}=\sqrt{(x_2-x_1)^2+(y_2-y_1)^2+(z_2-z_1)^2}$

한편 직선 AB가 세 좌표평면 중 어느 한 평면과 평행할 때, 즉 $x_1=x_2$ 또는 $y_1=y_2$ 또는 $z_1=z_2$일 때도 위의 식은 성립한다.

개념 CHECK 정답과 해설 59쪽

1 다음 두 점 사이의 거리를 구하시오.
(1) A(−1, 1, −2), B(2, 5, −5)
(2) O(0, 0, 5), A(2, −3, −6)

필.수.예.제 02 두 점 사이의 거리 유형편 61쪽

점 P(2, −4, 3)과 xy평면에 대하여 대칭인 점을 Q라 하고, 점 Q와 y축에 대하여 대칭인 점을 R라 할 때, 두 점 Q, R 사이의 거리를 구하시오.

공략 Point
좌표공간에서 두 점 $A(x_1, y_1, z_1)$, $B(x_2, y_2, z_2)$ 사이의 거리는 $\overline{AB}=\sqrt{(x_2-x_1)^2+(y_2-y_1)^2+(z_2-z_1)^2}$

풀이

점 P(2, −4, 3)과 xy평면에 대하여 대칭인 점 Q의 좌표는	(2, −4, −3)
점 Q(2, −4, −3)과 y축에 대하여 대칭인 점 R의 좌표는	(−2, −4, 3)
따라서 두 점 Q, R 사이의 거리는	$\overline{QR}=\sqrt{(-2-2)^2+(-4+4)^2+(3+3)^2}=2\sqrt{13}$

문제 정답과 해설 59쪽

02-1 두 점 $A(2, 5, a)$, $B(-a, -3, 1)$ 사이의 거리가 9일 때, 양수 a의 값을 구하시오.

02-2 점 P(1, −2, 6)에서 yz평면에 내린 수선의 발을 Q, 점 P와 z축에 대하여 대칭인 점을 R라 할 때, 선분 QR의 길이를 구하시오.

02-3 세 점 A(3, −4, 2), B(1, −2, 0), C(2, −4, 3)을 꼭짓점으로 하는 삼각형 ABC의 넓이를 구하시오.

개념 PLUS

공식 유도 과정, 개념 적용의 예시와 설명 등으로 구성하였습니다.

개념 CHECK

개념을 바로 적용할 수 있는 간단한 문제로 구성하여 배운 내용을 확인할 수 있도록 하였습니다.

문제

필수 예제와 유사한 문제나 응용하여 풀 수 있는 문제로 구성하여 실력을 키울 수 있도록 하였습니다.

유형편 실전 문제를 유형별로 풀어볼 수 있습니다!

연습문제
각 소단원을 정리할 수 있는 기본 문제와 실력 문제로 구성하였습니다.

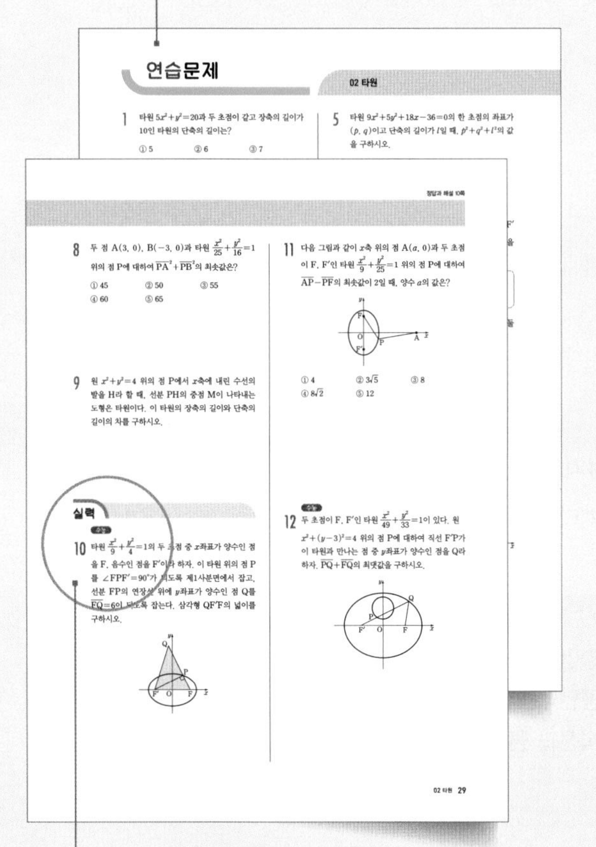

수능, 평가원, 교육청
수능, 평가원, 교육청 기출 문제로 수능에 대한 감각을 익힐 수 있도록 하였습니다.

기초 문제 Training
개념을 다지는 기초 문제를 풀어볼 수 있습니다.

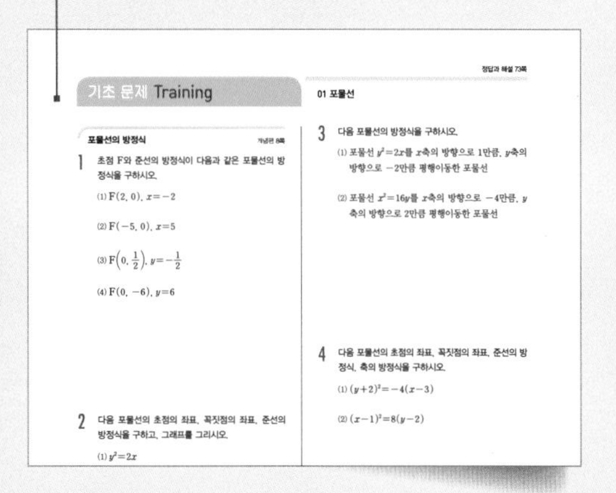

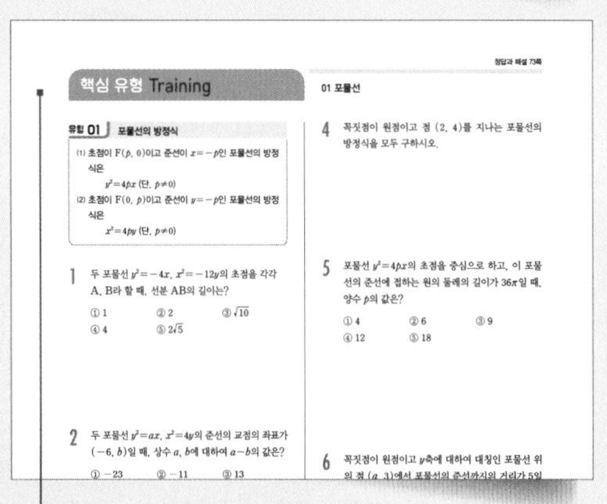

핵심 유형 Training
개념편의 필수 예제를 보충하고 더 많은 유형의 문제를 풀어볼 수 있습니다.

CONTENTS 차례

Ⅰ 이차곡선

Ⅱ 평면벡터

공간도형과 공간좌표

1 공간도형

2 공간좌표

개념과 유형이 하나로!

가장 효과적인 수학 공부 방법을 제시합니다.

I

이차곡선

포물선의 방정식

1 포물선의 정의

평면 위의 한 점 F와 그 점을 지나지 않는 한 직선 l이 있을 때, 점 F와 직선 l에 이르는 거리가 서로 같은 점들의 집합을 **포물선**이라 한다.
이때 점 F를 포물선의 **초점**, 직선 l을 포물선의 **준선**이라 하고, 포물선의 초점을 지나고 준선에 수직인 직선을 포물선의 **축**, 축과 포물선의 교점을 포물선의 **꼭짓점**이라 한다.

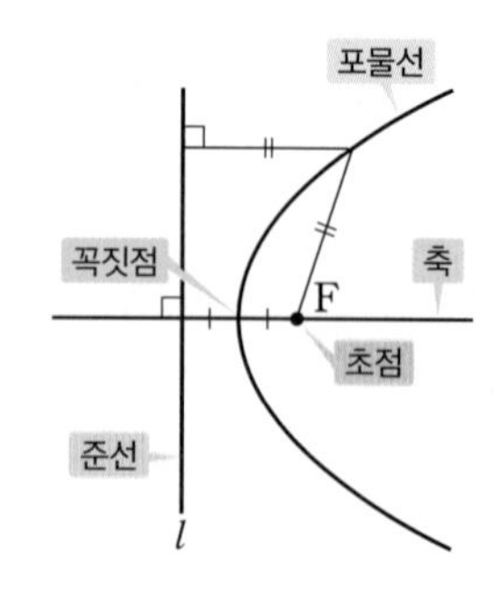

참고 • 포물선은 축에 대하여 대칭이다.
• 포물선 위의 임의의 점 P에서 준선에 내린 수선의 발을 H라 하면 포물선의 정의에 의하여 $\overline{\mathrm{PF}}=\overline{\mathrm{PH}}$

2 포물선의 방정식

포물선	초점이 $\mathrm{F}(p,\ 0)$이고 준선이 $x=-p$인 포물선 (단, $p\neq0$)	초점이 $\mathrm{F}(0,\ p)$이고 준선이 $y=-p$인 포물선 (단, $p\neq0$)
방정식	$y^2=4px$	$x^2=4py$
그래프	$p>0$: ➡ 왼쪽으로 볼록한 포물선 $p<0$: ➡ 오른쪽으로 볼록한 포물선	$p>0$: ➡ 아래로 볼록한 포물선 $p<0$: ➡ 위로 볼록한 포물선
초점의 좌표	$(p,\ 0)$ ◀ x축 위의 점	$(0,\ p)$ ◀ y축 위의 점
꼭짓점의 좌표	$(0,\ 0)$ ◀ 원점	$(0,\ 0)$ ◀ 원점
준선의 방정식	$x=-p$ ◀ y축에 평행	$y=-p$ ◀ x축에 평행
축의 방정식	$y=0$ ◀ x축	$x=0$ ◀ y축

예 • 포물선 $y^2=8x$에서 $y^2=4\times2\times x$이므로 초점의 좌표는 $(2,\ 0)$, 꼭짓점의 좌표는 $(0,\ 0)$, 준선의 방정식은 $x=-2$, 축의 방정식은 $y=0$이다.
• 포물선 $x^2=-20y$에서 $x^2=4\times(-5)\times y$이므로 초점의 좌표는 $(0,\ -5)$, 꼭짓점의 좌표는 $(0,\ 0)$, 준선의 방정식은 $y=5$, 축의 방정식은 $x=0$이다.

참고 • 포물선 $y^2=4px$와 포물선 $x^2=4py$는 직선 $y=x$에 대하여 서로 대칭이다.
• 포물선 $x^2=4py$는 이차함수 $y=\frac{1}{4p}x^2$의 그래프와 같다.

3 포물선의 평행이동

(1) 포물선 $y^2=4px$를 x축의 방향으로 m만큼, y축의 방향으로 n만큼 평행이동한 포물선의 방정식은

$$(y-n)^2=4p(x-m)$$

(2) 포물선 $x^2=4py$를 x축의 방향으로 m만큼, y축의 방향으로 n만큼 평행이동한 포물선의 방정식은

$$(x-m)^2=4p(y-n)$$

참고 • 포물선 $(y-n)^2=4p(x-m)$의 초점의 좌표는 $(p+m,\ n)$, 꼭짓점의 좌표는 $(m,\ n)$, 준선의 방정식은 $x=-p+m$, 축의 방정식은 $y=n$이다.
• 포물선 $(x-m)^2=4p(y-n)$의 초점의 좌표는 $(m,\ p+n)$, 꼭짓점의 좌표는 $(m,\ n)$, 준선의 방정식은 $y=-p+n$, 축의 방정식은 $x=m$이다.

4 포물선의 방정식의 일반형

평행이동한 포물선의 방정식을 전개하면 다음과 같은 방정식을 얻을 수 있다.

(1) x축에 평행한 축을 가진 포물선의 방정식은

$$y^2+Ax+By+C=0 \text{ (단, } A, B, C\text{는 상수, } A\neq0)$$

◀ xy항이 없고 y에 대하여 이차, x에 대하여 일차인 방정식

(2) y축에 평행한 축을 가진 포물선의 방정식은

$$x^2+Ax+By+C=0 \text{ (단, } A, B, C\text{는 상수, } B\neq0)$$

◀ xy항이 없고 x에 대하여 이차, y에 대하여 일차인 방정식

개념 PLUS

포물선의 방정식

(1) 초점이 $\mathrm{F}(p,\ 0)\ (p\neq0)$이고 준선이 $x=-p$인 포물선 위의 점 $\mathrm{P}(x,\ y)$에서 준선 $x=-p$에 내린 수선의 발을 H라 하면 점 H의 좌표는 $(-p,\ y)$이다.

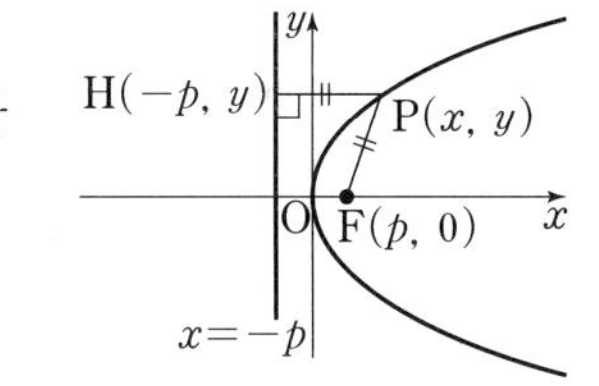

포물선의 정의에 의하여 $\overline{\mathrm{PF}}=\overline{\mathrm{PH}}$이므로

$$\sqrt{(x-p)^2+y^2}=|x+p|$$

양변을 제곱하면

$$(x-p)^2+y^2=(x+p)^2$$

$$\therefore\ y^2=4px \quad \cdots\cdots\ ㉠$$

역으로 점 $\mathrm{P}(x,\ y)$가 방정식 ㉠을 만족시키면 $\overline{\mathrm{PF}}=\overline{\mathrm{PH}}$이므로 점 P는 초점이 $\mathrm{F}(p,\ 0)$이고 준선이 $x=-p$인 포물선 위의 점이다.

따라서 초점이 $\mathrm{F}(p,\ 0)$이고 준선이 $x=-p$인 포물선의 방정식은

$$y^2=4px \text{ (단, } p\neq0)$$

(2) 초점이 $\mathrm{F}(0,\ p)\ (p\neq0)$이고 준선이 $y=-p$인 포물선 위의 점 $\mathrm{P}(x,\ y)$에서 준선 $y=-p$에 내린 수선의 발을 H라 하면 점 H의 좌표는 $(x,\ -p)$이다.

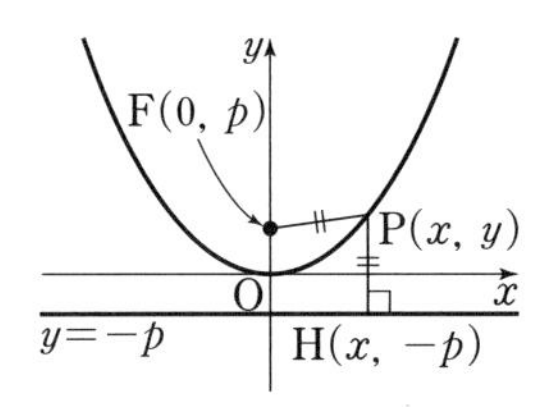

따라서 (1)과 같은 방법으로 하면 초점이 $\mathrm{F}(0,\ p)$이고 준선이 $y=-p$인 포물선의 방정식은

$$x^2=4py \text{ (단, } p\neq0)$$

포물선의 방정식의 일반형

(1) x축에 평행한 축을 가진 포물선의 방정식 $(y-n)^2=4p(x-m)$을 전개하여 정리하면

$y^2-4px-2ny+n^2+4pm=0$

이때 $-4p=A$, $-2n=B$, $n^2+4pm=C$로 놓으면 $p\neq0$에서 $A\neq0$이므로

$y^2+Ax+By+C=0$ (단, $A\neq0$)

따라서 x축에 평행한 축을 가진 포물선의 방정식은 xy항이 없고 y에 대하여 이차, x에 대하여 일차인 방정식으로 나타내어진다.

(2) y축에 평행한 축을 가진 포물선의 방정식 $(x-m)^2=4p(y-n)$은 (1)과 같은 방법으로

$x^2+Ax+By+C=0$ (단, A, B, C는 상수, $B\neq0$)

과 같이 xy항이 없고 x에 대하여 이차, y에 대하여 일차인 방정식으로 나타내어진다.

개념 CHECK

정답과 해설 2쪽

1 다음 포물선의 초점의 좌표, 준선의 방정식을 구하고, 그래프를 그리시오.

(1) $y^2=4x$

(2) $x^2=-8y$

2 평행이동을 이용하여 다음 포물선의 초점의 좌표, 꼭짓점의 좌표, 준선의 방정식, 축의 방정식을 구하려고 한다. 빈칸에 알맞은 것을 써넣고, 표를 완성하시오.

(1) $(y+1)^2=12(x-2)$

➡ 포물선 $y^2=12x$를 x축의 방향으로 ☐만큼, y축의 방향으로 ☐만큼 평행이동한 것이다.

➡

포물선	$y^2=12x$	$(y+1)^2=12(x-2)$
초점의 좌표		
꼭짓점의 좌표		
준선의 방정식		
축의 방정식		

(2) $(x+2)^2=-4(y-2)$

➡ 포물선 $x^2=-4y$를 x축의 방향으로 ☐만큼, y축의 방향으로 ☐만큼 평행이동한 것이다.

➡

포물선	$x^2=-4y$	$(x+2)^2=-4(y-2)$
초점의 좌표		
꼭짓점의 좌표		
준선의 방정식		
축의 방정식		

포물선의 방정식

유형편 5쪽

필.수.예.제 **01**

다음 포물선의 방정식을 구하시오.

(1) 초점이 $\mathrm{F}(-3,\ 0)$이고 준선이 $x=3$인 포물선

(2) 초점이 $\mathrm{F}(0,\ -4)$이고 준선이 $y=4$인 포물선

공략 Point

(1) 초점이 $\mathrm{F}(p,\ 0)$, 준선이 $x=-p$인 포물선의 방정식은 $y^2=4px$

(2) 초점이 $\mathrm{F}(0,\ p)$, 준선이 $y=-p$인 포물선의 방정식은 $x^2=4py$

풀이

(1) 초점이 $\mathrm{F}(-3,\ 0)$이고 준선이 $x=3$인 포물선의 방정식은

$y^2=4\times(-3)\times x$

$\therefore\ \boldsymbol{y^2=-12x}$

(2) 초점이 $\mathrm{F}(0,\ -4)$이고 준선이 $y=4$인 포물선의 방정식은

$x^2=4\times(-4)\times y$

$\therefore\ \boldsymbol{x^2=-16y}$

공략 Point

초점이 F인 포물선 위의 점 P에서 준선에 내린 수선의 발을 H라 하면 $\overline{\mathrm{PF}}=\overline{\mathrm{PH}}$임을 이용하여 식을 세운다.

다른 풀이

(1) 포물선 위의 점을 $\mathrm{P}(x,\ y)$라 하고, 점 P에서 준선 $x=3$에 내린 수선의 발을 H라 하면 포물선의 정의에 의하여 $\overline{\mathrm{PF}}=\overline{\mathrm{PH}}$이므로

$\sqrt{(x+3)^2+y^2}=|x-3|$

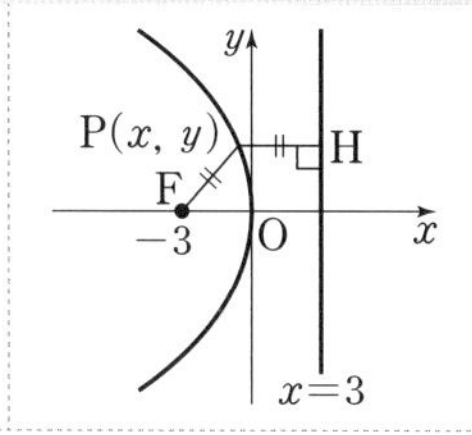

양변을 제곱하면 구하는 포물선의 방정식은

$(x+3)^2+y^2=(x-3)^2$

$\therefore\ \boldsymbol{y^2=-12x}$

(2) 포물선 위의 점을 $\mathrm{P}(x,\ y)$라 하고, 점 P에서 준선 $y=4$에 내린 수선의 발을 H라 하면 포물선의 정의에 의하여 $\overline{\mathrm{PF}}=\overline{\mathrm{PH}}$이므로

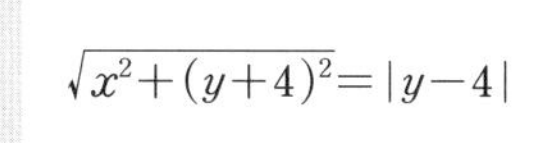
$\sqrt{x^2+(y+4)^2}=|y-4|$

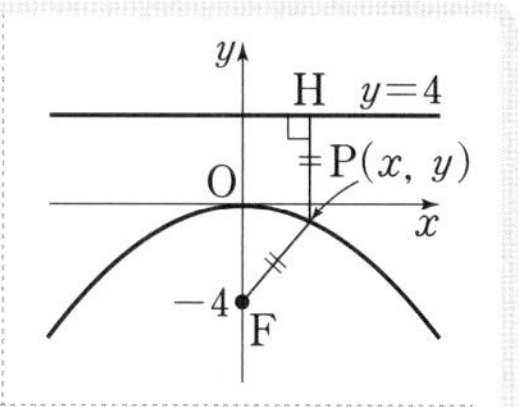

양변을 제곱하면 구하는 포물선의 방정식은

$x^2+(y+4)^2=(y-4)^2$

$\therefore\ \boldsymbol{x^2=-16y}$

정답과 해설 2쪽

문제

01-1 다음 포물선의 방정식을 구하시오.

(1) 초점이 $\mathrm{F}(4,\ 0)$이고 준선이 $x=-4$인 포물선

(2) 초점이 $\mathrm{F}\left(0,\ \frac{1}{3}\right)$이고 준선이 $y=-\frac{1}{3}$인 포물선

01-2 준선이 $y=2$이고 꼭짓점이 원점인 포물선이 점 $(4,\ k)$를 지날 때, k의 값을 구하시오.

필.수.예.제 02

평행이동한 포물선의 방정식

유형편 6쪽

초점이 F(2, 3)이고 준선이 $x=-4$인 포물선의 방정식을 구하시오.

공략 Point

- 준선이 y축에 평행하면 ➡ $(y-n)^2=4p(x-m)$
- 준선이 x축에 평행하면 ➡ $(x-m)^2=4p(y-n)$

풀이

준선이 y축에 평행하므로 포물선의 방정식은	$(y-n)^2=4p(x-m)$ ⋯⋯ ㉠
㉠의 초점의 좌표는 $(p+m, n)$이므로	$p+m=2$ ⋯⋯ ㉡ $n=3$
㉠의 준선의 방정식은 $x=-p+m$이므로	$-p+m=-4$ ⋯⋯ ㉢
㉡, ㉢을 연립하여 풀면	$p=3$, $m=-1$
따라서 구하는 포물선의 방정식은	$\mathbf{(y-3)^2=12(x+1)}$

공략 Point

초점이 F인 포물선 위의 점 P에서 준선에 내린 수선의 발을 H라 하면 $\overline{PF}=\overline{PH}$임을 이용하여 식을 세운다.

다른 풀이

포물선 위의 점을 $P(x, y)$라 하고, 점 P에서 준선 $x=-4$에 내린 수선의 발을 H라 하면 포물선의 정의에 의하여 $\overline{PF}=\overline{PH}$이므로	$\sqrt{(x-2)^2+(y-3)^2}=\lvert x+4\rvert$
양변을 제곱하면 구하는 포물선의 방정식은	$(x-2)^2+(y-3)^2=(x+4)^2$ $\therefore \mathbf{(y-3)^2=12(x+1)}$

정답과 해설 2쪽

문제

02-1 초점이 $F(1, -3)$이고 준선이 $y=5$인 포물선의 방정식을 구하시오.

02-2 점 $(-2, -2)$를 초점으로 하고 점 $(-3, -2)$를 꼭짓점으로 하는 포물선이 점 $(k, 2)$를 지날 때, k의 값을 구하시오.

02-3 점 $(2, 2)$를 초점으로 하고 준선이 y축에 평행하며 점 $(2, -4)$를 지나는 포물선의 방정식을 모두 구하시오.

필.수.예.제 03

포물선의 방정식의 일반형

유형편 6쪽

공략 Point
주어진 포물선의 방정식을 $(y-n)^2=4p(x-m)$ 또는 $(x-m)^2=4p(y-n)$ 꼴로 변형한다.

다음 포물선의 초점의 좌표, 꼭짓점의 좌표, 준선의 방정식을 구하시오.

(1) $y^2+4x-4y=0$ (2) $x^2+6x+16y-23=0$

풀이

(1) $y^2+4x-4y=0$에서	$y^2-4y+4=-4x+4$ $\therefore (y-2)^2=-4(x-1)$
즉, 포물선 $y^2+4x-4y=0$은	포물선 $y^2=-4x$를 x축의 방향으로 1만큼, y축의 방향으로 2만큼 평행이동한 것이다.
$y^2=-4x$에서 $y^2=4\times(-1)\times x$이므로 이 포물선의	초점의 좌표: $(-1, 0)$, 꼭짓점의 좌표: $(0, 0)$, 준선의 방정식: $x=1$
따라서 x축의 방향으로 1만큼, y축의 방향으로 2만큼 평행이동하면 구하는 포물선의	**초점의 좌표: $(0, 2)$, 꼭짓점의 좌표: $(1, 2)$, 준선의 방정식: $x=2$**

(2) $x^2+6x+16y-23=0$에서	$x^2+6x+9=-16y+32$ $\therefore (x+3)^2=-16(y-2)$
즉, 포물선 $x^2+6x+16y-23=0$은	포물선 $x^2=-16y$를 x축의 방향으로 -3만큼, y축의 방향으로 2만큼 평행이동한 것이다.
$x^2=-16y$에서 $x^2=4\times(-4)\times y$이므로 이 포물선의	초점의 좌표: $(0, -4)$, 꼭짓점의 좌표: $(0, 0)$, 준선의 방정식: $y=4$
따라서 x축의 방향으로 -3만큼, y축의 방향으로 2만큼 평행이동하면 구하는 포물선의	**초점의 좌표: $(-3, -2)$, 꼭짓점의 좌표: $(-3, 2)$, 준선의 방정식: $y=6$**

정답과 해설 3쪽

문제

03-1 다음 포물선의 초점의 좌표, 꼭짓점의 좌표, 준선의 방정식을 구하시오.

(1) $y^2+8x+10y-7=0$ (2) $x^2+12x-8y+20=0$

03-2 포물선 $x^2+4x+8y+a=0$의 초점의 좌표가 $(-2, 2)$일 때, 상수 a의 값을 구하시오.

03-3 두 포물선 $x^2-4x+4y-4=0$, $y^2-20x-2y+a=0$의 초점이 일치할 때, 상수 a의 값을 구하시오.

필.수.예.제 04

포물선의 정의의 활용 (1)

유형편 7쪽

오른쪽 그림과 같이 포물선 $y^2=8x$의 초점 F를 지나는 직선이 포물선과 두 점 A, B에서 만날 때, 두 점 A, B에서 y축에 내린 수선의 발을 각각 P, Q라 하자. $\overline{AP}=4$, $\overline{BQ}=1$일 때, 선분 AB의 길이를 구하시오.

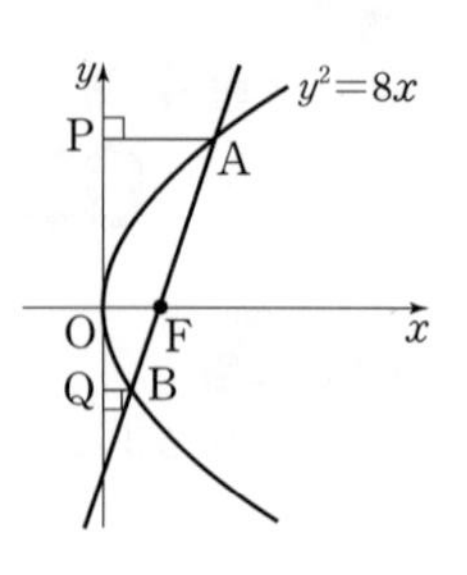

공략 Point

초점이 F인 포물선 위의 점 P에서 준선에 내린 수선의 발을 H라 하면

$\overline{PF}=\overline{PH}$

풀이

포물선 $y^2=8x$의 준선의 방정식은	$x=-2$
두 점 A, B에서 준선 $x=-2$에 내린 수선의 발을 각각 P′, Q′이라 하면 포물선의 정의에 의하여	$\overline{AF}=\overline{AP'}=\overline{AP}+\overline{PP'}$ $=4+2=6$ $\overline{BF}=\overline{BQ'}=\overline{BQ}+\overline{QQ'}$ $=1+2=3$
따라서 구하는 선분 AB의 길이는	$\overline{AB}=\overline{AF}+\overline{BF}$ $=6+3=\mathbf{9}$

정답과 해설 4쪽

문제

04-1 오른쪽 그림과 같이 포물선 $x^2=4y$의 초점 F를 지나는 직선이 포물선과 두 점 A, B에서 만날 때, 두 점 A, B에서 x축에 내린 수선의 발을 각각 A′, B′이라 하자. $\overline{AB}=5$일 때, $\overline{AA'}+\overline{BB'}$의 값을 구하시오.

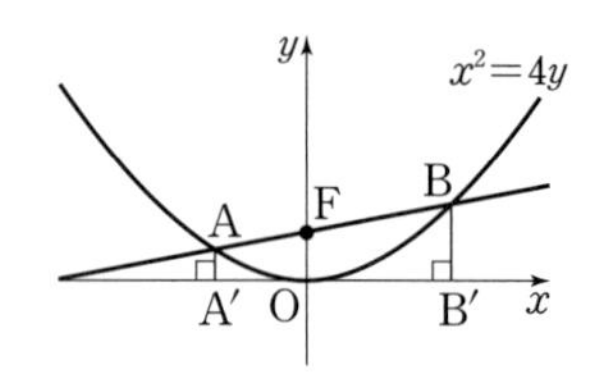

04-2 오른쪽 그림과 같이 포물선의 초점 F를 지나는 직선이 포물선과 두 점 P, Q에서 만날 때, 두 점 P, Q에서 준선 l에 내린 수선의 발을 각각 H, H′이라 하자. $\overline{HH'}=6$, $\overline{PQ}=8$일 때, 사각형 PHH′Q의 둘레의 길이를 구하시오.

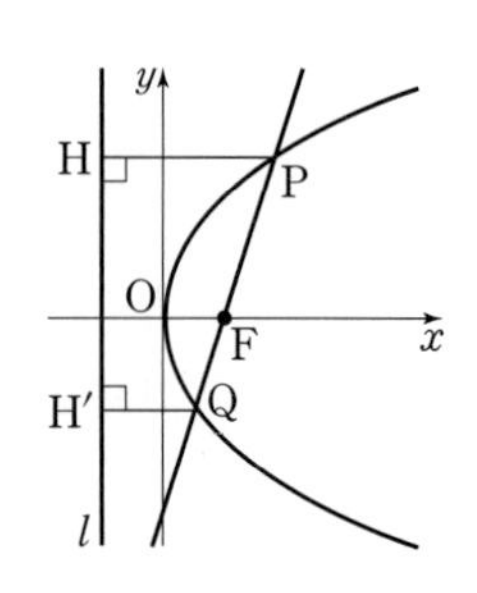

포물선의 정의의 활용 (2)

유형편 8쪽

필.수.예.제 05

오른쪽 그림과 같이 점 $\mathrm{A}(-5,\ 5)$와 포물선 $y^2=-12x$ 위의 점 P, 초점 F에 대하여 $\overline{\mathrm{AP}}+\overline{\mathrm{PF}}$의 최솟값을 구하시오.

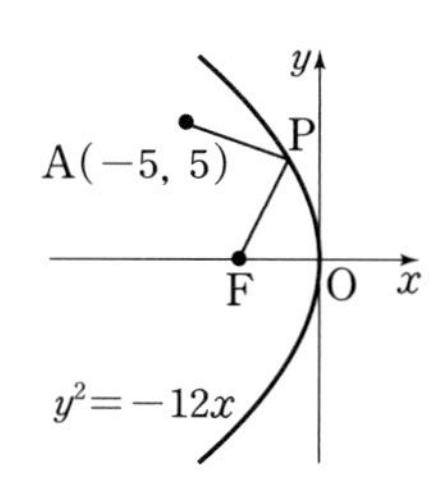

공략 Point

초점이 F인 포물선 위의 점 P에서 준선에 내린 수선의 발을 H라 하면 포물선 밖의 점 A에 대하여 세 점 A, P, H가 일직선 위에 있을 때, $\overline{\mathrm{AP}}+\overline{\mathrm{PF}}$의 값이 최소이다.

풀이

포물선 $y^2=-12x$의 준선의 방정식은	$x=3$
포물선 위의 점 P에서 준선 $x=3$에 내린 수선의 발을 H라 하면 포물선의 정의에 의하여 $\overline{\mathrm{PF}}=\overline{\mathrm{PH}}$이므로	$\overline{\mathrm{AP}}+\overline{\mathrm{PF}}=\overline{\mathrm{AP}}+\overline{\mathrm{PH}}$
세 점 A, P, H가 일직선 위에 있을 때 $\overline{\mathrm{AP}}+\overline{\mathrm{PH}}$의 값이 최소이므로 점 A에서 준선 $x=3$에 내린 수선의 발을 H′이라 하면	$\overline{\mathrm{AP}}+\overline{\mathrm{PF}}=\overline{\mathrm{AP}}+\overline{\mathrm{PH}}$ $\geq\overline{\mathrm{AH'}}$ $=3-(-5)=8$
따라서 구하는 최솟값은	8

정답과 해설 4쪽

문제

05-1 오른쪽 그림과 같이 포물선 $y^2=4x$ 위의 점 P에서 직선 $x=-1$에 내린 수선의 발을 H라 할 때, 점 $\mathrm{A}(2,\ 5)$에 대하여 $\overline{\mathrm{AP}}+\overline{\mathrm{PH}}$의 최솟값을 구하시오.

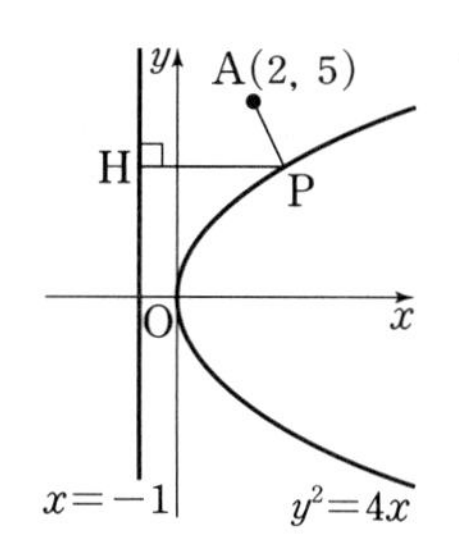

05-2 오른쪽 그림과 같이 포물선 $x^2=8y$ 위의 점 P에서 준선 l에 내린 수선의 발을 H라 할 때, x축 위의 점 $\mathrm{A}(a,\ 0)$에 대하여 $\overline{\mathrm{AP}}+\overline{\mathrm{PH}}$의 최솟값은 4이다. 이때 양수 a의 값을 구하시오.

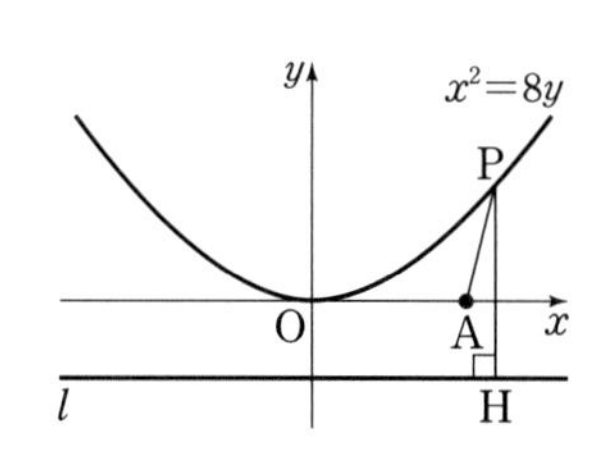

UP

필.수.예.제

06

조건을 만족시키는 점이 나타내는 도형의 방정식

유형편 8쪽

공략 Point

조건을 만족시키는 점의 좌표를 $(x,\ y)$로 놓고 $x,\ y$ 사이의 관계식을 구한다.

포물선 $y^2=8x$ 위의 점 A와 초점 F에 대하여 선분 FA를 $2:1$로 내분하는 점 P가 나타내는 도형의 방정식을 구하시오.

풀이

포물선 $y^2=8x$의 초점이 F이므로	$F(2,\ 0)$
포물선 위의 점 A의 좌표를 $(a,\ b)$라 하면	$b^2=8a$ …… ㉠
선분 FA를 $2:1$로 내분하는 점 P의 좌표를 $(x,\ y)$라 하면	$x=\dfrac{2\times a+1\times 2}{2+1}=\dfrac{2a+2}{3}$ $y=\dfrac{2\times b+1\times 0}{2+1}=\dfrac{2b}{3}$
$a,\ b$에 대하여 풀면	$a=\dfrac{3x-2}{2},\ b=\dfrac{3y}{2}$ …… ㉡
㉡을 ㉠에 대입하면 구하는 도형의 방정식은	$\left(\dfrac{3y}{2}\right)^2=8\times\dfrac{3x-2}{2}$ $\therefore\ \boldsymbol{y^2=\dfrac{16}{3}\left(x-\dfrac{2}{3}\right)}$

정답과 해설 4쪽

문제

06-1 직선 $y=2$에 접하고 점 $A(1,\ -6)$을 지나는 원의 중심 C가 나타내는 도형의 방정식을 구하시오.

06-2 포물선 $x^2=4y$ 위의 점 A와 초점 F에 대하여 선분 FA를 $3:1$로 외분하는 점 P가 나타내는 도형의 방정식을 구하시오.

연습문제

01 포물선

1 점 $(0,\ -4)$를 초점으로 하고 원점을 꼭짓점으로 하는 포물선이 점 $(8,\ a)$를 지날 때, a의 값은?

① $-8\sqrt{2}$ ② -4 ③ 2
④ 4 ⑤ $8\sqrt{2}$

2 포물선 $(x+1)^2=-4(y-4)$의 초점을 A, 포물선 $(y-5)^2=12(x+2)$의 초점을 B라 할 때, 선분 AB의 길이는?

① 1 ② 2 ③ $2\sqrt{2}$
④ 4 ⑤ $2\sqrt{5}$

3 점 $(1,\ 1)$을 초점으로 하고 준선이 $x=-5$인 포물선의 꼭짓점의 좌표를 구하시오.

4 점 $(2,\ 3)$을 초점으로 하고 준선이 x축에 평행하며 점 $(-2,\ 6)$을 지나는 포물선의 방정식을 모두 구하시오.

5 포물선 $y^2-8x-6y-7=0$의 초점의 좌표를 $(a,\ b)$, 준선의 방정식을 $x=c$라 할 때, $a+b+c$의 값은?

① -3 ② -2 ③ -1
④ 1 ⑤ 3

6 포물선 $y^2-2x+2ay+18=0$의 꼭짓점을 A, 포물선 $x^2+2x-12y+b=0$의 꼭짓점을 B라 할 때, 두 점 A, B는 y축에 대하여 대칭이다. 이때 상수 a, b에 대하여 $a-b$의 값은? (단, $a>0$)

① 45 ② 48 ③ 51
④ 54 ⑤ 57

7 축이 y축에 평행하고 세 점 $(0,\ 0)$, $(-4,\ 0)$, $(2,\ 3)$을 지나는 포물선의 방정식을 구하시오.

수능

8 초점이 F인 포물선 $y^2=12x$ 위의 점 P에 대하여 $\overline{\mathrm{PF}}=9$일 때, 점 P의 x좌표는?

① 6 ② $\dfrac{13}{2}$ ③ 7
④ $\dfrac{15}{2}$ ⑤ 8

연습문제

9 다음 그림과 같이 포물선 $x^2=-16y$의 초점 F를 지나는 직선이 포물선과 두 점 A, B에서 만날 때, 두 점 A, B에서 x축에 내린 수선의 발을 각각 P, Q라 하자. $\overline{AP}=8$, $\overline{BQ}=2$일 때, 선분 AB의 길이를 구하시오.

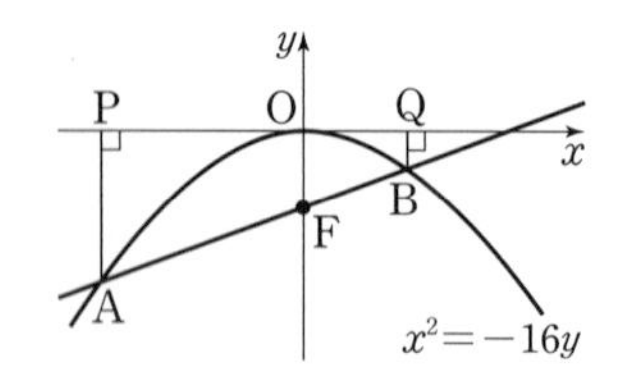

10 오른쪽 그림과 같이 점 A(5, 4)와 포물선 $y^2=8x$ 위의 점 P, 초점 F에 대하여 삼각형 APF의 둘레의 길이의 최솟값은?

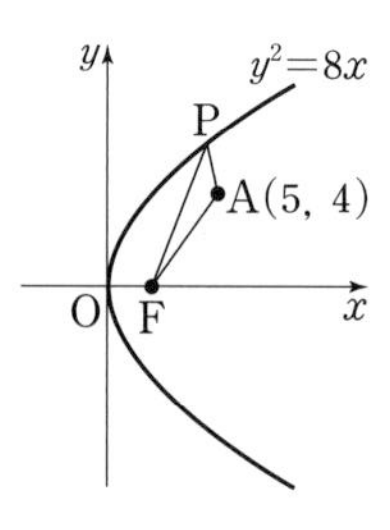

① 10　② 12　③ 14　④ 16　⑤ 18

11 포물선 $y^2-12x-2y-23=0$ 위의 점을 A, 꼭짓점을 B라 할 때, 선분 AB의 중점 P가 나타내는 도형의 방정식을 구하시오.

실력

12 포물선의 초점 F를 지나는 직선이 포물선과 두 점 A, B에서 만나고 $\overline{AF}:\overline{BF}=1:2$이다. 또 두 점 A, B에서 준선 l에 내린 수선의 발을 각각 C, D라 할 때, 사다리꼴 ACDB의 넓이가 $48\sqrt{2}$이다. 이때 변 AB의 길이를 구하시오.

13 포물선 $y^2=12x$의 초점을 F라 하고, 제1사분면에 있는 포물선 위의 점 P를 지나고 x축에 평행한 직선과 y축의 교점을 A라 하자. $\angle APF=60°$일 때, 사다리꼴 AOFP의 넓이를 구하시오.

(단, O는 원점)

평가원

14 포물선 $y^2=4x$의 초점을 F, 준선이 x축과 만나는 점을 P, 점 P를 지나고 기울기가 양수인 직선 l이 포물선과 만나는 두 점을 각각 A, B라 하자. $\overline{FA}:\overline{FB}=1:2$일 때, 직선 l의 기울기는?

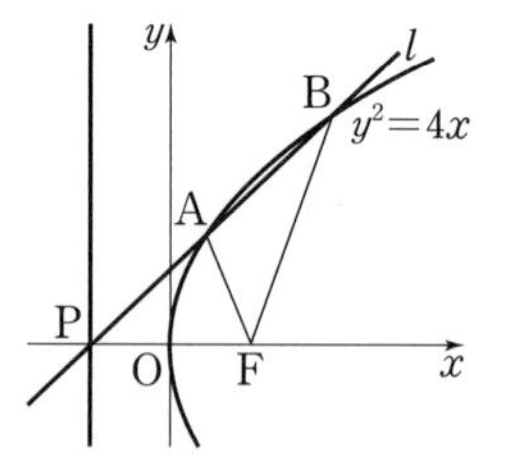

① $\frac{2\sqrt{6}}{7}$　② $\frac{\sqrt{5}}{3}$　③ $\frac{4}{5}$　④ $\frac{\sqrt{3}}{2}$　⑤ $\frac{2\sqrt{2}}{3}$

타원의 방정식

1 타원의 정의

평면 위의 두 점 F, F′으로부터 거리의 합이 일정한 점들의 집합을 **타원**이라 한다. 이때 두 점 F, F′을 타원의 **초점**이라 한다.

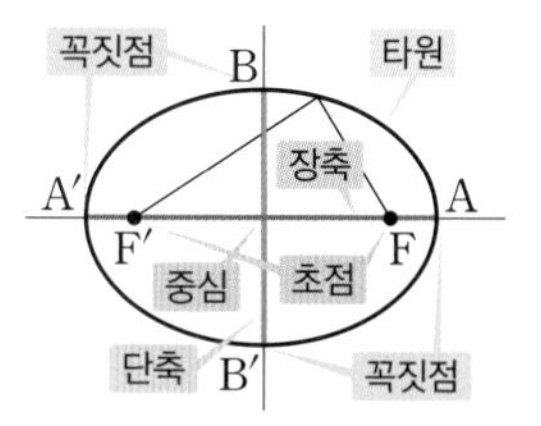

또 타원의 두 초점 F, F′을 잇는 직선이 타원과 만나는 점을 각각 A, A′이라 하고, 선분 FF′의 수직이등분선이 타원과 만나는 점을 각각 B, B′이라 할 때, 네 점 A, A′, B, B′을 타원의 **꼭짓점**, 선분 AA′을 타원의 **장축**, 선분 BB′을 타원의 **단축**, 장축과 단축의 교점을 타원의 **중심**이라 한다.

참고 • 타원의 두 초점은 장축 위에 있고, 타원의 중심은 선분 FF′, 선분 AA′, 선분 BB′의 중점이다.
• 타원은 장축, 단축 및 중심에 대하여 각각 대칭이다.

2 타원의 방정식

타원	두 초점 F$(c, 0)$, F′$(-c, 0)$으로부터 거리의 합이 $2a$인 타원 (단, $a>c>0$)	두 초점 F$(0, c)$, F′$(0, -c)$로부터 거리의 합이 $2b$인 타원 (단, $b>c>0$)
방정식	$\frac{x^2}{a^2}+\frac{y^2}{b^2}=1$ (단, $b^2=a^2-c^2$)	$\frac{x^2}{a^2}+\frac{y^2}{b^2}=1$ (단, $a^2=b^2-c^2$)
그래프	F′$(-c, 0)$, F$(c, 0)$, $-a$, a, b, $-b$, O, x, y ➡ 좌우로 긴 타원	F$(0, c)$, F′$(0, -c)$, $-a$, a, b, $-b$, O, x, y ➡ 상하로 긴 타원
초점의 좌표	F$(\sqrt{a^2-b^2}, 0)$, F′$(-\sqrt{a^2-b^2}, 0)$	F$(0, \sqrt{b^2-a^2})$, F′$(0, -\sqrt{b^2-a^2})$
꼭짓점의 좌표	$(a, 0)$, $(-a, 0)$, $(0, b)$, $(0, -b)$	$(a, 0)$, $(-a, 0)$, $(0, b)$, $(0, -b)$
중심의 좌표	$(0, 0)$ ◀ 원점	$(0, 0)$ ◀ 원점
장축의 길이	$2a$	$2b$
단축의 길이	$2b$	$2a$

예 타원 $\frac{x^2}{25}+\frac{y^2}{16}=1$에서 $\frac{x^2}{5^2}+\frac{y^2}{4^2}=1$
초점의 좌표는 $(\sqrt{25-16}, 0)$, $(-\sqrt{25-16}, 0)$ $\therefore$ $(3, 0)$, $(-3, 0)$
꼭짓점의 좌표는 $(5, 0)$, $(-5, 0)$, $(0, 4)$, $(0, -4)$
장축의 길이는 $2\times5=10$, 단축의 길이는 $2\times4=8$

참고 • 타원 $\frac{x^2}{a^2}+\frac{y^2}{b^2}=1$에서 $a>b>0$이면 장축과 초점이 x축 위에 있고, $b>a>0$이면 장축과 초점이 y축 위에 있다.
• 타원 $\frac{x^2}{a^2}+\frac{y^2}{b^2}=1$은 x축, y축, 원점에 대하여 각각 대칭이다.
• 타원 위의 점 P에서 두 초점 F, F′까지의 거리의 합은 장축의 길이와 같다.
➡ $\overline{\text{PF}}+\overline{\text{PF'}}=$(장축의 길이)

3 타원의 평행이동

타원 $\frac{x^2}{a^2}+\frac{y^2}{b^2}=1$을 x축의 방향으로 m만큼, y축의 방향으로 n만큼 평행이동한 타원의 방정식은

$$\frac{(x-m)^2}{a^2}+\frac{(y-n)^2}{b^2}=1$$

참고 타원을 평행이동하면 초점, 꼭짓점, 중심도 함께 평행이동되지만 모양은 변하지 않으므로 장축과 단축의 길이는 변하지 않는다.

타원의 방정식	$\frac{(x-m)^2}{a^2}+\frac{(y-n)^2}{b^2}=1$ (단, $a>b>0$)	$\frac{(x-m)^2}{a^2}+\frac{(y-n)^2}{b^2}=1$ (단, $b>a>0$)
초점의 좌표	$(\sqrt{a^2-b^2}+m,\ n)$, $(-\sqrt{a^2-b^2}+m,\ n)$	$(m,\ \sqrt{b^2-a^2}+n)$, $(m,\ -\sqrt{b^2-a^2}+n)$
꼭짓점의 좌표	$(a+m,\ n)$, $(-a+m,\ n)$, $(m,\ b+n)$, $(m,\ -b+n)$	$(a+m,\ n)$, $(-a+m,\ n)$, $(m,\ b+n)$, $(m,\ -b+n)$
중심의 좌표	$(m,\ n)$	$(m,\ n)$
장축의 길이	$2a$	$2b$
단축의 길이	$2b$	$2a$

4 타원의 방정식의 일반형

평행이동한 타원의 방정식을 전개하면 다음과 같은 방정식을 얻을 수 있다.

$$Ax^2+By^2+Cx+Dy+E=0 \text{ (단, } A, B, C, D, E\text{는 상수, } AB>0,\ A\neq B)$$

◀ xy항이 없고 x^2항과 y^2항이 반드시 있는 이차방정식

개념 PLUS

타원의 방정식

(1) 두 초점 $F(c,\ 0)$, $F'(-c,\ 0)$으로부터 거리의 합이 $2a\,(a>c>0)$인 타원 위의 점을 $P(x,\ y)$라 하자.

이때 타원의 정의에 의하여 $\overline{PF}+\overline{PF'}=2a$이므로

$\sqrt{(x-c)^2+y^2}+\sqrt{(x+c)^2+y^2}=2a$

$\therefore \sqrt{(x-c)^2+y^2}=2a-\sqrt{(x+c)^2+y^2}$

양변을 제곱하여 정리하면 $a\sqrt{(x+c)^2+y^2}=cx+a^2$

다시 양변을 제곱하여 정리하면 $(a^2-c^2)x^2+a^2y^2=a^2(a^2-c^2)$

$a^2-c^2=b^2$으로 놓으면 $b^2x^2+a^2y^2=a^2b^2$ $\quad \therefore \frac{x^2}{a^2}+\frac{y^2}{b^2}=1$ $\quad$ ...... ㉠

역으로 점 $P(x,\ y)$가 방정식 ㉠을 만족시키면 $\overline{PF}+\overline{PF'}=2a$이므로 점 P는 두 초점 $F(c,\ 0)$, $F'(-c,\ 0)$으로부터 거리의 합이 $2a$인 타원 위의 점이다.

따라서 두 초점 $F(c,\ 0)$, $F'(-c,\ 0)$으로부터 거리의 합이 $2a\,(a>c>0)$인 타원의 방정식은

$\frac{x^2}{a^2}+\frac{y^2}{b^2}=1$ (단, $b^2=a^2-c^2$)

(2) 두 초점 $F(0,\ c)$, $F'(0,\ -c)$로부터 거리의 합이 $2b\,(b>c>0)$인 타원의 방정식은 (1)과 같은 방법으로 구하면

$\frac{x^2}{a^2}+\frac{y^2}{b^2}=1$ (단, $a^2=b^2-c^2$)

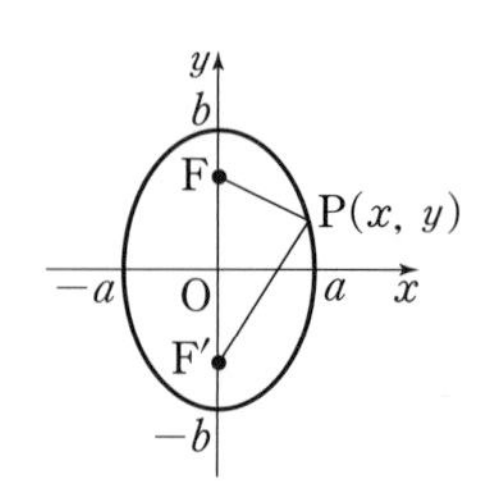

타원 $\frac{x^2}{a^2}+\frac{y^2}{b^2}=1$의 초점의 좌표

(1) $a>b>0$일 때

초점이 x축 위에 있으므로 두 초점을 $\mathrm{F}(c,\ 0)$, $\mathrm{F}'(-c,\ 0)$ $(c>0)$이라 하자. 점 $\mathrm{P}(0,\ b)$에 대하여 $\overline{\mathrm{PF}'}=\overline{\mathrm{PF}}$이고 타원의 정의에 의하여

$\overline{\mathrm{PF}'}+\overline{\mathrm{PF}}=2a$이므로 $\overline{\mathrm{PF}}+\overline{\mathrm{PF}}=2a$ $\quad\therefore \overline{\mathrm{PF}}=a$

이때 삼각형 POF는 직각삼각형이므로

$b^2+c^2=a^2 \quad \therefore c=\sqrt{a^2-b^2}\ (\because c>0)$

따라서 두 초점은 $\mathrm{F}(\sqrt{a^2-b^2},\ 0)$, $\mathrm{F}'(-\sqrt{a^2-b^2},\ 0)$

(2) $b>a>0$일 때

초점이 y축 위에 있으므로 두 초점을 $\mathrm{F}(0,\ c)$, $\mathrm{F}'(0,\ -c)$ $(c>0)$라 하고 (1)과 같은 방법으로 구하면 두 초점은 $\mathrm{F}(0,\ \sqrt{b^2-a^2})$, $\mathrm{F}'(0,\ -\sqrt{b^2-a^2})$

타원의 방정식의 일반형

타원의 방정식 $\frac{(x-m)^2}{a^2}+\frac{(y-n)^2}{b^2}=1$의 양변에 a^2b^2을 곱한 후 전개하여 정리하면

$b^2x^2+a^2y^2-2b^2mx-2a^2ny+b^2m^2+a^2n^2-a^2b^2=0$

이때 $b^2=A$, $a^2=B$, $-2b^2m=C$, $-2a^2n=D$, $b^2m^2+a^2n^2-a^2b^2=E$로 놓으면

$Ax^2+By^2+Cx+Dy+E=0$ (단, $AB>0$, $A\neq B$)

따라서 타원의 방정식은 xy항이 없고 x^2항과 y^2항이 반드시 있는 이차방정식으로 나타내어진다.

개념 CHECK

정답과 해설 7쪽

1 다음 타원의 초점의 좌표, 꼭짓점의 좌표, 장축의 길이, 단축의 길이를 구하고, 그래프를 그리시오.

(1) $\frac{x^2}{9}+\frac{y^2}{4}=1$ (2) $\frac{x^2}{7}+\frac{y^2}{16}=1$

2 평행이동을 이용하여 타원 $\frac{(x+1)^2}{25}+\frac{(y-2)^2}{9}=1$의 초점의 좌표, 꼭짓점의 좌표, 중심의 좌표, 장축의 길이, 단축의 길이를 구하려고 한다. 다음 빈칸에 알맞은 것을 써넣고, 표를 완성하시오.

➡ 타원 $\frac{x^2}{25}+\frac{y^2}{9}=1$을 x축의 방향으로 □만큼, y축의 방향으로 □만큼 평행이동한 것이다.

➡

방정식	$\frac{x^2}{25}+\frac{y^2}{9}=1$	$\frac{(x+1)^2}{25}+\frac{(y-2)^2}{9}=1$
초점의 좌표		
꼭짓점의 좌표		
중심의 좌표		
장축의 길이		
단축의 길이		

필.수.예.제 01

타원의 방정식

유형편 10쪽

다음 타원의 방정식을 구하시오.

(1) 두 점 $F(3, 0)$, $F'(-3, 0)$으로부터 거리의 합이 12인 타원
(2) 두 초점이 $F(0, \sqrt{2})$, $F'(0, -\sqrt{2})$이고 장축의 길이가 8인 타원

공략 Point

타원 $\frac{x^2}{a^2}+\frac{y^2}{b^2}=1$에서
(1) 두 초점이 $F(c, 0)$, $F'(-c, 0)$일 때, 두 초점으로부터 거리의 합은 $2a$이고, $b^2=a^2-c^2$임을 이용한다.
(2) 두 초점이 $F(0, c)$, $F'(0, -c)$일 때, 두 초점으로부터 거리의 합은 $2b$이고, $a^2=b^2-c^2$임을 이용한다.

풀이

(1) 두 점 F, F′으로부터 거리의 합이 12인 타원이므로	두 점 F, F′은 초점이다.
중심이 원점이고 두 초점이 x축 위에 있으므로 타원의 방정식은	$\frac{x^2}{a^2}+\frac{y^2}{b^2}=1$ (단, $a>b>0$)
두 초점으로부터 거리의 합이 12이므로	$2a=12 \quad \therefore a=6$
$b^2=a^2-3^2$이므로	$b^2=6^2-3^2=27$
따라서 구하는 타원의 방정식은	$\boldsymbol{\frac{x^2}{36}+\frac{y^2}{27}=1}$

(2) 중심이 원점이고 두 초점이 y축 위에 있으므로 타원의 방정식은	$\frac{x^2}{a^2}+\frac{y^2}{b^2}=1$ (단, $b>a>0$)
장축의 길이가 8이므로	$2b=8 \quad \therefore b=4$
$a^2=b^2-(\sqrt{2})^2$이므로	$a^2=4^2-(\sqrt{2})^2=14$
따라서 구하는 타원의 방정식은	$\boldsymbol{\frac{x^2}{14}+\frac{y^2}{16}=1}$

공략 Point

두 점 F, F′으로부터 거리의 합이 k인 점을 $P(x, y)$라 하면 $\overline{PF}+\overline{PF'}=k$임을 이용하여 식을 세운다.

다른 풀이

(1) 두 점 F, F′으로부터 거리의 합이 12인 점의 좌표를 (x, y)라 하면	$\sqrt{(x-3)^2+y^2}+\sqrt{(x+3)^2+y^2}=12$ $\therefore \sqrt{(x-3)^2+y^2}=12-\sqrt{(x+3)^2+y^2}$
양변을 제곱하여 정리하면	$2\sqrt{(x+3)^2+y^2}=x+12$
양변을 제곱하여 정리하면 구하는 타원의 방정식은	$3x^2+4y^2=108 \quad \therefore \boldsymbol{\frac{x^2}{36}+\frac{y^2}{27}=1}$

정답과 해설 8쪽

문제

01-1 다음 타원의 방정식을 구하시오.

(1) 두 점 $F(0, \sqrt{5})$, $F'(0, -\sqrt{5})$로부터 거리의 합이 8인 타원
(2) 두 초점이 $F(1, 0)$, $F'(-1, 0)$이고 단축의 길이가 6인 타원

01-2 두 초점이 $F(0, 2)$, $F'(0, -2)$이고 장축의 길이가 6인 타원이 점 $(k, 3)$을 지날 때, k의 값을 구하시오.

필.수.예.제 02

평행이동한 타원의 방정식

유형편 11쪽

두 초점 F$(2, 3)$, F$'(-4, 3)$으로부터 거리의 합이 10인 타원의 방정식을 구하시오.

공략 Point

중심의 좌표가 (m, n)인 타원의 방정식은
$\frac{(x-m)^2}{a^2}+\frac{(y-n)^2}{b^2}=1$

풀이

타원의 중심은 선분 FF′의 중점이므로 중심의 좌표는	$\left(\frac{2-4}{2}, \frac{3+3}{2}\right)$ $\therefore (-1, 3)$
중심의 좌표가 $(-1, 3)$이고 두 초점이 x축에 평행한 직선 위에 있으므로 타원의 방정식은	$\frac{(x+1)^2}{a^2}+\frac{(y-3)^2}{b^2}=1$ (단, $a>b>0$)
두 초점으로부터 거리의 합이 10이므로	$2a=10$ $\therefore a=5$
중심에서 초점까지의 거리가 3이고 $b^2=a^2-3^2$이므로	$b^2=5^2-3^2=16$
따라서 구하는 타원의 방정식은	$\boldsymbol{\frac{(x+1)^2}{25}+\frac{(y-3)^2}{16}=1}$

공략 Point

두 점 F, F′으로부터 거리의 합이 k인 점을 P(x, y)라 하면 $\overline{\text{PF}}+\overline{\text{PF}'}=k$임을 이용하여 식을 세운다.

다른 풀이

두 초점 F, F′으로부터 거리의 합이 10인 점의 좌표를 (x, y)라 하면	$\sqrt{(x-2)^2+(y-3)^2}+\sqrt{(x+4)^2+(y-3)^2}=10$ $\therefore \sqrt{(x-2)^2+(y-3)^2}=10-\sqrt{(x+4)^2+(y-3)^2}$
양변을 제곱하여 정리하면	$5\sqrt{(x+4)^2+(y-3)^2}=3x+28$
양변을 제곱하여 정리하면 구하는 타원의 방정식은	$16(x+1)^2+25(y-3)^2=400$ $\therefore \boldsymbol{\frac{(x+1)^2}{25}+\frac{(y-3)^2}{16}=1}$

정답과 해설 8쪽

문제

02-1 두 초점이 F$(2, 7)$, F$'(2, -1)$이고 장축의 길이가 12인 타원의 방정식을 구하시오.

02-2 두 초점이 F$(1, 1)$, F$'(-3, 1)$이고 점 A$(3, 1)$을 지나는 타원의 방정식을 구하시오.

02-3 세 점 A$(6, -5)$, B$(0, -5)$, C$(3, -6)$을 꼭짓점으로 하는 타원의 방정식을 구하시오.

필.수.예.제 **03**

타원의 방정식의 일반형

유형편 11쪽

타원 $3x^2+4y^2+12x-24y+36=0$의 초점의 좌표, 꼭짓점의 좌표, 중심의 좌표, 장축의 길이, 단축의 길이를 구하시오.

공략 Point

주어진 타원의 방정식을 $\frac{(x-m)^2}{a^2}+\frac{(y-n)^2}{b^2}=1$ 꼴로 변형한다.

풀이

$3x^2+4y^2+12x-24y+36=0$에서	$3(x^2+4x+4)+4(y^2-6y+9)=12$ $\therefore \frac{(x+2)^2}{4}+\frac{(y-3)^2}{3}=1$
즉, 타원 $3x^2+4y^2+12x-24y+36=0$은	타원 $\frac{x^2}{4}+\frac{y^2}{3}=1$을 x축의 방향으로 -2만큼, y축의 방향으로 3만큼 평행이동한 것이다.
$\frac{x^2}{4}+\frac{y^2}{3}=1$에서 $\frac{x^2}{2^2}+\frac{y^2}{(\sqrt{3})^2}=1$이므로 이 타원의	초점의 좌표: $(1, 0)$, $(-1, 0)$ 꼭짓점의 좌표: $(2, 0)$, $(-2, 0)$, $(0, \sqrt{3})$, $(0, -\sqrt{3})$ 중심의 좌표: $(0, 0)$ 장축의 길이: $2\times2=4$ 단축의 길이: $2\times\sqrt{3}=2\sqrt{3}$
따라서 x축의 방향으로 -2만큼, y축의 방향으로 3만큼 평행이동하면 구하는 타원의	**초점의 좌표: $(-1, 3)$, $(-3, 3)$** **꼭짓점의 좌표: $(0, 3)$, $(-4, 3)$, $(-2, \sqrt{3}+3)$, $(-2, -\sqrt{3}+3)$** **중심의 좌표: $(-2, 3)$** **장축의 길이: 4** **단축의 길이: $2\sqrt{3}$**

정답과 해설 9쪽

문제

03-1 타원 $9x^2+4y^2+18x-32y+37=0$의 초점의 좌표, 꼭짓점의 좌표, 중심의 좌표, 장축의 길이, 단축의 길이를 구하시오.

03-2 타원 $11x^2+2y^2-44x-12y+40=0$의 두 초점 F, F'과 원점 O에 대하여 삼각형 OFF'의 넓이를 구하시오.

필.수.예.제 04

타원의 정의의 활용 (1)

유형편 12쪽

점 F(3, 0)을 지나고 점 C(−3, 0)을 지나지 않는 직선이 타원 $\frac{x^2}{25}+\frac{y^2}{16}=1$과 만나는 두 점을 각각 A, B라 할 때, 삼각형 ABC의 둘레의 길이를 구하시오.

공략 Point

타원 위의 점에서 두 초점까지의 거리의 합은 장축의 길이와 같음을 이용한다.

풀이

타원 $\frac{x^2}{25}+\frac{y^2}{16}=1$의 두 초점의 좌표는	(3, 0), (−3, 0)	
두 점 F(3, 0), C(−3, 0)은 주어진 타원의 초점이고, 타원 위의 점에서 두 초점 C, F까지의 거리의 합은 장축의 길이와 같으므로	$\overline{AC}+\overline{AF}=2\times5=10$ $\overline{BC}+\overline{BF}=2\times5=10$	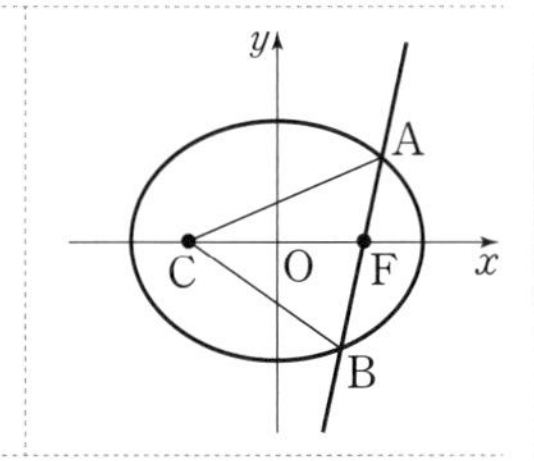
따라서 구하는 삼각형 ABC의 둘레의 길이는	$\overline{AB}+\overline{BC}+\overline{AC}=(\overline{AF}+\overline{BF})+\overline{BC}+\overline{AC}$ $=(\overline{AC}+\overline{AF})+(\overline{BC}+\overline{BF})$ $=10+10=$**20**	

정답과 해설 9쪽

문제

04-1 오른쪽 그림과 같이 점 F(0, 1)을 지나고 점 C(0, −1)을 지나지 않는 직선이 타원 $\frac{x^2}{3}+\frac{y^2}{4}=1$과 만나는 두 점을 각각 A, B라 할 때, 삼각형 ABC의 둘레의 길이를 구하시오.

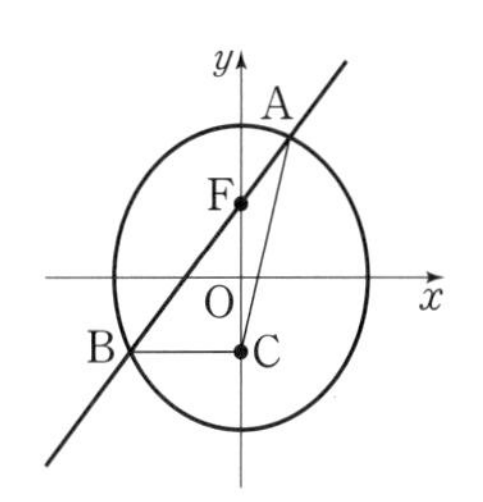

04-2 두 초점이 F(0, 6), F′(0, −6)인 타원 $\frac{x^2}{a^2}+\frac{y^2}{b^2}=1$에 대하여 점 F를 지나고 점 F′을 지나지 않는 직선이 이 타원과 만나는 두 점을 각각 A, B라 할 때, 삼각형 ABF′의 둘레의 길이가 36이다. 이때 양수 a, b에 대하여 ab의 값을 구하시오.

필.수.예.제
05 타원의 정의의 활용 (2)

유형편 13쪽

타원 $\frac{x^2}{24}+\frac{y^2}{49}=1$ 위의 점 P와 두 초점 F, F′에 대하여 $\overline{PF}\times\overline{PF'}$의 최댓값을 구하시오.

공략 Point

타원 위의 점 P와 두 초점 F, F′에 대하여 $\overline{PF}>0$, $\overline{PF'}>0$이므로 산술평균과 기하평균의 관계를 이용한다.

➡ $\overline{PF}+\overline{PF'}\ge 2\sqrt{\overline{PF}\times\overline{PF'}}$

풀이

타원 위의 점 P에서 두 초점까지의 거리의 합은 장축의 길이와 같으므로	$\overline{PF}+\overline{PF'}=2\times7=14$
$\overline{PF}>0$, $\overline{PF'}>0$이므로 산술평균과 기하평균의 관계에 의하여	$\overline{PF}+\overline{PF'}\ge 2\sqrt{\overline{PF}\times\overline{PF'}}$ $14\ge 2\sqrt{\overline{PF}\times\overline{PF'}}$ $\therefore \sqrt{\overline{PF}\times\overline{PF'}}\le 7$ (단, 등호는 $\overline{PF}=\overline{PF'}$일 때 성립)
양변을 제곱하면	$\overline{PF}\times\overline{PF'}\le 49$
따라서 구하는 최댓값은	**49**

다른 풀이

타원 위의 점 P에서 두 초점까지의 거리의 합은 장축의 길이와 같으므로	$\overline{PF}+\overline{PF'}=2\times7=14$ $\therefore \overline{PF'}=14-\overline{PF}$
이를 $\overline{PF}\times\overline{PF'}$에 대입하면	$\overline{PF}\times\overline{PF'}=\overline{PF}(14-\overline{PF})$ $=-\overline{PF}^2+14\overline{PF}$ $=-(\overline{PF}-7)^2+49$
따라서 구하는 최댓값은 $\overline{PF}=7$일 때	**49**

정답과 해설 9쪽

문제

05-1 두 점 A(4, 0), B(−4, 0)과 타원 $\frac{x^2}{25}+\frac{y^2}{9}=1$ 위의 점 P에 대하여 $\overline{PA}\times\overline{PB}$의 최댓값을 구하시오.

05-2 타원 $\frac{x^2}{4}+\frac{y^2}{36}=1$ 위의 점 P(a, b)에 대하여 ab의 최댓값을 구하시오. (단, $a>0$, $b>0$)

필.수.예.제 06 조건을 만족시키는 점이 나타내는 도형의 방정식

유형편 13쪽

x축 위를 움직이는 점 A와 y축 위를 움직이는 점 B에 대하여 $\overline{AB}=10$일 때, 선분 AB를 3 : 2로 내분하는 점 P가 나타내는 도형의 방정식을 구하시오.

공략 Point

조건을 만족시키는 점의 좌표를 (x, y)로 놓고 x, y 사이의 관계식을 구한다.

풀이

$A(a, 0)$, $B(0, b)$라 하면 $\overline{AB}=10$에서	$\sqrt{a^2+b^2}=10$
양변을 제곱하면	$a^2+b^2=100$ ······ ㉠
선분 AB를 3 : 2로 내분하는 점 P의 좌표를 (x, y)라 하면	$x=\frac{3\times0+2\times a}{3+2}=\frac{2a}{5}$ $y=\frac{3\times b+2\times0}{3+2}=\frac{3b}{5}$
a, b에 대하여 풀면	$a=\frac{5x}{2}$, $b=\frac{5y}{3}$ ······ ㉡
㉡을 ㉠에 대입하면 구하는 도형의 방정식은	$\left(\frac{5x}{2}\right)^2+\left(\frac{5y}{3}\right)^2=100$ $\therefore \boldsymbol{\frac{x^2}{16}+\frac{y^2}{36}=1}$

정답과 해설 10쪽

문제

06-1 점 (1, 0)과 직선 $x=4$에 이르는 거리의 비가 1 : 2인 점 P가 나타내는 도형의 방정식을 구하시오.

06-2 x축 위를 움직이는 점 A와 y축 위를 움직이는 점 B에 대하여 $\overline{AB}=4$일 때, 선분 AB를 5 : 3으로 외분하는 점 P가 나타내는 도형의 방정식을 구하시오.

연습문제

1 타원 $5x^2+y^2=20$과 두 초점이 같고 장축의 길이가 10인 타원의 단축의 길이는?

① 5 ② 6 ③ 7
④ 8 ⑤ 9

2 두 초점이 F$(5, 0)$, F$'(-5, 0)$이고 장축과 단축의 길이의 차가 2인 타원 위의 점을 P라 할 때, $\overline{PF}+\overline{PF'}$의 값을 구하시오.

수능

3 타원 $\frac{(x-2)^2}{a}+\frac{(y-2)^2}{4}=1$의 두 초점의 좌표가 $(6, b)$, $(-2, b)$일 때, ab의 값은?

(단, a는 양수이다.)

① 40 ② 42 ③ 44
④ 46 ⑤ 48

4 점 $(1, -2)$를 중심으로 하고 두 초점 사이의 거리가 6이며 y축에 평행한 장축의 길이가 10인 타원의 방정식이 $\frac{(x-m)^2}{a}+\frac{(y-n)^2}{b}=1$일 때, 상수 a, b, m, n에 대하여 $a+b+m+n$의 값을 구하시오.

5 타원 $9x^2+5y^2+18x-36=0$의 한 초점의 좌표가 (p, q)이고 단축의 길이가 l일 때, $p^2+q^2+l^2$의 값을 구하시오.

평가원

6 그림과 같이 타원 $\frac{x^2}{36}+\frac{y^2}{27}=1$의 두 초점은 F, F$'$이고, 제1사분면에 있는 두 점 P, Q는 다음 조건을 만족시킨다.

(가) $\overline{PF}=2$
(나) 점 Q는 직선 PF$'$과 타원의 교점이다.

삼각형 PFQ의 둘레의 길이와 삼각형 PF$'$F의 둘레의 길이의 합을 구하시오.

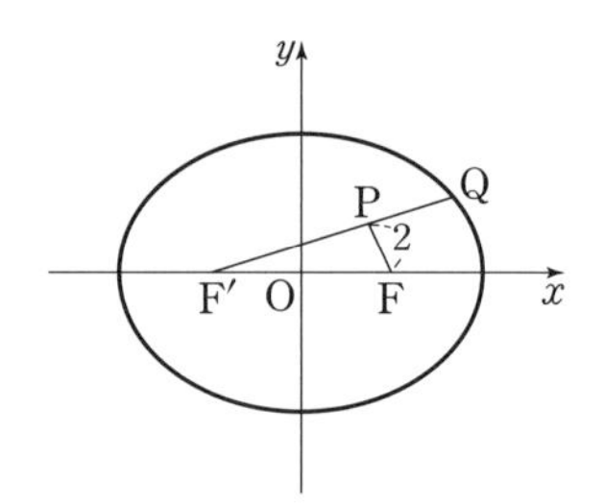

7 오른쪽 그림과 같이 두 점 A$(1, 1)$, B$(3, 1)$과 타원 $\frac{(x-2)^2}{4}+\frac{(y-1)^2}{3}=1$ 위의 두 점 C, D가 사각형 ADBC를 이룰 때, 사각형 ADBC의 둘레의 길이를 구하시오.

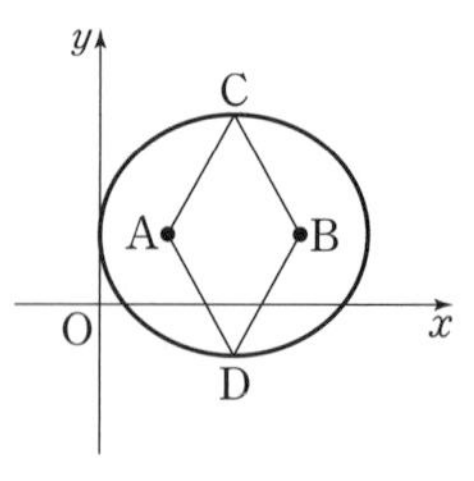

8 두 점 A(3, 0), B(−3, 0)과 타원 $\frac{x^2}{25}+\frac{y^2}{16}=1$ 위의 점 P에 대하여 $\overline{PA}^2+\overline{PB}^2$의 최솟값은?

① 45 ② 50 ③ 55
④ 60 ⑤ 65

9 원 $x^2+y^2=4$ 위의 점 P에서 x축에 내린 수선의 발을 H라 할 때, 선분 PH의 중점 M이 나타내는 도형은 타원이다. 이 타원의 장축의 길이와 단축의 길이의 차를 구하시오.

실력

수능

10 타원 $\frac{x^2}{9}+\frac{y^2}{4}=1$의 두 초점 중 x좌표가 양수인 점을 F, 음수인 점을 F′이라 하자. 이 타원 위의 점 P를 ∠FPF′=90°가 되도록 제1사분면에서 잡고, 선분 FP의 연장선 위에 y좌표가 양수인 점 Q를 $\overline{FQ}=6$이 되도록 잡는다. 삼각형 QF′F의 넓이를 구하시오.

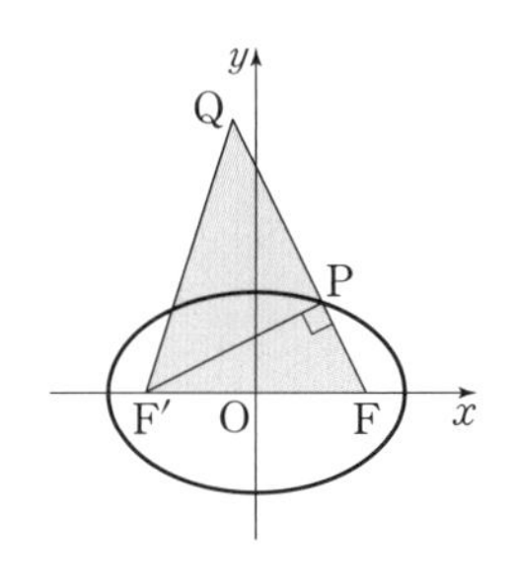

11 다음 그림과 같이 x축 위의 점 A(a, 0)과 두 초점이 F, F′인 타원 $\frac{x^2}{9}+\frac{y^2}{25}=1$ 위의 점 P에 대하여 $\overline{AP}-\overline{PF}$의 최솟값이 2일 때, 양수 a의 값은?

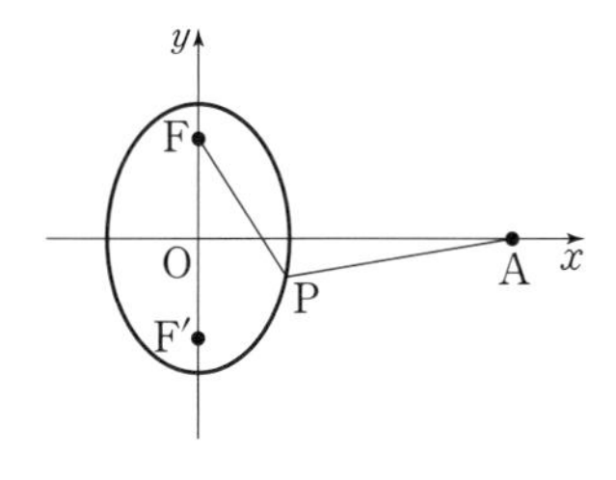

① 4 ② $3\sqrt{5}$ ③ 8
④ $8\sqrt{2}$ ⑤ 12

수능

12 두 초점이 F, F′인 타원 $\frac{x^2}{49}+\frac{y^2}{33}=1$이 있다. 원 $x^2+(y-3)^2=4$ 위의 점 P에 대하여 직선 F′P가 이 타원과 만나는 점 중 y좌표가 양수인 점을 Q라 하자. $\overline{PQ}+\overline{FQ}$의 최댓값을 구하시오.

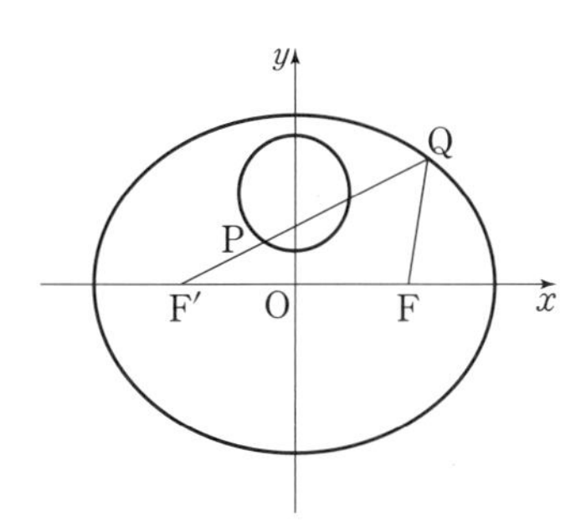

03
쌍곡선

쌍곡선의 방정식

1 쌍곡선의 정의

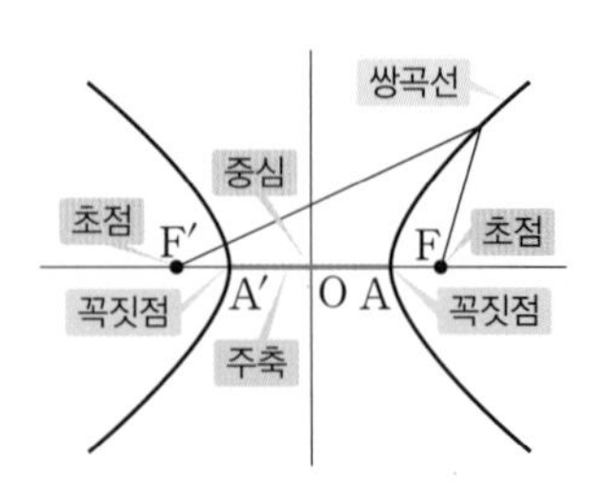

평면 위의 두 점 F, F′으로부터 거리의 차가 일정한 점들의 집합을 **쌍곡선**이라 한다. 이때 두 점 F, F′을 쌍곡선의 **초점**이라 한다. 또 쌍곡선의 두 초점 F, F′을 잇는 직선이 쌍곡선과 만나는 점을 각각 A, A′이라 할 때, 두 점 A, A′을 쌍곡선의 **꼭짓점**, 선분 AA′을 쌍곡선의 **주축**, 선분 AA′의 중점을 쌍곡선의 **중심**이라 한다.

참고
- 쌍곡선의 두 초점은 주축을 포함하는 직선 위에 있다.
- 쌍곡선의 중심은 선분 FF′의 중점과 같다.
- 쌍곡선은 주축의 연장선, 주축의 수직이등분선 및 중심에 대하여 각각 대칭이다.

2 쌍곡선의 방정식

쌍곡선	두 초점 F$(c, 0)$, F′$(-c, 0)$으로부터 거리의 차가 $2a$인 쌍곡선 (단, $c>a>0$)	두 초점 F$(0, c)$, F′$(0, -c)$로부터 거리의 차가 $2b$인 쌍곡선 (단, $c>b>0$)
방정식	$\frac{x^2}{a^2}-\frac{y^2}{b^2}=1$ (단, $b^2=c^2-a^2$)	$\frac{x^2}{a^2}-\frac{y^2}{b^2}=-1$ (단, $a^2=c^2-b^2$)
그래프	F′$(-c, 0)$, O, a, $-a$, F$(c, 0)$, x, y ➡ 좌우로 놓인 쌍곡선	F$(0, c)$, b, O, $-b$, F′$(0, -c)$, x, y ➡ 상하로 놓인 쌍곡선
초점의 좌표	F$(\sqrt{a^2+b^2}, 0)$, F′$(-\sqrt{a^2+b^2}, 0)$	F$(0, \sqrt{a^2+b^2})$, F′$(0, -\sqrt{a^2+b^2})$
꼭짓점의 좌표	$(a, 0)$, $(-a, 0)$	$(0, b)$, $(0, -b)$
중심의 좌표	$(0, 0)$ ◀ 원점	$(0, 0)$ ◀ 원점
주축의 길이	$2a$	$2b$

예 쌍곡선 $\frac{x^2}{9}-\frac{y^2}{7}=1$에서 $\frac{x^2}{3^2}-\frac{y^2}{(\sqrt{7})^2}=1$

초점의 좌표는 $(\sqrt{9+7}, 0)$, $(-\sqrt{9+7}, 0)$ $\quad\therefore (4, 0), (-4, 0)$

꼭짓점의 좌표는 $(3, 0)$, $(-3, 0)$

주축의 길이는 $2\times3=6$

참고
- 쌍곡선 $\frac{x^2}{a^2}-\frac{y^2}{b^2}=1$의 초점, 꼭짓점, 주축은 x축 위에 있고, 쌍곡선 $\frac{x^2}{a^2}-\frac{y^2}{b^2}=-1$의 초점, 꼭짓점, 주축은 y축 위에 있다.
- 쌍곡선 $\frac{x^2}{a^2}-\frac{y^2}{b^2}=1$과 $\frac{x^2}{a^2}-\frac{y^2}{b^2}=-1$은 x축, y축, 원점에 대하여 각각 대칭이다.
- 쌍곡선 위의 점 P에서 두 초점 F, F′까지의 거리의 차는 주축의 길이와 같다.
  ➡ $|\overline{PF}-\overline{PF'}|$=(주축의 길이)

3 쌍곡선의 점근선

쌍곡선 $\frac{x^2}{a^2}-\frac{y^2}{b^2}=1$과 $\frac{x^2}{a^2}-\frac{y^2}{b^2}=-1$의 점근선의 방정식은

$$y=\frac{b}{a}x,\ y=-\frac{b}{a}x$$

예 쌍곡선 $\frac{x^2}{16}-\frac{y^2}{25}=1$에서 $\frac{x^2}{4^2}-\frac{y^2}{5^2}=1$

따라서 점근선의 방정식은 $y=\frac{5}{4}x$, $y=-\frac{5}{4}x$이고, 쌍곡선 $\frac{x^2}{16}-\frac{y^2}{25}=1$은 오른쪽 그림과 같다.

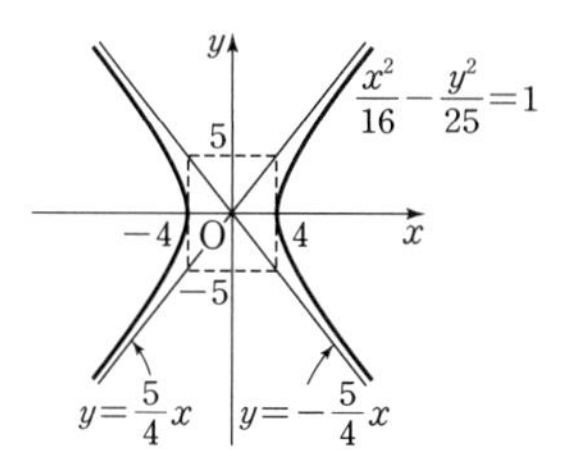

참고 • 곡선이 어떤 직선에 한없이 가까워지면 이 직선을 그 곡선의 점근선이라 한다.
• 쌍곡선을 그릴 때는 점근선을 이용하면 편리하다.
• 쌍곡선의 두 점근선의 교점은 쌍곡선의 중심과 같다.

4 쌍곡선의 평행이동

(1) 쌍곡선 $\frac{x^2}{a^2}-\frac{y^2}{b^2}=1$을 x축의 방향으로 m만큼, y축의 방향으로 n만큼 평행이동한 쌍곡선의 방정식은

$$\frac{(x-m)^2}{a^2}-\frac{(y-n)^2}{b^2}=1$$

(2) 쌍곡선 $\frac{x^2}{a^2}-\frac{y^2}{b^2}=-1$을 x축의 방향으로 m만큼, y축의 방향으로 n만큼 평행이동한 쌍곡선의 방정식은

$$\frac{(x-m)^2}{a^2}-\frac{(y-n)^2}{b^2}=-1$$

참고 쌍곡선을 평행이동하면 초점, 꼭짓점, 중심, 점근선도 함께 평행이동되지만 모양은 변하지 않으므로 주축의 길이는 변하지 않는다.

쌍곡선의 방정식	$\frac{(x-m)^2}{a^2}-\frac{(y-n)^2}{b^2}=1$	$\frac{(x-m)^2}{a^2}-\frac{(y-n)^2}{b^2}=-1$
초점의 좌표	$(\sqrt{a^2+b^2}+m,\ n)$, $(-\sqrt{a^2+b^2}+m,\ n)$	$(m,\ \sqrt{a^2+b^2}+n)$, $(m,\ -\sqrt{a^2+b^2}+n)$
꼭짓점의 좌표	$(a+m,\ n)$, $(-a+m,\ n)$	$(m,\ b+n)$, $(m,\ -b+n)$
중심의 좌표	$(m,\ n)$	$(m,\ n)$
주축의 길이	$2a$	$2b$
점근선의 방정식	$y=\frac{b}{a}(x-m)+n$, $y=-\frac{b}{a}(x-m)+n$	$y=\frac{b}{a}(x-m)+n$, $y=-\frac{b}{a}(x-m)+n$

5 쌍곡선의 방정식의 일반형

평행이동한 쌍곡선의 방정식을 전개하면 다음과 같은 방정식을 얻을 수 있다.

$$Ax^2+By^2+Cx+Dy+E=0\ (\text{단, } A,\ B,\ C,\ D,\ E\text{는 상수, } AB<0)$$

◀ xy항이 없고 x^2항과 y^2항이 반드시 있는 이차방정식

개념 PLUS

쌍곡선의 방정식

(1) 두 초점 $F(c,\ 0)$, $F'(-c,\ 0)$으로부터 거리의 차가 $2a\,(c>a>0)$인 쌍곡선 위의 점을 $P(x,\ y)$라 하자.

이때 쌍곡선의 정의에 의하여 $|\overline{PF}-\overline{PF'}|=2a$이므로

$$|\sqrt{(x-c)^2+y^2}-\sqrt{(x+c)^2+y^2}|=2a$$

$$\therefore \sqrt{(x-c)^2+y^2}=\sqrt{(x+c)^2+y^2}\pm 2a$$

양변을 제곱하여 정리하면 $-cx-a^2=\pm a\sqrt{(x+c)^2+y^2}$

다시 양변을 제곱하여 정리하면 $(c^2-a^2)x^2-a^2y^2=a^2(c^2-a^2)$

$c^2-a^2=b^2$으로 놓으면

$$b^2x^2-a^2y^2=a^2b^2 \qquad \therefore \frac{x^2}{a^2}-\frac{y^2}{b^2}=1 \qquad \cdots\cdots ㉠$$

역으로 점 $P(x,\ y)$가 방정식 ㉠을 만족시키면 $|\overline{PF}-\overline{PF'}|=2a$이므로 점 P는 두 초점 $F(c,\ 0)$, $F'(-c,\ 0)$으로부터 거리의 차가 $2a$인 쌍곡선 위의 점이다.

따라서 두 초점 $F(c,\ 0)$, $F'(-c,\ 0)$으로부터 거리의 차가 $2a\,(c>a>0)$인 쌍곡선의 방정식은

$$\frac{x^2}{a^2}-\frac{y^2}{b^2}=1 \text{ (단, } b^2=c^2-a^2)$$

(2) 두 초점 $F(0,\ c)$, $F'(0,\ -c)$로부터 거리의 차가 $2b\,(c>b>0)$인 쌍곡선의 방정식은 (1)과 같은 방법으로 구하면

$$\frac{x^2}{a^2}-\frac{y^2}{b^2}=-1 \text{ (단, } a^2=c^2-b^2)$$

쌍곡선의 점근선

쌍곡선의 방정식 $\frac{x^2}{a^2}-\frac{y^2}{b^2}=1$을 y에 대하여 풀면 $y=\pm\frac{b}{a}x\sqrt{1-\frac{a^2}{x^2}}$

이때 $|x|$의 값이 한없이 커지면 $\frac{a^2}{x^2}$의 값은 0에 한없이 가까워지므로 쌍곡선 $\frac{x^2}{a^2}-\frac{y^2}{b^2}=1$은 두 직선 $y=\frac{b}{a}x$, $y=-\frac{b}{a}x$에 한없이 가까워진다. 이 두 직선을 쌍곡선의 점근선이라 한다.

같은 방법으로 쌍곡선 $\frac{x^2}{a^2}-\frac{y^2}{b^2}=-1$의 점근선도 두 직선 $y=\frac{b}{a}x$, $y=-\frac{b}{a}x$이다.

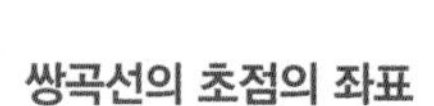

쌍곡선의 초점의 좌표

(1) 쌍곡선 $\frac{x^2}{a^2}-\frac{y^2}{b^2}=1$의 초점은 x축 위에 있으므로 두 초점을 $F(c,\ 0)$, $F'(-c,\ 0)$ $(c>0)$이라 하자.

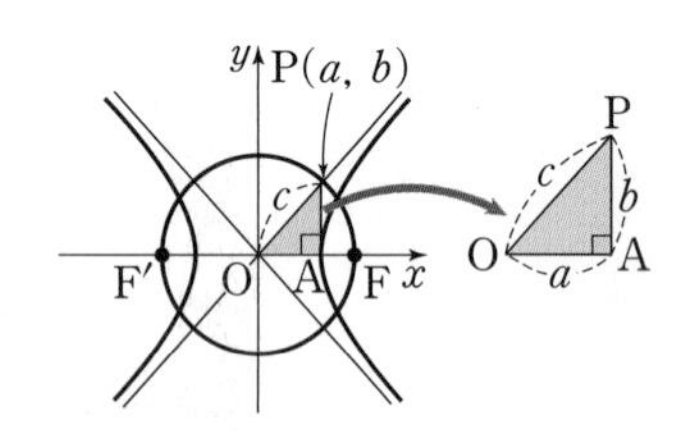

이때 원점을 중심으로 하고 두 초점 F, F'을 지나는 원이 점근선과 제1사분면에서 만나는 점을 P라 하면 점 P에서 x축에 내린 수선의 발은 쌍곡선의 꼭짓점이므로 이 꼭짓점을 $A(a,\ 0)$이라 하자. 점 P는 x좌표가 a이고 점근선 $y=\frac{b}{a}x$ 위의 점이므로 점 P의 좌표는 $(a,\ b)$이다.

이때 삼각형 POA는 직각삼각형이므로

$$c^2=a^2+b^2 \qquad \therefore c=\sqrt{a^2+b^2}$$

따라서 두 초점은 $F(\sqrt{a^2+b^2},\ 0)$, $F'(-\sqrt{a^2+b^2},\ 0)$

(2) 쌍곡선 $\frac{x^2}{a^2}-\frac{y^2}{b^2}=-1$의 초점은 y축 위에 있으므로 두 초점을 $F(0,\ c)$, $F'(0,\ -c)$ $(c>0)$라 하면 (1)과 같은 방법으로

$$F(0,\ \sqrt{a^2+b^2}),\ F'(0,\ -\sqrt{a^2+b^2})$$

쌍곡선의 방정식의 일반형

쌍곡선의 방정식 $\frac{(x-m)^2}{a^2}-\frac{(y-n)^2}{b^2}=1$의 양변에 a^2b^2을 곱한 후 전개하여 정리하면

$$b^2x^2-a^2y^2-2b^2mx+2a^2ny+b^2m^2-a^2n^2-a^2b^2=0$$

이때 $b^2=A$, $-a^2=B$, $-2b^2m=C$, $2a^2n=D$, $b^2m^2-a^2n^2-a^2b^2=E$로 놓으면

$$Ax^2+By^2+Cx+Dy+E=0 \text{ (단, } AB<0) \qquad \cdots\cdots ㉠$$

쌍곡선의 방정식 $\frac{(x-m)^2}{a^2}-\frac{(y-n)^2}{b^2}=-1$도 같은 방법으로 ㉠과 같이 나타낼 수 있다.

따라서 쌍곡선의 방정식은 xy항이 없고 x^2항과 y^2항이 반드시 있는 이차방정식으로 나타내어진다.

개념 CHECK

정답과 해설 12쪽

1 다음 쌍곡선의 초점의 좌표, 꼭짓점의 좌표, 주축의 길이, 점근선의 방정식을 구하고, 그래프를 그리시오.

(1) $\frac{x^2}{9}-\frac{y^2}{16}=1$　　　(2) $\frac{x^2}{5}-\frac{y^2}{4}=-1$

2 평행이동을 이용하여 쌍곡선 $(x-1)^2-\frac{(y+1)^2}{3}=1$의 초점의 좌표, 꼭짓점의 좌표, 중심의 좌표, 주축의 길이, 점근선의 방정식을 구하려고 한다. 다음 빈칸에 알맞은 것을 써넣고, 표를 완성하시오.

➡ 쌍곡선 $x^2-\frac{y^2}{3}=1$을 x축의 방향으로 ☐만큼, y축의 방향으로 ☐만큼 평행이동한 것이다.

➡

방정식	$x^2-\frac{y^2}{3}=1$	$(x-1)^2-\frac{(y+1)^2}{3}=1$
초점의 좌표		
꼭짓점의 좌표		
중심의 좌표		
주축의 길이		
점근선의 방정식		

필.수.예.제 01

쌍곡선의 방정식

유형편 15쪽

다음 쌍곡선의 방정식을 구하시오.

(1) 두 점 F(5, 0), F′(−5, 0)으로부터 거리의 차가 8인 쌍곡선

(2) 두 초점이 F(0, 6), F′(0, −6)이고 주축의 길이가 6인 쌍곡선

공략 Point

(1) 두 초점이 $F(c, 0)$, $F'(-c, 0)$인 쌍곡선은 $\frac{x^2}{a^2}-\frac{y^2}{b^2}=1$로 놓고 두 초점으로부터 거리의 차가 $2a$이고, $b^2=c^2-a^2$임을 이용한다.

(2) 두 초점이 $F(0, c)$, $F'(0, -c)$인 쌍곡선은 $\frac{x^2}{a^2}-\frac{y^2}{b^2}=-1$로 놓고 두 초점으로부터 거리의 차가 $2b$이고, $a^2=c^2-b^2$임을 이용한다.

풀이

(1) 두 점 F, F′으로부터 거리의 차가 8인 쌍곡선이므로	두 점 F, F′은 초점이다.
중심이 원점이고 두 초점이 x축 위에 있으므로 쌍곡선의 방정식은	$\frac{x^2}{a^2}-\frac{y^2}{b^2}=1$ (단, $a>0$, $b>0$)
두 초점으로부터 거리의 차가 8이므로	$2a=8$ $\quad\therefore a=4$
$b^2=5^2-a^2$이므로	$b^2=5^2-4^2=9$
따라서 구하는 쌍곡선의 방정식은	$\boldsymbol{\frac{x^2}{16}-\frac{y^2}{9}=1}$

(2) 중심이 원점이고 두 초점이 y축 위에 있으므로 쌍곡선의 방정식은	$\frac{x^2}{a^2}-\frac{y^2}{b^2}=-1$ (단, $a>0$, $b>0$)
주축의 길이가 6이므로	$2b=6$ $\quad\therefore b=3$
$a^2=6^2-b^2$이므로	$a^2=6^2-3^2=27$
따라서 구하는 쌍곡선의 방정식은	$\boldsymbol{\frac{x^2}{27}-\frac{y^2}{9}=-1}$

공략 Point

두 점 F, F′으로부터 거리의 차가 k인 점을 $P(x, y)$라 하면 $|\overline{PF}-\overline{PF'}|=k$임을 이용하여 식을 세운다.

다른 풀이

(1) 두 점 F, F′으로부터 거리의 차가 8인 점의 좌표를 (x, y)라 하면	$\lvert\sqrt{(x-5)^2+y^2}-\sqrt{(x+5)^2+y^2}\rvert=8$ $\therefore \sqrt{(x-5)^2+y^2}=\sqrt{(x+5)^2+y^2}\pm8$
양변을 제곱하여 정리하면	$-5x-16=\pm4\sqrt{(x+5)^2+y^2}$
양변을 제곱하여 정리하면 구하는 쌍곡선의 방정식은	$9x^2-16y^2=144$ $\quad\therefore \boldsymbol{\frac{x^2}{16}-\frac{y^2}{9}=1}$

정답과 해설 13쪽

문제

01-1 다음 쌍곡선의 방정식을 구하시오.

(1) 두 점 $F(0, 2\sqrt{3})$, $F'(0, -2\sqrt{3})$으로부터 거리의 차가 6인 쌍곡선

(2) 두 초점이 F(4, 0), F′(−4, 0)이고 주축의 길이가 4인 쌍곡선

01-2 두 점 (1, 0), (−1, 0)을 꼭짓점으로 하고 점 $(2, \sqrt{6})$을 지나는 쌍곡선의 방정식을 구하시오.

필.수.예.제 02

공략 Point

쌍곡선 $\frac{x^2}{a^2}-\frac{y^2}{b^2}=\pm1$의 점근선의 방정식은

$y=\frac{b}{a}x,\ y=-\frac{b}{a}x$

쌍곡선의 점근선

유형편 15쪽

두 초점이 $\mathrm{F}(5,\ 0)$, $\mathrm{F}'(-5,\ 0)$이고, 점근선의 방정식이 $y=\frac{3}{4}x$, $y=-\frac{3}{4}x$인 쌍곡선의 방정식을 구하시오.

풀이

중심이 원점이고 두 초점이 x축 위에 있으므로 쌍곡선의 방정식은	$\frac{x^2}{a^2}-\frac{y^2}{b^2}=1$ (단, $a>0$, $b>0$)
$b^2=5^2-a^2$이므로	$b^2=25-a^2$ ······ ㉠
점근선의 방정식이 $y=\frac{3}{4}x$, $y=-\frac{3}{4}x$이므로	$\frac{b}{a}=\frac{3}{4}$ $\quad\therefore b=\frac{3}{4}a$ ······ ㉡
㉡을 ㉠에 대입하면	$\frac{9}{16}a^2=25-a^2$ $\quad\therefore a^2=16$ ······ ㉢
㉢을 ㉠에 대입하면	$b^2=9$
따라서 구하는 쌍곡선의 방정식은	$\boldsymbol{\frac{x^2}{16}-\frac{y^2}{9}=1}$

정답과 해설 13쪽

문제

02-1 두 초점이 $\mathrm{F}(0,\ \sqrt{6})$, $\mathrm{F}'(0,\ -\sqrt{6})$이고, 점근선의 방정식이 $y=x$, $y=-x$인 쌍곡선의 방정식을 구하시오.

02-2 주축의 길이가 4인 쌍곡선 $\frac{x^2}{a^2}-\frac{y^2}{b^2}=1$의 한 점근선의 방정식이 $y=\frac{5}{2}x$일 때, 양수 a, b에 대하여 ab의 값을 구하시오.

02-3 점 $(0,\ \sqrt{5})$를 지나고 점근선의 방정식이 $y=\frac{1}{2}x$, $y=-\frac{1}{2}x$인 쌍곡선의 방정식을 구하시오.

필.수.예.제 03

평행이동한 쌍곡선의 방정식

유형편 16쪽

두 초점 $F(4, 2)$, $F'(-6, 2)$로부터 거리의 차가 6인 쌍곡선의 방정식을 구하시오.

공략 Point

중심의 좌표가 (m, n)이고 두 초점이 x축에 평행한 직선 위에 있는 쌍곡선의 방정식은
$\frac{(x-m)^2}{a^2}-\frac{(y-n)^2}{b^2}=1$
중심의 좌표가 (m, n)이고 두 초점이 y축에 평행한 직선 위에 있는 쌍곡선의 방정식은
$\frac{(x-m)^2}{a^2}-\frac{(y-n)^2}{b^2}=-1$

풀이

쌍곡선의 중심은 선분 FF'의 중점이므로 중심의 좌표는	$\left(\frac{4-6}{2}, \frac{2+2}{2}\right)$ $\therefore (-1, 2)$
중심의 좌표가 $(-1, 2)$이고 두 초점이 x축에 평행한 직선 위에 있으므로 쌍곡선의 방정식은	$\frac{(x+1)^2}{a^2}-\frac{(y-2)^2}{b^2}=1$ (단, $a>0$, $b>0$)
두 초점으로부터 거리의 차가 6이므로	$2a=6$ $\therefore a=3$
중심에서 초점까지의 거리가 5이고 $b^2=5^2-a^2$이므로	$b^2=5^2-3^2=16$
따라서 구하는 쌍곡선의 방정식은	$\mathbf{\frac{(x+1)^2}{9}-\frac{(y-2)^2}{16}=1}$

공략 Point

두 점 F, F'으로부터 거리의 차가 k인 점을 $P(x, y)$라 하면 $|\overline{PF}-\overline{PF'}|=k$임을 이용하여 식을 세운다.

다른 풀이

두 초점 F, F'으로부터 거리의 차가 6인 점의 좌표를 (x, y)라 하면	$\left\|\sqrt{(x-4)^2+(y-2)^2}-\sqrt{(x+6)^2+(y-2)^2}\right\|=6$ $\therefore \sqrt{(x-4)^2+(y-2)^2}=\sqrt{(x+6)^2+(y-2)^2}\pm6$
양변을 제곱하여 정리하면	$-5x-14=\pm3\sqrt{(x+6)^2+(y-2)^2}$
양변을 제곱하여 정리하면 구하는 쌍곡선의 방정식은	$16(x+1)^2-9(y-2)^2=144$ $\therefore \mathbf{\frac{(x+1)^2}{9}-\frac{(y-2)^2}{16}=1}$

정답과 해설 14쪽

문제

03-1 두 초점 $F(4, 9)$, $F'(4, -3)$으로부터 거리의 차가 8인 쌍곡선의 방정식을 구하시오.

03-2 두 초점이 $F(-1, 2)$, $F'(-5, 2)$이고 주축의 길이가 2인 쌍곡선의 방정식을 구하시오.

03-3 점근선의 방정식이 $y=x+1$, $y=-x-1$이고 한 초점의 좌표가 $(3, 0)$인 쌍곡선의 방정식을 구하시오.

필.수.예.제 04

쌍곡선의 방정식의 일반형

유형편 16쪽

쌍곡선 $7x^2-9y^2+14x+36y-92=0$의 초점의 좌표, 꼭짓점의 좌표, 중심의 좌표, 주축의 길이, 점근선의 방정식을 구하시오.

공략 Point

주어진 쌍곡선의 방정식을 $\frac{(x-m)^2}{a^2}-\frac{(y-n)^2}{b^2}=\pm1$ 꼴로 변형한다.

풀이

$7x^2-9y^2+14x+36y-92=0$에서	$7(x^2+2x+1)-9(y^2-4y+4)=63$ $\therefore \frac{(x+1)^2}{9}-\frac{(y-2)^2}{7}=1$
즉, 쌍곡선 $7x^2-9y^2+14x+36y-92=0$은	쌍곡선 $\frac{x^2}{9}-\frac{y^2}{7}=1$을 x축의 방향으로 -1만큼, y축의 방향으로 2만큼 평행이동한 것이다.
$\frac{x^2}{9}-\frac{y^2}{7}=1$에서 $\frac{x^2}{3^2}-\frac{y^2}{(\sqrt{7})^2}=1$이므로 이 쌍곡선의	초점의 좌표: $(4, 0)$, $(-4, 0)$ 꼭짓점의 좌표: $(3, 0)$, $(-3, 0)$ 중심의 좌표: $(0, 0)$ 주축의 길이: $2\times3=6$ 점근선의 방정식: $y=\frac{\sqrt{7}}{3}x$, $y=-\frac{\sqrt{7}}{3}x$
따라서 x축의 방향으로 -1만큼, y축의 방향으로 2만큼 평행이동하면 구하는 쌍곡선의	**초점의 좌표: $(3, 2)$, $(-5, 2)$** **꼭짓점의 좌표: $(2, 2)$, $(-4, 2)$** **중심의 좌표: $(-1, 2)$** **주축의 길이: 6** **점근선의 방정식: $y=\frac{\sqrt{7}}{3}x+\frac{\sqrt{7}}{3}+2$, $y=-\frac{\sqrt{7}}{3}x-\frac{\sqrt{7}}{3}+2$**

정답과 해설 15쪽

문제

04-1 쌍곡선 $9x^2-4y^2-54x-16y+101=0$의 초점의 좌표, 꼭짓점의 좌표, 중심의 좌표, 주축의 길이, 점근선의 방정식을 구하시오.

04-2 쌍곡선 $8x^2-y^2+2y-9=0$의 두 초점 F, F′과 원점 O에 대하여 삼각형 OFF′의 넓이를 구하시오.

필.수.예.제 05

쌍곡선의 정의의 활용

유형편 17쪽

쌍곡선 $\frac{x^2}{16}-\frac{y^2}{20}=1$ 위의 점 P와 두 초점 F, F′에 대하여 $\angle FPF'=90°$일 때, 삼각형 PFF′의 넓이를 구하시오.

공략 Point

쌍곡선 위의 점에서 두 초점까지의 거리의 차는 주축의 길이와 같음을 이용한다.

풀이

쌍곡선 $\frac{x^2}{16}-\frac{y^2}{20}=1$의 두 초점의 좌표는	$(6, 0)$, $(-6, 0)$
두 초점 사이의 거리는	$\overline{FF'}=12$
이때 $\overline{PF}=m$, $\overline{PF'}=n$이라 하면 쌍곡선 위의 점 P에서 두 초점까지의 거리의 차는 주축의 길이와 같으므로	$\lvert m-n\rvert=2\times4=8$
양변을 제곱하면	$m^2-2mn+n^2=64$ ······ ㉠
삼각형 PFF′은 직각삼각형이므로	$m^2+n^2=144$ ······ ㉡
㉡을 ㉠에 대입하면	$144-2mn=64$ $\therefore mn=40$
따라서 구하는 넓이는	$\frac{1}{2}mn=\frac{1}{2}\times40=$**20**

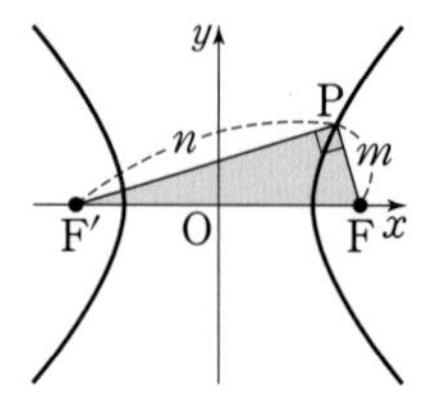

정답과 해설 15쪽

문제

05-1 쌍곡선 $x^2-8y^2=-8$ 위의 점 P와 두 초점 F, F′에 대하여 $\angle FPF'=90°$일 때, 삼각형 PFF′의 넓이를 구하시오.

05-2 쌍곡선 $\frac{x^2}{64}-\frac{y^2}{36}=1$ 위의 점 P와 두 초점 F, F′에 대하여 삼각형 PFF′의 둘레의 길이가 50일 때, $\overline{PF}^2-\overline{PF'}^2$의 값을 구하시오. (단, $\overline{PF}>\overline{PF'}$)

05-3 쌍곡선 $\frac{x^2}{9}-\frac{y^2}{16}=-1$ 위의 점 P와 두 초점 F, F′에 대하여 $\overline{PF'}=2\overline{PF}$일 때, 삼각형 PFF′의 둘레의 길이를 구하시오.

필.수.예.제
06 조건을 만족시키는 점이 나타내는 도형의 방정식

유형편 18쪽

점 A(1, 0)과 쌍곡선 $\frac{x^2}{4}-\frac{y^2}{5}=-1$ 위의 점 P에 대하여 선분 AP를 1 : 2로 외분하는 점 Q가 나타내는 도형의 방정식을 구하시오.

공략 Point

조건을 만족시키는 점의 좌표를 (x, y)로 놓고 x, y 사이의 관계식을 구한다.

풀이

쌍곡선 위의 점 P의 좌표를 (a, b)라 하면	$\frac{a^2}{4}-\frac{b^2}{5}=-1$ …… ㉠
선분 AP를 1 : 2로 외분하는 점 Q의 좌표를 (x, y)라 하면	$x=\frac{1\times a-2\times 1}{1-2}=-a+2$ $y=\frac{1\times b-2\times 0}{1-2}=-b$
a, b에 대하여 풀면	$a=-x+2,\ b=-y$ …… ㉡
㉡을 ㉠에 대입하면 구하는 도형의 방정식은	$\frac{(-x+2)^2}{4}-\frac{(-y)^2}{5}=-1$ $\therefore \frac{(x-2)^2}{4}-\frac{y^2}{5}=-1$

정답과 해설 15쪽

문제

06- **1** 좌표평면 위의 점 P에서 x축에 내린 수선의 발을 Q라 할 때, 점 A(0, 4)에 대하여 $\overline{AQ}=\overline{PQ}$를 만족시키는 점 P가 나타내는 도형의 방정식을 구하시오.

06- **2** 점 A(0, 2)와 쌍곡선 $\frac{x^2}{4}-\frac{y^2}{8}=1$ 위의 점 P에 대하여 선분 AP의 중점 M이 나타내는 도형의 방정식을 구하시오.

이차곡선

1 이차곡선

원, 포물선, 타원, 쌍곡선은 모두 x, y에 대한 이차방정식으로 나타낼 수 있다.
일반적으로 두 일차식의 곱으로 인수분해되지 않는 x, y에 대한 이차방정식

$$Ax^2+By^2+Cxy+Dx+Ey+F=0 \ (A,\ B,\ C,\ D,\ E,\ F\text{는 상수})$$

으로 나타낼 수 있는 곡선을 **이차곡선**이라 한다.

참고 x, y에 대한 이차방정식 중에서 이차곡선을 나타내지 않는 경우도 있다.

- $x^2-y^2=0$ ➡ 두 일차식의 곱 $(x+y)(x-y)=0$으로 인수분해되므로 두 직선 $y=-x$, $y=x$를 나타낸다.
- $x^2+y^2=0$ ➡ 방정식의 실근이 $x=0$, $y=0$ 뿐이므로 점 $(0,\ 0)$을 나타낸다.
- $x^2+y^2+1=0$ ➡ 방정식의 실근이 존재하지 않으므로 도형으로 나타낼 수 없다.

개념 PLUS

이차곡선의 분류

x, y에 대한 이차방정식

$$Ax^2+By^2+Cxy+Dx+Ey+F=0 \quad \cdots\cdots \text{㉠}$$

에 대하여 $C=0$일 때, ㉠이 이차곡선을 나타내면 나머지 계수 사이의 관계에 따라 다음과 같이 원, 포물선, 타원, 쌍곡선으로 분류된다.

이차곡선	원	포물선	타원	쌍곡선
계수 사이의 관계	$A=B$, $AB\neq0$	$A=0$, $BD\neq0$ 또는 $B=0$, $AE\neq0$	$AB>0$, $A\neq B$	$AB<0$

참고 축이 x축 또는 y축에 평행한 이차곡선의 방정식에는 xy항이 없다.

개념 CHECK

정답과 해설 16쪽

1 다음 방정식은 어떤 도형을 나타내는지 말하시오.

(1) $x^2-y^2+2x-2y+4=0$

(2) $x^2+4x-2y+14=0$

(3) $x^2+y^2-8x+1=0$

(4) $4x^2+y^2+6y-11=0$

필.수.예.제
07 이차곡선

유형편 18쪽

공략 Point

주어진 방정식이 나타내는 도형이 타원이려면
$(x-m)^2+a(y-n)^2=b$
꼴로 변형하였을 때 $a>0$, $a\neq1$, $b>0$이어야 한다.

방정식 $2x^2+4x+k(y^2+3)=0$이 나타내는 도형이 타원일 때, 상수 k의 값의 범위를 구하시오.

풀이

$2x^2+4x+k(y^2+3)=0$에서	$2(x^2+2x+1)+ky^2=-3k+2$ $\therefore\ 2(x+1)^2+ky^2=-3k+2$ ······ ㉠
㉠이 나타내는 도형이 타원이려면	$2\times k>0$, $k\neq2$, $-3k+2>0$ $\therefore$ $\mathbf{0<k<\frac{2}{3}}$

정답과 해설 16쪽

문제

07-1 방정식 $x^2-2y^2+6x+4y+k(x^2+4y^2)=0$이 나타내는 도형이 포물선일 때, 상수 k의 값을 구하시오.

07-2 방정식 $x^2-4x+k(y^2+2)=0$이 나타내는 도형이 타원일 때, 상수 k의 값의 범위를 구하시오.

07-3 방정식 $3x^2+4y^2-5+k(x^2-2y^2)=0$이 나타내는 도형이 쌍곡선일 때, 상수 k의 값의 범위를 구하시오.

연습문제

1 쌍곡선 $\frac{x^2}{24}-\frac{y^2}{25}=-1$의 두 초점 사이의 거리를 a, 주축의 길이를 b라 할 때, $a+b$의 값을 구하시오.

2 쌍곡선 $\frac{x^2}{a^2}-\frac{y^2}{16}=1$의 두 꼭짓점이 타원 $\frac{x^2}{36}+\frac{y^2}{b^2}=1$의 두 초점과 같을 때, 상수 a, b에 대하여 a^2+b^2의 값을 구하시오.

3 두 점 $(6,\ 0)$, $(-6,\ 0)$을 초점으로 하고 주축의 길이가 8인 쌍곡선이 점 $(6,\ k)$를 지날 때, 양수 k의 값은?

① $\frac{5}{4}$　② 2　③ $\frac{10}{3}$
④ 5　⑤ 6

4 중심이 원점이고 두 초점이 y축 위에 있는 쌍곡선이 두 점 $(-4,\ 5)$, $(6,\ -5\sqrt{2})$를 지날 때, 이 쌍곡선의 두 초점 사이의 거리는?

① 2　② 3　③ 4
④ 5　⑤ 6

5 쌍곡선 $3x^2-y^2=-9$에 대한 다음 설명 중 옳은 것은?

① 초점의 좌표는 $(0,\ \sqrt{6})$, $(0,\ -\sqrt{6})$이다.
② 주축의 길이는 $2\sqrt{3}$이다.
③ 꼭짓점의 좌표는 $(\sqrt{3},\ 0)$, $(-\sqrt{3},\ 0)$이다.
④ 쌍곡선 위의 점에서 두 초점까지의 거리의 차는 6이다.
⑤ 점근선의 방정식은 $y=3x$, $y=-3x$이다.

6 타원 $\frac{x^2}{5}+\frac{y^2}{25}=1$과 두 초점이 같은 쌍곡선의 한 점근선이 x축의 양의 방향과 이루는 각의 크기가 $60°$일 때, 이 쌍곡선의 방정식을 구하시오.

7 쌍곡선 $\frac{x^2}{a^2}-\frac{y^2}{b^2}=-1$이 점 $(2,\ -4)$를 지나고 두 점근선이 서로 수직일 때, 양수 a, b에 대하여 ab의 값은?

① 10　② 12　③ 14
④ 16　⑤ 18

8 쌍곡선 $\frac{(x+3)^2}{9}-\frac{(y-1)^2}{7}=1$의 두 초점의 좌표가 (a, b), (c, d)일 때, $a+b+c+d$의 값은?

① -5 ② -4 ③ -3
④ -2 ⑤ -1

9 두 점 $(-2, \sqrt{5})$, $(-2, -\sqrt{5})$를 초점으로 하고 주축의 길이가 4인 쌍곡선의 방정식은?

① $(x+2)^2-\frac{y^2}{4}=1$ ② $(x+2)^2-\frac{y^2}{4}=-1$
③ $\frac{(x+2)^2}{9}-\frac{y^2}{4}=1$ ④ $\frac{(x+2)^2}{9}-\frac{y^2}{4}=-1$
⑤ $\frac{x^2}{4}-\frac{(y-\sqrt{5})^2}{9}=1$

10 쌍곡선 $9x^2-y^2-72x-2y+107=0$의 두 점근선과 y축으로 둘러싸인 삼각형의 넓이는?

① 42 ② 44 ③ 46
④ 48 ⑤ 50

평가원

11 그림과 같이 두 초점이 $\mathrm{F}(c, 0)$, $\mathrm{F}'(-c, 0)(c>0)$이고 주축의 길이가 2인 쌍곡선이 있다. 점 F를 지나고 x축에 수직인 직선이 쌍곡선과 제1사분면에서 만나는 점을 A, 점 F′을 지나고 x축에 수직인 직선이 쌍곡선과 제2사분면에서 만나는 점을 B라 하자. 사각형 ABF′F가 정사각형일 때, 정사각형 ABF′F의 대각선의 길이는?

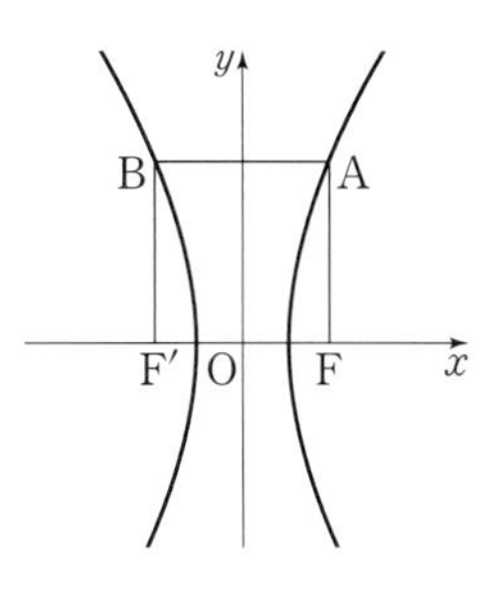

① $3+2\sqrt{2}$ ② $5+\sqrt{2}$ ③ $4+2\sqrt{2}$
④ $6+\sqrt{2}$ ⑤ $5+2\sqrt{2}$

12 다음 그림과 같이 쌍곡선 $\frac{x^2}{16}-\frac{y^2}{9}=-1$과 원 $x^2+y^2=25$가 만나는 한 점을 P라 하고 이 원과 y축이 만나는 두 점을 각각 A, B라 할 때, 삼각형 PAB의 넓이를 구하시오.

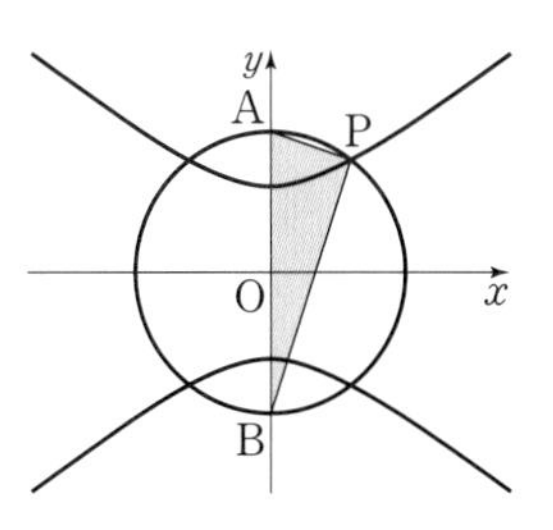

연습문제

13 쌍곡선 $\frac{x^2}{a^2}-\frac{y^2}{b^2}=1$ 위의 점 P와 두 초점 F, F′에 대하여 $\angle FPF'=90°$, $\overline{FF'}=10$, $\overline{PF'}=2\overline{PF}$일 때, 양수 a, b에 대하여 ab의 값은?

① 5 ② 10 ③ 15
④ 20 ⑤ 25

14 점 F(3, 0)과 y축에 이르는 거리의 비가 2 : 1인 점 P가 나타내는 도형의 방정식은?

① $\frac{(x-3)^2}{4}-y^2=1$ ② $\frac{(x-3)^2}{4}-y^2=-1$
③ $\frac{(x+1)^2}{4}-\frac{y^2}{12}=1$ ④ $\frac{(x+1)^2}{4}-\frac{y^2}{12}=-1$
⑤ $\frac{(x+3)^2}{18}-\frac{y^2}{2}=1$

15 방정식 $x^2+3y^2-2+k(x^2+y^2)=0$이 나타내는 도형이 쌍곡선일 때, 정수 k의 값은?

① -2 ② -1 ③ 0
④ 1 ⑤ 2

실력

수능

16 점근선의 방정식이 $y=\pm\frac{4}{3}x$이고 두 초점이 F$(c, 0)$, F′$(-c, 0)$ $(c>0)$인 쌍곡선이 다음 조건을 만족시킨다.

(가) 쌍곡선 위의 한 점 P에 대하여 $\overline{PF'}=30$, $16\le\overline{PF}\le20$이다.
(나) x좌표가 양수인 꼭짓점 A에 대하여 선분 AF의 길이는 자연수이다.

이 쌍곡선의 주축의 길이를 구하시오.

17 쌍곡선 $\frac{x^2}{9}-\frac{y^2}{16}=1$ 위의 점 중에서 x좌표가 양수인 점 P와 두 점 A(5, 0), B(7, 5)에 대하여 $\overline{PA}+\overline{PB}$의 최솟값을 구하시오.

18 쌍곡선 $\frac{x^2}{a^2}-\frac{y^2}{b^2}=1$ 위의 서로 다른 두 점 A, B와 두 초점 F, F′이 다음 조건을 모두 만족시킬 때, 양수 a, b에 대하여 ab의 값을 구하시오.

(가) 두 점 A, B는 제1사분면에 있다.
(나) 두 삼각형 AFF′, BFF′은 이등변삼각형이다.
(다) 삼각형 AFF′의 둘레의 길이는 20, 삼각형 BFF′의 둘레의 길이는 28이다.

Ⅰ

이차곡선

이차곡선과 직선의 위치 관계

1 이차곡선과 직선의 위치 관계

축이 x축 또는 y축에 평행한 이차곡선과 직선의 방정식을 각각

$ax^2+by^2+cx+dy+e=0$ …… ㉠

$y=mx+n$ …… ㉡

이라 할 때, 이차곡선과 직선의 교점의 개수는 두 방정식 ㉠, ㉡을 연립하여 얻은 이차방정식의 서로 다른 실근의 개수와 같다.

따라서 ㉡을 ㉠에 대입하여 얻은 이차방정식의 판별식을 D라 하면 D의 부호에 따라 이차곡선과 직선의 위치 관계가 다음과 같이 결정된다.

(1) $D>0$일 때, 서로 다른 두 점에서 만난다.
(2) $D=0$일 때, 한 점에서 만난다.(접한다.)
(3) $D<0$일 때, 만나지 않는다.

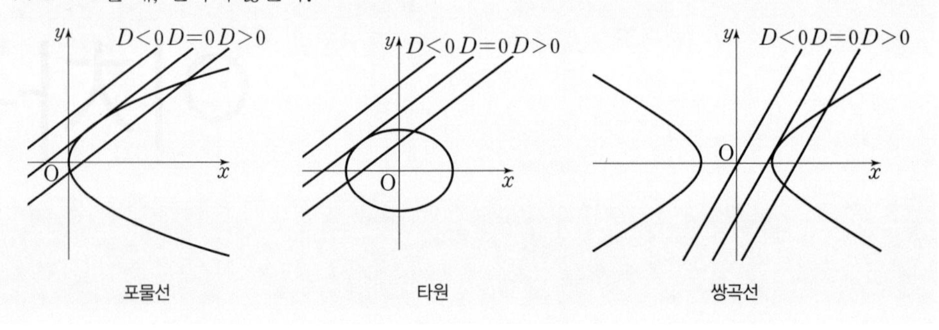

예 타원 $\frac{x^2}{3}+\frac{y^2}{2}=1$과 직선 $y=x-2$에서 $y=x-2$를 $\frac{x^2}{3}+\frac{y^2}{2}=1$에 대입하면

$\frac{x^2}{3}+\frac{(x-2)^2}{2}=1 \qquad \therefore 5x^2-12x+6=0$

이 이차방정식의 판별식을 D라 하면

$\frac{D}{4}=6^2-5\times6=6>0$

따라서 타원 $\frac{x^2}{3}+\frac{y^2}{2}=1$과 직선 $y=x-2$는 서로 다른 두 점에서 만난다.

참고 • 포물선의 축과 평행한 직선은 포물선과 한 점에서 만나지만 접선은 아니다.
• 쌍곡선의 점근선과 평행한 직선은 쌍곡선과 한 점에서 만나지만 접선은 아니다.

개념 CHECK

정답과 해설 20쪽

1 다음 이차곡선과 직선 $x-y+1=0$의 위치 관계를 말하시오.

(1) $y^2=4x$ (2) $\frac{x^2}{4}+y^2=1$ (3) $\frac{x^2}{2}-\frac{y^2}{9}=-1$

이차곡선과 직선의 위치 관계

유형편 21쪽

필.수.예.제 01

포물선 $y^2=8x$와 직선 $y=x+k$의 위치 관계가 다음과 같을 때, 실수 k의 값 또는 범위를 구하시오.

(1) 서로 다른 두 점에서 만난다.
(2) 접한다.
(3) 만나지 않는다.

공략 Point

이차곡선과 직선의 방정식을 연립하여 얻은 이차방정식의 판별식을 D라 하면
(1) $D>0$
⟺ 서로 다른 두 점에서 만난다.
(2) $D=0$
⟺ 한 점에서 만난다.(접한다.)
(3) $D<0$
⟺ 만나지 않는다.

풀이

$y=x+k$를 $y^2=8x$에 대입하면	$(x+k)^2=8x$ $\therefore x^2+2(k-4)x+k^2=0$
이 이차방정식의 판별식을 D라 하면	$\frac{D}{4}=(k-4)^2-k^2=-8k+16$
(1) 포물선과 직선이 서로 다른 두 점에서 만나려면 $D>0$이어야 하므로	$-8k+16>0 \quad \therefore \boldsymbol{k<2}$
(2) 포물선과 직선이 접하려면 $D=0$이어야 하므로	$-8k+16=0 \quad \therefore \boldsymbol{k=2}$
(3) 포물선과 직선이 만나지 않으려면 $D<0$이어야 하므로	$-8k+16<0 \quad \therefore \boldsymbol{k>2}$

정답과 해설 20쪽

문제

01-1 타원 $x^2+4y^2=4$와 직선 $y=2x+k$의 위치 관계가 다음과 같을 때, 실수 k의 값 또는 범위를 구하시오.

(1) 서로 다른 두 점에서 만난다.
(2) 접한다.
(3) 만나지 않는다.

01-2 쌍곡선 $\frac{x^2}{5}-\frac{y^2}{4}=1$과 직선 $y=x+k$가 만나지 않을 때, 실수 k의 값의 범위를 구하시오.

포물선의 접선의 방정식

1 기울기가 주어진 포물선의 접선의 방정식

(1) 포물선 $y^2=4px$에 접하고 기울기가 $m\,(m\neq0)$인 직선의 방정식은

$$y=mx+\frac{p}{m}$$

(2) 포물선 $x^2=4py$에 접하고 기울기가 m인 직선의 방정식은

$$y=mx-m^2p$$

참고 한 포물선에 대하여 접선의 기울기가 정해지면 접선은 1개이다.

2 포물선 위의 점에서의 접선의 방정식

(1) 포물선 $y^2=4px$ 위의 점 (x_1, y_1)에서의 접선의 방정식은

$$y_1y=2p(x+x_1)$$

(2) 포물선 $x^2=4py$ 위의 점 (x_1, y_1)에서의 접선의 방정식은

$$x_1x=2p(y+y_1)$$

참고 (1) 포물선의 방정식에 y^2 대신 y_1y, x 대신 $\frac{1}{2}(x+x_1)$을 대입한 것과 같다.

(2) 포물선의 방정식에 x^2 대신 x_1x, y 대신 $\frac{1}{2}(y+y_1)$을 대입한 것과 같다.

3 포물선 밖의 점에서 포물선에 그은 접선의 방정식

포물선 밖의 점 P에서 포물선에 그은 접선의 방정식은 다음과 같은 방법으로 구한다.

[방법 1] 포물선 위의 점에서의 접선의 방정식 이용

접점의 좌표를 (x_1, y_1)이라 할 때, 이 점에서의 접선이 점 P를 지남을 이용한다.

[방법 2] 기울기가 주어진 접선의 방정식 이용

접선의 기울기를 m이라 할 때, 이 접선이 점 P를 지남을 이용한다.

[방법 3] 판별식 이용

점 P를 지나고 기울기가 m인 직선의 방정식과 포물선의 방정식을 연립하여 얻은 이차방정식의 판별식을 D라 할 때, $D=0$임을 이용한다.

참고 포물선 밖의 점에서 포물선에 접선을 그을 수 있으면 접선은 2개이다.

개념 PLUS

기울기가 주어진 포물선의 접선의 방정식

(1) 포물선 $y^2=4px$에 접하고 기울기가 $m\,(m\neq0)$인 직선의 방정식을 구해 보자.

구하는 직선의 방정식을 $y=mx+n$이라 하고 $y^2=4px$에 대입하여 정리하면

$$m^2x^2+2(mn-2p)x+n^2=0$$

이 이차방정식의 판별식을 D라 하면

$$\frac{D}{4}=(mn-2p)^2-m^2n^2=0,\ 4p(p-mn)=0 \qquad \therefore\ n=\frac{p}{m}\ (\because\ p\neq0)$$

따라서 접선의 방정식은 $y=mx+\frac{p}{m}$ (단, $m\neq0$)

(2) 포물선 $x^2=4py$에 접하고 기울기가 m인 직선의 방정식을 (1)과 같은 방법으로 구하면

$$y=mx-m^2p$$

포물선 위의 점에서의 접선의 방정식

(1) 포물선 $y^2=4px$ 위의 점 $(x_1,\ y_1)$에서의 접선의 방정식을 구해 보자.

(i) $x_1\neq0$일 때, 접선의 기울기를 $m\,(m\neq0)$이라 하면 점 $(x_1,\ y_1)$을 지나는 직선의 방정식은

$$y-y_1=m(x-x_1)$$

$$\therefore\ y=mx-mx_1+y_1 \qquad \cdots\cdots ㉠$$

㉠을 $y^2=4px$에 대입하여 정리하면

$$m^2x^2-2\{m(mx_1-y_1)+2p\}x+(mx_1-y_1)^2=0$$

이 이차방정식의 판별식을 D라 하면

$$\frac{D}{4}=\{m(mx_1-y_1)+2p\}^2-m^2(mx_1-y_1)^2=0$$

$$\therefore\ 4px_1m^2-4py_1m+4p^2=0$$

이때 $y_1^2=4px_1$이므로

$$y_1^2m^2-4py_1m+4p^2=0,\ (y_1m-2p)^2=0 \qquad \therefore\ m=\frac{2p}{y_1}$$

이를 ㉠에 대입하여 정리하면 $y_1y=2p(x+x_1)$ $\cdots\cdots$ ㉡

(ii) $x_1=0$일 때, $y_1=0$이므로 접선의 방정식은 $x=0$

따라서 이 경우에도 ㉡이 성립한다.

(i), (ii)에 의하여 구하는 접선의 방정식은

$$y_1y=2p(x+x_1)$$

(2) 포물선 $x^2=4py$ 위의 점 $(x_1,\ y_1)$에서의 접선의 방정식을 (1)과 같은 방법으로 구하면

$$x_1x=2p(y+y_1)$$

개념 CHECK

정답과 해설 20쪽

1 다음 직선의 방정식을 구하시오.

(1) 포물선 $y^2=8x$에 접하고 기울기가 -2인 직선

(2) 포물선 $x^2=-2y$에 접하고 기울기가 2인 직선

2 다음 접선의 방정식을 구하시오.

(1) 포물선 $y^2=-2x$ 위의 점 $(-2,\ 2)$에서의 접선

(2) 포물선 $x^2=-12y$ 위의 점 $(6,\ -3)$에서의 접선

필.수.예.제 02

기울기가 주어진 포물선의 접선의 방정식

유형편 22쪽

포물선 $y^2=8x$에 접하고 직선 $3x-y+2=0$에 평행한 직선의 방정식을 구하시오.

공략 Point

포물선 $y^2=4px$에 접하고 기울기가 m인 직선의 방정식
➡ $y=mx+\frac{p}{m}$

풀이

직선 $3x-y+2=0$, 즉 $y=3x+2$에 평행한 직선의 기울기는	3
$y^2=4\times2\times x$이므로 포물선 $y^2=8x$에 접하고 기울기가 3인 직선의 방정식은	$\boldsymbol{y=3x+\frac{2}{3}}$

공략 Point

주어진 점을 지나고 기울기가 m인 직선의 방정식과 포물선의 방정식을 연립하여 얻은 이차방정식의 판별식을 D라 할 때, $D=0$임을 이용한다.

다른 풀이 판별식 이용

직선 $3x-y+2=0$, 즉 $y=3x+2$에 평행한 직선의 기울기는 3이므로 직선의 방정식은	$y=3x+k$ (단, k는 상수)
이를 $y^2=8x$에 대입하면	$(3x+k)^2=8x$ $\therefore 9x^2+2(3k-4)x+k^2=0$
이 이차방정식의 판별식을 D라 하면 $D=0$이어야 하므로	$\frac{D}{4}=(3k-4)^2-9k^2=0$ $-24k+16=0 \quad \therefore k=\frac{2}{3}$
따라서 구하는 직선의 방정식은	$\boldsymbol{y=3x+\frac{2}{3}}$

정답과 해설 20쪽

문제

02-1 포물선 $y^2=-12x$에 접하고 x축의 양의 방향과 이루는 각의 크기가 $60°$인 직선의 방정식을 구하시오.

02-2 포물선 $x^2=4y$에 접하고 직선 $x-5y+5=0$에 수직인 직선이 점 $(-2, k)$를 지날 때, k의 값을 구하시오.

필.수.예.제
03 포물선 위의 점에서의 접선의 방정식

유형편 23쪽

포물선 $y^2=4x$ 위의 점 $(a,\ -2)$에서의 접선의 방정식을 구하시오.

공략 Point

포물선 $y^2=4px$ 위의 점 $(x_1,\ y_1)$에서의 접선의 방정식
➡ $y_1y=2p(x+x_1)$

풀이

점 $(a,\ -2)$가 포물선 $y^2=4x$ 위의 점이므로	$4=4a \quad \therefore a=1$
$y^2=4\times1\times x$이므로 포물선 $y^2=4x$ 위의 점 $(1,\ -2)$에서의 접선의 방정식은	$-2y=2(x+1) \quad \therefore \boldsymbol{y=-x-1}$

공략 Point

주어진 점을 지나고 기울기가 m인 직선의 방정식과 포물선의 방정식을 연립하여 얻은 이차방정식의 판별식을 D라 할 때, $D=0$임을 이용한다.

다른 풀이 판별식 이용

점 $(a,\ -2)$가 포물선 $y^2=4x$ 위의 점이므로	$4=4a \quad \therefore a=1$
점 $(1,\ -2)$를 지나고 기울기가 $m\,(m\neq0)$인 직선의 방정식은	$y+2=m(x-1) \quad \therefore y=mx-m-2$
이를 $y^2=4x$에 대입하면	$(mx-m-2)^2=4x$ $\therefore m^2x^2-2(m^2+2m+2)x+m^2+4m+4=0$
이 이차방정식의 판별식을 D라 하면 $D=0$이어야 하므로	$\frac{D}{4}=(m^2+2m+2)^2-m^2(m^2+4m+4)=0$ $m^2+2m+1=0,\ (m+1)^2=0 \quad \therefore m=-1$
따라서 구하는 접선의 방정식은	$\boldsymbol{y=-x-1}$

정답과 해설 20쪽

문제

03-1 포물선 $x^2=-2y$ 위의 점 $(-2,\ a)$에서의 접선이 점 $(0,\ b)$를 지날 때, ab의 값을 구하시오.

03-2 포물선 $y^2=8x$ 위의 점 $\mathrm{A}(a,\ 2a)$에서 이 포물선의 초점까지의 거리가 4일 때, 점 A에서의 접선의 방정식을 구하시오.

필.수.예.제
04

포물선 밖의 점에서 포물선에 그은 접선의 방정식

유형편 23쪽

점 $(-4, 0)$에서 포물선 $y^2=4x$에 그은 접선의 방정식을 구하시오.

공략 Point

접점의 좌표를 (x_1, y_1)이라 할 때, 이 점에서의 접선이 주어진 점을 지남을 이용한다.

풀이 포물선 위의 점에서의 접선의 방정식 이용

$y^2=4\times1\times x$이므로 접점의 좌표를 (x_1, y_1)이라 하면 접선의 방정식은	$y_1y=2(x+x_1)$
이 직선이 점 $(-4, 0)$을 지나므로	$0=2(-4+x_1)$ $\therefore x_1=4$ …… ㉠
또 점 (x_1, y_1)은 포물선 $y^2=4x$ 위의 점이므로	${y_1}^2=4x_1$ …… ㉡
㉠을 ㉡에 대입하면	${y_1}^2=16$ $\therefore y_1=-4$ 또는 $y_1=4$
따라서 구하는 접선의 방정식은	$\boldsymbol{y=-\frac{1}{2}x-2}$ **또는** $\boldsymbol{y=\frac{1}{2}x+2}$

공략 Point

접선의 기울기를 m이라 할 때, 이 접선이 주어진 점을 지남을 이용한다.

다른 풀이 기울기가 주어진 접선의 방정식 이용

$y^2=4\times1\times x$이므로 포물선 $y^2=4x$에 접하고 기울기가 $m\,(m\neq0)$인 직선의 방정식은	$y=mx+\frac{1}{m}$
이 직선이 점 $(-4, 0)$을 지나므로	$0=-4m+\frac{1}{m}$, $m^2=\frac{1}{4}$ $\therefore m=-\frac{1}{2}$ 또는 $m=\frac{1}{2}$
따라서 구하는 접선의 방정식은	$\boldsymbol{y=-\frac{1}{2}x-2}$ **또는** $\boldsymbol{y=\frac{1}{2}x+2}$

공략 Point

주어진 점을 지나고 기울기가 m인 직선의 방정식과 포물선의 방정식을 연립하여 얻은 이차방정식의 판별식을 D라 할 때, $D=0$임을 이용한다.

다른 풀이 판별식 이용

점 $(-4, 0)$을 지나고 기울기가 $m\,(m\neq0)$인 직선의 방정식은	$y=m(x+4)$ $\therefore y=mx+4m$
이를 $y^2=4x$에 대입하면	$(mx+4m)^2=4x$ $\therefore m^2x^2+4(2m^2-1)x+16m^2=0$
이 이차방정식의 판별식을 D라 하면 $D=0$이어야 하므로	$\frac{D}{4}=\{2(2m^2-1)\}^2-16m^4=0$ $m^2=\frac{1}{4}$ $\therefore m=-\frac{1}{2}$ 또는 $m=\frac{1}{2}$
따라서 구하는 접선의 방정식은	$\boldsymbol{y=-\frac{1}{2}x-2}$ **또는** $\boldsymbol{y=\frac{1}{2}x+2}$

정답과 해설 21쪽

문제

04-**1** 점 $(-2, -2)$에서 포물선 $x^2=6y$에 그은 접선의 방정식을 구하시오.

타원의 접선의 방정식

1 기울기가 주어진 타원의 접선의 방정식

타원 $\frac{x^2}{a^2}+\frac{y^2}{b^2}=1$에 접하고 기울기가 m인 직선의 방정식은

$$y=mx\pm\sqrt{a^2m^2+b^2}$$

참고 한 타원에 대하여 접선의 기울기가 정해지면 접선은 2개이다.

2 타원 위의 점에서의 접선의 방정식

타원 $\frac{x^2}{a^2}+\frac{y^2}{b^2}=1$ 위의 점 $(x_1,\ y_1)$에서의 접선의 방정식은

$$\frac{x_1x}{a^2}+\frac{y_1y}{b^2}=1$$

참고 타원의 방정식에 x^2 대신 x_1x, y^2 대신 y_1y를 대입한 것과 같다.

3 타원 밖의 점에서 타원에 그은 접선의 방정식

타원 밖의 점 P에서 타원에 그은 접선의 방정식은 다음과 같은 방법으로 구한다.

[방법 1] 타원 위의 점에서의 접선의 방정식 이용
접점의 좌표를 $(x_1,\ y_1)$이라 할 때, 이 점에서의 접선이 점 P를 지남을 이용한다.
[방법 2] 판별식 이용
점 P를 지나고 기울기가 m인 직선의 방정식과 타원의 방정식을 연립하여 얻은 이차방정식의 판별식을 D라 할 때, $D=0$임을 이용한다.

참고 타원 밖의 점에서 타원에 접선을 그을 수 있으면 접선은 2개이다.

개념 PLUS

기울기가 주어진 타원의 접선의 방정식

타원 $\frac{x^2}{a^2}+\frac{y^2}{b^2}=1$에 접하고 기울기가 m인 직선의 방정식을 구해 보자.

구하는 직선의 방정식을 $y=mx+n$이라 하고 $\frac{x^2}{a^2}+\frac{y^2}{b^2}=1$에 대입하여 정리하면

$$(a^2m^2+b^2)x^2+2a^2mnx+a^2n^2-a^2b^2=0$$

이 이차방정식의 판별식을 D라 하면

$$\frac{D}{4}=(a^2mn)^2-(a^2m^2+b^2)(a^2n^2-a^2b^2)=0$$

$$n^2=a^2m^2+b^2\ (\because\ ab\neq0)$$

$$\therefore\ n=\pm\sqrt{a^2m^2+b^2}$$

따라서 접선의 방정식은

$$y=mx\pm\sqrt{a^2m^2+b^2}$$

타원 위의 점에서의 접선의 방정식

타원 $\frac{x^2}{a^2}+\frac{y^2}{b^2}=1$ 위의 점 (x_1, y_1)에서의 접선의 방정식을 구해 보자.

(i) $y_1\neq0$일 때, 접선의 기울기를 m이라 하면 점 (x_1, y_1)을 지나는 직선의 방정식은

$$y-y_1=m(x-x_1)$$

$$\therefore\ y=mx-mx_1+y_1 \quad \cdots\cdots ㉠$$

㉠을 $\frac{x^2}{a^2}+\frac{y^2}{b^2}=1$에 대입하여 정리하면

$$(a^2m^2+b^2)x^2-2a^2m(mx_1-y_1)x+a^2\{(mx_1-y_1)^2-b^2\}=0$$

이 이차방정식의 판별식을 D라 하면

$$\frac{D}{4}=\{a^2m(mx_1-y_1)\}^2-a^2(a^2m^2+b^2)\{(mx_1-y_1)^2-b^2\}=0$$

$$\therefore\ (a^2-x_1{}^2)m^2+2x_1y_1m+b^2-y_1{}^2=0\ (\because\ ab\neq0)$$

이때 $\frac{x_1{}^2}{a^2}+\frac{y_1{}^2}{b^2}=1$에서 $a^2-x_1{}^2=\frac{a^2y_1{}^2}{b^2}$, $b^2-y_1{}^2=\frac{b^2x_1{}^2}{a^2}$이므로

$$\frac{a^2y_1{}^2}{b^2}m^2+2x_1y_1m+\frac{b^2x_1{}^2}{a^2}=0,\ \left(\frac{ay_1}{b}m+\frac{bx_1}{a}\right)^2=0$$

$$\therefore\ m=-\frac{b^2x_1}{a^2y_1}$$

이를 ㉠에 대입하여 정리하면

$$\frac{x_1x}{a^2}+\frac{y_1y}{b^2}=1 \quad \cdots\cdots ㉡$$

(ii) $y_1=0$일 때, $x_1=\pm a$이므로 접선의 방정식은 $x=\pm a$

따라서 이 경우에도 ㉡이 성립한다.

(i), (ii)에 의하여 구하는 접선의 방정식은

$$\frac{x_1x}{a^2}+\frac{y_1y}{b^2}=1$$

개념 CHECK

정답과 해설 21쪽

1 다음 직선의 방정식을 구하시오.

(1) 타원 $\frac{x^2}{4}+\frac{y^2}{9}=1$에 접하고 기울기가 $\frac{1}{2}$인 직선

(2) 타원 $2x^2+y^2=6$에 접하고 기울기가 -1인 직선

2 다음 접선의 방정식을 구하시오.

(1) 타원 $\frac{x^2}{10}+\frac{y^2}{15}=1$ 위의 점 $(2, 3)$에서의 접선

(2) 타원 $x^2+8y^2=24$ 위의 점 $(-4, 1)$에서의 접선

필.수.예.제 05

기울기가 주어진 타원의 접선의 방정식

유형편 24쪽

타원 $4x^2+9y^2=36$에 접하고 직선 $x+2y-4=0$에 수직인 직선의 방정식을 구하시오.

공략 Point

타원 $\frac{x^2}{a^2}+\frac{y^2}{b^2}=1$에 접하고 기울기가 m인 직선의 방정식
➡ $y=mx\pm\sqrt{a^2m^2+b^2}$

풀이

직선 $x+2y-4=0$, 즉 $y=-\frac{1}{2}x+2$에 수직인 직선의 기울기는	2
타원 $4x^2+9y^2=36$, 즉 $\frac{x^2}{9}+\frac{y^2}{4}=1$에 접하고 기울기가 2인 직선의 방정식은	$y=2x\pm\sqrt{9\times2^2+4}$ $\therefore$ $\boldsymbol{y=2x\pm2\sqrt{10}}$

공략 Point

주어진 점을 지나고 기울기가 m인 직선의 방정식과 타원의 방정식을 연립하여 얻은 이차방정식의 판별식을 D라 할 때, $D=0$임을 이용한다.

다른 풀이 판별식 이용

직선 $x+2y-4=0$, 즉 $y=-\frac{1}{2}x+2$에 수직인 직선의 기울기는 2이므로 직선의 방정식은	$y=2x+k$ (단, k는 상수)
이를 $4x^2+9y^2=36$에 대입하면	$4x^2+9(2x+k)^2=36$ $\therefore$ $40x^2+36kx+9k^2-36=0$
이 이차방정식의 판별식을 D라 하면 $D=0$이어야 하므로	$\frac{D}{4}=(18k)^2-40(9k^2-36)=0$ $k^2=40$ $\therefore$ $k=\pm2\sqrt{10}$
따라서 구하는 직선의 방정식은	$\boldsymbol{y=2x\pm2\sqrt{10}}$

정답과 해설 21쪽

문제

05-1 타원 $3x^2+2y^2=6$에 접하고 x축의 양의 방향과 이루는 각의 크기가 $45°$인 직선의 방정식을 구하시오.

05-2 타원 $\frac{x^2}{5}+\frac{y^2}{4}=1$에 접하고 직선 $3x-y-6=0$에 평행한 두 직선이 x축과 만나는 점을 각각 A, B라 할 때, 선분 AB의 길이를 구하시오.

필.수.예.제 06

타원 위의 점에서의 접선의 방정식

유형편 24쪽

타원 $\frac{x^2}{8}+\frac{y^2}{2}=1$ 위의 점 $(2,\ 1)$에서의 접선이 점 $(k,\ 3)$을 지날 때, k의 값을 구하시오.

공략 Point

타원 $\frac{x^2}{a^2}+\frac{y^2}{b^2}=1$ 위의 점 $(x_1,\ y_1)$에서의 접선의 방정식
➡ $\frac{x_1x}{a^2}+\frac{y_1y}{b^2}=1$

풀이

타원 $\frac{x^2}{8}+\frac{y^2}{2}=1$ 위의 점 $(2,\ 1)$에서의 접선의 방정식은	$\frac{2x}{8}+\frac{y}{2}=1$ $\quad\therefore y=-\frac{1}{2}x+2$
이 직선이 점 $(k,\ 3)$을 지나므로	$3=-\frac{1}{2}k+2$ $\quad\therefore k=\mathbf{-2}$

공략 Point

주어진 점을 지나고 기울기가 m인 직선의 방정식과 타원의 방정식을 연립하여 얻은 이차방정식의 판별식을 D라 할 때, $D=0$임을 이용한다.

다른 풀이 판별식 이용

점 $(2,\ 1)$을 지나고 기울기가 $m(m\neq0)$인 직선의 방정식은	$y-1=m(x-2)$ $\quad\therefore y=mx-2m+1$
이를 $\frac{x^2}{8}+\frac{y^2}{2}=1$, 즉 $x^2+4y^2=8$에 대입하면	$x^2+4(mx-2m+1)^2=8$ $\therefore (4m^2+1)x^2-8(2m^2-m)x+16m^2-16m-4=0$
이 이차방정식의 판별식을 D라 하면 $D=0$이어야 하므로	$\frac{D}{4}=\{4(2m^2-m)\}^2-(4m^2+1)(16m^2-16m-4)=0$ $4m^2+4m+1=0,\ (2m+1)^2=0$ $\quad\therefore m=-\frac{1}{2}$
따라서 접선의 방정식은	$y=-\frac{1}{2}x+2$
이 직선이 점 $(k,\ 3)$을 지나므로	$3=-\frac{1}{2}k+2$ $\quad\therefore k=\mathbf{-2}$

정답과 해설 22쪽

문제

06-1 타원 $\frac{x^2}{a}+\frac{y^2}{8}=1$ 위의 점 $(\sqrt{2},\ 2)$에서의 접선의 방정식을 구하시오. (단, a는 양수)

06-2 타원 $2x^2+y^2=6$ 위의 점 $(1,\ -2)$에서의 접선이 x축, y축과 만나는 점을 각각 P, Q라 할 때, 삼각형 POQ의 넓이를 구하시오. (단, O는 원점)

필.수.예.제 07

타원 밖의 점에서 타원에 그은 접선의 방정식

유형편 25쪽

점 $(4,\ 1)$에서 타원 $x^2+4y^2=4$에 그은 접선의 방정식을 구하시오.

공략 Point

접점의 좌표를 $(x_1,\ y_1)$이라 할 때, 이 점에서의 접선이 주어진 점을 지남을 이용한다.

풀이 타원 위의 점에서의 접선의 방정식 이용

접점의 좌표를 $(x_1,\ y_1)$이라 하면 접선의 방정식은	$x_1x+4y_1y=4$
이 직선이 점 $(4,\ 1)$을 지나므로	$4x_1+4y_1=4 \quad \therefore y_1=-x_1+1 \quad \cdots\cdots$ ㉠
또 점 $(x_1,\ y_1)$은 타원 $x^2+4y^2=4$ 위의 점이므로	$x_1^2+4y_1^2=4 \quad \cdots\cdots$ ㉡
㉠을 ㉡에 대입하면	$x_1^2+4(-x_1+1)^2=4,\ 5x_1^2-8x_1=0$ $x_1(5x_1-8)=0 \quad \therefore x_1=0$ 또는 $x_1=\frac{8}{5}$
㉠에서	$x_1=0$일 때 $y_1=1$, $x_1=\frac{8}{5}$일 때 $y_1=-\frac{3}{5}$
따라서 구하는 접선의 방정식은	$\boldsymbol{y=1}$ **또는** $\boldsymbol{y=\frac{2}{3}x-\frac{5}{3}}$

공략 Point

주어진 점을 지나고 기울기가 m인 직선의 방정식과 타원의 방정식을 연립하여 얻은 이차방정식의 판별식을 D라 할 때, $D=0$임을 이용한다.

다른 풀이 판별식 이용

점 $(4,\ 1)$을 지나고 기울기가 $m\,(m\neq0)$인 직선의 방정식은	$y-1=m(x-4) \quad \therefore y=mx-4m+1$
이를 $x^2+4y^2=4$에 대입하면	$x^2+4(mx-4m+1)^2=4$ $\therefore (4m^2+1)x^2-8(4m^2-m)x+64m^2-32m=0$
이 이차방정식의 판별식을 D라 하면 $D=0$이어야 하므로	$\frac{D}{4}=\{4(4m^2-m)\}^2-(4m^2+1)(64m^2-32m)=0$ $3m^2-2m=0,\ m(3m-2)=0$ $\therefore m=0$ 또는 $m=\frac{2}{3}$
따라서 구하는 접선의 방정식은	$\boldsymbol{y=1}$ **또는** $\boldsymbol{y=\frac{2}{3}x-\frac{5}{3}}$

정답과 해설 22쪽

문제

07-1 점 $(1,\ 0)$에서 타원 $2x^2+y^2=1$에 그은 접선의 방정식을 구하시오.

07-2 점 $(0,\ 5)$에서 타원 $\frac{x^2}{16}+\frac{y^2}{9}=1$에 그은 두 접선의 접점을 각각 A, B라 할 때, 선분 AB의 길이를 구하시오.

쌍곡선의 접선의 방정식

1 기울기가 주어진 쌍곡선의 접선의 방정식

(1) 쌍곡선 $\frac{x^2}{a^2}-\frac{y^2}{b^2}=1$에 접하고 기울기가 m인 직선의 방정식은

$y=mx\pm\sqrt{a^2m^2-b^2}$ (단, $a^2m^2>b^2$)

(2) 쌍곡선 $\frac{x^2}{a^2}-\frac{y^2}{b^2}=-1$에 접하고 기울기가 m인 직선의 방정식은

$y=mx\pm\sqrt{b^2-a^2m^2}$ (단, $b^2>a^2m^2$)

참고 • 한 쌍곡선에 대하여 접선의 기울기가 정해지면 접선은 2개이다.

• $a^2m^2-b^2=0$, 즉 $m=\pm\frac{b}{a}$이면 점근선과 일치하므로 접선이 아니다.

2 쌍곡선 위의 점에서의 접선의 방정식

(1) 쌍곡선 $\frac{x^2}{a^2}-\frac{y^2}{b^2}=1$ 위의 점 (x_1, y_1)에서의 접선의 방정식은

$\frac{x_1x}{a^2}-\frac{y_1y}{b^2}=1$

(2) 쌍곡선 $\frac{x^2}{a^2}-\frac{y^2}{b^2}=-1$ 위의 점 (x_1, y_1)에서의 접선의 방정식은

$\frac{x_1x}{a^2}-\frac{y_1y}{b^2}=-1$

참고 쌍곡선의 방정식에 x^2 대신 x_1x, y^2 대신 y_1y를 대입한 것과 같다.

3 쌍곡선 밖의 점에서 쌍곡선에 그은 접선의 방정식

쌍곡선 밖의 점 P에서 쌍곡선에 그은 접선의 방정식은 다음과 같은 방법으로 구한다.

[방법 1] 쌍곡선 위의 점에서의 접선의 방정식 이용
접점의 좌표를 (x_1, y_1)이라 할 때, 이 점에서의 접선이 점 P를 지남을 이용한다.
[방법 2] 판별식 이용
점 P를 지나고 기울기가 m인 직선의 방정식과 쌍곡선의 방정식을 연립하여 얻은 이차방정식의 판별식을 D라 할 때, $D=0$임을 이용한다.

참고 쌍곡선 밖의 점에서 쌍곡선에 접선을 그을 수 있으면 접선은 2개이다.

개념 PLUS

기울기가 주어진 쌍곡선의 접선의 방정식

(1) 쌍곡선 $\frac{x^2}{a^2}-\frac{y^2}{b^2}=1$에 접하고 기울기가 m인 직선의 방정식을 구해 보자.

구하는 직선의 방정식을 $y=mx+n$이라 하고 $\frac{x^2}{a^2}-\frac{y^2}{b^2}=1$에 대입하여 정리하면

$(a^2m^2-b^2)x^2+2a^2mnx+a^2n^2+a^2b^2=0$

$a^2m^2>b^2$일 때, 이 이차방정식의 판별식을 D라 하면

$$\frac{D}{4}=(a^2mn)^2-(a^2m^2-b^2)(a^2n^2+a^2b^2)=0$$

$$n^2=a^2m^2-b^2\ (\because ab\neq 0) \qquad \therefore n=\pm\sqrt{a^2m^2-b^2}$$

따라서 접선의 방정식은 $y=mx\pm\sqrt{a^2m^2-b^2}$ (단, $a^2m^2>b^2$)

(2) 쌍곡선 $\frac{x^2}{a^2}-\frac{y^2}{b^2}=-1$에 접하고 기울기가 m인 직선의 방정식을 (1)과 같은 방법으로 구하면

$$y=mx\pm\sqrt{b^2-a^2m^2}\ (\text{단, } b^2>a^2m^2)$$

쌍곡선 위의 점에서의 접선의 방정식

(1) 쌍곡선 $\frac{x^2}{a^2}-\frac{y^2}{b^2}=1$ 위의 점 (x_1, y_1)에서의 접선의 방정식을 구해보자.

(i) $y_1\neq 0$일 때, 접선의 기울기를 m이라 하면 점 (x_1, y_1)을 지나는 직선의 방정식은

$$y-y_1=m(x-x_1) \qquad \therefore y=mx-mx_1+y_1 \quad \cdots\cdots ㉠$$

㉠을 $\frac{x^2}{a^2}-\frac{y^2}{b^2}=1$에 대입하여 정리하면

$$(b^2-a^2m^2)x^2+2a^2m(mx_1-y_1)x-a^2\{(mx_1-y_1)^2+b^2\}=0$$

이 이차방정식의 판별식을 D라 하면

$$\frac{D}{4}=\{a^2m(mx_1-y_1)\}^2+a^2(b^2-a^2m^2)\{(mx_1-y_1)^2+b^2\}=0$$

$$\therefore (x_1{}^2-a^2)m^2-2x_1y_1m+y_1{}^2+b^2=0\ (\because ab\neq 0)$$

이때 $\frac{x_1{}^2}{a^2}-\frac{y_1{}^2}{b^2}=1$에서 $x_1{}^2-a^2=\frac{a^2y_1{}^2}{b^2}$, $y_1{}^2+b^2=\frac{b^2x_1{}^2}{a^2}$이므로

$$\frac{a^2y_1{}^2}{b^2}m^2-2x_1y_1m+\frac{b^2x_1{}^2}{a^2}=0,\ \left(\frac{ay_1}{b}m-\frac{bx_1}{a}\right)^2=0 \qquad \therefore m=\frac{b^2x_1}{a^2y_1}$$

이를 ㉠에 대입하여 정리하면 $\frac{x_1x}{a^2}-\frac{y_1y}{b^2}=1$ $\cdots\cdots$ ㉡

(ii) $y_1=0$일 때, $x_1=\pm a$이므로 접선의 방정식은 $x=\pm a$

따라서 이 경우에도 ㉡이 성립한다.

(i), (ii)에 의하여 구하는 접선의 방정식은 $\frac{x_1x}{a^2}-\frac{y_1y}{b^2}=1$

(2) 쌍곡선 $\frac{x^2}{a^2}-\frac{y^2}{b^2}=-1$ 위의 점 (x_1, y_1)에서의 접선의 방정식을 (1)과 같은 방법으로 구하면

$$\frac{x_1x}{a^2}-\frac{y_1y}{b^2}=-1$$

개념 CHECK

정답과 해설 23쪽

1 다음 직선의 방정식을 구하시오.

(1) 쌍곡선 $\frac{x^2}{7}-\frac{y^2}{4}=1$에 접하고 기울기가 2인 직선

(2) 쌍곡선 $3x^2-y^2=-6$에 접하고 기울기가 -1인 직선

2 다음 접선의 방정식을 구하시오.

(1) 쌍곡선 $\frac{x^2}{2}-\frac{y^2}{4}=1$ 위의 점 $(-2, 2)$에서의 접선

(2) 쌍곡선 $x^2-y^2=-5$ 위의 점 $(2, 3)$에서의 접선

필.수.예.제 08

기울기가 주어진 쌍곡선의 접선의 방정식

유형편 25쪽

쌍곡선 $3x^2-4y^2=12$에 접하고 직선 $3x+y-1=0$에 평행한 직선의 방정식을 구하시오.

공략 Point

쌍곡선 $\frac{x^2}{a^2}-\frac{y^2}{b^2}=1$에 접하고 기울기가 m인 직선의 방정식

➡ $y=mx\pm\sqrt{a^2m^2-b^2}$ (단, $a^2m^2>b^2$)

공략 Point

주어진 점을 지나고 기울기가 m인 직선의 방정식과 쌍곡선의 방정식을 연립하여 얻은 이차방정식의 판별식을 D라 할 때, $D=0$임을 이용한다.

풀이

직선 $3x+y-1=0$, 즉 $y=-3x+1$에 평행한 직선의 기울기는	-3
쌍곡선 $3x^2-4y^2=12$, 즉 $\frac{x^2}{4}-\frac{y^2}{3}=1$에 접하고 기울기가 -3인 직선의 방정식은	$y=-3x\pm\sqrt{4\times(-3)^2-3}$ $\therefore$ $\boldsymbol{y=-3x\pm\sqrt{33}}$

다른 풀이 판별식 이용

직선 $3x+y-1=0$, 즉 $y=-3x+1$에 평행한 직선의 기울기는 -3이므로 직선의 방정식은	$y=-3x+k$ (단, k는 상수)
이를 $3x^2-4y^2=12$에 대입하면	$3x^2-4(-3x+k)^2=12$ $\therefore$ $33x^2-24kx+4k^2+12=0$
이 이차방정식의 판별식을 D라 하면 $D=0$이어야 하므로	$\frac{D}{4}=(12k)^2-33(4k^2+12)=0$ $k^2=33$ $\quad\therefore$ $k=\pm\sqrt{33}$
따라서 구하는 직선의 방정식은	$\boldsymbol{y=-3x\pm\sqrt{33}}$

정답과 해설 23쪽

문제

08-1 쌍곡선 $x^2-y^2=4$에 접하고 직선 $x+2y+4=0$에 수직인 직선의 방정식을 구하시오.

08-2 쌍곡선 $\frac{x^2}{2}-\frac{y^2}{6}=-1$에 접하고 기울기가 1인 두 직선 사이의 거리를 구하시오.

필.수.예.제 09

쌍곡선 위의 점에서의 접선의 방정식

유형편 26쪽

쌍곡선 $\frac{x^2}{3}-\frac{y^2}{3}=1$ 위의 점 $(2, a)$에서의 접선의 방정식을 구하시오. (단, $a>0$)

공략 Point

쌍곡선 $\frac{x^2}{a^2}-\frac{y^2}{b^2}=1$ 위의 점 (x_1, y_1)에서의 접선의 방정식
➡ $\frac{x_1x}{a^2}-\frac{y_1y}{b^2}=1$

풀이

점 $(2, a)$가 쌍곡선 $\frac{x^2}{3}-\frac{y^2}{3}=1$ 위의 점이므로	$\frac{4}{3}-\frac{a^2}{3}=1$, $a^2=1$ $\therefore a=1$ ($\because a>0$)
따라서 쌍곡선 $\frac{x^2}{3}-\frac{y^2}{3}=1$ 위의 점 $(2, 1)$에서의 접선의 방정식은	$\frac{2x}{3}-\frac{y}{3}=1$ $\quad\therefore \boldsymbol{y=2x-3}$

공략 Point

주어진 점을 지나고 기울기가 m인 직선의 방정식과 쌍곡선의 방정식을 연립하여 얻은 이차방정식의 판별식을 D라 할 때, $D=0$임을 이용한다.

다른 풀이 판별식 이용

점 $(2, a)$가 쌍곡선 $\frac{x^2}{3}-\frac{y^2}{3}=1$ 위의 점이므로	$\frac{4}{3}-\frac{a^2}{3}=1$, $a^2=1$ $\therefore a=1$ ($\because a>0$)
점 $(2, 1)$을 지나고 기울기가 $m\,(m\neq0)$인 직선의 방정식은	$y-1=m(x-2)$ $\quad\therefore y=mx-2m+1$
이를 $\frac{x^2}{3}-\frac{y^2}{3}=1$, 즉 $x^2-y^2=3$에 대입하면	$x^2-(mx-2m+1)^2=3$ $\therefore (m^2-1)x^2-2(2m^2-m)x+4m^2-4m+4=0$
이 이차방정식의 판별식을 D라 하면 $D=0$이어야 하므로	$\frac{D}{4}=(2m^2-m)^2-(m^2-1)(4m^2-4m+4)=0$ $m^2-4m+4=0$, $(m-2)^2=0$ $\quad\therefore m=2$
따라서 구하는 접선의 방정식은	$\boldsymbol{y=2x-3}$

정답과 해설 23쪽

문제

09-1 쌍곡선 $\frac{x^2}{12}-\frac{y^2}{3}=1$ 위의 점 $(4, a)$에서의 접선이 점 $(b, 0)$을 지날 때, $a+b$의 값을 구하시오. (단, $a<0$)

09-2 쌍곡선 $ax^2-by^2=-3$ 위의 점 $(1, 3)$에서의 접선의 기울기가 2일 때, 상수 a, b에 대하여 $a-b$의 값을 구하시오.

필.수.예.제 10

쌍곡선 밖의 점에서 쌍곡선에 그은 접선의 방정식

유형편 26쪽

점 (2, 1)에서 쌍곡선 $2x^2-3y^2=6$에 그은 접선의 방정식을 구하시오.

공략 Point

접점의 좌표를 (x_1, y_1)이라 할 때, 이 점에서의 접선이 주어진 점을 지남을 이용한다.

풀이 쌍곡선 위의 점에서의 접선의 방정식 이용

접점의 좌표를 (x_1, y_1)이라 하면 접선의 방정식은	$2x_1x-3y_1y=6$
이 직선이 점 (2, 1)을 지나므로	$4x_1-3y_1=6 \quad \therefore y_1=\frac{4}{3}x_1-2$ …… ㉠
또 점 (x_1, y_1)은 쌍곡선 $2x^2-3y^2=6$ 위의 점이므로	$2x_1^2-3y_1^2=6$ …… ㉡
㉠을 ㉡에 대입하면	$2x_1^2-3\left(\frac{4}{3}x_1-2\right)^2=6$, $5x_1^2-24x_1+27=0$ $(5x_1-9)(x_1-3)=0 \quad \therefore x_1=\frac{9}{5}$ 또는 $x_1=3$
㉠에서	$x_1=\frac{9}{5}$일 때 $y_1=\frac{2}{5}$, $x_1=3$일 때 $y_1=2$
따라서 구하는 접선의 방정식은	$\boldsymbol{y=3x-5}$ **또는** $\boldsymbol{y=x-1}$

공략 Point

주어진 점을 지나고 기울기가 m인 직선의 방정식과 쌍곡선의 방정식을 연립하여 얻은 이차방정식의 판별식을 D라 할 때, $D=0$임을 이용한다.

다른 풀이 판별식 이용

점 (2, 1)을 지나고 기울기가 $m\,(m\neq0)$인 직선의 방정식은	$y-1=m(x-2) \quad \therefore y=mx-2m+1$
이를 $2x^2-3y^2=6$에 대입하면	$2x^2-3(mx-2m+1)^2=6$ $\therefore (3m^2-2)x^2-6(2m^2-m)x+12m^2-12m+9=0$
이 이차방정식의 판별식을 D라 하면 $D=0$이어야 하므로	$\frac{D}{4}=\{3(2m^2-m)\}^2-(3m^2-2)(12m^2-12m+9)=0$ $m^2-4m+3=0$, $(m-1)(m-3)=0$ $\therefore m=1$ 또는 $m=3$
따라서 구하는 접선의 방정식은	$\boldsymbol{y=x-1}$ **또는** $\boldsymbol{y=3x-5}$

정답과 해설 24쪽

문제

10-1 점 (0, 1)에서 쌍곡선 $x^2-4y^2=4$에 그은 접선의 방정식을 구하시오.

10-2 점 (0, −1)에서 쌍곡선 $2x^2-y^2=-2$에 그은 두 접선과 x축으로 둘러싸인 삼각형의 넓이를 구하시오.

PLUS 특강 음함수의 미분법을 이용한 이차곡선의 접선의 방정식

▶ 미적분을 이수한 학생이 학습할 수 있습니다.

음함수 표현 $f(x, y)=0$이 나타내는 이차곡선 위의 점 (x_1, y_1)에서의 접선의 기울기를 m이라 하면 직선의 방정식은

$y-y_1=m(x-x_1)$

이때 접선의 기울기 m은 점 (x_1, y_1)에서의 미분계수와 같으므로 음함수 표현 $f(x, y)=0$에서 y를 x에 대한 함수로 보고 양변을 x에 대하여 미분하여 구한 $\frac{dy}{dx}$에 $x=x_1$, $y=y_1$을 대입하면 구할 수 있다.

따라서 음함수의 미분법을 이용한 이차곡선 위의 점 (x_1, y_1)에서의 접선의 방정식은 다음과 같은 순서로 구한다.

(1) 음함수의 미분법을 이용하여 $\frac{dy}{dx}$를 구한다.

(2) $x=x_1$, $y=y_1$을 (1)에서 구한 $\frac{dy}{dx}$에 대입하여 접선의 기울기 m을 구한다.

(3) 접선의 기울기가 m이고 점 (x_1, y_1)을 지나는 접선의 방정식을 구한다.

예 음함수의 미분법을 이용하여 다음 접선의 방정식을 구하시오.

(1) 포물선 $y^2=4x$ 위의 점 $(9, 6)$에서의 접선

(2) 타원 $3x^2+2y^2=11$ 위의 점 $(1, 2)$에서의 접선

(3) 쌍곡선 $\frac{x^2}{3}-\frac{y^2}{3}=1$ 위의 점 $(2, -1)$에서의 접선

풀이 (1) $y^2=4x$의 양변을 x에 대하여 미분하면

$2y\frac{dy}{dx}=4 \quad \therefore \frac{dy}{dx}=\frac{2}{y}$ (단, $y\neq0$)

따라서 점 $(9, 6)$에서의 접선의 기울기는 $\frac{2}{6}=\frac{1}{3}$이므로 구하는 접선의 방정식은

$y-6=\frac{1}{3}(x-9) \quad \therefore y=\frac{1}{3}x+3$

(2) $3x^2+2y^2=11$의 양변을 x에 대하여 미분하면

$6x+4y\frac{dy}{dx}=0 \quad \therefore \frac{dy}{dx}=-\frac{3x}{2y}$ (단, $y\neq0$)

따라서 점 $(1, 2)$에서의 접선의 기울기는 $-\frac{3}{4}$이므로 구하는 접선의 방정식은

$y-2=-\frac{3}{4}(x-1) \quad \therefore y=-\frac{3}{4}x+\frac{11}{4}$

(3) $\frac{x^2}{3}-\frac{y^2}{3}=1$의 양변을 x에 대하여 미분하면

$\frac{2}{3}x-\frac{2}{3}y\frac{dy}{dx}=0 \quad \therefore \frac{dy}{dx}=\frac{x}{y}$ (단, $y\neq0$)

따라서 점 $(2, -1)$에서의 접선의 기울기는 $\frac{2}{-1}=-2$이므로 구하는 접선의 방정식은

$y+1=-2(x-2) \quad \therefore y=-2x+3$

연습문제

1 타원 $x^2+\frac{y^2}{36}=1$과 직선 $y=m(x-2)$가 서로 다른 두 점에서 만날 때, 정수 m의 개수는?

① 5 ② 6 ③ 7
④ 8 ⑤ 9

2 포물선 $y^2=16x$에 접하고 직선 $2x+y+4=0$에 평행한 직선이 점 $(-1,\ a)$를 지날 때, a의 값을 구하시오.

수능

3 좌표평면에서 포물선 $y^2=8x$에 접하는 두 직선 l_1, l_2의 기울기가 각각 m_1, m_2이다. m_1, m_2가 방정식 $2x^2-3x+1=0$의 서로 다른 두 근일 때, l_1과 l_2의 교점의 x좌표는?

① 1 ② 2 ③ 3
④ 4 ⑤ 5

4 포물선 $y^2=12x$ 위의 점 $(3,\ -6)$에서의 접선이 포물선 $x^2=ay$의 초점을 지날 때, 상수 a의 값을 구하시오.

5 다음 그림과 같이 포물선 $y^2=16x$ 위의 점 A$(1,\ 4)$에서의 접선이 포물선의 준선과 만나는 점을 B, x축과 만나는 점을 C라 하고 포물선의 준선과 x축이 만나는 점을 D라 하자. 이때 삼각형 BCD의 넓이는?

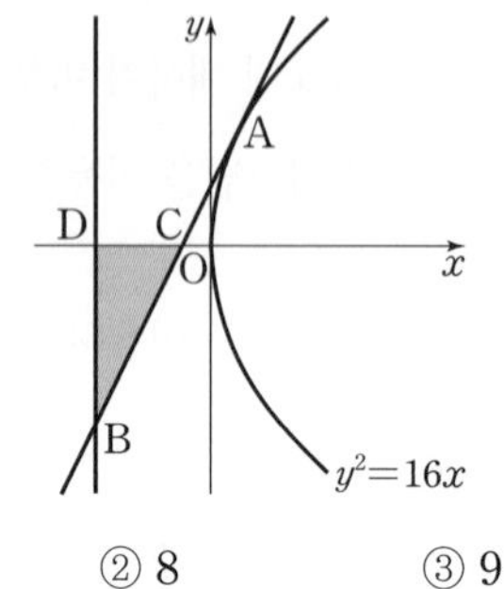

① 7 ② 8 ③ 9
④ 10 ⑤ 11

6 점 $(1,\ -2)$에서 포물선 $x^2=4y$에 그은 두 접선의 접점을 각각 P, Q라 할 때, 선분 PQ의 중점의 좌표를 구하시오.

7 타원 $\frac{x^2}{a^2}+\frac{y^2}{b^2}=1$이 점 $(4,\ 0)$을 지나고 직선 $x-4y+12=0$에 접할 때, 양수 a, b에 대하여 ab의 값을 구하시오.

8 오른쪽 그림과 같이 타원 $\frac{x^2}{9}+\frac{y^2}{16}=1$의 네 꼭짓점을 이어서 만든 마름모가 있다. 이 마름모와 각 변이 평행하고 타원에 외접하는 마름모의 넓이를 구하시오.

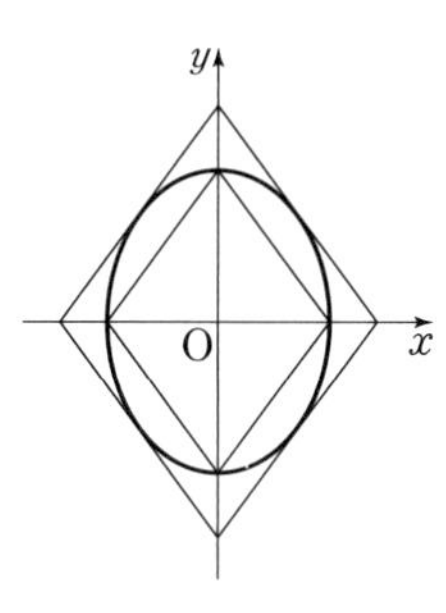

9 타원 $x^2+2y^2=6$ 위의 점 $(2,\ -1)$에서의 접선에 수직이고, 점 $(-3,\ 2)$를 지나는 직선의 방정식이 $ax+by+1=0$일 때, 상수 a, b에 대하여 $a+b$의 값은?

① $\frac{1}{2}$　② 1　③ $\frac{3}{2}$
④ 2　⑤ $\frac{5}{2}$

10 타원 $4x^2+y^2=8$ 위의 점 $(a,\ 2a)$에서의 접선이 점 $(0,\ b)$를 지날 때, ab의 값을 구하시오.
(단, $a>0$)

11 점 $(3,\ 4)$에서 타원 $4x^2+9y^2=36$에 그은 접선 중 한 직선이 점 $(5,\ k)$를 지날 때, k의 값을 구하시오.

12 쌍곡선 $\frac{x^2}{16}-\frac{y^2}{25}=-1$에 접하면서 기울기가 1이고 y절편이 양수인 직선과 x축, y축으로 둘러싸인 삼각형의 넓이는?

① $\frac{5}{2}$　② 3　③ $\frac{7}{2}$
④ 4　⑤ $\frac{9}{2}$

13 다음 그림과 같이 쌍곡선 $x^2-y^2=5$ 위의 점 $(3,\ 2)$에서의 접선을 l이라 하고, 쌍곡선의 두 초점 F, F′에서 접선 l에 내린 수선의 발을 각각 P, Q라 하자. 이때 $\overline{\mathrm{FP}}\times\overline{\mathrm{F'Q}}$의 값은?

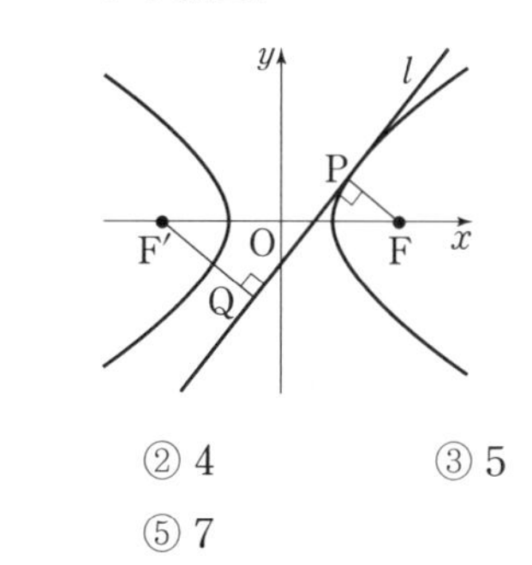

① 3　② 4　③ 5
④ 6　⑤ 7

평가원
14 쌍곡선 $\frac{x^2}{12}-\frac{y^2}{8}=1$ 위의 점 $(a,\ b)$에서의 접선이 타원 $\frac{(x-2)^2}{4}+y^2=1$의 넓이를 이등분할 때, a^2+b^2의 값을 구하시오.

연습문제

15 점 (1, 3)에서 쌍곡선 $x^2-y^2=1$에 그은 두 접선의 접점을 각각 A, B라 할 때, 삼각형 OAB의 넓이는? (단, O는 원점)

① $\frac{1}{8}$ ② $\frac{1}{4}$ ③ $\frac{3}{8}$
④ $\frac{1}{2}$ ⑤ $\frac{5}{8}$

실력

교육청

16 그림과 같이 초점이 F인 포물선 $y^2=12x$가 있다. 포물선 위에 있고 제1사분면에 있는 점 A에서의 접선과 포물선의 준선이 만나는 점을 B라 하자. $\overline{AB}=2\overline{AF}$일 때, $\overline{AB}\times\overline{AF}$의 값을 구하시오.

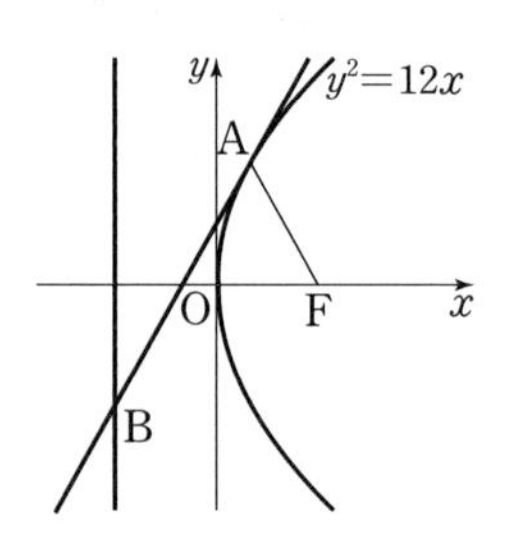

17 타원 $\frac{x^2}{9}+\frac{y^2}{7}=1$ 위의 점과 직선 $y=x+6$ 사이의 거리의 최댓값을 구하시오.

평가원

18 점 (0, 2)에서 타원 $\frac{x^2}{8}+\frac{y^2}{2}=1$에 그은 두 접선의 접점을 각각 P, Q라 하고, 타원의 두 초점 중 하나를 F라 할 때, 삼각형 PFQ의 둘레의 길이는 $a\sqrt{2}+b$이다. a^2+b^2의 값을 구하시오. (단, a, b는 유리수이다.)

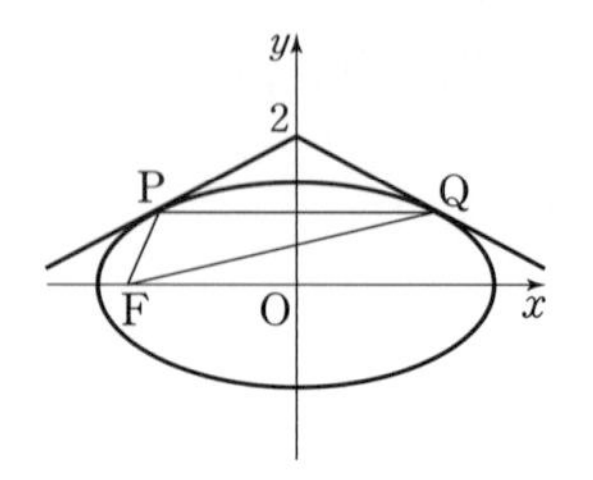

평가원

19 그림과 같이 두 초점이 F(3, 0), F′(−3, 0)인 쌍곡선 $\frac{x^2}{a^2}-\frac{y^2}{b^2}=1$ 위의 점 P(4, k)에서의 접선과 x축과의 교점이 선분 F′F를 2 : 1로 내분할 때, k^2의 값을 구하시오. (단, a, b는 상수이다.)

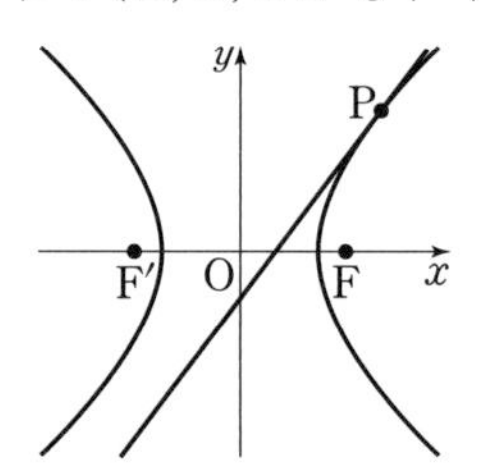

20 쌍곡선 $x^2-3y^2=12$ 위에 있지 않은 한 점 $(a, 1)$에서 쌍곡선에 그은 두 접선이 서로 수직일 때, 모든 a의 값의 합은?

① −1 ② 0 ③ 1
④ 2 ⑤ 3

Ⅱ

평면벡터

1 벡터의 연산

2 평면벡터의 성분과 내적

1 벡터의 뜻

1 벡터의 뜻

길이, 넓이, 부피, 속력 등은 크기만을 가지므로 그 양을 실수로 나타낼 수 있다. 그러나 속도, 가속도, 힘 등은 크기는 물론 방향도 함께 표시해야 한다.

이와 같이 크기와 방향을 함께 가지는 양을 **벡터**라 하고, 평면에서의 벡터를 **평면벡터**라 한다.

참고 크기만을 가지는 양을 스칼라라 한다.

2 벡터의 표현과 크기

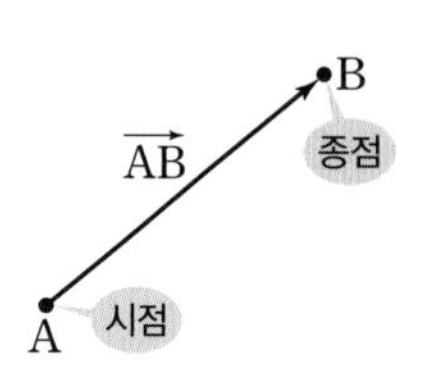

(1) 벡터를 그림으로 나타낼 때는 화살표를 사용하여 그 크기와 방향을 나타낸다. 이때 화살표의 길이는 **벡터의 크기**, 화살표의 방향은 벡터의 방향을 나타낸다.

방향이 점 A에서 점 B로 향하고 크기가 선분 AB의 길이와 같은 벡터를 기호로

$\overrightarrow{\mathrm{AB}}$

와 같이 나타내고, 점 A를 벡터 $\overrightarrow{\mathrm{AB}}$의 **시점**, 점 B를 벡터 $\overrightarrow{\mathrm{AB}}$의 **종점**이라 한다.

또 벡터 $\overrightarrow{\mathrm{AB}}$의 크기는 기호로

$|\overrightarrow{\mathrm{AB}}|$

와 같이 나타낸다.

(2) 벡터를 한 문자로 나타낼 때는 기호로

$\vec{a}, \vec{b}, \vec{c}, \cdots$

와 같이 나타낸다.

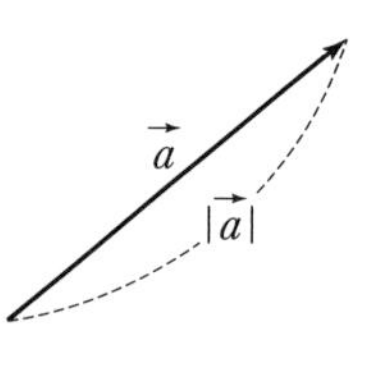

이때 벡터 $\vec{a}$의 크기는 기호로

$|\vec{a}|$

와 같이 나타낸다.

(3) 크기가 1인 벡터를 **단위벡터**라 한다.

(4) $\overrightarrow{\mathrm{AA}}$, $\overrightarrow{\mathrm{BB}}$와 같이 시점과 종점이 일치하는 벡터를 **영벡터**라 하고, 기호로

$\vec{0}$

와 같이 나타낸다.

영벡터의 크기는 0이고, 방향은 생각하지 않는다.

예 오른쪽 그림과 같이 $\overline{\mathrm{AB}}=1$, $\overline{\mathrm{BC}}=2$인 직사각형 ABCD에서 세 벡터 $\overrightarrow{\mathrm{AD}}$, $\overrightarrow{\mathrm{CD}}$, $\overrightarrow{\mathrm{DB}}$의 크기는

$|\overrightarrow{\mathrm{AD}}|=\overline{\mathrm{AD}}=\overline{\mathrm{BC}}=2$

$|\overrightarrow{\mathrm{CD}}|=\overline{\mathrm{CD}}=\overline{\mathrm{AB}}=1$

$|\overrightarrow{\mathrm{DB}}|=\overline{\mathrm{DB}}=\sqrt{\overline{\mathrm{BC}}^2+\overline{\mathrm{CD}}^2}$

$=\sqrt{2^2+1^2}=\sqrt{5}$

이때 벡터 $\overrightarrow{\mathrm{CD}}$는 크기가 1이므로 단위벡터이다.

참고 단위벡터는 유일하지 않고 무수히 많이 존재한다.

3 서로 같은 벡터

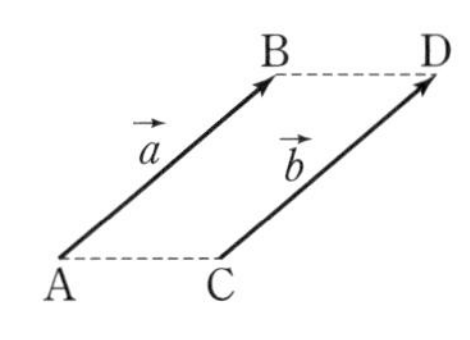

오른쪽 그림에서 벡터 $\overrightarrow{AB}$를 평행이동하여 벡터 $\overrightarrow{CD}$와 겹칠 수 있을 때, 두 벡터 $\overrightarrow{AB}$, $\overrightarrow{CD}$는 시점은 다르지만 그 크기와 방향이 각각 같다.
이와 같이 두 벡터 $\vec{a}$, $\vec{b}$의 크기와 방향이 각각 같을 때, 두 벡터 $\vec{a}$, $\vec{b}$는 서로 같다고 하고, 기호로

$$\vec{a}=\vec{b}$$

와 같이 나타낸다.

예 오른쪽 그림과 같은 정육각형 ABCDEF에서

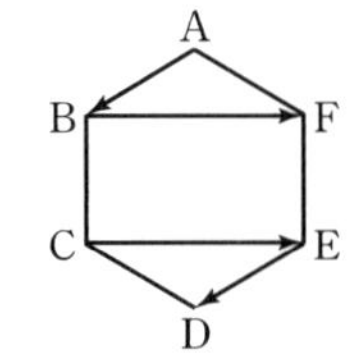

- 두 벡터 $\overrightarrow{AB}$, $\overrightarrow{ED}$의 크기와 방향이 각각 같으므로 두 벡터 $\overrightarrow{AB}$, $\overrightarrow{ED}$는 서로 같은 벡터이다.
  ➡ $\overrightarrow{AB}=\overrightarrow{ED}$
- 두 벡터 $\overrightarrow{BF}$, $\overrightarrow{CE}$의 크기와 방향이 각각 같으므로 두 벡터 $\overrightarrow{BF}$, $\overrightarrow{CE}$는 서로 같은 벡터이다.
  ➡ $\overrightarrow{BF}=\overrightarrow{CE}$

참고 한 벡터를 평행이동하여 겹쳐지는 벡터는 모두 같은 벡터이다.

4 크기가 같고 방향이 반대인 벡터

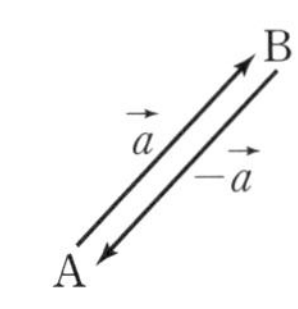

오른쪽 그림의 두 벡터 $\overrightarrow{AB}$, $\overrightarrow{BA}$는 크기는 같지만 방향이 반대이다.
이와 같이 벡터 $\vec{a}$와 크기는 같지만 방향이 반대인 벡터를 기호로

$$-\vec{a}$$

와 같이 나타낸다. 즉,

$$|-\vec{a}|=|\vec{a}|,\ \overrightarrow{BA}=-\overrightarrow{AB}$$

예 오른쪽 그림과 같은 직사각형 ABCD에서

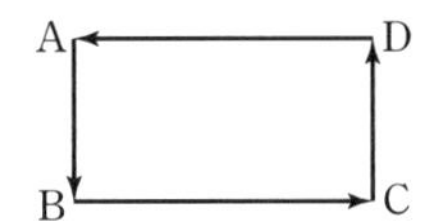

- 벡터 $\overrightarrow{CD}$는 벡터 $\overrightarrow{AB}$와 크기는 같지만 방향이 반대이다.
  ➡ $\overrightarrow{CD}=-\overrightarrow{AB}$
- 벡터 $\overrightarrow{DA}$는 벡터 $\overrightarrow{BC}$와 크기는 같지만 방향이 반대이다.
  ➡ $\overrightarrow{DA}=-\overrightarrow{BC}$

개념 CHECK

정답과 해설 28쪽

1 오른쪽 그림과 같은 벡터 $\vec{a}$, $\vec{b}$, $\vec{c}$, $\cdots$, $\vec{k}$에 대하여 다음을 구하시오.

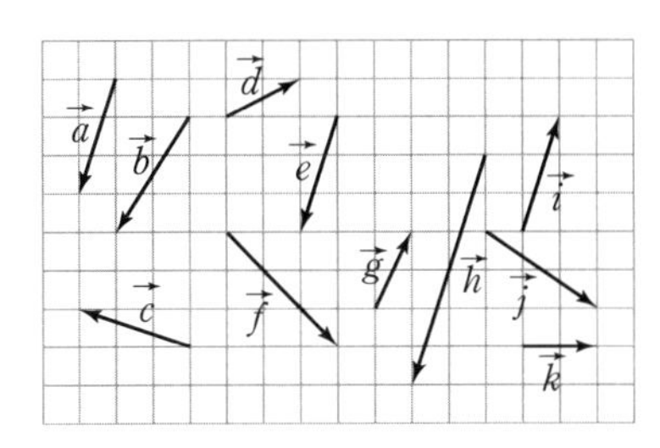

(1) $\vec{a}$와 방향이 같은 벡터
(2) $\vec{a}$와 크기가 같은 벡터
(3) $\vec{a}$와 서로 같은 벡터
(4) $\vec{a}$와 크기가 같고 방향이 반대인 벡터

필.수.예.제 01

벡터의 크기와 서로 같은 벡터

유형편 29쪽

오른쪽 그림과 같이 한 변의 길이가 1인 정육각형 ABCDEF에서 세 대각선 AD, BE, CF의 교점을 O라 할 때, 다음 물음에 답하시오.

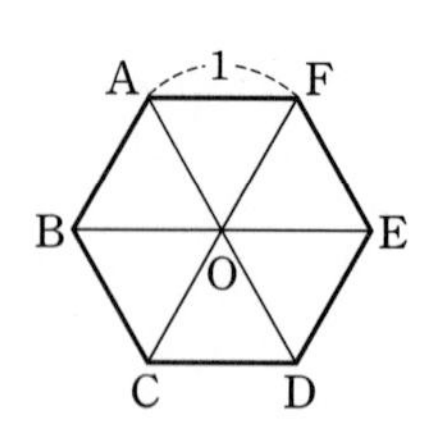

(1) $\overrightarrow{AD}$와 크기가 같은 벡터를 모두 구하시오.

(2) $\overrightarrow{AB}$와 서로 같은 벡터를 모두 구하시오.

(3) $\overrightarrow{CD}$와 크기는 같고 방향이 반대인 벡터를 모두 구하시오.

(4) $\overrightarrow{OA}=\vec{a}$, $\overrightarrow{OB}=\vec{b}$, $\overrightarrow{OC}=\vec{c}$라 할 때, 세 벡터 $\overrightarrow{FE}$, $\overrightarrow{CD}$, $\overrightarrow{DE}$를 각각 $\vec{a}$, $\vec{b}$, $\vec{c}$로 나타내시오.

공략 Point

- 서로 같은 벡터
  ➡ 시점의 위치에 관계없이 크기와 방향이 각각 같은 벡터
- 크기가 같고 방향이 반대인 벡터
  ➡ $\overrightarrow{BA}=-\overrightarrow{AB}$

풀이

(1) $\overrightarrow{AD}$의 크기는 한 변의 길이가 1인 정육각형의 대각선 AD의 길이와 같으므로 — $|\overrightarrow{AD}|=\overline{AD}=2$

$\overline{AD}=\overline{BE}=\overline{CF}=2$이므로 $\overrightarrow{AD}$와 크기가 같은 벡터는 — $\overrightarrow{DA}$, $\overrightarrow{BE}$, $\overrightarrow{EB}$, $\overrightarrow{CF}$, $\overrightarrow{FC}$

(2) 서로 같은 벡터는 시점의 위치에 관계없이 크기와 방향이 각각 같은 벡터이므로 $\overrightarrow{AB}$와 서로 같은 벡터는 — $\overrightarrow{FO}$, $\overrightarrow{OC}$, $\overrightarrow{ED}$

(3) $\overrightarrow{CD}$와 크기는 같고 방향이 반대인 벡터는 — $\overrightarrow{DC}$, $\overrightarrow{EO}$, $\overrightarrow{OB}$, $\overrightarrow{FA}$

(4) $\overrightarrow{FE}=\overrightarrow{AO}=-\overrightarrow{OA}$이므로 — $\overrightarrow{FE}=-\vec{a}$

$\overrightarrow{CD}=\overrightarrow{BO}=-\overrightarrow{OB}$이므로 — $\overrightarrow{CD}=-\vec{b}$

$\overrightarrow{DE}=\overrightarrow{CO}=-\overrightarrow{OC}$이므로 — $\overrightarrow{DE}=-\vec{c}$

정답과 해설 28쪽

문제

01-1 오른쪽 그림과 같이 한 변의 길이가 2인 정삼각형 ABC에서 세 변 AB, BC, CA의 중점을 각각 D, E, F라 할 때, 다음 물음에 답하시오.

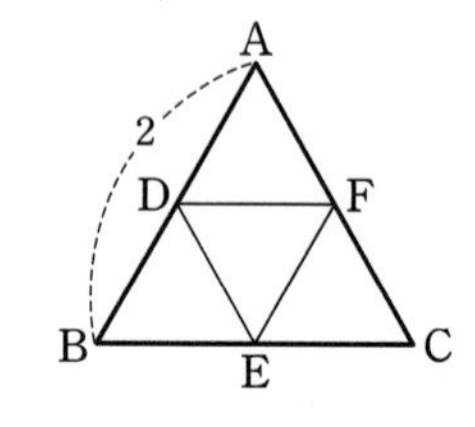

(1) $\overrightarrow{BD}$와 서로 같은 벡터를 모두 구하시오.

(2) $\overrightarrow{DF}$와 크기는 같고 방향이 반대인 벡터를 모두 구하시오.

(3) $|\overrightarrow{CF}|$를 구하시오.

01-2 오른쪽 그림과 같은 정사각형 ABCD에서 $\overrightarrow{AB}=\vec{a}$, $\overrightarrow{AD}=\vec{b}$, $\overrightarrow{AC}=\vec{c}$라 할 때, 다음 보기 중 옳은 것만을 있는 대로 고르시오.

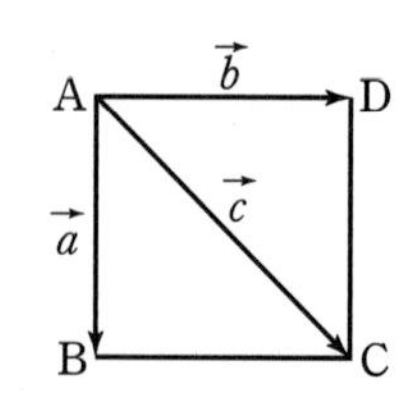

보기

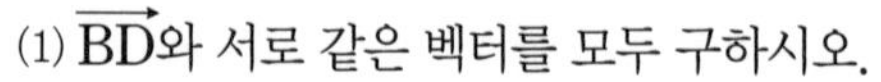

ㄱ. $\overrightarrow{CD}=\vec{a}$　　ㄴ. $\overrightarrow{BC}=-\vec{b}$　　ㄷ. $\overrightarrow{CA}=-\vec{c}$

벡터의 덧셈과 뺄셈

1 벡터의 덧셈

(1) 벡터의 덧셈

두 벡터 $\vec{a}$, $\vec{b}$에 대하여 오른쪽 그림과 같이 $\vec{a}=\overrightarrow{AB}$, $\vec{b}=\overrightarrow{BC}$가 되도록 세 점 A, B, C를 잡을 때, 벡터 $\overrightarrow{AC}$를 두 벡터 $\vec{a}$, $\vec{b}$의 합이라 하고, 기호로 $\vec{a}+\vec{b}$와 같이 나타낸다.

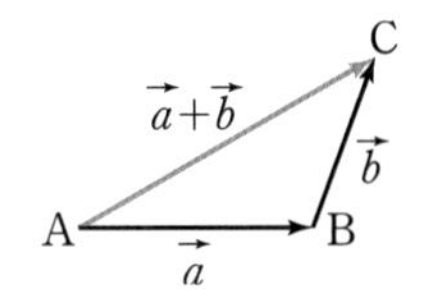

이때 $\overrightarrow{AC}=\vec{c}$라 하면

$\vec{a}+\vec{b}=\vec{c}$ 또는 $\overrightarrow{AB}+\overrightarrow{BC}=\overrightarrow{AC}$

(2) 평행사변형을 이용한 벡터의 덧셈

두 벡터 $\vec{a}$, $\vec{b}$에 대하여 오른쪽 그림과 같이 $\vec{a}=\overrightarrow{AB}$, $\vec{b}=\overrightarrow{AD}$가 되도록 세 점 A, B, D를 잡고, 사각형 ABCD가 평행사변형이 되도록 점 C를 잡으면 $\overrightarrow{AD}=\overrightarrow{BC}$이므로

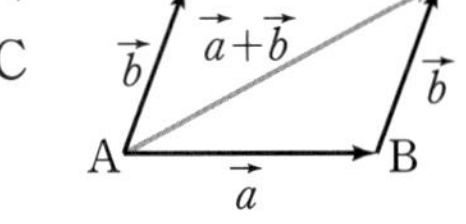

$\overrightarrow{AB}+\overrightarrow{AD}=\overrightarrow{AB}+\overrightarrow{BC}=\overrightarrow{AC}$

2 벡터의 덧셈에 대한 성질

(1) 벡터의 덧셈에 대한 성질

세 벡터 $\vec{a}$, $\vec{b}$, $\vec{c}$에 대하여

① $\vec{a}+\vec{b}=\vec{b}+\vec{a}$ ◀ 교환법칙

② $(\vec{a}+\vec{b})+\vec{c}=\vec{a}+(\vec{b}+\vec{c})$ ◀ 결합법칙

(2) 영벡터의 덧셈에 대한 성질

벡터 $\vec{a}$에 대하여

① $\vec{a}+\vec{0}=\vec{0}+\vec{a}=\vec{a}$

② $\vec{a}+(-\vec{a})=(-\vec{a})+\vec{a}=\vec{0}$

참고 $(\vec{a}+\vec{b})+\vec{c}$, $\vec{a}+(\vec{b}+\vec{c})$에서 괄호를 생략하여 $\vec{a}+\vec{b}+\vec{c}$와 같이 나타낼 수 있다.

3 벡터의 뺄셈

(1) 벡터의 뺄셈

두 벡터 $\vec{a}$, $\vec{b}$에 대하여 $\vec{a}$와 $-\vec{b}$의 합 $\vec{a}+(-\vec{b})$를 $\vec{a}$에서 $\vec{b}$를 뺀 차라 하고, 기호로 $\vec{a}-\vec{b}$와 같이 나타낸다. 즉,

$\vec{a}-\vec{b}=\vec{a}+(-\vec{b})$

(2) 평행사변형을 이용한 벡터의 뺄셈

두 벡터 $\vec{a}$, $\vec{b}$에 대하여 오른쪽 그림과 같이 $\vec{a}=\overrightarrow{AB}$, $\vec{b}=\overrightarrow{AD}$가 되도록 세 점 A, B, D를 잡고, 사각형 ABCD가 평행사변형이 되도록 점 C를 잡으면 $\overrightarrow{AB}=\overrightarrow{DC}$, $\overrightarrow{AD}=\overrightarrow{BC}$이므로

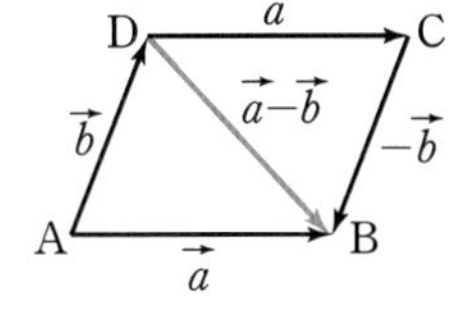

$$\overrightarrow{AB}-\overrightarrow{AD}=\overrightarrow{AB}+(-\overrightarrow{AD})=\overrightarrow{DC}+(-\overrightarrow{BC})$$
$$=\overrightarrow{DC}+\overrightarrow{CB}=\overrightarrow{DB}$$

개념 PLUS

벡터의 덧셈에 대한 성질

(1) 오른쪽 그림과 같이 두 벡터 $\vec{a}$, $\vec{b}$에 대하여 $\vec{a}=\overrightarrow{AB}$, $\vec{b}=\overrightarrow{BC}$가 되도록 세 점 A, B, C를 잡고, 사각형 ABCD가 평행사변형이 되도록 점 D를 잡으면

$\vec{a}+\vec{b}=\overrightarrow{AB}+\overrightarrow{BC}=\overrightarrow{AC}$

또 $\vec{a}=\overrightarrow{DC}$, $\vec{b}=\overrightarrow{AD}$이므로

$\vec{b}+\vec{a}=\overrightarrow{AD}+\overrightarrow{DC}=\overrightarrow{AC}$

$\therefore\ \vec{a}+\vec{b}=\vec{b}+\vec{a}$

(2) 오른쪽 그림과 같이 세 벡터 $\vec{a}$, $\vec{b}$, $\vec{c}$에 대하여 $\vec{a}=\overrightarrow{AB}$, $\vec{b}=\overrightarrow{BC}$, $\vec{c}=\overrightarrow{CD}$가 되도록 네 점 A, B, C, D를 잡으면

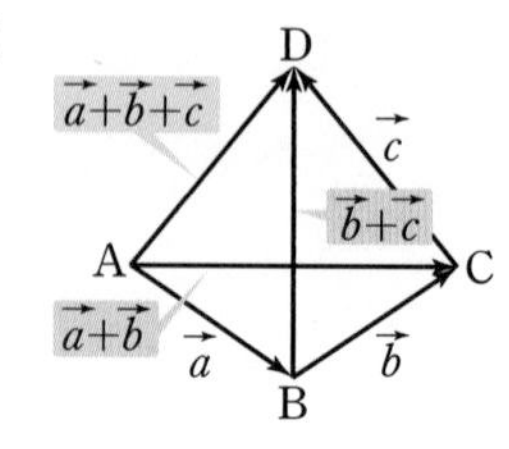

$(\vec{a}+\vec{b})+\vec{c}=(\overrightarrow{AB}+\overrightarrow{BC})+\overrightarrow{CD}=\overrightarrow{AC}+\overrightarrow{CD}=\overrightarrow{AD}$

$\vec{a}+(\vec{b}+\vec{c})=\overrightarrow{AB}+(\overrightarrow{BC}+\overrightarrow{CD})=\overrightarrow{AB}+\overrightarrow{BD}=\overrightarrow{AD}$

$\therefore\ (\vec{a}+\vec{b})+\vec{c}=\vec{a}+(\vec{b}+\vec{c})$

영벡터의 덧셈에 대한 성질

벡터 $\vec{a}$에 대하여 $\vec{a}=\overrightarrow{AB}$라 하면

(1) $\vec{a}+\vec{0}=\overrightarrow{AB}+\overrightarrow{BB}=\overrightarrow{AB}=\vec{a}$, $\vec{0}+\vec{a}=\overrightarrow{AA}+\overrightarrow{AB}=\overrightarrow{AB}=\vec{a}$

$\therefore\ \vec{a}+\vec{0}=\vec{0}+\vec{a}=\vec{a}$

(2) $\vec{a}+(-\vec{a})=\overrightarrow{AB}+\overrightarrow{BA}=\overrightarrow{AA}=\vec{0}$, $(-\vec{a})+\vec{a}=\overrightarrow{BA}+\overrightarrow{AB}=\overrightarrow{BB}=\vec{0}$

$\therefore\ \vec{a}+(-\vec{a})=(-\vec{a})+\vec{a}=\vec{0}$

개념 CHECK

정답과 해설 28쪽

1 두 벡터 $\vec{a}$, $\vec{b}$가 다음과 같을 때, $\vec{a}+\vec{b}$를 그림으로 나타내시오.

(1)

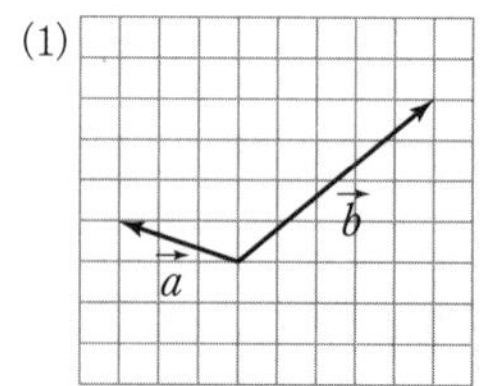

(2)

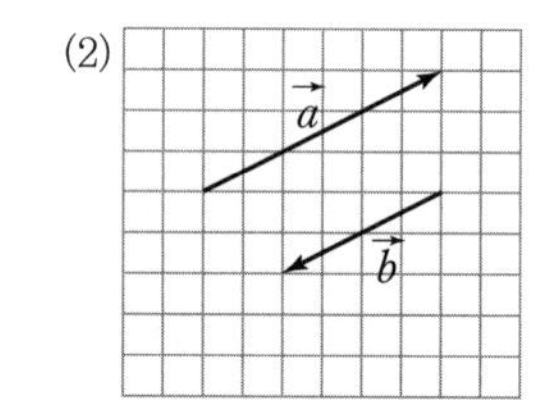

2 두 벡터 $\vec{a}$, $\vec{b}$가 다음과 같을 때, $\vec{a}-\vec{b}$를 그림으로 나타내시오.

(1)

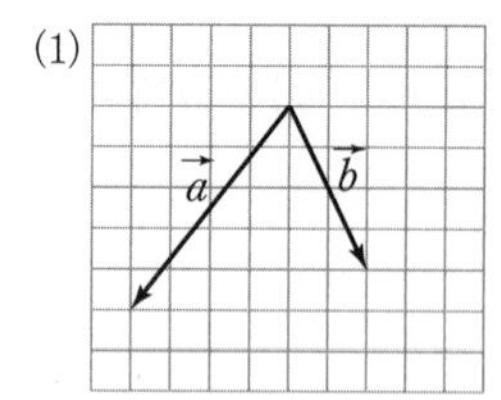

(2)

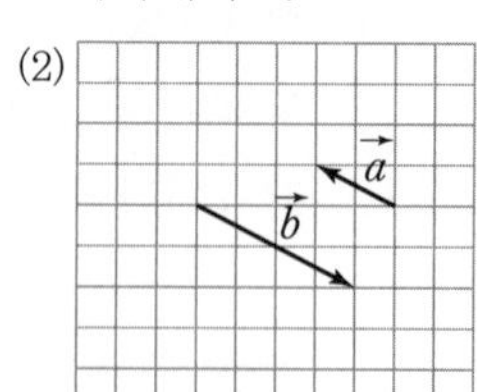

3 다음을 간단히 하시오.

(1) $\overrightarrow{AB}+\overrightarrow{BA}$

(2) $\overrightarrow{AB}+\overrightarrow{BC}+\overrightarrow{CD}$

(3) $\overrightarrow{BC}+\overrightarrow{AB}+\overrightarrow{DE}+\overrightarrow{CD}$

(4) $\overrightarrow{AB}+\overrightarrow{CD}-\overrightarrow{CB}+\overrightarrow{DA}$

벡터의 덧셈과 뺄셈

유형편 29쪽

필.수.예.제 02

오른쪽 그림과 같은 평행사변형 ABCD에서 두 대각선의 교점을 O라 하고 $\overrightarrow{OA}=\vec{a}$, $\overrightarrow{OB}=\vec{b}$라 할 때, 다음 벡터를 $\vec{a}$, $\vec{b}$로 나타내시오.

(1) $\overrightarrow{AB}$　　(2) $\overrightarrow{BC}$　　(3) $\overrightarrow{CD}$

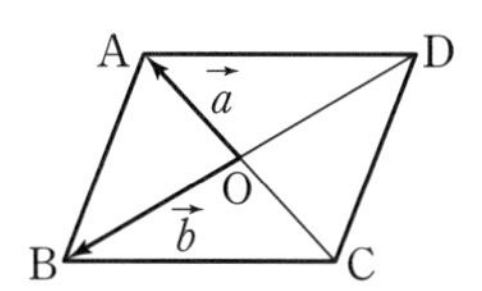

공략 Point

- $\overrightarrow{AB}+\overrightarrow{BC}=\overrightarrow{AC}$
- $\overrightarrow{AB}=-\overrightarrow{BA}$

풀이

(1) $\overrightarrow{AB}=\overrightarrow{AO}+\overrightarrow{OB}$이므로

$\overrightarrow{AB}=\overrightarrow{AO}+\overrightarrow{OB}=-\overrightarrow{OA}+\overrightarrow{OB}$
$=-\vec{a}+\vec{b}$

(2) $\overrightarrow{BC}=\overrightarrow{BO}+\overrightarrow{OC}$이므로

$\overrightarrow{BC}=\overrightarrow{BO}+\overrightarrow{OC}=\overrightarrow{BO}+\overrightarrow{AO}$
$=-\overrightarrow{OB}-\overrightarrow{OA}=-\vec{a}-\vec{b}$

(3) $\overrightarrow{CD}=\overrightarrow{CO}+\overrightarrow{OD}$이므로

$\overrightarrow{CD}=\overrightarrow{CO}+\overrightarrow{OD}=\overrightarrow{OA}+\overrightarrow{BO}$
$=\overrightarrow{OA}-\overrightarrow{OB}=\vec{a}-\vec{b}$

공략 Point

- $\overrightarrow{AB}-\overrightarrow{AC}=\overrightarrow{CB}$

다른 풀이

(1) $\overrightarrow{AB}=\overrightarrow{OB}-\overrightarrow{OA}$이므로

$\overrightarrow{AB}=\overrightarrow{OB}-\overrightarrow{OA}=-\vec{a}+\vec{b}$

(2) $\overrightarrow{BC}=\overrightarrow{OC}-\overrightarrow{OB}$이므로

$\overrightarrow{BC}=\overrightarrow{OC}-\overrightarrow{OB}=\overrightarrow{AO}-\overrightarrow{OB}$
$=-\overrightarrow{OA}-\overrightarrow{OB}=-\vec{a}-\vec{b}$

(3) $\overrightarrow{CD}=\overrightarrow{OD}-\overrightarrow{OC}$이므로

$\overrightarrow{CD}=\overrightarrow{OD}-\overrightarrow{OC}=\overrightarrow{BO}-\overrightarrow{AO}$
$=-\overrightarrow{OB}+\overrightarrow{OA}=\vec{a}-\vec{b}$

정답과 해설 28쪽

문제

02-1 오른쪽 그림과 같은 정육각형 ABCDEF에서 $\overrightarrow{AB}=\vec{a}$, $\overrightarrow{BC}=\vec{b}$, $\overrightarrow{CD}=\vec{c}$라 할 때, 다음 벡터를 $\vec{a}$, $\vec{b}$, $\vec{c}$로 나타내시오.

(1) $\overrightarrow{AE}$　　(2) $\overrightarrow{DF}$

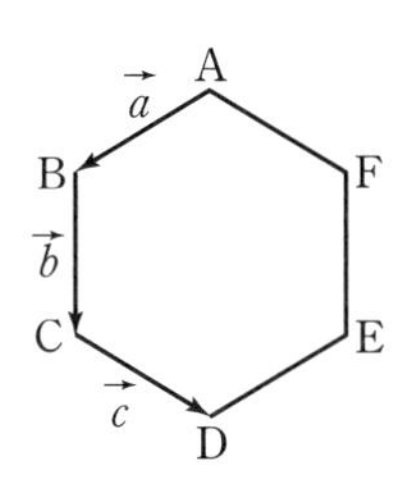

02-2 오른쪽 그림과 같은 평행사변형 ABCD에서 다음 중 $\overrightarrow{AB}+\overrightarrow{AD}+\overrightarrow{CA}$와 같은 벡터인 것은?

① $\overrightarrow{AC}$　　② $\overrightarrow{CA}$　　③ $\vec{0}$
④ $\overrightarrow{BD}$　　⑤ $\overrightarrow{DB}$

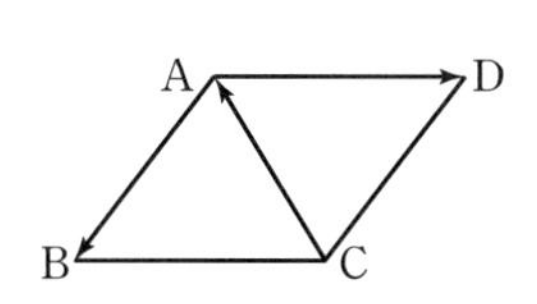

벡터의 실수배

1 벡터의 실수배

실수 k와 벡터 $\vec{a}$의 곱 $k\vec{a}$를 다음과 같이 정의하고, 이를 벡터 $\vec{a}$의 **실수배**라 한다.

실수 k와 벡터 $\vec{a}$에 대하여

(1) $\vec{a}\neq\vec{0}$일 때

① $k>0$이면 $k\vec{a}$는 $\vec{a}$와 방향이 같고 크기가 $k|\vec{a}|$인 벡터이다.

② $k<0$이면 $k\vec{a}$는 $\vec{a}$와 방향이 반대이고 크기가 $|k||\vec{a}|$인 벡터이다.

③ $k=0$이면 $k\vec{a}=\vec{0}$이다.

(2) $\vec{a}=\vec{0}$일 때, $k\vec{a}=\vec{0}$이다.

참고 • 벡터와 실수의 곱은 벡터이다.
• $1\vec{a}=\vec{a}$, $(-1)\vec{a}=-\vec{a}$, $|k\vec{a}|=|k||\vec{a}|$

2 벡터의 실수배에 대한 성질

두 실수 k, l과 두 벡터 $\vec{a}$, $\vec{b}$에 대하여

(1) $k(l\vec{a})=(kl)\vec{a}$ ◀ 결합법칙

(2) $(k+l)\vec{a}=k\vec{a}+l\vec{a}$ ◀ 분배법칙

(3) $k(\vec{a}+\vec{b})=k\vec{a}+k\vec{b}$ ◀ 분배법칙

예 $2(3\vec{a}-4\vec{b})+5(-\vec{a}+2\vec{b})=6\vec{a}-8\vec{b}-5\vec{a}+10\vec{b}$
$=(6-5)\vec{a}+(-8+10)\vec{b}=\vec{a}+2\vec{b}$

3 벡터의 평행

(1) 서로 평행한 벡터

오른쪽 그림과 같이 영벡터가 아닌 두 벡터 $\vec{a}$, $\vec{b}$의 방향이 같거나 반대일 때, $\vec{a}$와 $\vec{b}$는 서로 평행하다고 하고, 기호로

$\vec{a}/\!/\vec{b}$

와 같이 나타낸다.

(2) 벡터의 평행 조건

영벡터가 아닌 두 벡터 $\vec{a}$, $\vec{b}$에 대하여

$\vec{a}/\!/\vec{b} \Longleftrightarrow \vec{b}=k\vec{a}$ (단, k는 0이 아닌 실수)

예 영벡터가 아닌 두 벡터 $6\vec{a}-3\vec{b}$, $2\vec{a}-\vec{b}$에 대하여

$6\vec{a}-3\vec{b}=3\times2\vec{a}-3\times\vec{b}$
$=3(2\vec{a}-\vec{b})$

따라서 두 벡터 $6\vec{a}-3\vec{b}$, $2\vec{a}-\vec{b}$는 서로 평행하다.

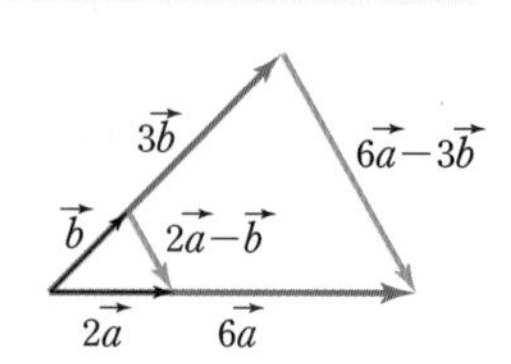

참고 • 두 벡터가 일직선 위에 있거나 서로 겹쳐지는 경우에도 두 벡터는 서로 평행하다고 한다.
• $\vec{b}=k\vec{a}$에서 $k=1$이면 $\vec{a}=\vec{b}$이므로 $\vec{a}/\!/\vec{a}$이다. 즉, 서로 같은 벡터는 서로 평행하다.

4 두 벡터가 서로 같을 조건

영벡터가 아닌 두 벡터 $\vec{a}$, $\vec{b}$가 서로 평행하지 않을 때, 실수 m, n, m', n'에 대하여

(1) $m\vec{a}+n\vec{b}=\vec{0} \Longleftrightarrow m=n=0$

(2) $m\vec{a}+n\vec{b}=m'\vec{a}+n'\vec{b} \Longleftrightarrow m=m',\ n=n'$

5 세 점이 한 직선 위에 있을 조건

서로 다른 세 점 A, B, C에 대하여 $\overrightarrow{AC}=k\overrightarrow{AB}$를 만족시키는 0이 아닌 실수 k가 존재하면 $\overrightarrow{AB} /\!/ \overrightarrow{AC}$이므로 세 점 A, B, C는 한 직선 위에 있다.
역으로 세 점 A, B, C가 한 직선 위에 있으면 $\overrightarrow{AC}=k\overrightarrow{AB}$를 만족시키는 0이 아닌 실수 k가 존재한다. 즉,

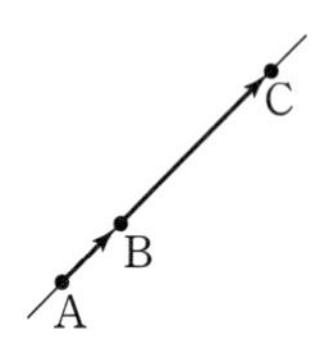

세 점 A, B, C가 한 직선 위에 있다. $\Longleftrightarrow$ $\overrightarrow{AC}=k\overrightarrow{AB}$ (단, k는 0이 아닌 실수)

개념 PLUS

두 벡터가 서로 같을 조건

영벡터가 아닌 두 벡터 $\vec{a}$, $\vec{b}$가 서로 평행하지 않을 때, 실수 m, n, m', n'에 대하여

(1) $m\vec{a}+n\vec{b}=\vec{0}$가 성립하고 $m\neq 0$이라 가정하면 $m\vec{a}=-n\vec{b}$ $\quad\therefore \vec{a}=-\dfrac{n}{m}\vec{b}$

이는 두 벡터 $\vec{a}$, $\vec{b}$가 서로 평행하지 않다는 조건에 모순이므로 $m=0$

$m=0$이면 $n\vec{b}=\vec{0}$이고 $\vec{b}\neq\vec{0}$이므로 $n=0$

따라서 $m\vec{a}+n\vec{b}=\vec{0}$이면 $m=0$, $n=0$이다.

역으로 $m=0$, $n=0$이면 $m\vec{a}+n\vec{b}=\vec{0}$이다.

$\therefore m\vec{a}+n\vec{b}=\vec{0} \Longleftrightarrow m=n=0$

(2) $m\vec{a}+n\vec{b}=m'\vec{a}+n'\vec{b}$ 에서 $(m-m')\vec{a}+(n-n')\vec{b}=\vec{0}$

(1)에 의하여 $m-m'=0$, $n-n'=0$ $\quad\therefore m=m',\ n=n'$

역으로 $m=m'$, $n=n'$이면 $m\vec{a}+n\vec{b}=m'\vec{a}+n'\vec{b}$이다.

$\therefore m\vec{a}+n\vec{b}=m'\vec{a}+n'\vec{b} \Longleftrightarrow m=m',\ n=n'$

개념 CHECK

정답과 해설 28쪽

1 다음을 간단히 하시오.

(1) $3(\vec{a}+\vec{b})+2(2\vec{a}-\vec{b})$

(2) $5(\vec{a}-\vec{b}+2\vec{c})-3(\vec{a}-\vec{c})$

2 오른쪽 그림에서 네 벡터 $\vec{a}$, $\vec{b}$, $\vec{c}$, $\vec{d}$ 중 $\vec{p}$와 평행한 벡터를 모두 구하시오.

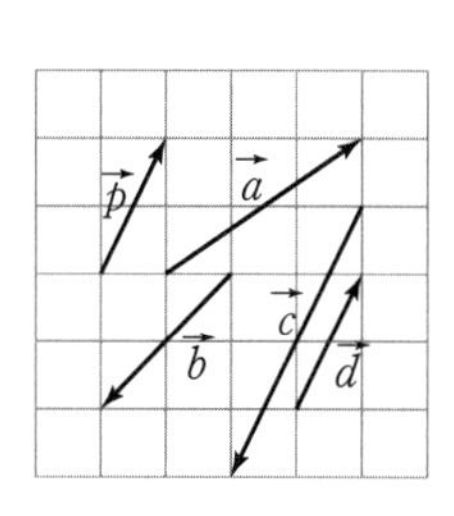

벡터의 실수배

유형편 30쪽

필.수.예.제 03

오른쪽 그림과 같은 정육각형 ABCDEF에서 세 대각선 AD, BE, CF의 교점을 O라 하고 $\overrightarrow{AB}=\vec{a}$, $\overrightarrow{BC}=\vec{b}$라 할 때, 다음 벡터를 $\vec{a}$, $\vec{b}$로 나타내시오.

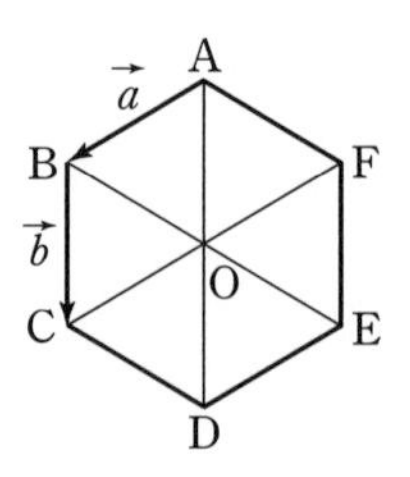

(1) $\overrightarrow{OB}$　　(2) $\overrightarrow{AD}$

(3) $\overrightarrow{BD}$　　(4) $\overrightarrow{BF}$

풀이

(1) $\overrightarrow{OB}=\overrightarrow{OA}+\overrightarrow{AB}$이므로	$\overrightarrow{OB}=\overrightarrow{OA}+\overrightarrow{AB}=\overrightarrow{CB}+\overrightarrow{AB}=-\overrightarrow{BC}+\overrightarrow{AB}$ $=\boldsymbol{\vec{a}-\vec{b}}$
(2) $\overrightarrow{AD}=2\overrightarrow{AO}$이므로	$\overrightarrow{AD}=2\overrightarrow{AO}=2\overrightarrow{BC}=\boldsymbol{2\vec{b}}$
(3) $\overrightarrow{BD}=\overrightarrow{BC}+\overrightarrow{CD}$이므로	$\overrightarrow{BD}=\overrightarrow{BC}+\overrightarrow{CD}=\overrightarrow{BC}+\overrightarrow{BO}=\overrightarrow{BC}-\overrightarrow{OB}$ $=\vec{b}-(\vec{a}-\vec{b})=\boldsymbol{-\vec{a}+2\vec{b}}$
(4) $\overrightarrow{BF}=\overrightarrow{AF}-\overrightarrow{AB}$이므로	$\overrightarrow{BF}=\overrightarrow{AF}-\overrightarrow{AB}=\overrightarrow{BO}-\overrightarrow{AB}=-\overrightarrow{OB}-\overrightarrow{AB}$ $=-(\vec{a}-\vec{b})-\vec{a}=\boldsymbol{-2\vec{a}+\vec{b}}$

정답과 해설 28쪽

문제

03-1 오른쪽 그림과 같은 직사각형 ABCD에서 두 대각선의 교점을 O라 하고 $\overrightarrow{AB}=\vec{a}$, $\overrightarrow{AD}=\vec{b}$라 할 때, 다음 벡터를 $\vec{a}$, $\vec{b}$로 나타내시오.

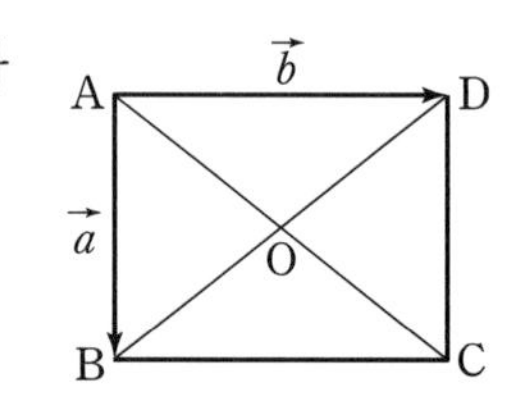

(1) $\overrightarrow{AO}$　　(2) $\overrightarrow{OD}$

03-2 오른쪽 그림과 같은 삼각형 ABC에서 변 AB를 1 : 2로 내분하는 점을 P, 변 AC의 중점을 Q라 하고 $\overrightarrow{AB}=\vec{a}$, $\overrightarrow{AC}=\vec{b}$라 할 때, $\overrightarrow{QP}$를 $\vec{a}$, $\vec{b}$로 나타내시오.

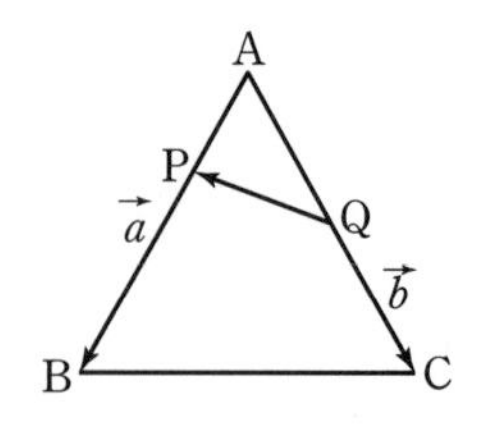

03-**3** 오른쪽 그림과 같은 삼각형 ABC에서 무게중심을 G라 하고 $\overrightarrow{BA}=\vec{a}$, $\overrightarrow{BC}=\vec{b}$라 할 때, $\overrightarrow{AG}$를 $\vec{a}$, $\vec{b}$로 나타내시오.

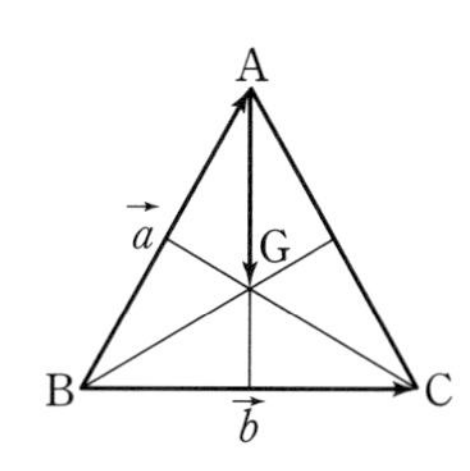

03-**4** 오른쪽 그림과 같은 평행사변형 ABCD에서 두 대각선의 교점을 O, 변 AB를 1 : 2로 내분하는 점을 E라 하고 $\overrightarrow{AB}=\vec{a}$, $\overrightarrow{BC}=\vec{b}$라 할 때, $\overrightarrow{OE}$를 $\vec{a}$, $\vec{b}$로 나타내시오.

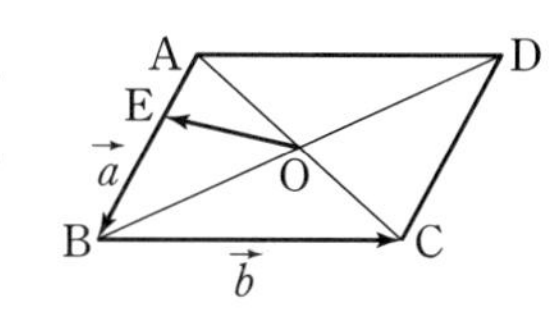

03-**5** 오른쪽 그림과 같이 한 변의 길이가 1인 정사각형 ABCD에서 $\overrightarrow{AB}=\vec{a}$, $\overrightarrow{AC}=\vec{b}$, $\overrightarrow{AD}=\vec{c}$라 할 때, $|\vec{a}+3\vec{b}+\vec{c}|$를 구하시오.

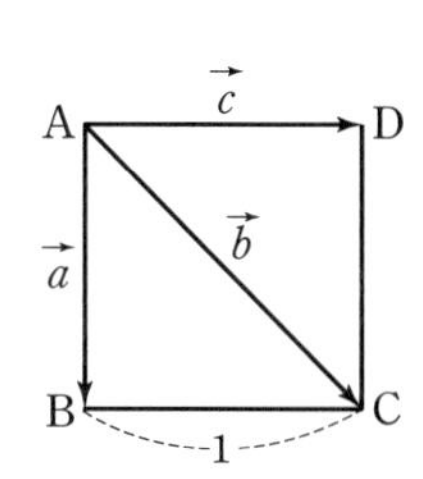

필.수.예.제 04

벡터의 연산

유형편 31쪽

공략 Point

실수를 계수, 벡터를 문자로 생각하여 다항식의 연산과 같은 방법으로 정리한다.

다음 등식을 만족시키는 벡터 $\vec{x}$를 $\vec{a}$, $\vec{b}$, $\vec{c}$로 나타내시오.

(1) $3(\vec{a}+\vec{x})-2(2\vec{b}-\vec{a})=2\vec{x}$

(2) $2(\vec{a}-\vec{x})-(2\vec{b}+3\vec{c})=\vec{x}+\vec{a}$

풀이

(1) 주어진 등식의 좌변에서 괄호를 풀고 정리하면

$3\vec{a}+3\vec{x}-4\vec{b}+2\vec{a}=2\vec{x}$

$\therefore\ \vec{x}=\mathbf{-5\vec{a}+4\vec{b}}$

(2) 주어진 등식의 좌변에서 괄호를 풀고 정리하면

$2\vec{a}-2\vec{x}-2\vec{b}-3\vec{c}=\vec{x}+\vec{a}$

$3\vec{x}=\vec{a}-2\vec{b}-3\vec{c}$

$\therefore\ \vec{x}=\mathbf{\frac{1}{3}\vec{a}-\frac{2}{3}\vec{b}-\vec{c}}$

정답과 해설 29쪽

문제

04-1 다음 등식을 만족시키는 벡터 $\vec{x}$를 $\vec{a}$, $\vec{b}$, $\vec{c}$로 나타내시오.

(1) $3(\vec{a}+\vec{b}+\vec{x})=4(3\vec{b}-2\vec{a})+2\vec{x}$

(2) $3(\vec{a}-\vec{x})-2(\vec{b}+\vec{c})=2(\vec{x}+\vec{c})$

04-2 두 벡터 $\vec{a}$, $\vec{b}$에 대하여 $2\vec{x}-\vec{y}=\vec{a}$, $-3\vec{x}+2\vec{y}=-\vec{b}$일 때, 두 벡터 $\vec{x}$, $\vec{y}$를 $\vec{a}$, $\vec{b}$로 나타내시오.

04-3 두 벡터 $\vec{a}$, $\vec{b}$에 대하여 $2\vec{x}+\vec{y}=4\vec{a}+2\vec{b}$, $\vec{x}-3\vec{y}=-5\vec{a}+15\vec{b}$일 때, $\vec{x}-2\vec{y}$를 $\vec{a}$, $\vec{b}$로 나타내시오.

필.수.예.제 05

두 벡터가 서로 같을 조건

유형편 31쪽

영벡터가 아니고 서로 평행하지 않은 두 벡터 $\vec{a}$, $\vec{b}$에 대하여 다음 등식을 만족시키는 실수 m, n의 값을 구하시오.

(1) $(m+n-4)\vec{a}+(2m-n-5)\vec{b}=\vec{0}$

(2) $m\vec{a}+n\vec{b}=(n-m)\vec{a}+(m+1)\vec{b}$

공략 Point

영벡터가 아닌 두 벡터 $\vec{a}$, $\vec{b}$가 서로 평행하지 않을 때, 실수 m, n, m', n'에 대하여

(1) $m\vec{a}+n\vec{b}=\vec{0}$

$\Longleftrightarrow m=n=0$

(2) $m\vec{a}+n\vec{b}=m'\vec{a}+n'\vec{b}$

$\Longleftrightarrow m=m'$, $n=n'$

풀이

(1) 두 벡터가 서로 같을 조건에서	$m+n-4=0$, $2m-n-5=0$ $\therefore m+n=4$, $2m-n=5$
두 식을 연립하여 풀면	$\boldsymbol{m=3}$, $\boldsymbol{n=1}$

(2) 두 벡터가 서로 같을 조건에서	$m=n-m$, $n=m+1$ $\therefore 2m-n=0$, $m-n=-1$
두 식을 연립하여 풀면	$\boldsymbol{m=1}$, $\boldsymbol{n=2}$

정답과 해설 29쪽

문제

05-1 영벡터가 아니고 서로 평행하지 않은 두 벡터 $\vec{a}$, $\vec{b}$에 대하여 다음 등식을 만족시키는 실수 m, n의 값을 구하시오.

(1) $(2m+n-1)\vec{a}+(3m-2n-5)\vec{b}=\vec{0}$

(2) $2m\vec{a}+3n\vec{b}=(m+2n)\vec{a}+(2m-1)\vec{b}$

05-2 영벡터가 아니고 서로 평행하지 않은 두 벡터 $\vec{a}$, $\vec{b}$에 대하여

$$m\vec{a}+2n\vec{b}=(2\vec{a}+\vec{b})m+(\vec{a}+\vec{b})n+2\vec{b}$$

일 때, 실수 m, n에 대하여 mn의 값을 구하시오.

05-3 평면 위의 서로 다른 네 점 O, A, B, C에 대하여 $\overrightarrow{OA}=\vec{a}$, $\overrightarrow{OB}=\vec{b}$, $\overrightarrow{OC}=2\vec{a}+k\vec{b}$일 때, $m\overrightarrow{AB}=2\overrightarrow{AC}$이다. 이때 실수 k, m의 값을 구하시오. (단, 두 벡터 $\vec{a}$, $\vec{b}$는 서로 평행하지 않다.)

필.수.예.제
06

두 벡터가 서로 평행할 조건

유형편 32쪽

영벡터가 아니고 서로 평행하지 않은 두 벡터 $\vec{a}$, $\vec{b}$에 대하여

$\vec{p}=\vec{a}+\vec{b}$, $\vec{q}=\vec{a}-2\vec{b}$, $\vec{r}=m\vec{a}-5\vec{b}$

일 때, 두 벡터 $\vec{p}+\vec{q}$, $\vec{q}-\vec{r}$가 서로 평행하도록 하는 실수 m의 값을 구하시오.

공략 Point

영벡터가 아닌 두 벡터 $\vec{a}$, $\vec{b}$에 대하여

$\vec{a}/\!/\vec{b} \Longleftrightarrow \vec{b}=k\vec{a}$

(단, k는 0이 아닌 실수)

풀이

두 벡터 $\vec{p}+\vec{q}$, $\vec{q}-\vec{r}$가 서로 평행하려면	$\vec{q}-\vec{r}=k(\vec{p}+\vec{q})$ (단, k는 0이 아닌 실수) …… ㉠
$\vec{p}+\vec{q}$와 $\vec{q}-\vec{r}$를 각각 $\vec{a}$, $\vec{b}$로 나타내면	$\vec{p}+\vec{q}=(\vec{a}+\vec{b})+(\vec{a}-2\vec{b})=2\vec{a}-\vec{b}$ …… ㉡ $\vec{q}-\vec{r}=(\vec{a}-2\vec{b})-(m\vec{a}-5\vec{b})$ $=(1-m)\vec{a}+3\vec{b}$ …… ㉢
㉡, ㉢을 ㉠에 대입하면	$(1-m)\vec{a}+3\vec{b}=k(2\vec{a}-\vec{b})$ $\therefore (1-m)\vec{a}+3\vec{b}=2k\vec{a}-k\vec{b}$
이때 두 벡터 $\vec{a}$, $\vec{b}$는 영벡터가 아니고 서로 평행하지 않으므로	$1-m=2k$, $3=-k$ $\therefore k=-3$, $m=\mathbf{7}$

정답과 해설 29쪽

문제

06-1 영벡터가 아니고 서로 평행하지 않은 두 벡터 $\vec{a}$, $\vec{b}$에 대하여 두 벡터 $\vec{p}=m\vec{a}-2\vec{b}$, $\vec{q}=4\vec{a}+8\vec{b}$가 서로 평행하도록 하는 실수 m의 값을 구하시오.

06-2 영벡터가 아니고 서로 평행하지 않은 두 벡터 $\vec{a}$, $\vec{b}$에 대하여

$\vec{p}=-3\vec{a}+4\vec{b}$, $\vec{q}=-\vec{a}+2\vec{b}$, $\vec{r}=m\vec{a}+2\vec{b}$

일 때, 두 벡터 $\vec{q}-\vec{p}$, $\vec{q}+\vec{r}$가 서로 평행하도록 하는 실수 m의 값을 구하시오.

06-3 영벡터가 아니고 서로 평행하지 않은 두 벡터 $\vec{a}$, $\vec{b}$에 대하여 $\vec{c}=3\vec{a}+2\vec{b}$일 때, 다음 보기 중 $\vec{a}+\vec{b}$와 서로 평행한 벡터인 것만을 있는 대로 고르시오.

보기

ㄱ. $\vec{a}+\vec{c}$ ㄴ. $\vec{a}-\vec{c}$ ㄷ. $\vec{b}+\vec{c}$ ㄹ. $\vec{b}-\vec{c}$

필.수.예.제 07

세 점이 한 직선 위에 있을 조건

유형편 32쪽

평면 위의 서로 다른 네 점 O, A, B, C에 대하여 $\overrightarrow{OA}=\vec{a}+\vec{b}$, $\overrightarrow{OB}=2\vec{a}-\vec{b}$, $\overrightarrow{OC}=4\vec{a}+m\vec{b}$일 때, 세 점 A, B, C가 한 직선 위에 있도록 하는 실수 m의 값을 구하시오.

(단, 두 벡터 $\vec{a}$, $\vec{b}$는 영벡터가 아니고 서로 평행하지 않다.)

공략 Point

세 점 A, B, C가 한 직선 위에 있을 조건

➡ $\overrightarrow{AC}=k\overrightarrow{AB}$ (단, k는 0이 아닌 실수)

풀이

세 점 A, B, C가 한 직선 위에 있으려면	$\overrightarrow{AC}=k\overrightarrow{AB}$ (단, k는 0이 아닌 실수) …… ㉠
$\overrightarrow{AC}$와 $\overrightarrow{AB}$를 각각 $\vec{a}$, $\vec{b}$로 나타내면	$\overrightarrow{AC}=\overrightarrow{OC}-\overrightarrow{OA}$ $=(4\vec{a}+m\vec{b})-(\vec{a}+\vec{b})$ $=3\vec{a}+(m-1)\vec{b}$ …… ㉡ $\overrightarrow{AB}=\overrightarrow{OB}-\overrightarrow{OA}$ $=(2\vec{a}-\vec{b})-(\vec{a}+\vec{b})$ $=\vec{a}-2\vec{b}$ …… ㉢
㉡, ㉢을 ㉠에 대입하면	$3\vec{a}+(m-1)\vec{b}=k(\vec{a}-2\vec{b})$ $\therefore 3\vec{a}+(m-1)\vec{b}=k\vec{a}-2k\vec{b}$
이때 두 벡터 $\vec{a}$, $\vec{b}$는 영벡터가 아니고 서로 평행하지 않으므로	$3=k$, $m-1=-2k$ $\quad\therefore m=\mathbf{-5}$

정답과 해설 30쪽

문제

07-1 평면 위의 서로 다른 네 점 O, A, B, C에 대하여 $\overrightarrow{OA}=\vec{a}$, $\overrightarrow{OB}=3\vec{a}+\vec{b}$, $\overrightarrow{OC}=2\vec{a}+m\vec{b}$일 때, 세 점 A, B, C가 한 직선 위에 있도록 하는 실수 m의 값을 구하시오.

(단, 두 벡터 $\vec{a}$, $\vec{b}$는 영벡터가 아니고 서로 평행하지 않다.)

07-2 평면 위의 서로 다른 네 점 O, A, B, C에 대하여 $\overrightarrow{OA}=\vec{a}-2\vec{b}$, $\overrightarrow{OB}=2\vec{a}+m\vec{b}$, $\overrightarrow{OC}=3\vec{a}+6\vec{b}$일 때, 세 점 A, B, C가 한 직선 위에 있도록 하는 실수 m의 값을 구하시오.

(단, 두 벡터 $\vec{a}$, $\vec{b}$는 영벡터가 아니고 서로 평행하지 않다.)

연습문제

1 오른쪽 그림과 같이 $\overline{AB}=3$, $\overline{BC}=4$인 직사각형 ABCD에서 두 대각선의 교점을 O라 할 때, $|\overrightarrow{BO}|$를 구하시오.

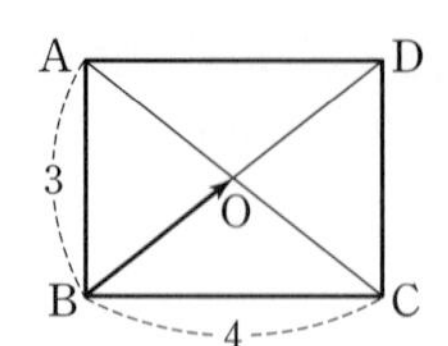

2 오른쪽 그림과 같은 정육각형 ABCDEF에서 세 대각선 AD, BE, CF의 교점을 O라 하고 $\overrightarrow{OA}=\vec{a}$, $\overrightarrow{OB}=\vec{b}$, $\overrightarrow{OC}=\vec{c}$라 할 때, 다음 중 옳지 않은 것은?

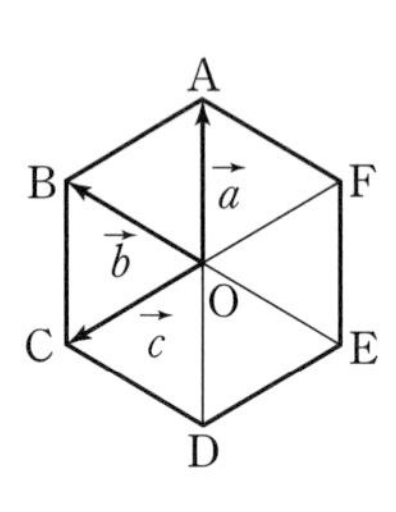

① $\overrightarrow{AC}=-\vec{a}+\vec{c}$　　② $\overrightarrow{BF}=-\vec{b}-\vec{c}$
③ $\overrightarrow{DE}=-\vec{c}$　　④ $\overrightarrow{EA}=\vec{b}-\vec{c}$
⑤ $|\vec{a}-\vec{b}+\vec{c}|=0$

3 평면 위의 서로 다른 네 점 A, B, C, D에 대하여 다음 보기 중 옳은 것만을 있는 대로 고른 것은?

보기

ㄱ. $\overrightarrow{AB}+\overrightarrow{BC}+\overrightarrow{CD}+\overrightarrow{DC}+\overrightarrow{DA}=\vec{0}$
ㄴ. $\overrightarrow{CD}+\overrightarrow{DA}+\overrightarrow{AB}+\overrightarrow{BD}+\overrightarrow{DB}=\overrightarrow{CB}$
ㄷ. $\overrightarrow{BC}+\overrightarrow{BD}+\overrightarrow{CB}+\overrightarrow{DB}+\overrightarrow{AC}=\overrightarrow{AC}$

① ㄴ　　② ㄱ, ㄴ　　③ ㄱ, ㄷ
④ ㄴ, ㄷ　　⑤ ㄱ, ㄴ, ㄷ

수능

4 삼각형 ABC에서 $\overline{AB}=2$, $\angle B=90°$, $\angle C=30°$이다. 점 P가 $\overrightarrow{PB}+\overrightarrow{PC}=\vec{0}$를 만족시킬 때, $|\overrightarrow{PA}|^2$의 값은?

① 5　　② 6　　③ 7
④ 8　　⑤ 9

5 오른쪽 그림과 같은 삼각형 ABC의 꼭짓점 A에서 변 BC에 내린 수선의 발을 D라 하고 $\overrightarrow{AC}=\vec{a}$, $\overrightarrow{BA}=\vec{b}$, $\overrightarrow{DC}=\vec{c}$라 할 때, $|\vec{a}+\vec{b}|=3$, $|\vec{a}-\vec{c}|=2$이다. 이때 삼각형 ABC의 넓이는?

① 3　　② 4　　③ 5
④ 6　　⑤ 7

6 오른쪽 그림과 같은 등변 사다리꼴 ABCD에서 $3\overrightarrow{AD}=\overrightarrow{BC}$이고 $\overrightarrow{BA}=\vec{a}$, $\overrightarrow{BC}=\vec{b}$라 할 때, $\overrightarrow{AC}-\overrightarrow{BD}$를 $\vec{a}$, $\vec{b}$로 나타내시오.

7 오른쪽 그림과 같은 평행사변형 ABCD의 두 대각선의 교점을 O라 하고, 점 O를 지나는 직선이 두 변 AB, CD와 만나는 점을 각각 E, F라 하면 $\overline{AE}=3\overline{BE}$이다. $\overrightarrow{AB}=\vec{a}$, $\overrightarrow{BC}=\vec{b}$라 할 때, 다음 보기 중 옳은 것만을 있는 대로 고르시오.

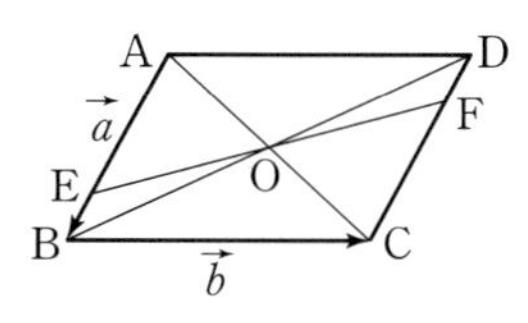

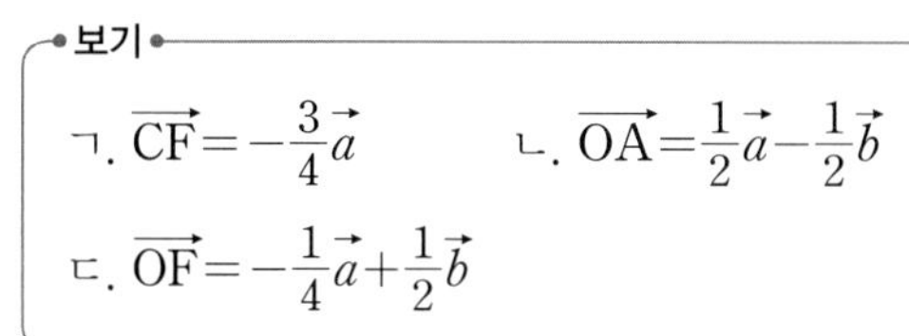

보기

ㄱ. $\overrightarrow{CF}=-\frac{3}{4}\vec{a}$　　ㄴ. $\overrightarrow{OA}=\frac{1}{2}\vec{a}-\frac{1}{2}\vec{b}$

ㄷ. $\overrightarrow{OF}=-\frac{1}{4}\vec{a}+\frac{1}{2}\vec{b}$

8 오른쪽 그림과 같이 중심각의 크기가 90°인 부채꼴 ABC에서 ∠ABC의 이등분선과 부채꼴의 호의 교점을 D라 하고 $\overrightarrow{BA}=\vec{a}$, $\overrightarrow{BC}=\vec{b}$라 할 때, $\overrightarrow{BD}=m\vec{a}+n\vec{b}$이다. 이때 실수 m, n에 대하여 $m+n$의 값을 구하시오.

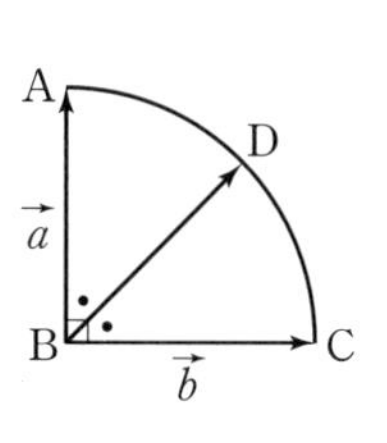

9 오른쪽 그림과 같은 정사각형 ABCD에서 $\overrightarrow{AB}=\vec{a}$, $\overrightarrow{AD}=\vec{b}$, $\overrightarrow{BD}=\vec{c}$라 할 때, $|\vec{a}+\vec{b}+\vec{c}|=4$이다. 이때 정사각형의 한 변의 길이를 구하시오.

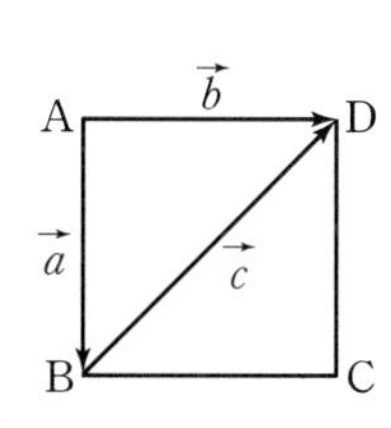

10 두 벡터 $\vec{a}$, $\vec{b}$에 대하여

$$\vec{x}=7\vec{a}-3\vec{b},\ \vec{y}=-2\vec{a}+5\vec{b}$$

일 때, $2(\vec{x}-\vec{y})+3\vec{y}$를 $\vec{a}$, $\vec{b}$로 나타낸 것은?

① $11\vec{a}-\vec{b}$　② $12\vec{a}-\vec{b}$　③ $12\vec{a}+\vec{b}$
④ $13\vec{a}-\vec{b}$　⑤ $13\vec{a}+\vec{b}$

11 영벡터가 아니고 서로 평행하지 않은 두 벡터 $\vec{a}$, $\vec{b}$에 대하여

$$(m+n)(\vec{a}+\vec{b})=3(\vec{a}+n\vec{b})+6\vec{b}$$

일 때, 실수 m, n에 대하여 $m-n$의 값을 구하시오.

12 오른쪽 그림과 같이 가로로 서로 평행한 6개의 직선과 세로로 서로 평행한 7개의 직선이 일정한 간격으로 놓여 있을 때, 이 평행한 직선의 교점 중 네 점 O, P, Q, R가 $\overrightarrow{OQ}=t\overrightarrow{OP}+s\overrightarrow{OR}$를 만족시킨다. 이때 실수 t, s에 대하여 $3t-s$의 값을 구하시오.

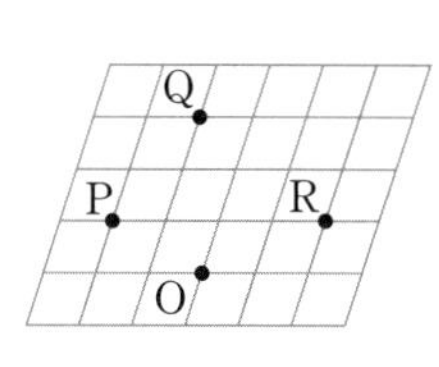

13 영벡터가 아니고 서로 평행하지 않은 두 벡터 $\vec{x}$, $\vec{y}$에 대하여

$$\vec{a}=\vec{x}+2\vec{y},\ \vec{b}=3\vec{x}-\vec{y}$$

일 때, 두 벡터 $\vec{x}+\vec{y}$, $m\vec{a}+3\vec{b}$가 서로 평행하도록 하는 실수 m의 값을 구하시오.

연습문제

14 평면 위의 서로 다른 네 점 O, A, B, C에 대하여

$\overrightarrow{OA}=3\vec{a}+\vec{b}$, $\overrightarrow{OB}=\vec{a}-\vec{b}$, $\overrightarrow{OC}=m\vec{a}+3\vec{b}$

일 때, 세 점 A, B, C가 한 직선 위에 있도록 하는 실수 m의 값은? (단, 두 벡터 $\vec{a}$, $\vec{b}$는 영벡터가 아니고 서로 평행하지 않다.)

① 1　② 2　③ 3　④ 4　⑤ 5

15 평면 위의 서로 다른 세 점 O, A, B에 대하여 $\overrightarrow{OA}=\vec{a}$, $\overrightarrow{OB}=\vec{b}$일 때,

$\overrightarrow{OC}=3\vec{a}-2\vec{b}$, $\overrightarrow{OD}=2\vec{a}-3\vec{b}$, $\overrightarrow{OE}=4\vec{a}-3\vec{b}$

를 만족시키는 세 점 C, D, E 중 항상 직선 AB 위에 있는 점을 모두 구하시오.

(단, 두 벡터 $\vec{a}$, $\vec{b}$는 서로 평행하지 않다.)

실력

교육청

16 타원 $\frac{x^2}{9}+\frac{y^2}{5}=1$ 위의 점 P와 두 초점 F, F′에 대하여 $|\overrightarrow{PF}+\overrightarrow{PF'}|$의 최댓값은?

① 5　② 6　③ 7　④ 8　⑤ 9

17 오른쪽 그림과 같이 중심이 O인 원의 둘레를 6등분 하는 점을 차례대로 P_1, P_2, P_3, $\cdots$, P_6이라 할 때, 중심이 아닌 원 내부의 임의의 점 A에 대하여

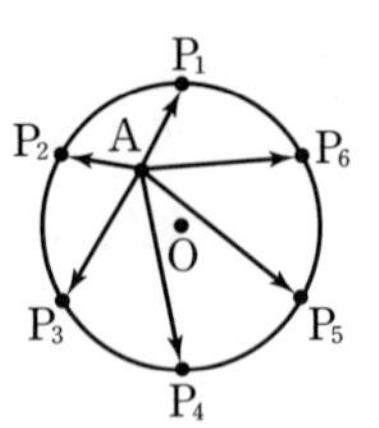

$\overrightarrow{AP_1}+\overrightarrow{AP_2}+\overrightarrow{AP_3}+\overrightarrow{AP_4}+\overrightarrow{AP_5}+\overrightarrow{AP_6}=k\overrightarrow{AO}$

가 성립한다. 이때 실수 k의 값을 구하시오.

평가원

18 직사각형 ABCD의 내부의 점 P가

$\overrightarrow{PA}+\overrightarrow{PB}+\overrightarrow{PC}+\overrightarrow{PD}=\overrightarrow{CA}$

를 만족시킨다. 다음 보기 중 옳은 것만을 있는 대로 고른 것은?

보기

ㄱ. $\overrightarrow{PB}+\overrightarrow{PD}=2\overrightarrow{CP}$

ㄴ. $\overrightarrow{AP}=\frac{3}{4}\overrightarrow{AC}$

ㄷ. 삼각형 ADP의 넓이가 3이면 직사각형 ABCD의 넓이는 8이다.

① ㄱ　② ㄷ　③ ㄱ, ㄴ　④ ㄴ, ㄷ　⑤ ㄱ, ㄴ, ㄷ

19 원 $x^2+(y-2)^2=3$ 위를 움직이는 점 P에 대하여 $\overrightarrow{OQ}=\frac{\overrightarrow{OP}}{|\overrightarrow{OP}|}$를 만족시키는 점 Q가 나타내는 도형의 길이를 구하시오. (단, O는 원점)

Ⅱ 평면벡터

위치벡터

1 위치벡터

평면에서 한 점 O를 시점으로 하는 벡터 $\overrightarrow{OA}$를 점 O에 대한 점 A의 **위치벡터**라 한다.

참고 • 일반적으로 위치벡터의 시점 O는 좌표평면의 원점으로 잡는다.
• 원점 O의 위치벡터는 $\vec{0}$이다.

2 위치벡터의 성질

두 점 A, B의 위치벡터를 각각 $\vec{a}$, $\vec{b}$라 하면 $\overrightarrow{OA}=\vec{a}$, $\overrightarrow{OB}=\vec{b}$이고,

$$\overrightarrow{AB}=\overrightarrow{OB}-\overrightarrow{OA}$$

이므로 다음이 성립한다.

$$\overrightarrow{AB}=\vec{b}-\vec{a}$$

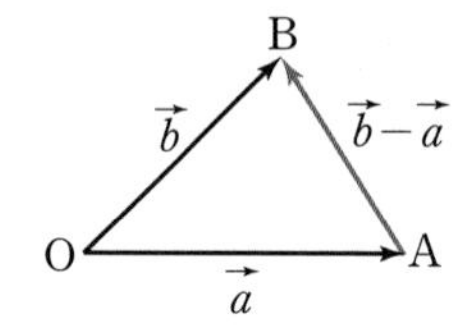

3 선분의 내분점과 외분점의 위치벡터

두 점 A, B의 위치벡터를 각각 $\vec{a}$, $\vec{b}$라 할 때

(1) 선분 AB를 $m:n(m>0,\ n>0)$으로 내분하는 점 P의 위치벡터 $\vec{p}$는

$$\vec{p}=\frac{m\vec{b}+n\vec{a}}{m+n}$$

특히 선분 AB의 중점 M의 위치벡터 $\vec{m}$은

$$\vec{m}=\frac{\vec{a}+\vec{b}}{2}$$

(2) 선분 AB를 $m:n(m>0,\ n>0,\ m\neq n)$으로 외분하는 점 Q의 위치벡터 $\vec{q}$는

$$\vec{q}=\frac{m\vec{b}-n\vec{a}}{m-n}$$

예 두 점 A, B의 위치벡터를 각각 $\vec{a}$, $\vec{b}$라 할 때

• 선분 AB를 2 : 3으로 내분하는 점 P의 위치벡터 $\vec{p}$는 $\vec{p}=\frac{2\vec{b}+3\vec{a}}{2+3}=\frac{3}{5}\vec{a}+\frac{2}{5}\vec{b}$

• 선분 AB의 중점 M의 위치벡터 $\vec{m}$은 $\vec{m}=\frac{\vec{a}+\vec{b}}{2}=\frac{1}{2}\vec{a}+\frac{1}{2}\vec{b}$

• 선분 AB를 1 : 2로 외분하는 점 Q의 위치벡터 $\vec{q}$는 $\vec{q}=\frac{\vec{b}-2\vec{a}}{1-2}=2\vec{a}-\vec{b}$

4 삼각형의 무게중심의 위치벡터

세 점 A, B, C의 위치벡터를 각각 $\vec{a}$, $\vec{b}$, $\vec{c}$라 할 때, 삼각형 ABC의 무게중심 G의 위치벡터 $\vec{g}$는

$$\vec{g}=\frac{\vec{a}+\vec{b}+\vec{c}}{3}$$

개념 PLUS

위치벡터

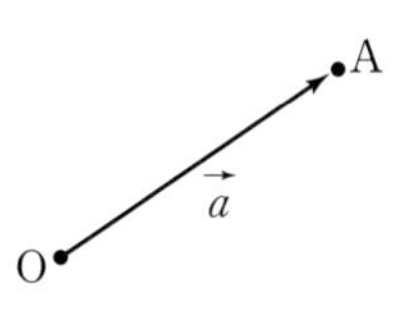

평면에서 한 점 O를 시점으로 정하면 임의의 점 A에 대하여 $\overrightarrow{OA}=\vec{a}$인 벡터 $\vec{a}$는 유일하게 정해진다.
역으로 임의의 벡터 $\vec{a}$에 대하여 $\vec{a}=\overrightarrow{OA}$인 점 A도 유일하게 정해진다.
따라서 시점을 한 점 O로 고정하면 평면의 점 A와 벡터 $\overrightarrow{OA}$는 일대일로 대응한다.

선분의 내분점과 외분점의 위치벡터

두 점 A, B의 위치벡터를 각각 $\vec{a}$, $\vec{b}$라 할 때

(1) 선분 AB를 $m:n\,(m>0,\ n>0)$으로 내분하는 점 P의 위치벡터 $\vec{p}$를 구해 보자.

오른쪽 그림에서 $|\overrightarrow{AP}|:|\overrightarrow{AB}|=m:(m+n)$이므로

$$\overrightarrow{AP}=\frac{m}{m+n}\overrightarrow{AB}$$

이때 $\overrightarrow{AP}=\overrightarrow{OP}-\overrightarrow{OA}=\vec{p}-\vec{a}$, $\overrightarrow{AB}=\overrightarrow{OB}-\overrightarrow{OA}=\vec{b}-\vec{a}$이므로

$$\vec{p}-\vec{a}=\frac{m}{m+n}(\vec{b}-\vec{a})\qquad\therefore\ \vec{p}=\frac{m\vec{b}+n\vec{a}}{m+n}$$

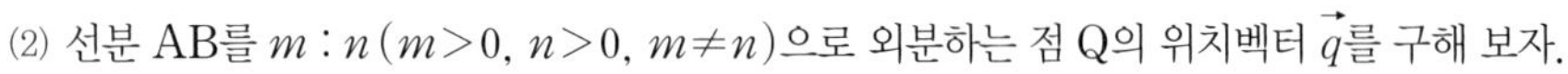
(2) 선분 AB를 $m:n\,(m>0,\ n>0,\ m\neq n)$으로 외분하는 점 Q의 위치벡터 $\vec{q}$를 구해 보자.

(i) $m>n$일 때

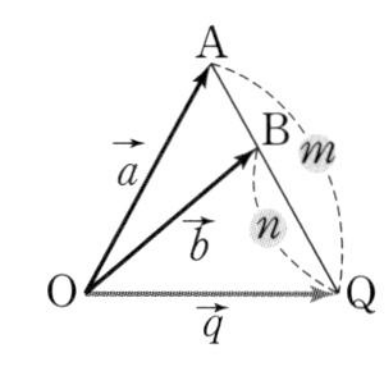

오른쪽 그림에서 $|\overrightarrow{AQ}|:|\overrightarrow{AB}|=m:(m-n)$이므로

$$\overrightarrow{AQ}=\frac{m}{m-n}\overrightarrow{AB}$$

이때 $\overrightarrow{AQ}=\overrightarrow{OQ}-\overrightarrow{OA}=\vec{q}-\vec{a}$, $\overrightarrow{AB}=\overrightarrow{OB}-\overrightarrow{OA}=\vec{b}-\vec{a}$이므로

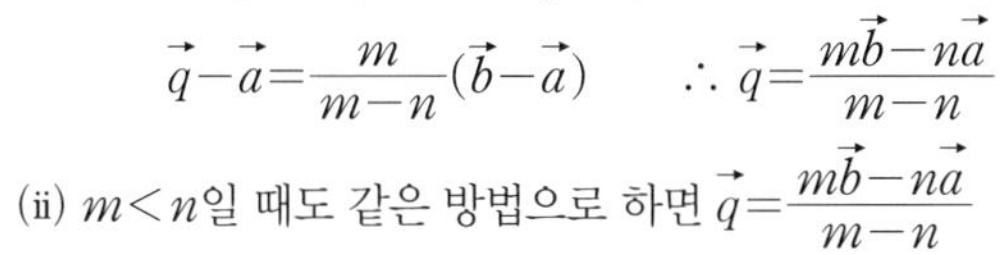

$$\vec{q}-\vec{a}=\frac{m}{m-n}(\vec{b}-\vec{a})\qquad\therefore\ \vec{q}=\frac{m\vec{b}-n\vec{a}}{m-n}$$

(ii) $m<n$일 때도 같은 방법으로 하면 $\vec{q}=\dfrac{m\vec{b}-n\vec{a}}{m-n}$

(i), (ii)에 의하여 $\vec{q}=\dfrac{m\vec{b}-n\vec{a}}{m-n}$

삼각형의 무게중심의 위치벡터

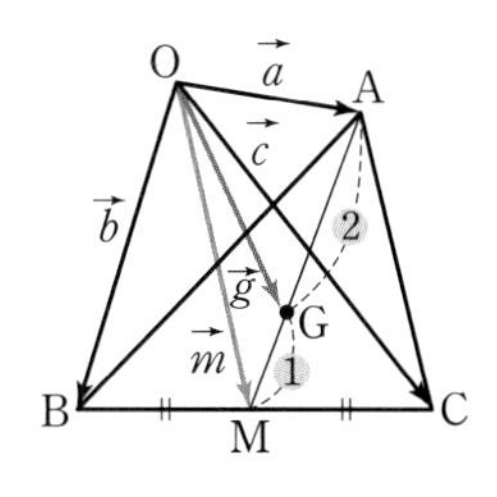

오른쪽 그림과 같이 삼각형 ABC에서 세 점 A, B, C의 위치벡터를 각각 $\vec{a}$, $\vec{b}$, $\vec{c}$라 하고, 변 BC의 중점을 M이라 하면 점 M의 위치벡터 $\vec{m}$은

$$\vec{m}=\frac{\vec{b}+\vec{c}}{2}$$

이때 삼각형 ABC의 무게중심을 G라 하면 점 G는 선분 AM을 $2:1$로 내분하는 점이므로 점 G의 위치벡터 $\vec{g}$는

$$\vec{g}=\frac{2\vec{m}+\vec{a}}{2+1}=\frac{2\times\frac{\vec{b}+\vec{c}}{2}+\vec{a}}{3}=\frac{\vec{a}+\vec{b}+\vec{c}}{3}$$

개념 CHECK

정답과 해설 33쪽

1 두 점 A, B의 위치벡터를 각각 $\vec{a}$, $\vec{b}$라 할 때, 다음 위치벡터를 $\vec{a}$, $\vec{b}$로 나타내시오.

(1) 선분 AB를 $4:5$로 내분하는 점 P의 위치벡터

(2) 선분 AB의 중점 M의 위치벡터

(3) 선분 AB를 $3:1$로 외분하는 점 Q의 위치벡터

필.수.예.제 01

선분의 내분점과 외분점의 위치벡터

유형편 35쪽

오른쪽 그림과 같은 삼각형 OAB에서 변 OA를 2 : 1로 내분하는 점을 P, 선분 BP를 2 : 1로 내분하는 점을 Q라 하고 $\overrightarrow{OA}=\vec{a}$, $\overrightarrow{OB}=\vec{b}$라 할 때, $\overrightarrow{OQ}$를 $\vec{a}$, $\vec{b}$로 나타내시오.

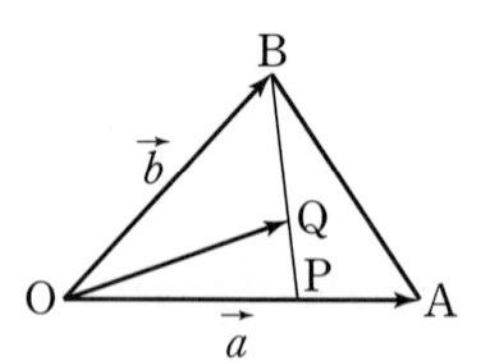

공략 Point

두 점 A, B의 위치벡터를 각각 $\vec{a}$, $\vec{b}$라 할 때

(1) 선분 AB를 m : n으로 내분하는 점 P의 위치벡터 $\vec{p}$

➡ $\vec{p}=\dfrac{m\vec{b}+n\vec{a}}{m+n}$

(2) 선분 AB를 m : n으로 외분하는 점 Q의 위치벡터 $\vec{q}$

➡ $\vec{q}=\dfrac{m\vec{b}-n\vec{a}}{m-n}$

풀이

점 P는 변 OA를 2 : 1로 내분하는 점이므로 $\overrightarrow{OP}$를 $\vec{a}$로 나타내면	$\overrightarrow{OP}=\dfrac{2}{3}\overrightarrow{OA}=\dfrac{2}{3}\vec{a}$
점 Q는 선분 BP를 2 : 1로 내분하는 점이므로 삼각형 OPB에서 $\overrightarrow{OQ}$를 $\vec{a}$, $\vec{b}$로 나타내면	$\overrightarrow{OQ}=\dfrac{2\overrightarrow{OP}+\overrightarrow{OB}}{2+1}=\dfrac{2}{3}\overrightarrow{OP}+\dfrac{1}{3}\overrightarrow{OB}$ $=\dfrac{2}{3}\times\dfrac{2}{3}\vec{a}+\dfrac{1}{3}\vec{b}=\mathbf{\dfrac{4}{9}\vec{a}+\dfrac{1}{3}\vec{b}}$

정답과 해설 33쪽

문제

01-1 오른쪽 그림과 같은 삼각형 OAB에서 변 OA의 중점을 M, 선분 BM을 3 : 2로 내분하는 점을 N이라 하고 $\overrightarrow{OA}=\vec{a}$, $\overrightarrow{OB}=\vec{b}$라 할 때, $\overrightarrow{ON}$을 $\vec{a}$, $\vec{b}$로 나타내시오.

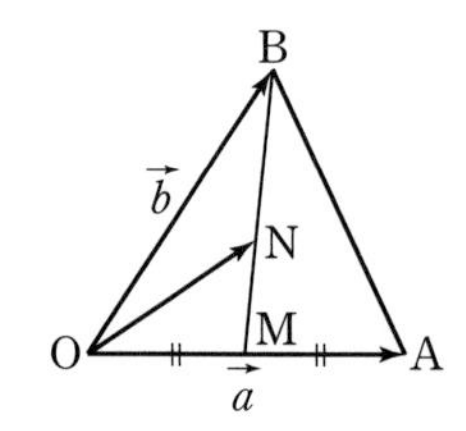

01-2 오른쪽 그림과 같은 평행사변형 ABCD에서 변 CD의 중점을 E, 선분 AE를 2 : 3으로 내분하는 점을 F라 하고 $\overrightarrow{BA}=\vec{a}$, $\overrightarrow{BC}=\vec{b}$라 할 때, $\overrightarrow{BF}$를 $\vec{a}$, $\vec{b}$로 나타내시오.

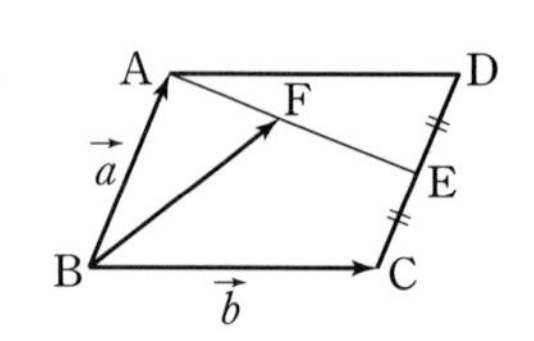

01-3 삼각형 ABC에서 변 BC를 2 : 1로 내분하는 점을 P, 선분 AP를 1 : 3으로 외분하는 점을 Q라 하고 $\overrightarrow{AB}=\vec{a}$, $\overrightarrow{AC}=\vec{b}$라 할 때, $\overrightarrow{AQ}$를 $\vec{a}$, $\vec{b}$로 나타내시오.

필.수.예.제 02

공략 Point

삼각형 ABC에서 변 BC의 중점을 M이라 하면 무게중심 G는 선분 AM을 2 : 1로 내분하는 점이다.

삼각형의 무게중심의 위치벡터

유형편 36쪽

삼각형 ABC의 무게중심을 G, 변 AB를 2 : 1로 내분하는 점을 P라 하고 $\overrightarrow{AB}=\vec{a}$, $\overrightarrow{AC}=\vec{b}$라 할 때, $\overrightarrow{GP}$를 $\vec{a}$, $\vec{b}$로 나타내시오.

풀이

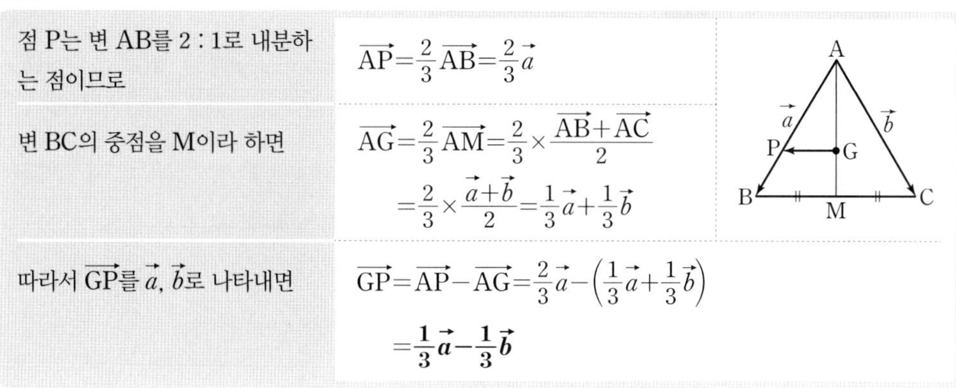

점 P는 변 AB를 2 : 1로 내분하는 점이므로	$\overrightarrow{AP}=\frac{2}{3}\overrightarrow{AB}=\frac{2}{3}\vec{a}$
변 BC의 중점을 M이라 하면	$\overrightarrow{AG}=\frac{2}{3}\overrightarrow{AM}=\frac{2}{3}\times\frac{\overrightarrow{AB}+\overrightarrow{AC}}{2}$ $=\frac{2}{3}\times\frac{\vec{a}+\vec{b}}{2}=\frac{1}{3}\vec{a}+\frac{1}{3}\vec{b}$
따라서 $\overrightarrow{GP}$를 $\vec{a}$, $\vec{b}$로 나타내면	$\overrightarrow{GP}=\overrightarrow{AP}-\overrightarrow{AG}=\frac{2}{3}\vec{a}-\left(\frac{1}{3}\vec{a}+\frac{1}{3}\vec{b}\right)$ $=\mathbf{\frac{1}{3}\vec{a}-\frac{1}{3}\vec{b}}$

정답과 해설 33쪽

문제

02-1 삼각형 ABC의 무게중심을 G라 할 때, $\overrightarrow{GA}+\overrightarrow{GB}+\overrightarrow{GC}=\vec{0}$임을 보이시오.

02-2 삼각형 ABC의 무게중심을 G라 하고 세 점 A, B, C의 위치벡터를 각각 $\vec{a}$, $\vec{b}$, $\vec{c}$라 할 때, $\overrightarrow{AG}$를 $\vec{a}$, $\vec{b}$, $\vec{c}$로 나타내시오.

02-3 오른쪽 그림과 같은 평행사변형 ABCD에서 삼각형 ABC의 무게중심을 G_1, 삼각형 ACD의 무게중심을 G_2라 하고 $\overrightarrow{AB}=\vec{a}$, $\overrightarrow{AD}=\vec{b}$라 할 때, $\overrightarrow{G_1G_2}$를 $\vec{a}$, $\vec{b}$로 나타내시오.

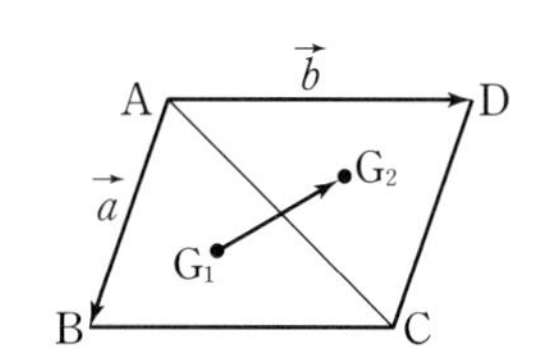

삼각형에서 위치벡터의 활용

유형편 36쪽

필.수.예.제 03

평면 위의 점 P와 삼각형 ABC에 대하여 $2\overrightarrow{PA}+5\overrightarrow{PB}+\overrightarrow{PC}=\overrightarrow{BC}$가 성립할 때, 삼각형 APC와 삼각형 BCP의 넓이의 비를 가장 간단한 자연수의 비로 나타내시오.

공략 Point

삼각형 ABC에서 $\overrightarrow{BP}=k\overrightarrow{PC}\,(k>0)$를 만족시키는 점 P는 변 BC를 $k:1$로 내분하는 점이므로

$\triangle ABP : \triangle APC$
$=\overline{BP}:\overline{PC}$
$=k:1$

풀이

네 점 A, B, C, P의 위치벡터를 각각 $\vec{a}$, $\vec{b}$, $\vec{c}$, $\vec{p}$라 하면 $2\overrightarrow{PA}+5\overrightarrow{PB}+\overrightarrow{PC}=\overrightarrow{BC}$에서

$2(\vec{a}-\vec{p})+5(\vec{b}-\vec{p})+(\vec{c}-\vec{p})=\vec{c}-\vec{b}$
$2\vec{a}+6\vec{b}=8\vec{p}$

즉, 점 P의 위치벡터 $\vec{p}$는

$\vec{p}=\dfrac{\vec{a}+3\vec{b}}{4}=\dfrac{3\times\vec{b}+1\times\vec{a}}{3+1}$

따라서 점 P는 변 AB를 $3:1$로 내분하는 점이므로 삼각형 APC와 삼각형 BCP의 넓이의 비는

$\overline{AP}:\overline{PB}=\mathbf{3:1}$

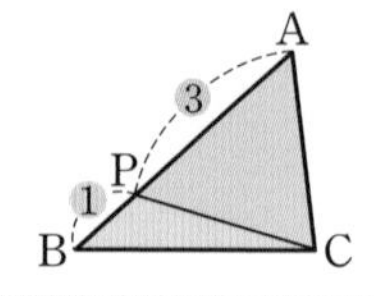

다른 풀이

$\overrightarrow{BC}=\overrightarrow{PC}-\overrightarrow{PB}$이므로 $2\overrightarrow{PA}+5\overrightarrow{PB}+\overrightarrow{PC}=\overrightarrow{BC}$에 대입하여 정리하면

$2\overrightarrow{PA}+5\overrightarrow{PB}+\overrightarrow{PC}=\overrightarrow{PC}-\overrightarrow{PB}$
$\therefore\ \overrightarrow{PA}=-3\overrightarrow{PB}$

따라서 점 P는 변 AB를 $3:1$로 내분하는 점이므로 삼각형 APC와 삼각형 BCP의 넓이의 비는

$\overline{AP}:\overline{PB}=\mathbf{3:1}$

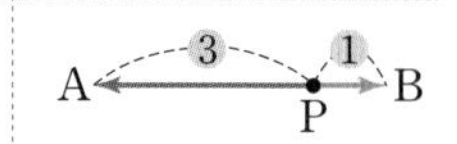

정답과 해설 34쪽

문제

03-1 평면 위의 점 P와 삼각형 ABC에 대하여 $\overrightarrow{PA}+3\overrightarrow{PB}+4\overrightarrow{PC}=\overrightarrow{CA}$가 성립할 때, 점 P는 변 BC를 $m:n$으로 내분한다. 이때 $m-n$의 값을 구하시오. (단, m, n은 서로소인 자연수)

03-2 평면 위의 점 P와 삼각형 ABC에 대하여 $2\overrightarrow{PA}+\overrightarrow{PB}+\overrightarrow{PC}=\overrightarrow{AB}$가 성립할 때, 삼각형 ABP와 삼각형 BCP의 넓이의 비를 가장 간단한 자연수의 비로 나타내시오.

PLUS 특강 $\overrightarrow{OP}=m\overrightarrow{OA}+n\overrightarrow{OB}$를 만족시키는 점 P가 나타내는 도형

두 실수 m, n에 대하여 $\overrightarrow{OP}=m\overrightarrow{OA}+n\overrightarrow{OB}$를 만족시키는 점 P가 나타내는 도형은 m, n의 값의 범위에 따라 다음과 같다.

(1) $0\le m\le 1$, $0\le n\le 1$, $m+n=1$인 경우

(ⅰ) $m=0$, $n=1$이면 $\overrightarrow{OP}=\overrightarrow{OB}$이므로 점 P는 점 B와 같다.

(ⅱ) $m=1$, $n=0$이면 $\overrightarrow{OP}=\overrightarrow{OA}$이므로 점 P는 점 A와 같다.

(ⅲ) $0<m<1$, $0<n<1$이면 $m+n=1$이므로

$$\overrightarrow{OP}=m\overrightarrow{OA}+n\overrightarrow{OB}=\frac{n\overrightarrow{OB}+m\overrightarrow{OA}}{n+m}$$

따라서 점 P는 선분 AB를 $n:m$으로 내분하는 점이다.

(ⅰ), (ⅱ), (ⅲ)에 의하여 점 P가 나타내는 도형은 선분 AB이다.

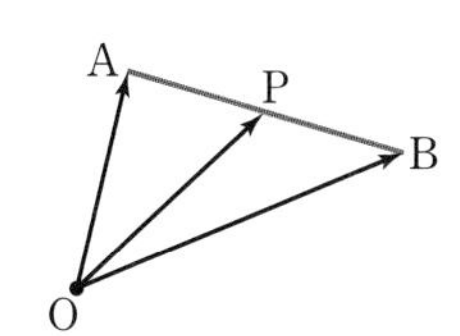

(2) $0\le m\le 1$, $0\le n\le 1$, $m+n\le 1$인 경우

$m+n=k$로 놓으면 $0\le k\le 1$

(ⅰ) $k=0$, 즉 $m=0$, $n=0$이면 $\overrightarrow{OP}=\vec{0}$이므로 점 P는 점 O와 같다.

(ⅱ) $k\ne 0$이면 $\frac{m}{k}+\frac{n}{k}=1$이므로

$$\overrightarrow{OP}=m\overrightarrow{OA}+n\overrightarrow{OB}=\frac{m}{k}(k\overrightarrow{OA})+\frac{n}{k}(k\overrightarrow{OB})$$

따라서 점 P는 두 벡터 $k\overrightarrow{OA}$, $k\overrightarrow{OB}\,(0<k\le 1)$의 종점을 연결하는 선분 위의 점이다.

(ⅰ), (ⅱ)에 의하여 점 P가 나타내는 도형은 삼각형 AOB의 내부와 그 둘레이다.

(3) $0\le m\le 1$, $0\le n\le 1$인 경우

오른쪽 그림과 같이 두 선분 OA, OB를 이웃하는 두 변으로 하는 평행사변형의 나머지 한 꼭짓점을 C라 할 때

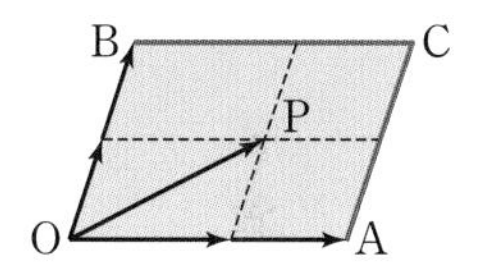

(ⅰ) $m=0$이면 $\overrightarrow{OP}=n\overrightarrow{OB}\,(0\le n\le 1)$이므로 점 P가 나타내는 도형은 선분 OB이다.

(ⅱ) $n=0$이면 $\overrightarrow{OP}=m\overrightarrow{OA}\,(0\le m\le 1)$이므로 점 P가 나타내는 도형은 선분 OA이다.

(ⅲ) $m=1$이면 $\overrightarrow{OP}=\overrightarrow{OA}+n\overrightarrow{OB}\,(0\le n\le 1)$이므로 점 P가 나타내는 도형은 선분 AC이다.

(ⅳ) $n=1$이면 $\overrightarrow{OP}=m\overrightarrow{OA}+\overrightarrow{OB}\,(0\le m\le 1)$이므로 점 P가 나타내는 도형은 선분 BC이다.

(ⅴ) $0<m<1$, $0<n<1$이면 $\overrightarrow{OP}=m\overrightarrow{OA}+n\overrightarrow{OB}$이므로 점 P가 나타내는 도형은 평행사변형 OACB의 내부이다.

(ⅰ)~(ⅴ)에 의하여 점 P가 나타내는 도형은 두 선분 OA, OB를 이웃하는 두 변으로 하는 평행사변형의 내부와 그 둘레이다.

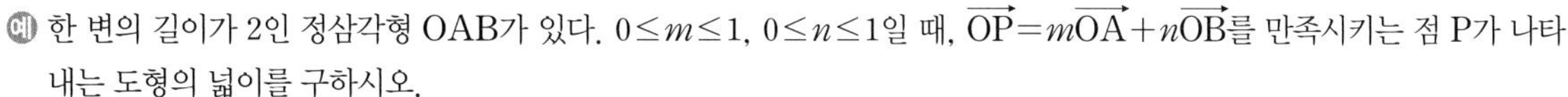

예 한 변의 길이가 2인 정삼각형 OAB가 있다. $0\le m\le 1$, $0\le n\le 1$일 때, $\overrightarrow{OP}=m\overrightarrow{OA}+n\overrightarrow{OB}$를 만족시키는 점 P가 나타내는 도형의 넓이를 구하시오.

풀이 점 P가 나타내는 도형은 오른쪽 그림과 같이 두 선분 OA, OB를 이웃하는 두 변으로 하는 평행사변형의 내부와 그 둘레이다.

따라서 점 P가 나타내는 도형의 넓이는

$2\triangle OAB=2\times\frac{\sqrt{3}}{4}\times 2^2=2\sqrt{3}$

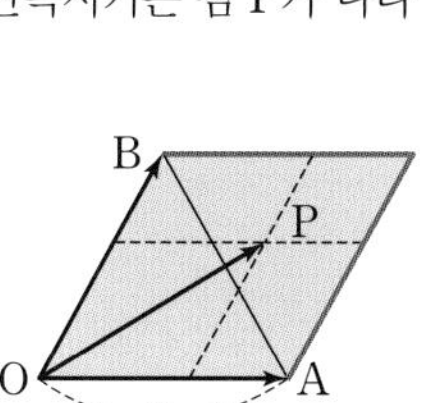
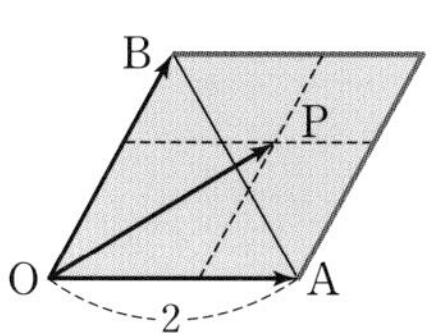

평면벡터의 성분

1 평면벡터의 성분

(1) 평면의 단위벡터

좌표평면에서 x축, y축 위의 두 점 $E_1(1, 0)$, $E_2(0, 1)$의 위치벡터를 각각 $\vec{e_1}$, $\vec{e_2}$로 나타낸다. 즉,

$$\overrightarrow{OE_1}=\vec{e_1},\ \overrightarrow{OE_2}=\vec{e_2}$$

참고 $|\vec{e_1}|=|\vec{e_2}|=1$이므로 두 벡터 $\vec{e_1}$, $\vec{e_2}$는 단위벡터이다.

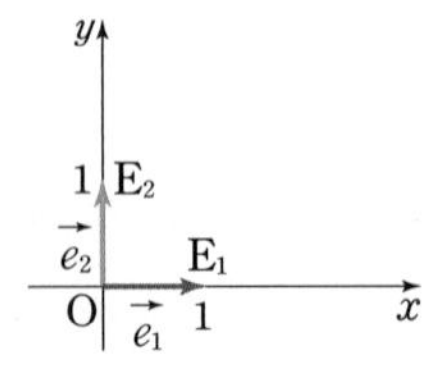

(2) 평면벡터의 성분

좌표평면 위의 점 $A(a_1, a_2)$의 위치벡터를 $\vec{a}$라 할 때, 벡터 $\vec{a}$는

$$\vec{a}=a_1\vec{e_1}+a_2\vec{e_2}$$

와 같이 나타낼 수 있다.

이때 a_1, a_2를 **벡터 $\vec{a}$의 성분**이라 하고 a_1을 벡터 $\vec{a}$의 x성분, a_2를 벡터 $\vec{a}$의 y성분이라 한다.

또 벡터 $\vec{a}$는 성분을 이용하여

$$\vec{a}=(a_1,\ a_2)$$

와 같이 나타낼 수 있다.

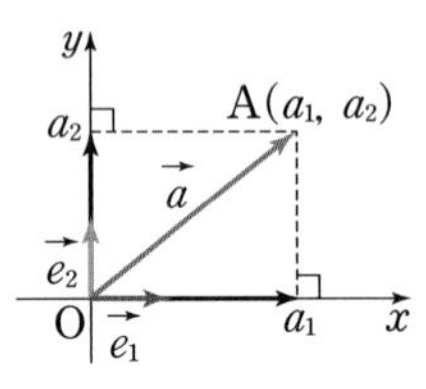

2 평면벡터의 크기

$\vec{a}=(a_1, a_2)$일 때, 점 $A(a_1, a_2)$에 대하여 벡터 $\vec{a}$의 크기는

$$|\vec{a}|=\overline{OA}=\sqrt{a_1^2+a_2^2}$$

예 $\vec{a}=(-3, 4)$일 때, $|\vec{a}|=\sqrt{(-3)^2+4^2}=5$

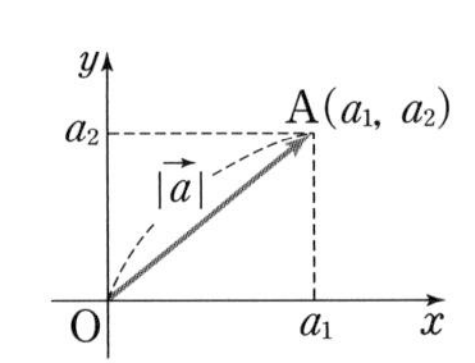

3 두 평면벡터가 서로 같을 조건

두 벡터 $\vec{a}=(a_1, a_2)$, $\vec{b}=(b_1, b_2)$가 서로 같으면 대응하는 성분이 각각 같다. 즉,

$$\vec{a}=\vec{b} \Longleftrightarrow a_1=b_1,\ a_2=b_2$$

예 $\vec{a}=(x-2, 4)$, $\vec{b}=(1, 3-y)$에 대하여 $\vec{a}=\vec{b}$이면

$x-2=1$, $4=3-y$ $\quad\therefore x=3$, $y=-1$

4 평면벡터의 성분에 의한 연산

$\vec{a}=(a_1, a_2)$, $\vec{b}=(b_1, b_2)$일 때

(1) $\vec{a}+\vec{b}=(a_1+b_1,\ a_2+b_2)$

(2) $\vec{a}-\vec{b}=(a_1-b_1,\ a_2-b_2)$

(3) $k\vec{a}=(ka_1,\ ka_2)$ (단, k는 실수)

5 평면벡터 $\overrightarrow{AB}$의 성분과 크기

두 점 $A(a_1, a_2)$, $B(b_1, b_2)$에 대하여

(1) $\overrightarrow{AB}=(b_1-a_1, b_2-a_2)$

(2) $|\overrightarrow{AB}|=\sqrt{(b_1-a_1)^2+(b_2-a_2)^2}$

예 두 점 $A(3, 3)$, $B(4, 1)$에 대하여

(1) $\overrightarrow{AB}=(4-3, 1-3)=(1, -2)$

(2) $|\overrightarrow{AB}|=\sqrt{1^2+(-2)^2}=\sqrt{5}$

6 평면벡터의 성분과 평행

영벡터가 아닌 두 벡터 $\vec{a}=(a_1, a_2)$, $\vec{b}=(b_1, b_2)$에 대하여

$\vec{a}/\!/\vec{b} \iff b_1=ka_1, b_2=ka_2$ (단, k는 0이 아닌 실수) ◀ $\vec{b}=k\vec{a}$

개념 PLUS

평면벡터의 성분에 의한 연산

두 벡터 $\vec{a}=(a_1, a_2)$, $\vec{b}=(b_1, b_2)$에 대하여

$\vec{a}=a_1\vec{e_1}+a_2\vec{e_2}$, $\vec{b}=b_1\vec{e_1}+b_2\vec{e_2}$

이므로 다음이 성립한다.

(1) $\vec{a}+\vec{b}=(a_1\vec{e_1}+a_2\vec{e_2})+(b_1\vec{e_1}+b_2\vec{e_2})=(a_1+b_1)\vec{e_1}+(a_2+b_2)\vec{e_2}$
$=(a_1+b_1, a_2+b_2)$

(2) $\vec{a}-\vec{b}=(a_1\vec{e_1}+a_2\vec{e_2})-(b_1\vec{e_1}+b_2\vec{e_2})=(a_1-b_1)\vec{e_1}+(a_2-b_2)\vec{e_2}$
$=(a_1-b_1, a_2-b_2)$

(3) 실수 k에 대하여

$k\vec{a}=k(a_1\vec{e_1}+a_2\vec{e_2})=ka_1\vec{e_1}+ka_2\vec{e_2}=(ka_1, ka_2)$

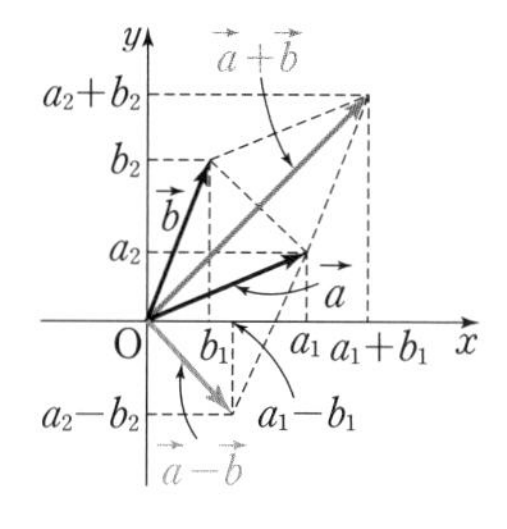

평면벡터 $\overrightarrow{AB}$의 성분과 크기

두 점 $A(a_1, a_2)$, $B(b_1, b_2)$에 대하여 $\overrightarrow{OA}=(a_1, a_2)$, $\overrightarrow{OB}=(b_1, b_2)$이므로 벡터 $\overrightarrow{AB}$를 성분으로 나타내면

$\overrightarrow{AB}=\overrightarrow{OB}-\overrightarrow{OA}=(b_1, b_2)-(a_1, a_2)=(b_1-a_1, b_2-a_2)$

또 벡터 $\overrightarrow{AB}$의 크기는

$|\overrightarrow{AB}|=\sqrt{(b_1-a_1)^2+(b_2-a_2)^2}$

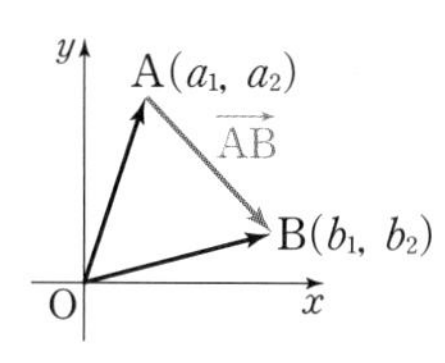

개념 CHECK

정답과 해설 34쪽

1 $\vec{e_1}=(1, 0)$, $\vec{e_2}=(0, 1)$일 때, 다음 벡터를 성분으로 나타내시오.

(1) $2\vec{e_1}+\vec{e_2}$

(2) $-\vec{e_1}+3\vec{e_2}$

2 $\vec{a}=(-1, 4)$, $\vec{b}=(3, -2)$일 때, 다음 벡터를 성분으로 나타내시오.

(1) $2\vec{a}-3\vec{b}$

(2) $-3\vec{a}+\vec{b}$

필.수.예.제 04

공략 Point

$\vec{a}=(a_1, a_2)$, $\vec{b}=(b_1, b_2)$일 때

(1) $|\vec{a}|=\sqrt{a_1^2+a_2^2}$

(2) $\vec{a}+\vec{b}=(a_1+b_1, a_2+b_2)$

(3) $\vec{a}-\vec{b}=(a_1-b_1, a_2-b_2)$

(4) $k\vec{a}=(ka_1, ka_2)$

(단, k는 실수)

성분으로 주어진 평면벡터의 연산과 크기

유형편 37쪽

$\vec{a}=(-1, 0)$, $\vec{b}=(2, -2)$, $\vec{c}=(2, 1)$일 때, $2(5\vec{a}-\vec{b}+2\vec{c})-(\vec{b}+2\vec{c}-3\vec{a})$를 성분으로 나타내고, 그 크기를 구하시오.

풀이

주어진 벡터를 간단히 하면	$2(5\vec{a}-\vec{b}+2\vec{c})-(\vec{b}+2\vec{c}-3\vec{a})$ $=13\vec{a}-3\vec{b}+2\vec{c}$
이 벡터를 성분으로 나타내면	$=13(-1, 0)-3(2, -2)+2(2, 1)$ $=\mathbf{(-15, 8)}$
또 주어진 벡터의 크기를 구하면	$\|2(5\vec{a}-\vec{b}+2\vec{c})-(\vec{b}+2\vec{c}-3\vec{a})\|$ $=\sqrt{(-15)^2+8^2}=\sqrt{289}=\mathbf{17}$

정답과 해설 34쪽

문제

04-1 $\vec{a}=(2, 1)$, $\vec{b}=(3, -6)$, $\vec{c}=(-1, 2)$일 때, $2(\vec{a}-2\vec{b}+\vec{c})-3(\vec{a}-\vec{b}-\vec{c})$를 성분으로 나타내고, 그 크기를 구하시오.

04-2 $\vec{a}=(4, 2)$, $\vec{b}=(3, -2)$일 때, $2(\vec{x}+\vec{a})=3\vec{a}-\vec{b}+\vec{x}$를 만족시키는 $\vec{x}$의 크기를 구하시오.

04-3 두 벡터 $\vec{a}=\left(\frac{1}{5}, k\right)$, $\vec{b}=(2, 5)$에 대하여 $\vec{a}+\frac{1}{5}\vec{b}$가 단위벡터일 때, k의 값을 구하시오.

(단, $k<-1$)

필.수.예.제 05

성분으로 주어진 평면벡터가 서로 같을 조건

유형편 37쪽

$\vec{a}=(-4,\ -1)$, $\vec{b}=(0,\ 1)$, $\vec{c}=(-12,\ -5)$일 때, $\vec{c}=k\vec{a}+l\vec{b}$를 만족시키는 실수 k, l에 대하여 $k+l$의 값을 구하시오.

공략 Point

두 벡터 $\vec{a}=(a_1,\ a_2)$, $\vec{b}=(b_1,\ b_2)$에 대하여
$\vec{a}=\vec{b} \iff a_1=b_1,\ a_2=b_2$

풀이

$\vec{c}=k\vec{a}+l\vec{b}$를 성분으로 나타내면	$(-12,\ -5)=k(-4,\ -1)+l(0,\ 1)$ $=(-4k,\ -k+l)$
두 평면벡터가 서로 같을 조건에 의하여	$-12=-4k$, $-5=-k+l$ $\therefore k=3,\ l=-2$
따라서 $k+l$의 값은	$k+l=\mathbf{1}$

정답과 해설 34쪽

문제

05-1 $\vec{a}=(-2,\ 1)$, $\vec{b}=(1,\ -3)$일 때, 다음 벡터를 $k\vec{a}+l\vec{b}$ 꼴로 나타내시오. (단, k, l은 실수)

(1) $\vec{c}=(8,\ 6)$

(2) $\vec{d}=(0,\ -10)$

05-2 $\vec{a}=(2,\ 3)$, $\vec{b}=(-1,\ 2)$, $\vec{c}=(5,\ 4)$일 때, $\vec{c}=x\vec{a}+y\vec{b}$를 만족시키는 실수 x, y의 값을 구하시오.

05-3 두 벡터 $\vec{a}=(x-1,\ y+2)$, $\vec{b}=(2-y,\ 2x-1)$에 대하여 $\vec{a}=\vec{b}$일 때, $|\vec{a}|$를 구하시오.

필.수.예.제
06 평면벡터를 성분으로 나타내기

유형편 38쪽

세 점 $A(-1, 2)$, $B(1, 3)$, $C(2, 6)$에 대하여 $\overrightarrow{AB}=\overrightarrow{CD}$를 만족시키는 점 D의 좌표를 구하시오.

공략 Point

두 점 $A(a_1, a_2)$, $B(b_1, b_2)$에 대하여
$\overrightarrow{AB}=(b_1-a_1, b_2-a_2)$

풀이

점 D의 좌표를 (x, y)라 하고 두 벡터 $\overrightarrow{AB}$, $\overrightarrow{CD}$를 각각 성분으로 나타내면	$\overrightarrow{AB}=(1-(-1), 3-2)=(2, 1)$ $\overrightarrow{CD}=(x-2, y-6)$
$\overrightarrow{AB}=\overrightarrow{CD}$이므로	$(2, 1)=(x-2, y-6)$
두 평면벡터가 서로 같을 조건에 의하여	$2=x-2$, $1=y-6$ $\therefore x=4, y=7$
따라서 점 D의 좌표는	**(4, 7)**

정답과 해설 35쪽

문제

06-1 세 점 $O(0, 0)$, $A(2, 5)$, $B(4, -1)$에 대하여 $\overrightarrow{OB}=\overrightarrow{AC}$를 만족시키는 점 C의 좌표를 구하시오.

06-2 네 점 $A(-1, 1)$, $B(0, 2)$, $C(3, 5)$, $D(x, y)$에 대하여 $\overrightarrow{AB}=\overrightarrow{DC}$일 때, $x+y$의 값을 구하시오.

06-3 세 점 $A(-1, 2)$, $B(4, 3)$, $C(3, 1)$에 대하여 $\overrightarrow{AP}+\overrightarrow{BP}+\overrightarrow{CP}=\vec{0}$를 만족시키는 점 P의 좌표를 구하시오.

필.수.예.제 07

성분으로 주어진 평면벡터의 평행 조건

유형편 39쪽

세 벡터 $\vec{a}=(2,\ -1)$, $\vec{b}=(4,\ 4)$, $\vec{c}=(-1,\ 5)$에 대하여 두 벡터 $t\vec{a}+\vec{b}$, $\vec{c}-\vec{b}$가 서로 평행할 때, 실수 t의 값을 구하시오.

공략 Point

영벡터가 아닌 두 벡터 $\vec{a}=(a_1,\ a_2)$, $\vec{b}=(b_1,\ b_2)$에 대하여
$\vec{a} /\!/ \vec{b} \iff b_1=ka_1,\ b_2=ka_2$
(단, k는 0이 아닌 실수)

풀이

두 벡터 $t\vec{a}+\vec{b}$, $\vec{c}-\vec{b}$를 각각 성분으로 나타내면	$t\vec{a}+\vec{b}=t(2,\ -1)+(4,\ 4)$ $=(2t+4,\ -t+4)$ $\vec{c}-\vec{b}=(-1,\ 5)-(4,\ 4)$ $=(-5,\ 1)$
두 벡터 $t\vec{a}+\vec{b}$, $\vec{c}-\vec{b}$가 서로 평행하므로	$t\vec{a}+\vec{b}=k(\vec{c}-\vec{b})$ (단, k는 0이 아닌 실수)
이를 성분으로 나타내면	$(2t+4,\ -t+4)=k(-5,\ 1)=(-5k,\ k)$
두 평면벡터가 서로 같을 조건에 의하여	$2t+4=-5k,\ -t+4=k$
두 식을 연립하여 풀면	$k=-4,\ t=8$

정답과 해설 35쪽

문제

07-1 두 벡터 $\vec{a}=(2,\ 2x-1)$, $\vec{b}=(x+1,\ 1)$이 서로 평행할 때, 모든 x의 값의 합을 구하시오.

07-2 두 벡터 $\vec{a}=(3,\ t)$, $\vec{b}=(2,\ 4)$에 대하여 두 벡터 $\vec{a}-\vec{b}$, $\vec{a}+\vec{b}$가 서로 평행할 때, t의 값을 구하시오.

07-3 세 벡터 $\vec{a}=(5,\ 4)$, $\vec{b}=(-2,\ 3)$, $\vec{c}=(3,\ 7)$에 대하여 두 벡터 $\vec{a}+t\vec{c}$, $\vec{b}-\vec{a}$가 서로 평행할 때, 실수 t의 값을 구하시오.

필.수.예.제 08

조건을 만족시키는 점이 나타내는 도형의 방정식

유형편 39쪽

세 점 A$(-5,\ 1)$, B$(-1,\ 8)$, C$(3,\ 3)$에 대하여 $|\overrightarrow{PA}+\overrightarrow{PB}+\overrightarrow{PC}|=3$을 만족시키는 점 P가 나타내는 도형의 넓이를 구하시오.

공략 Point

점 P의 좌표를 $(x,\ y)$로 놓고 각 벡터를 성분으로 나타낸 후 주어진 조건을 이용하여 x, y 사이의 관계식을 구한다.

풀이

점 P의 좌표를 $(x,\ y)$라 하고 세 벡터 $\overrightarrow{PA}$, $\overrightarrow{PB}$, $\overrightarrow{PC}$를 각각 성분으로 나타내면	$\overrightarrow{PA}=(-5-x,\ 1-y)$ $\overrightarrow{PB}=(-1-x,\ 8-y)$ $\overrightarrow{PC}=(3-x,\ 3-y)$
$\overrightarrow{PA}+\overrightarrow{PB}+\overrightarrow{PC}$를 성분으로 나타내면	$\overrightarrow{PA}+\overrightarrow{PB}+\overrightarrow{PC}$ $=(-5-x,\ 1-y)+(-1-x,\ 8-y)+(3-x,\ 3-y)$ $=(-3-3x,\ 12-3y)$
$\lvert\overrightarrow{PA}+\overrightarrow{PB}+\overrightarrow{PC}\rvert=3$이므로	$\sqrt{(-3-3x)^2+(12-3y)^2}=3$
양변을 제곱하여 정리하면	$9(x+1)^2+9(y-4)^2=9$ $\therefore\ (x+1)^2+(y-4)^2=1$
따라서 점 P가 나타내는 도형은 중심이 점 $(-1,\ 4)$이고 반지름의 길이가 1인 원이므로 그 넓이는	$\pi\times1^2=\pi$

정답과 해설 36쪽

문제

08-1 두 점 A$(0,\ 1)$, B$(1,\ 2)$에 대하여 $|\overrightarrow{AP}|=|\overrightarrow{BP}|$를 만족시키는 점 P가 나타내는 도형의 방정식을 구하시오.

08-2 세 점 A$(2,\ 3)$, B$(4,\ 0)$, C$(0,\ -1)$에 대하여 $|\overrightarrow{PA}+\overrightarrow{PB}+\overrightarrow{PC}|=6$을 만족시키는 점 P가 나타내는 도형의 둘레의 길이를 구하시오.

연습문제

1 서로 다른 세 점 O, A, B와 영벡터가 아닌 두 벡터 $\vec{a}$, $\vec{b}$에 대하여 $\overrightarrow{OA}=2\vec{a}-3\vec{b}$, $\overrightarrow{OB}=\vec{a}+2\vec{b}$이다. 선분 AB의 중점을 M이라 할 때, $\overrightarrow{OM}$을 $\vec{a}$, $\vec{b}$로 나타내시오.

2 두 점 A, B의 위치벡터를 각각 $\vec{a}$, $\vec{b}$라 하자. 선분 AB를 1 : 3으로 내분하는 점을 P, 선분 AB를 3 : 1로 외분하는 점을 Q라 할 때, $\overrightarrow{PQ}$를 $\vec{a}$, $\vec{b}$로 나타내시오.

3 오른쪽 그림과 같은 삼각형 ABC에서 변 AB의 중점을 M, 선분 CM을 3 : 2로 내분하는 점을 N이라 하자. 이때 $\overrightarrow{BN}=m\overrightarrow{BA}+n\overrightarrow{BC}$를 만족시키는 실수 m, n에 대하여 $m+n$의 값은?

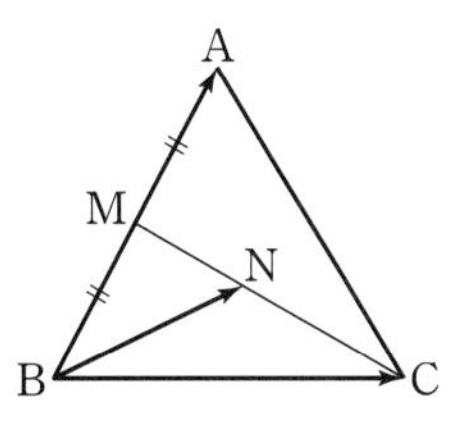

① $\frac{3}{10}$　② $\frac{2}{5}$　③ $\frac{1}{2}$
④ $\frac{3}{5}$　⑤ $\frac{7}{10}$

4 오른쪽 그림과 같은 사각형 ABCD에서 두 변 AB, CD의 중점을 각각 M, N이라 할 때, 다음 중 $\overrightarrow{MN}$과 같은 벡터는?

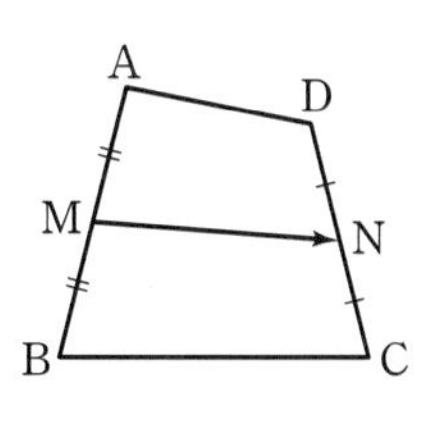

① $\frac{\overrightarrow{AD}+\overrightarrow{BC}}{2}$　② $\frac{\overrightarrow{AB}+\overrightarrow{CD}}{2}$　③ $\frac{\overrightarrow{BA}+\overrightarrow{DC}}{2}$
④ $\frac{\overrightarrow{AD}+\overrightarrow{BC}}{3}$　⑤ $\frac{\overrightarrow{AB}+\overrightarrow{CD}}{3}$

5 삼각형 ABC의 무게중심 G에 대하여 $\overrightarrow{GA}=\vec{a}$, $\overrightarrow{GB}=\vec{b}$라 할 때, $\overrightarrow{AC}$를 $\vec{a}$, $\vec{b}$로 나타내시오.

6 평면 위의 점 P와 $\overline{AB}=6$, $\overline{BC}=12$, $\angle B=90°$인 직각삼각형 ABC에 대하여
$\overrightarrow{PA}+2\overrightarrow{PB}+3\overrightarrow{PC}=\overrightarrow{CA}$가 성립할 때, $|\overrightarrow{PA}|$를 구하시오.

7 $\vec{a}=\left(\frac{4}{5}, x-1\right)$이 단위벡터일 때, x의 값은? (단, $x>1$)

① $\frac{8}{5}$　② $\frac{9}{5}$　③ 2
④ $\frac{11}{5}$　⑤ $\frac{12}{5}$

연습문제

8 $\vec{a}=(2, 1)$, $\vec{b}=(-1, 3)$, $\vec{c}=(0, 4)$일 때, $(\vec{a}+3\vec{b}-\vec{c})-(2\vec{c}-\vec{a})$의 크기는?

① 1 ② $\sqrt{2}$ ③ $\sqrt{3}$
④ 2 ⑤ $\sqrt{5}$

9 두 벡터 $\vec{a}=(4, -2)$, $\vec{b}=(2, 0)$에 대하여 $\vec{a}+x\vec{b}$의 크기가 $2\sqrt{10}$이 되도록 하는 실수 x의 값을 모두 구하시오.

교육청

10 두 벡터 $\vec{a}=(4t-2, -1)$, $\vec{b}=\left(2, 1+\frac{3}{t}\right)$에 대하여 $|\vec{a}+\vec{b}|^2$의 최솟값을 구하시오. (단, $t>0$)

11 두 벡터 $\vec{a}=(x+2, y-1)$, $\vec{b}=(4-y, 2x-5)$에 대하여 $\vec{a}=\vec{b}$일 때, $|\vec{a}+\vec{b}|$를 구하시오.

12 세 점 A$(-1, 2)$, B$(4, 3)$, C$(3, 1)$에 대하여 $\overrightarrow{AP}+\overrightarrow{BP}=2\overrightarrow{PC}$를 만족시키는 점 P의 좌표를 구하시오.

13 두 점 A$(0, 1)$, B$(2, 3)$과 직선 $y=-x+2$ 위를 움직이는 점 P에 대하여 $|\overrightarrow{AP}+\overrightarrow{BP}|$의 최솟값은?

① 1 ② $\sqrt{2}$ ③ 2
④ $2\sqrt{2}$ ⑤ 3

14 세 점 O$(0, 0)$, A$(0, 2)$, B$(2\sqrt{2}, 1)$에 대하여 $\angle$AOB의 이등분선이 선분 AB와 만나는 점을 P라 할 때, $|\overrightarrow{OP}|$는?

① $\frac{4\sqrt{6}}{5}$ ② 2 ③ $\frac{2\sqrt{26}}{5}$
④ $\frac{6\sqrt{3}}{5}$ ⑤ $\frac{4\sqrt{7}}{5}$

15 두 벡터 $\vec{a}=(1,\ -2)$, $\vec{b}=(3,\ t)$에 대하여 두 벡터 $\vec{a}-\vec{b}$, $2\vec{a}+\vec{b}$가 서로 평행할 때, t의 값은?

① -9 ② -8 ③ -7
④ -6 ⑤ -5

평가원

16 두 벡터 $\vec{a}=(3,\ 1)$, $\vec{b}=(4,\ -2)$가 있다. 벡터 $\vec{v}$에 대하여 두 벡터 $\vec{a}$와 $\vec{v}+\vec{b}$가 서로 평행할 때, $|\vec{v}|^2$의 최솟값은?

① 6 ② 7 ③ 8
④ 9 ⑤ 10

17 서로 다른 네 점 P, A, B, C에 대하여 $\overrightarrow{PA}=(1,\ 5)$, $\overrightarrow{PB}=(2,\ 4)$, $\overrightarrow{PC}=(a,\ 3)$일 때, 세 점 A, B, C가 한 직선 위에 있도록 하는 a의 값을 구하시오.

18 두 점 $A(3,\ -4)$, $B(1,\ -2)$에 대하여 $|\overrightarrow{AP}|=\sqrt{2}|\overrightarrow{BP}|$를 만족시키는 점 P가 나타내는 도형의 넓이는?

① 8π ② 9π ③ 12π
④ 16π ⑤ 18π

실력

19 오른쪽 그림과 같은 삼각형 ABC에서 변 AB를 $2:1$로 내분하는 점을 D, 변 AC를 $1:2$로 내분하는 점을 E라 하고, 선분 DC와 선분 BE의 교점을 P라 하자. $\overrightarrow{AD}=\vec{a}$, $\overrightarrow{AE}=\vec{b}$라 할 때, $\overrightarrow{AP}=x\vec{a}+y\vec{b}$를 만족시키는 실수 x, y에 대하여 $x+y$의 값은?

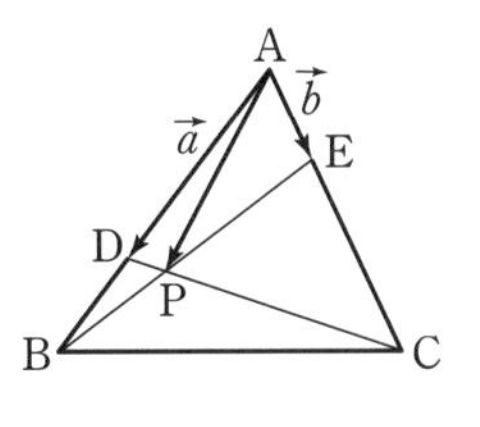

① $\frac{5}{7}$ ② $\frac{6}{7}$ ③ 1
④ $\frac{8}{7}$ ⑤ $\frac{9}{7}$

20 넓이가 90인 삼각형 ABC의 내부의 한 점 P에 대하여 $3\overrightarrow{PA}+3\overrightarrow{PB}+4\overrightarrow{PC}=\vec{0}$일 때, 삼각형 APC의 넓이를 구하시오.

21 한 변의 길이가 6인 정삼각형 ABC의 무게중심을 G, 변 AB를 $2:1$로 내분하는 점을 P라 할 때, $|\overrightarrow{PG}|$를 구하시오.

평면벡터의 내적

1 평면벡터의 내적

(1) 두 평면벡터가 이루는 각

영벡터가 아닌 두 평면벡터 $\vec{a}$, $\vec{b}$에 대하여 $\vec{a}=\overrightarrow{OA}$, $\vec{b}=\overrightarrow{OB}$일 때,

$\angle AOB=\theta\,(0^\circ\le\theta\le180^\circ)$

를 두 벡터 $\vec{a}$, $\vec{b}$가 이루는 각의 크기라 한다.

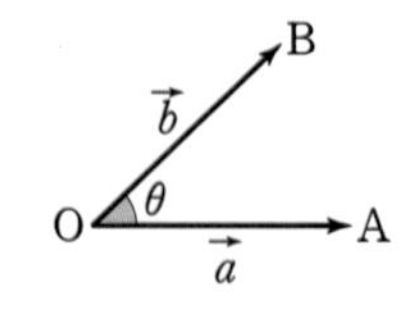

(2) 평면벡터의 내적

영벡터가 아닌 두 평면벡터 $\vec{a}$, $\vec{b}$의 **내적**을 기호로 $\vec{a}\cdot\vec{b}$와 같이 나타내고, 다음과 같이 정의한다.

영벡터가 아닌 두 평면벡터 $\vec{a}$, $\vec{b}$가 이루는 각의 크기를 θ라 하면

① $0^\circ\le\theta\le90^\circ$일 때, $\vec{a}\cdot\vec{b}=|\vec{a}||\vec{b}|\cos\theta$

② $90^\circ<\theta\le180^\circ$일 때, $\vec{a}\cdot\vec{b}=-|\vec{a}||\vec{b}|\cos(180^\circ-\theta)$

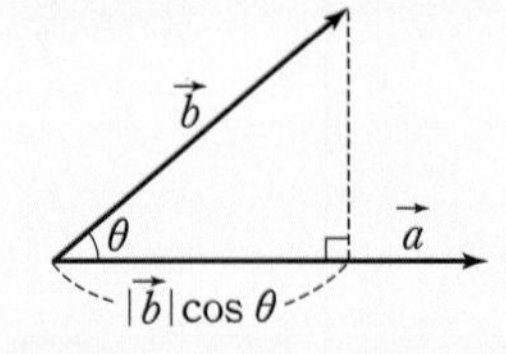

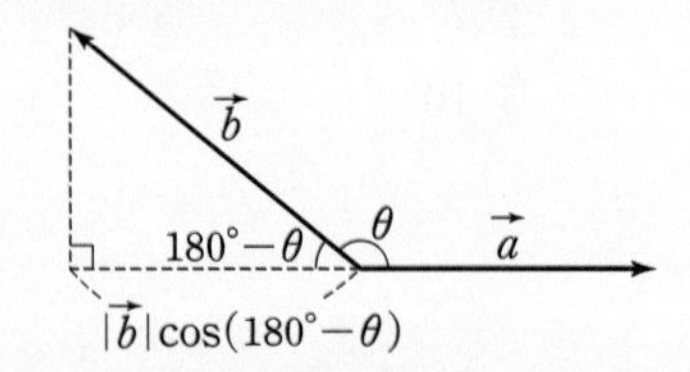

또 $\vec{a}=\vec{0}$ 또는 $\vec{b}=\vec{0}$일 때는 $\vec{a}\cdot\vec{b}=0$으로 정한다.

예 $|\vec{a}|=3$, $|\vec{b}|=4$인 두 평면벡터 $\vec{a}$, $\vec{b}$가 이루는 각의 크기를 θ라 하면

① $\theta=30^\circ$일 때, $\vec{a}\cdot\vec{b}=|\vec{a}||\vec{b}|\cos30^\circ=3\times4\times\frac{\sqrt{3}}{2}=6\sqrt{3}$

② $\theta=120^\circ$일 때, $\vec{a}\cdot\vec{b}=-|\vec{a}||\vec{b}|\cos(180^\circ-120^\circ)=-3\times4\times\frac{1}{2}=-6$

참고
- 평면벡터의 내적 $\vec{a}\cdot\vec{b}$는 벡터가 아니라 실수이다.
- 평면벡터의 내적 $\vec{a}\cdot\vec{b}$의 부호는 두 평면벡터 $\vec{a}$, $\vec{b}$가 이루는 각의 크기 θ에 의하여 정해진다.
- $\vec{a}\cdot\vec{a}=|\vec{a}||\vec{a}|\cos0^\circ=|\vec{a}|^2$

2 평면벡터의 내적과 성분

$\vec{a}=(a_1, a_2)$, $\vec{b}=(b_1, b_2)$일 때, $\vec{a}\cdot\vec{b}=a_1b_1+a_2b_2$

예 $\vec{a}=(4, -1)$, $\vec{b}=(2, 3)$일 때, $\vec{a}\cdot\vec{b}=4\times2+(-1)\times3=5$

3 평면벡터의 내적의 성질

세 평면벡터 $\vec{a}$, $\vec{b}$, $\vec{c}$에 대하여

(1) $\vec{a}\cdot\vec{b}=\vec{b}\cdot\vec{a}$ ◀ 교환법칙

(2) $\vec{a}\cdot(\vec{b}+\vec{c})=\vec{a}\cdot\vec{b}+\vec{a}\cdot\vec{c}$, $(\vec{a}+\vec{b})\cdot\vec{c}=\vec{a}\cdot\vec{c}+\vec{b}\cdot\vec{c}$ ◀ 분배법칙

(3) $(k\vec{a})\cdot\vec{b}=\vec{a}\cdot(k\vec{b})=k(\vec{a}\cdot\vec{b})$ (단, k는 실수)

개념 PLUS

평면벡터의 내적과 성분

오른쪽 그림과 같이 영벡터가 아닌 두 벡터

$\overrightarrow{OA}=\vec{a}=(a_1, a_2)$, $\overrightarrow{OB}=\vec{b}=(b_1, b_2)$

가 이루는 각의 크기를 $\theta\,(0° < \theta < 90°)$라 하자.

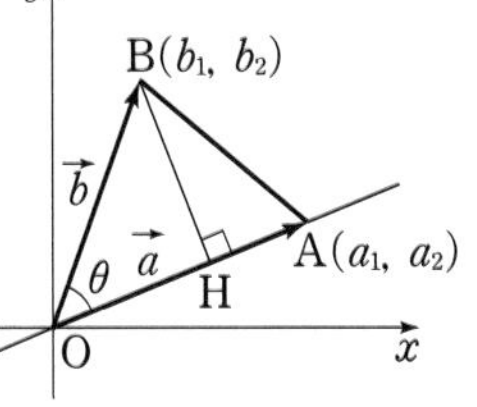

삼각형 OAB의 꼭짓점 B에서 직선 OA에 내린 수선의 발을 H라 하면 두 직각삼각형 HAB, OHB에서 다음이 성립한다.

$|\overrightarrow{AB}|^2=\overline{AB}^2=\overline{AH}^2+\overline{BH}^2$ ◀ 삼각형 HAB에서 $\overline{AB}^2=\overline{AH}^2+\overline{BH}^2$

$=(\overline{OA}-\overline{OH})^2+(\overline{OB}^2-\overline{OH}^2)$ ◀ 삼각형 OHB에서 $\overline{BH}^2=\overline{OB}^2-\overline{OH}^2$

$=\overline{OA}^2+\overline{OB}^2-2\times\overline{OA}\times\overline{OH}$

$=\overline{OA}^2+\overline{OB}^2-2\times\overline{OA}\times\overline{OB}\cos\theta$ ◀ 삼각형 OHB에서 $\overline{OH}=\overline{OB}\cos\theta$

$=|\overrightarrow{OA}|^2+|\overrightarrow{OB}|^2-2\overrightarrow{OA}\cdot\overrightarrow{OB}$

이를 성분으로 나타내면

$(b_1-a_1)^2+(b_2-a_2)^2=(a_1^2+a_2^2)+(b_1^2+b_2^2)-2\vec{a}\cdot\vec{b}$

$\therefore\ \vec{a}\cdot\vec{b}=a_1b_1+a_2b_2$

같은 방법으로 위의 식은 $\theta=0°$, $90° \le \theta \le 180°$일 때 및 $\vec{a}=\vec{0}$ 또는 $\vec{b}=\vec{0}$일 때도 성립한다.

평면벡터의 내적의 성질

세 벡터 $\vec{a}=(a_1, a_2)$, $\vec{b}=(b_1, b_2)$, $\vec{c}=(c_1, c_2)$에 대하여

(1) $\vec{a}\cdot\vec{b}=a_1b_1+a_2b_2=b_1a_1+b_2a_2=\vec{b}\cdot\vec{a}$ $\quad\therefore\ \vec{a}\cdot\vec{b}=\vec{b}\cdot\vec{a}$

(2) $\vec{a}\cdot(\vec{b}+\vec{c})=(a_1, a_2)\cdot(b_1+c_1, b_2+c_2)=a_1(b_1+c_1)+a_2(b_2+c_2)$

$=(a_1b_1+a_2b_2)+(a_1c_1+a_2c_2)=\vec{a}\cdot\vec{b}+\vec{a}\cdot\vec{c}$

$\therefore\ \vec{a}\cdot(\vec{b}+\vec{c})=\vec{a}\cdot\vec{b}+\vec{a}\cdot\vec{c}$

$(\vec{a}+\vec{b})\cdot\vec{c}=(a_1+b_1, a_2+b_2)\cdot(c_1, c_2)=(a_1+b_1)c_1+(a_2+b_2)c_2$

$=(a_1c_1+a_2c_2)+(b_1c_1+b_2c_2)=\vec{a}\cdot\vec{c}+\vec{b}\cdot\vec{c}$

$\therefore\ (\vec{a}+\vec{b})\cdot\vec{c}=\vec{a}\cdot\vec{c}+\vec{b}\cdot\vec{c}$

(3) 실수 k에 대하여

$(k\vec{a})\cdot\vec{b}=(ka_1, ka_2)\cdot(b_1, b_2)=ka_1b_1+ka_2b_2$

$=a_1(kb_1)+a_2(kb_2)=(a_1, a_2)\cdot(kb_1, kb_2)=\vec{a}\cdot(k\vec{b})$

$(k\vec{a})\cdot\vec{b}=(ka_1, ka_2)\cdot(b_1, b_2)=ka_1b_1+ka_2b_2$

$=k(a_1b_1+a_2b_2)=k(\vec{a}\cdot\vec{b})$

$\therefore\ (k\vec{a})\cdot\vec{b}=\vec{a}\cdot(k\vec{b})=k(\vec{a}\cdot\vec{b})$

개념 CHECK

정답과 해설 39쪽

1 $|\vec{a}|=4$, $|\vec{b}|=2$인 두 벡터 $\vec{a}$, $\vec{b}$가 이루는 각의 크기가 다음과 같을 때, $\vec{a}\cdot\vec{b}$를 구하시오.

(1) $60°$ (2) $135°$

2 다음 두 벡터 $\vec{a}$, $\vec{b}$의 내적을 구하시오.

(1) $\vec{a}=(1, 3)$, $\vec{b}=(-2, 4)$ (2) $\vec{a}=(-2, 5)$, $\vec{b}=(3, -1)$

필.수.예.제 01

평면도형에서의 벡터의 내적

유형편 41쪽

오른쪽 그림과 같이 한 변의 길이가 2인 정삼각형 AOB에서 변 AB의 중점을 M이라 할 때, 다음을 구하시오.

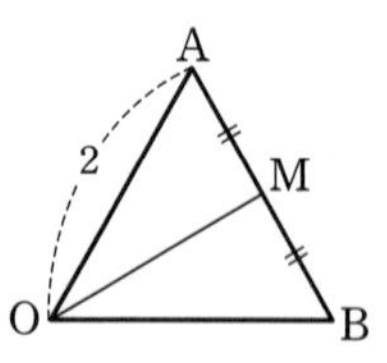

(1) $\overrightarrow{OA}\cdot\overrightarrow{OB}$ (2) $\overrightarrow{OA}\cdot\overrightarrow{OM}$
(3) $\overrightarrow{OM}\cdot\overrightarrow{AB}$ (4) $\overrightarrow{OA}\cdot\overrightarrow{AB}$

공략 Point

두 평면벡터 $\vec{a}$, $\vec{b}$가 이루는 각의 크기가 θ일 때
(1) $0°\le\theta\le90°$이면
$\vec{a}\cdot\vec{b}=|\vec{a}||\vec{b}|\cos\theta$
(2) $90°<\theta\le180°$이면
$\vec{a}\cdot\vec{b}$
$=-|\vec{a}||\vec{b}|\cos(180°-\theta)$

풀이

(1) 두 벡터 $\overrightarrow{OA}$, $\overrightarrow{OB}$가 이루는 각의 크기가 $60°$이고, $|\overrightarrow{OA}|=2$, $|\overrightarrow{OB}|=2$이므로

$\overrightarrow{OA}\cdot\overrightarrow{OB}=|\overrightarrow{OA}||\overrightarrow{OB}|\cos60°$
$=2\times2\times\frac{1}{2}=\mathbf{2}$

(2) 선분 OM은 정삼각형 AOB의 높이이므로

$\overline{OM}=\frac{\sqrt{3}}{2}\times2=\sqrt{3}$

두 벡터 $\overrightarrow{OA}$, $\overrightarrow{OM}$이 이루는 각의 크기가 $30°$이고, $|\overrightarrow{OA}|=2$, $|\overrightarrow{OM}|=\sqrt{3}$이므로

$\overrightarrow{OA}\cdot\overrightarrow{OM}=|\overrightarrow{OA}||\overrightarrow{OM}|\cos30°$
$=2\times\sqrt{3}\times\frac{\sqrt{3}}{2}=\mathbf{3}$

(3) 두 벡터 $\overrightarrow{OM}$, $\overrightarrow{AB}$가 이루는 각의 크기가 $90°$이고, $|\overrightarrow{OM}|=\sqrt{3}$, $|\overrightarrow{AB}|=2$이므로

$\overrightarrow{OM}\cdot\overrightarrow{AB}=|\overrightarrow{OM}||\overrightarrow{AB}|\cos90°$
$=\sqrt{3}\times2\times0=\mathbf{0}$

(4) $\overrightarrow{AB}$를 평행이동하여 시점을 O로 일치시켰을 때의 종점을 B′이라 하면

$\overrightarrow{AB}=\overrightarrow{OB'}$

두 벡터 $\overrightarrow{OA}$, $\overrightarrow{OB'}$이 이루는 각의 크기가 $120°$이고, $|\overrightarrow{OA}|=2$, $|\overrightarrow{OB'}|=2$이므로

$\overrightarrow{OA}\cdot\overrightarrow{AB}$
$=\overrightarrow{OA}\cdot\overrightarrow{OB'}$
$=-|\overrightarrow{OA}||\overrightarrow{OB'}|\cos(180°-120°)$
$=-2\times2\times\frac{1}{2}=\mathbf{-2}$

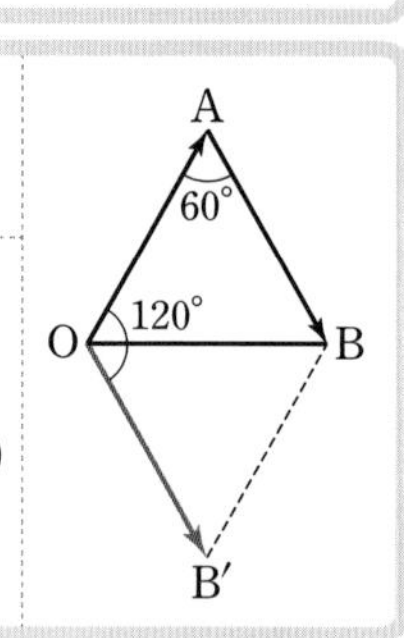

정답과 해설 39쪽

문제

01-1 오른쪽 그림과 같이 한 변의 길이가 1인 정육각형 ABCDEF의 세 대각선 AD, BE, CF의 교점을 O라 할 때, 다음을 구하시오.

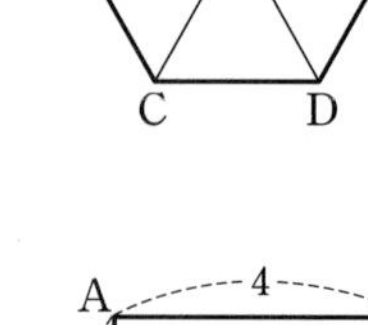

(1) $\overrightarrow{OA}\cdot\overrightarrow{OB}$ (2) $\overrightarrow{AB}\cdot\overrightarrow{BO}$
(3) $\overrightarrow{OB}\cdot\overrightarrow{EO}$ (4) $\overrightarrow{OF}\cdot\overrightarrow{FD}$

01-2 오른쪽 그림과 같이 $\overline{AB}=3$, $\overline{AD}=4$인 직사각형 ABCD에서 $\overrightarrow{AB}\cdot\overrightarrow{AC}$를 구하시오.

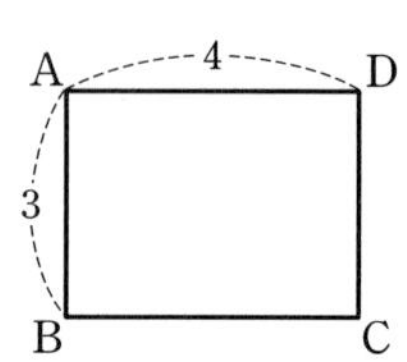

필.수.예.제
02

성분으로 주어진 평면벡터의 내적

유형편 42쪽

다음 물음에 답하시오.

(1) 두 벡터 $\vec{a}=(3,\ -1)$, $\vec{b}=(4,\ 2)$에 대하여 $\vec{a}\cdot(2\vec{a}-\vec{b})$를 구하시오.
(2) 두 벡터 $\vec{a}=(2,\ k)$, $\vec{b}=(k-1,\ -3)$에 대하여 $\vec{a}\cdot\vec{b}=3$일 때, k의 값을 구하시오.

$\vec{a}=(a_1,\ a_2)$, $\vec{b}=(b_1,\ b_2)$일 때,
$\vec{a}\cdot\vec{b}=a_1b_1+a_2b_2$

풀이

(1) $2\vec{a}-\vec{b}$를 성분으로 나타내면	$2\vec{a}-\vec{b}=2(3,\ -1)-(4,\ 2)$ $=(6-4,\ -2-2)=(2,\ -4)$
$\vec{a}\cdot(2\vec{a}-\vec{b})$를 구하면	$\vec{a}\cdot(2\vec{a}-\vec{b})=(3,\ -1)\cdot(2,\ -4)$ $=3\times2+(-1)\times(-4)=\mathbf{10}$
(2) $\vec{a}\cdot\vec{b}$를 k에 대한 식으로 나타내면	$\vec{a}\cdot\vec{b}=(2,\ k)\cdot(k-1,\ -3)$ $=2\times(k-1)+k\times(-3)=-k-2$
$\vec{a}\cdot\vec{b}=3$이므로	$-k-2=3 \quad \therefore k=\mathbf{-5}$

정답과 해설 40쪽

문제

02- **1** 다음 물음에 답하시오.

(1) 두 벡터 $\vec{a}=(-5,\ 3)$, $\vec{b}=(1,\ -2)$에 대하여 $(\vec{a}+3\vec{b})\cdot\vec{b}$를 구하시오.
(2) 두 벡터 $\vec{a}=(2,\ k-1)$, $\vec{b}=(-3,\ k+2)$에 대하여 $\vec{a}\cdot\vec{b}=-2$일 때, k의 값을 구하시오.
(단, $k>0$)

02- **2** 네 점 $\mathrm{A}(-1,\ 3)$, $\mathrm{B}(-3,\ 2)$, $\mathrm{C}(-1,\ 3)$, $\mathrm{D}(0,\ -2)$에 대하여 $\overrightarrow{\mathrm{AB}}\cdot\overrightarrow{\mathrm{CD}}$를 구하시오.

02- **3** 두 벡터 $\vec{a}=(k-2,\ -3)$, $\vec{b}=(4,\ 3k)$에 대하여 $|\vec{a}|=5$일 때, $\vec{a}\cdot\vec{b}$를 구하시오. (단, $k<0$)

필.수.예.제 03

평면벡터의 내적의 성질

유형편 42쪽

두 벡터 $\vec{a}$, $\vec{b}$에 대하여 다음 물음에 답하시오.

(1) $|\vec{a}|=\sqrt{3}$, $|\vec{b}|=1$, $\vec{a}\cdot\vec{b}=-1$일 때, $|3\vec{a}-2\vec{b}|$를 구하시오.

(2) $|\vec{a}|=1$, $|\vec{b}|=2$, $|\vec{a}-2\vec{b}|=3$일 때, $\vec{a}\cdot\vec{b}$를 구하시오.

공략 Point

두 평면벡터 $\vec{a}$, $\vec{b}$와 두 실수 m, n에 대하여

$|m\vec{a}+n\vec{b}|^2$
$=m^2|\vec{a}|^2+2mn\vec{a}\cdot\vec{b}+n^2|\vec{b}|^2$

풀이

(1) 평면벡터의 내적의 성질을 이용하여 $\|3\vec{a}-2\vec{b}\|^2$을 변형하면	$\|3\vec{a}-2\vec{b}\|^2=(3\vec{a}-2\vec{b})\cdot(3\vec{a}-2\vec{b})$ $=9\|\vec{a}\|^2-12\vec{a}\cdot\vec{b}+4\|\vec{b}\|^2$
$\|\vec{a}\|=\sqrt{3}$, $\|\vec{b}\|=1$, $\vec{a}\cdot\vec{b}=-1$이므로	$=9\times(\sqrt{3})^2-12\times(-1)+4\times1^2$ $=43$
그런데 $\|3\vec{a}-2\vec{b}\|\geq0$이므로	$\|3\vec{a}-2\vec{b}\|=\boldsymbol{\sqrt{43}}$

(2) $\|\vec{a}-2\vec{b}\|=3$의 양변을 제곱하면	$(\vec{a}-2\vec{b})\cdot(\vec{a}-2\vec{b})=3^2$ $\|\vec{a}\|^2-4\vec{a}\cdot\vec{b}+4\|\vec{b}\|^2=9$
$\|\vec{a}\|=1$, $\|\vec{b}\|=2$이므로	$1^2-4\vec{a}\cdot\vec{b}+4\times2^2=9$ $-4\vec{a}\cdot\vec{b}=-8$ $\quad\therefore\ \vec{a}\cdot\vec{b}=\mathbf{2}$

정답과 해설 40쪽

문제

03-1 두 벡터 $\vec{a}$, $\vec{b}$에 대하여 다음 물음에 답하시오.

(1) $|\vec{a}|=3$, $|\vec{b}|=1$, $\vec{a}\cdot\vec{b}=2$일 때, $|2\vec{a}-\vec{b}|$를 구하시오.

(2) $|\vec{a}|=\sqrt{5}$, $|\vec{b}|=2\sqrt{2}$, $|\vec{a}-\vec{b}|=\sqrt{7}$일 때, $\vec{a}\cdot\vec{b}$를 구하시오.

03-2 두 벡터 $\vec{a}$, $\vec{b}$에 대하여 $|\vec{a}+\vec{b}|=4$, $|\vec{a}-\vec{b}|=\sqrt{10}$일 때, $|\vec{a}+2\vec{b}|^2+|2\vec{a}-\vec{b}|^2$의 값을 구하시오.

03-3 두 벡터 $\vec{a}$, $\vec{b}$가 이루는 각의 크기가 $60°$이고 $|\vec{b}|=\frac{1}{3}$, $|\vec{a}-3\vec{b}|=\sqrt{7}$일 때, $|\vec{a}|$를 구하시오.

두 평면벡터가 이루는 각의 크기

1 두 평면벡터가 이루는 각의 크기

영벡터가 아닌 두 벡터 $\vec{a}=(a_1, a_2)$, $\vec{b}=(b_1, b_2)$가 이루는 각의 크기를 $\theta\,(0°\le\theta\le180°)$라 할 때

(1) $\underbrace{\vec{a}\cdot\vec{b}\ge0}_{0°\le\theta\le90°}$이면 $\cos\theta=\dfrac{\vec{a}\cdot\vec{b}}{|\vec{a}||\vec{b}|}=\dfrac{a_1b_1+a_2b_2}{\sqrt{a_1^2+a_2^2}\sqrt{b_1^2+b_2^2}}$

(2) $\underbrace{\vec{a}\cdot\vec{b}<0}_{90°<\theta\le180°}$이면 $\cos(180°-\theta)=-\dfrac{\vec{a}\cdot\vec{b}}{|\vec{a}||\vec{b}|}=-\dfrac{a_1b_1+a_2b_2}{\sqrt{a_1^2+a_2^2}\sqrt{b_1^2+b_2^2}}$

2 평면벡터의 내적과 수직, 평행

(1) 서로 수직인 벡터

영벡터가 아닌 두 평면벡터 $\vec{a}$, $\vec{b}$가 이루는 각의 크기가 90°일 때 $\vec{a}$와 $\vec{b}$는 서로 수직이라 하고, 기호로 $\vec{a}\perp\vec{b}$와 같이 나타낸다.

(2) 평면벡터의 내적과 수직, 평행

영벡터가 아닌 두 벡터 $\vec{a}=(a_1, a_2)$, $\vec{b}=(b_1, b_2)$에 대하여

① $\vec{a}\perp\vec{b} \iff \vec{a}\cdot\vec{b}=0 \iff a_1b_1+a_2b_2=0$

② $\vec{a}/\!/\vec{b} \iff \vec{a}\cdot\vec{b}=\pm|\vec{a}||\vec{b}| \iff a_1b_1+a_2b_2=\pm\sqrt{a_1^2+a_2^2}\sqrt{b_1^2+b_2^2}$

개념 PLUS

평면벡터의 내적과 수직, 평행

영벡터가 아닌 두 평면벡터 $\vec{a}$, $\vec{b}$가 이루는 각의 크기를 θ라 할 때

(1) $\vec{a}\perp\vec{b}$이면 $\theta=90°$이므로 $\vec{a}\cdot\vec{b}=|\vec{a}||\vec{b}|\cos90°=0$

즉, $\vec{a}\perp\vec{b}$이면 $\vec{a}\cdot\vec{b}=0$이고, 그 역도 성립한다.

(2) (i) $\vec{a}/\!/\vec{b}$이고 $\vec{a}$와 $\vec{b}$의 방향이 같으면 $\theta=0°$이므로 $\vec{a}\cdot\vec{b}=|\vec{a}||\vec{b}|\cos0°=|\vec{a}||\vec{b}|$

(ii) $\vec{a}/\!/\vec{b}$이고 $\vec{a}$와 $\vec{b}$의 방향이 반대이면 $\theta=180°$이므로

$\vec{a}\cdot\vec{b}=-|\vec{a}||\vec{b}|\cos(180°-180°)=-|\vec{a}||\vec{b}|$

(i), (ii)에 의하여 $\vec{a}/\!/\vec{b}$이면 $\vec{a}\cdot\vec{b}=\pm|\vec{a}||\vec{b}|$이고, 그 역도 성립한다.

개념 CHECK

정답과 해설 40쪽

1 다음 두 벡터 $\vec{a}$, $\vec{b}$가 이루는 각의 크기를 구하시오.

(1) $\vec{a}=(\sqrt{3}, 1)$, $\vec{b}=(0, \sqrt{3})$　　(2) $\vec{a}=(1, 2)$, $\vec{b}=(-3, -1)$

2 두 벡터 $\vec{a}=(-2, 3)$, $\vec{b}=(1, x)$에 대하여 다음 조건을 만족시키는 x의 값을 구하시오.

(1) $\vec{a}\perp\vec{b}$　　(2) $\vec{a}/\!/\vec{b}$

필.수.예.제
04

성분으로 주어진 두 평면벡터가 이루는 각의 크기

✎ 유형편 43쪽

다음 물음에 답하시오.

(1) 두 벡터 $\vec{a}=(2,\ -1)$, $\vec{b}=(-1,\ 3)$에 대하여 두 벡터 $\vec{a}+\vec{b}$, $2\vec{a}+\vec{b}$가 이루는 각의 크기를 구하시오.

(2) 두 벡터 $\vec{a}=(3,\ 2\sqrt{3})$, $\vec{b}=(-\sqrt{3},\ k)$가 이루는 각의 크기가 150°일 때, 정수 k의 값을 구하시오.

공략 Point

영벡터가 아닌 두 벡터 $\vec{a}=(a_1,\ a_2)$, $\vec{b}=(b_1,\ b_2)$가 이루는 각의 크기를 $\theta(0^\circ\le\theta\le180^\circ)$라 할 때

(1) $\vec{a}\cdot\vec{b}\ge0$이면

$\cos\theta=\dfrac{\vec{a}\cdot\vec{b}}{|\vec{a}||\vec{b}|}=\dfrac{a_1b_1+a_2b_2}{\sqrt{a_1^2+a_2^2}\sqrt{b_1^2+b_2^2}}$

(2) $\vec{a}\cdot\vec{b}<0$이면

$\cos(180^\circ-\theta)=-\dfrac{\vec{a}\cdot\vec{b}}{|\vec{a}||\vec{b}|}=-\dfrac{a_1b_1+a_2b_2}{\sqrt{a_1^2+a_2^2}\sqrt{b_1^2+b_2^2}}$

풀이

(1) 두 벡터 $\vec{a}+\vec{b}$, $2\vec{a}+\vec{b}$를 각각 성분으로 나타내면	$\vec{a}+\vec{b}=(2,\ -1)+(-1,\ 3)=(1,\ 2)$ $2\vec{a}+\vec{b}=2(2,\ -1)+(-1,\ 3)=(3,\ 1)$
$(\vec{a}+\vec{b})\cdot(2\vec{a}+\vec{b})$를 구하면	$(\vec{a}+\vec{b})\cdot(2\vec{a}+\vec{b})=(1,\ 2)\cdot(3,\ 1)$ $=1\times3+2\times1=5$
$(\vec{a}+\vec{b})\cdot(2\vec{a}+\vec{b})>0$이므로 두 벡터 $\vec{a}+\vec{b}$, $2\vec{a}+\vec{b}$가 이루는 각의 크기를 $\theta\ (0^\circ\le\theta<90^\circ)$라 하면	$\cos\theta=\dfrac{(\vec{a}+\vec{b})\cdot(2\vec{a}+\vec{b})}{\lvert\vec{a}+\vec{b}\rvert\lvert2\vec{a}+\vec{b}\rvert}$ $=\dfrac{5}{\sqrt{1^2+2^2}\sqrt{3^2+1^2}}=\dfrac{\sqrt{2}}{2}$
그런데 $0^\circ\le\theta<90^\circ$이므로	$\theta=\mathbf{45^\circ}$
(2) 두 벡터 $\vec{a}=(3,\ 2\sqrt{3})$, $\vec{b}=(-\sqrt{3},\ k)$가 이루는 각의 크기가 150°이므로	$\cos(180^\circ-150^\circ)=-\dfrac{3\times(-\sqrt{3})+2\sqrt{3}\times k}{\sqrt{3^2+(2\sqrt{3})^2}\sqrt{(-\sqrt{3})^2+k^2}}$ $\dfrac{\sqrt{3}}{2}=\dfrac{3\sqrt{3}-2\sqrt{3}k}{\sqrt{21}\sqrt{k^2+3}}$, $\sqrt{21}\sqrt{k^2+3}=6-4k$
양변을 제곱하여 풀면	$21(k^2+3)=36-48k+16k^2$ $5k^2+48k+27=0$, $(k+9)(5k+3)=0$ $\therefore k=-9$ 또는 $k=-\dfrac{3}{5}$
그런데 k는 정수이므로	$k=\mathbf{-9}$

정답과 해설 40쪽

문제

04-1 다음 물음에 답하시오.

(1) 두 벡터 $\vec{a}=(\sqrt{3},\ 1)$, $\vec{b}=(-\sqrt{3},\ 0)$에 대하여 두 벡터 $\vec{a}+\vec{b}$, $-\vec{a}-2\vec{b}$가 이루는 각의 크기를 구하시오.

(2) 두 벡터 $\vec{a}=(1,\ \sqrt{3})$, $\vec{b}=(-3,\ k)$가 이루는 각의 크기가 60°일 때, 양수 k의 값을 구하시오.

04-2 세 점 $\mathrm{A}(1,\ 1)$, $\mathrm{B}(2,\ 3)$, $\mathrm{C}(3,\ -5)$에 대하여 $\angle\mathrm{BAC}$의 크기를 구하시오.

필.수.예.제 05

내적의 성질을 이용한 두 평면벡터가 이루는 각의 크기

유형편 44쪽

두 벡터 $\vec{a}$, $\vec{b}$에 대하여 $|\vec{a}|=1$, $|\vec{b}|=3$, $|2\vec{a}+\vec{b}|=\sqrt{19}$일 때, 두 벡터 $\vec{a}$, $\vec{b}$가 이루는 각의 크기를 구하시오.

공략 Point

$|m\vec{a}+n\vec{b}|=k$ 꼴이 주어지면 양변을 제곱하여 $\vec{a}\cdot\vec{b}$를 구한 후 두 벡터 $\vec{a}$, $\vec{b}$가 이루는 각의 크기를 구한다.

풀이

$\lvert 2\vec{a}+\vec{b}\rvert=\sqrt{19}$의 양변을 제곱하면	$4\lvert\vec{a}\rvert^2+4\vec{a}\cdot\vec{b}+\lvert\vec{b}\rvert^2=19$
$\lvert\vec{a}\rvert=1$, $\lvert\vec{b}\rvert=3$이므로	$4\times1^2+4\vec{a}\cdot\vec{b}+3^2=19$ $4\vec{a}\cdot\vec{b}=6 \quad \therefore \vec{a}\cdot\vec{b}=\frac{3}{2}$
$\vec{a}\cdot\vec{b}>0$이므로 두 벡터 $\vec{a}$, $\vec{b}$가 이루는 각의 크기를 $\theta\,(0°\le\theta<90°)$라 하면	$\cos\theta=\frac{\vec{a}\cdot\vec{b}}{\lvert\vec{a}\rvert\lvert\vec{b}\rvert}=\frac{\frac{3}{2}}{1\times3}=\frac{1}{2}$
그런데 $0°\le\theta<90°$이므로	$\theta=\mathbf{60°}$

정답과 해설 41쪽

문제

05-1 영벡터가 아닌 두 벡터 $\vec{a}$, $\vec{b}$에 대하여 $|4\vec{a}+\vec{b}|=|4\vec{a}-\vec{b}|$일 때, 두 벡터 $\vec{a}$, $\vec{b}$가 이루는 각의 크기를 구하시오.

05-2 두 벡터 $\vec{a}$, $\vec{b}$에 대하여 $|\vec{a}|=\sqrt{3}$, $|\vec{b}|=1$, $|\vec{a}-2\vec{b}|=\sqrt{13}$일 때, 두 벡터 $\vec{a}$, $\vec{b}$가 이루는 각의 크기를 구하시오.

05-3 세 벡터 $\vec{a}$, $\vec{b}$, $\vec{c}$에 대하여 $\vec{a}+\vec{b}+\vec{c}=\vec{0}$이고 $|\vec{a}|=6$, $|\vec{b}|=6\sqrt{2}$, $|\vec{c}|=6\sqrt{5}$일 때, 두 벡터 $\vec{a}$, $\vec{b}$가 이루는 각의 크기를 구하시오.

필.수.예.제 06

평면벡터의 내적과 수직, 평행

유형편 44쪽

두 벡터 $\vec{a}=(2, 3)$, $\vec{b}=(-1, 2)$에 대하여 두 벡터 $\vec{a}+x\vec{b}$, $\vec{a}-\vec{b}$가 다음 조건을 만족시킬 때, 실수 x의 값을 구하시오.

(1) $(\vec{a}+x\vec{b})\perp(\vec{a}-\vec{b})$ (2) $(\vec{a}+x\vec{b})/\!/(\vec{a}-\vec{b})$

공략 Point

영벡터가 아닌 두 평면벡터 $\vec{a}$, $\vec{b}$에 대하여

(1) $\vec{a}\perp\vec{b} \Longleftrightarrow \vec{a}\cdot\vec{b}=0$

(2) $\vec{a}/\!/\vec{b}$

$\Longleftrightarrow \vec{a}\cdot\vec{b}=\pm|\vec{a}||\vec{b}|$

$\Longleftrightarrow \vec{a}=k\vec{b}$

(단, k는 0이 아닌 실수)

풀이

두 벡터 $\vec{a}+x\vec{b}$, $\vec{a}-\vec{b}$를 각각 성분으로 나타내면	$\vec{a}+x\vec{b}=(2, 3)+x(-1, 2)=(-x+2, 2x+3)$ $\vec{a}-\vec{b}=(2, 3)-(-1, 2)=(3, 1)$
(1) $(\vec{a}+x\vec{b})\perp(\vec{a}-\vec{b})$이면 $(\vec{a}+x\vec{b})\cdot(\vec{a}-\vec{b})=0$이므로	$(-x+2, 2x+3)\cdot(3, 1)=0$ $3(-x+2)+(2x+3)=0$, $-x+9=0$ $\therefore x=\mathbf{9}$
(2) $(\vec{a}+x\vec{b})/\!/(\vec{a}-\vec{b})$이면 $(\vec{a}+x\vec{b})\cdot(\vec{a}-\vec{b})=\pm|\vec{a}+x\vec{b}||\vec{a}-\vec{b}|$ 이므로	$(-x+2, 2x+3)\cdot(3, 1)$ $=\pm\sqrt{(-x+2)^2+(2x+3)^2}\sqrt{3^2+1^2}$ $-x+9=\pm\sqrt{10}\sqrt{5x^2+8x+13}$
양변을 제곱하여 풀면	$x^2-18x+81=50x^2+80x+130$ $x^2+2x+1=0$, $(x+1)^2=0$ $\therefore x=\mathbf{-1}$

다른 풀이

(2) $(\vec{a}+x\vec{b})/\!/(\vec{a}-\vec{b})$이면	$\vec{a}+x\vec{b}=k(\vec{a}-\vec{b})$ (단, k는 0이 아닌 실수)
$\vec{a}+x\vec{b}=(-x+2, 2x+3)$, $\vec{a}-\vec{b}=(3, 1)$ 이므로	$(-x+2, 2x+3)=k(3, 1)=(3k, k)$
두 평면벡터가 서로 같을 조건에 의하여	$-x+2=3k$, $2x+3=k$
두 식을 연립하여 풀면	$k=1$, $x=\mathbf{-1}$

정답과 해설 41쪽

문제

06-1 두 벡터 $\vec{a}=(2, -1)$, $\vec{b}=(-1, -3)$에 대하여 두 벡터 $\vec{a}-x\vec{b}$, $\vec{a}+2\vec{b}$가 다음 조건을 만족시킬 때, 실수 x의 값을 구하시오.

(1) $(\vec{a}-x\vec{b})\perp(\vec{a}+2\vec{b})$ (2) $(\vec{a}-x\vec{b})/\!/(\vec{a}+2\vec{b})$

06-2 세 벡터 $\vec{a}=(x, 6)$, $\vec{b}=(-6, 4)$, $\vec{c}=(-2, y)$에 대하여 두 벡터 $\vec{a}$, $\vec{b}$가 서로 평행하고, 두 벡터 $\vec{b}$, $\vec{c}$가 서로 수직일 때, x, y의 값을 구하시오.

연습문제

1 오른쪽 그림과 같이 선분 AB를 지름으로 하는 원 위의 점 P에 대하여 $\overline{AB}=10$, $\overline{BP}=6$일 때, $\overrightarrow{AB}\cdot\overrightarrow{AP}$는?

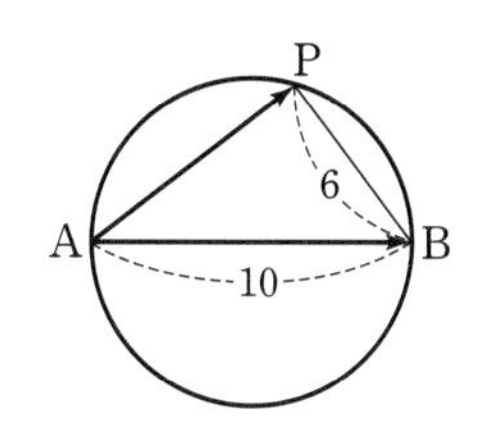

① 52　② 56　③ 60　④ 64　⑤ 68

2 오른쪽 그림과 같이 삼각형 ABC의 꼭짓점 A에서 변 BC에 내린 수선의 발을 H라 하자. $\overline{BH}=4$, $\overline{HC}=3$일 때, $\overrightarrow{BA}\cdot\overrightarrow{BC}$는?

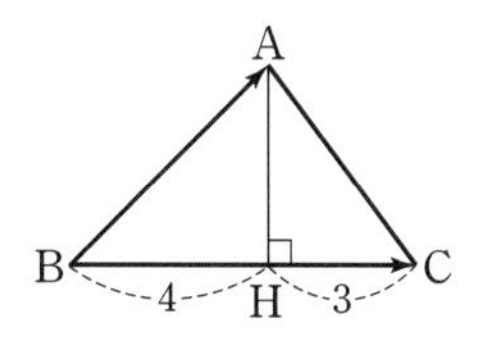

① 27　② 28　③ 29　④ 30　⑤ 31

3 세 벡터 $\vec{a}=(3,\ -2)$, $\vec{b}=(-2,\ 5)$, $\vec{c}=(-2,\ 1)$에 대하여 $(\vec{a}+\vec{b})\cdot(\vec{b}+\vec{c})$를 구하시오.

4 네 점 $A(x,\ -1)$, $B(3,\ -2)$, $C(6,\ 1)$, $D(2,\ -x+1)$에 대하여 $\overrightarrow{AC}\cdot\overrightarrow{BD}=-2$일 때, x의 값은?

① -2　② 0　③ 2　④ 4　⑤ 6

5 두 벡터 $\vec{a}=(6,\ 3k-4)$, $\vec{b}=(-k+1,\ 5)$에 대하여 $|\vec{a}|=2\sqrt{10}$일 때, $\vec{a}\cdot\vec{b}$를 구하시오. (단, k는 정수)

6 두 벡터 $\vec{a}=(-1,\ 1)$, $\vec{b}=(2,\ -1)$과 실수 t에 대하여 $f(t)=(t\vec{a}+\vec{b})\cdot(\vec{a}-t\vec{b})$일 때, $f(t)$의 최솟값은?

① $-\frac{15}{4}$　② $-\frac{3}{4}$　③ $\frac{3}{4}$　④ 3　⑤ $\frac{15}{4}$

7 세 점 $A(1,\ -2)$, $B(4,\ 2)$, $C(1,\ 2)$에 대하여 $\overrightarrow{AB}\cdot\overrightarrow{CP}=4$를 만족시키는 점 P가 있다. 이때 $|\overrightarrow{OP}|$의 최솟값을 구하시오. (단, O는 원점)

8 점 A(5, 0)과 포물선 $y^2=12x$ 위의 점 P, 초점 F에 대하여 $\overrightarrow{AP}\cdot\overrightarrow{FP}$의 최솟값을 구하시오.

9 두 벡터 $\vec{a}$, $\vec{b}$에 대하여 $|\vec{a}|=\sqrt{2}$, $|\vec{b}|=1$, $|\vec{a}+\vec{b}|=2$일 때, $|2\vec{a}-\vec{b}|$를 구하시오.

10 오른쪽 그림과 같이 한 변의 길이가 2인 정삼각형 ABC에서 $\overrightarrow{AB}=\vec{a}$, $\overrightarrow{AC}=\vec{b}$라 할 때, $|2\vec{a}+3\vec{b}|$는?

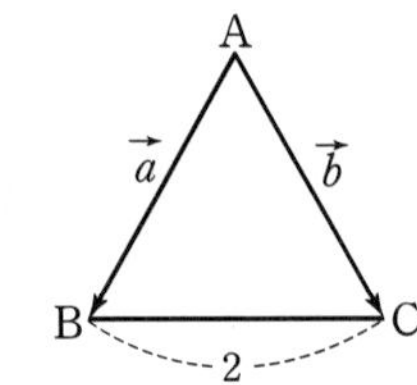

① $6\sqrt{2}$ ② $2\sqrt{19}$
③ $4\sqrt{5}$ ④ 9
⑤ $2\sqrt{21}$

11 두 벡터 $\vec{a}$, $\vec{b}$가 이루는 각의 크기가 30°이고 $|\vec{a}|=1$, $|\vec{b}|=2$일 때, $|k\vec{a}+\vec{b}|=2$가 되도록 하는 실수 k의 값을 구하시오. (단, $k\neq0$)

12 평면 위에 길이가 2인 선분 AB와 점 C가 있다. $\overrightarrow{AB}\cdot\overrightarrow{AC}=0$이고 $|\overrightarrow{AB}-\overrightarrow{BC}|=6$일 때, $|\overrightarrow{AC}|$는?

① $2\sqrt{5}$ ② $\sqrt{21}$ ③ $\sqrt{22}$
④ $\sqrt{23}$ ⑤ $2\sqrt{6}$

13 두 벡터 $\vec{a}=\left(\frac{1}{2}, -1\right)$, $\vec{b}=\left(\frac{3}{4}, 1\right)$에 대하여 두 벡터 $\vec{a}+2\vec{b}$, $\vec{a}-2\vec{b}$가 이루는 각의 크기를 구하시오.

14 두 벡터 $\vec{a}=(x-1, 4)$, $\vec{b}=(-x, 3)$에 대하여 $\vec{a}\cdot\vec{b}=6$이다. 두 벡터 $\vec{a}$, $\vec{b}$가 이루는 각의 크기를 θ라 할 때, $\cos\theta$의 값은? (단, $x>0$)

① $\frac{\sqrt{14}}{14}$ ② $\frac{\sqrt{13}}{13}$ ③ $\frac{\sqrt{3}}{6}$
④ $\frac{\sqrt{11}}{11}$ ⑤ $\frac{\sqrt{10}}{10}$

15 다음 조건을 모두 만족시키는 영벡터가 아닌 두 벡터 $\vec{a}$, $\vec{b}$에 대하여 두 벡터 $\vec{a}$, $\vec{a}-\vec{b}$가 이루는 각의 크기를 θ라 할 때, $25\cos^2\theta$의 값을 구하시오.

(가) $|\vec{a}+\vec{b}|=|\vec{a}-\vec{b}|$
(나) $(2\vec{a}+\vec{b})\cdot(2\vec{a}-\vec{b})=0$

16 두 벡터 $\vec{a}$, $\vec{b}$가 이루는 각의 크기가 $60°$이고 $|\vec{a}|=1$, $|\vec{b}|=1$일 때, 두 벡터 $\vec{a}+\vec{b}$, $2\vec{a}-\vec{b}$가 이루는 각의 크기를 구하시오.

평가원

17 서로 평행하지 않은 두 벡터 $\vec{a}$, $\vec{b}$에 대하여 $|\vec{a}|=2$이고 $\vec{a}\cdot\vec{b}=2$일 때, 두 벡터 $\vec{a}$, $\vec{a}-t\vec{b}$가 서로 수직이 되도록 하는 실수 t의 값은?

① 1 ② 2 ③ 3
④ 4 ⑤ 5

18 세 벡터 $\vec{a}=(x, 1)$, $\vec{b}=(3, 5)$, $\vec{c}=(2, y)$에 대하여 두 벡터 $\vec{a}$, $\vec{b}$가 서로 평행하고, 두 벡터 $\vec{a}$, $\vec{c}$가 서로 수직일 때, $x+y$의 값을 구하시오.

실력

19 오른쪽 그림과 같이 반지름의 길이가 2인 원 O에 내접하는 정팔각형 ABCDEFGH에 대하여 $\overrightarrow{AG}\cdot\overrightarrow{HC}$를 구하시오.

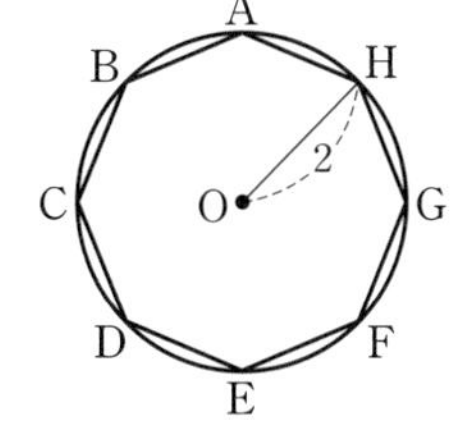

수능

20 한 변의 길이가 2인 정삼각형 ABC의 꼭짓점 A에서 변 BC에 내린 수선의 발을 H라 하자. 점 P가 선분 AH 위를 움직일 때, $|\overrightarrow{PA}\cdot\overrightarrow{PB}|$의 최댓값은 $\frac{q}{p}$이다. $p+q$의 값을 구하시오.

(단, p와 q는 서로소인 자연수)

21 오른쪽 그림과 같은 평행사변형 ABCD에서 $\overline{AC}=15$, $\overline{BD}=9$일 때, $\overrightarrow{AB}\cdot\overrightarrow{AD}$는?

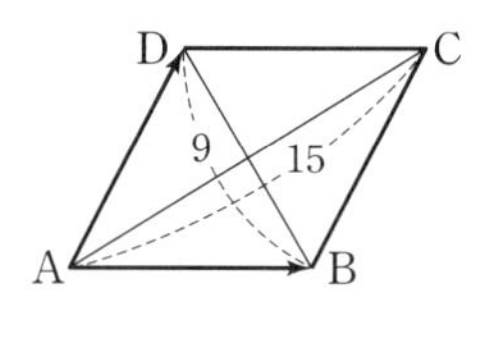

① 28 ② 30 ③ 32
④ 34 ⑤ 36

평가원

22 한 변의 길이가 3인 정삼각형 ABC에서 변 AB를 $2:1$로 내분하는 점을 D라 하고, 변 AC를 $3:1$과 $1:3$으로 내분하는 점을 각각 E, F라 할 때, $|\overrightarrow{BF}+\overrightarrow{DE}|^2$의 값은?

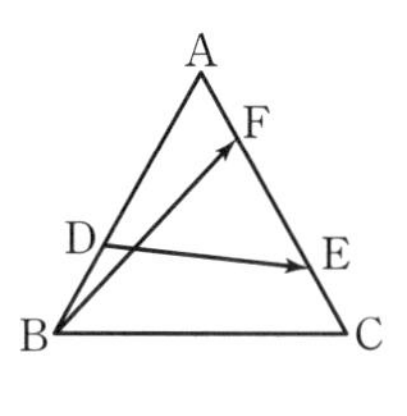

① 17 ② 18 ③ 19
④ 20 ⑤ 21

직선의 방정식

1 한 점을 지나고 주어진 벡터에 평행한 직선의 방정식

(1) 방향벡터를 이용한 직선의 방정식

점 A를 지나고 영벡터가 아닌 벡터 $\vec{u}$에 평행한 직선 l 위의 임의의 점을 P라 할 때, 두 점 A, P의 위치벡터를 각각 $\vec{a}$, $\vec{p}$라 하면 직선 l의 방정식은

$$\vec{p}=\vec{a}+t\vec{u} \text{ (단, } t\text{는 실수)}$$

이때 벡터 $\vec{u}$를 직선 l의 **방향벡터**라 한다.

참고 점 P는 점 A를 포함한 직선 l 위의 임의의 점을 나타내야 하므로 t를 0이 아닌 실수로 제한하지 않는다.

(2) 한 점과 방향벡터가 주어진 직선의 방정식

점 A(x_1, y_1)을 지나고 방향벡터가 $\vec{u}=(u_1, u_2)$인 직선의 방정식은

$$\frac{x-x_1}{u_1}=\frac{y-y_1}{u_2} \text{ (단, } u_1u_2\neq0)$$

예 점 $(1, 2)$를 지나고 방향벡터가 $\vec{u}=(-3, 4)$인 직선의 방정식은

$$\frac{x-1}{-3}=\frac{y-2}{4}$$

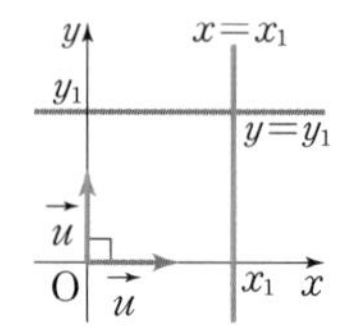

참고 점 A(x_1, y_1)을 지나고 방향벡터가 $\vec{u}=(u_1, u_2)$인 직선에서 $u_1u_2=0$인 경우

(1) $u_1=0$, $u_2\neq0$일 때, $\vec{u}=(0, u_2)$는 y축에 평행하므로 직선의 방정식은 $x=x_1$

(2) $u_1\neq0$, $u_2=0$일 때, $\vec{u}=(u_1, 0)$은 x축에 평행하므로 직선의 방정식은 $y=y_1$

2 두 점을 지나는 직선의 방정식

서로 다른 두 점 A(x_1, y_1), B(x_2, y_2)를 지나는 직선의 방정식은

$$\frac{x-x_1}{x_2-x_1}=\frac{y-y_1}{y_2-y_1} \text{ (단, } x_1\neq x_2,\ y_1\neq y_2)$$

→ 방향벡터는 $\overrightarrow{AB}=(x_2-x_1, y_2-y_1)$

참고 x축 또는 y축에 평행한 경우

(1) $x_1=x_2$, $y_1\neq y_2$일 때, 직선의 방정식은 $x=x_1$

(2) $x_1\neq x_2$, $y_1=y_2$일 때, 직선의 방정식은 $y=y_1$

3 한 점을 지나고 주어진 벡터에 수직인 직선의 방정식

(1) 법선벡터를 이용한 직선의 방정식

점 A를 지나고 영벡터가 아닌 벡터 $\vec{n}$에 수직인 직선 l 위의 임의의 점을 P라 할 때, 두 점 A, P의 위치벡터를 각각 $\vec{a}$, $\vec{p}$라 하면 직선 l의 방정식은

$$(\vec{p}-\vec{a})\cdot\vec{n}=0$$

이때 벡터 $\vec{n}$을 직선 l의 **법선벡터**라 한다.

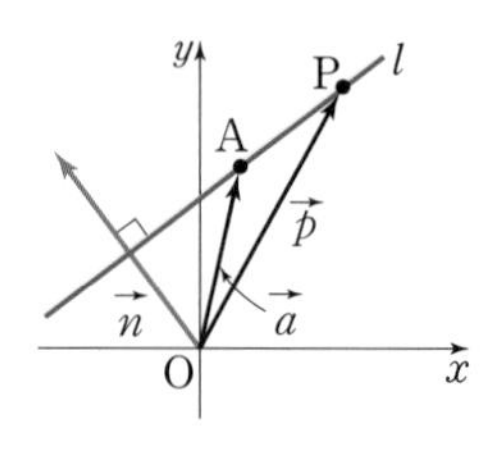

(2) 한 점과 법선벡터가 주어진 직선의 방정식

점 $\mathrm{A}(x_1, y_1)$을 지나고 법선벡터가 $\vec{n}=(a, b)$인 직선의 방정식은

$$a(x-x_1)+b(y-y_1)=0$$

예 점 $(1, -2)$를 지나고 법선벡터가 $\vec{n}=(-4, 3)$인 직선의 방정식은
$-4(x-1)+3(y+2)=0 \qquad \therefore\ 4x-3y-10=0$

개념 PLUS

한 점을 지나고 주어진 벡터에 평행한 직선의 방정식

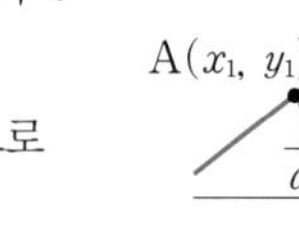

(1) 오른쪽 그림과 같이 점 A를 지나고 영벡터가 아닌 벡터 $\vec{u}$에 평행한 직선 l 위의 임의의 점을 P라 하면 $\overrightarrow{\mathrm{AP}} /\!/ \vec{u}$이므로 $\overrightarrow{\mathrm{AP}}=t\vec{u}$인 실수 t가 존재한다.
이때 두 점 A, P의 위치벡터를 각각 $\vec{a}$, $\vec{p}$라 하면 $\overrightarrow{\mathrm{AP}}=\vec{p}-\vec{a}$이므로
$\vec{p}-\vec{a}=t\vec{u} \qquad \therefore\ \vec{p}=\vec{a}+t\vec{u}$ (단, t는 실수) ...... ㉠
역으로 ㉠을 만족시키는 벡터 $\vec{p}$를 위치벡터로 하는 점 P는 t의 값에 관계없이 직선 l 위에 있다.
따라서 ㉠은 벡터로 나타낸 직선 l의 방정식이다.

(2) 방향벡터를 $\vec{u}=(u_1, u_2)$라 하고 두 점 A, P의 좌표를 각각 (x_1, y_1), (x, y)라 하면 ㉠에서
$(x, y)=(x_1, y_1)+t(u_1, u_2)=(x_1+tu_1, y_1+tu_2)$
$\therefore\ x=x_1+tu_1,\ y=y_1+tu_2$
$u_1u_2\neq0$일 때 t를 소거하면 $\dfrac{x-x_1}{u_1}=\dfrac{y-y_1}{u_2}$

한 점을 지나고 주어진 벡터에 수직인 직선의 방정식

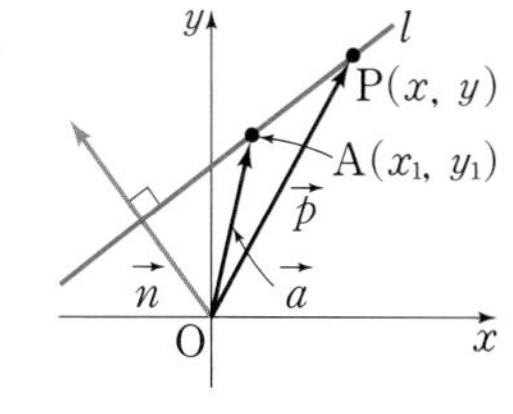

(1) 오른쪽 그림과 같이 점 A를 지나고 영벡터가 아닌 벡터 $\vec{n}$에 수직인 직선 l 위의 임의의 점을 P라 하면 $\overrightarrow{\mathrm{AP}}\perp\vec{n}$이므로 $\overrightarrow{\mathrm{AP}}\cdot\vec{n}=0$
이때 두 점 A, P의 위치벡터를 각각 $\vec{a}$, $\vec{p}$라 하면 $\overrightarrow{\mathrm{AP}}=\vec{p}-\vec{a}$이므로
$(\vec{p}-\vec{a})\cdot\vec{n}=0$ ...... ㉠

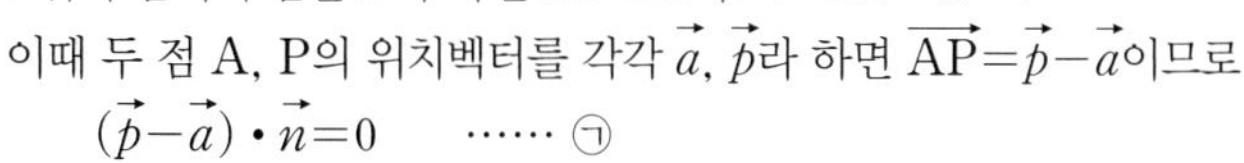

역으로 ㉠을 만족시키는 벡터 $\vec{p}$를 위치벡터로 하는 점 P는 t의 값에 관계없이 직선 l 위에 있다.
따라서 ㉠은 벡터로 나타낸 직선 l의 방정식이다.

(2) 법선벡터를 $\vec{n}=(a, b)$라 하고 두 점 A, P의 좌표를 각각 (x_1, y_1), (x, y)라 하면 ㉠에서
$(x-x_1, y-y_1)\cdot(a, b)=0 \qquad \therefore\ a(x-x_1)+b(y-y_1)=0$

개념 CHECK

정답과 해설 45쪽

1 다음 직선의 방정식을 구하시오.

(1) 점 $(-1, 1)$을 지나고 벡터 $\vec{u}=(2, 3)$에 평행한 직선
(2) 두 점 $(-3, -4)$, $(2, -7)$을 지나는 직선
(3) 점 $(-1, -5)$를 지나고 벡터 $\vec{n}=(7, -3)$에 수직인 직선

필.수.예.제 01

방향벡터가 주어진 직선의 방정식

유형편 46쪽

다음 직선의 방정식을 구하시오.

(1) 점 $(2,\ -1)$을 지나고 직선 $\frac{x+1}{3}=\frac{3-y}{2}$에 평행한 직선

(2) 점 $(3,\ -2)$를 지나고 두 점 $A(2,\ 1)$, $B(-1,\ 2)$를 지나는 직선에 평행한 직선

공략 Point

점 $(x_1,\ y_1)$을 지나고 방향벡터가 $\vec{u}=(u_1,\ u_2)$인 직선의 방정식은

$$\frac{x-x_1}{u_1}=\frac{y-y_1}{u_2}$$

(단, $u_1u_2\neq0$)

풀이

(1) 직선 $\frac{x+1}{3}=\frac{3-y}{2}$, 즉 $\frac{x+1}{3}=\frac{y-3}{-2}$의 방향벡터는	$(3,\ -2)$ ◀ 평행한 두 직선의 방향벡터는 같다.
따라서 점 $(2,\ -1)$을 지나고 방향벡터가 $(3,\ -2)$인 직선의 방정식은	$\boldsymbol{\frac{x-2}{3}=\frac{y+1}{-2}}$
(2) 두 점 $A(2,\ 1)$, $B(-1,\ 2)$를 지나는 직선의 방향벡터는	$\overrightarrow{AB}=(-1,\ 2)-(2,\ 1)=(-3,\ 1)$
따라서 점 $(3,\ -2)$를 지나고 방향벡터가 $(-3,\ 1)$인 직선의 방정식은	$\boldsymbol{\frac{x-3}{-3}=y+2}$

정답과 해설 45쪽

문제

01-1 다음 직선의 방정식을 구하시오.

(1) 점 $(2,\ 4)$를 지나고 직선 $\frac{x-1}{4}=\frac{y+2}{3}$에 평행한 직선

(2) 점 $(0,\ 3)$을 지나고 두 점 $A(5,\ -2)$, $B(1,\ 3)$을 지나는 직선에 평행한 직선

01-2 점 $(1,\ 2)$를 지나고 두 점 $A(3,\ -1)$, $B(4,\ -2)$를 지나는 직선에 평행한 직선의 y절편을 구하시오.

01-3 점 $(3,\ -2)$를 지나고 직선 $\frac{x-1}{2}=2-y$에 평행한 직선이 점 $(1,\ a)$를 지날 때, a의 값을 구하시오.

필.수.예.제 02 법선벡터가 주어진 직선의 방정식

유형편 46쪽

다음 직선의 방정식을 구하시오.

(1) 점 $(-1, 2)$를 지나고 직선 $\frac{x-3}{2}=\frac{y+2}{3}$에 수직인 직선

(2) 점 $(1, 4)$를 지나고 직선 $x-2y-3=0$에 평행한 직선

공략 Point

점 (x_1, y_1)을 지나고 법선벡터가 $\vec{n}=(a, b)$인 직선의 방정식은

$a(x-x_1)+b(y-y_1)=0$

풀이

(1) 직선 $\frac{x-3}{2}=\frac{y+2}{3}$의 방향벡터는 $(2, 3)$ ◀ 수직인 두 직선에서 한 직선의 방향벡터는 다른 직선의 법선벡터와 같다.

따라서 점 $(-1, 2)$를 지나고 법선벡터가 $(2, 3)$인 직선의 방정식은

$2(x+1)+3(y-2)=0$

$\therefore$ $\mathbf{2x+3y-4=0}$

(2) 직선 $x-2y-3=0$의 법선벡터는 $(1, -2)$ ◀ 평행한 두 직선의 법선벡터는 같다.

따라서 점 $(1, 4)$를 지나고 법선벡터가 $(1, -2)$인 직선의 방정식은

$(x-1)-2(y-4)=0$

$\therefore$ $\mathbf{x-2y+7=0}$

정답과 해설 46쪽

문제

02-1 다음 직선의 방정식을 구하시오.

(1) 점 $(1, 2)$를 지나고 두 점 $\mathrm{A}(4, -1)$, $\mathrm{B}(2, -4)$를 지나는 직선에 수직인 직선

(2) 점 $(3, -1)$을 지나고 직선 $x+4y-1=0$에 평행한 직선

02-2 점 $(2, -3)$을 지나고 직선 $x-1=\frac{y+2}{-2}$에 수직인 직선의 x절편을 구하시오.

02-3 점 $(-2, 4)$를 지나고 직선 $2x-y+5=0$에 평행한 직선이 점 $(a, 2)$를 지날 때, a의 값을 구하시오.

두 직선이 이루는 각의 크기

1 두 직선이 이루는 각의 크기

두 직선 l, m의 방향벡터가 각각 $\vec{u}=(u_1, u_2)$, $\vec{v}=(v_1, v_2)$일 때, 두 직선이 이루는 각의 크기를 $\theta\,(0° \le \theta \le 90°)$라 하면

$$\cos\theta=\frac{|\vec{u}\cdot\vec{v}|}{|\vec{u}||\vec{v}|}=\frac{|u_1v_1+u_2v_2|}{\sqrt{u_1^2+u_2^2}\sqrt{v_1^2+v_2^2}}$$

참고 일반적으로 두 직선 l, m이 이루는 각의 크기를 θ라 하면 $0° \le \theta \le 90°$이다.

2 두 직선의 평행과 수직

두 직선 l, m의 방향벡터가 각각 $\vec{u}=(u_1, u_2)$, $\vec{v}=(v_1, v_2)$일 때

(1) $l \parallel m \iff \vec{u}=k\vec{v}$

$\iff u_1=kv_1,\ u_2=kv_2$ (단, k는 0이 아닌 실수)

(2) $l \perp m \iff \vec{u}\cdot\vec{v}=0$

$\iff u_1v_1+u_2v_2=0$

개념 PLUS

두 직선이 이루는 각의 크기

두 직선 l, m의 방향벡터가 각각 $\vec{u}=(u_1, u_2)$, $\vec{v}=(v_1, v_2)$일 때, 이 두 벡터가 이루는 각의 크기를 α라 하면 두 직선 l, m이 이루는 각의 크기 θ는 α와 $180°-\alpha$ 중에서 크지 않은 쪽이다.

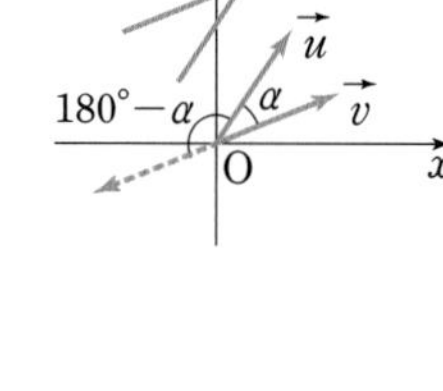

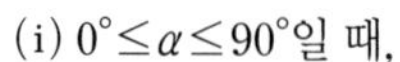

(i) $0° \le \alpha \le 90°$일 때,

$$\cos\theta=\cos\alpha=\frac{\vec{u}\cdot\vec{v}}{|\vec{u}||\vec{v}|}$$

(ii) $90° < \alpha \le 180°$일 때,

$$\cos\theta=\cos(180°-\alpha)=-\frac{\vec{u}\cdot\vec{v}}{|\vec{u}||\vec{v}|}$$

(i), (ii)에서 다음이 성립한다.

$$\cos\theta=\frac{|\vec{u}\cdot\vec{v}|}{|\vec{u}||\vec{v}|}=\frac{|u_1v_1+u_2v_2|}{\sqrt{u_1^2+u_2^2}\sqrt{v_1^2+v_2^2}}$$

두 직선의 평행과 수직

두 직선 l, m의 방향벡터가 각각 $\vec{u}$, $\vec{v}$일 때, 두 직선 l, m이 평행하면 $\vec{u}$, $\vec{v}$도 서로 평행하고 그 역도 성립한다.

또 두 직선 l, m이 서로 수직이면 $\vec{u}$, $\vec{v}$도 서로 수직이고 그 역도 성립한다.

필.수.예.제 03

두 직선이 이루는 각의 크기

유형편 47쪽

다음 물음에 답하시오.

(1) 두 직선 l: $\frac{x+1}{-2}=\frac{y-2}{3}$, m: $\frac{x-1}{-3}=\frac{y+1}{2}$이 이루는 예각의 크기를 θ라 할 때, $\cos\theta$의 값을 구하시오.

(2) 두 직선 l: $\frac{x-4}{3}=\frac{y}{-\sqrt{3}}$, m: $\frac{x+2}{a}=\frac{y-5}{3}$가 이루는 각의 크기가 30°일 때, 실수 a의 값을 구하시오.

공략 Point

두 직선 l, m의 방향벡터가 각각 $\vec{u}=(u_1, u_2)$, $\vec{v}=(v_1, v_2)$일 때, 두 직선 l, m이 이루는 각의 크기를 $\theta\,(0^\circ\le\theta\le90^\circ)$라 하면

$$\cos\theta=\frac{|\vec{u}\cdot\vec{v}|}{|\vec{u}||\vec{v}|}=\frac{|u_1v_1+u_2v_2|}{\sqrt{u_1^2+u_2^2}\sqrt{v_1^2+v_2^2}}$$

풀이

(1) 두 직선 l, m의 방향벡터를 각각 $\vec{u}$, $\vec{v}$라 하면	$\vec{u}=(-2, 3)$, $\vec{v}=(-3, 2)$
두 직선이 이루는 예각의 크기가 θ이므로	$\cos\theta=\frac{|\vec{u}\cdot\vec{v}|}{|\vec{u}||\vec{v}|}=\frac{|(-2)\times(-3)+3\times2|}{\sqrt{(-2)^2+3^2}\sqrt{(-3)^2+2^2}}=\mathbf{\frac{12}{13}}$

(2) 두 직선 l, m의 방향벡터를 각각 $\vec{u}$, $\vec{v}$라 하면	$\vec{u}=(3, -\sqrt{3})$, $\vec{v}=(a, 3)$
두 직선이 이루는 각의 크기가 30°이므로	$\frac{|\vec{u}\cdot\vec{v}|}{|\vec{u}||\vec{v}|}=\cos30^\circ$ $\frac{|3\times a+(-\sqrt{3})\times3|}{\sqrt{3^2+(-\sqrt{3})^2}\sqrt{a^2+3^2}}=\frac{\sqrt{3}}{2}$ $|a-\sqrt{3}|=\sqrt{a^2+9}$
양변을 제곱하여 풀면	$a^2-2\sqrt{3}a+3=a^2+9$ $-2\sqrt{3}a=6 \qquad \therefore a=\mathbf{-\sqrt{3}}$

정답과 해설 46쪽

문제

03-1 다음 물음에 답하시오.

(1) 두 직선 l: $x-2=3-y$, m: $x+2=\frac{1-y}{7}$가 이루는 예각의 크기를 θ라 할 때, $\cos\theta$의 값을 구하시오.

(2) 두 직선 l: $\frac{x-3}{-3}=y-4$, m: $\frac{x+3}{a}=2-y$가 이루는 각의 크기가 45°일 때, 정수 a의 값을 구하시오.

03-2 두 직선 l: $\frac{x-3}{a}=\frac{1-y}{b}$, m: $x-5=\frac{y-2}{2}$가 이루는 예각의 크기를 θ라 할 때, $\cos\theta=\frac{3}{5}$이다. 이때 자연수 a, b에 대하여 $\frac{b}{a}$의 값을 구하시오.

필.수.예.제
04 두 직선의 평행과 수직

유형편 47쪽

세 직선 l: $\frac{x-2}{a}=\frac{y+3}{2}$, m: $\frac{x+1}{3}=\frac{y-5}{4}$, n: $-x=\frac{y-1}{b}$에 대하여 두 직선 l, m이 서로 평행하고 두 직선 m, n이 서로 수직일 때, 실수 a, b의 값을 구하시오.

공략 Point

두 직선 l, m의 방향벡터가 각각 $\vec{u}$, $\vec{v}$일 때
(1) $l /\!/ m \iff \vec{u}=k\vec{v}$ (단, k는 0이 아닌 실수)
(2) $l \perp m \iff \vec{u} \cdot \vec{v}=0$

풀이

세 직선 l, m, n의 방향벡터를 각각 $\vec{u_1}$, $\vec{u_2}$, $\vec{u_3}$이라 하면	$\vec{u_1}=(a, 2)$, $\vec{u_2}=(3, 4)$, $\vec{u_3}=(-1, b)$
두 직선 l, m이 서로 평행하므로 $\vec{u_1} /\!/ \vec{u_2}$에서	$\vec{u_1}=k\vec{u_2}$ (단, k는 0이 아닌 실수) $(a, 2)=k(3, 4)=(3k, 4k)$
두 평면벡터가 서로 같을 조건에 의하여	$a=3k$, $2=4k$ $\quad\therefore k=\frac{1}{2}$, $\boldsymbol{a=\frac{3}{2}}$
두 직선 m, n이 서로 수직이므로 $\vec{u_2} \perp \vec{u_3}$에서	$\vec{u_2} \cdot \vec{u_3}=0$ $(3, 4) \cdot (-1, b)=0$ $-3+4b=0$ $\quad\therefore \boldsymbol{b=\frac{3}{4}}$

정답과 해설 46쪽

문제

04-1 세 직선 l: $\frac{x+1}{4}=\frac{y-1}{3}$, m: $\frac{x+2}{a}=\frac{y-5}{2}$, n: $x+5=\frac{y+3}{b}$에 대하여 두 직선 l, m이 서로 평행하고 두 직선 l, n이 서로 수직일 때, 실수 a, b의 값을 구하시오.

04-2 두 점 $\mathrm{A}(a, 2)$, $\mathrm{B}(-2, a)$를 지나는 직선과 직선 $\frac{x-2}{3}=\frac{y+4}{-5}$가 서로 수직일 때, a의 값을 구하시오.

04-3 두 직선 l: $\frac{x-3}{2}=\frac{y+1}{a+1}$, m: $\frac{x-2}{a}=\frac{y+4}{3}$가 서로 평행하도록 하는 모든 실수 a의 값의 합을 구하시오.

원의 방정식

1 벡터를 이용한 원의 방정식

점 A의 위치벡터를 $\vec{a}$라 하고 점 A를 중심으로 하고 반지름의 길이가 r인 원 위의 임의의 점 P의 위치벡터를 $\vec{p}$라 하면 원의 방정식은

$$\underbrace{|\vec{p}-\vec{a}|=r}_{|\overrightarrow{\mathrm{AP}}|=r} \text{ 또는 } (\vec{p}-\vec{a})\cdot(\vec{p}-\vec{a})=r^2$$

2 지름의 양 끝 점이 주어진 원의 방정식

두 점 $\mathrm{A}(x_1, y_1)$, $\mathrm{B}(x_2, y_2)$의 위치벡터를 각각 $\vec{a}$, $\vec{b}$라 하고 두 점 A, B를 지름의 양 끝 점으로 하는 원 위의 임의의 점 $\mathrm{P}(x, y)$의 위치벡터를 $\vec{p}$라 하면 원의 방정식은

$$\underbrace{(\vec{p}-\vec{a})\cdot(\vec{p}-\vec{b})=0}_{\overrightarrow{\mathrm{AP}}\cdot\overrightarrow{\mathrm{BP}}=0} \text{ 또는 } (x-x_1)(x-x_2)+(y-y_1)(y-y_2)=0$$

개념 PLUS

벡터를 이용한 원의 방정식

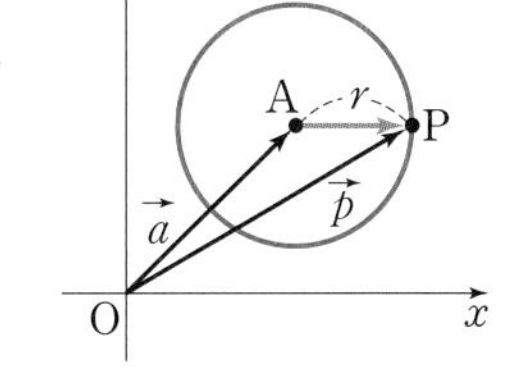

오른쪽 그림과 같이 점 A를 중심으로 하고 반지름의 길이가 r인 원 위의 임의의 점을 P라 할 때, 두 점 A, P의 위치벡터를 각각 $\vec{a}$, $\vec{p}$라 하면 $|\overrightarrow{\mathrm{AP}}|=r$이므로

$|\vec{p}-\vec{a}|=r$ ...... ㉠

양변을 제곱하면 $|\vec{p}-\vec{a}|^2=r^2$이므로

$(\vec{p}-\vec{a})\cdot(\vec{p}-\vec{a})=r^2$ ...... ㉡

역으로 ㉠, ㉡을 만족시키는 벡터 $\vec{p}$를 위치벡터로 하는 점 P는 중심이 점 A이고 반지름의 길이가 r인 원 위의 점이다.

이때 $\mathrm{A}(x_1, y_1)$, $\mathrm{P}(x, y)$로 놓고 성분으로 나타내면 '수학'에서 배운 중심이 점 $\mathrm{A}(x_1, y_1)$이고 반지름의 길이가 r인 원의 방정식 $(x-x_1)^2+(y-y_1)^2=r^2$과 일치한다.

지름의 양 끝 점이 주어진 원의 방정식

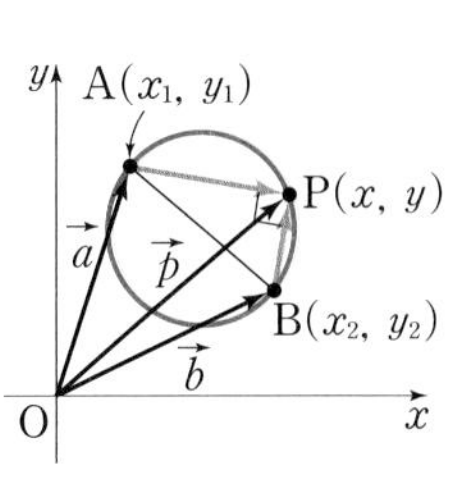

오른쪽 그림과 같이 두 점 $\mathrm{A}(x_1, y_1)$, $\mathrm{B}(x_2, y_2)$를 지름의 양 끝 점으로 하는 원 위의 임의의 점을 $\mathrm{P}(x, y)$라 하자.

점 P가 두 점 A, B가 아닐 때 $\overrightarrow{\mathrm{AP}}\perp\overrightarrow{\mathrm{BP}}$이므로

$\overrightarrow{\mathrm{AP}}\cdot\overrightarrow{\mathrm{BP}}=0$

세 점 A, B, P의 위치벡터를 각각 $\vec{a}$, $\vec{b}$, $\vec{p}$라 하면

$(\vec{p}-\vec{a})\cdot(\vec{p}-\vec{b})=0$ ...... ㉠

이때 $\vec{p}=(x, y)$, $\vec{a}=(x_1, y_1)$, $\vec{b}=(x_2, y_2)$이므로

$(x-x_1, y-y_1)\cdot(x-x_2, y-y_2)=0$

$\therefore (x-x_1)(x-x_2)+(y-y_1)(y-y_2)=0$ ...... ㉡

㉠, ㉡은 점 P가 점 A 또는 점 B일 때도 성립하고, 그 역도 성립한다.

필.수.예.제 05

벡터를 이용한 원의 방정식

유형편 48쪽

다음 물음에 답하시오.

(1) 두 점 A(3, −2), P(x, y)의 위치벡터를 각각 $\vec{a}$, $\vec{p}$라 할 때, $(\vec{p}-\vec{a})\cdot(\vec{p}-\vec{a})=10$을 만족시키는 점 P가 나타내는 도형의 방정식을 구하시오.

(2) 두 점 A(0, −2), B(6, 6)에 대하여 $\overrightarrow{AP}\cdot\overrightarrow{BP}=0$을 만족시키는 점 P가 나타내는 도형의 방정식을 구하시오.

공략 Point

세 점 A, B, P의 위치벡터가 각각 $\vec{a}$, $\vec{b}$, $\vec{p}$일 때, 다음을 만족시키는 점 P가 나타내는 도형은 원이다.

(1) $|\vec{p}-\vec{a}|=r$ 또는 $(\vec{p}-\vec{a})\cdot(\vec{p}-\vec{a})=r^2$
➡ 중심이 점 A이고 반지름의 길이가 r인 원

(2) $\overrightarrow{AP}\cdot\overrightarrow{BP}=0$ 또는 $(\vec{p}-\vec{a})\cdot(\vec{p}-\vec{b})=0$
➡ 두 점 A, B를 지름의 양 끝 점으로 하는 원

풀이

(1) $\vec{p}-\vec{a}$를 성분으로 나타내면	$\vec{p}-\vec{a}=(x, y)-(3, -2)=(x-3, y+2)$
$(\vec{p}-\vec{a})\cdot(\vec{p}-\vec{a})=10$이므로	$(x-3, y+2)\cdot(x-3, y+2)=10$ $\therefore$ $\boldsymbol{(x-3)^2+(y+2)^2=10}$

(2) 점 P의 좌표를 (x, y)라 하고 두 벡터 $\overrightarrow{AP}$, $\overrightarrow{BP}$를 각각 성분으로 나타내면	$\overrightarrow{AP}=(x, y)-(0, -2)=(x, y+2)$ $\overrightarrow{BP}=(x, y)-(6, 6)=(x-6, y-6)$
$\overrightarrow{AP}\cdot\overrightarrow{BP}=0$이므로	$(x, y+2)\cdot(x-6, y-6)=0$ $x(x-6)+(y+2)(y-6)=0$ $x^2-6x+y^2-4y-12=0$ $\therefore$ $\boldsymbol{(x-3)^2+(y-2)^2=25}$

다른 풀이

(2) $\overrightarrow{AP}\cdot\overrightarrow{BP}=0$이므로 점 P가 나타내는 도형은	두 점 A, B를 지름의 양 끝 점으로 하는 원이다.
원의 중심은 선분 AB의 중점과 같으므로 원의 중심의 좌표는	$\left(\frac{0+6}{2}, \frac{-2+6}{2}\right)$ $\therefore$ (3, 2)
반지름의 길이는 $\frac{1}{2}\overline{AB}$와 같으므로	$\frac{1}{2}\overline{AB}=\frac{1}{2}\sqrt{6^2+(6+2)^2}=\frac{1}{2}\times10=5$
따라서 구하는 도형의 방정식은	$(x-3)^2+(y-2)^2=5^2$ $\therefore$ $\boldsymbol{(x-3)^2+(y-2)^2=25}$

정답과 해설 47쪽

문제

05-1 다음 물음에 답하시오.

(1) 두 점 A(−1, 4), P(x, y)의 위치벡터를 각각 $\vec{a}$, $\vec{p}$라 할 때, $|\vec{p}-\vec{a}|=3$을 만족시키는 점 P가 나타내는 도형의 방정식을 구하시오.

(2) 두 점 A(2, 6), B(−2, 4)와 점 P의 위치벡터를 각각 $\vec{a}$, $\vec{b}$, $\vec{p}$라 할 때, $(\vec{p}-\vec{a})\cdot(\vec{p}-\vec{b})=0$을 만족시키는 점 P가 나타내는 도형의 방정식을 구하시오.

연습문제

1 점 $(1, 3)$을 지나고 두 점 $A(3, 4)$, $B(5, 1)$을 지나는 직선에 평행한 직선이 점 $(a, -3)$을 지날 때, a의 값을 구하시오.

수능

2 좌표평면 위의 점 $(4, 1)$을 지나고 벡터 $\vec{n}=(1, 2)$에 수직인 직선이 x축, y축과 만나는 점의 좌표를 각각 $(a, 0)$, $(0, b)$라 하자. $a+b$의 값을 구하시오.

3 두 직선 l: $\frac{x+2}{2}=3-y$, m: $2x+y-5=0$의 교점을 지나고 직선 $x-4y+1=0$에 평행한 직선의 방정식을 구하시오.

4 점 $(-3, -5)$를 지나고 직선 $\frac{x+1}{4}=\frac{y-7}{3}$에 평행한 직선과 점 $(5, -4)$를 지나고 직선 $3x+4y=-5$에 평행한 직선의 교점의 좌표가 (a, b)일 때, ab의 값은?

① $-\frac{5}{2}$ ② -2 ③ $-\frac{3}{2}$
④ -1 ⑤ $-\frac{1}{2}$

5 두 직선 l: $\frac{x-4}{2}=y-1$, m: $\frac{x+1}{-4}=\frac{y+6}{3}$이 이루는 예각의 크기를 θ라 할 때, $\cos\theta$의 값은?

① $\frac{2}{5}$ ② $\frac{\sqrt{5}}{5}$ ③ $\frac{2\sqrt{2}}{5}$
④ $\frac{4}{5}$ ⑤ $\frac{2\sqrt{5}}{5}$

6 두 직선 l: $\frac{1-x}{2}=\frac{y+2}{3}$, m: $\frac{x+2}{a}=3-y$가 이루는 각의 크기가 $45°$일 때, 정수 a의 값은?

① 1 ② 3 ③ 5
④ 7 ⑤ 9

7 세 점 $A(3, 2)$, $B(4, 4)$, $C(-1, 6)$에 대하여 선분 AC의 중점을 M이라 할 때, 두 직선 AC, BM이 이루는 예각의 크기를 구하시오.

연습문제

8 두 점 A(5, 1), B(2, a)를 지나는 직선과 직선 $\frac{x+3}{2}=\frac{y-4}{3}$가 서로 수직일 때, a의 값은?

① 0 ② 1 ③ 2
④ 3 ⑤ 4

9 직선 l: $\frac{x+3}{3}=\frac{y-1}{2}$이 직선 m: $\frac{x+1}{6}=\frac{y+3}{a}$과는 서로 평행하고, 직선 n: $\frac{2-x}{b}=\frac{y}{3}$와는 서로 수직일 때, 실수 a, b에 대하여 $a+b$의 값은?

① 5 ② 6 ③ 7
④ 8 ⑤ 9

10 점 A(2, 1)에서 직선 l: $2(x+3)=-(y-1)$에 내린 수선의 발을 H라 할 때, $|\overrightarrow{\mathrm{OH}}|$를 구하시오.
(단, O는 원점)

11 두 점 A(2, 5), B(4, 3)을 지름의 양 끝 점으로 하는 원의 방정식을 구하시오.

실력

12 원 $x^2+y^2=10$ 위의 두 점 A(3, 1), B(a, b)에서의 두 접선이 서로 수직일 때, ab의 값은?
(단, $a<0$)

① -7 ② -6 ③ -5
④ -4 ⑤ -3

13 두 점 A(1, 3), B(2, 2)와 점 P의 위치벡터를 각각 $\vec{a}$, $\vec{b}$, $\vec{p}$라 하면 $(\vec{p}-\vec{b})\cdot(\vec{p}-\vec{b})=9$일 때, $|\vec{p}-\vec{a}|$의 최댓값과 최솟값의 곱은?

① 5 ② 6 ③ 7
④ 8 ⑤ 9

Ⅲ 공간도형과 공간좌표

직선과 평면의 위치 관계

1 공간도형의 기본 성질

직육면체, 원뿔, 구 등과 같이 한 평면 위에 있지 않은 도형을 공간도형이라 한다.
공간도형은 점, 선, 면으로 이루어져 있으며, 점, 선, 면 사이의 관계를 말하는 공간도형의 기본 성질은 다음과 같다.

(1) 한 직선 위에 있지 않은 서로 다른 세 점을 지나는 평면은 오직 하나뿐이다.
(2) 한 평면 위의 서로 다른 두 점을 지나는 직선은 그 평면 위에 있다.
(3) 한 점을 공유하는 서로 다른 두 평면은 그 점을 지나는 한 직선을 공유한다.

(1)
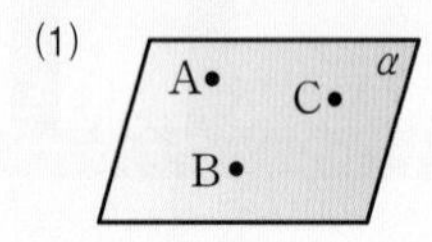

(2)
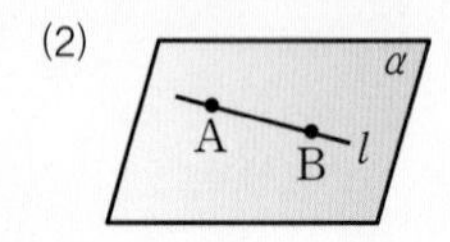

(3)
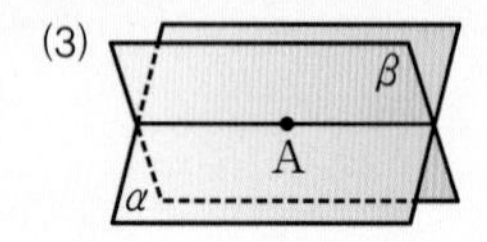

참고
- 공간도형의 기본 성질은 증명 없이 참으로 인정한다.
- 공간도형에서 점은 A, B, C, ⋯, 직선은 l, m, n, ⋯, 평면은 α, β, γ, ⋯로 나타낸다.
- '직선이 평면 위에 있다.'는 '평면이 직선을 포함한다.'는 뜻이다.

2 평면의 결정 조건

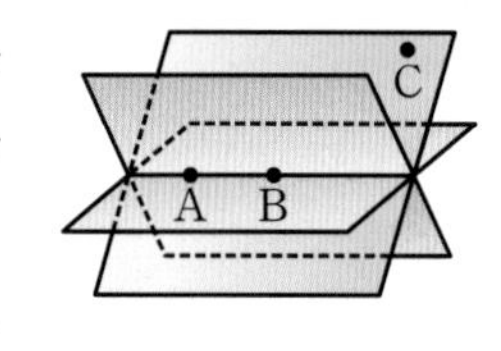

오른쪽 그림과 같이 공간에서 서로 다른 두 점 A, B를 지나는 평면은 무수히 많지만 한 직선 위에 있지 않은 세 점 A, B, C를 지나는 평면은 오직 하나뿐이다.
일반적으로 공간에서 다음과 같은 경우에 평면은 오직 하나로 결정된다.

(1) 한 직선 위에 있지 않은 서로 다른 세 점

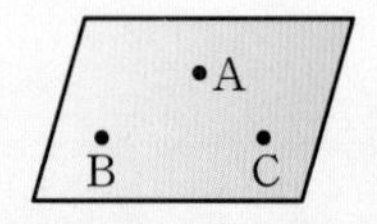

(2) 한 직선과 그 위에 있지 않은 한 점

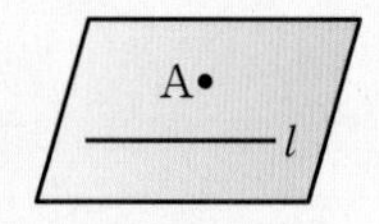

(3) 한 점에서 만나는 두 직선

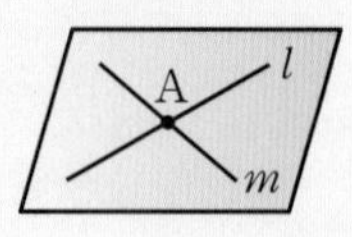

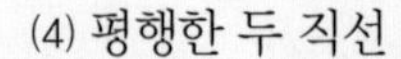

(4) 평행한 두 직선

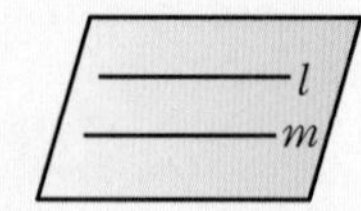

예 오른쪽 그림과 같은 직육면체에서
(1) 세 점 A, B, C　　(2) 점 B와 직선 DC
(3) 직선 AD와 직선 DC　　(4) 직선 AB와 직선 DC
는 평면 ABCD를 결정한다.

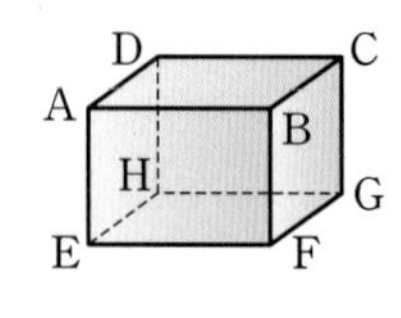

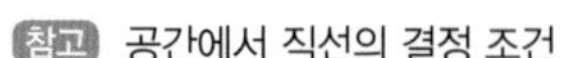

참고 공간에서 직선의 결정 조건
(1) 서로 다른 두 점은 오직 하나의 직선을 결정한다.
(2) 만나는 두 평면은 오직 하나의 직선을 결정한다.

3 두 직선의 위치 관계

공간에서 서로 다른 두 직선의 위치 관계는 다음 세 가지 경우가 있다.

(1) 한 점에서 만난다.　(2) 평행하다.　(3) 꼬인 위치에 있다.

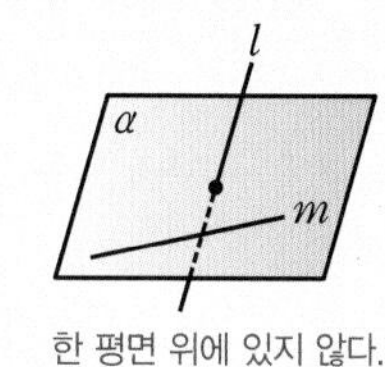

한 평면 위에 있다.　한 평면 위에 있지 않다.

예 오른쪽 그림과 같은 직육면체에서

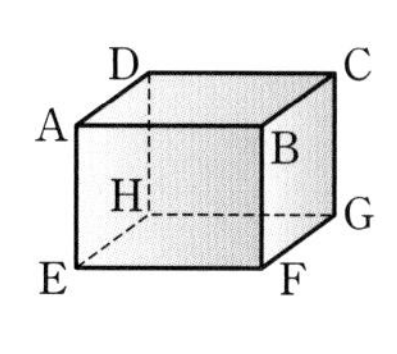

(1) 직선 AB와 한 점에서 만나는 직선

➡ 직선 AD, 직선 AE, 직선 BC, 직선 BF

(2) 직선 AD와 평행한 직선

➡ 직선 BC, 직선 EH, 직선 FG

(3) 직선 AE와 꼬인 위치에 있는 직선

➡ 직선 BC, 직선 DC, 직선 FG, 직선 HG

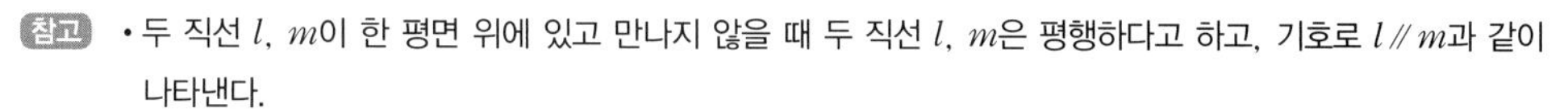

참고 • 두 직선 l, m이 한 평면 위에 있고 만나지 않을 때 두 직선 l, m은 평행하다고 하고, 기호로 $l /\!/ m$과 같이 나타낸다.
• 서로 다른 세 직선 l, m, n에 대하여 $l /\!/ m$, $m /\!/ n$이면 $l /\!/ n$이다.
• 두 직선이 만나지도 않고 평행하지도 않을 때, 두 직선은 꼬인 위치에 있다고 한다.
• 만나지 않는 두 직선이 한 평면 위에 있으면 두 직선은 평행하고, 한 평면 위에 있지 않으면 두 직선은 꼬인 위치에 있다.

4 직선과 평면의 위치 관계

공간에서 직선과 평면의 위치 관계는 다음 세 가지 경우가 있다.

(1) 포함된다.　(2) 한 점에서 만난다.　(3) 평행하다.

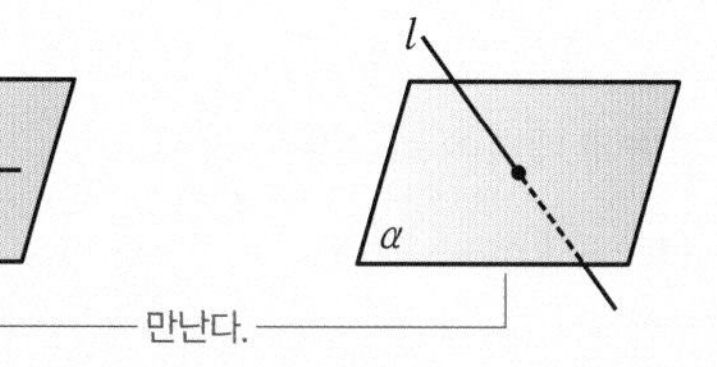

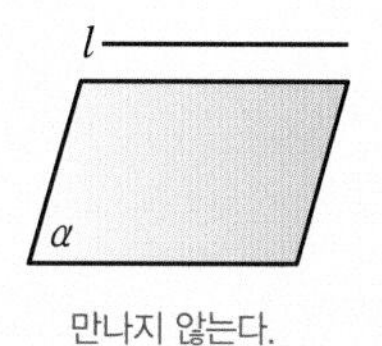

만난다.　만나지 않는다.

예 오른쪽 그림과 같은 직육면체에서

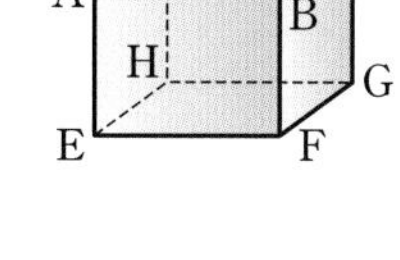

(1) 직선 AB를 포함하는 평면

➡ 평면 ABCD, 평면 AEFB

(2) 직선 AD와 한 점에서 만나는 평면

➡ 평면 AEFB, 평면 DHGC

(3) 직선 AE와 평행한 평면

➡ 평면 BFGC, 평면 DHGC

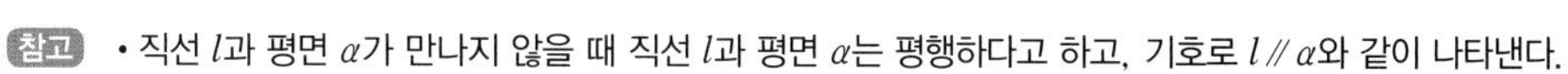

참고 • 직선 l과 평면 α가 만나지 않을 때 직선 l과 평면 α는 평행하다고 하고, 기호로 $l /\!/ \alpha$와 같이 나타낸다.
• 직선 l과 평면 α의 교점이 두 개 이상인 경우 직선 l은 평면 α에 포함된다.

5 두 평면의 위치 관계

공간에서 서로 다른 두 평면이 만나는 경우 두 평면은 한 직선을 공유하는데, 이 직선을 두 평면의 **교선**이라 한다.

또 두 평면 α, β가 만나지 않을 때 두 평면 α, β는 평행하다고 하고, 기호로 $\alpha /\!/ \beta$와 같이 나타낸다.

공간에서 두 평면의 위치 관계는 다음 두 가지 경우가 있다.

(1) 만난다.

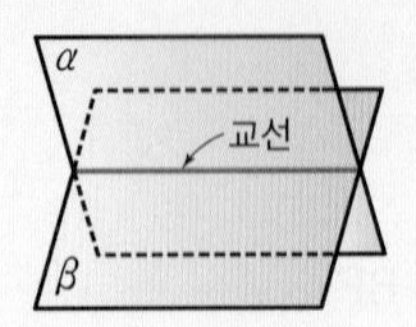

(2) 평행하다.

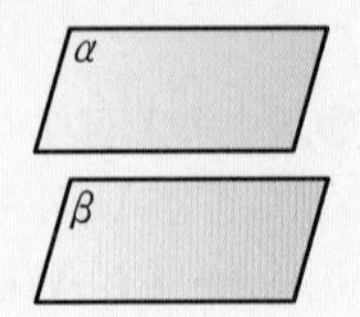

예 오른쪽 그림과 같은 직육면체에서

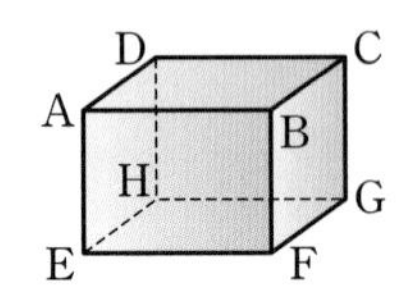

(1) 평면 ABCD와 만나는 평면

➡ 평면 AEFB, 평면 AEHD, 평면 BFGC, 평면 DHGC

(2) 평면 AEFB와 평행한 평면

➡ 평면 DHGC

개념 CHECK

정답과 해설 49쪽

1 오른쪽 그림과 같은 삼각기둥의 각 모서리를 연장한 직선에 대하여 다음을 구하시오.

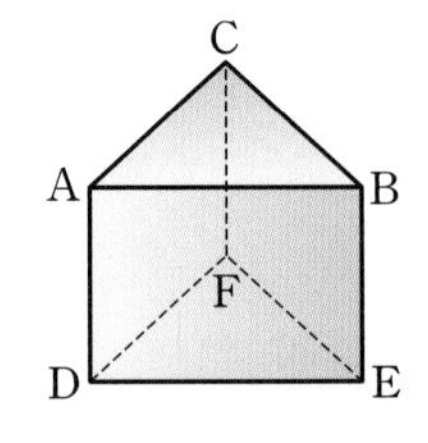

(1) 직선 AC와 한 점에서 만나는 직선

(2) 직선 AB와 평행한 직선

(3) 직선 AD와 꼬인 위치에 있는 직선

2 오른쪽 그림과 같은 직육면체의 각 모서리를 연장한 직선과 각 면을 포함하는 평면에 대하여 다음을 구하시오.

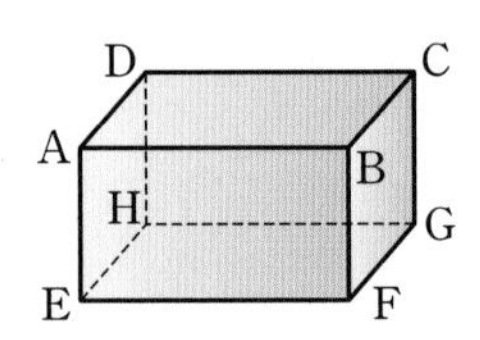

(1) 직선 AD를 포함하는 평면

(2) 직선 EF와 만나는 평면

(3) 직선 AE와 평행한 평면

(4) 평면 ABCD와 평행한 직선

3 오른쪽 그림과 같은 정육각기둥의 각 모서리를 연장한 직선과 각 면을 포함하는 평면에 대하여 다음을 구하시오.

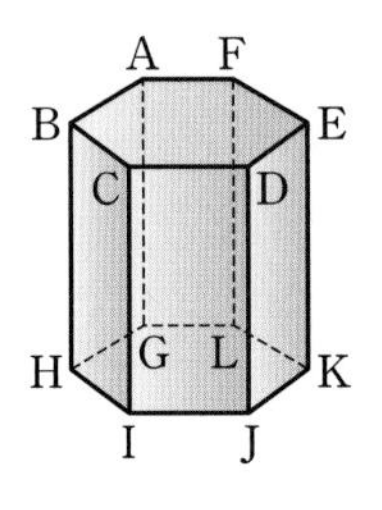

(1) 평면 BHIC와 평면 CIJD의 교선

(2) 평면 BHGA와 평행한 평면

(3) 평면 AGLF와 만나는 평면

필.수.예.제 01

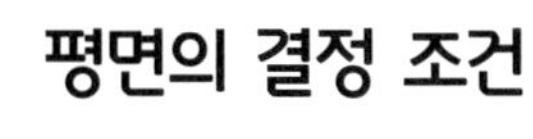

평면의 결정 조건

유형편 51쪽

오른쪽 그림과 같은 직육면체에서 세 점 E, G, H와 두 직선 AF, CF로 만들 수 있는 서로 다른 평면의 개수를 구하시오.

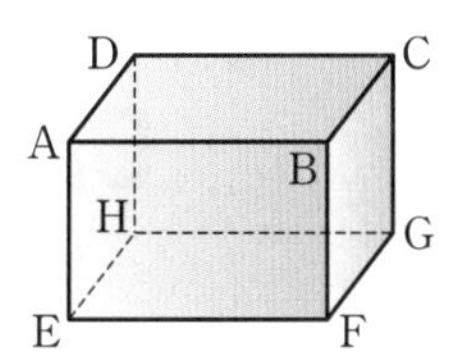

공략 Point

평면의 결정 조건

(1) 한 직선 위에 있지 않은 서로 다른 세 점
(2) 한 직선과 그 위에 있지 않은 한 점
(3) 한 점에서 만나는 두 직선
(4) 평행한 두 직선

풀이

한 직선 위에 있지 않은 서로 다른 세 점으로 만들 수 있는 평면은	평면 EGH
한 직선과 그 위에 있지 않은 한 점으로 만들 수 있는 평면은	평면 AEF, 평면 AFG, 평면 AFH, 평면 CEF, 평면 CFG, 평면 CHF
한 점에서 만나는 두 직선으로 만들 수 있는 평면은	평면 AFC
따라서 구하는 평면의 개수는	$1+6+1=8$

정답과 해설 49쪽

문제

01-1 공간에서 서로 다른 다섯 개의 점 중 어느 네 점도 한 평면 위에 있지 않고 어느 세 점도 한 직선 위에 있지 않을 때, 이 다섯 개의 점으로 만들 수 있는 서로 다른 평면의 개수를 구하시오.

01-2 오른쪽 그림과 같은 사각뿔의 5개의 꼭짓점으로 만들 수 있는 서로 다른 평면의 개수를 구하시오.

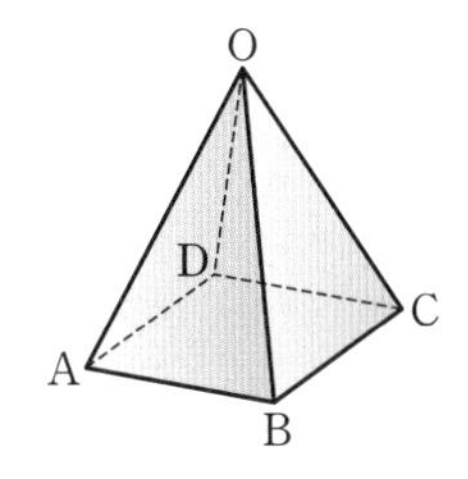

01-3 오른쪽 그림과 같은 직육면체에서 세 점 D, H, F와 두 직선 AE, CG로 만들 수 있는 서로 다른 평면의 개수를 구하시오.

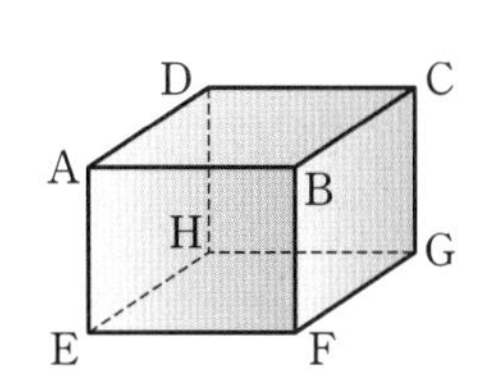

필.수.예.제
02

공간에서의 위치 관계

유형편 51쪽

오른쪽 그림과 같은 정오각기둥의 각 모서리를 연장한 직선과 각 면을 포함하는 평면에 대하여 다음을 구하시오.

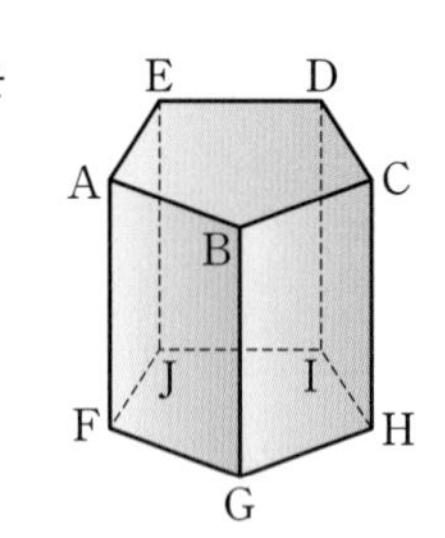

(1) 직선 BC와 평행한 직선
(2) 직선 CH와 꼬인 위치에 있는 직선
(3) 직선 AB를 포함하는 평면
(4) 직선 BG와 평행한 평면
(5) 평면 AFGB와 만나는 평면
(6) 평면 ABCDE와 평행한 평면

공략 Point

주어진 입체도형의 각 모서리를 연장한 직선과 각 면을 포함하는 평면에서 직선과 평면의 위치 관계를 확인한다.

풀이

(1) 직선 BC와 평행한 직선은	**직선 GH**
(2) 직선 CH와 꼬인 위치에 있는 직선은	**직선 AB, 직선 AE, 직선 ED, 직선 FG, 직선 FJ, 직선 JI**
(3) 직선 AB를 포함하는 평면은	**평면 AFGB, 평면 ABCDE**
(4) 직선 BG와 평행한 평면은	**평면 AFJE, 평면 DIHC, 평면 EJID**
(5) 평면 AFGB와 만나는 평면은	**평면 ABCDE, 평면 FGHIJ, 평면 AFJE, 평면 BGHC, 평면 DIHC, 평면 EJID**
(6) 평면 ABCDE와 평행한 평면은	**평면 FGHIJ**

정답과 해설 50쪽

문제

02-1 오른쪽 그림과 같은 삼각기둥의 각 모서리를 연장한 직선과 각 면을 포함하는 평면에 대하여 다음을 구하시오.

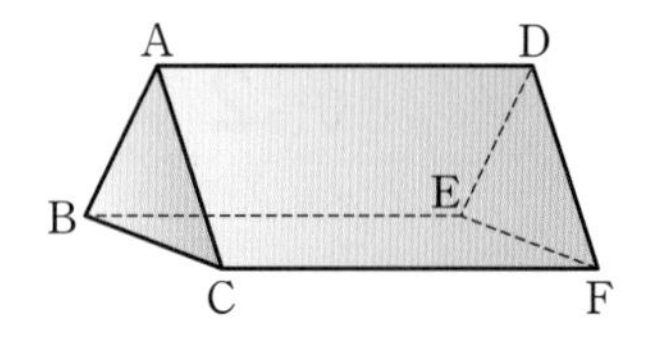

(1) 직선 AB와 꼬인 위치에 있는 직선
(2) 직선 AB를 포함하는 평면
(3) 직선 AD와 만나는 평면
(4) 평면 DEF와 평행한 직선

02-2 오른쪽 그림과 같은 정팔면체의 각 모서리를 연장한 직선에 대하여 직선 AD와 평행한 직선의 개수를 a, 직선 BC와 꼬인 위치에 있는 직선의 개수를 b, 평면 ABE와 평행한 직선의 개수를 c라 할 때, $a+b+c$의 값을 구하시오.

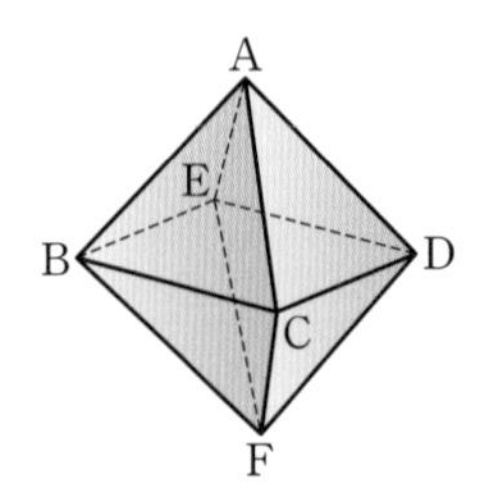

직선과 평면의 평행과 수직

1 직선과 평면의 평행

공간에서 직선과 평면의 평행에 대하여 다음이 성립한다.

(1) 직선 l과 평면 α가 평행할 때, 직선 l을 포함하는 평면 β와 평면 α의 교선 m은 직선 l과 평행하다.
(2) 평행한 두 직선 l, m에 대하여 직선 l을 포함하고 직선 m을 포함하지 않는 평면 α는 직선 m과 평행하다.
(3) 평면 α 위에 있지 않은 한 점 P를 지나고 평면 α에 평행한 서로 다른 두 직선 l, m을 포함하는 평면 β는 평면 α와 평행하다.
(4) 평행한 두 평면 α, β가 평면 γ와 만나서 생기는 두 교선을 각각 l, m이라 할 때, 두 직선 l, m은 평행하다.

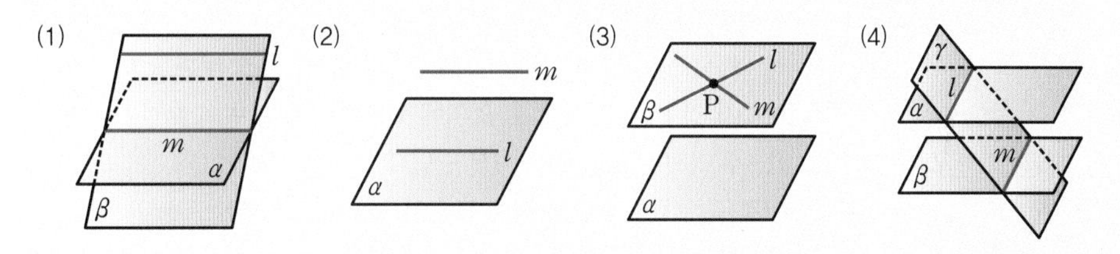

2 꼬인 위치에 있는 두 직선이 이루는 각

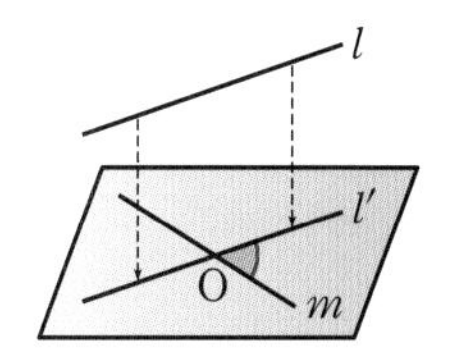

오른쪽 그림과 같이 두 직선 l, m이 꼬인 위치에 있을 때, 직선 m 위의 한 점 O를 지나고 직선 l에 평행한 직선을 l'이라 하면 두 직선 l', m은 한 평면을 결정한다.
이때 두 직선 l', m이 이루는 각을 두 직선 l, m이 이루는 각이라 한다.
특히 두 직선 l, m이 이루는 각이 직각일 때, 두 직선 l, m은 서로 수직이라 하고, 기호로 $l \perp m$과 같이 나타낸다.

참고 • 두 직선 l', m이 만나서 생기는 각의 크기는 점 O의 위치에 관계없이 일정하다.
• 일반적으로 두 직선이 이루는 각은 크기가 크지 않은 쪽의 각을 생각한다.

3 직선과 평면의 수직

(1) 직선과 평면의 수직

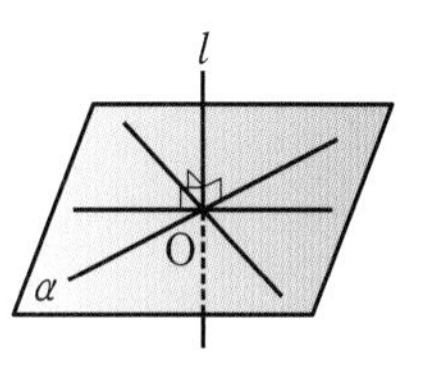

직선 l이 평면 α와 한 점 O에서 만나고 점 O를 지나는 평면 α 위의 모든 직선과 수직일 때, 직선 l은 평면 α와 수직이라 하고, 기호로 $l \perp \alpha$와 같이 나타낸다.
이때 직선 l을 평면 α의 수선이라 하고, 직선 l과 평면 α가 만나는 점 O를 수선의 발이라 한다.

(2) 직선과 평면의 수직에 대한 정리

직선 l이 평면 α와 한 점 O에서 만나고 점 O를 지나는 평면 α 위의 서로 다른 두 직선 m, n과 각각 수직이면 직선 l과 평면 α는 수직이다.

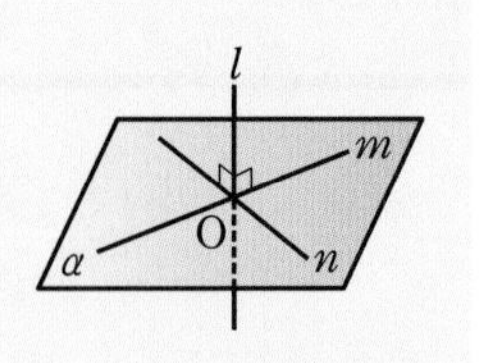

개념 PLUS

직선과 평면의 평행

(1) $l /\!/ \alpha$이므로 직선 l과 평면 α는 만나지 않는다.
따라서 직선 l은 평면 α에 포함된 직선 m과 만나지 않는다.
그런데 두 직선 l, m은 모두 평면 β 위에 있으므로 $l /\!/ m$이다.

(2) 오른쪽 그림과 같이 평면 α와 직선 m이 평행하지 않고 점 P를 공유한다고 가정하자.
이때 $l /\!/ m$이므로 두 직선 l, m을 모두 포함하는 평면은 오직 하나 존재한다.
이 평면을 β라 하면 점 P는 직선 m 위에 있으므로 평면 β 위에 있다.
따라서 점 P는 두 평면 α, β 위에 있으므로 두 평면의 교선 l 위에 있다.
즉, 두 직선 l, m은 점 P에서 만난다.
이것은 $l /\!/ m$이라는 조건에 모순이므로 $m /\!/ \alpha$이다.

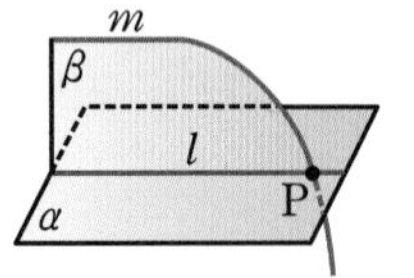

(3) 오른쪽 그림과 같이 두 평면 α, β가 평행하지 않고 교선 n을 공유한다고 가정하자.
이때 직선 n은 평면 α 위에 있고 $l /\!/ \alpha$, $m /\!/ \alpha$이므로 직선 n은 두 직선 l, m과 만나지 않는다.
그런데 세 직선 l, m, n은 모두 평면 β 위에 있으므로 $l /\!/ n$, $m /\!/ n$, 즉 $l /\!/ m$이다.
이것은 두 직선 l, m이 한 점 P에서 만난다는 조건에 모순이므로 $\alpha /\!/ \beta$이다.

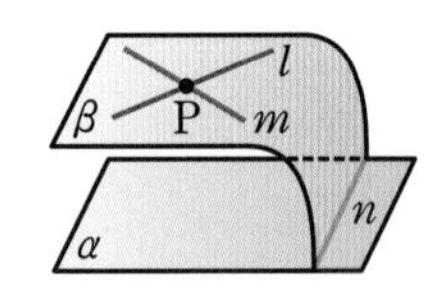

(4) $\alpha /\!/ \beta$이므로 두 평면 α, β는 만나지 않는다.
이때 직선 l은 평면 α 위에 있고 직선 m은 평면 β 위에 있으므로 두 직선 l, m도 만나지 않는다.
그런데 두 직선 l, m은 모두 평면 γ 위에 있으므로 $l /\!/ m$이다.

직선과 평면의 수직에 대한 정리

오른쪽 그림과 같이 점 O를 지나는 평면 α 위의 임의의 한 직선을 c라 하고, 점 O를 지나지 않고 세 직선 m, n, c와 각각 한 점에서 만나는 직선을 그어 그 교점을 각각 A, B, C라 하자.
직선 l 위에 $\overline{OP}=\overline{OP'}$인 서로 다른 두 점 P, P'을 잡으면 두 직선 m, n은 모두 선분 PP'의 수직이등분선이므로

$\overline{AP}=\overline{AP'}$, $\overline{BP}=\overline{BP'}$

이때 선분 AB는 공통이므로

$\triangle ABP \equiv \triangle ABP'$ $\quad\therefore \angle PAC = \angle P'AC$

또 선분 AC는 공통이므로

$\triangle PAC \equiv \triangle P'AC$ $\quad\therefore \overline{PC}=\overline{P'C}$

즉, 이등변삼각형 CPP'에서 $\overline{OP}=\overline{OP'}$이므로

$\overline{PP'} \perp \overline{OC}$ $\quad\therefore l \perp c$

따라서 직선 l은 점 O를 지나는 평면 α 위의 임의의 직선과 수직이므로 $l \perp \alpha$이다.

필.수.예.제 03

직선과 평면의 평행과 수직

유형편 52쪽

서로 다른 세 직선 l, m, n과 서로 다른 두 평면 α, β에 대하여 다음 보기 중 옳은 것만을 있는 대로 고르시오.

보기

ㄱ. $l\perp\alpha$, $m\perp\alpha$이면 $l /\!/ m$이다.
ㄴ. $l\perp\alpha$, $l\perp\beta$이면 $\alpha /\!/ \beta$이다.
ㄷ. $l\perp m$, $m\perp n$이면 $l /\!/ n$이다.

공략 Point

정육면체를 이용하여 모서리는 직선, 면은 평면으로 생각하여 직선과 평면의 위치 관계를 확인한다.

풀이

ㄱ. 정육면체에서 직선과 평면의 위치 관계를 생각하면	$l\perp\alpha$, $m\perp\alpha$이면 $l /\!/ m$이다.	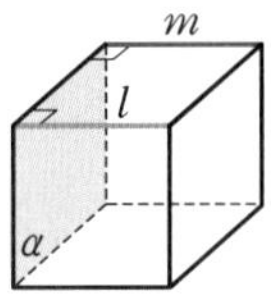 (그림: m, l, α)
ㄴ. 정육면체에서 직선과 평면의 위치 관계를 생각하면	$l\perp\alpha$, $l\perp\beta$이면 $\alpha /\!/ \beta$이다.	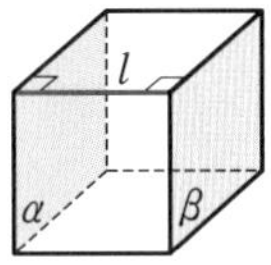 (그림: l, α, β)
ㄷ. 정육면체에서 직선과 평면의 위치 관계를 생각하면	[반례] $l\perp m$, $m\perp n$이지만 두 직선 l, n은 꼬인 위치에 있다.	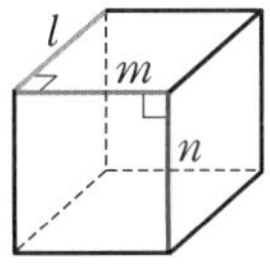 (그림: l, m, n)
따라서 보기 중 옳은 것은	ㄱ, ㄴ	

정답과 해설 50쪽

문제

03-1 서로 다른 두 직선 l, m과 평면 α에 대하여 다음 보기 중 옳은 것만을 있는 대로 고르시오.

보기

ㄱ. $l\perp\alpha$, $m /\!/ \alpha$이면 $l\perp m$이다.
ㄴ. $l\perp\alpha$, $l /\!/ m$이면 $m\perp\alpha$이다.
ㄷ. $l /\!/ \alpha$, $m /\!/ \alpha$이면 $l /\!/ m$이다.

필.수.예.제 04

두 직선이 이루는 각의 크기

유형편 52쪽

오른쪽 그림과 같은 정육면체에서 다음 두 직선이 이루는 각의 크기를 구하시오.

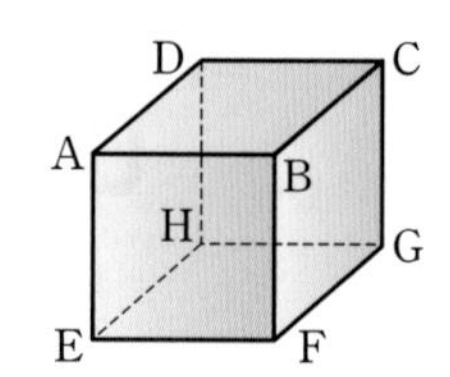

(1) 직선 AD와 직선 HG　　(2) 직선 AC와 직선 EF

(3) 직선 DB와 직선 EG　　(4) 직선 AH와 직선 EG

공략 Point

꼬인 위치에 있는 두 직선이 이루는 각의 크기는 한 직선을 평행이동하여 두 직선이 만나도록 한 다음 만나는 두 직선이 이루는 각의 크기를 구한다.

풀이

(1) $\overline{DC}/\!/\overline{HG}$이므로 두 직선 AD, HG가 이루는 각의 크기는	두 직선 AD, DC가 이루는 $\angle ADC$의 크기와 같다.	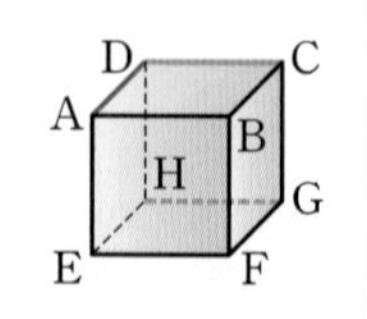
사각형 ABCD는 정사각형이므로	$\angle ADC=90°$	
따라서 구하는 각의 크기는	**90°**	

(2) $\overline{AB}/\!/\overline{EF}$이므로 두 직선 AC, EF가 이루는 각의 크기는	두 직선 AC, AB가 이루는 $\angle CAB$의 크기와 같다.	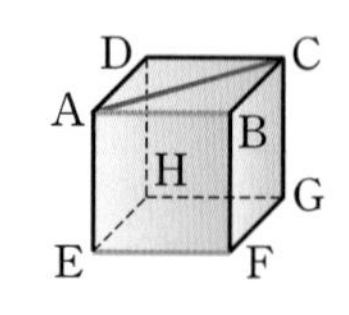
삼각형 ABC는 $\overline{AB}=\overline{BC}$인 직각이등변삼각형이므로	$\angle CAB=45°$	
따라서 구하는 각의 크기는	**45°**	

(3) 두 직선 DB, AC가 만나는 점을 O라 하면 $\overline{AC}/\!/\overline{EG}$이므로 두 직선 DB, EG가 이루는 각의 크기는	두 직선 AO, OB가 이루는 $\angle AOB$의 크기와 같다.	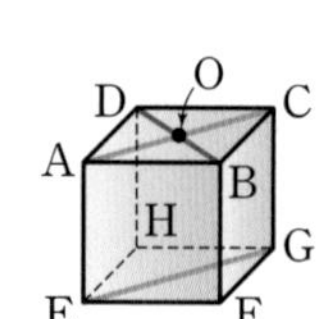
정사각형의 두 대각선은 서로 다른 것을 수직이등분하므로	$\angle AOB=90°$	
따라서 구하는 각의 크기는	**90°**	

(4) $\overline{AC}/\!/\overline{EG}$이므로 두 직선 AH, EG가 이루는 각의 크기는	두 직선 AH, AC가 이루는 $\angle CAH$의 크기와 같다.	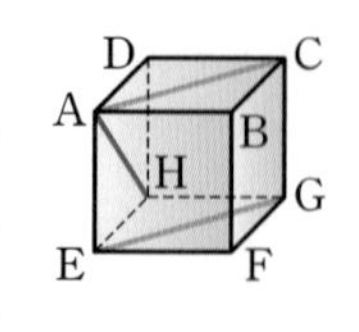
삼각형 AHC는 $\overline{AH}=\overline{HC}=\overline{AC}$인 정삼각형이므로	$\angle CAH=60°$	
따라서 구하는 각의 크기는	**60°**	

정답과 해설 50쪽

문제

04-1 오른쪽 그림과 같이 $\overline{EF}=1$, $\overline{FG}=\overline{CG}=\sqrt{3}$인 직육면체에서 다음 두 직선이 이루는 각의 크기를 구하시오.

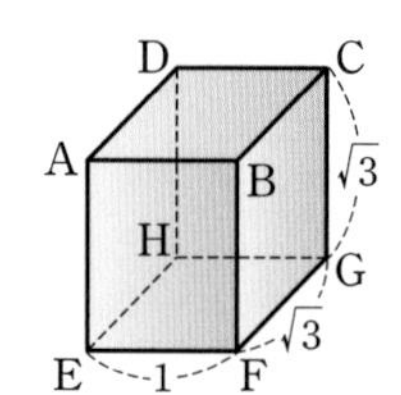

(1) 직선 AE와 직선 HG

(2) 직선 AH와 직선 CG

(3) 직선 AC와 직선 EF

연습문제

01 직선과 평면의 위치 관계

1 오른쪽 그림과 같은 직육면체에서 다음 보기 중 평면이 결정되는 것만을 있는 대로 고른 것은?

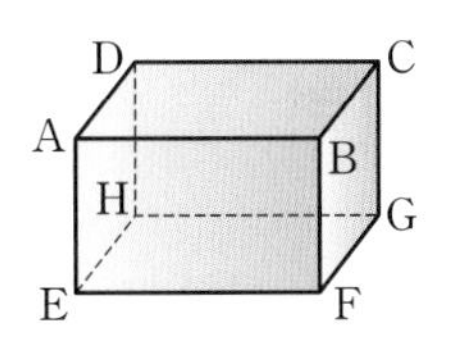

보기
ㄱ. 세 점 B, C, H
ㄴ. 점 A와 직선 CF
ㄷ. 직선 DE와 직선 HG
ㄹ. 직선 DC 위의 임의의 점 P와 직선 EF

① ㄱ, ㄴ ② ㄱ, ㄷ ③ ㄷ, ㄹ
④ ㄱ, ㄴ, ㄹ ⑤ ㄴ, ㄷ, ㄹ

2 오른쪽 그림과 같은 정육면체의 8개의 꼭짓점과 12개의 모서리를 이용하여 만들 수 있는 서로 다른 평면의 개수를 구하시오.

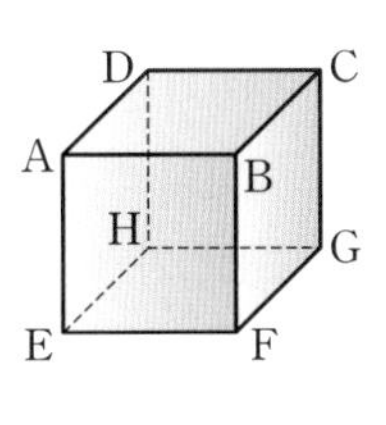

3 오른쪽 그림과 같은 직육면체의 각 모서리를 연장한 직선과 각 면을 포함하는 평면에 대하여 직선 EH와 만나는 평면의 개수를 a, 평면 ABCD와 만나지 않는 평면의 개수를 b라 할 때, ab의 값은?

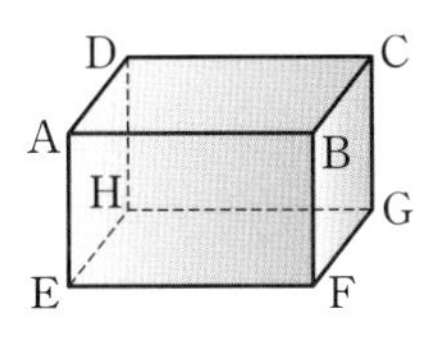

① 3 ② 4 ③ 5
④ 6 ⑤ 7

4 오른쪽 그림은 정사면체의 전개도이다. 이 전개도로 만들어지는 정사면체에서 다음 중 모서리 BD와 꼬인 위치에 있는 모서리는?

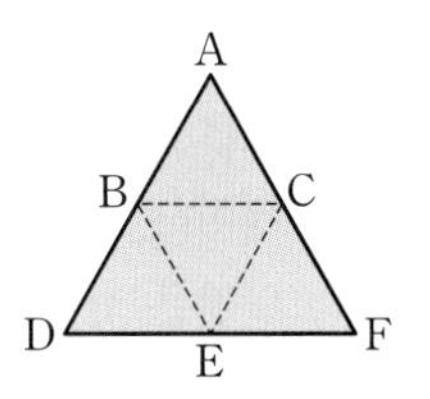

① $\overline{AB}$ ② $\overline{AC}$ ③ $\overline{AE}$
④ $\overline{BE}$ ⑤ $\overline{CE}$

5 오른쪽 그림과 같은 사면체의 면 ABC와 면 ACD의 무게중심을 각각 P, Q라 하자. 다음 보기 중 두 직선이 꼬인 위치에 있는 것만을 있는 대로 고르시오.

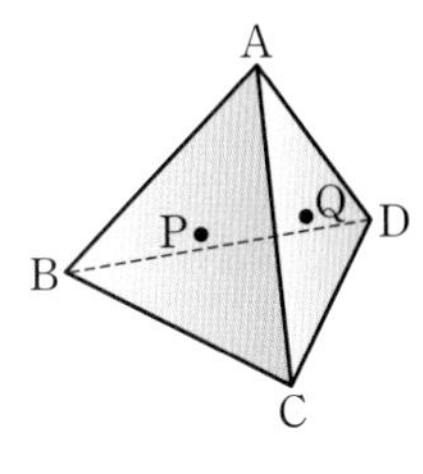

보기
ㄱ. 직선 CD와 직선 BQ
ㄴ. 직선 AD와 직선 BC
ㄷ. 직선 PQ와 직선 BD

6 서로 다른 두 직선 l, m과 서로 다른 두 평면 α, β에 대하여 다음 보기 중 옳은 것만을 있는 대로 고르시오.

보기
ㄱ. $l /\!/ \alpha$, $l /\!/ \beta$이면 $\alpha /\!/ \beta$이다.
ㄴ. $l \perp \alpha$, $\alpha /\!/ \beta$이면 $l \perp \beta$이다.
ㄷ. $l /\!/ \alpha$, $m /\!/ \beta$, $l /\!/ m$이면 $\alpha /\!/ \beta$이다.

7 서로 다른 세 평면 α, β, γ에 대하여 두 평면 α, β의 교선을 l, 두 평면 β, γ의 교선을 m이라 할 때, $l /\!/ m$이다. 이때 세 평면 α, β, γ에 의하여 나누어지는 공간의 최대 개수와 최소 개수의 합을 구하시오.

연습문제

8 다음은 정사면체 ABCD에서 $\overline{AB}\perp\overline{CD}$임을 증명하는 과정이다. 이때 (가), (나)에 들어갈 알맞은 것을 구하시오.

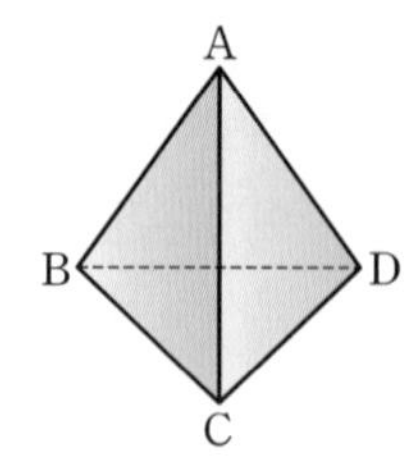

> 오른쪽 그림과 같이 모서리 CD의 중점을 M이라 하자.
> 삼각형 BCD는 정삼각형이므로
> [(가)]$\perp\overline{CD}$ …… ㉠
> 삼각형 ACD는 정삼각형이므로
> [(나)]$\perp\overline{CD}$ …… ㉡
> ㉠, ㉡에 의하여 (평면 ABM)$\perp\overline{CD}$
> 따라서 직선 CD는 평면 ABM에 포함된 모든 직선과 수직이므로
> $\overline{AB}\perp\overline{CD}$

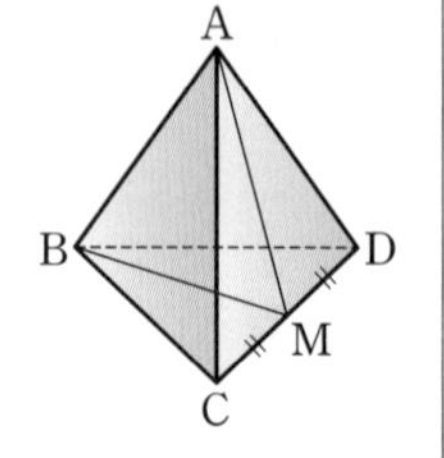

9 오른쪽 그림과 같이 밑면이 정사각형이고 옆면이 모두 정삼각형인 사각뿔에서 두 직선 AC, ED가 이루는 각의 크기를 구하시오.

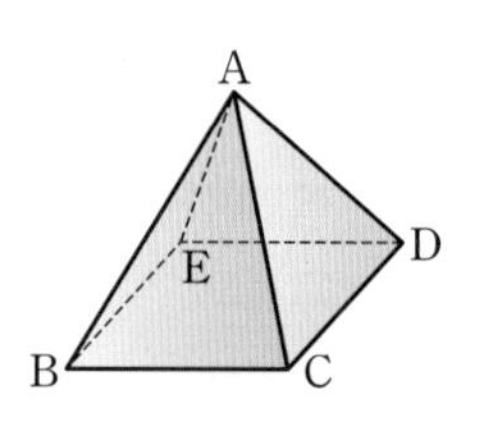

10 오른쪽 그림과 같이 $\overline{EF}=2$, $\overline{FG}=\overline{CG}=\sqrt{10}$인 직육면체에서 두 직선 AG, EH가 이루는 각의 크기를 θ라 할 때, $\cos\theta$의 값을 구하시오.

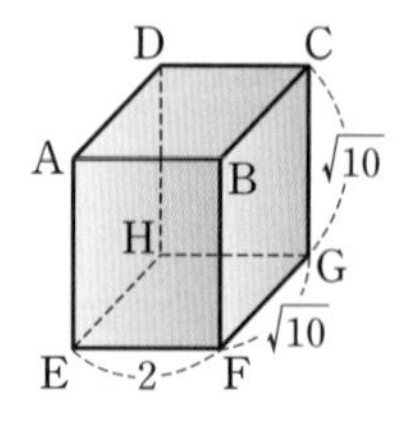

실력

11 오른쪽 그림과 같이 $\overline{AC}=\overline{BD}=10$인 사면체 ABCD를 두 모서리 AC, BD에 평행한 평면으로 자를 때 생기는 단면은 사각형이다. 이 사각형의 둘레의 길이를 구하시오.

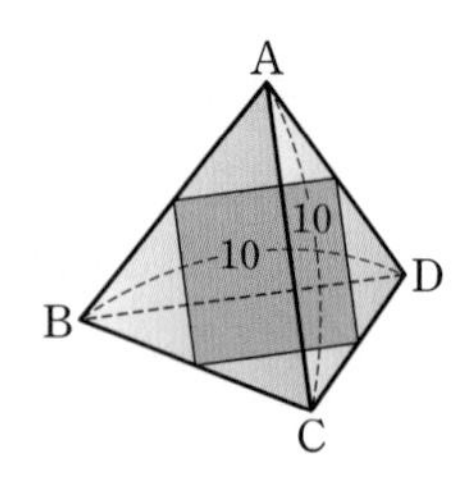

12 오른쪽 그림과 같이 한 모서리의 길이가 4인 정사면체에서 모서리 CD의 중점을 M이라 하자. 두 직선 AM, BC가 이루는 각의 크기를 θ라 할 때, $\cos\theta$의 값을 구하시오.

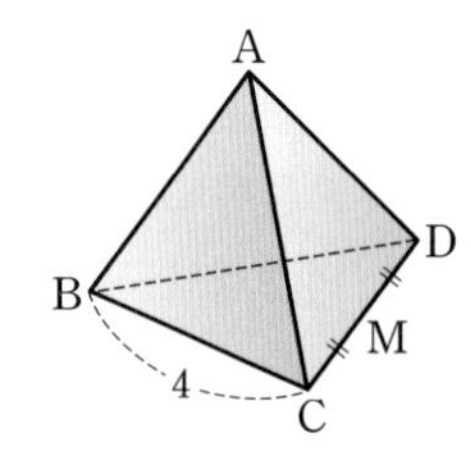

13 꼬인 위치에 있는 두 직선 사이의 거리는 두 직선에 공통인 수선의 길이이다. 오른쪽 그림과 같이 한 모서리의 길이가 2인 정사면체에서 꼬인 위치에 있는 두 모서리 AB, CD 사이의 거리를 구하시오.

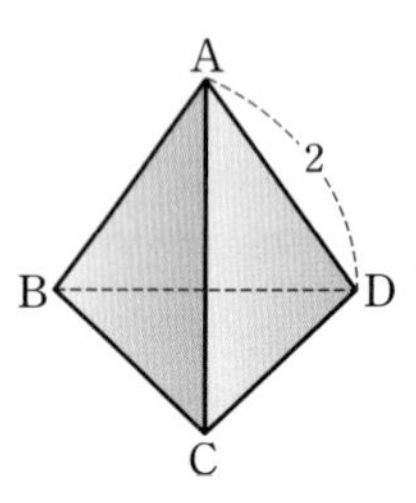

삼수선의 정리

1 삼수선의 정리

공간에서 직선과 평면의 수직 관계에 대하여 다음이 성립하고, 이를 **삼수선의 정리**라 한다.

평면 α 위에 있지 않은 한 점 P, 평면 α 위의 점 O, 점 O를 지나지 않는 α 위의 직선 l, 직선 l 위의 점 H에 대하여

(1) $\overline{\mathrm{PO}}\perp\alpha$, $\overline{\mathrm{OH}}\perp l$이면 $\overline{\mathrm{PH}}\perp l$

(2) $\overline{\mathrm{PO}}\perp\alpha$, $\overline{\mathrm{PH}}\perp l$이면 $\overline{\mathrm{OH}}\perp l$

(3) $\overline{\mathrm{PH}}\perp l$, $\overline{\mathrm{OH}}\perp l$, $\overline{\mathrm{PO}}\perp\overline{\mathrm{OH}}$이면 $\overline{\mathrm{PO}}\perp\alpha$

(1)
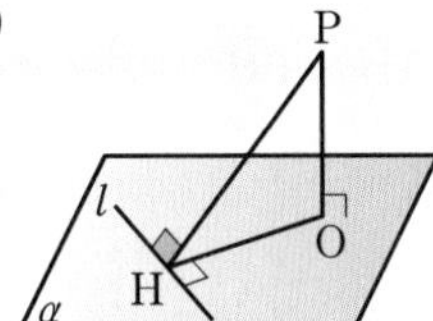

(2)
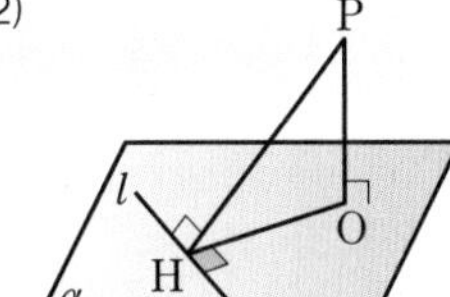

(3)
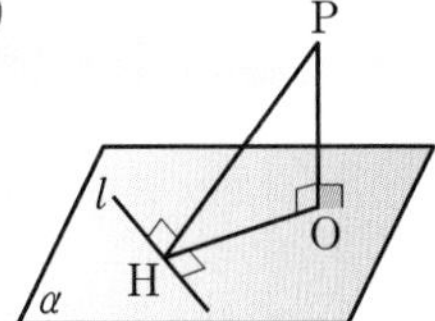

개념 PLUS

삼수선의 정리

(1) $\overline{\mathrm{PO}}\perp\alpha$이고 직선 l은 평면 α 위에 있으므로

$\overline{\mathrm{PO}}\perp l$

또 $\overline{\mathrm{OH}}\perp l$이므로 $l\perp$(평면 PHO)

이때 직선 PH는 평면 PHO 위에 있으므로

$\overline{\mathrm{PH}}\perp l$

따라서 $\overline{\mathrm{PO}}\perp\alpha$, $\overline{\mathrm{OH}}\perp l$이면 $\overline{\mathrm{PH}}\perp l$이다.

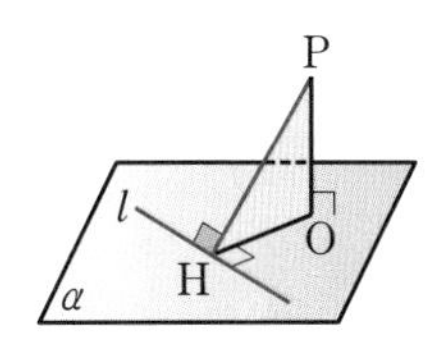

(2) $\overline{\mathrm{PO}}\perp\alpha$이고 직선 l은 평면 α 위에 있으므로

$\overline{\mathrm{PO}}\perp l$

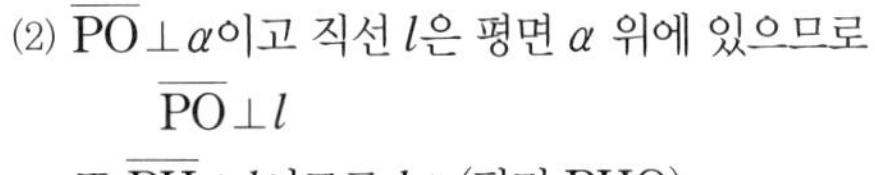

또 $\overline{\mathrm{PH}}\perp l$이므로 $l\perp$(평면 PHO)

이때 직선 OH는 평면 PHO 위에 있으므로

$\overline{\mathrm{OH}}\perp l$

따라서 $\overline{\mathrm{PO}}\perp\alpha$, $\overline{\mathrm{PH}}\perp l$이면 $\overline{\mathrm{OH}}\perp l$이다.

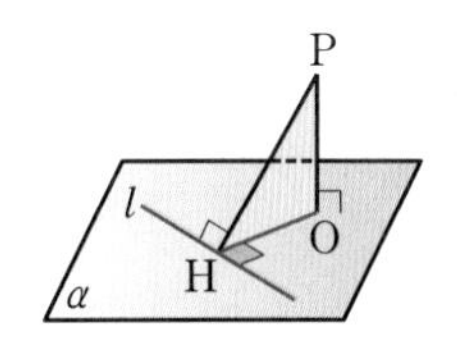

(3) $\overline{\mathrm{PH}}\perp l$, $\overline{\mathrm{OH}}\perp l$이므로 $l\perp$(평면 PHO)

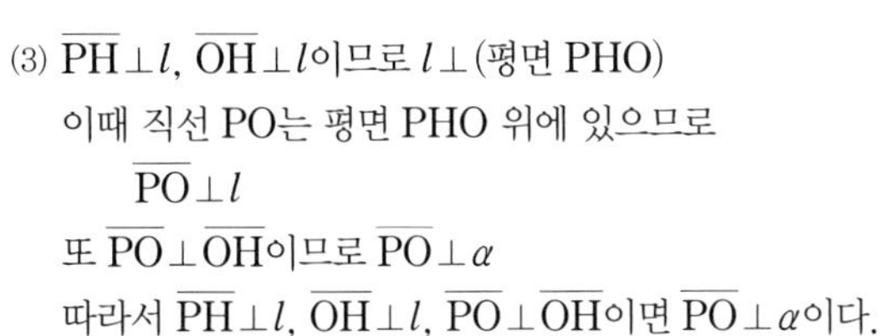

이때 직선 PO는 평면 PHO 위에 있으므로

$\overline{\mathrm{PO}}\perp l$

또 $\overline{\mathrm{PO}}\perp\overline{\mathrm{OH}}$이므로 $\overline{\mathrm{PO}}\perp\alpha$

따라서 $\overline{\mathrm{PH}}\perp l$, $\overline{\mathrm{OH}}\perp l$, $\overline{\mathrm{PO}}\perp\overline{\mathrm{OH}}$이면 $\overline{\mathrm{PO}}\perp\alpha$이다.

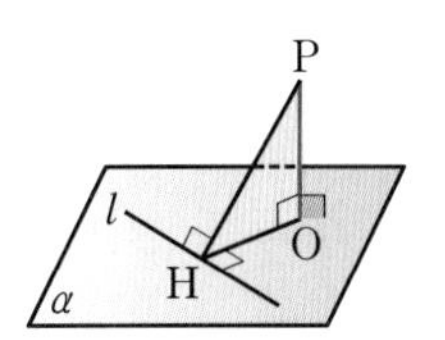

유형편 54쪽

필.수.예.제 01

오른쪽 그림과 같이 평면 α 위에 있지 않은 한 점 P에서 평면 α에 내린 수선의 발을 O, 점 O에서 평면 α 위의 직선 AB에 내린 수선의 발을 H라 하자. $\overline{OP}=2\sqrt{3}$, $\overline{OH}=2$, $\overline{AH}=3$일 때, 선분 PA의 길이를 구하시오.

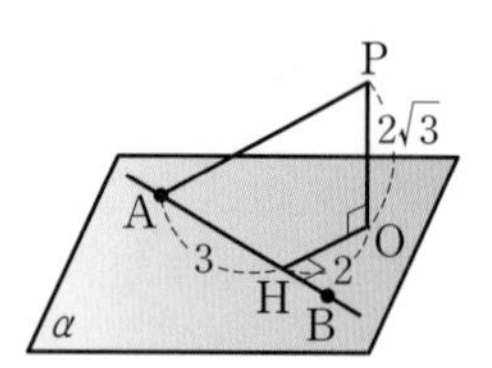

공략 Point

공간에서 두 개의 수직 관계가 주어지면 보조선을 그은 후 삼수선의 정리를 이용하여 수직인 선분을 찾고, 직각삼각형에서 피타고라스 정리를 이용한다.

풀이

오른쪽 그림과 같이 선분 PH를 그으면 직각삼각형 PHO에서	$\overline{PH}=\sqrt{\overline{OH}^2+\overline{OP}^2}$ $=\sqrt{2^2+(2\sqrt{3})^2}=4$
이때 $\overline{PO}\perp\alpha$, $\overline{OH}\perp\overline{AB}$이므로 삼수선의 정리에 의하여	$\overline{PH}\perp\overline{AB}$
따라서 직각삼각형 PAH에서	$\overline{PA}=\sqrt{\overline{AH}^2+\overline{PH}^2}=\sqrt{3^2+4^2}=\mathbf{5}$

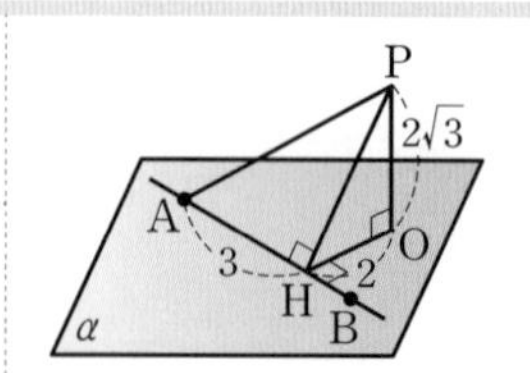

정답과 해설 53쪽

문제

01- 1 오른쪽 그림과 같이 평면 α 위에 있지 않은 한 점 P에서 평면 α에 내린 수선의 발을 O, 점 O에서 평면 α 위의 직선 AB에 내린 수선의 발을 H라 하자. $\overline{OP}=6$, $\overline{OH}=4$, $\overline{PA}=8$일 때, 선분 AH의 길이를 구하시오.

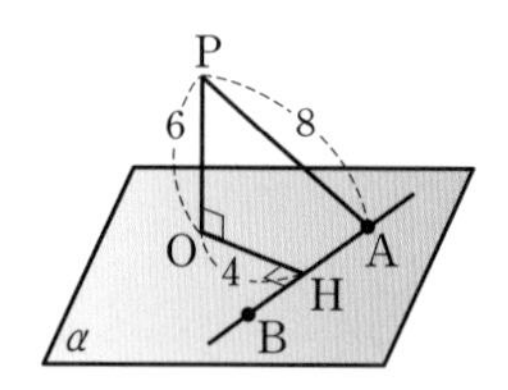

01- 2 오른쪽 그림과 같이 평면 α 위에 있지 않은 한 점 P에서 평면 α에 내린 수선의 발을 O, 점 O에서 평면 α 위의 직선 AB에 내린 수선의 발을 H라 하자. $\overline{OH}=3$, $\overline{AH}=\sqrt{6}$, $\angle PAH=60°$일 때, 선분 PO의 길이를 구하시오.

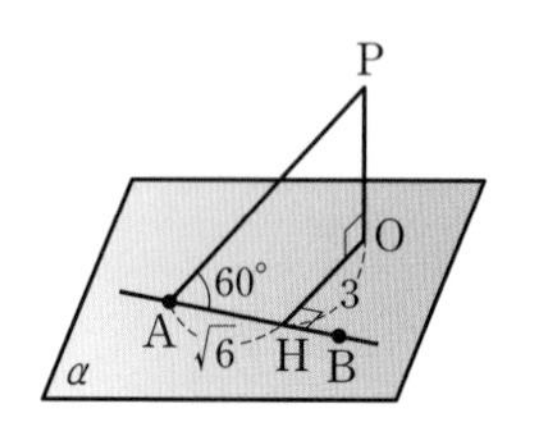

삼수선의 정리의 활용

유형편 54쪽

필.수.예.제 02

오른쪽 그림과 같이 $\overline{AD}=3$, $\overline{DC}=4$, $\overline{AE}=2$인 직육면체의 꼭짓점 D에서 선분 EG에 내린 수선의 발을 I라 할 때, 선분 DI의 길이를 구하시오.

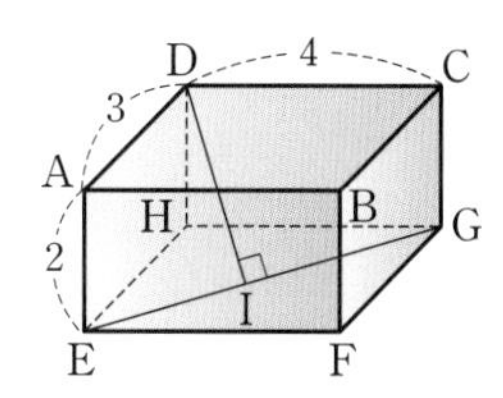

선분 HI를 그어 삼수선의 정리를 이용한다.

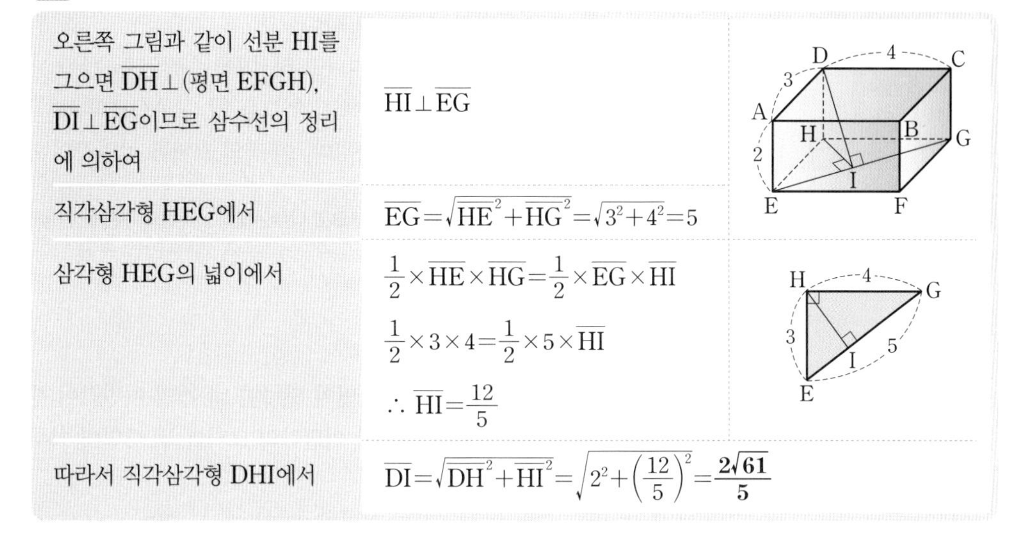

오른쪽 그림과 같이 선분 HI를 그으면 $\overline{DH}\perp$(평면 EFGH), $\overline{DI}\perp\overline{EG}$이므로 삼수선의 정리에 의하여	$\overline{HI}\perp\overline{EG}$	
직각삼각형 HEG에서	$\overline{EG}=\sqrt{\overline{HE}^2+\overline{HG}^2}=\sqrt{3^2+4^2}=5$	
삼각형 HEG의 넓이에서	$\frac{1}{2}\times\overline{HE}\times\overline{HG}=\frac{1}{2}\times\overline{EG}\times\overline{HI}$ $\frac{1}{2}\times3\times4=\frac{1}{2}\times5\times\overline{HI}$ $\therefore\ \overline{HI}=\frac{12}{5}$	
따라서 직각삼각형 DHI에서	$\overline{DI}=\sqrt{\overline{DH}^2+\overline{HI}^2}=\sqrt{2^2+\left(\frac{12}{5}\right)^2}=\mathbf{\frac{2\sqrt{61}}{5}}$	

정답과 해설 53쪽

문제

02-1 오른쪽 그림과 같이 한 모서리의 길이가 10인 정육면체에서 모서리 EF의 중점을 M, 꼭짓점 D에서 선분 GM에 내린 수선의 발을 I라 할 때, 선분 HI의 길이를 구하시오.

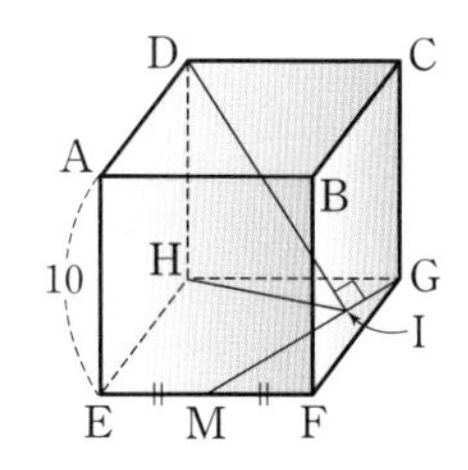

02-2 오른쪽 그림과 같이 $\overline{OA}\perp\overline{OB}$, $\overline{OB}\perp\overline{OC}$, $\overline{OC}\perp\overline{OA}$인 사면체의 꼭짓점 C에서 모서리 AB에 내린 수선의 발을 H라 하자. $\overline{OA}=\overline{OB}=1$, $\overline{CH}=\frac{\sqrt{6}}{2}$일 때, 모서리 OC의 길이를 구하시오.

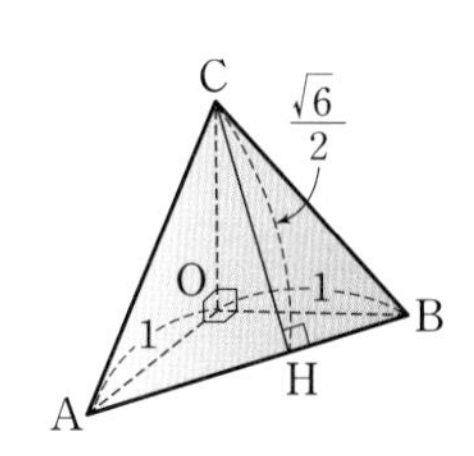

두 평면이 이루는 각의 크기

1 이면각

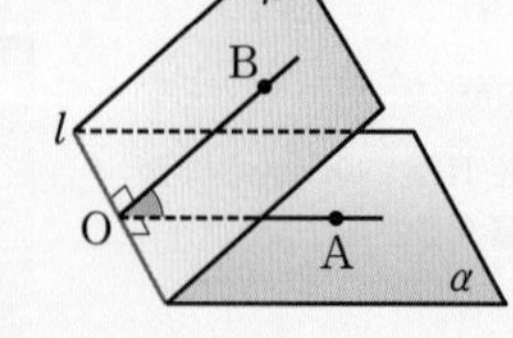

오른쪽 그림과 같이 직선 l을 공유하는 두 반평면 α, β로 이루어지는 도형을 **이면각**이라 한다. 이때 직선 l을 **이면각의 변**, 두 반평면 α, β를 각각 **이면각의 면**이라 한다.

또 이면각의 변 l 위의 한 점 O를 지나고 직선 l에 수직인 두 반직선 OA, OB를 두 반평면 α, β 위에 각각 그을 때, $\angle$AOB의 크기는 점 O의 위치에 관계없이 일정하다. 이 각의 크기를 **이면각의 크기**라 한다.

참고 평면 위의 한 직선은 그 평면을 두 부분으로 나누는데, 그 각각의 부분을 반평면이라 한다.

2 두 평면이 이루는 각

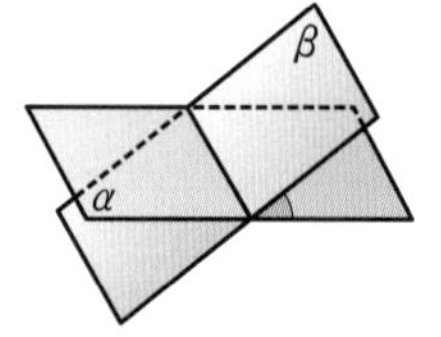

오른쪽 그림과 같이 서로 다른 두 평면이 만나면 네 개의 이면각이 생기는데, 이 중에서 크기가 크지 않은 한 이면각의 크기를 두 평면이 이루는 각의 크기라 한다.

특히 두 평면 α, β가 이루는 각의 크기가 $90°$일 때, 두 평면 α, β는 서로 수직이라 하고, 기호로 $\alpha \perp \beta$와 같이 나타낸다.

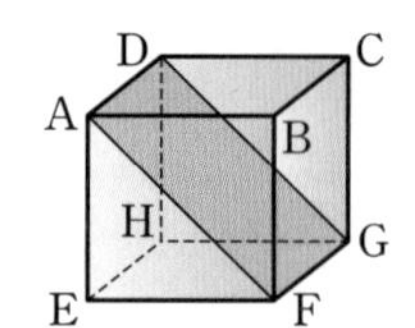

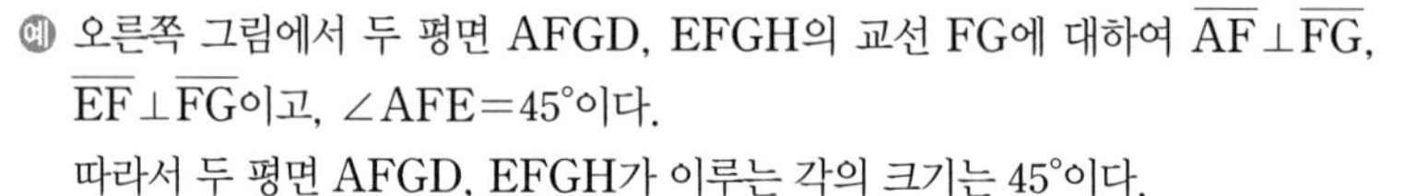

예 오른쪽 그림에서 두 평면 AFGD, EFGH의 교선 FG에 대하여 $\overline{\text{AF}} \perp \overline{\text{FG}}$, $\overline{\text{EF}} \perp \overline{\text{FG}}$이고, $\angle\text{AFE}=45°$이다.
따라서 두 평면 AFGD, EFGH가 이루는 각의 크기는 $45°$이다.

참고 두 평면이 이루는 각의 크기를 θ라 하면 $0° \le \theta \le 90°$이다.

3 두 평면의 수직

공간에서 두 평면의 수직에 대하여 다음 정리가 성립한다.

(1) 평면 α에 수직인 직선 l을 포함하는 평면을 β라 하면
$\alpha \perp \beta$

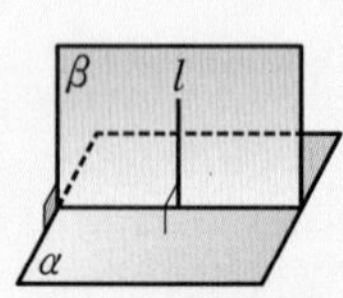

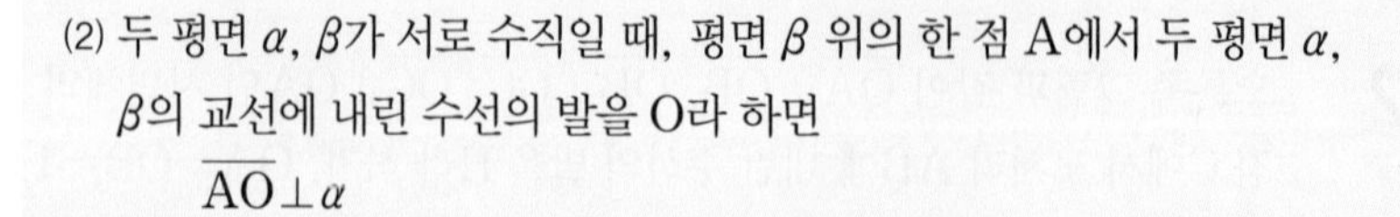

(2) 두 평면 α, β가 서로 수직일 때, 평면 β 위의 한 점 A에서 두 평면 α, β의 교선에 내린 수선의 발을 O라 하면
$\overline{\text{AO}} \perp \alpha$

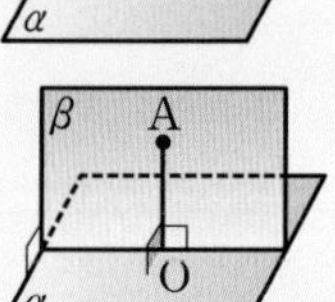

(3) 평면 α에 수직인 두 평면 β, γ가 만날 때, 그 교선을 l이라 하면
$l \perp \alpha$

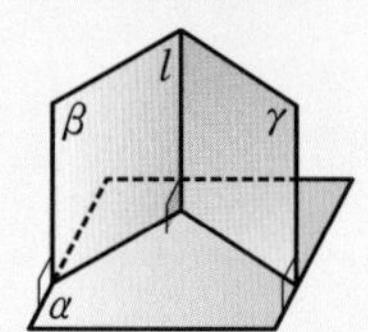

개념 PLUS

두 평면의 수직에 대한 정리

(1) 오른쪽 그림과 같이 두 평면 α, β의 교선을 m이라 하고, 직선 l과 평면 α의 교점을 O, 직선 l 위의 점 O가 아닌 한 점을 A라 하자.

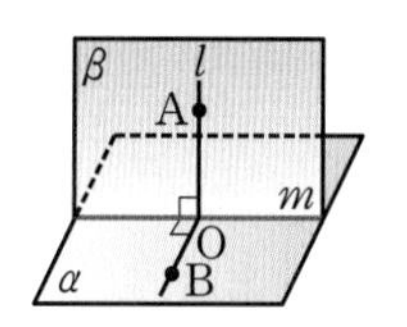

평면 α 위에 점 O를 지나고 직선 m에 수직인 직선 OB를 그으면

$\overline{OA}\perp m$, $\overline{OB}\perp m$

즉, 두 평면 α, β가 이루는 각의 크기는 $\angle AOB$의 크기와 같다.

그런데 $l\perp\alpha$이므로

$\overline{OA}\perp\overline{OB}$ $\quad\therefore\ \angle AOB=90°$

$\therefore\ \alpha\perp\beta$

(2) 오른쪽 그림과 같이 두 평면 α, β의 교선을 m이라 하자.

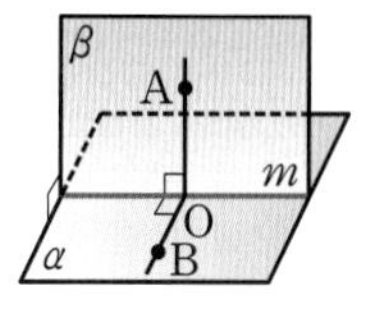

이때 평면 α 위에 점 O를 지나고 직선 m에 수직인 직선 OB를 그으면 $\alpha\perp\beta$이므로

$\overline{AO}\perp\overline{BO}$

또 점 A에서 직선 m에 내린 수선의 발이 점 O이므로

$\overline{AO}\perp m$

따라서 직선 AO는 평면 α 위의 두 직선 BO, m과 각각 수직이므로

$\overline{AO}\perp\alpha$

(3) 오른쪽 그림과 같이 두 평면 α, β와 두 평면 α, γ의 교선을 각각 m, n이라 하고, 두 평면 β, γ 위에 있지 않은 평면 α 위의 한 점 P에서 두 교선 m, n에 내린 수선의 발을 각각 Q, R라 하자.

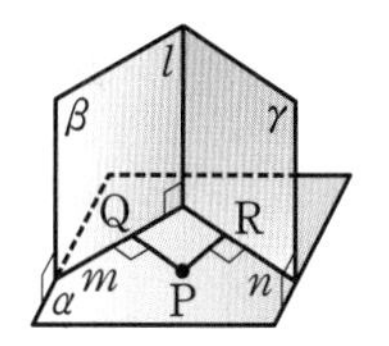

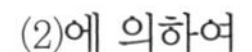
(2)에 의하여

$\overline{PQ}\perp\beta$, $\overline{PR}\perp\gamma$

또 교선 l은 두 평면 β, γ 위의 직선이므로

$\overline{PQ}\perp l$, $\overline{PR}\perp l$

따라서 직선 l은 평면 α 위의 두 직선 PQ, PR와 각각 수직이므로

$l\perp\alpha$

개념 CHECK

정답과 해설 53쪽

1 오른쪽 그림과 같은 정육면체에서 다음 두 면이 이루는 각의 크기를 구하시오.

(1) 면 ABCD와 면 BFGC

(2) 면 AEFB와 면 AEGC

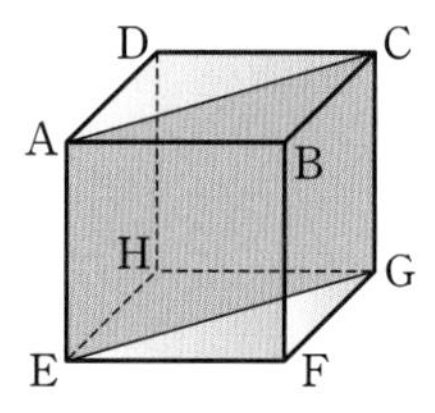

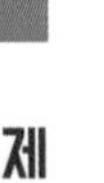

필.수.예.제 03

두 평면이 이루는 각의 크기

유형편 55쪽

오른쪽 그림과 같은 정사면체에서 평면 ABC와 평면 BCD가 이루는 각의 크기를 θ라 할 때, $\cos\theta$의 값을 구하시오.

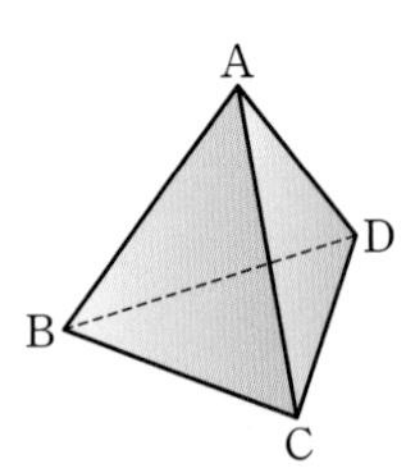

공략 Point

두 평면이 이루는 각의 크기는 다음과 같은 순서로 구한다.
(1) 두 평면의 교선을 찾는다.
(2) 교선에 수직인 직선을 각 평면에 그린다.
(3) 두 직선이 이루는 각의 크기를 구한다.

풀이

모서리 BC의 중점을 M이라 하면 두 삼각형 ABC, BCD는 정삼각형이므로	$\overline{AM}\perp\overline{BC}$, $\overline{DM}\perp\overline{BC}$ ⋯⋯ ㉠
평면 ABC와 평면 BCD가 이루는 각의 크기는 직선 AM과 직선 DM이 이루는 각의 크기와 같으므로	$\angle AMD=\theta$
두 삼각형 ABC, BCD는 합동인 정삼각형이므로	$\overline{AM}=\overline{DM}$
점 A에서 삼각형 BCD에 내린 수선의 발을 H라 하면 삼수선의 정리에 의하여	$\overline{HM}\perp\overline{BC}$ ⋯⋯ ㉡
㉠, ㉡에 의하여	점 H는 선분 DM 위에 있다.
같은 방법으로 하면	점 H는 점 B에서 모서리 CD에 내린 수선 위에 있다.
즉, 점 H는 삼각형 BCD의 무게중심이므로	$\overline{HM}=\frac{1}{3}\overline{DM}=\frac{1}{3}\overline{AM}$ ◀ 점 H는 선분 DM을 2 : 1로 내분한다.
따라서 직각삼각형 AMH에서	$\cos\theta=\frac{\overline{HM}}{\overline{AM}}=\mathbf{\frac{1}{3}}$

정답과 해설 53쪽

문제

03-1 오른쪽 그림과 같이 한 모서리의 길이가 2인 정육면체에서 평면 CHF와 평면 EFGH가 이루는 각의 크기를 θ라 할 때, $\cos\theta$의 값을 구하시오.

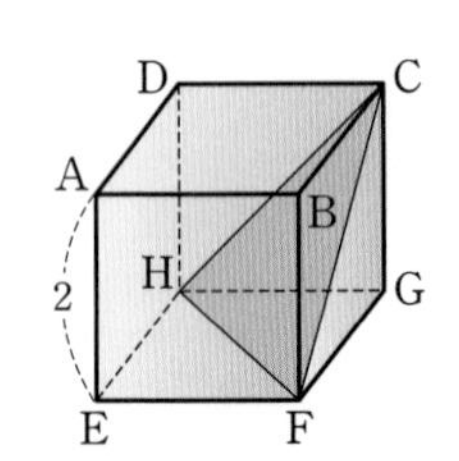

03-2 오른쪽 그림과 같이 밑면이 정사각형이고 옆면이 모두 정삼각형인 사각뿔에서 평면 ABC와 평면 BCDE가 이루는 각의 크기를 θ라 할 때, $\cos\theta$의 값을 구하시오.

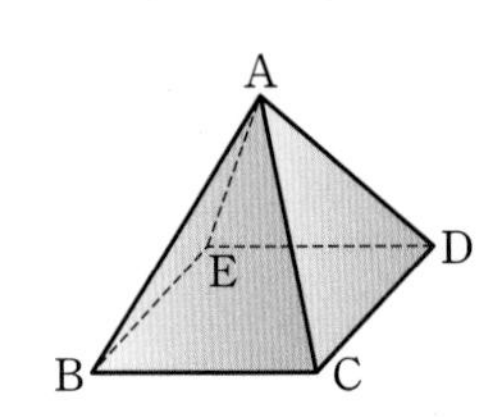

정사영

1 정사영

한 점 P에서 평면 α에 내린 수선의 발을 P′이라 할 때, 점 P′을 점 P의 평면 α 위로의 **정사영**이라 한다. 또 도형 F에 속하는 각 점의 평면 α 위로의 정사영으로 이루어진 도형을 F'이라 할 때, 도형 F'을 도형 F의 평면 α 위로의 정사영이라 한다.

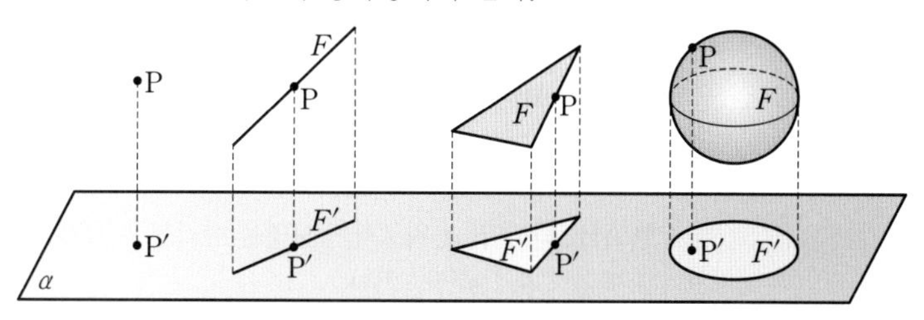

참고 일반적으로 평면 위로의 정사영은 다음과 같다.

	점	직선	다각형	구
정사영	점	직선 또는 한 점	다각형 또는 선분	원

2 정사영의 길이

(1) 직선과 평면이 이루는 각

오른쪽 그림과 같이 직선 l과 평면 α가 한 점에서 만나고 수직이 아닐 때, 직선 l의 평면 α 위로의 정사영을 직선 l'이라 하자. 이때 두 직선 l, l'이 이루는 각을 직선 l과 평면 α가 이루는 각이라 한다.

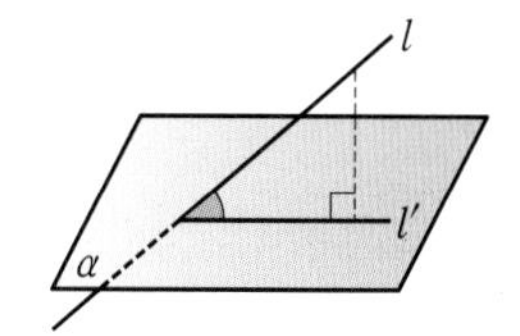

참고 $l /\!/ \alpha$일 때 직선 l과 평면 α가 이루는 각의 크기는 $0°$이고, $l \perp \alpha$일 때 직선 l과 평면 α가 이루는 각의 크기는 $90°$이다.

(2) 정사영의 길이

선분 AB의 평면 α 위로의 정사영을 선분 A′B′이라 하고, 직선 AB와 평면 α가 이루는 각의 크기를 $\theta\,(0° \le \theta \le 90°)$라 하면

$$\overline{\mathrm{A'B'}} = \overline{\mathrm{AB}} \cos\theta$$

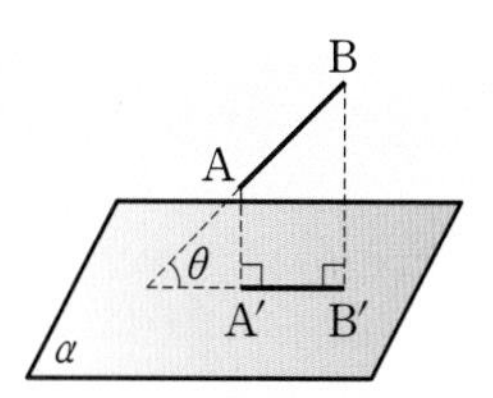

3 정사영의 넓이

평면 β 위에 있는 도형의 넓이를 S, 이 도형의 평면 α 위로의 정사영의 넓이를 S'이라 할 때, 두 평면 α, β가 이루는 각의 크기를 $\theta\,(0° \le \theta \le 90°)$라 하면

$$S' = S\cos\theta$$

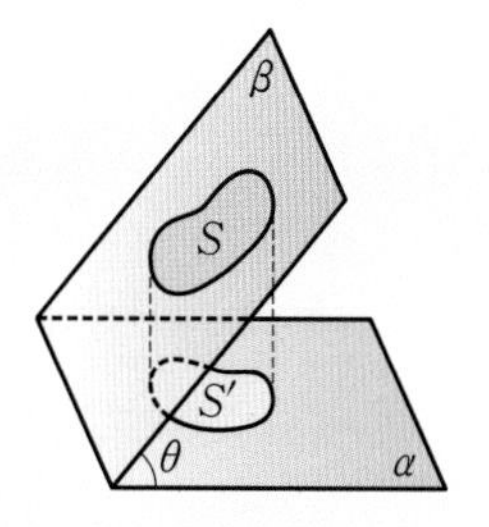

개념 PLUS

정사영의 길이

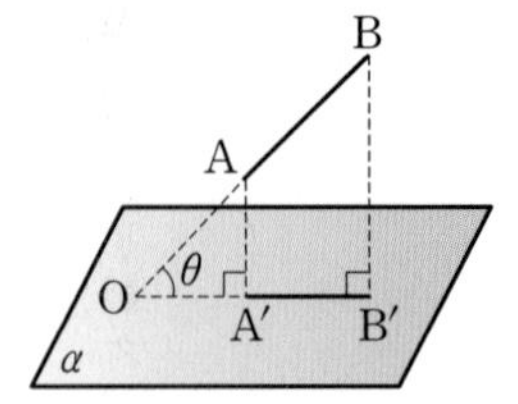

오른쪽 그림과 같이 선분 AB의 평면 α 위로의 정사영을 선분 A′B′이라 하고, 직선 AB와 평면 α가 이루는 각의 크기를 $\theta\ (0^\circ<\theta<90^\circ)$라 하자.
두 직선 AB, A′B′의 교점을 O라 하면

$$\overline{\mathrm{OA'}}=\overline{\mathrm{OA}}\cos\theta,\ \overline{\mathrm{OB'}}=\overline{\mathrm{OB}}\cos\theta$$

$$\therefore\ \overline{\mathrm{A'B'}}=\overline{\mathrm{OB'}}-\overline{\mathrm{OA'}}=(\overline{\mathrm{OB}}-\overline{\mathrm{OA}})\cos\theta=\overline{\mathrm{AB}}\cos\theta$$

한편 선분 AB가 평면 α와 평행하거나 수직인 경우에도 위의 식은 성립한다.

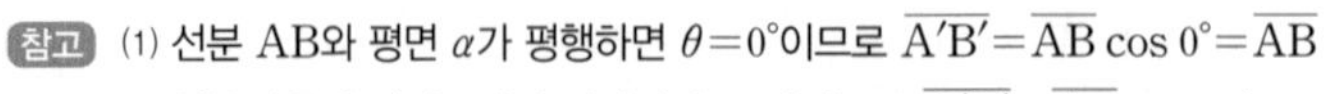

참고 (1) 선분 AB와 평면 α가 평행하면 $\theta=0^\circ$이므로 $\overline{\mathrm{A'B'}}=\overline{\mathrm{AB}}\cos 0^\circ=\overline{\mathrm{AB}}$
(2) 선분 AB와 평면 α가 수직이면 $\theta=90^\circ$이므로 $\overline{\mathrm{A'B'}}=\overline{\mathrm{AB}}\cos 90^\circ=0$

정사영의 넓이

삼각형 ABC의 평면 α 위로의 정사영을 삼각형 A′B′C′이라 하고, 평면 α와 평면 ABC가 이루는 각의 크기를 $\theta\ (0^\circ<\theta<90^\circ)$라 하자.
오른쪽 그림과 같이 변 BC와 평면 α가 평행한 경우에 변 BC를 포함하고 평면 α에 평행한 평면을 β, 점 A에서 변 BC에 내린 수선의 발을 H, 평면 β와 직선 AA′의 교점을 A″이라 하면 삼수선의 정리에 의하여

$$\overline{\mathrm{A''H}}\perp\overline{\mathrm{BC}}$$ ◀ $\overline{\mathrm{AA''}}\perp\beta$, $\overline{\mathrm{AH}}\perp\overline{\mathrm{BC}}$

따라서 $\angle\mathrm{AHA''}=\theta$이므로 두 삼각형 ABC, A′B′C′의 넓이를 각각 S, S'이라 하면

$$S'=\triangle\mathrm{A'B'C'}=\triangle\mathrm{A''BC}$$
$$=\frac{1}{2}\times\overline{\mathrm{BC}}\times\overline{\mathrm{A''H}}=\frac{1}{2}\times\overline{\mathrm{BC}}\times\overline{\mathrm{AH}}\cos\theta$$ ◀ $\overline{\mathrm{A''H}}=\overline{\mathrm{AH}}\cos\theta$
$$=S\cos\theta$$ ◀ $S=\frac{1}{2}\times\overline{\mathrm{BC}}\times\overline{\mathrm{AH}}$

한편 $S'=S\cos\theta$는 변 BC가 평면 α와 평행하지 않은 경우에도 성립하고, 평면 ABC가 평면 α와 평행하거나 수직인 경우에도 성립한다.

개념 CHECK

정답과 해설 54쪽

1 오른쪽 그림과 같은 직육면체에서 다음을 구하시오.

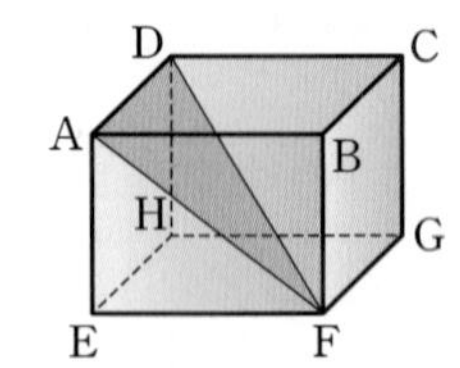

(1) 점 A의 평면 EFGH 위로의 정사영
(2) 선분 DF의 평면 DHGC 위로의 정사영
(3) 삼각형 AFD의 평면 EFGH 위로의 정사영
(4) 삼각형 AFD의 평면 AEFB 위로의 정사영

2 직선 AB와 평면 α가 이루는 각의 크기가 60°일 때, 길이가 10인 선분 AB의 평면 α 위로의 정사영의 길이를 구하시오.

3 두 평면 α, β가 이루는 각의 크기가 45°이고 평면 β 위에 있는 도형의 넓이가 6일 때, 이 도형의 평면 α 위로의 정사영의 넓이를 구하시오.

정사영의 길이

유형편 56쪽

오른쪽 그림과 같이 평면 α 위에 있는 한 변의 길이가 4인 정사각형 ABCD의 평면 β 위로의 정사영을 사각형 A′B′C′D′이라 하자. 두 평면 α, β가 이루는 각의 크기는 $45°$이고 직선 BC가 평면 β와 평행할 때, 사각형 A′B′C′D′의 둘레의 길이를 구하시오.

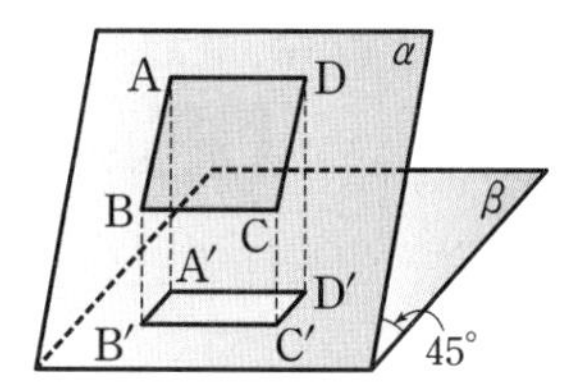

공략 Point

선분 AB의 평면 α 위로의 정사영을 선분 A′B′이라 하고, 직선 AB와 평면 α가 이루는 각의 크기를 θ $(0° \le \theta \le 90°)$라 하면

$\overline{A'B'}=\overline{AB}\cos\theta$

풀이

직선 AB와 평면 β가 이루는 각의 크기는 $45°$이므로	$\overline{A'B'}=\overline{AB}\cos 45°=4\times\frac{\sqrt{2}}{2}=2\sqrt{2}$
$\overline{BC} /\!/ \beta$에서 직선 BC와 평면 β가 이루는 각의 크기는 $0°$이므로	$\overline{B'C'}=\overline{BC}\cos 0°=4\times 1=4$
따라서 사각형 A′B′C′D′의 둘레의 길이는	$2(\overline{A'B'}+\overline{B'C'})=2(2\sqrt{2}+4)=\mathbf{4\sqrt{2}+8}$

정답과 해설 54쪽

문제

04-1 오른쪽 그림과 같이 직선 l 위의 두 점 A, B의 평면 α 위로의 정사영을 각각 A′, B′이라 할 때, $\overline{A'B'}=6$이다. 직선 l과 평면 α가 이루는 각의 크기 θ에 대하여 $\tan\theta=\sqrt{3}$일 때, 선분 AB의 길이를 구하시오.

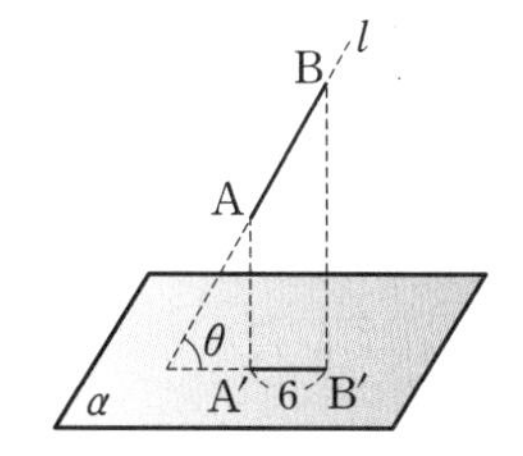

04-2 오른쪽 그림과 같이 평면 α 위에 있는 $\overline{AB}=2$, $\overline{BC}=3$, $\angle B=90°$인 직각삼각형 ABC의 평면 β 위로의 정사영을 삼각형 A′B′C′이라 하자. 두 평면 α, β가 이루는 각의 크기는 $30°$이고 직선 BC가 평면 β와 평행할 때, 삼각형 A′B′C′의 둘레의 길이를 구하시오.

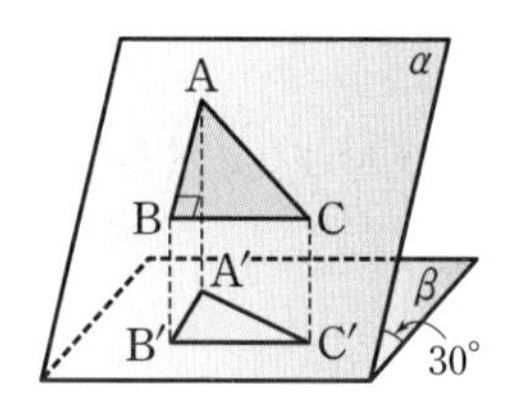

04-3 오른쪽 그림과 같이 한 모서리의 길이가 2인 정육면체에서 모서리 HG의 중점을 M이라 할 때, 선분 AM의 평면 EFGH 위로의 정사영의 길이를 구하시오.

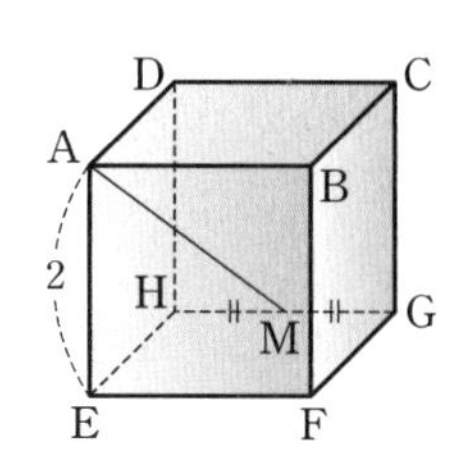

필.수.예.제 **05**

정사영의 넓이

유형편 57쪽

오른쪽 그림과 같이 밑면의 반지름의 길이가 8인 원기둥을 밑면과 45°의 각을 이루는 평면으로 자를 때 생기는 단면의 넓이를 구하시오.

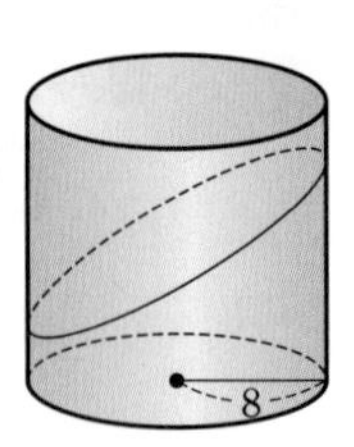

공략 Point

두 평면 α, β가 이루는 각의 크기가 θ $(0° \le \theta \le 90°)$이고, 평면 β 위의 도형 F의 평면 α 위로의 정사영을 F'이라 하면

(F'의 넓이)
=(F의 넓이)$\times \cos\theta$

풀이

원기둥의 단면의 밑면을 포함한 평면 위로의 정사영은 원기둥의 밑면이다.

원기둥의 밑면인 원의 넓이는	$\pi \times 8^2 = 64\pi$
단면과 밑면이 이루는 각의 크기가 45°이므로 단면의 넓이를 S라 하면	$S\cos 45° = 64\pi$, $\frac{\sqrt{2}}{2}S = 64\pi$ $\therefore S = \mathbf{64\sqrt{2}\pi}$

정답과 해설 54쪽

문제

05-1 평면 α 위에 세 변의 길이가 5, 12, 13인 삼각형 ABC가 있다. 두 평면 α, β가 이루는 각의 크기가 60°일 때, 삼각형 ABC의 평면 β 위로의 정사영의 넓이를 구하시오.

05-2 오른쪽 그림과 같이 한 변의 길이가 4인 정삼각형을 밑면으로 하는 삼각기둥을 밑면과 30°의 각을 이루는 평면으로 자를 때 생기는 단면의 넓이를 구하시오.

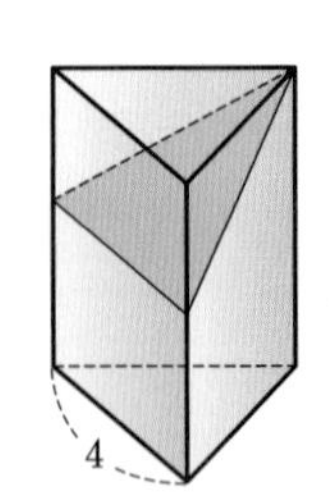

05-3 오른쪽 그림과 같이 한 모서리의 길이가 6인 정육면체가 있다. 두 모서리 EF, HG의 중점을 각각 M, N이라 할 때, 사각형 AEHD의 평면 AMND 위로의 정사영의 넓이를 구하시오.

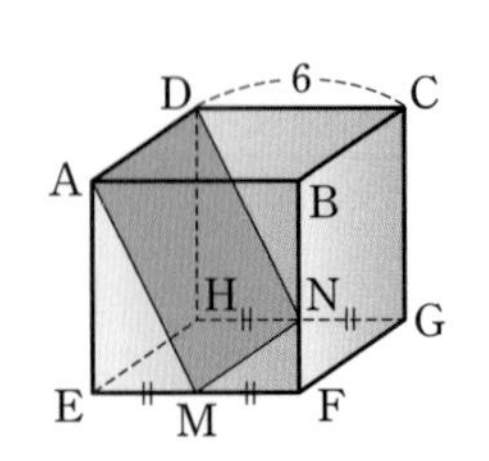

필.수.예.제
06

정사영의 넓이의 활용 - 두 평면이 이루는 각

유형편 57쪽

오른쪽 그림과 같이 한 모서리의 길이가 2인 정육면체에 대하여 다음 물음에 답하시오.

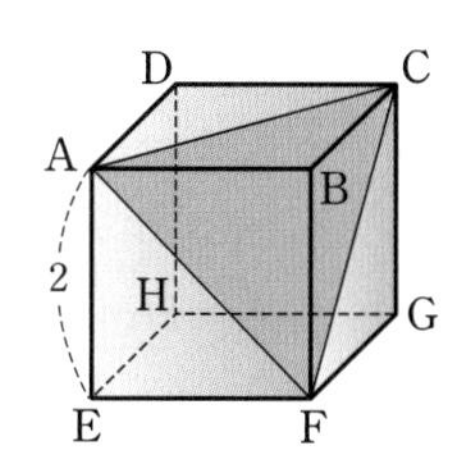

(1) 삼각형 AFC의 평면 EFGH 위로의 정사영의 넓이를 구하시오.

(2) 평면 AFC와 평면 EFGH가 이루는 각의 크기를 θ라 할 때, $\cos\theta$의 값을 구하시오.

공략 Point

두 평면이 이루는 각의 크기를 구할 때, 두 평면의 교선을 찾기 어려운 경우에는 정사영을 이용하여 그 크기를 구한다.

풀이

(1) 두 꼭짓점 A, C에서 평면 EFGH에 내린 수선의 발이 각각 E, G이므로 삼각형 AFC의 평면 EFGH 위로의 정사영은 삼각형 EFG이다.

따라서 삼각형 EFG의 넓이는	$\triangle EFG=\frac{1}{2}\times\overline{EF}\times\overline{FG}=\frac{1}{2}\times2\times2=\mathbf{2}$

(2) 직각삼각형 ABC에서	$\overline{AC}=\sqrt{\overline{AB}^2+\overline{BC}^2}=\sqrt{2^2+2^2}=2\sqrt{2}$
삼각형 AFC는 한 변의 길이가 $2\sqrt{2}$인 정삼각형이므로	$\triangle AFC=\frac{\sqrt{3}}{4}\times(2\sqrt{2})^2=2\sqrt{3}$
따라서 $\triangle EFG=\triangle AFC\cos\theta$이므로	$2=2\sqrt{3}\cos\theta \quad \therefore \cos\theta=\frac{\sqrt{3}}{3}$

정답과 해설 55쪽

문제

06-1 오른쪽 그림과 같이 밑면이 정사각형이고 모든 옆면이 이등변삼각형인 사각뿔에 대하여 다음 물음에 답하시오.

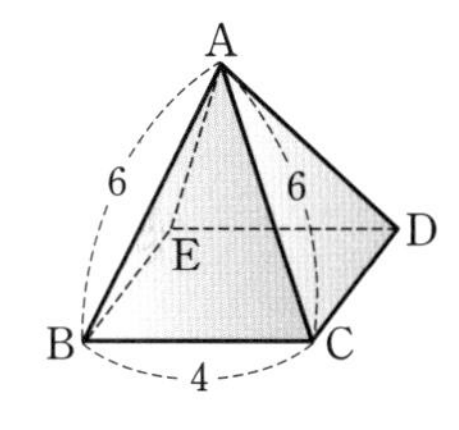

(1) 삼각형 ABC의 평면 BCDE 위로의 정사영의 넓이를 구하시오.

(2) 평면 ABC와 평면 BCDE가 이루는 각의 크기를 θ라 할 때, $\cos\theta$의 값을 구하시오.

06-2 오른쪽 그림과 같이 한 모서리의 길이가 4인 정육면체에서 두 모서리 DC, EF의 중점을 각각 M, N이라 하자. 평면 ABCD와 평면 ANGM이 이루는 각의 크기를 θ라 할 때, $\cos\theta$의 값을 구하시오.

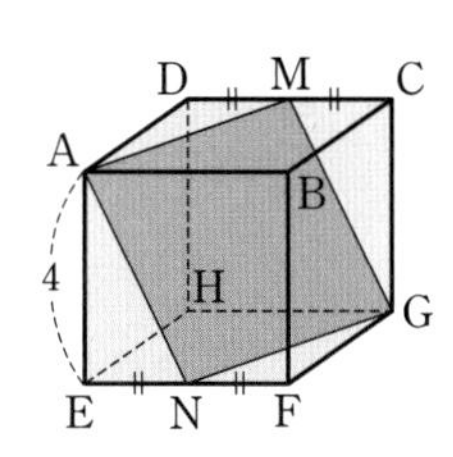

연습문제

1 오른쪽 그림과 같이 평면 α 위에 있지 않은 한 점 P에서 평면 α에 내린 수선의 발을 O, 점 O에서 평면 α 위의 직선 AB에 내린 수선의 발을 H라 하자. $\overline{PA}=12$, $\overline{OP}=6$, $\overline{AH}=9$일 때, 선분 OH의 길이를 구하시오.

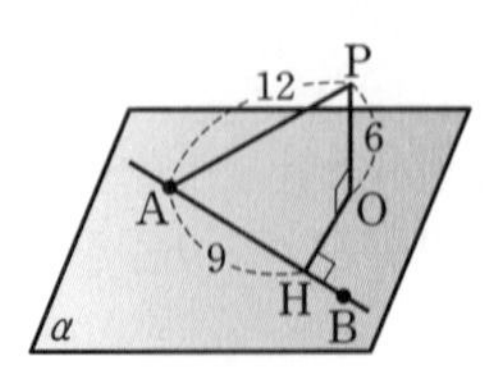

평가원

2 그림과 같이 평면 α 위에 넓이가 24인 삼각형 ABC가 있다. 평면 α 위에 있지 않은 점 P에서 평면 α에 내린 수선의 발을 H, 직선 AB에 내린 수선의 발을 Q라 하자. 점 H가 삼각형 ABC의 무게중심이고, $\overline{PH}=4$, $\overline{AB}=8$일 때, 선분 PQ의 길이는?

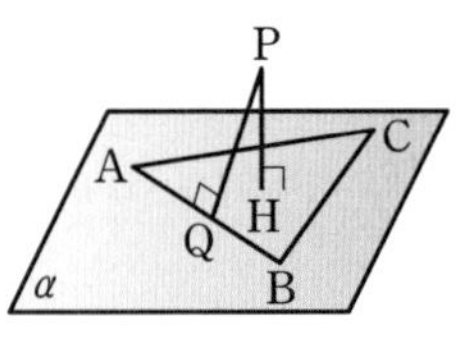

① $3\sqrt{2}$ ② $2\sqrt{5}$ ③ $\sqrt{22}$
④ $2\sqrt{6}$ ⑤ $\sqrt{26}$

3 오른쪽 그림과 같이 서로 수직인 두 평면 α, β의 교선 l에 대하여 평면 α 위의 직선 m과 평면 β 위의 직선 n이 직선 l 위의 점 P에서 만나고, 직선 l과 각각 $60°$, $45°$의 각을 이룬다. 두 직선 m, n이 이루는 각의 크기를 θ라 할 때, $\cos\theta$의 값을 구하시오.

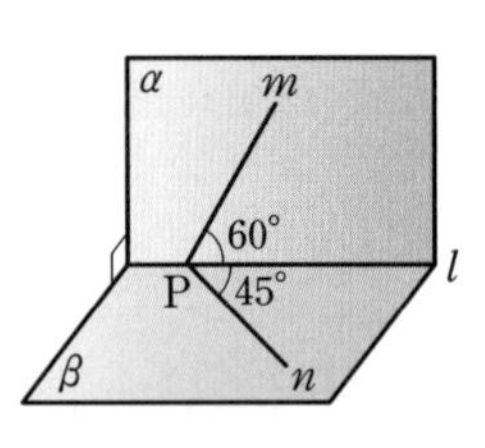

4 오른쪽 그림과 같이 $\overline{AB}=3$, $\overline{AC}=4$, $\angle CAB=90°$인 삼각기둥의 꼭짓점 A에서 모서리 EF에 내린 수선의 발을 H라 할 때, $\overline{AH}=\frac{13}{5}$이다. 이때 선분 AD의 길이는?

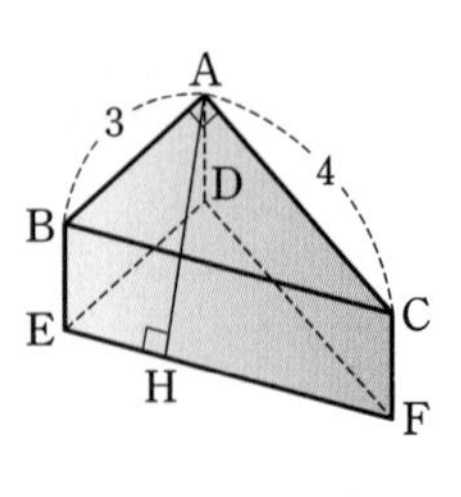

① $\frac{1}{2}$ ② 1 ③ $\frac{3}{2}$
④ 2 ⑤ $\frac{5}{2}$

5 오른쪽 그림과 같은 정사면체에서 모서리 AD의 중점을 M이라 하고 평면 MBC와 평면 BCD가 이루는 각의 크기를 θ라 할 때, $\cos\theta$의 값은?

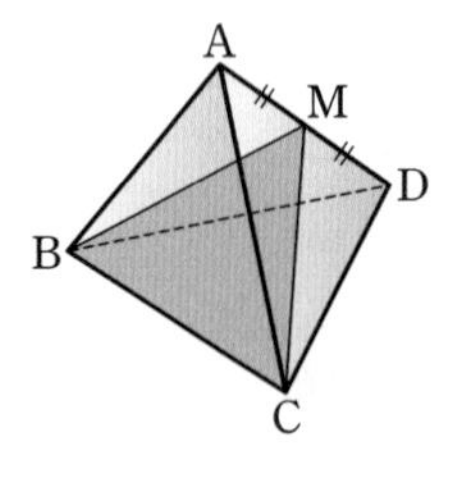

① $\frac{1}{3}$ ② $\frac{1}{2}$ ③ $\frac{2}{3}$
④ $\frac{\sqrt{2}}{2}$ ⑤ $\frac{\sqrt{6}}{3}$

6 오른쪽 그림과 같이 $\overline{EF}=\overline{FG}=4$인 직육면체에서 평면 CHF와 평면 FGH가 이루는 각의 크기가 $60°$일 때, 모서리 CG의 길이를 구하시오.

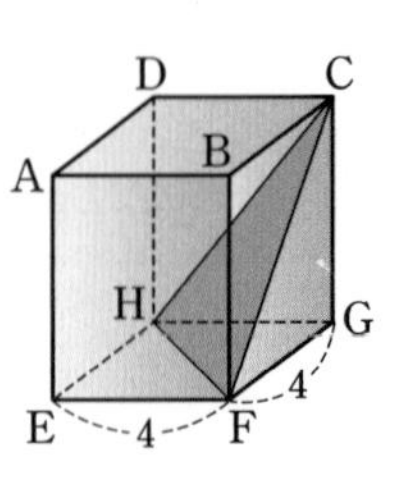

교육청

7 그림과 같이 사면체 ABCD의 각 모서리의 길이는
$\overline{AB}=\overline{AC}=7$, $\overline{BD}=\overline{CD}=5$, $\overline{BC}=6$, $\overline{AD}=4$이다. 평면 ABC와 평면 BCD가 이루는 각의 크기를 θ라 할 때, $\cos\theta$의 값은?

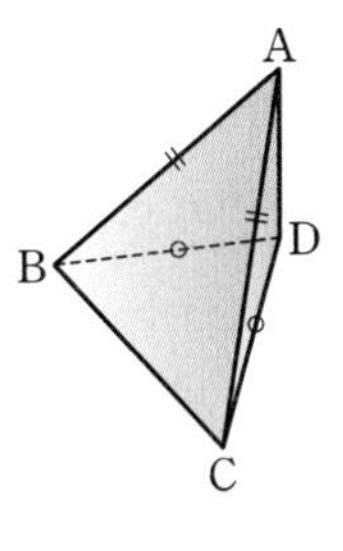

① $\frac{\sqrt{2}}{3}$ ② $\frac{\sqrt{3}}{3}$ ③ $\frac{3}{4}$
④ $\frac{\sqrt{10}}{4}$ ⑤ $\frac{\sqrt{10}}{5}$

8 오른쪽 그림과 같이 한 모서리의 길이가 4인 정육면체에서 선분 AG와 평면 EFGH가 이루는 각의 크기를 θ라 할 때, $\cos\theta$의 값을 구하시오.

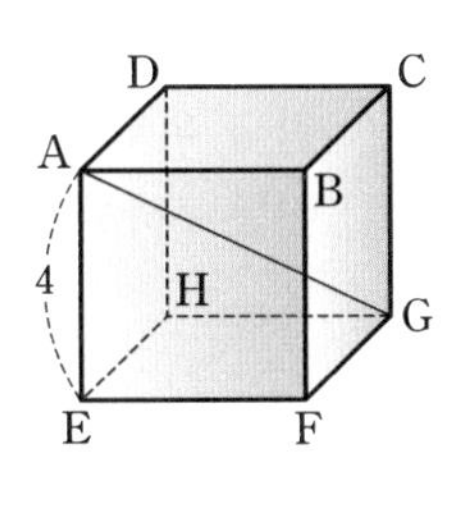

9 오른쪽 그림과 같이 두 평면 α, β가 이루는 각의 크기는 30°이다. 평면 α에 포함되는 한 변의 길이가 4인 정삼각형 ABC의 두 꼭짓점 B, C가 두 평면 α, β의 교선 l 위에 있을 때, 선분 AB의 평면 β 위로의 정사영의 길이를 구하시오.

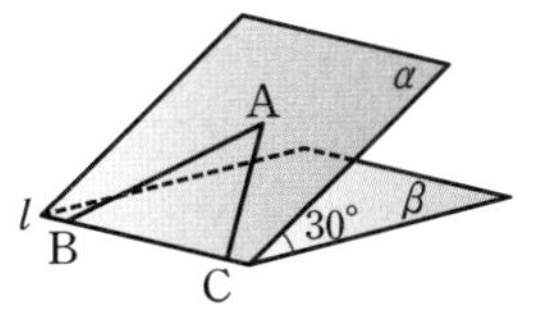

10 오른쪽 그림과 같이 한 모서리의 길이가 10인 정육면체에서 선분 CF의 평면 DHFB 위로의 정사영의 길이를 구하시오.

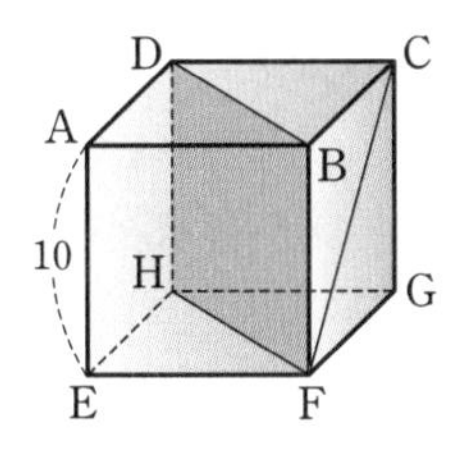

11 오른쪽 그림과 같이 반지름의 길이가 2인 반구에서 밑면인 원의 중심을 O, 지름의 양 끝 점을 각각 A, B라 하자. 이 반구를 점 B를 지나고 밑면과 45°의 각을 이루는 평면으로 자를 때 생기는 단면의 밑면 위로의 정사영의 넓이를 구하시오.

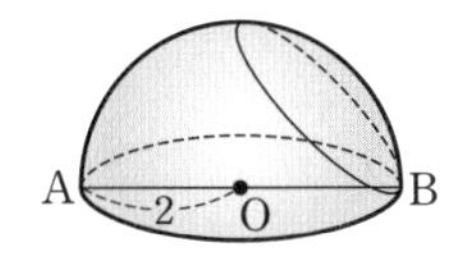

12 오른쪽 그림과 같이 한 변의 길이가 4인 정사각형 ABCD에서 네 꼭짓점 A, B, C, D는 평면 α 위에 있지 않고, 대각선 BD는 평면 α와 평행하며 정사각형 ABCD의 평면 α 위로의 정사영이 한 변의 길이가 3인 마름모 A′B′C′D′이다. 정사각형 ABCD와 평면 α가 이루는 각의 크기를 θ라 할 때, $\cos\theta$의 값을 구하시오.

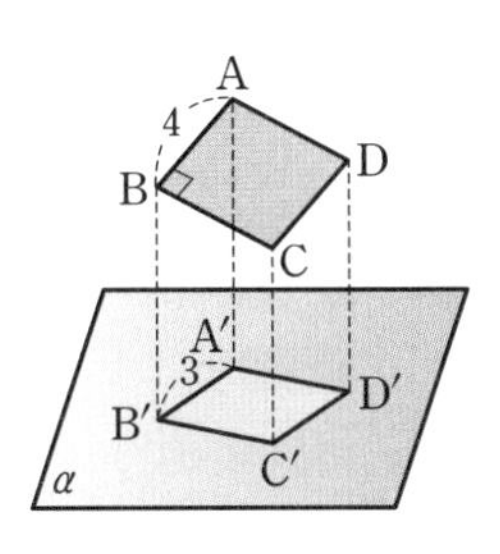

연습문제

13 오른쪽 그림과 같이 $\overline{AD}=2$, $\overline{AE}=\overline{EF}=4$인 직육면체에서 두 모서리 DH, BF의 중점을 각각 M, N이라 하자. 평면 MEN과 평면 EFGH가 이루는 각의 크기를 θ라 할 때, $\cos\theta$의 값은?

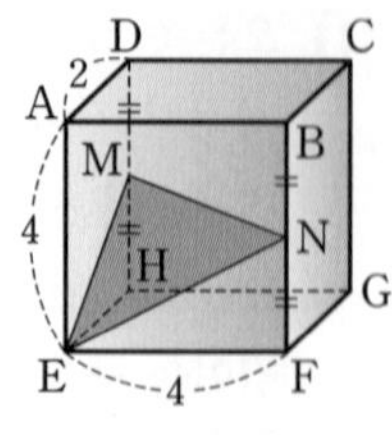

① $\frac{1}{3}$ ② $\frac{\sqrt{2}}{3}$ ③ $\frac{\sqrt{3}}{3}$
④ $\frac{2}{3}$ ⑤ $\frac{\sqrt{5}}{3}$

14 오른쪽 그림과 같이 모든 모서리의 길이가 1인 사각뿔의 꼭짓점 O에서 평면 ABCD 위에 내린 수선의 발을 E라 할 때, 삼각형 EAB의 평면 OAB 위로의 정사영의 넓이를 구하시오.

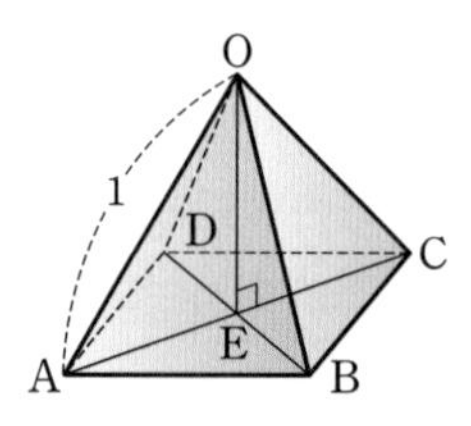

실력

수능

15 평면 α 위에 $\angle A=90°$이고 $\overline{BC}=6$인 직각이등변삼각형 ABC가 있다. 평면 α 밖의 한 점 P에서 이 평면까지의 거리가 4이고, 점 P에서 평면 α에 내린 수선의 발이 점 A일 때, 점 P에서 직선 BC까지의 거리는?

① $3\sqrt{2}$ ② 5 ③ $3\sqrt{3}$
④ $4\sqrt{2}$ ⑤ 6

16 오른쪽 그림과 같이 밑면의 반지름의 길이가 2인 원기둥을 밑면과 45°의 각을 이루는 평면으로 자른 단면은 타원이다. 이 타원의 두 초점 사이의 거리를 구하시오.

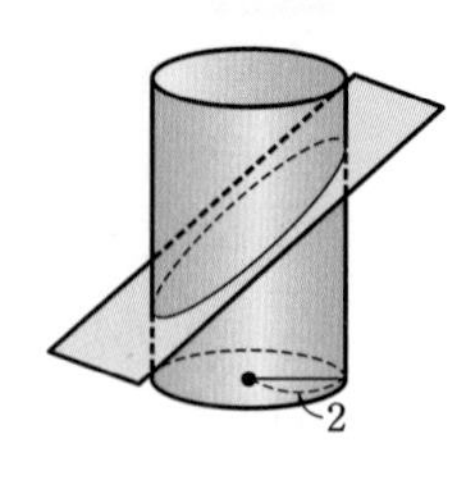

17 오른쪽 그림과 같이 반지름의 길이가 1인 반구의 밑면을 포함하는 평면과 평면 α가 이루는 각의 크기가 60°일 때, 반구의 평면 α 위로의 정사영의 넓이를 구하시오.

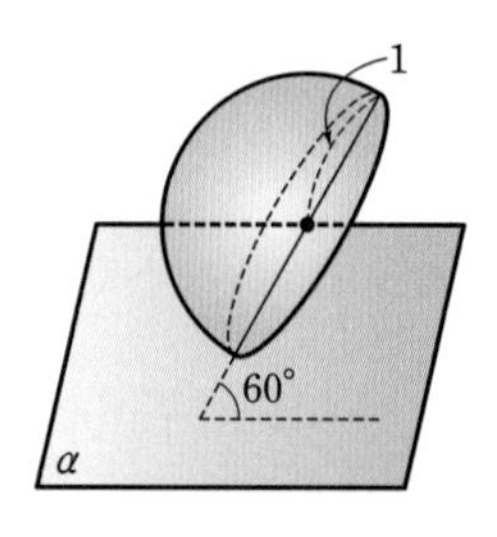

18 오른쪽 그림과 같이 구 모양의 풍선이 지면 위에 떠 있다. 태양 광선이 지면과 이루는 각의 크기가 30°일 때, 지면 위에 생긴 풍선의 그림자의 넓이는 $72\pi\,\text{cm}^2$이다. 이때 풍선의 반지름의 길이는?

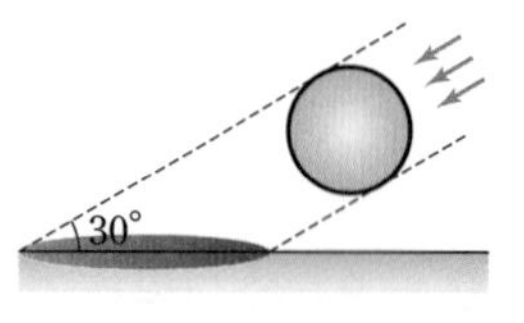

① 3 cm ② 4 cm ③ 5 cm
④ 6 cm ⑤ 7 cm

Ⅲ

공간도형과 공간좌표

공간에서의 점의 좌표

1 공간좌표

(1) 좌표공간

오른쪽 그림과 같이 공간의 한 점 O에서 서로 직교하는 세 수직선을 그었을 때, 점 O를 원점, 세 수직선을 각각 x축, y축, z축이라 하고, 이 세 축을 좌표축이라 한다. 이와 같이 좌표축이 정해진 공간을 **좌표공간**이라 한다.

또 x축과 y축을 포함하는 평면을 xy평면, y축과 z축을 포함하는 평면을 yz평면, z축과 x축을 포함하는 평면을 zx평면이라 하고, 이 세 평면을 좌표평면이라 한다.

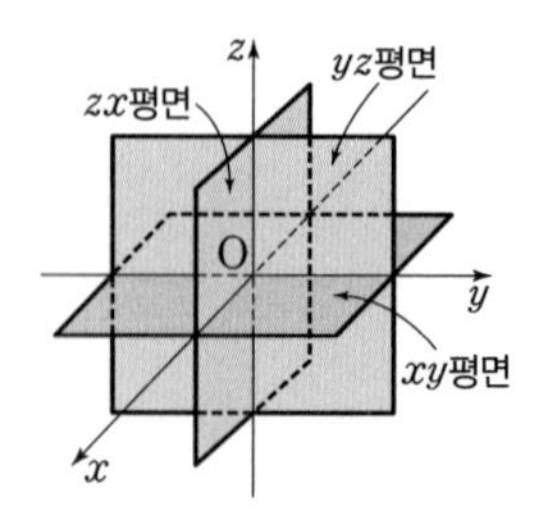

(2) 공간좌표

오른쪽 그림과 같이 좌표공간의 한 점 P에 대응하는 세 실수의 순서쌍 (a, b, c)를 점 P의 **공간좌표** 또는 좌표라 하고, 기호로 $\mathbf{P(a, b, c)}$와 같이 나타낸다.

이때 a, b, c를 차례대로 점 P의 x좌표, y좌표, z좌표라 한다.

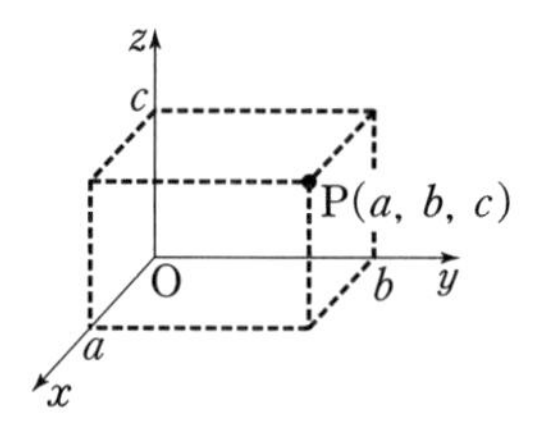

참고 • 좌표공간에서 원점의 좌표는 $(0, 0, 0)$이다.
• xy평면 위에 있는 점의 z좌표는 모두 0이므로 xy평면을 $z=0$으로 나타낼 수 있다.
마찬가지로 yz평면은 $x=0$, zx평면은 $y=0$으로 나타낼 수 있다.

2 수선의 발의 좌표

좌표공간의 점 (a, b, c)에서 좌표축 또는 좌표평면에 내린 수선의 발의 좌표는 다음과 같다.

(1) 좌표축에 내린 수선의 발

① x축 ➡ $(a, 0, 0)$ ② y축 ➡ $(0, b, 0)$ ③ z축 ➡ $(0, 0, c)$

(2) 좌표평면에 내린 수선의 발

① xy평면 ➡ $(a, b, 0)$ ② yz평면 ➡ $(0, b, c)$ ③ zx평면 ➡ $(a, 0, c)$

참고 좌표공간의 점에서 좌표평면에 내린 수선의 발은 그 점의 좌표평면 위로의 정사영과 같다.

3 대칭인 점의 좌표

좌표공간의 점 (a, b, c)와 좌표축 또는 좌표평면 또는 원점에 대하여 대칭인 점의 좌표는 다음과 같다.

(1) 좌표축에 대하여 대칭인 점

① x축 ➡ $(a, -b, -c)$ ② y축 ➡ $(-a, b, -c)$ ③ z축 ➡ $(-a, -b, c)$

(2) 좌표평면에 대하여 대칭인 점

① xy평면 ➡ $(a, b, -c)$ ② yz평면 ➡ $(-a, b, c)$ ③ zx평면 ➡ $(a, -b, c)$

(3) 원점에 대하여 대칭인 점 ➡ $(-a, -b, -c)$

개념 PLUS

공간에서의 점의 위치를 나타내는 방법

수직선에서의 점의 위치는 하나의 실수로 된 좌표로 나타낼 수 있고, 평면에서의 점의 위치는 두 실수의 순서쌍으로 된 좌표로 나타낼 수 있다.

이제 공간에서의 점의 위치를 나타내는 방법에 대하여 알아보자.

오른쪽 그림과 같이 좌표공간에 있는 한 점 P를 지나고 yz평면, zx평면, xy평면에 평행한 평면이 x축, y축, z축과 만나는 점을 각각 A, B, C라 하자. 세 점 A, B, C의 x축, y축, z축 위에서의 좌표를 각각 a, b, c라 할 때, 점 P에 대응하는 세 실수의 순서쌍 (a, b, c)가 하나로 정해진다.

역으로 세 실수의 순서쌍 (a, b, c)가 주어지면 x축, y축, z축 위에서의 좌표가 각각 a, b, c인 점 P가 하나로 정해진다.

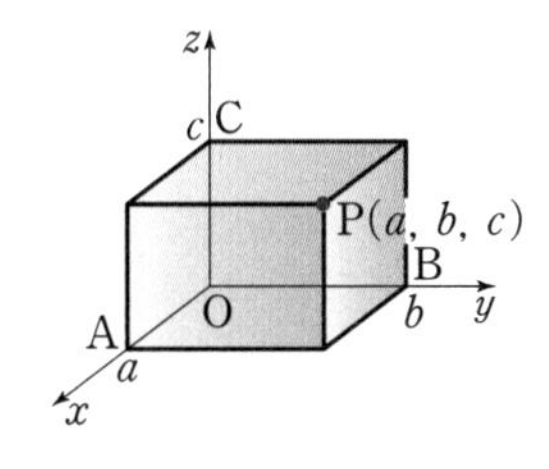

따라서 좌표공간의 한 점 P와 세 실수의 순서쌍 (a, b, c)는 일대일로 대응한다.

직육면체를 이용한 좌표축 또는 좌표평면에 내린 수선의 발의 좌표

좌표공간의 점 $P(a, b, c)$에 대하여

(1) 점 P에서 x축, y축, z축에 내린 수선의 발을 각각 A, B, C라 하면

$A(a, 0, 0)$ ◀ y좌표, z좌표가 0

$B(0, b, 0)$ ◀ x좌표, z좌표가 0

$C(0, 0, c)$ ◀ x좌표, y좌표가 0

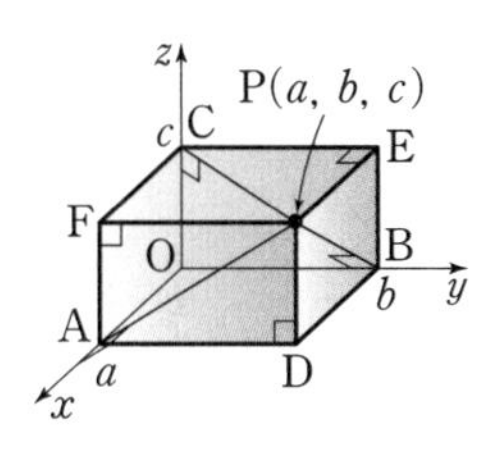

(2) 점 P에서 xy평면, yz평면, zx평면에 내린 수선의 발을 각각 D, E, F라 하면

$D(a, b, 0)$ ◀ z좌표가 0

$E(0, b, c)$ ◀ x좌표가 0

$F(a, 0, c)$ ◀ y좌표가 0

직육면체를 이용한 좌표축 또는 좌표평면 또는 원점에 대하여 대칭인 점의 좌표

좌표공간의 점 $P(a, b, c)$에 대하여

(1) 점 P와 x축, y축, z축에 대하여 대칭인 점을 각각 A, B, C라 하면

$A(a, -b, -c)$ ◀ y좌표, z좌표의 부호가 반대

$B(-a, b, -c)$ ◀ x좌표, z좌표의 부호가 반대

$C(-a, -b, c)$ ◀ x좌표, y좌표의 부호가 반대

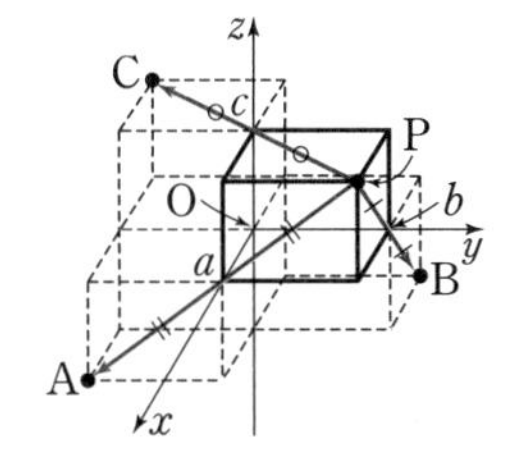

(2) 점 P와 xy평면, yz평면, zx평면에 대하여 대칭인 점을 각각 D, E, F라 하면

$D(a, b, -c)$ ◀ z좌표의 부호가 반대

$E(-a, b, c)$ ◀ x좌표의 부호가 반대

$F(a, -b, c)$ ◀ y좌표의 부호가 반대

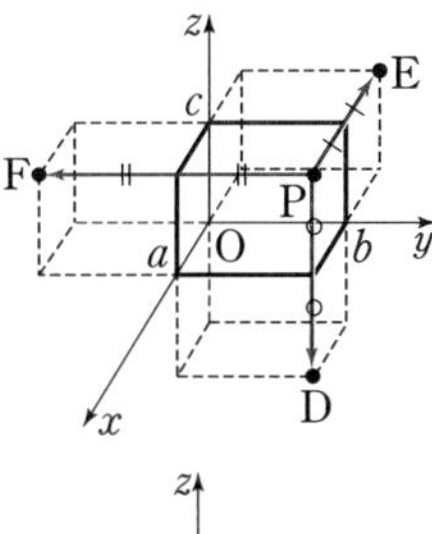

(3) 점 P와 원점에 대하여 대칭인 점을 G라 하면

$G(-a, -b, -c)$ ◀ 모든 좌표의 부호가 반대

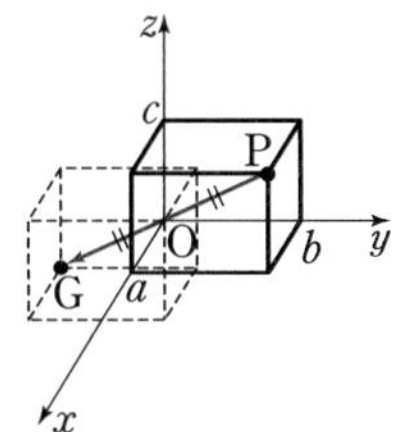

개념 CHECK

정답과 해설 58쪽

1 다음 그림과 같이 세 모서리가 좌표축 위에 있는 직육면체에 대하여 세 점 P, Q, R의 좌표를 구하시오.

(1)

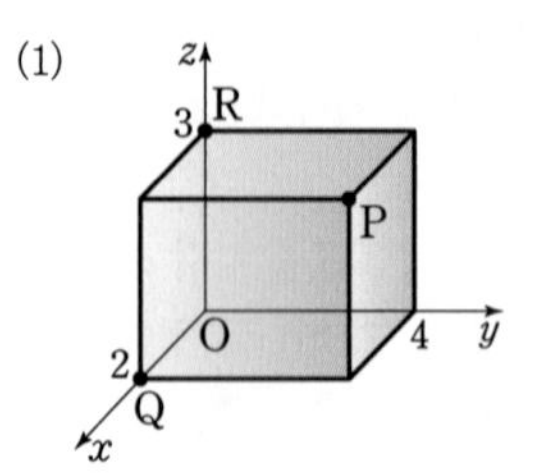

(2)

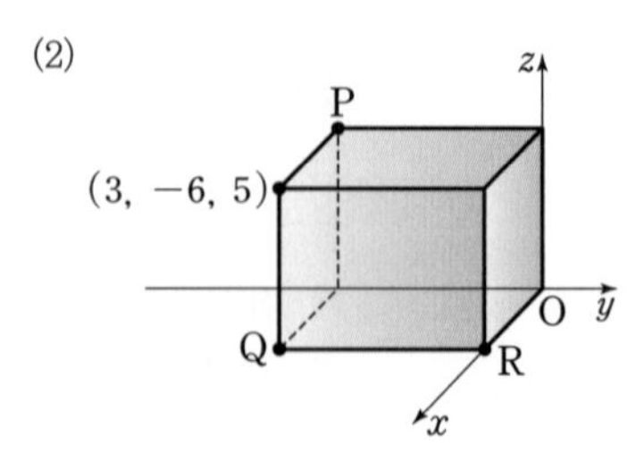

2 점 P(2, −3, 4)에서 다음에 내린 수선의 발의 좌표를 구하시오.

(1) x축　　(2) y축　　(3) z축

3 점 P(−1, 5, 7)에서 다음에 내린 수선의 발의 좌표를 구하시오,

(1) xy평면　　(2) yz평면　　(3) zx평면

4 점 P(3, 6, −2)를 다음에 대하여 대칭이동한 점의 좌표를 구하시오.

(1) x축　　(2) y축　　(3) z축

5 점 P(−4, 1, −8)을 다음에 대하여 대칭이동한 점의 좌표를 구하시오.

(1) xy평면　　(2) yz평면

(3) zx평면　　(4) 원점

필.수.예.제 01

공간에서의 점의 좌표

유형편 61쪽

점 $P(-2,\ 5,\ -1)$에서 xy평면에 내린 수선의 발을 Q라 하고, 점 Q와 x축에 대하여 대칭인 점을 R라 할 때, 점 R의 좌표를 구하시오.

공략 Point

점 $(a,\ b,\ c)$에 대하여

(1) xy평면에 내린 수선의 발의 좌표 ➡ $(a,\ b,\ 0)$

(2) x축에 대하여 대칭인 점의 좌표 ➡ $(a,\ -b,\ -c)$

풀이

점 $P(-2,\ 5,\ -1)$에서 xy평면에 내린 수선의 발 Q의 좌표는	$(-2,\ 5,\ 0)$
점 $Q(-2,\ 5,\ 0)$과 x축에 대하여 대칭인 점 R의 좌표는	$\mathbf{(-2,\ -5,\ 0)}$

정답과 해설 58쪽

문제

01-1 점 $P(-3,\ 1,\ 7)$과 원점에 대하여 대칭인 점을 Q라 하고, 점 Q와 yz평면에 대하여 대칭인 점을 R라 할 때, 점 R의 좌표를 구하시오.

01-2 점 $P(a,\ 2,\ b)$와 y축에 대하여 대칭인 점을 Q라 하고, 점 Q에서 zx평면에 내린 수선의 발을 $R(5,\ c,\ -3)$이라 할 때, $a+b+c$의 값을 구하시오.

01-3 오른쪽 그림과 같이 세 모서리가 좌표축 위에 있는 직육면체에서 꼭짓점 B의 좌표는 $(2,\ 4,\ a)$이고, 꼭짓점 A와 x축에 대하여 대칭인 점의 좌표는 $(b,\ 0,\ -5)$일 때, $a-b$의 값을 구하시오.

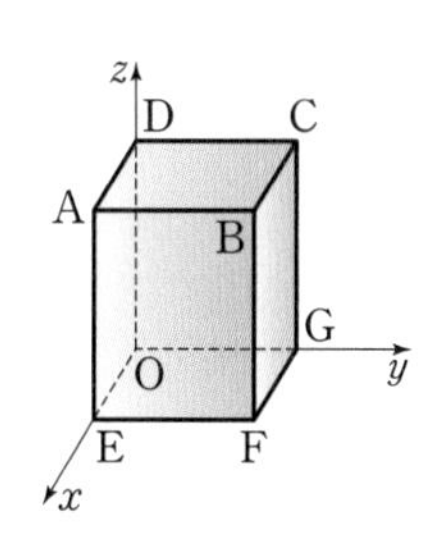

두 점 사이의 거리

1 두 점 사이의 거리

좌표공간에서 두 점 $A(x_1, y_1, z_1)$, $B(x_2, y_2, z_2)$ 사이의 거리는

$$\overline{AB}=\sqrt{(x_2-x_1)^2+(y_2-y_1)^2+(z_2-z_1)^2}$$

특히 원점 O와 점 $A(x_1, y_1, z_1)$ 사이의 거리는

$$\overline{OA}=\sqrt{x_1^2+y_1^2+z_1^2}$$

예
- 두 점 $A(0, 4, 4)$, $B(1, 4, -2)$ 사이의 거리는
  $\overline{AB}=\sqrt{(1-0)^2+(4-4)^2+(-2-4)^2}=\sqrt{37}$
- 두 점 $O(0, 0, 0)$, $A(-2, 2, 6)$ 사이의 거리는
  $\overline{OA}=\sqrt{(-2)^2+2^2+6^2}=2\sqrt{11}$

참고
- 수직선 위의 두 점 $A(x_1)$, $B(x_2)$ 사이의 거리는 $\overline{AB}=|x_2-x_1|$
- 좌표평면 위의 두 점 $A(x_1, y_1)$, $B(x_2, y_2)$ 사이의 거리는 $\overline{AB}=\sqrt{(x_2-x_1)^2+(y_2-y_1)^2}$

개념 PLUS

좌표공간 위의 두 점 사이의 거리

좌표공간에서 두 점 $A(x_1, y_1, z_1)$, $B(x_2, y_2, z_2)$ 사이의 거리를 구해 보자.
오른쪽 그림과 같이 직선 AB가 각 좌표평면과 평행하지 않을 때, 선분 AB를 대각선으로 하고 모든 면이 세 좌표평면에 평행한 직육면체를 그리면

$$\overline{CD}=|x_2-x_1|,\ \overline{AC}=|y_2-y_1|,\ \overline{BD}=|z_2-z_1|$$

이때 삼각형 ADB는 직각삼각형이므로 피타고라스 정리에 의하여

$$\overline{AB}^2=\overline{AD}^2+\overline{BD}^2$$
$$=(\overline{CD}^2+\overline{AC}^2)+\overline{BD}^2$$ ◀ 직각삼각형 ACD에서 $\overline{AD}^2=\overline{CD}^2+\overline{AC}^2$
$$=(x_2-x_1)^2+(y_2-y_1)^2+(z_2-z_1)^2$$

따라서 좌표공간에서 두 점 $A(x_1, y_1, z_1)$, $B(x_2, y_2, z_2)$ 사이의 거리는

$$\overline{AB}=\sqrt{(x_2-x_1)^2+(y_2-y_1)^2+(z_2-z_1)^2}$$

한편 직선 AB가 세 좌표평면 중 어느 한 평면과 평행할 때, 즉 $x_1=x_2$ 또는 $y_1=y_2$ 또는 $z_1=z_2$일 때도 위의 식은 성립한다.

개념 CHECK

정답과 해설 59쪽

1 다음 두 점 사이의 거리를 구하시오.

(1) $A(-1, 1, -2)$, $B(2, 5, -5)$

(2) $O(0, 0, 0)$, $A(2, -3, -6)$

필.수.예.제 02

두 점 사이의 거리

유형편 61쪽

점 P(2, −4, 3)과 xy평면에 대하여 대칭인 점을 Q라 하고, 점 Q와 y축에 대하여 대칭인 점을 R라 할 때, 두 점 Q, R 사이의 거리를 구하시오.

공략 Point

좌표공간에서 두 점 $A(x_1, y_1, z_1)$, $B(x_2, y_2, z_2)$ 사이의 거리는
$\overline{AB}=\sqrt{(x_2-x_1)^2+(y_2-y_1)^2+(z_2-z_1)^2}$

풀이

점 P(2, −4, 3)과 xy평면에 대하여 대칭인 점 Q의 좌표는	(2, −4, −3)
점 Q(2, −4, −3)과 y축에 대하여 대칭인 점 R의 좌표는	(−2, −4, 3)
따라서 두 점 Q, R 사이의 거리는	$\overline{QR}=\sqrt{(-2-2)^2+(-4+4)^2+(3+3)^2}$ $=\mathbf{2\sqrt{13}}$

정답과 해설 59쪽

문제

02-1 두 점 A(2, 5, a), B($-a$, −3, 1) 사이의 거리가 9일 때, 양수 a의 값을 구하시오.

02-2 점 P(1, −2, 6)에서 yz평면에 내린 수선의 발을 Q, 점 P와 z축에 대하여 대칭인 점을 R라 할 때, 선분 QR의 길이를 구하시오.

02-3 세 점 A(3, −4, 2), B(1, −2, 0), C(2, −4, 3)을 꼭짓점으로 하는 삼각형 ABC의 넓이를 구하시오.

필.수.예.제 03

같은 거리에 있는 점

유형편 62쪽

다음 물음에 답하시오.

(1) 두 점 $A(-3, 2, -1)$, $B(3, -2, 5)$에서 같은 거리에 있는 x축 위의 점 P의 좌표를 구하시오.

(2) 세 점 $A(1, 2, -1)$, $B(2, 0, 1)$, $C(3, -1, 0)$에서 같은 거리에 있는 xy평면 위의 점 Q의 좌표를 구하시오.

공략 Point

구하는 점의 좌표를 다음과 같이 미지수를 이용하여 나타낸다.

(1) x축 위의 점 ➡ $(a, 0, 0)$
y축 위의 점 ➡ $(0, b, 0)$
z축 위의 점 ➡ $(0, 0, c)$

(2) xy평면 위의 점 ➡ $(a, b, 0)$
yz평면 위의 점 ➡ $(0, b, c)$
zx평면 위의 점 ➡ $(a, 0, c)$

풀이

(1) x축 위의 점 P의 좌표를 $(a, 0, 0)$이라 하면	$\overline{AP}=\sqrt{(a+3)^2+(-2)^2+1^2}=\sqrt{a^2+6a+14}$ $\overline{BP}=\sqrt{(a-3)^2+2^2+(-5)^2}=\sqrt{a^2-6a+38}$
$\overline{AP}=\overline{BP}$에서 $\overline{AP}^2=\overline{BP}^2$이므로	$a^2+6a+14=a^2-6a+38$ $12a=24 \quad \therefore a=2$
따라서 점 P의 좌표는	$\mathbf{(2, 0, 0)}$

(2) xy평면 위의 점 Q의 좌표를 $(a, b, 0)$이라 하면	$\overline{AQ}=\sqrt{(a-1)^2+(b-2)^2+1^2}=\sqrt{a^2+b^2-2a-4b+6}$ $\overline{BQ}=\sqrt{(a-2)^2+b^2+(-1)^2}=\sqrt{a^2+b^2-4a+5}$ $\overline{CQ}=\sqrt{(a-3)^2+(b+1)^2}=\sqrt{a^2+b^2-6a+2b+10}$
$\overline{AQ}=\overline{BQ}$에서 $\overline{AQ}^2=\overline{BQ}^2$이므로	$a^2+b^2-2a-4b+6=a^2+b^2-4a+5$ $\therefore 2a-4b=-1 \quad \cdots\cdots$ ㉠
$\overline{BQ}=\overline{CQ}$에서 $\overline{BQ}^2=\overline{CQ}^2$이므로	$a^2+b^2-4a+5=a^2+b^2-6a+2b+10$ $\therefore 2a-2b=5 \quad \cdots\cdots$ ㉡
㉠, ㉡을 연립하여 풀면	$a=\frac{11}{2}, b=3$
따라서 점 Q의 좌표는	$\mathbf{\left(\frac{11}{2}, 3, 0\right)}$

정답과 해설 59쪽

문제

03-1 다음 물음에 답하시오.

(1) 두 점 $A(4, -3, 1)$, $B(-1, 3, -2)$에서 같은 거리에 있는 y축 위의 점 P의 좌표를 구하시오.

(2) 세 점 $O(0, 0, 0)$, $A(2, -1, 1)$, $B(0, -5, 3)$에서 같은 거리에 있는 yz평면 위의 점 Q의 좌표를 구하시오.

03-2 두 점 $A(0, 2, 1)$, $B(2, 1, 0)$과 zx평면 위의 점 C에 대하여 삼각형 ABC가 정삼각형일 때, 점 C의 좌표를 모두 구하시오.

선분의 길이의 합의 최솟값

유형편 63쪽

필.수.예.제 04

두 점 A(3, 5, 2), B(−1, −2, 3)에 대하여 다음 물음에 답하시오.

(1) yz평면 위의 점 P에 대하여 $\overline{AP}+\overline{BP}$의 최솟값을 구하시오.
(2) xy평면 위의 점 Q에 대하여 $\overline{AQ}+\overline{BQ}$의 최솟값을 구하시오.

공략 Point

두 점 A, B가 주어진 좌표평면을 기준으로 서로 반대쪽에 있는지 같은 쪽에 있는지 확인한다.

(1) 서로 반대쪽에 있는 경우
➡ 최솟값은 선분 AB의 길이이다.

(2) 같은 쪽에 있는 경우
➡ 점 A와 좌표평면에 대하여 대칭인 점을 A′이라 할 때, 최솟값은 선분 A′B의 길이이다.

풀이

(1) 두 점 A, B의 x좌표의 부호가 다르므로	두 점 A, B는 yz평면을 기준으로 서로 반대쪽에 있다.
$\overline{AP}+\overline{BP}$의 값이 최소일 때, 점 P는 직선 AB 위의 점이므로	$\overline{AP}+\overline{BP}\ge\overline{AB}$
따라서 $\overline{AP}+\overline{BP}$의 최솟값은 선분 AB의 길이와 같으므로	$\overline{AB}=\sqrt{(-1-3)^2+(-2-5)^2+(3-2)^2}$ $=\sqrt{66}$

(2) 두 점 A, B의 z좌표의 부호가 같으므로	두 점 A, B는 xy평면을 기준으로 같은 쪽에 있다.
점 A와 xy평면에 대하여 대칭인 점을 A′이라 하면	A′(3, 5, −2)
이때 $\overline{AQ}=\overline{A'Q}$이므로	$\overline{AQ}+\overline{BQ}=\overline{A'Q}+\overline{BQ}$ $\ge\overline{A'B}$
따라서 $\overline{AQ}+\overline{BQ}$의 최솟값은 선분 A′B의 길이와 같으므로	$\overline{A'B}=\sqrt{(-1-3)^2+(-2-5)^2+(3+2)^2}$ $=3\sqrt{10}$

정답과 해설 59쪽

문제

04-1 두 점 A(−5, 1, 4), B(−3, −3, 2)에 대하여 다음 물음에 답하시오.

(1) zx평면 위의 점 P에 대하여 $\overline{AP}+\overline{BP}$의 최솟값을 구하시오.
(2) yz평면 위의 점 Q에 대하여 $\overline{AQ}+\overline{BQ}$의 최솟값을 구하시오.

04-2 두 점 A(−2, 0, 1), B(3, 0, 2)와 x축 위의 점 P에 대하여 $\overline{AP}+\overline{BP}$의 최솟값을 구하시오.

좌표평면 위로의 정사영

유형편 63쪽

필.수.예.제 05

두 점 $A(-1, 1, 3)$, $B(3, -1, 5)$에 대하여 다음 물음에 답하시오.

(1) 선분 AB의 xy평면 위로의 정사영의 길이를 구하시오.
(2) 직선 AB와 xy평면이 이루는 예각의 크기를 θ라 할 때, $\cos\theta$의 값을 구하시오.

공략 Point

두 점 A, B의 xy평면 위로의 정사영은 두 점 A, B에서 xy평면에 내린 수선의 발과 같다.

풀이

(1) 두 점 A, B의 xy평면 위로의 정사영을 각각 A′, B′이라 하면 $A'(-1, 1, 0)$, $B'(3, -1, 0)$

따라서 선분 AB의 xy평면 위로의 정사영은 선분 A′B′이므로 구하는 정사영의 길이는

$\overline{A'B'}=\sqrt{(3+1)^2+(-1-1)^2}$
$=\mathbf{2\sqrt{5}}$

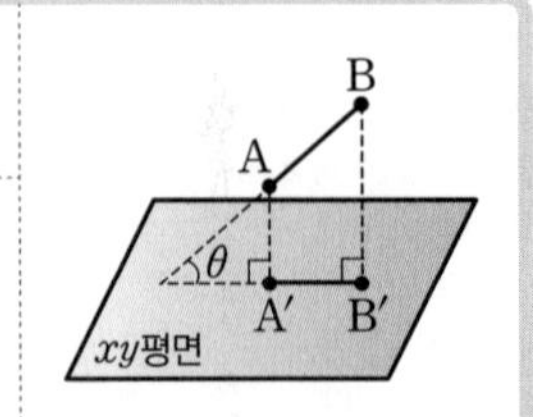

(2) 선분 AB의 길이를 구하면 $\overline{AB}=\sqrt{(3+1)^2+(-1-1)^2+(5-3)^2}=2\sqrt{6}$

이때 $\overline{A'B'}=\overline{AB}\cos\theta$이므로 $2\sqrt{5}=2\sqrt{6}\cos\theta \quad \therefore \cos\theta=\frac{\sqrt{5}}{\sqrt{6}}=\mathbf{\frac{\sqrt{30}}{6}}$

정답과 해설 60쪽

문제

05-1 두 점 $A(3, -2, -1)$, $B(-2, 2, 4)$에 대하여 선분 AB의 yz평면 위로의 정사영의 길이를 구하시오.

05-2 두 점 $A(2, 3, 4)$, $B(5, 8, 8)$에 대하여 직선 AB와 zx평면이 이루는 예각의 크기를 구하시오.

05-3 두 점 $A(\sqrt{2}, 3, 1)$, $B(0, a, 4)$에 대하여 직선 AB와 xy평면이 이루는 각의 크기가 $60°$일 때, a의 값을 모두 구하시오.

선분의 내분점과 외분점

1 선분의 내분점과 외분점

좌표공간의 두 점 $\mathrm{A}(x_1,\ y_1,\ z_1)$, $\mathrm{B}(x_2,\ y_2,\ z_2)$에 대하여

(1) 선분 AB를 $m : n\,(m>0,\ n>0)$으로 내분하는 점을 P라 하면

$$\mathrm{P}\left(\frac{mx_2+nx_1}{m+n},\ \frac{my_2+ny_1}{m+n},\ \frac{mz_2+nz_1}{m+n}\right)$$

특히 선분 AB의 중점을 M이라 하면

$$\mathrm{M}\left(\frac{x_1+x_2}{2},\ \frac{y_1+y_2}{2},\ \frac{z_1+z_2}{2}\right)$$

◀ 선분 AB를 1 : 1로 내분하는 점

(2) 선분 AB를 $m : n\,(m>0,\ n>0,\ m\neq n)$으로 외분하는 점을 Q라 하면

$$\mathrm{Q}\left(\frac{mx_2-nx_1}{m-n},\ \frac{my_2-ny_1}{m-n},\ \frac{mz_2-nz_1}{m-n}\right)$$

2 삼각형의 무게중심

좌표공간의 세 점 $\mathrm{A}(x_1,\ y_1,\ z_1)$, $\mathrm{B}(x_2,\ y_2,\ z_2)$, $\mathrm{C}(x_3,\ y_3,\ z_3)$을 꼭짓점으로 하는 삼각형 ABC의 무게중심을 G라 하면

$$\mathrm{G}\left(\frac{x_1+x_2+x_3}{3},\ \frac{y_1+y_2+y_3}{3},\ \frac{z_1+z_2+z_3}{3}\right)$$

개념 PLUS

두 점 $\mathrm{A}(x_1,\ y_1,\ z_1)$, $\mathrm{B}(x_2,\ y_2,\ z_2)$에 대하여 선분 AB의 내분점과 외분점

- 선분 AB를 $m : n\,(m>0,\ n>0)$으로 내분하는 점 $\mathrm{P}(x,\ y,\ z)$를 구해 보자.

오른쪽 그림과 같이 세 점 A, B, P의 xy평면 위로의 정사영을 각각 A′, B′, P′이라 하면

$$\mathrm{A}'(x_1,\ y_1,\ 0),\ \mathrm{B}'(x_2,\ y_2,\ 0),\ \mathrm{P}'(x,\ y,\ 0)$$

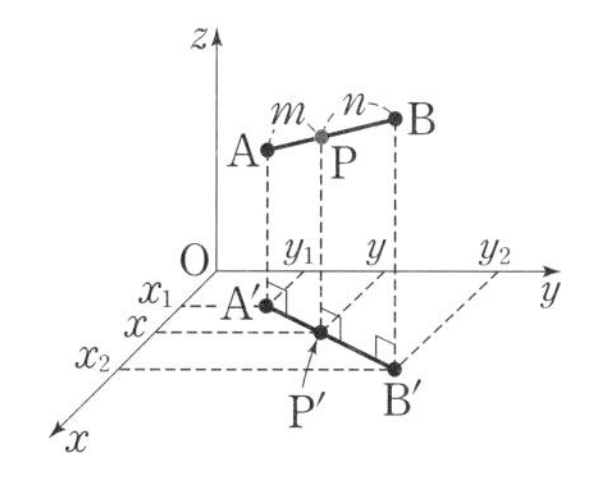

평행선 사이의 선분의 길이의 비에 의하여

$$\overline{\mathrm{A'P'}} : \overline{\mathrm{P'B'}} = \overline{\mathrm{AP}} : \overline{\mathrm{PB}} = m : n$$

이므로 점 P′은 선분 A′B′을 $m : n$으로 내분하는 점이다.

$$\therefore\ x=\frac{mx_2+nx_1}{m+n},\ y=\frac{my_2+ny_1}{m+n}$$

같은 방법으로 세 점 A, B, P의 yz평면 또는 zx평면 위로의 정사영을 이용하여 점 P의 z좌표를 구하면

$$z=\frac{mz_2+nz_1}{m+n}$$

$$\therefore\ \mathrm{P}\left(\frac{mx_2+nx_1}{m+n},\ \frac{my_2+ny_1}{m+n},\ \frac{mz_2+nz_1}{m+n}\right)$$

- 선분 AB를 $m:n\,(m>0,\ n>0,\ m\neq n)$으로 외분하는 점 $\mathrm{Q}(x,\ y,\ z)$를 구해 보자.

  오른쪽 그림과 같이 세 점 A, B, Q의 xy평면 위로의 정사영을 각각 A′, B′, Q′이라 하면

  $$\mathrm{A}'(x_1,\ y_1,\ 0),\ \mathrm{B}'(x_2,\ y_2,\ 0),\ \mathrm{Q}'(x,\ y,\ 0)$$

  평행선 사이의 선분의 길이의 비에 의하여

  $$\overline{\mathrm{A'Q'}}:\overline{\mathrm{Q'B'}}=\overline{\mathrm{AQ}}:\overline{\mathrm{QB}}=m:n$$

  이므로 점 Q′은 선분 A′B′을 $m:n$으로 외분하는 점이다.

  $$\therefore\ x=\frac{mx_2-nx_1}{m-n},\ y=\frac{my_2-ny_1}{m-n}$$

  같은 방법으로 세 점 A, B, Q의 yz평면 또는 zx평면 위로의 정사영을 이용하여 점 Q의 z좌표를 구하면

  $$z=\frac{mz_2-nz_1}{m-n}$$

  $$\therefore\ \mathrm{Q}\left(\frac{mx_2-nx_1}{m-n},\ \frac{my_2-ny_1}{m-n},\ \frac{mz_2-nz_1}{m-n}\right)$$

삼각형의 무게중심의 좌표

오른쪽 그림과 같이 세 점 $\mathrm{A}(x_1,\ y_1,\ z_1)$, $\mathrm{B}(x_2,\ y_2,\ z_2)$, $\mathrm{C}(x_3,\ y_3,\ z_3)$을 꼭짓점으로 하는 삼각형 ABC의 변 BC의 중점을 M이라 하면

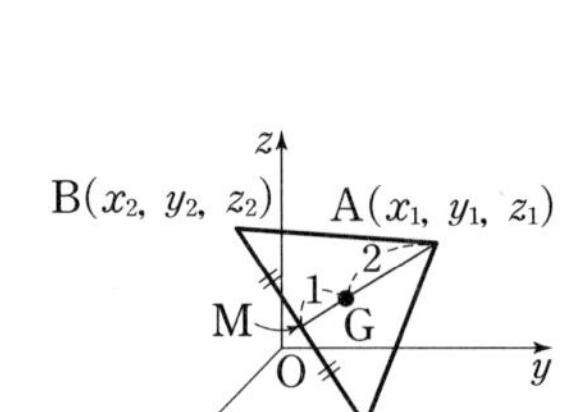

$$\mathrm{M}\left(\frac{x_2+x_3}{2},\ \frac{y_2+y_3}{2},\ \frac{z_2+z_3}{2}\right)$$

이때 무게중심 $\mathrm{G}(x,\ y,\ z)$는 선분 AM을 $2:1$로 내분하는 점이므로

$$x=\frac{2\times\frac{x_2+x_3}{2}+1\times x_1}{2+1}=\frac{x_1+x_2+x_3}{3}$$

$$y=\frac{2\times\frac{y_2+y_3}{2}+1\times y_1}{2+1}=\frac{y_1+y_2+y_3}{3}$$

$$z=\frac{2\times\frac{z_2+z_3}{2}+1\times z_1}{2+1}=\frac{z_1+z_2+z_3}{3}$$

$$\therefore\ \mathrm{G}\left(\frac{x_1+x_2+x_3}{3},\ \frac{y_1+y_2+y_3}{3},\ \frac{z_1+z_2+z_3}{3}\right)$$

개념 CHECK

정답과 해설 60쪽

1 두 점 $\mathrm{A}(-2,\ -3,\ 4)$, $\mathrm{B}(-4,\ 3,\ -2)$에 대하여 다음 점의 좌표를 구하시오.

(1) 선분 AB를 $1:2$로 내분하는 점

(2) 선분 AB의 중점

(3) 선분 AB를 $2:1$로 외분하는 점

2 세 점 $\mathrm{A}(3,\ -1,\ 5)$, $\mathrm{B}(-1,\ 2,\ 4)$, $\mathrm{C}(10,\ -4,\ 3)$을 꼭짓점으로 하는 삼각형 ABC의 무게중심의 좌표를 구하시오.

선분의 내분점과 외분점

유형편 64쪽

필.수.예.제 **06**

두 점 $A(-2, 1, 3)$, $B(4, -5, 0)$에 대하여 선분 AB를 $1:2$로 내분하는 점을 P, $2:1$로 외분하는 점을 Q라 할 때, 선분 PQ의 중점의 좌표를 구하시오.

공략 Point

두 점 $A(x_1, y_1, z_1)$, $B(x_2, y_2, z_2)$에 대하여 선분 AB를 $m:n$으로

(1) 내분하는 점의 좌표는

$$\left(\frac{mx_2+nx_1}{m+n}, \frac{my_2+ny_1}{m+n}, \frac{mz_2+nz_1}{m+n}\right)$$

(2) 외분하는 점의 좌표는

$$\left(\frac{mx_2-nx_1}{m-n}, \frac{my_2-ny_1}{m-n}, \frac{mz_2-nz_1}{m-n}\right)$$

(단, $m\neq n$)

풀이

선분 AB를 $1:2$로 내분하는 점 P의 좌표는	$\left(\frac{1\times4+2\times(-2)}{1+2}, \frac{1\times(-5)+2\times1}{1+2}, \frac{1\times0+2\times3}{1+2}\right)$ $\therefore (0, -1, 2)$
선분 AB를 $2:1$로 외분하는 점 Q의 좌표는	$\left(\frac{2\times4-1\times(-2)}{2-1}, \frac{2\times(-5)-1\times1}{2-1}, \frac{2\times0-1\times3}{2-1}\right)$ $\therefore (10, -11, -3)$
따라서 선분 PQ의 중점의 좌표는	$\left(\frac{0+10}{2}, \frac{-1+(-11)}{2}, \frac{2+(-3)}{2}\right)$ $\therefore \left(\mathbf{5, -6, -\frac{1}{2}}\right)$

정답과 해설 61쪽

문제

06-1 두 점 $A(3, -4, -2)$, $B(-1, 0, 2)$에 대하여 선분 AB를 $1:3$으로 내분하는 점을 P, 외분하는 점을 Q라 할 때, 선분 PQ의 길이를 구하시오.

06-2 점 $P(-1, 6, 7)$을 yz평면에 대하여 대칭이동한 점을 Q라 하자. 선분 PQ를 $3:1$로 내분하는 점의 좌표가 (a, b, c)일 때, abc의 값을 구하시오.

06-3 두 점 $A(3, 2, -7)$, $B(a, b, c)$에 대하여 선분 AB를 $3:2$로 내분하는 점을 P, 외분하는 점을 Q라 하자. 점 Q의 좌표가 $(-12, -13, 8)$일 때, 점 P의 좌표를 구하시오.

필.수.예.제 07

좌표평면 또는 좌표축에 의한 내분과 외분

유형편 64쪽

두 점 A(3, 4, 2), B(a, b, c)에 대하여 선분 AB가 yz평면에 의하여 2 : 1로 내분되고, x축에 의하여 4 : 3으로 외분될 때, $a+b+c$의 값을 구하시오.

공략 Point

선분 AB가
(1) yz평면에 의하여 내분(외분)된다.
➡ 내분(외분)점이 yz평면 위에 있다.
➡ 내분(외분)점의 x좌표가 0이다.
(2) x축에 의하여 내분(외분)된다.
➡ 내분(외분)점이 x축 위에 있다.
➡ 내분(외분)점의 y좌표, z좌표가 모두 0이다.

풀이

선분 AB를 2 : 1로 내분하는 점의 좌표는	$\left(\frac{2\times a+1\times 3}{2+1}, \frac{2\times b+1\times 4}{2+1}, \frac{2\times c+1\times 2}{2+1}\right)$ $\therefore \left(\frac{2a+3}{3}, \frac{2b+4}{3}, \frac{2c+2}{3}\right)$
선분 AB가 yz평면에 의하여 2 : 1로 내분되므로	내분점은 yz평면 위에 있다.
yz평면 위의 점의 x좌표는 0이므로	$\frac{2a+3}{3}=0 \quad \therefore a=-\frac{3}{2}$
선분 AB를 4 : 3으로 외분하는 점의 좌표는	$\left(\frac{4\times a-3\times 3}{4-3}, \frac{4\times b-3\times 4}{4-3}, \frac{4\times c-3\times 2}{4-3}\right)$ $\therefore (4a-9, 4b-12, 4c-6)$
선분 AB가 x축에 의하여 4 : 3으로 외분되므로	외분점은 x축 위에 있다.
x축 위의 점의 y좌표, z좌표는 모두 0이므로	$4b-12=0, 4c-6=0 \quad \therefore b=3, c=\frac{3}{2}$
따라서 $a+b+c$의 값은	$a+b+c=$**3**

정답과 해설 61쪽

문제

07-1 두 점 A(2, −3, 1), B(−5, 1, −3)에 대하여 선분 AB가 zx평면에 의하여 m : 1로 내분될 때, 자연수 m의 값을 구하시오.

07-2 두 점 A(−2, 5, −4), B(a, b, c)에 대하여 선분 AB가 xy평면에 의하여 1 : 2로 내분되고, z축에 의하여 3 : 2로 외분될 때, $a+b+c$의 값을 구하시오.

필.수.예.제 08

선분의 내분점과 외분점의 사각형에의 활용

유형편 65쪽

세 점 $A(-2, 3, 1)$, $B(1, -2, 5)$, $C(-1, 0, 6)$에 대하여 사각형 ABCD가 평행사변형일 때, 점 D의 좌표를 구하시오.

공략 Point

평행사변형의 두 대각선은 서로 다른 것을 이등분하므로 두 대각선의 중점이 일치함을 이용한다.

풀이

평행사변형의 두 대각선은 서로 다른 것을 이등분하므로	두 대각선 AC, BD의 중점이 일치한다.
대각선 AC의 중점의 좌표는	$\left(\frac{-2-1}{2}, \frac{3+0}{2}, \frac{1+6}{2}\right)$ $\therefore \left(-\frac{3}{2}, \frac{3}{2}, \frac{7}{2}\right)$ …… ㉠
점 D의 좌표를 (a, b, c)라 하면 대각선 BD의 중점의 좌표는	$\left(\frac{1+a}{2}, \frac{-2+b}{2}, \frac{5+c}{2}\right)$ …… ㉡
㉠, ㉡이 일치하므로	$-\frac{3}{2}=\frac{1+a}{2}$, $\frac{3}{2}=\frac{-2+b}{2}$, $\frac{7}{2}=\frac{5+c}{2}$ $\therefore a=-4, b=5, c=2$
따라서 점 D의 좌표는	$\mathbf{(-4, 5, 2)}$

정답과 해설 61쪽

문제

08-1 네 점 $A(3, -1, 6)$, $B(a, -3, 2)$, $C(1, b, 8)$, $D(-1, 6, c)$를 꼭짓점으로 하는 사각형 ABCD가 평행사변형일 때, a, b, c의 값을 구하시오.

08-2 네 점 A, B, C, D를 꼭짓점으로 하는 평행사변형 ABCD에서 $A(-3, 1, 5)$, $B(1, -2, -3)$이고 두 대각선의 교점의 좌표가 $(2, 0, 4)$일 때, 두 점 C, D의 좌표를 구하시오.

08-3 네 점 $A(a, -4, -2)$, $B(b, 0, 3)$, $C(0, 7, 3)$, $D(3, 3, -2)$에 대하여 사각형 ABCD가 마름모일 때, $a+b$의 값을 구하시오. (단, $a>2$)

필.수.예.제
09

삼각형의 무게중심

유형편 65쪽

세 점 A$(a, 5, -2)$, B$(2, b, 3)$, C$(-2, 3, c)$를 꼭짓점으로 하는 삼각형 ABC의 무게중심의 좌표가 $(1, 1, -1)$일 때, $a+b+c$의 값을 구하시오.

공략 Point

세 점 A(x_1, y_1, z_1), B(x_2, y_2, z_2), C(x_3, y_3, z_3)을 꼭짓점으로 하는 삼각형 ABC의 무게중심의 좌표는

$\left(\frac{x_1+x_2+x_3}{3}, \frac{y_1+y_2+y_3}{3}, \frac{z_1+z_2+z_3}{3}\right)$

풀이

삼각형 ABC의 무게중심의 좌표는	$\left(\frac{a+2-2}{3}, \frac{5+b+3}{3}, \frac{-2+3+c}{3}\right)$ $\therefore \left(\frac{a}{3}, \frac{b+8}{3}, \frac{c+1}{3}\right)$
이 점이 점 $(1, 1, -1)$과 일치하므로	$\frac{a}{3}=1, \frac{b+8}{3}=1, \frac{c+1}{3}=-1$ $\therefore a=3, b=-5, c=-4$
따라서 $a+b+c$의 값은	$a+b+c=\mathbf{-6}$

정답과 해설 62쪽

문제

09- 1 두 점 A$(3, -1, 4)$, B$(4, -2, -1)$에 대하여 삼각형 ABC의 무게중심의 좌표가 $(3, -1, 2)$일 때, 점 C의 좌표를 구하시오.

09- 2 점 A$(2, 3, 4)$와 xy평면에 대하여 대칭인 점을 P, y축에 대하여 대칭인 점을 Q, 원점에 대하여 대칭인 점을 R라 할 때, 삼각형 PQR의 무게중심의 좌표를 구하시오.

09- 3 세 점 A$(3, -1, 4)$, B$(4, -2, -1)$, C$(2, 0, -2)$를 꼭짓점으로 하는 삼각형 ABC의 세 변 AB, BC, CA를 각각 $2 : 1$로 내분하는 점을 각각 P, Q, R라 할 때, 삼각형 PQR의 무게중심의 좌표를 구하시오.

연습문제

01 공간에서의 점의 좌표

1 점 A와 yz평면에 대하여 대칭인 점을 B라 하고, 점 B와 z축에 대하여 대칭인 점을 C라 하자. 점 C의 좌표가 $(-3,\ 1,\ -4)$일 때, 점 A의 좌표를 구하시오.

2 점 $P(1,\ 5,\ -2)$와 zx평면에 대하여 대칭인 점을 Q라 하고, 점 Q와 y축에 대하여 대칭인 점을 R라 할 때, 두 점 Q, R 사이의 거리는?

① 2　② $2\sqrt{2}$　③ $2\sqrt{3}$
④ 4　⑤ $2\sqrt{5}$

수능

3 좌표공간에서 점 $P(0,\ 3,\ 0)$과 점 $A(-1,\ 1,\ a)$ 사이의 거리는 점 P와 점 $B(1,\ 2,\ -1)$ 사이의 거리의 2배이다. 양수 a의 값은?

① $\sqrt{7}$　② $\sqrt{6}$　③ $\sqrt{5}$
④ 2　⑤ $\sqrt{3}$

4 두 점 $A(1,\ -4,\ 0)$, $B(-2,\ -2,\ 1)$과 x축 위의 점 C를 꼭짓점으로 하는 삼각형 ABC가 변 CA를 빗변으로 하는 직각삼각형일 때, 점 C의 x좌표는?

① -5　② -4　③ -3
④ -2　⑤ -1

5 두 점 $A(2,\ a,\ b)$, $B(b,\ 0,\ -4)$ 사이의 거리의 최솟값을 구하시오.

6 두 점 $A(4,\ 2,\ -1)$, $B(-4,\ 0,\ -1)$에서 같은 거리에 있는 y축 위의 점 P의 좌표를 구하시오.

7 세 점 $A(1,\ -1,\ 1)$, $B(2,\ 1,\ -4)$, $C(0,\ -1,\ 6)$에서 같은 거리에 있는 xy평면 위의 점을 $P(a,\ b,\ c)$라 할 때, $a-b+c$의 값을 구하시오.

8 두 점 A(2, 1, 3), B(1, −2, a)와 yz평면 위의 점 P에 대하여 $\overline{AP}+\overline{BP}$의 최솟값이 $3\sqrt{3}$일 때, 양수 a의 값을 구하시오.

9 두 점 A(0, −1, 2), B(0, −4, −3)과 z축 위의 점 P에 대하여 $\overline{AP}+\overline{BP}$의 최솟값을 구하시오.

10 두 점 A(2, 3, $7\sqrt{3}$), B(5, −1, $2\sqrt{3}$)에 대하여 직선 AB와 xy평면이 이루는 예각의 크기를 구하시오.

11 두 점 A($\sqrt{2}$, 1, 3), B(0, a, 2)에 대하여 직선 AB와 zx평면이 이루는 각의 크기가 30°일 때, 양수 a의 값은?

① $\sqrt{2}$ ② 2 ③ $2\sqrt{3}$
④ 4 ⑤ $2\sqrt{5}$

12 두 점 A(−2, 5, 7), B(3, 0, 2)에 대하여 선분 AB를 3 : 2로 내분하는 점을 P, 외분하는 점을 Q라 할 때, 선분 PQ의 중점의 좌표를 구하시오.

13 점 P(4, 0, 6)을 점 A(a, b, c)에 대하여 대칭이동한 점이 P′(−6, 1, −3)일 때, $a+b+c$의 값을 구하시오.

수능

14 좌표공간의 두 점 A(2, a, −2), B(5, −2, 1)에 대하여 선분 AB를 2 : 1로 내분하는 점이 x축 위에 있을 때, a의 값은?

① 1 ② 2 ③ 3
④ 4 ⑤ 5

15 두 점 A(2, 3, −4), B(−1, 5, 6)에 대하여 선분 AB가 xy평면에 의하여 m : 3으로 내분되고, zx평면에 의하여 3 : n으로 외분될 때, 자연수 m, n에 대하여 mn의 값은?

① 8 ② 9 ③ 10
④ 11 ⑤ 12

16 두 점 $A(3, 2, -1)$, $B(-2, 2, 4)$를 이은 선분 AB가 xy평면과 만나는 점 P의 좌표를 구하시오.

17 네 점 A, B, C, D를 꼭짓점으로 하는 평행사변형 ABCD에서 $A(-3, 1, 5)$, $D(3, 2, 8)$이고 두 대각선의 교점의 좌표가 $(2, 0, 4)$일 때, 변 AB의 길이를 구하시오.

수능

18 좌표공간에서 세 점 $A(a, 0, 5)$, $B(1, b, -3)$, $C(1, 1, 1)$을 꼭짓점으로 하는 삼각형의 무게중심의 좌표가 $(2, 2, 1)$일 때, $a+b$의 값은?

① 6 ② 7 ③ 8
④ 9 ⑤ 10

19 삼각형 ABC에서 변 AB의 중점이 $M(8, 4, 2)$이고 삼각형 ABC의 무게중심이 $G(-1, 1, 6)$일 때, 점 C의 좌표를 구하시오.

실력

20 점 $P(a, 2a, a+1)$과 xy평면에 대하여 대칭인 점을 Q, y축에 대하여 대칭인 점을 R라 하자. 삼각형 PQR의 넓이가 40일 때, 양수 a의 값은?

① 3 ② 4 ③ 5
④ 6 ⑤ 7

21 세 점 $A(2, 1, 3)$, $B(2, 4, 3)$, $C(4, 4, 1)$을 꼭짓점으로 하는 삼각형 ABC와 xy평면이 이루는 예각의 크기를 구하시오.

22 오른쪽 그림과 같이 한 모서리의 길이가 5인 정육면체가 있다. 선분 DF를 $3:2$로 내분하는 점을 P라 할 때, 선분 EP의 길이를 구하시오.

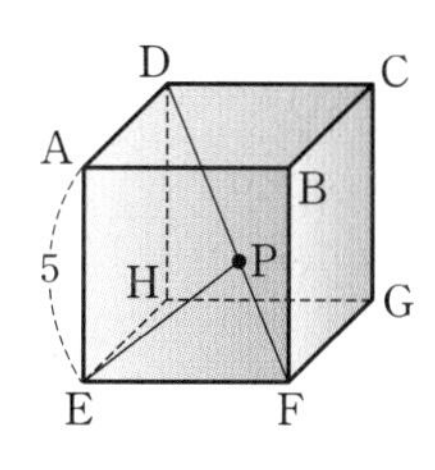

구의 방정식 (1)

1 구의 정의

공간에서 한 점 C로부터 일정한 거리에 있는 점들의 집합을 구라 한다.
이때 점 C를 구의 중심, 일정한 거리를 구의 반지름의 길이라 한다.

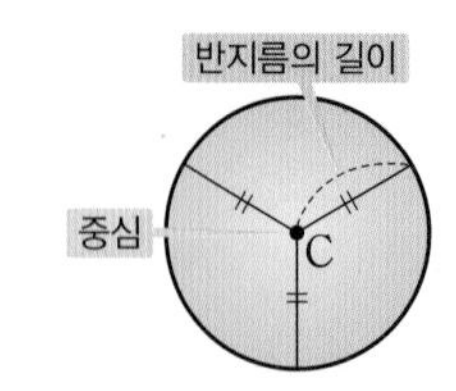

2 구의 방정식

중심이 점 (a, b, c)이고 반지름의 길이가 r인 구의 방정식은

$$(x-a)^2+(y-b)^2+(z-c)^2=r^2$$

특히 중심이 원점이고 반지름의 길이가 r인 구의 방정식은

$$x^2+y^2+z^2=r^2$$ ◀ $a=0$, $b=0$, $c=0$인 경우

예 • 중심이 점 $(1, -2, 3)$이고 반지름의 길이가 2인 구의 방정식은
$(x-1)^2+(y+2)^2+(z-3)^2=4$
• 중심이 원점이고 반지름의 길이가 $\sqrt{3}$인 구의 방정식은
$x^2+y^2+z^2=3$

참고 $(x-a)^2+(y-b)^2+(z-c)^2=r^2$ 꼴의 방정식을 구의 방정식의 표준형이라 한다.

3 이차방정식 $x^2+y^2+z^2+Ax+By+Cz+D=0$이 나타내는 도형

x, y, z에 대한 이차방정식 $x^2+y^2+z^2+Ax+By+Cz+D=0$ $(A^2+B^2+C^2-4D>0)$은 중심이 점 $\left(-\frac{A}{2}, -\frac{B}{2}, -\frac{C}{2}\right)$, 반지름의 길이가 $\frac{\sqrt{A^2+B^2+C^2-4D}}{2}$인 구를 나타낸다.

예 방정식 $x^2+y^2+z^2-2x+4y-20=0$을 변형하면
$x^2-2x+1+y^2+4y+4+z^2=25$ $\quad\therefore (x-1)^2+(y+2)^2+z^2=5^2$
따라서 주어진 방정식은 중심이 점 $(1, -2, 0)$이고 반지름의 길이가 5인 구를 나타낸다.

참고 (1) $x^2+y^2+z^2+Ax+By+Cz+D=0$ 꼴의 방정식을 구의 방정식의 일반형이라 한다.
(2) 구의 방정식은 x^2, y^2, z^2의 계수가 모두 같고 xy항, yz항, zx항이 없는 x, y, z에 대한 이차방정식이다.

개념 PLUS

중심이 점 $\mathrm{C}(a, b, c)$이고 반지름의 길이가 r인 구의 방정식

오른쪽 그림과 같이 구 위의 임의의 점을 $\mathrm{P}(x, y, z)$라 하면 $\overline{\mathrm{CP}}=r$이므로

$$\sqrt{(x-a)^2+(y-b)^2+(z-c)^2}=r$$

이 식의 양변을 제곱하면

$$(x-a)^2+(y-b)^2+(z-c)^2=r^2 \quad \cdots\cdots ㉠$$

역으로 방정식 ㉠을 만족시키는 점 $\mathrm{P}(x, y, z)$에 대하여 $\overline{\mathrm{CP}}=r$이므로 점 P는 중심이 점 $\mathrm{C}(a, b, c)$이고 반지름의 길이가 r인 구 위에 있다.

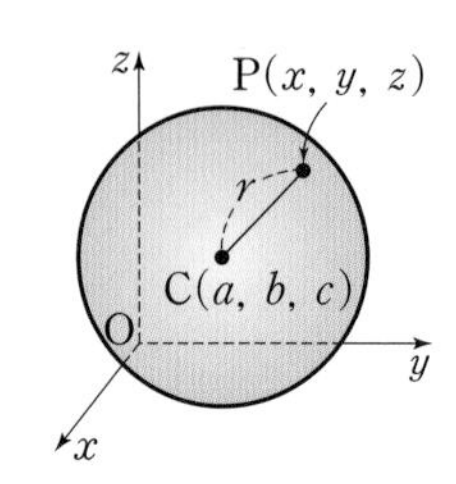

이차방정식 $x^2+y^2+z^2+Ax+By+Cz+D=0$이 나타내는 도형

구의 방정식 $(x-a)^2+(y-b)^2+(z-c)^2=r^2$의 좌변을 전개하여 정리하면

$$x^2+y^2+z^2-2ax-2by-2cz+a^2+b^2+c^2-r^2=0$$

여기서 $-2a=A$, $-2b=B$, $-2c=C$, $a^2+b^2+c^2-r^2=D$라 하면 위의 방정식은

$$x^2+y^2+z^2+Ax+By+Cz+D=0 \qquad \cdots\cdots ㉠$$

과 같이 나타낼 수 있다.

역으로 ㉠을 변형하면

$$\left(x+\frac{A}{2}\right)^2+\left(y+\frac{B}{2}\right)^2+\left(z+\frac{C}{2}\right)^2=\frac{A^2+B^2+C^2-4D}{4}$$

이때 $A^2+B^2+C^2-4D>0$이면 ㉠이 나타내는 도형은 중심이 점 $\left(-\frac{A}{2}, -\frac{B}{2}, -\frac{C}{2}\right)$, 반지름의 길이가 $\frac{\sqrt{A^2+B^2+C^2-4D}}{2}$인 구이다.

참고 $A^2+B^2+C^2-4D=0$이면 ㉠은 점 $\left(-\frac{A}{2}, -\frac{B}{2}, -\frac{C}{2}\right)$를 나타내고, $A^2+B^2+C^2-4D<0$이면 ㉠을 만족시키는 실수 x, y, z가 존재하지 않는다.

개념 CHECK

정답과 해설 66쪽

1 다음 방정식이 나타내는 구의 중심의 좌표와 반지름의 길이를 구하시오.

(1) $x^2+(y+1)^2+(z-2)^2=1$

(2) $(x+2)^2+(y+4)^2+(z-3)^2=16$

2 다음 구의 방정식을 구하시오.

(1) 중심이 점 $(2, 1, -2)$이고 반지름의 길이가 2인 구

(2) 중심이 원점이고 반지름의 길이가 3인 구

3 다음 방정식이 나타내는 구의 중심의 좌표와 반지름의 길이를 구하시오.

(1) $x^2+y^2+z^2-2y+2z+1=0$

(2) $x^2+y^2+z^2+2x-6y+4z-3=0$

구의 방정식

유형편 67쪽

필.수.예.제 **01**

다음 구의 방정식을 구하시오.

(1) 중심이 점 $(2, -1, 2)$이고 원점을 지나는 구
(2) 두 점 $\mathrm{A}(4, 2, 9)$, $\mathrm{B}(2, 6, 3)$을 지름의 양 끝 점으로 하는 구

공략 Point

(1) 중심이 점 (a, b, c)이고 반지름의 길이가 r인 구의 방정식은
$(x-a)^2+(y-b)^2+(z-c)^2=r^2$
(2) 두 점 A, B를 지름의 양 끝 점으로 하는 구의 방정식은
(구의 중심)
=(선분 AB의 중점),
(반지름의 길이)$=\frac{1}{2}\overline{\mathrm{AB}}$
임을 이용하여 구한다.

풀이

(1) 구의 반지름의 길이는 두 점 $(2, -1, 2)$, $(0, 0, 0)$ 사이의 거리와 같으므로	$\sqrt{(-2)^2+1^2+(-2)^2}=3$
따라서 구하는 구의 방정식은	$\boldsymbol{(x-2)^2+(y+1)^2+(z-2)^2=9}$

(2) 구의 중심은 선분 AB의 중점과 같으므로 구의 중심의 좌표는	$\left(\frac{4+2}{2}, \frac{2+6}{2}, \frac{9+3}{2}\right)$ $\quad\therefore (3, 4, 6)$
구의 반지름의 길이는 $\frac{1}{2}\overline{\mathrm{AB}}$와 같으므로	$\frac{1}{2}\overline{\mathrm{AB}}=\frac{1}{2}\sqrt{(2-4)^2+(6-2)^2+(3-9)^2}=\sqrt{14}$
따라서 구하는 구의 방정식은	$\boldsymbol{(x-3)^2+(y-4)^2+(z-6)^2=14}$

정답과 해설 66쪽

문제

01-1 다음 구의 방정식을 구하시오.

(1) 중심이 점 $(3, -2, 1)$이고 점 $(0, 1, 3)$을 지나는 구
(2) 두 점 $\mathrm{A}(-2, 0, 5)$, $\mathrm{B}(4, 4, -3)$을 지름의 양 끝 점으로 하는 구

01-2 구 $(x-1)^2+(y+2)^2+(z-3)^2=10$과 중심이 같고 점 $(2, 5, 2)$를 지나는 구의 방정식을 구하시오.

01-3 두 점 $\mathrm{A}(-1, 2, -1)$, $\mathrm{B}(2, 5, -4)$에 대하여 선분 AB를 $2:1$로 내분하는 점을 P, 외분하는 점을 Q라 할 때, 두 점 P, Q를 지름의 양 끝 점으로 하는 구의 방정식을 구하시오.

필.수.예.제
02

구의 방정식의 일반형

유형편 67쪽

다음 물음에 답하시오.

(1) 구 $x^2+y^2+z^2-4x+2ay+2z-2=0$의 중심의 좌표가 $(b,\ 3,\ -1)$이고 반지름의 길이가 r일 때, 상수 a, b, r의 값을 구하시오.

(2) 네 점 $(0,\ 0,\ 0)$, $(-1,\ 0,\ 0)$, $(0,\ 1,\ 0)$, $(0,\ 0,\ 1)$을 지나는 구의 방정식을 구하시오.

공략 Point

(1) 주어진 방정식을 $(x-a)^2+(y-b)^2+(z-c)^2=d$ 꼴로 변형한 후 구의 중심의 좌표는 $(a,\ b,\ c)$, 반지름의 길이는 $\sqrt{d}$임을 이용한다.

(2) 구의 방정식을 $x^2+y^2+z^2+Ax+By+Cz+D=0$으로 놓고, 네 점의 좌표를 대입하여 A, B, C, D의 값을 구한다.

풀이

(1) $x^2+y^2+z^2-4x+2ay+2z-2=0$을 변형하면	$(x-2)^2+(y+a)^2+(z+1)^2=a^2+7$
이 구의 중심의 좌표는 $(2,\ -a,\ -1)$이므로	$b=2$, $3=-a$ $\therefore$ $\boldsymbol{a=-3,\ b=2}$
구의 반지름의 길이는 $\sqrt{a^2+7}$이므로	$\boldsymbol{r}=\sqrt{a^2+7}=\sqrt{(-3)^2+7}=\sqrt{16}=\boldsymbol{4}$

(2) 구하는 구의 방정식을 일반형으로 놓으면	$x^2+y^2+z^2+Ax+By+Cz+D=0$
점 $(0,\ 0,\ 0)$을 지나므로	$D=0$
점 $(-1,\ 0,\ 0)$을 지나므로	$1-A=0$ $\quad\therefore A=1$
점 $(0,\ 1,\ 0)$을 지나므로	$1+B=0$ $\quad\therefore B=-1$
점 $(0,\ 0,\ 1)$을 지나므로	$1+C=0$ $\quad\therefore C=-1$
따라서 구하는 구의 방정식은	$\boldsymbol{x^2+y^2+z^2+x-y-z=0}$

정답과 해설 66쪽

문제

02-1 다음 물음에 답하시오.

(1) 구 $x^2+y^2+z^2+2x+6y-12z+a=0$의 중심의 좌표가 $(-1,\ b,\ c)$이고 반지름의 길이가 5일 때, 상수 a, b, c의 값을 구하시오.

(2) 네 점 $(0,\ 0,\ 0)$, $(0,\ 1,\ 0)$, $(0,\ 2,\ 2)$, $(-4,\ 0,\ 3)$을 지나는 구의 방정식을 구하시오.

02-2 방정식 $x^2+y^2+z^2+8x-2y+4z-k=0$이 나타내는 도형이 구일 때, 상수 k의 값의 범위를 구하시오.

필.수.예.제 03

조건을 만족시키는 점이 나타내는 도형의 방정식

유형편 68쪽

두 점 O(0, 0, 0), A(6, 0, 0)에 대하여 $\overline{OP} : \overline{AP}=1:2$를 만족시키는 점 P가 나타내는 도형의 부피를 구하시오.

공략 Point

조건을 만족시키는 점의 좌표를 (x, y, z)로 놓고 x, y, z 사이의 관계식을 구한다.

풀이

$\overline{OP} : \overline{AP}=1:2$이므로	$\overline{AP}=2\overline{OP}$ $\quad \therefore \overline{AP}^2=4\overline{OP}^2$
점 P의 좌표를 (x, y, z)라 하면	$(x-6)^2+y^2+z^2=4(x^2+y^2+z^2)$ $\therefore x^2+y^2+z^2+4x-12=0$
$x^2+y^2+z^2+4x-12=0$을 변형하면	$(x+2)^2+y^2+z^2=16$
따라서 점 P가 나타내는 도형은 중심이 점 $(-2, 0, 0)$이고 반지름의 길이가 4인 구이므로 구하는 도형의 부피는	$\frac{4}{3}\pi\times4^3=\mathbf{\frac{256}{3}}\pi$

정답과 해설 67쪽

문제

03-1 두 점 A(4, 0, 0), B(−4, 0, 0)에 대하여 $\overline{AP} : \overline{BP}=3:1$을 만족시키는 점 P가 나타내는 도형의 방정식을 구하시오.

03-2 두 점 A(0, 4, 2), B(2, 0, 0)에 대하여 $\frac{\overline{AP}}{\overline{BP}}=\sqrt{3}$을 만족시키는 점 P가 나타내는 도형의 부피를 구하시오.

03-3 구 $(x-2)^2+(y-1)^2+z^2=4$ 위의 점 A와 점 B(0, 5, −2)에 대하여 선분 AB의 중점이 나타내는 도형의 겉넓이를 구하시오.

구의 방정식 (2)

1 좌표평면에 접하는 구의 방정식

중심이 점 (a, b, c)이고 좌표평면에 접하는 구의 방정식은 다음과 같다.

(1) xy평면

(반지름의 길이)$=|$(중심의 z좌표)$|=|c|$이므로

$$(x-a)^2+(y-b)^2+(z-c)^2=c^2$$

(2) yz평면

(반지름의 길이)$=|$(중심의 x좌표)$|=|a|$이므로

$$(x-a)^2+(y-b)^2+(z-c)^2=a^2$$

(3) zx평면

(반지름의 길이)$=|$(중심의 y좌표)$|=|b|$이므로

$$(x-a)^2+(y-b)^2+(z-c)^2=b^2$$

(1)

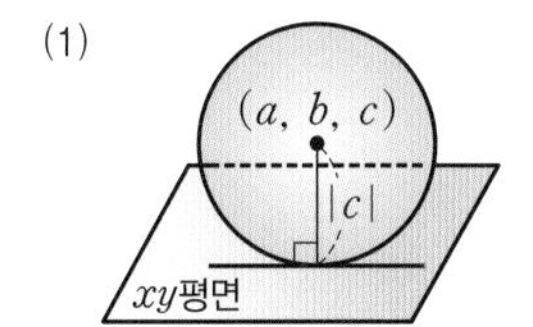

(2)

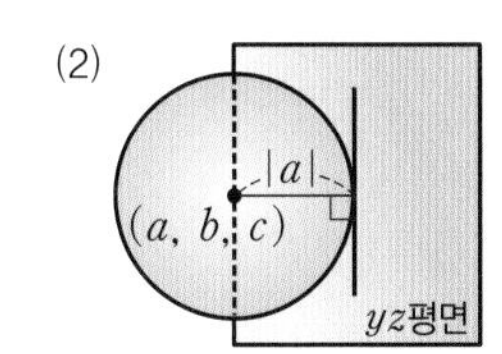

(3)

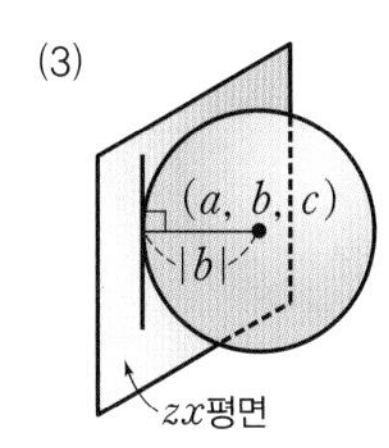

참고 세 좌표평면에 동시에 접하는 구의 방정식은 $(x\pm r)^2+(y\pm r)^2+(z\pm r)^2=r^2$

2 좌표축에 접하는 구의 방정식

중심이 점 (a, b, c)이고 좌표축에 접하는 구의 방정식은 다음과 같다.

(1) x축

(반지름의 길이)$=\sqrt{b^2+c^2}$이므로

$$(x-a)^2+(y-b)^2+(z-c)^2=b^2+c^2$$

(2) y축

(반지름의 길이)$=\sqrt{a^2+c^2}$이므로

$$(x-a)^2+(y-b)^2+(z-c)^2=a^2+c^2$$

(3) z축

(반지름의 길이)$=\sqrt{a^2+b^2}$이므로

$$(x-a)^2+(y-b)^2+(z-c)^2=a^2+b^2$$

(1)

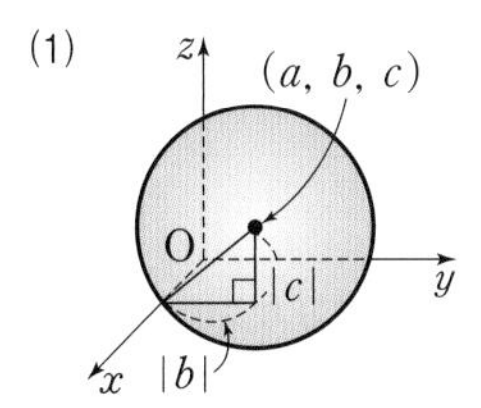

(2)

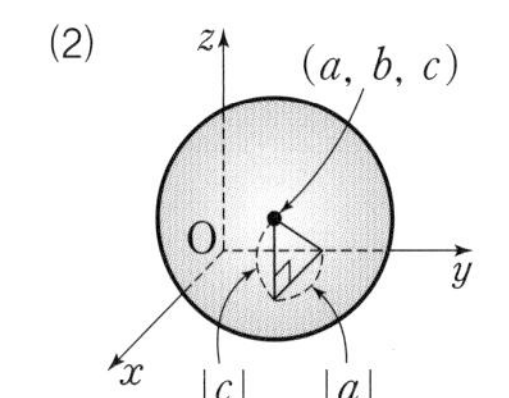

(3)

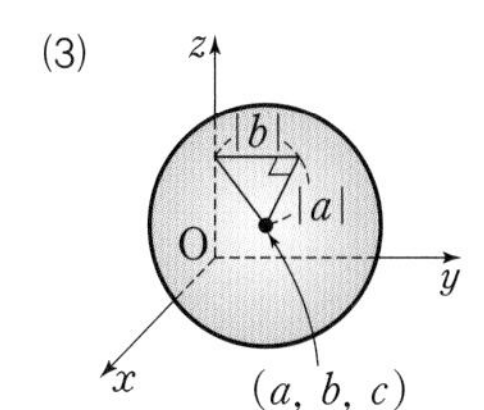

3 구와 좌표평면의 교선의 방정식

구 $(x-a)^2+(y-b)^2+(z-c)^2=r^2$과 좌표평면의 교선의 방정식은 다음과 같다.

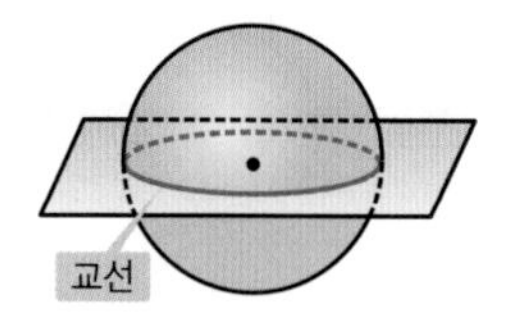

(1) xy평면 ➡ $(x-a)^2+(y-b)^2=r^2-c^2$ (단, $r^2>c^2$) ◀ $z=0$을 대입
(2) yz평면 ➡ $(y-b)^2+(z-c)^2=r^2-a^2$ (단, $r^2>a^2$) ◀ $x=0$을 대입
(3) zx평면 ➡ $(x-a)^2+(z-c)^2=r^2-b^2$ (단, $r^2>b^2$) ◀ $y=0$을 대입

참고 구 $(x-a)^2+(y-b)^2+(z-c)^2=r^2$과 좌표축의 교점의 좌표는 다음과 같이 구한다.
(1) x축과의 교점 ➡ $y=0$, $z=0$을 대입
(2) y축과의 교점 ➡ $x=0$, $z=0$을 대입
(3) z축과의 교점 ➡ $x=0$, $y=0$을 대입

개념 PLUS

구와 좌표평면의 교선의 방정식

오른쪽 그림과 같이 구 $(x-a)^2+(y-b)^2+(z-c)^2=r^2$과 xy평면이 만나면 그 교선인 원은 xy평면 위에 존재하므로 교선 위의 점의 z좌표가 0이다.
따라서 구의 방정식에 $z=0$을 대입하면

$$(x-a)^2+(y-b)^2+(0-c)^2=r^2$$
$$\therefore (x-a)^2+(y-b)^2=r^2-c^2 \text{ (단, } r^2>c^2)$$

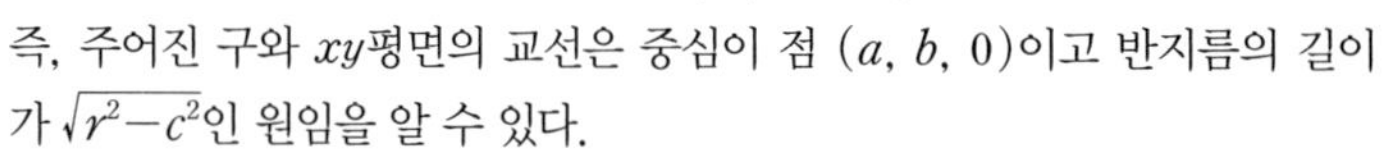
즉, 주어진 구와 xy평면의 교선은 중심이 점 $(a, b, 0)$이고 반지름의 길이가 $\sqrt{r^2-c^2}$인 원임을 알 수 있다.
같은 방법으로 구와 yz평면, zx평면이 만나면 그 교선은 각각 yz평면, zx평면 위에 존재한다.
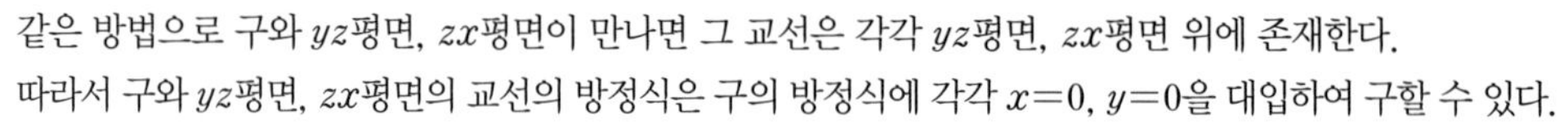
따라서 구와 yz평면, zx평면의 교선의 방정식은 구의 방정식에 각각 $x=0$, $y=0$을 대입하여 구할 수 있다.

참고 구 $(x-a)^2+(y-b)^2+(z-c)^2=r^2$이 xy평면과 접하지 않고 만나려면 구의 반지름의 길이 r가 구의 중심과 xy평면 사이의 거리인 $|c|$보다 커야 한다. 즉, $r^2>c^2$이어야 한다.

개념 CHECK

정답과 해설 67쪽

1 중심이 점 $(3, 1, -2)$이고 다음 좌표평면에 접하는 구의 방정식을 구하시오.
(1) xy평면　(2) yz평면　(3) zx평면

2 중심이 점 $(5, -4, 1)$이고 다음 좌표축에 접하는 구의 방정식을 구하시오.
(1) x축　(2) y축　(3) z축

3 구 $(x-1)^2+(y+3)^2+(z-2)^2=16$과 다음 좌표평면이 만나서 생기는 교선의 방정식을 구하시오.
(1) xy평면　(2) yz평면　(3) zx평면

필.수.예.제 04

좌표평면 또는 좌표축에 접하는 구의 방정식

유형편 68쪽

다음 물음에 답하시오.

(1) 구 $x^2+y^2+z^2-6x-6y+2z+k=0$이 xy평면에 접할 때, 상수 k의 값을 구하시오.

(2) 점 $(5,\ 1,\ 4)$를 지나고 xy평면, yz평면, zx평면에 동시에 접하는 구의 방정식을 구하시오.

공략 Point

(1) xy평면에 접하는 구
➡ (반지름의 길이) $=|$(중심의 z좌표)$|$

(2) 세 좌표평면에 동시에 접하는 구의 중심의 좌표를 $(a,\ b,\ c)$라 하면
➡ (반지름의 길이) $=|a|=|b|=|c|$

풀이

(1) $x^2+y^2+z^2-6x-6y+2z+k=0$을 변형하면	$(x-3)^2+(y-3)^2+(z+1)^2=19-k$
이 구의 반지름의 길이는	$\sqrt{19-k}$ ⋯⋯ ㉠
이 구가 xy평면에 접하므로 반지름의 길이는	$\lvert-1\rvert=1$ ⋯⋯ ㉡
㉠, ㉡이 일치하므로	$\sqrt{19-k}=1,\ 19-k=1$ $\therefore\ k=\mathbf{18}$

(2) 구가 xy평면, yz평면, zx평면에 동시에 접하고 점 $(5,\ 1,\ 4)$를 지나므로 반지름의 길이를 r라 하면 구의 중심의 좌표는	$(r,\ r,\ r)$ ◀ $(5,\ 1,\ 4)$ ➡ $(r,\ r,\ r)$ ⊕⊕⊕ ⊕⊕⊕
즉, 구의 방정식은	$(x-r)^2+(y-r)^2+(z-r)^2=r^2$
이 구가 점 $(5,\ 1,\ 4)$를 지나므로	$(5-r)^2+(1-r)^2+(4-r)^2=r^2$ $r^2-10r+21=0,\ (r-3)(r-7)=0$ $\therefore\ r=3$ 또는 $r=7$
따라서 구하는 구의 방정식은	$\mathbf{(x-3)^2+(y-3)^2+(z-3)^2=9}$ **또는** $\mathbf{(x-7)^2+(y-7)^2+(z-7)^2=49}$

정답과 해설 68쪽

문제

04-1 구 $x^2+y^2+z^2-4x+2ky+2z+10=0$이 yz평면에 접할 때, 양수 k의 값을 구하시오.

04-2 중심이 점 $\mathrm{C}(k,\ 2,\ -3)$이고 y축에 접하는 구의 반지름의 길이가 $\sqrt{10}$일 때, 양수 k의 값을 구하시오.

04-3 점 $(-2,\ 3,\ 1)$을 지나고 xy평면, yz평면, zx평면에 동시에 접하는 구는 2개 있다. 이 두 구의 반지름의 길이의 합을 구하시오.

구와 좌표평면의 교선의 방정식

유형편 69쪽

필.수.예.제 05

공략 Point

구와 xy평면의 교선의 방정식은 구의 방정식에 $z=0$을 대입하여 구한다.

구 $(x-1)^2+(y+2)^2+(z-3)^2=15$와 xy평면이 만나서 생기는 도형의 둘레의 길이를 구하시오.

풀이

주어진 구의 방정식에 $z=0$을 대입하면	$(x-1)^2+(y+2)^2+(-3)^2=15$ $\therefore (x-1)^2+(y+2)^2=6$
따라서 주어진 구와 xy평면이 만나서 생기는 도형은 반지름의 길이가 $\sqrt{6}$인 원이므로 구하는 도형의 둘레의 길이는	$2\pi\times\sqrt{6}=\mathbf{2\sqrt{6}\pi}$

다른 풀이

오른쪽 그림과 같이 구의 중심을 C라 하고 점 C에서 xy평면에 내린 수선의 발을 H, 구와 xy평면이 만나서 생기는 원 위의 한 점을 P라 하면	$\overline{CP}=\sqrt{15}$, $\overline{CH}=3$
이때 직각삼각형 CPH에서	$\overline{PH}=\sqrt{\overline{CP}^2-\overline{CH}^2}$ $=\sqrt{(\sqrt{15})^2-3^2}=\sqrt{6}$
따라서 주어진 구와 xy평면이 만나서 생기는 도형은 반지름의 길이가 $\sqrt{6}$인 원이므로 구하는 도형의 둘레의 길이는	$2\pi\times\sqrt{6}=\mathbf{2\sqrt{6}\pi}$

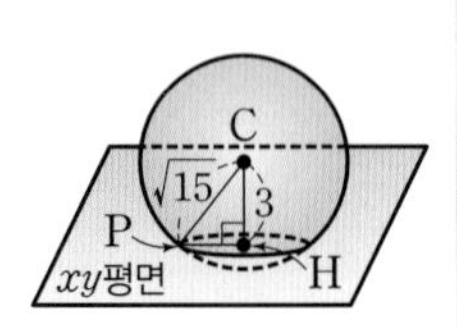

정답과 해설 68쪽

문제

05-1 구 $x^2+y^2+z^2+2x-2y-4z-3=0$과 yz평면이 만나서 생기는 도형의 넓이를 구하시오.

05-2 반지름의 길이가 5이고 zx평면과의 교선의 방정식이 $(x-3)^2+(z-4)^2=9$인 구는 2개 있다. 이 두 구의 중심 사이의 거리를 구하시오.

필.수.예.제 06

구 밖의 한 점에서 구에 그은 접선의 길이

유형편 70쪽

점 A$(-2,\ 2,\ 3)$에서 구 $x^2+y^2+z^2-2x+2z-12=0$에 그은 접선의 길이를 구하시오.

공략 Point

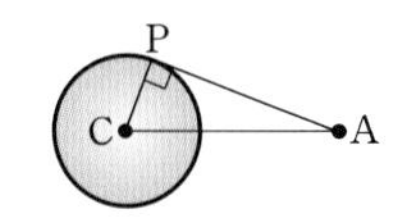

구 밖의 한 점 A에서 중심이 C인 구에 그은 접선의 접점을 P라 하면 직각삼각형 APC에서

➡ $\overline{AP}=\sqrt{\overline{AC}^2-\overline{CP}^2}$

풀이

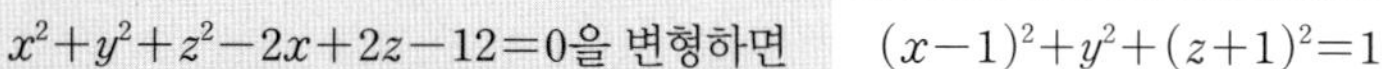

$x^2+y^2+z^2-2x+2z-12=0$을 변형하면	$(x-1)^2+y^2+(z+1)^2=14$	
이 구의 중심을 C라 하면 C$(1,\ 0,\ -1)$이므로	$\overline{AC}=\sqrt{(1+2)^2+(-2)^2+(-1-3)^2}=\sqrt{29}$	
오른쪽 그림과 같이 점 A에서 구에 그은 접선의 접점을 P라 하면 선분 CP의 길이는 구의 반지름의 길이와 같으므로	$\overline{CP}=\sqrt{14}$	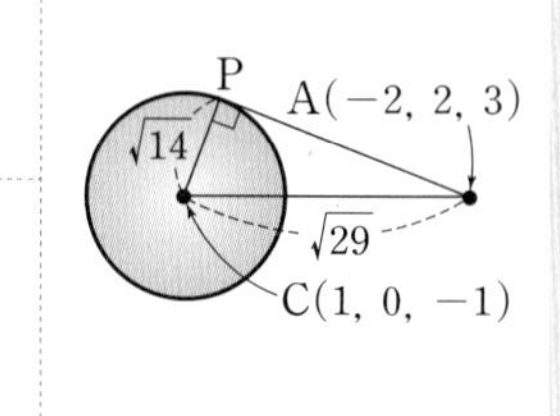
따라서 직각삼각형 APC에서	$\overline{AP}=\sqrt{\overline{AC}^2-\overline{CP}^2}$ $=\sqrt{(\sqrt{29})^2-(\sqrt{14})^2}$ $=\mathbf{\sqrt{15}}$	

정답과 해설 68쪽

문제

06-1 점 A$(-2,\ 6,\ -1)$에서 구 $x^2+y^2+z^2-2x-10y+22=0$에 그은 접선의 길이를 구하시오.

06-2 점 A$(5,\ 3,\ 2)$에서 중심이 점 C$(2,\ -5,\ 3)$인 구에 그은 접선의 길이가 8일 때, 구의 반지름의 길이를 구하시오.

06-3 점 A$(3,\ 2,\ 1)$에서 구 $x^2+y^2+z^2+2x-6y-12z+k=0$에 그은 접선의 길이가 5일 때, 상수 k의 값을 구하시오.

필.수.예.제 07

점과 구 사이의 거리의 최댓값과 최솟값

유형편 70쪽

점 $A(3,\ 0,\ -2)$와 구 $x^2+(y-4)^2+(z+2)^2=4$ 위의 점을 잇는 선분의 길이의 최댓값을 M, 최솟값을 m이라 할 때, Mm의 값을 구하시오.

공략 Point

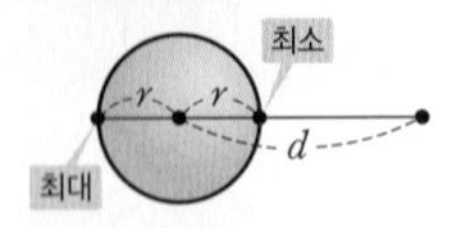

반지름의 길이가 r인 구의 중심으로부터 거리가 $d\,(d>r)$인 점과 구 위의 점을 잇는 선분의 길이의
(1) (최댓값)$=d+r$
(2) (최솟값)$=d-r$

풀이

주어진 구의 중심을 C라 하면 $C(0,\ 4,\ -2)$이므로	$\overline{AC}=\sqrt{(-3)^2+4^2+(-2+2)^2}=5$
오른쪽 그림과 같이 직선 AC가 구와 만나는 두 점을 각각 P, Q라 하면 두 선분 CP, CQ의 길이는 구의 반지름의 길이와 같으므로	$\overline{CP}=\overline{CQ}=2$
이때 최댓값 M, 최솟값 m은	$M=\overline{AQ}=\overline{AC}+\overline{CQ}$ $=5+2=7$ $m=\overline{AP}=\overline{AC}-\overline{CP}$ $=5-2=3$
따라서 Mm의 값은	$Mm=7\times3=\mathbf{21}$

Q　2　2　P　$A(3,\ 0,\ -2)$
5
$C(0,\ 4,\ -2)$

정답과 해설 69쪽

문제

07-1 점 $A(2,\ 7,\ -4)$와 구 $x^2+y^2+z^2-2x-12y-4z+25=0$ 위의 점을 잇는 선분의 길이의 최댓값을 M, 최솟값을 m이라 할 때, Mm의 값을 구하시오.

07-2 구 $x^2+y^2+z^2-2x-6y+8z+22=0$ 위의 점에서 xy평면에 이르는 거리의 최댓값과 최솟값을 구하시오.

연습문제

02 구의 방정식

1 구 $(x-3)^2+(y+1)^2+(z-2)^2=9$와 중심이 같고 점 $(2,\ 1,\ -1)$을 지나는 구의 방정식을 구하시오.

2 두 점 $\mathrm{A}(4,\ 1,\ -3)$, $\mathrm{B}(1,\ -2,\ 3)$에 대하여 선분 AB를 $1:2$로 내분하는 점을 P, 외분하는 점을 Q라 하자. 두 점 P, Q를 지름의 양 끝 점으로 하는 구의 방정식이 $(x-a)^2+(y-b)^2+(z-c)^2=d$일 때, 상수 a, b, c, d에 대하여 $a+b+c+d$의 값은?

① 20　② 22　③ 24　④ 26　⑤ 28

3 네 점 $(0,\ 0,\ 0)$, $(6,\ 0,\ 0)$, $(1,\ 1,\ 0)$, $(-3,\ 0,\ 3)$을 지나는 구의 반지름의 길이는?

① $3\sqrt{2}$　② 6　③ $4\sqrt{3}$　④ 7　⑤ $4\sqrt{5}$

4 구 $x^2+y^2+z^2-2x-4y+kz=k$의 부피가 최소일 때, 구의 중심의 좌표는 $(a,\ b,\ c)$이고 반지름의 길이는 r이다. 이때 $a+b+c-r$의 값을 구하시오.
(단, k는 상수)

5 구 $x^2+y^2+z^2+6x-8y+10z=0$과 직선 l이 두 점 A, B에서 만난다. 선분 AB의 길이가 10일 때, 구의 중심과 직선 l 사이의 거리를 구하시오.

6 구 $x^2+y^2+z^2-12x-14y-16z-20=0$ 위의 점 $\mathrm{A}(3,\ 3,\ -4)$와 구의 중심을 지나는 직선이 구와 만나는 다른 한 점을 $\mathrm{B}(a,\ b,\ c)$라 할 때, $a+b+c$의 값을 구하시오.

7 두 점 $\mathrm{A}(-6,\ 0,\ 0)$, $\mathrm{B}(0,\ 3,\ 0)$으로부터 거리의 비가 $2:1$인 점 P가 나타내는 도형의 겉넓이를 구하시오.

8 구 $x^2+y^2+z^2-8x+4y-2az+b=0$이 xy평면, yz평면에 동시에 접할 때, 상수 a, b에 대하여 $b-a$의 값은? (단, $a>0$)

① 13 ② 14 ③ 15
④ 16 ⑤ 17

9 중심이 점 $\mathrm{C}(3,\ 4,\ a)$이고 반지름의 길이가 r인 구가 xy평면과 z축에 동시에 접할 때, $a+r$의 값은? (단, $a>0$)

① 6 ② 8 ③ 10
④ 12 ⑤ 14

10 반지름의 길이가 $5\sqrt{2}$이고 x축, y축, z축에 동시에 접하는 구가 있다. 이 구의 중심의 x좌표, y좌표, z좌표가 모두 양수일 때, 구의 방정식을 구하시오.

11 구 $(x-1)^2+(y+2)^2+(z-3)^2=r^2$과 x축이 만나는 두 점 사이의 거리가 6일 때, 양수 r의 값은?

① $3\sqrt{2}$ ② $2\sqrt{5}$ ③ $\sqrt{22}$
④ $2\sqrt{6}$ ⑤ $\sqrt{26}$

12 구 $x^2+y^2+z^2-8x-6y+4z-7=0$의 중심을 C, 이 구와 y축의 두 교점을 각각 A, B라 할 때, 삼각형 ABC의 둘레의 길이를 구하시오.

13 두 점 $\mathrm{A}(4,\ -5,\ 7)$, $\mathrm{B}(-8,\ -1,\ 1)$을 지름의 양 끝 점으로 하는 구와 xy평면이 만나서 생기는 도형의 넓이는?

① 27π ② 29π ③ 31π
④ 33π ⑤ 35π

14 구 $x^2+y^2+z^2-4x+6y-2z+k=0$이 yz평면과 만나서 생기는 원의 반지름의 길이가 2일 때, 상수 k의 값을 구하시오.

15 점 A$(-2, 2, 3)$에서 구
$x^2+y^2+z^2-2x+2z+k=0$에 그은 접선의 길이가 $\sqrt{15}$일 때, 상수 k의 값을 구하시오.

16 원점 O와 구 $(x+2)^2+(y-3)^2+(z+6)^2=4$ 위의 점을 잇는 선분의 길이의 최댓값을 M, 최솟값을 m이라 할 때, Mm의 값을 구하시오.

실력

평가원

17 그림과 같이 좌표공간에서 한 변의 길이가 4인 정육면체를 한 변의 길이가 2인 8개의 정육면체로 나누었다. 이 중 그림의 세 정육면체 A, B, C 안에 반지름의 길이가 1인 구가 각각 내접하고 있다. 3개의 구의 중심을 연결한 삼각형의 무게중심의 좌표를 (p, q, r)라 할 때, $p+q+r$의 값은?

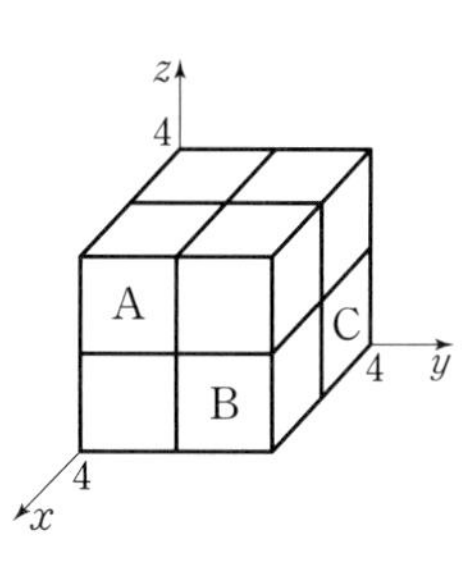

① 6　② $\frac{19}{3}$　③ $\frac{20}{3}$
④ 7　⑤ $\frac{22}{3}$

수능

18 좌표공간에서 중심의 x좌표, y좌표, z좌표가 모두 양수인 구 S가 x축과 y축에 각각 접하고, z축과 서로 다른 두 점에서 만난다. 구 S가 xy평면과 만나서 생기는 원의 넓이가 64π이고 z축과 만나는 두 점 사이의 거리가 8일 때, 구 S의 반지름의 길이는?

① 11　② 12　③ 13
④ 14　⑤ 15

19 점 A$(1, 2, 1)$에서 구
$(x-1)^2+y^2+(z+1)^2=4$에 접선을 그었을 때, 접점이 나타내는 도형의 넓이는?

① π　② 2π　③ 3π
④ 4π　⑤ 5π

20 구 $x^2+y^2+z^2+8x-8y+4z+32=0$ 위의 점 P(x, y, z)에 대하여 $x^2+y^2+z^2$의 최댓값을 구하시오.

개념과 유형이 하나로

개념 + 유형

PLUS

유형편 기하

CONTENTS ••• 차례

Ⅰ

이차곡선

기초 문제 Training

01 포물선

포물선의 방정식

개념편 8쪽

1 초점 F와 준선의 방정식이 다음과 같은 포물선의 방정식을 구하시오.

(1) $\mathrm{F}(2,\ 0)$, $x=-2$

(2) $\mathrm{F}(-5,\ 0)$, $x=5$

(3) $\mathrm{F}\left(0,\ \frac{1}{2}\right)$, $y=-\frac{1}{2}$

(4) $\mathrm{F}(0,\ -6)$, $y=6$

2 다음 포물선의 초점의 좌표, 꼭짓점의 좌표, 준선의 방정식을 구하고, 그래프를 그리시오.

(1) $y^2=2x$

(2) $y^2=-16x$

(3) $x^2=6y$

(4) $x^2=-12y$

3 다음 포물선의 방정식을 구하시오.

(1) 포물선 $y^2=2x$를 x축의 방향으로 1만큼, y축의 방향으로 -2만큼 평행이동한 포물선

(2) 포물선 $x^2=16y$를 x축의 방향으로 -4만큼, y축의 방향으로 2만큼 평행이동한 포물선

4 다음 포물선의 초점의 좌표, 꼭짓점의 좌표, 준선의 방정식, 축의 방정식을 구하시오.

(1) $(y+2)^2=-4(x-3)$

(2) $(x-1)^2=8(y-2)$

5 다음 포물선의 초점의 좌표와 준선의 방정식을 구하시오.

(1) $y^2+16x-2y+17=0$

(2) $x^2+2x-4y+25=0$

핵심 유형 Training

유형 01 포물선의 방정식

(1) 초점이 $F(p,\ 0)$이고 준선이 $x=-p$인 포물선의 방정식은

$y^2=4px$ (단, $p\neq 0$)

(2) 초점이 $F(0,\ p)$이고 준선이 $y=-p$인 포물선의 방정식은

$x^2=4py$ (단, $p\neq 0$)

1 두 포물선 $y^2=-4x$, $x^2=-12y$의 초점을 각각 A, B라 할 때, 선분 AB의 길이는?

① 1　② 2　③ $\sqrt{10}$
④ 4　⑤ $2\sqrt{5}$

2 두 포물선 $y^2=ax$, $x^2=4y$의 준선의 교점의 좌표가 $(-6,\ b)$일 때, 상수 a, b에 대하여 $a-b$의 값은?

① -23　② -11　③ 13
④ 25　⑤ 37

3 다음 중 점 $\left(-\frac{1}{2},\ 0\right)$을 초점으로 하고 준선이 $x=\frac{1}{2}$인 포물선이 지나는 점인 것은?

① $(-4,\ -2)$　② $(-2,\ 2)$
③ $(-1,\ -2)$　④ $(1,\ 2)$
⑤ $(2,\ -2)$

4 꼭짓점이 원점이고 점 $(2,\ 4)$를 지나는 포물선의 방정식을 모두 구하시오.

5 포물선 $y^2=4px$의 초점을 중심으로 하고, 이 포물선의 준선에 접하는 원의 둘레의 길이가 36π일 때, 양수 p의 값은?

① 4　② 6　③ 9
④ 12　⑤ 18

6 꼭짓점이 원점이고 y축에 대하여 대칭인 포물선 위의 점 $(a,\ 3)$에서 포물선의 준선까지의 거리가 5일 때, 양수 a의 값을 구하시오.

7 초점이 $F\left(\frac{1}{4},\ 0\right)$이고 준선이 $x=-\frac{1}{4}$인 포물선의 꼭짓점을 A라 하고, 초점 F를 지나고 준선에 평행한 직선이 포물선과 만나는 두 점을 B, C라 할 때, 삼각형 ABC의 넓이를 구하시오.

유형 02 평행이동한 포물선의 방정식

(1) 포물선 $y^2=4px$를 x축의 방향으로 m만큼, y축의 방향으로 n만큼 평행이동한 포물선의 방정식은

$$(y-n)^2=4p(x-m)$$

(2) 포물선 $x^2=4py$를 x축의 방향으로 m만큼, y축의 방향으로 n만큼 평행이동한 포물선의 방정식은

$$(x-m)^2=4p(y-n)$$

8 포물선 $y^2=a(x-1)$의 초점을 F, 포물선 $x^2=2a(y+2)$의 초점을 F′이라 할 때, 점 F의 x좌표와 점 F′의 y좌표가 서로 같다. 이때 상수 a의 값을 구하시오.

9 점 $(-2, 2)$를 초점으로 하고 준선이 $x=4$인 포물선이 점 $(a, 8)$을 지날 때, a의 값은?

① -3　② -2　③ -1　④ 1　⑤ 2

10 점 $(4, -2)$를 꼭짓점으로 하고 준선이 x축인 포물선이 y축과 만나는 점의 좌표를 구하시오.

11 점 $(3, 0)$과 직선 $x=-5$에 이르는 거리가 같은 점 P가 나타내는 포물선의 방정식은?

① $x^2=8(y-1)$　② $(x+1)^2=12y$　③ $y^2=16(x+1)$　④ $y^2=16(x-1)$　⑤ $(y+1)^2=16x$

유형 03 포물선의 방정식의 일반형

(1) $y^2+Ax+By+C=0$ 꼴로 주어진 포물선의 방정식은 $(y-n)^2=4p(x-m)$ 꼴로 변형한다.

(2) $x^2+Ax+By+C=0$ 꼴로 주어진 포물선의 방정식은 $(x-m)^2=4p(y-n)$ 꼴로 변형한다.

12 포물선 $y^2-3x-4y+1=0$은 포물선 $y^2=ax$를 x축의 방향으로 m만큼, y축의 방향으로 n만큼 평행이동한 것이다. 이때 상수 a, m, n에 대하여 $a+m+n$의 값을 구하시오.

13 포물선 $y^2-4x+4y+a=0$의 초점이 포물선 $y^2=x$ 위의 점일 때, 상수 a의 값은?

① 4　② 8　③ 12　④ 16　⑤ 20

14 포물선 $x^2-8y=0$의 초점을 F, 포물선 $x^2+4y-8=0$의 초점을 F′이라 할 때, 점 $A(a, 0)$에 대하여 삼각형 AFF′의 넓이가 5이다. 이때 양수 a의 값을 구하시오.

15 세 점 $(-3, 0)$, $(3, 0)$, $(0, 1)$을 지나고 준선이 x축에 평행한 포물선의 방정식을 구하시오.

유형 04 포물선의 정의의 활용 (1)

초점이 F인 포물선 위의 점 P에서 준선 l에 내린 수선의 발을 H라 하면

➡ $\overline{PF}=\overline{PH}$

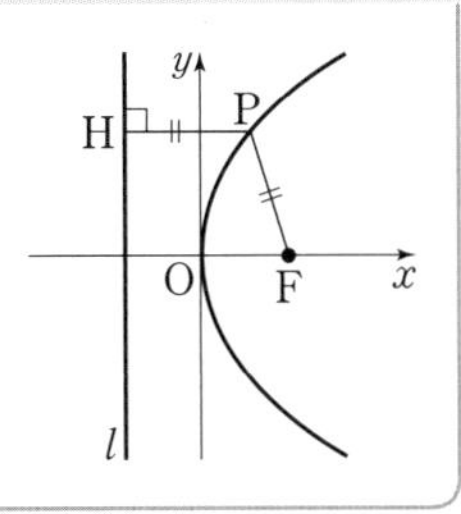

16 포물선 $x^2=16y$ 위의 점 P에서 직선 $y=-6$까지의 거리가 8일 때, 점 P에서 포물선의 초점 F까지의 거리를 구하시오.

17 오른쪽 그림과 같이 점 A(4, 3)을 지나고 x축에 평행한 직선이 포물선 $(y-2)^2=4(x+1)$과 만나는 점을 B, 이 포물선의 초점을 F라 할 때, $\overline{AB}+\overline{BF}$의 값을 구하시오.

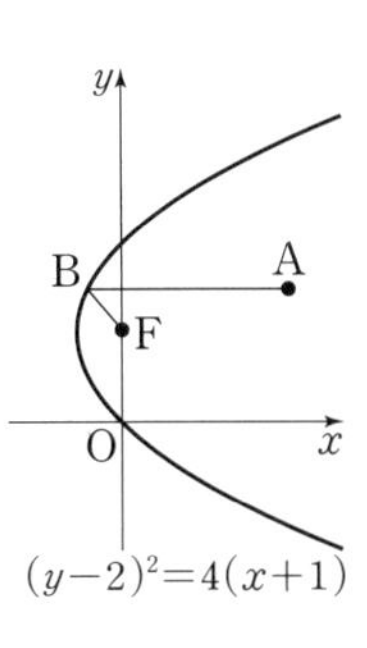

18 오른쪽 그림과 같이 포물선 $y^2=8x$의 초점 F를 지나는 직선이 포물선과 두 점 A, B에서 만날 때, 두 점 A, B에서 직선 $x=-1$에 내린 수선의 발을 각각 A′, B′이라 하자. $\overline{AB}=10$일 때, $\overline{AA'}+\overline{BB'}$의 값을 구하시오.

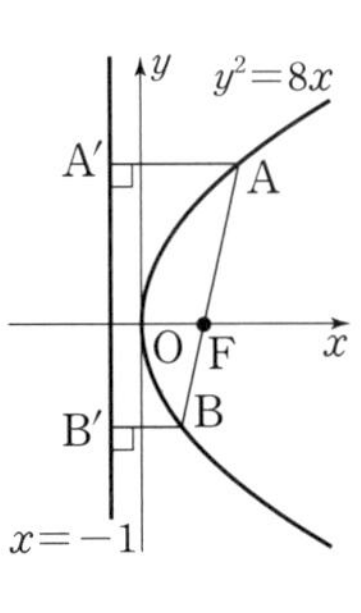

19 오른쪽 그림과 같이 포물선 $x^2=6y$의 초점 F를 지나는 직선이 포물선과 두 점 A, B에서 만날 때, 두 점 A, B에서 x축에 내린 수선의 발을 각각 P, Q라 하자. $\overline{AB}=8$, $\overline{PQ}=6$일 때, 사각형 APQB의 넓이를 구하시오.

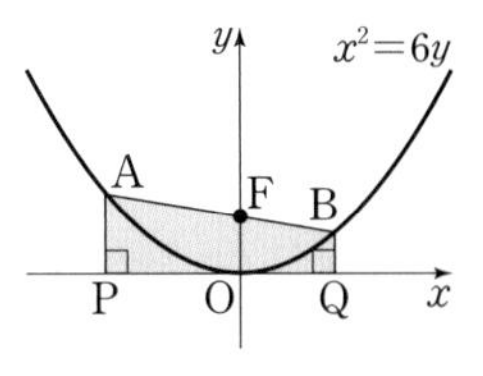

20 점 $(-1, 0)$을 지나는 직선이 포물선 $y^2=-4x$와 두 점 A, B에서 만날 때, 선분 AB의 중점의 x좌표가 -2이다. 이때 선분 AB의 길이를 구하시오.

21 포물선 $x^2=12y$ 위의 서로 다른 세 점 A, B, C에 대하여 삼각형 ABC의 무게중심이 포물선의 초점 F와 같을 때, $\overline{AF}+\overline{BF}+\overline{CF}$의 값은?

① 12 ② 14 ③ 16
④ 18 ⑤ 20

22 UP 오른쪽 그림과 같이 두 포물선 $y^2=8x$, $y^2=-4(x+3)$의 초점을 각각 F, F′이라 하고, 직선 $y=k$가 두 포물선과 만나는 점을 각각 A, B라 하자. 사각형 ABF′F의 둘레의 길이가 24일 때, 양수 k의 값을 구하시오.

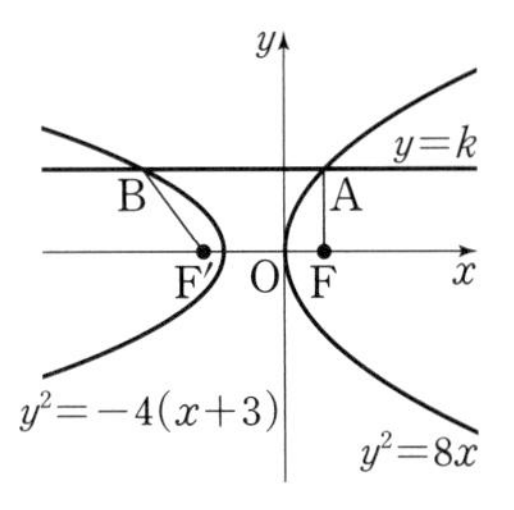

유형 05 포물선의 정의의 활용 (2)

초점이 F인 포물선 위의 점 P에서 준선 l에 내린 수선의 발을 H라 할 때, 포물선 밖의 한 점 A에 대하여

$\overline{AP}+\overline{PF}=\overline{AP}+\overline{PH}$

➡ 세 점 A, P, H가 일직선 위에 있을 때, $\overline{AP}+\overline{PF}$의 값이 최소이다.

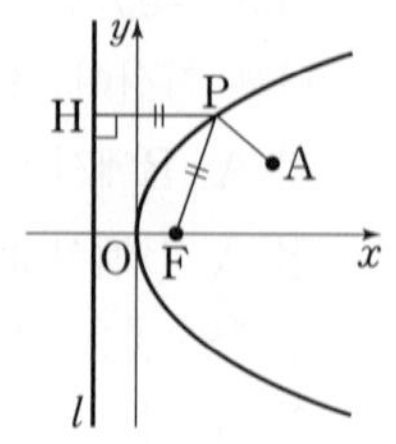

23 오른쪽 그림과 같이 포물선 $y^2=8x$ 위의 점 P에서 직선 $x=-2$에 내린 수선의 발을 H라 할 때, 점 A(1, 4)에 대하여 $\overline{AP}+\overline{PH}$의 최솟값을 구하시오.

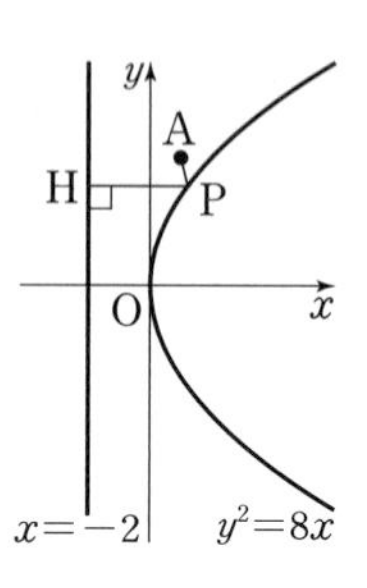

24 오른쪽 그림과 같이 점 A(1, 2)와 포물선 $x^2=4y$ 위의 점 P(a, b), 초점 F에 대하여 $\overline{AP}+\overline{PF}$의 값이 최소일 때, ab의 값을 구하시오.

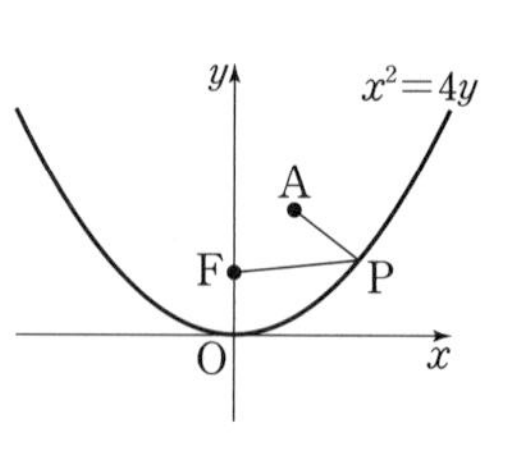

25 오른쪽 그림과 같이 점 A(6, 4)와 포물선 $y^2=12x$ 위의 점 P, 초점 F에 대하여 삼각형 APF의 둘레의 길이의 최솟값을 구하시오.

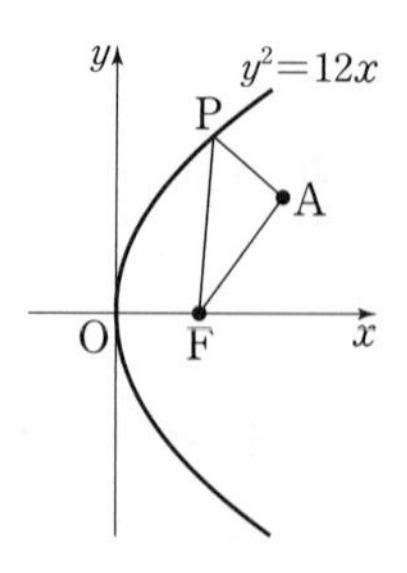

유형 06 조건을 만족시키는 점이 나타내는 도형의 방정식 (UP)

조건을 만족시키는 점의 좌표를 (x, y)로 놓고 x, y 사이의 관계식을 구한다.

참고
- 포물선 위의 점과 포물선 위에 있지 않은 한 점을 이은 선분의 중점이 나타내는 도형은 포물선이다.
- 포물선의 초점과 포물선 위의 점을 이은 선분을 내분하는 점이 나타내는 도형은 포물선이다.

26 직선 $x=-1$에 접하고 점 A(5, 3)을 지나는 원의 중심 C가 나타내는 도형의 방정식은?

① $(x+1)^2=12(y+2)$
② $(x-5)^2=4(y-3)$
③ $(y+1)^2=12(x-3)$
④ $(y-3)^2=4(x+1)$
⑤ $(y-3)^2=12(x-2)$

27 점 A(−2, 0)과 포물선 $y^2=14x$ 위의 점 P에 대하여 선분 AP의 중점 M이 나타내는 도형의 방정식을 구하시오.

28 포물선 $x^2-4x+4y+4=0$ 위의 점 A와 초점 F에 대하여 선분 AF를 1 : 2로 내분하는 점 P가 나타내는 도형이 포물선일 때, 이 포물선의 초점의 좌표를 구하시오.

기초 문제 Training

타원의 방정식

개념편 19쪽

1 다음 타원의 방정식을 구하시오.

(1) 두 초점 $\mathrm{F}(4,\ 0)$, $\mathrm{F}'(-4,\ 0)$으로부터 거리의 합이 10인 타원

(2) 두 초점 $\mathrm{F}(0,\ 1)$, $\mathrm{F}'(0,\ -1)$로부터 거리의 합이 4인 타원

(3) 두 초점이 $\mathrm{F}(3,\ 0)$, $\mathrm{F}'(-3,\ 0)$이고 장축의 길이가 8인 타원

(4) 두 초점이 $\mathrm{F}(0,\ \sqrt{10})$, $\mathrm{F}'(0,\ -\sqrt{10})$이고 단축의 길이가 4인 타원

2 다음 타원의 초점의 좌표, 꼭짓점의 좌표, 중심의 좌표, 장축의 길이, 단축의 길이를 구하고, 그래프를 그리시오.

(1) $\frac{x^2}{9}+\frac{y^2}{5}=1$

(2) $\frac{x^2}{16}+\frac{y^2}{36}=1$

02 타원

3 다음 타원의 방정식을 구하시오.

(1) 타원 $\frac{x^2}{3}+\frac{y^2}{2}=1$을 x축의 방향으로 -2만큼, y축의 방향으로 1만큼 평행이동한 타원

(2) 타원 $x^2+\frac{y^2}{10}=1$을 x축의 방향으로 4만큼, y축의 방향으로 -5만큼 평행이동한 타원

4 다음 타원의 초점의 좌표, 꼭짓점의 좌표, 중심의 좌표, 장축의 길이, 단축의 길이를 구하시오.

(1) $\frac{(x+1)^2}{4}+\frac{y^2}{3}=1$

(2) $\frac{(x-3)^2}{9}+\frac{(y+1)^2}{25}=1$

5 다음 타원의 초점의 좌표, 장축의 길이, 단축의 길이를 구하시오.

(1) $3x^2+y^2+18x+4y+25=0$

(2) $3x^2+4y^2-6x-16y+7=0$

핵심 유형 Training

유형 01 타원의 방정식

(1) 두 초점 $F(c, 0)$, $F'(-c, 0)$으로부터 거리의 합이 $2a\,(a>c>0)$인 타원의 방정식은

$$\frac{x^2}{a^2}+\frac{y^2}{b^2}=1 \text{ (단, } b^2=a^2-c^2)$$

(2) 두 초점 $F(0, c)$, $F'(0, -c)$로부터 거리의 합이 $2b\,(b>c>0)$인 타원의 방정식은

$$\frac{x^2}{a^2}+\frac{y^2}{b^2}=1 \text{ (단, } a^2=b^2-c^2)$$

1 타원 $\frac{x^2}{9}+\frac{y^2}{16}=1$의 두 초점 사이의 거리를 d, 장축의 길이를 a, 단축의 길이를 b라 할 때, d^2+a+b의 값을 구하시오.

2 포물선 $x^2=-12y$의 초점과 타원 $\frac{x^2}{9}+\frac{y^2}{k}=1$의 한 초점이 일치할 때, 상수 k의 값은?

① 1 ② 7 ③ 18
④ 25 ⑤ 36

3 두 점 $A(2, 0)$, $B(-2, 0)$으로부터 거리의 합이 6인 타원이 점 $(0, p)$를 지날 때, 양수 p의 값은?

① $\sqrt{5}$ ② $\sqrt{6}$ ③ $\sqrt{7}$
④ $2\sqrt{2}$ ⑤ 3

4 중심이 원점이고 두 초점이 y축 위에 있는 타원의 단축의 길이가 12이고 한 초점의 좌표가 $(0, 5)$일 때, 이 타원의 방정식을 구하시오.

5 오른쪽 그림과 같이 타원 $\frac{x^2}{25}+\frac{y^2}{16}=1$의 두 초점 F, F′에 대하여 점 F를 지나고 x축에 수직인 직선이 타원과 만나는 두 점을 각각 A, B라 할 때, 삼각형 AF′B의 넓이를 구하시오.

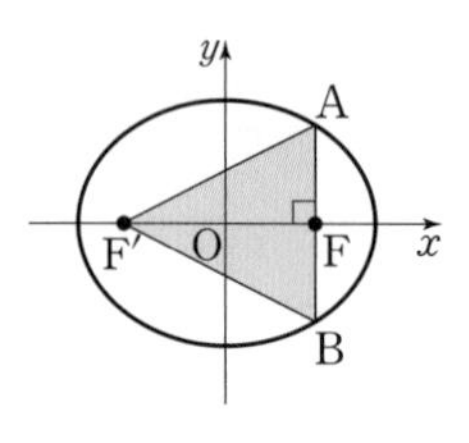

6 두 점 $(3, 0)$, $(-3, 0)$을 초점으로 하고, 장축과 단축의 길이의 차가 $2\sqrt{3}$인 타원의 네 꼭짓점을 이어서 만든 사각형의 넓이는?

① $6\sqrt{3}$ ② 12 ③ $12\sqrt{3}$
④ 24 ⑤ 36

7 삼각형 ABC에서 $\overline{AB}=4$, $\overline{BC}=5$, $\overline{CA}=7$일 때, 두 꼭짓점 A, B를 초점으로 하고 꼭짓점 C를 지나는 타원의 단축의 길이는?

① $4\sqrt{2}$ ② 6 ③ 8
④ $8\sqrt{2}$ ⑤ 14

유형 02 평행이동한 타원의 방정식

타원 $\frac{x^2}{a^2}+\frac{y^2}{b^2}=1$을 x축의 방향으로 m만큼, y축의 방향으로 n만큼 평행이동한 타원의 방정식은

$$\frac{(x-m)^2}{a^2}+\frac{(y-n)^2}{b^2}=1$$

참고 타원을 평행이동해도 장축과 단축의 길이는 변하지 않는다.

8 점 A$(0, 3)$과 타원 $\frac{(x-1)^2}{4}+\frac{(y+1)^2}{3}=1$의 두 초점 F, F$'$에 대하여 삼각형 AFF$'$의 넓이를 구하시오.

9 두 초점 F$(1, 6)$, F$'(1, -2)$로부터 거리의 합이 10인 타원의 방정식을 구하시오.

10 세 점 $(-2, 2)$, $(3, -2)$, $(8, 2)$를 꼭짓점으로 하는 타원의 방정식을 $\frac{(x-m)^2}{a}+\frac{(y-n)^2}{b}=1$이라 할 때, 상수 a, b, m, n에 대하여 $a+b+m+n$의 값을 구하시오.

11 원 $(x-6)^2+(y-5)^2=34$가 x축과 만나는 두 점을 초점으로 하고 원의 중심을 지나는 타원의 장축의 길이는?

① 5 ② $2\sqrt{14}$ ③ 10
④ $2\sqrt{34}$ ⑤ 12

유형 03 타원의 방정식의 일반형

$Ax^2+By^2+Cx+Dy+E=0$ 꼴로 주어진 타원의 방정식은 $\frac{(x-m)^2}{a^2}+\frac{(y-n)^2}{b^2}=1$ 꼴로 변형한다.

12 타원 $x^2+4y^2-8x+8y+8=0$의 중심의 좌표를 (a, b), 장축의 길이를 c, 단축의 길이를 d라 할 때, $ab+cd$의 값은?

① 18 ② 20 ③ 22
④ 24 ⑤ 26

13 타원 $3x^2+2y^2-6x-4y-1=0$을 x축의 방향으로 m만큼, y축의 방향으로 n만큼 평행이동하면 타원 $3x^2+2y^2=k$와 겹쳐질 때, 상수 m, n, k에 대하여 $m+n+k$의 값은?

① 4 ② 6 ③ 8
④ 10 ⑤ 12

14 타원 $x^2+5y^2-4x-10y-1=0$에 대한 다음 보기의 설명 중 옳은 것만을 있는 대로 고른 것은?

보기
ㄱ. 단축의 길이는 $2\sqrt{2}$이다.
ㄴ. 평행이동하여 타원 $\frac{x^2}{5}+y^2=1$과 겹쳐진다.
ㄷ. 점 $(2\sqrt{2}, 0)$은 초점이다.

① ㄱ ② ㄴ ③ ㄱ, ㄷ
④ ㄴ, ㄷ ⑤ ㄱ, ㄴ, ㄷ

유형 04 타원의 정의의 활용 (1)

타원 $\frac{x^2}{a^2}+\frac{y^2}{b^2}=1$ 위의 점 P와 두 초점 F, F′에 대하여

(1) $a>b>0$일 때,

$\overline{\mathrm{PF}}+\overline{\mathrm{PF'}}=2a$

(2) $b>a>0$일 때,

$\overline{\mathrm{PF}}+\overline{\mathrm{PF'}}=2b$

15 두 점 A$(-4, 0)$, B$(4, 0)$과 타원 $\frac{x^2}{25}+\frac{y^2}{9}=1$ 위의 점 P에 대하여 $\overline{\mathrm{PA}}:\overline{\mathrm{PB}}=3:1$일 때, $\overline{\mathrm{PA}}-\overline{\mathrm{PB}}$의 값을 구하시오.

16 오른쪽 그림과 같이 타원 $\frac{x^2}{2}+\frac{y^2}{6}=1$ 위의 점 P와 두 초점 F, F′에 대하여 $\angle\mathrm{FPF'}=90°$일 때, 삼각형 PFF′의 넓이는?

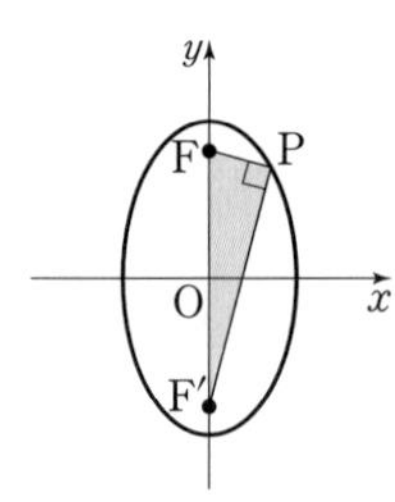

① 2 ② 4 ③ 6
④ 8 ⑤ 10

17 타원 $\frac{x^2}{9}+\frac{y^2}{25}=1$ 위의 점 P와 두 초점 F, F′에 대하여 $\overline{\mathrm{OP}}=\overline{\mathrm{OF}}$일 때, $\overline{\mathrm{PF}}\times\overline{\mathrm{PF'}}$의 값은?

(단, O는 원점)

① 10 ② 12 ③ 14
④ 16 ⑤ 18

18 점 A$(0, 2)$를 지나고 점 B$(6, 2)$를 지나지 않는 직선이 타원 $\frac{(x-3)^2}{25}+\frac{(y-2)^2}{16}=1$과 만나는 두 점을 C, D라 할 때, 삼각형 BCD의 둘레의 길이는?

① 10 ② 15 ③ 20
④ 25 ⑤ 30

19 두 초점이 F$(2, 0)$, F′$(-2, 0)$인 타원 $\frac{x^2}{a^2}+\frac{y^2}{b^2}=1$에 대하여 점 F를 지나고 점 F′을 지나지 않는 직선이 타원과 만나는 두 점을 A, B라 할 때, 삼각형 ABF′의 둘레의 길이가 $4\sqrt{6}$이다. 이때 양수 a, b에 대하여 ab의 값은?

① $2\sqrt{3}$ ② $2\sqrt{6}$ ③ 6
④ $4\sqrt{6}$ ⑤ 12

20 UP 오른쪽 그림과 같이 타원 $\frac{x^2}{a^2}+\frac{y^2}{b^2}=1$ 위의 점 P와 두 초점 F, F′, x좌표가 양수인 꼭짓점 A에 대하여 두 삼각형 PF′F, PFA의 넓이의 비가 $2:1$이고 삼각형 PF′F의 둘레의 길이가 12이다. 이때 양수 a, b에 대하여 a^2+b^2의 값은?

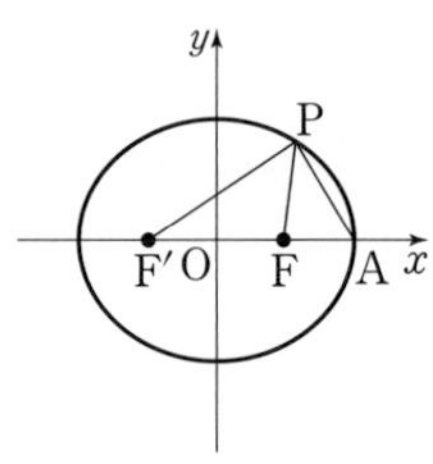

① 20 ② 22 ③ 24
④ 26 ⑤ 28

유형 05 타원의 정의의 활용 (2)

타원 위의 점 P와 두 초점 F, F′에 대하여 $\overline{PF}>0$, $\overline{PF'}>0$이므로 산술평균과 기하평균의 관계에 의하여

$$\overline{PF}+\overline{PF'}\geq 2\sqrt{\overline{PF}\times\overline{PF'}}$$

임을 이용한다.

21 장축의 길이가 4인 타원 위의 점 P와 두 초점 F, F′에 대하여 $\overline{PF}\times\overline{PF'}$의 최댓값은?

① 3 ② 4 ③ 5
④ 6 ⑤ 7

22 타원 $\frac{x^2}{36}+\frac{y^2}{25}=1$ 위의 점 P와 두 초점 F, F′에 대하여 $\overline{PF}^2+\overline{PF'}^2$의 최솟값을 구하시오.

23 UP 오른쪽 그림과 같이 타원 $\frac{x^2}{16}+\frac{y^2}{36}=1$에 내접하는 직사각형 ABCD의 넓이의 최댓값은? (단, 직사각형의 각 변은 x축 또는 y축에 평행하다.)

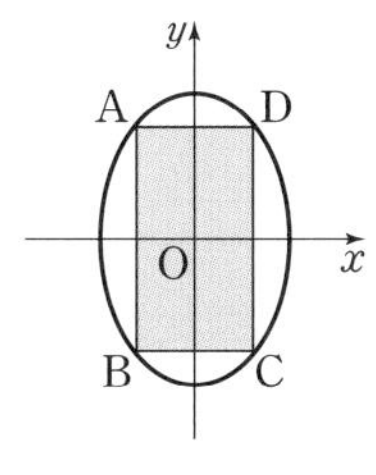

① 42 ② 44 ③ 46
④ 48 ⑤ 50

유형 06 UP 조건을 만족시키는 점이 나타내는 도형의 방정식

조건을 만족시키는 점의 좌표를 (x, y)로 놓고 x, y 사이의 관계식을 구한다.

참고 x축 위를 움직이는 점과 y축 위를 움직이는 점을 이은 선분을 내분 또는 외분하는 점이 나타내는 도형은 타원이다.

24 x축 위를 움직이는 점 A와 y축 위를 움직이는 점 B에 대하여 $\overline{AB}=3$일 때, 선분 AB를 2 : 1로 내분하는 점 P가 나타내는 도형의 방정식을 구하시오.

25 타원 $\frac{x^2}{3}+\frac{y^2}{4}=1$ 위의 점 P에서 y축에 내린 수선의 발을 H라 할 때, 선분 PH의 중점 M이 나타내는 도형의 방정식이 $ax^2+by^2=12$이다. 이때 상수 a, b에 대하여 $a-b$의 값은?

① -2 ② 3 ③ 7
④ 11 ⑤ 13

26 오른쪽 그림과 같이 원 C_1: $x^2+y^2=25$의 안쪽에 있으면서 한 점에서 만나고 원 C_2: $(x+2)^2+y^2=1$의 바깥쪽에 있으면서 한 점에서 만나는 원의 중심 P가 나타내는 도형의 방정식을 구하시오.

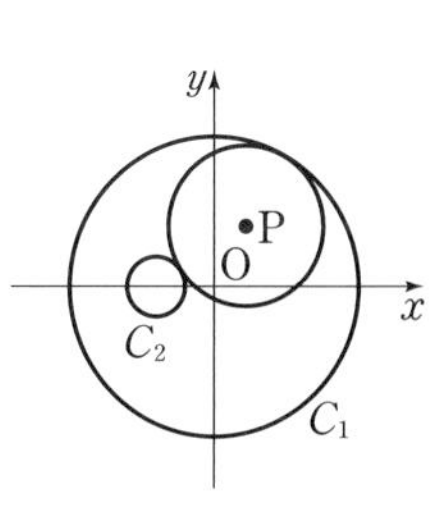

기초 문제 Training

쌍곡선의 방정식

개념편 30쪽

1 다음 쌍곡선의 방정식을 구하시오.

(1) 두 초점 $F(4, 0)$, $F'(-4, 0)$으로부터 거리의 차가 2인 쌍곡선

(2) 두 초점 $F(0, 3\sqrt{2})$, $F'(0, -3\sqrt{2})$로부터 거리의 차가 6인 쌍곡선

(3) 두 초점이 $F(10, 0)$, $F'(-10, 0)$이고 주축의 길이가 14인 쌍곡선

(4) 두 초점이 $F(0, 6)$, $F'(0, -6)$이고 주축의 길이가 8인 쌍곡선

2 다음 쌍곡선의 초점의 좌표, 꼭짓점의 좌표, 중심의 좌표, 주축의 길이, 점근선의 방정식을 구하고, 그래프를 그리시오.

(1) $\dfrac{x^2}{4}-\dfrac{y^2}{5}=1$

(2) $\dfrac{x^2}{12}-\dfrac{y^2}{4}=-1$

03 쌍곡선

3 다음 쌍곡선의 초점의 좌표, 꼭짓점의 좌표, 중심의 좌표, 주축의 길이, 점근선의 방정식을 구하시오.

(1) $\dfrac{(x+2)^2}{9}-\dfrac{(y-3)^2}{16}=1$

(2) $\dfrac{x^2}{3}-(y-5)^2=-1$

4 다음 쌍곡선의 초점의 좌표와 주축의 길이를 구하시오.

(1) $2x^2-y^2-8x-8y-14=0$

(2) $9x^2-7y^2+54x-28y+116=0$

이차곡선

개념편 40쪽

5 다음 방정식은 어떤 곡선을 나타내는지 말하시오.

(1) $y^2-2x-2y+3=0$

(2) $x^2+3y^2+4x+36y+10=0$

(3) $3x^2-4y^2+18x-9=0$

(4) $x^2+y^2+4x+4y+4=0$

핵심 유형 Training

03 쌍곡선

유형 01 쌍곡선의 방정식

(1) 두 초점 $F(c,\ 0)$, $F'(-c,\ 0)$으로부터 거리의 차가 $2a\ (c>a>0)$인 쌍곡선의 방정식은

$$\frac{x^2}{a^2}-\frac{y^2}{b^2}=1 \text{ (단, } b^2=c^2-a^2)$$

(2) 두 초점 $F(0,\ c)$, $F'(0,\ -c)$로부터 거리의 차가 $2b\ (c>b>0)$인 쌍곡선의 방정식은

$$\frac{x^2}{a^2}-\frac{y^2}{b^2}=-1 \text{ (단, } a^2=c^2-b^2)$$

1 쌍곡선 $\frac{x^2}{5}-\frac{y^2}{a^2}=-1$과 타원 $\frac{x^2}{10}+\frac{y^2}{25}=1$의 두 초점이 같을 때, 양수 a의 값을 구하시오.

2 두 점 $(\sqrt{3},\ 0)$, $(-\sqrt{3},\ 0)$을 초점으로 하고 주축의 길이가 2인 쌍곡선의 방정식이 $px^2-y^2=q$일 때, 상수 p, q에 대하여 $p+q$의 값은?

① -4　② -2　③ 0　④ 2　⑤ 4

3 중심이 원점이고 두 초점이 y축 위에 있는 쌍곡선이 두 점 $(0,\ 3)$, $(4,\ 3\sqrt{2})$를 지날 때, 이 쌍곡선의 두 초점 사이의 거리를 구하시오.

4 쌍곡선 $\frac{x^2}{4}-\frac{y^2}{5}=1$의 두 꼭짓점을 초점으로 하고, 점 $(3,\ \sqrt{2})$를 지나는 쌍곡선의 방정식을 구하시오.

유형 02 쌍곡선의 점근선

쌍곡선 $\frac{x^2}{a^2}-\frac{y^2}{b^2}=1$, $\frac{x^2}{a^2}-\frac{y^2}{b^2}=-1$의 점근선의 방정식은

$y=\frac{b}{a}x$, $y=-\frac{b}{a}x$

5 주축의 길이가 4인 쌍곡선 $\frac{x^2}{a^2}-\frac{y^2}{b^2}=1$의 한 점근선의 방정식이 $y=\frac{3}{2}x$일 때, 양수 a, b에 대하여 $a+b$의 값을 구하시오.

6 점근선의 방정식이 $y=\frac{1}{2}x$, $y=-\frac{1}{2}x$이고 타원 $x^2+5y^2=5$의 두 초점을 꼭짓점으로 하는 쌍곡선의 방정식을 구하시오.

7 원점을 지나는 두 점근선이 서로 수직이고, 두 초점 사이의 거리가 $4\sqrt{3}$인 쌍곡선의 방정식을 모두 구하시오.

8 UP 쌍곡선 $x^2-\frac{y^2}{4}=-1$ 위의 점 P에서 두 점근선에 내린 수선의 발을 각각 A, B라 할 때, $\overline{PA}\times\overline{PB}$의 값은?

① $\frac{4}{5}$　② $\frac{2\sqrt{5}}{5}$　③ 1　④ $\frac{4\sqrt{5}}{5}$　⑤ 4

유형 03 평행이동한 쌍곡선의 방정식

쌍곡선 $\frac{x^2}{a^2}-\frac{y^2}{b^2}=1$, $\frac{x^2}{a^2}-\frac{y^2}{b^2}=-1$을 x축의 방향으로 m만큼, y축의 방향으로 n만큼 평행이동한 쌍곡선의 방정식은 각각

$\frac{(x-m)^2}{a^2}-\frac{(y-n)^2}{b^2}=1$, $\frac{(x-m)^2}{a^2}-\frac{(y-n)^2}{b^2}=-1$

참고 쌍곡선을 평행이동해도 주축의 길이는 변하지 않는다.

9 쌍곡선 $\frac{(x+6)^2}{20}-\frac{(y-4)^2}{16}=-1$의 두 초점의 좌표가 (a, b), (c, d)이고 주축의 길이가 l일 때, $ab+cd+l$의 값은?

① -58 ② -50 ③ -40
④ -34 ⑤ -26

10 두 초점 $\mathrm{F}(6, 1)$, $\mathrm{F'}(-4, 1)$로부터 거리의 차가 6인 쌍곡선이 점 $(-2, k)$를 지날 때, k의 값을 구하시오.

11 점근선의 방정식이 $y=\frac{1}{2}x+1$, $y=-\frac{1}{2}x-1$이고, 한 초점의 좌표가 $(-2, \sqrt{10})$인 쌍곡선의 주축의 길이는?

① $\sqrt{2}$ ② $2\sqrt{2}$ ③ $3\sqrt{2}$
④ $4\sqrt{2}$ ⑤ $5\sqrt{2}$

유형 04 쌍곡선의 방정식의 일반형

$Ax^2+By^2+Cx+Dy+E=0$ 꼴로 주어진 쌍곡선의 방정식은 $\frac{(x-m)^2}{a^2}-\frac{(y-n)^2}{b^2}=\pm1$ 꼴로 변형한다.

12 다음 중 쌍곡선 $3x^2-y^2+4y-1=0$을 평행이동하여 겹칠 수 있는 것은?

① $x^2-\frac{y^2}{3}=-1$ ② $x^2-\frac{y^2}{3}=1$
③ $\frac{x^2}{3}-y^2=-1$ ④ $\frac{x^2}{3}-y^2=1$
⑤ $\frac{x^2}{3}-\frac{y^2}{3}=1$

13 쌍곡선 $5x^2-3y^2-20x-6y-13=0$에 대한 다음 보기의 설명 중 옳은 것만을 있는 대로 고르시오.

보기
ㄱ. 주축의 길이는 $2\sqrt{6}$이다.
ㄴ. 두 초점 사이의 거리는 4이다.
ㄷ. 두 점근선의 교점의 좌표는 $(2, -1)$이다.

14 쌍곡선 $4x^2-y^2-32x-2y+47=0$의 두 점근선과 y축으로 둘러싸인 삼각형의 넓이는?

① 28 ② 30 ③ 32
④ 34 ⑤ 36

유형 05 쌍곡선의 정의의 활용

(1) 쌍곡선 $\frac{x^2}{a^2}-\frac{y^2}{b^2}=1$ 위의 점 P와 두 초점 F, F′에 대하여

$|\overline{PF}-\overline{PF'}|=2a$

(2) 쌍곡선 $\frac{x^2}{a^2}-\frac{y^2}{b^2}=-1$ 위의 점 P와 두 초점 F, F′에 대하여

$|\overline{PF}-\overline{PF'}|=2b$

15 쌍곡선 $\frac{x^2}{16}-\frac{y^2}{20}=1$ 위의 점 P와 두 초점 F, F′에 대하여 $\angle FPF'=90°$일 때, 삼각형 PFF′의 넓이는?

① 12 ② 20 ③ 28 ④ 32 ⑤ 40

16 다음 그림과 같이 점 A(5, 0)을 지나고 점 B(−5, 0)을 지나지 않는 직선이 쌍곡선 $\frac{x^2}{16}-\frac{y^2}{9}=1$과 만나는 두 점을 각각 C, D라 하자. 삼각형 BCD의 둘레의 길이가 30일 때, 선분 CD의 길이는?

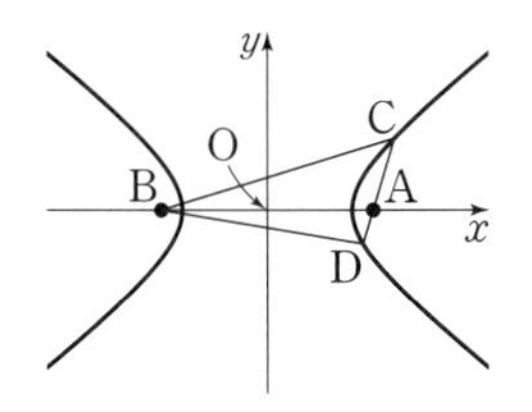

① 3 ② 4 ③ 5 ④ 6 ⑤ 7

17 쌍곡선 $\frac{x^2}{a^2}-\frac{y^2}{9}=-1$ 위의 점 P와 두 초점 F, F′에 대하여 $\angle FPF'=90°$이고 $\overline{PF}:\overline{PF'}=4:1$일 때, 양수 a의 값은?

① $\sqrt{2}$ ② 2 ③ $2\sqrt{2}$ ④ 4 ⑤ $4\sqrt{2}$

18 쌍곡선 $\frac{x^2}{12}-\frac{y^2}{4}=-1$의 두 초점 중 y좌표가 양수인 점을 F라 하고, 이 쌍곡선 위에 있고 y좌표가 음수인 점을 P라 하자. 점 A(3, 0)에 대하여 $\overline{AP}+\overline{PF}$의 최솟값을 구하시오.

19 UP 다음 그림과 같이 쌍곡선 $\frac{x^2}{9}-\frac{y^2}{7}=1$의 두 초점 F, F′에 대하여 점 F를 중심으로 하는 원 C가 쌍곡선과 한 점에서 만난다. 제2사분면 위에 있는 쌍곡선 위의 점 P에서 원 C에 그은 접선의 접점을 Q라 하면 $\overline{PQ}=4\sqrt{5}$일 때, 선분 PF′의 길이를 구하시오.

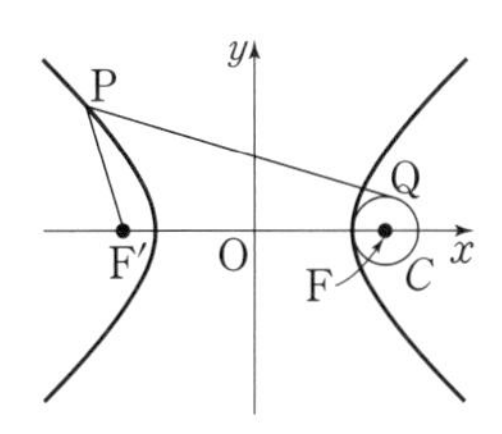

UP

유형 06 조건을 만족시키는 점이 나타내는 도형의 방정식

조건을 만족시키는 점의 좌표를 (x, y)로 놓고 x, y 사이의 관계식을 구한다.

참고 한 점과 직선에 이르는 거리의 비가 $m:n(m>n)$인 점이 나타내는 도형은 쌍곡선이다.

20 점 $F(4, 0)$과 직선 $x=1$에 이르는 거리의 비가 $2:1$인 점 P가 나타내는 도형의 방정식은?

① $\frac{x^2}{4}-\frac{y^2}{12}=1$ ② $\frac{x^2}{4}-\frac{y^2}{12}=-1$

③ $(x-1)^2-\frac{y^2}{4}=1$ ④ $(x-1)^2-\frac{y^2}{4}=-1$

⑤ $\frac{(x-4)^2}{4}-\frac{(y+1)^2}{12}=1$

21 좌표평면 위의 점 P에서 y축에 내린 수선의 발을 Q라 할 때, 점 $A(-6, 5)$에 대하여 $\overline{AQ}=3\overline{PQ}$를 만족시키는 점 P가 나타내는 도형의 방정식을 구하시오.

22 점 $A(4, 0)$과 쌍곡선 $4x^2-y^2=-1$ 위의 점 P에 대하여 선분 AP의 중점 M이 나타내는 도형이 쌍곡선일 때, 이 쌍곡선의 주축의 길이는?

① $\frac{1}{8}$ ② $\frac{1}{4}$ ③ 1

④ 4 ⑤ 8

유형 07 이차곡선

x, y에 대한 이차방정식 $Ax^2+By^2+Cx+Dy+E=0$이 이차곡선을 나타낼 때

(1) $A=B$, $AB\neq0$ ➡ 원

(2) $A=0$, $BC\neq0$ 또는 $B=0$, $AD\neq0$ ➡ 포물선

(3) $AB>0$, $A\neq B$ ➡ 타원

(4) $AB<0$ ➡ 쌍곡선

23 방정식 $(k+2)x^2+(k-3)y^2-2=0$이 나타내는 도형이 쌍곡선일 때, 정수 k의 개수는?

① 2 ② 3 ③ 4

④ 5 ⑤ 6

24 방정식 $kx^2+y^2+4x=0$이 나타내는 도형이 타원일 때, 다음 중 상수 k의 값이 될 수 있는 것은?

① -2 ② $-\frac{1}{4}$ ③ 0

④ $\frac{1}{2}$ ⑤ 1

25 방정식 $(x^2+2y^2-x)k-4x^2+3y^2-x=0$이 나타내는 도형이 포물선일 때, 상수 k의 값을 구하시오.

Ⅰ

이차곡선

기초 문제 Training

01 이차곡선과 직선

이차곡선과 직선의 위치 관계

개념편 46쪽

1 다음 이차곡선과 직선 $x-y-4=0$의 위치 관계를 말하시오.

(1) $y^2=-2x$

(2) $\frac{x^2}{10}+\frac{y^2}{6}=1$

(3) $\frac{x^2}{4}-\frac{y^2}{9}=1$

포물선의 접선의 방정식

개념편 48쪽

2 다음 직선의 방정식을 구하시오.

(1) 포물선 $y^2=6x$에 접하고 기울기가 3인 직선

(2) 포물선 $x^2=3y$에 접하고 기울기가 -4인 직선

3 다음 접선의 방정식을 구하시오.

(1) 포물선 $y^2=4x$ 위의 점 $(1,\ -2)$에서의 접선

(2) 포물선 $x^2=-8y$ 위의 점 $(4,\ -2)$에서의 접선

타원의 접선의 방정식

개념편 53쪽

4 다음 직선의 방정식을 구하시오.

(1) 타원 $\frac{x^2}{2}+\frac{y^2}{4}=1$에 접하고 기울기가 -1인 직선

(2) 타원 $x^2+2y^2=2$에 접하고 기울기가 2인 직선

5 다음 접선의 방정식을 구하시오.

(1) 타원 $\frac{x^2}{12}+\frac{y^2}{4}=1$ 위의 점 $(3,\ 1)$에서의 접선

(2) 타원 $2x^2+y^2=3$ 위의 점 $(1,\ -1)$에서의 접선

쌍곡선의 접선의 방정식

개념편 58쪽

6 다음 직선의 방정식을 구하시오.

(1) 쌍곡선 $\frac{x^2}{4}-\frac{y^2}{2}=1$에 접하고 기울기가 1인 직선

(2) 쌍곡선 $9x^2-2y^2=-18$에 접하고 기울기가 -2인 직선

7 다음 접선의 방정식을 구하시오.

(1) 쌍곡선 $\frac{x^2}{4}-\frac{y^2}{3}=1$ 위의 점 $(4,\ -3)$에서의 접선

(2) 쌍곡선 $x^2-y^2=-3$ 위의 점 $(-1,\ 2)$에서의 접선

핵심 유형 Training

01 이차곡선과 직선

유형 01 이차곡선과 직선의 위치 관계

이차곡선과 직선의 방정식을 연립하여 얻은 이차방정식의 판별식을 D라 하면
(1) $D>0$일 때, 서로 다른 두 점에서 만난다.
(2) $D=0$일 때, 한 점에서 만난다.(접한다.)
(3) $D<0$일 때, 만나지 않는다.

1 포물선 $y^2=x$와 직선 $x-y+k=0$이 한 점에서 만날 때, 실수 k의 값은?

① $\frac{1}{4}$ ② $\frac{1}{2}$ ③ 1
④ 2 ⑤ 4

2 두 집합

$$A=\{(x,\ y)\,|\,(x-2)^2=4y,\ x,\ y\text{는 실수}\},$$
$$B=\left\{(x,\ y)\,\middle|\,y=\frac{1}{2}x+k,\ x,\ y\text{는 실수}\right\}$$

에 대하여 $n(A\cap B)=0$일 때, 정수 k의 최댓값은?

① -3 ② -2 ③ -1
④ 0 ⑤ 1

3 포물선 $y^2=8x$와 직선 $y=2x-1$이 두 점 A, B에서 만날 때, 선분 AB의 길이는?

① $\sqrt{10}$ ② $2\sqrt{5}$ ③ $\sqrt{30}$
④ $2\sqrt{10}$ ⑤ $5\sqrt{2}$

4 타원 $9x^2+4y^2=36$과 직선 $y=mx+5$가 한 점에서 만날 때, 모든 실수 m의 값의 곱은?

① -16 ② -8 ③ -4
④ -2 ⑤ -1

5 직선 $y=x$를 x축의 방향으로 k만큼 평행이동한 직선이 타원 $2x^2+y^2=6$과 서로 다른 두 점에서 만날 때, 실수 k의 값의 범위를 구하시오.

6 쌍곡선 $x^2-4y^2=16$에 대하여 다음 보기 중 옳은 것만을 있는 대로 고른 것은?

보기
ㄱ. 직선 $x+2y=0$과 만나지 않는다.
ㄴ. 직선 $x+y+1=0$과 한 점에서 만난다.
ㄷ. 직선 $x+3y+2=0$과 서로 다른 두 점에서 만난다.

① ㄱ ② ㄴ ③ ㄱ, ㄴ
④ ㄱ, ㄷ ⑤ ㄴ, ㄷ

7 쌍곡선 $x^2-\frac{y^2}{3}=-1$과 직선 $y=kx-1$이 만나지 않도록 하는 정수 k의 최댓값을 M, 최솟값을 m이라 할 때, $M-m$의 값을 구하시오.

유형 02 기울기가 주어진 포물선의 접선의 방정식

(1) 포물선 $y^2=4px$에 접하고 기울기가 $m\,(m\neq0)$인 직선의 방정식은

$$y=mx+\frac{p}{m}$$

(2) 포물선 $x^2=4py$에 접하고 기울기가 m인 직선의 방정식은

$$y=mx-m^2p$$

8 포물선 $y^2=3x$에 접하고 직선 $x+2y-10=0$에 수직인 직선이 점 $(0,\ k)$를 지날 때, k의 값은?

① $\frac{1}{8}$　② $\frac{1}{4}$　③ $\frac{3}{8}$
④ $\frac{1}{2}$　⑤ $\frac{5}{8}$

9 포물선 $x^2=ay$에 접하고 기울기가 1인 직선의 방정식이 $x+by-1=0$일 때, 상수 a, b에 대하여 ab의 값은?

① -4　② -1　③ $-\frac{1}{4}$
④ $\frac{1}{4}$　⑤ 4

10 직선 $x-y+3=0$에 수직인 직선이 포물선 $y^2=ax$와 점 A에서 접하고 이 포물선의 초점 F에 대하여 $\overline{AF}=1$일 때, 모든 상수 a의 값의 곱은?

① -4　② -2　③ 1
④ 2　⑤ 4

11 기울기가 -1인 직선이 두 포물선 $y^2=4x$, $x^2=4y$에 동시에 접할 때, 두 접점을 각각 A, B라 하자. 이때 선분 AB의 길이는?

① $\sqrt{2}$　② $2\sqrt{2}$　③ $3\sqrt{2}$
④ $4\sqrt{2}$　⑤ $5\sqrt{2}$

12 오른쪽 그림과 같이 포물선 $y^2=8x$에 접하고 기울기가 $\sqrt{2}$인 접선의 접점을 P, 접선과 x축이 만나는 점을 Q라 할 때, 포물선의 초점 F에 대하여 삼각형 PQF의 무게중심의 좌표를 구하시오.

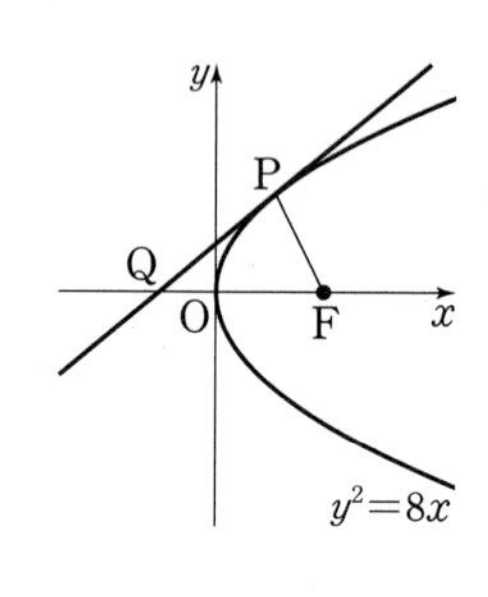

13 포물선 $y^2=\frac{8}{3}x$와 직선 $2x-y+2=0$ 사이의 거리의 최솟값은?

① $\frac{\sqrt{2}}{3}$　② $\frac{\sqrt{3}}{3}$　③ $\frac{2}{3}$
④ $\frac{\sqrt{5}}{3}$　⑤ $\frac{\sqrt{6}}{3}$

14 두 점 A$(-3,\ 0)$, B$(0,\ 4)$와 포물선 $y^2=16x$ 위의 점 P에 대하여 삼각형 APB의 넓이의 최솟값을 구하시오.

유형 03 포물선 위의 점에서의 접선의 방정식

(1) 포물선 $y^2=4px$ 위의 점 (x_1, y_1)에서의 접선의 방정식은
$y_1y=2p(x+x_1)$
(2) 포물선 $x^2=4py$ 위의 점 (x_1, y_1)에서의 접선의 방정식은
$x_1x=2p(y+y_1)$

15 포물선 $y^2=6x$ 위의 점 $(3, 3\sqrt{2})$에서의 접선이 점 $(k, 0)$을 지날 때, k의 값을 구하시오.

16 포물선 $x^2=8y$ 위의 서로 다른 두 점 (a, b), (c, d)에서의 접선이 서로 수직일 때, ac의 값을 구하시오.

17 포물선 $y^2=ax$ 위의 점 (a, a)에서의 접선이 x축, y축과 만나는 점을 각각 A, B라 하면 $\overline{AB}=\sqrt{5}$일 때, 양수 a의 값을 구하시오.

18 오른쪽 그림과 같이 포물선 $y^2=\frac{3}{2}x$ 위의 점 $P(a, b)$에서의 접선과 x축, y축으로 둘러싸인 삼각형의 넓이가 $\frac{9}{2}$일 때, $a+b$의 값은? (단, 점 P는 제1사분면 위의 점이다.)

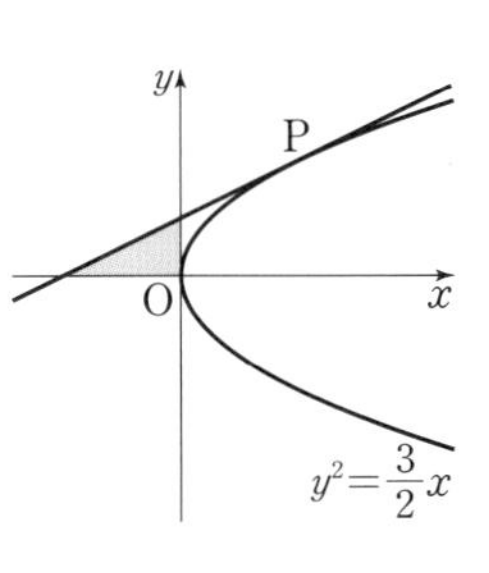

① 7 ② 8 ③ 9
④ 10 ⑤ 11

유형 04 포물선 밖의 점에서 포물선에 그은 접선의 방정식

포물선 밖의 점 P에서 포물선에 그은 접점의 좌표를 (x_1, y_1)이라 하고 포물선 위의 점에서의 접선의 방정식을 세운 후 이 직선이 점 P를 지남을 이용한다.

19 점 $(-8, 0)$에서 포물선 $y^2=8x$에 그은 접선의 방정식이 $y=mx+n$일 때, 양수 m, n에 대하여 mn의 값은?

① $\frac{1}{8}$ ② $\frac{1}{4}$ ③ $\frac{1}{2}$
④ 1 ⑤ 2

20 점 $(2, 6)$에서 포물선 $x^2=-2y$에 그은 접선 중 기울기가 양수인 직선이 점 $(1, k)$를 지날 때, k의 값은?

① -2 ② 1 ③ 2
④ 4 ⑤ 12

21 점 $(2, 1)$에서 포물선 $y^2=-6x$에 그은 두 접선의 접점을 각각 P, Q라 할 때, 직선 PQ의 기울기는?

① -6 ② -5 ③ -4
④ -3 ⑤ -2

유형 05 기울기가 주어진 타원의 접선의 방정식

타원 $\frac{x^2}{a^2}+\frac{y^2}{b^2}=1$에 접하고 기울기가 m인 직선의 방정식은

$y=mx\pm\sqrt{a^2m^2+b^2}$

22 타원 $\frac{x^2}{3}+\frac{y^2}{9}=1$에 접하고 직선 $x+3y+12=0$에 수직인 직선의 방정식이 $y=mx+n$일 때, 상수 m, n에 대하여 m^2+n^2의 값을 구하시오.

23 두 점 $(0, 2)$, $(0, -2)$를 초점으로 하고 직선 $y=x-4$에 접하는 타원의 장축의 길이는?

① $2\sqrt{2}$　② 4　③ $2\sqrt{6}$　④ $4\sqrt{2}$　⑤ $2\sqrt{10}$

24 타원 $\frac{x^2}{a}+\frac{y^2}{4}=1$에 접하고 기울기가 1인 두 직선 사이의 거리가 $3\sqrt{2}$일 때, 양수 a의 값을 구하시오.

25 UP 오른쪽 그림과 같이 타원 $x^2+8y^2=8$에 정삼각형 ABC가 외접할 때, 삼각형 ABC의 넓이를 구하시오.

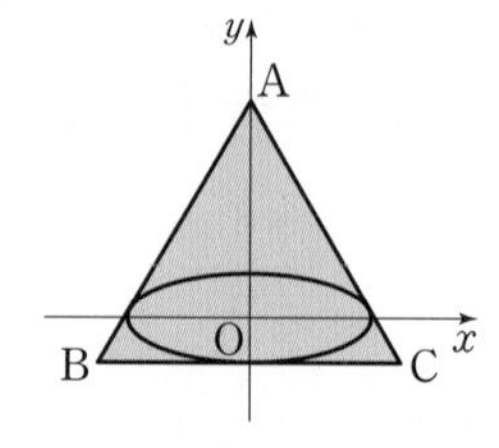

유형 06 타원 위의 점에서의 접선의 방정식

타원 $\frac{x^2}{a^2}+\frac{y^2}{b^2}=1$ 위의 점 (x_1, y_1)에서의 접선의 방정식은

$\frac{x_1x}{a^2}+\frac{y_1y}{b^2}=1$

26 타원 $x^2+2y^2=9$ 위의 점 $(-1, a)$에서의 접선의 방정식이 점 $(b, 3)$을 지날 때, $b-a$의 값을 구하시오. (단, $a>0$)

27 타원 $\frac{x^2}{a}+\frac{y^2}{b}=1$ 위의 점 $(2, 1)$에서의 접선의 y절편이 3일 때, 양수 a, b에 대하여 $a+b$의 값은?

① 6　② 7　③ 8　④ 9　⑤ 10

28 타원 $\frac{x^2}{3}+\frac{y^2}{6}=1$ 위의 점 $(\sqrt{2}, \sqrt{2})$에서의 접선에 수직이고 이 타원의 초점을 각각 지나는 두 직선의 x절편의 곱을 구하시오.

29 UP 타원 $x^2+16y^2=16$ 위의 점 $\mathrm{P}(a, b)$에서의 접선과 x축, y축으로 둘러싸인 삼각형의 넓이의 최솟값은? (단, $ab\neq0$)

① 2　② 4　③ 8　④ 16　⑤ 32

유형 07 타원 밖의 점에서 타원에 그은 접선의 방정식

타원 밖의 점 P에서 타원에 그은 접점의 좌표를 (x_1, y_1)이라 하고 타원 위의 점에서의 접선의 방정식을 세운 후 이 직선이 점 P를 지남을 이용한다.

30 점 $(4, 1)$에서 타원 $\frac{x^2}{4}+y^2=1$에 그은 두 접선의 접점을 각각 P, Q라 할 때, 삼각형 OPQ의 넓이를 구하시오. (단, O는 원점)

31 점 $A(0, a)$에서 타원 $5x^2+9y^2=45$에 그은 접선의 접점을 P라 하면 $\overline{OP}=\overline{AP}$일 때, 양수 a의 값은? (단, O는 원점)

① $\sqrt{10}$ ② $\sqrt{11}$ ③ $2\sqrt{3}$
④ $\sqrt{13}$ ⑤ $\sqrt{14}$

32 점 $(1, 0)$에서 타원 $9x^2+y^2=3$에 그은 접선이 원 $x^2+y^2=r^2$에 접할 때, 상수 r에 대하여 r^2의 값은?

① $\frac{3}{11}$ ② $\frac{5}{11}$ ③ $\frac{7}{11}$
④ $\frac{9}{11}$ ⑤ 1

유형 08 기울기가 주어진 쌍곡선의 접선의 방정식

(1) 쌍곡선 $\frac{x^2}{a^2}-\frac{y^2}{b^2}=1$에 접하고 기울기가 m인 직선의 방정식은

$y=mx\pm\sqrt{a^2m^2-b^2}$ (단, $a^2m^2>b^2$)

(2) 쌍곡선 $\frac{x^2}{a^2}-\frac{y^2}{b^2}=-1$에 접하고 기울기가 m인 직선의 방정식은

$y=mx\pm\sqrt{b^2-a^2m^2}$ (단, $b^2>a^2m^2$)

33 쌍곡선 $\frac{x^2}{2}-\frac{y^2}{10}=-1$에 접하고 기울기가 -2인 두 직선의 y절편의 곱을 구하시오.

34 쌍곡선 $3x^2-4y^2=12$에 접하고 기울기가 m인 직선이 점 $(0, -1)$을 지날 때, 양수 m의 값을 구하시오.

35 직선 $y=x-1$이 쌍곡선 $\frac{x^2}{2}-\frac{y^2}{a}=-1$에 접할 때, 쌍곡선의 두 초점 사이의 거리는? (단, $a>2$)

① $2\sqrt{2}$ ② $2\sqrt{3}$ ③ 4
④ $2\sqrt{5}$ ⑤ $2\sqrt{6}$

36 쌍곡선 $8x^2-y^2=16$ 위의 점과 직선 $y=3x$ 사이의 거리의 최솟값을 구하시오.

유형 09 쌍곡선 위의 점에서의 접선의 방정식

(1) 쌍곡선 $\frac{x^2}{a^2}-\frac{y^2}{b^2}=1$ 위의 점 (x_1, y_1)에서의 접선의 방정식은

$$\frac{x_1x}{a^2}-\frac{y_1y}{b^2}=1$$

(2) 쌍곡선 $\frac{x^2}{a^2}-\frac{y^2}{b^2}=-1$ 위의 점 (x_1, y_1)에서의 접선의 방정식은

$$\frac{x_1x}{a^2}-\frac{y_1y}{b^2}=-1$$

37 쌍곡선 $4x^2-y^2=3$ 위의 점 $(a, 1)$에서의 접선과 x축, y축으로 둘러싸인 삼각형의 넓이를 구하시오. (단, $a<0$)

38 쌍곡선 $\frac{x^2}{3}-\frac{y^2}{3}=-1$과 타원 $\frac{x^2}{a}+\frac{y^2}{b}=1$은 점 $(1, 2)$에서 만나고 이 점에서 쌍곡선과 타원에 각각 그은 접선이 서로 수직일 때, 양수 a, b에 대하여 $a+b$의 값을 구하시오.

39 오른쪽 그림과 같이 쌍곡선 $x^2-y^2=12$ 위의 점 $P(4, 2)$에서의 접선과 두 점근선으로 둘러싸인 삼각형의 넓이를 구하시오.

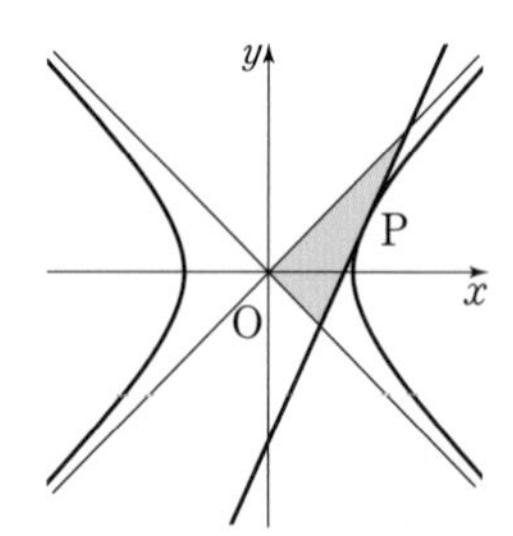

유형 10 쌍곡선 밖의 점에서 쌍곡선에 그은 접선의 방정식

쌍곡선 밖의 점 P에서 쌍곡선에 그은 접점의 좌표를 (x_1, y_1)이라 하고 쌍곡선 위의 점에서의 접선의 방정식을 세운 후 이 직선이 점 P를 지남을 이용한다.

40 점 $(2, 0)$에서 쌍곡선 $x^2-y^2=-4$에 그은 두 접선의 기울기의 곱은?

① -1 ② $-\frac{1}{2}$ ③ $-\frac{1}{4}$
④ 1 ⑤ 2

41 점 $(1, 3)$에서 쌍곡선 $2x^2-y^2=1$에 그은 접선의 방정식이 $y=mx+n$일 때, 양수 m, n에 대하여 mn의 값은?

① $\frac{1}{4}$ ② $\frac{1}{2}$ ③ 1
④ 2 ⑤ 4

42 다음 그림과 같이 점 $A(0, 1)$에서 쌍곡선 $x^2-2y^2=2$에 그은 두 접선의 접점을 각각 P, Q라 할 때, 삼각형 APQ의 넓이를 구하시오.

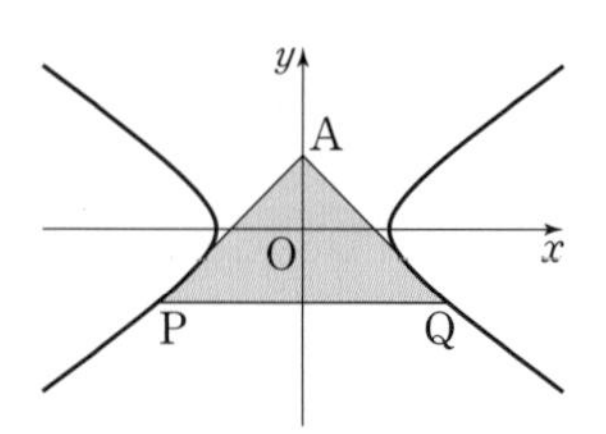

Ⅱ 평면벡터

기초 문제 Training

01 벡터의 연산

벡터의 뜻

개념편 68쪽

1 오른쪽 그림과 같은 벡터 $\vec{a}$, $\vec{b}$, $\vec{c}$, $\cdots$, $\vec{h}$에 대하여 다음을 구하시오.

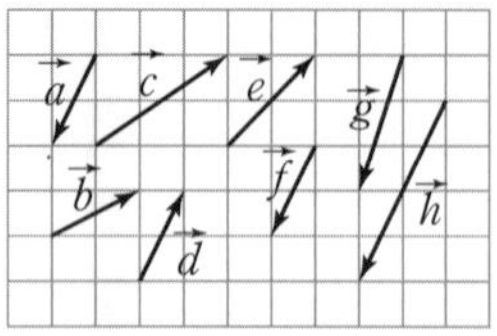

(1) $\vec{a}$와 방향이 같은 벡터

(2) $\vec{a}$와 크기가 같은 벡터

(3) $\vec{a}$와 서로 같은 벡터

(4) $\vec{a}$와 크기가 같고 방향이 반대인 벡터

벡터의 덧셈과 뺄셈

개념편 71쪽

2 두 벡터 $\vec{a}$, $\vec{b}$가 다음과 같을 때, $\vec{a}+\vec{b}$를 그림으로 나타내시오.

(1)

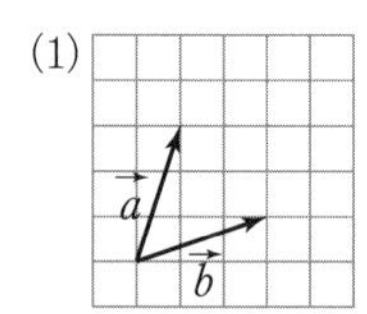

(2)

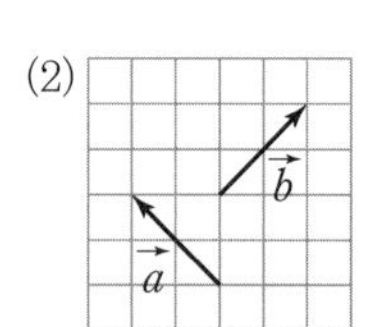

3 두 벡터 $\vec{a}$, $\vec{b}$가 다음과 같을 때, $\vec{a}-\vec{b}$를 그림으로 나타내시오.

(1)

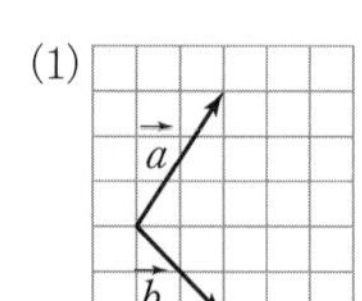

(2)

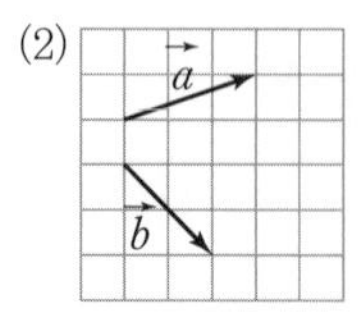

4 다음을 간단히 하시오.

(1) $\overrightarrow{AB}+\overrightarrow{BC}+\overrightarrow{CD}+\overrightarrow{DE}$

(2) $\overrightarrow{AC}+\overrightarrow{CB}-\overrightarrow{AB}$

(3) $\overrightarrow{AB}+\overrightarrow{BC}+\overrightarrow{DA}$

(4) $\overrightarrow{AB}+\overrightarrow{CD}-\overrightarrow{CB}$

벡터의 실수배

개념편 74쪽

5 두 벡터 $\vec{a}$, $\vec{b}$가 오른쪽 그림과 같을 때, 다음 벡터를 $\vec{a}$, $\vec{b}$로 나타내시오.

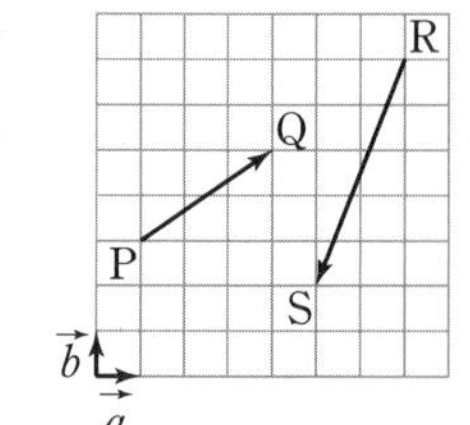

(1) $\overrightarrow{PQ}$

(2) $\overrightarrow{RS}$

6 다음을 간단히 하시오.

(1) $2(\vec{a}-\vec{b})+3(\vec{a}+2\vec{b})$

(2) $3(2\vec{a}+\vec{b})-(2\vec{a}-3\vec{b})$

7 오른쪽 그림에서 네 벡터 $\vec{a}$, $\vec{b}$, $\vec{c}$, $\vec{d}$ 중 $\vec{p}$와 평행한 벡터를 모두 구하시오.

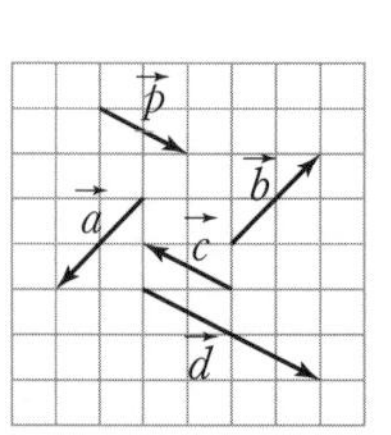

핵심 유형 Training

01 벡터의 연산

유형 01 벡터의 크기와 서로 같은 벡터

(1) 벡터 $\overrightarrow{AB}$의 크기는 선분 AB의 길이와 같다.
➡ $|\overrightarrow{AB}|=\overline{AB}$
(2) 서로 같은 벡터는 시점의 위치에 관계없이 크기와 방향이 각각 같은 벡터이다.

1 오른쪽 그림과 같이 한 변의 길이가 2이고 $\angle A=120°$인 마름모 ABCD에서 $|\overrightarrow{BD}|$를 구하시오.

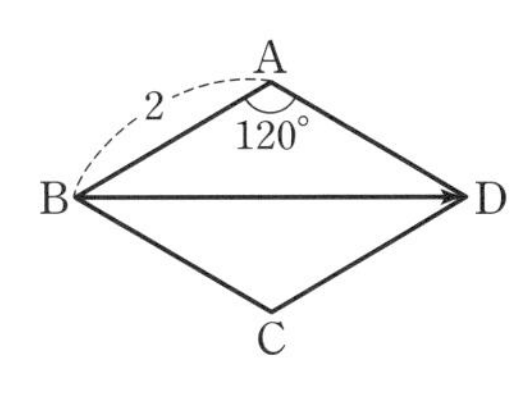

2 오른쪽 그림과 같은 정육각형 ABCDEF에서 세 대각선 AD, BE, CF의 교점을 O라 할 때, 다음 보기 중 $\overrightarrow{OB}$와 서로 같은 벡터인 것만을 있는 대로 고르시오.

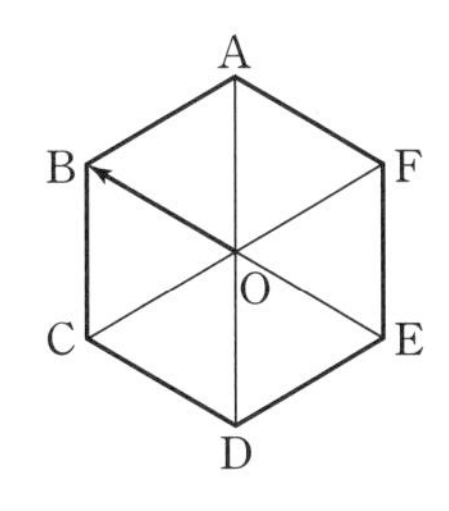

보기

ㄱ. $\overrightarrow{CD}$	ㄴ. $\overrightarrow{DB}$	ㄷ. $\overrightarrow{EO}$
ㄹ. $\overrightarrow{FA}$	ㅁ. $\overrightarrow{FC}$	ㅂ. $\overrightarrow{OE}$

3 오른쪽 그림과 같이 합동인 정사각형 4개를 이어 붙인 도형에서 9개의 꼭짓점을 시점과 종점으로 하는 벡터에 대하여 $\overrightarrow{ED}$와 서로 같은 벡터의 개수를 m, $\overrightarrow{FG}$와 서로 같은 벡터의 개수를 n이라 할 때, $m+n$의 값을 구하시오.

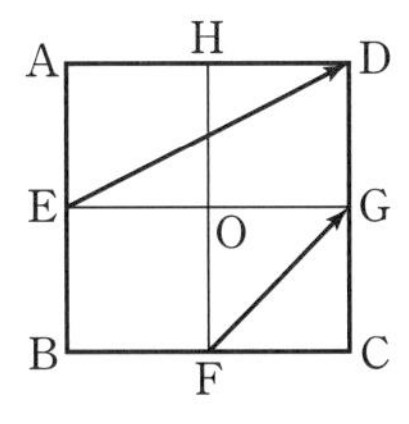

유형 02 벡터의 덧셈과 뺄셈

(1) 벡터의 덧셈
➡ $\overrightarrow{AB}+\overrightarrow{BC}=\overrightarrow{AC}$

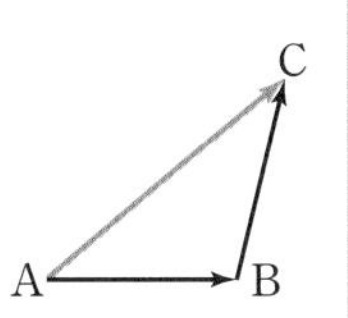

(2) 벡터의 뺄셈
➡ $\overrightarrow{AB}-\overrightarrow{AC}=\overrightarrow{CB}$

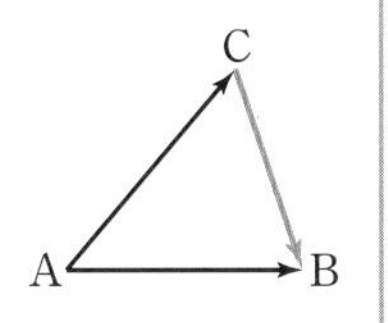

참고 $\overrightarrow{AB}=-\overrightarrow{BA}$

4 평면 위의 서로 다른 네 점 A, B, C, D에 대하여 다음 중 옳지 않은 것은?

① $|\overrightarrow{AA}|=0$ ② $|\overrightarrow{AB}|=|\overrightarrow{BA}|$
③ $\overrightarrow{AC}+\overrightarrow{CA}=\vec{0}$ ④ $\overrightarrow{AB}-\overrightarrow{CB}=\overrightarrow{AC}$
⑤ $\overrightarrow{AB}-\overrightarrow{AC}+\overrightarrow{BD}=\overrightarrow{AD}$

5 오른쪽 그림과 같은 정육각형 ABCDEF에서 다음 중 $\overrightarrow{AB}+\overrightarrow{BC}-\overrightarrow{CD}$와 같은 벡터인 것은?

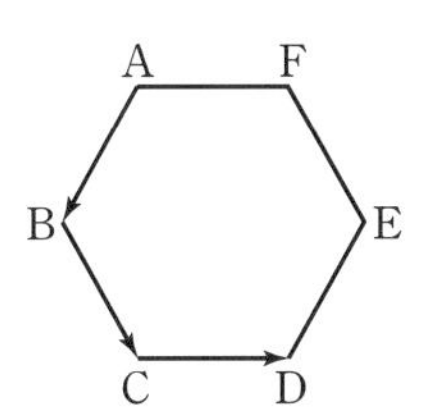

① $\overrightarrow{AC}$ ② $\overrightarrow{CF}$
③ $\overrightarrow{DF}$ ④ $\overrightarrow{ED}$
⑤ $\overrightarrow{FC}$

6 오른쪽 그림과 같이 $\overline{AB}=2$, $\overline{AD}=\sqrt{5}$인 직사각형 ABCD에서 점 P가 변 BC 위를 움직일 때, $|\overrightarrow{AD}-\overrightarrow{AP}|$의 최댓값과 최솟값의 차를 구하시오.

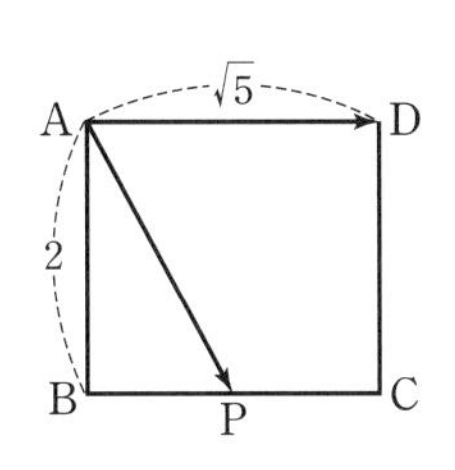

유형 03 벡터의 실수배

구하는 벡터를 벡터의 덧셈, 뺄셈, 실수배를 이용하여 주어진 벡터로 나타낸다.

7 오른쪽 그림과 같은 삼각형 ABC에서 변 AB를 1 : 2로 내분하는 점을 M, 변 AC의 중점을 N이라 하자. $\overrightarrow{AB}=\vec{a}$, $\overrightarrow{AC}=\vec{b}$라 할 때, 다음 중 옳지 않은 것은?

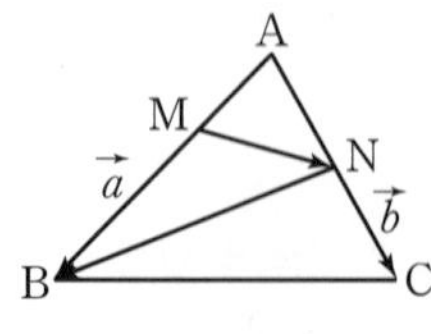

① $\overrightarrow{AM}=\frac{1}{3}\vec{a}$　② $\overrightarrow{AN}=\frac{1}{2}\vec{b}$

③ $\overrightarrow{BC}=\vec{b}-\vec{a}$　④ $\overrightarrow{MN}=-\frac{1}{3}\vec{a}+\frac{1}{2}b$

⑤ $\overrightarrow{NB}=\frac{1}{2}\vec{a}+\frac{1}{2}\vec{b}$

8 오른쪽 그림과 같은 정육각형 ABCDEF에서 변 EF의 중점을 M이라 하자. $\overrightarrow{AB}=\vec{a}$, $\overrightarrow{AF}=\vec{b}$라 할 때, $\overrightarrow{CM}$을 $\vec{a}$, $\vec{b}$로 나타내시오.

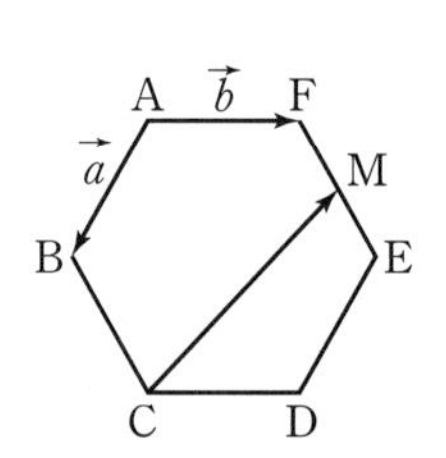

9 오른쪽 그림과 같은 삼각형 ABC에서 변 AC의 중점을 M, 선분 BM의 중점을 N이라 하자. $\overrightarrow{BA}=\vec{a}$, $\overrightarrow{BC}=\vec{b}$라 할 때, $\overrightarrow{NC}=p\vec{a}+q\vec{b}$를 만족시키는 실수 p, q에 대하여 $p+q$의 값을 구하시오.

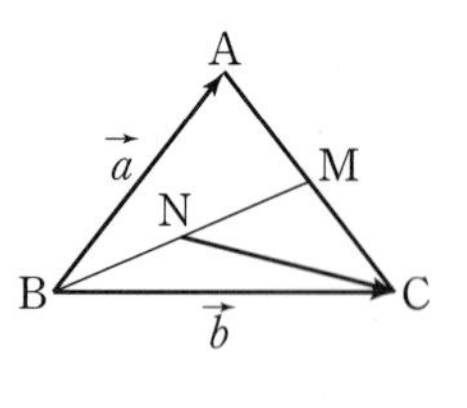

10 오른쪽 그림과 같이 $\overline{AB}=1$, $\overline{AD}=2$인 직사각형 ABCD에서 $|\overrightarrow{AB}+\overrightarrow{BC}-\overrightarrow{CD}-\overrightarrow{DA}|$를 구하시오.

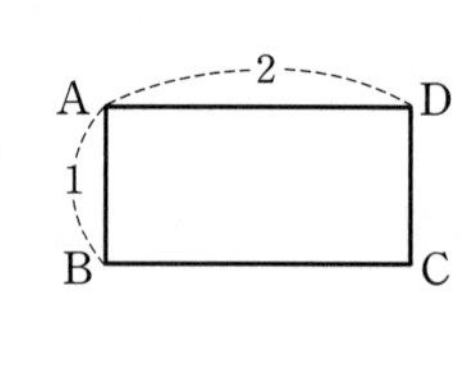

11 오른쪽 그림과 같은 정삼각형 ABC에서 $\overrightarrow{AB}=\vec{a}$, $\overrightarrow{BC}=\vec{b}$, $\overrightarrow{AC}=\vec{c}$라 할 때, $|-\vec{a}+\vec{b}+\vec{c}|=8$이다. 이때 정삼각형 ABC의 한 변의 길이는?

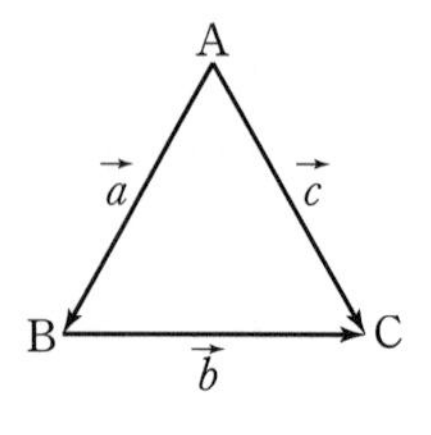

① $\sqrt{2}$　② 2　③ $2\sqrt{2}$
④ 4　⑤ $4\sqrt{2}$

12 오른쪽 그림과 같이 합동인 두 정육각형이 한 변을 공유한다. $\overrightarrow{OA}=\vec{a}$, $\overrightarrow{OB}=\vec{b}$라 할 때, $\overrightarrow{AP}=m\vec{a}+n\vec{b}$를 만족시키는 실수 m, n에 대하여 $m+n$의 값을 구하시오.

13 UP 오른쪽 그림과 같이 중심이 O인 원에 내접하는 정팔각형에 대하여 다음이 성립할 때, 실수 k의 값을 구하시오.

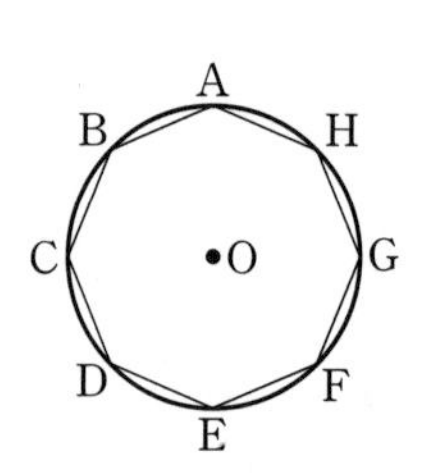

$\overrightarrow{AB}+\overrightarrow{AC}+\overrightarrow{AD}+\overrightarrow{AE}+\overrightarrow{AF}+\overrightarrow{AG}+\overrightarrow{AH}$
$=k\overrightarrow{OA}$

유형 04 벡터의 연산

실수를 계수, 벡터를 문자처럼 생각하여 다항식의 연산과 같은 방법으로 계산한다.

14 등식 $3\vec{x}-\vec{a}+2\vec{b}=\frac{1}{3}\vec{a}-\frac{5}{3}\vec{b}+\frac{1}{2}\vec{x}$를 만족시키는 $\vec{x}$에 대하여 $\vec{x}=m\vec{a}+n\vec{b}$일 때, 실수 m, n에 대하여 $m-n$의 값은?

① 1 ② 2 ③ 3
④ 4 ⑤ 5

15 두 벡터 $\vec{a}$, $\vec{b}$에 대하여

$$\vec{x}=2\vec{a}-3\vec{b},\ \vec{y}=-\vec{a}+2\vec{b}$$

일 때, $2\vec{a}-5\vec{b}=m\vec{x}+n\vec{y}$이다. 이때 실수 m, n에 대하여 mn의 값은?

① 2 ② 3 ③ 4
④ 5 ⑤ 6

16 두 벡터 $\vec{a}$, $\vec{b}$에 대하여

$$2\vec{x}-\vec{y}=5\vec{a}-3\vec{b},\ 3\vec{x}+2\vec{y}=4\vec{a}-\vec{b}$$

일 때, $4\vec{x}+6\vec{y}$를 $\vec{a}$, $\vec{b}$로 나타낸 것은?

① $2\vec{a}+2\vec{b}$ ② $5\vec{a}-6\vec{b}$ ③ $9\vec{a}+4\vec{b}$
④ $12\vec{a}-7\vec{b}$ ⑤ $14\vec{a}-10\vec{b}$

유형 05 두 벡터가 서로 같을 조건

영벡터가 아닌 두 벡터 $\vec{a}$, $\vec{b}$가 서로 평행하지 않을 때, 실수 m, n, m', n'에 대하여
(1) $m\vec{a}+n\vec{b}=\vec{0} \Longleftrightarrow m=n=0$
(2) $m\vec{a}+n\vec{b}=m'\vec{a}+n'\vec{b} \Longleftrightarrow m=m',\ n=n'$

17 영벡터가 아니고 서로 평행하지 않은 두 벡터 $\vec{a}$, $\vec{b}$에 대하여 $(3m+n-4)\vec{a}-(m+n)\vec{b}=\vec{0}$일 때, 실수 m, n에 대하여 $m-n$의 값은?

① -2 ② 0 ③ 2
④ 4 ⑤ 6

18 영벡터가 아니고 서로 평행하지 않은 두 벡터 $\vec{a}$, $\vec{b}$에 대하여

$$(x-4)\vec{a}+(2x-7)\vec{b}=(y+4)\vec{a}-(y-3)\vec{b}$$

일 때, 실수 x, y에 대하여 $x+y$의 값은?

① 4 ② $\frac{9}{2}$ ③ 5
④ $\frac{11}{2}$ ⑤ 6

19 평면 위의 서로 다른 네 점 O, A, B, C에 대하여

$$\overrightarrow{OA}=\vec{a}+3\vec{b},\ \overrightarrow{OB}=3\vec{a}-\vec{b},\ \overrightarrow{OC}=2\vec{a}+k\vec{b}$$

일 때, $m\overrightarrow{AB}=4\overrightarrow{AC}$이다. 이때 실수 k, m에 대하여 km의 값은? (단, 두 벡터 $\vec{a}$, $\vec{b}$는 영벡터가 아니고 서로 평행하지 않다.)

① $\frac{1}{4}$ ② $\frac{1}{2}$ ③ 1
④ 2 ⑤ 4

유형 06 두 벡터가 서로 평행할 조건

영벡터가 아닌 두 벡터 $\vec{a}$, $\vec{b}$에 대하여
$\vec{a} /\!/ \vec{b} \iff \vec{b}=k\vec{a}$ (단, k는 0이 아닌 실수)

20 영벡터가 아니고 서로 평행하지 않은 두 벡터 $\vec{a}$, $\vec{b}$에 대하여 두 벡터 $2\vec{a}+5\vec{b}$, $m\vec{a}+(m-6)\vec{b}$가 서로 평행하도록 하는 실수 m의 값은?

① -6　② -5　③ -4　④ -3　⑤ -2

21 영벡터가 아니고 서로 평행하지 않은 두 벡터 $\vec{a}$, $\vec{b}$에 대하여

$$\vec{p}=\vec{a}+2\vec{b},\ \vec{q}=-2\vec{a}+\vec{b},\ \vec{r}=m\vec{a}+5\vec{b}$$

일 때, 두 벡터 $\vec{p}-\vec{q}$, $\vec{p}+\vec{r}$가 서로 평행하도록 하는 실수 m의 값을 구하시오.

22 평면 위의 서로 다른 네 점 O, A, B, C에 대하여

$$\overrightarrow{OA}=2\vec{a}-\vec{b},\ \overrightarrow{OB}=\vec{a}-3\vec{b},\ \overrightarrow{OC}=4\vec{a}+m\vec{b}$$

일 때, 두 벡터 $\overrightarrow{AB}$, $\overrightarrow{AC}$가 서로 평행하도록 하는 실수 m의 값을 구하시오. (단, 두 벡터 $\vec{a}$, $\vec{b}$는 영벡터가 아니고 서로 평행하지 않다.)

23 영벡터가 아니고 서로 평행하지 않은 두 벡터 $\vec{a}$, $\vec{b}$에 대하여

$$2\vec{a}+\vec{y}=m\vec{a}+3\vec{b},\ \vec{x}-3\vec{y}=-3\vec{a}-\vec{b}$$

일 때, 두 벡터 $\vec{x}$, $\vec{y}$가 서로 평행하도록 하는 실수 m의 값을 구하시오.

유형 07 세 점이 한 직선 위에 있을 조건

세 점 A, B, C가 한 직선 위에 있다.
$\iff \overrightarrow{AC}=k\overrightarrow{AB}$ (단, k는 0이 아닌 실수)

24 평면 위의 서로 다른 네 점 O, A, B, C에 대하여 $\overrightarrow{OA}=3\vec{a}+2\vec{b}$, $\overrightarrow{OB}=-2\vec{a}+5\vec{b}$, $\overrightarrow{OC}=m\vec{a}-4\vec{b}$일 때, 세 점 A, B, C가 한 직선 위에 있도록 하는 실수 m의 값을 구하시오. (단, 두 벡터 $\vec{a}$, $\vec{b}$는 영벡터가 아니고 서로 평행하지 않다.)

25 평면 위의 서로 다른 네 점 O, A, B, C에 대하여 $\overrightarrow{OA}=\vec{a}$, $\overrightarrow{OB}=\vec{b}$, $\overrightarrow{OC}=4m\vec{a}+(4-6m)\vec{b}$일 때, 세 점 A, B, C가 한 직선 위에 있도록 하는 실수 m의 값은? (단, 두 벡터 $\vec{a}$, $\vec{b}$는 서로 평행하지 않다.)

① $\frac{1}{2}$　② 1　③ $\frac{3}{2}$　④ 2　⑤ $\frac{5}{2}$

26 UP 오른쪽 그림과 같은 직사각형 ABCD에서 대각선 AC를 2 : 3으로 내분하는 점을 P, 변 AD를 m : 1로 내분하는 점을 Q라 하자. 세 점 B, P, Q가 한 직선 위에 있을 때, 양수 m의 값을 구하시오.

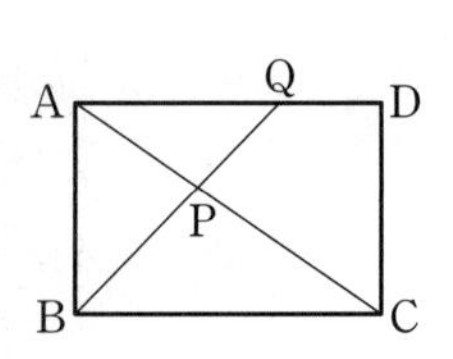

Ⅱ

평면벡터

기초 문제 Training

위치벡터

개념편 86쪽

1 세 점 A, B, C의 위치벡터를 각각 $\vec{a}$, $\vec{b}$, $\vec{c}$라 할 때, 다음 벡터를 $\vec{a}$, $\vec{b}$, $\vec{c}$로 나타내시오.

(1) $\overrightarrow{AC}+\overrightarrow{BC}$

(2) $\overrightarrow{AB}+2\overrightarrow{BC}-3\overrightarrow{CA}$

2 두 점 A, B의 위치벡터를 각각 $\vec{a}$, $\vec{b}$라 할 때, 다음 위치벡터를 $\vec{a}$, $\vec{b}$로 나타내시오.

(1) 선분 AB를 2 : 3으로 내분하는 점 P의 위치벡터

(2) 선분 AB의 중점 M의 위치벡터

(3) 선분 AB를 4 : 1로 외분하는 점 Q의 위치벡터

3 삼각형 ABC의 무게중심을 G라 하고 세 점 A, B, C의 위치벡터를 각각 $\vec{a}$, $\vec{b}$, $\vec{c}$라 할 때, $\overrightarrow{AG}$를 $\vec{a}$, $\vec{b}$, $\vec{c}$로 나타내시오.

평면벡터의 성분

개념편 92쪽

4 $\vec{e_1}=(1,\ 0)$, $\vec{e_2}=(0,\ 1)$일 때, 다음 벡터를 성분으로 나타내시오.

(1) $\vec{e_1}+4\vec{e_2}$

(2) $-5\vec{e_2}$

01 평면벡터의 성분

5 $\vec{e_1}=(1,\ 0)$, $\vec{e_2}=(0,\ 1)$일 때, 오른쪽 그림과 같이 주어진 두 벡터 $\vec{a}$, $\vec{b}$를 $\vec{e_1}$, $\vec{e_2}$로 나타내시오.

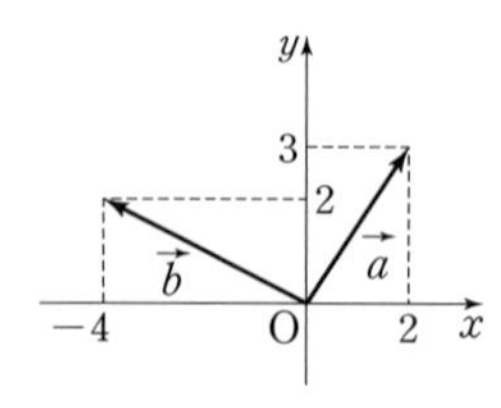

6 $\vec{a}=(2,\ -1)$, $\vec{b}=(1,\ 3)$일 때, 다음 벡터를 성분으로 나타내시오.

(1) $4\vec{a}-\vec{b}$

(2) $-5\vec{a}-2\vec{b}$

7 다음 벡터의 크기를 구하시오.

(1) $\vec{a}=(-3,\ 0)$

(2) $\vec{b}=(2,\ -5)$

8 다음 두 점 A, B에 대하여 $\overrightarrow{AB}$를 성분으로 나타내고, 그 크기를 구하시오.

(1) A(2, 1), B(3, −2)

(2) A(−1, 4), B(3, 7)

핵심 유형 Training

01 평면벡터의 성분

유형 01 선분의 내분점과 외분점의 위치벡터

두 점 A, B의 위치벡터를 각각 $\vec{a}$, $\vec{b}$라 할 때

(1) 선분 AB를 $m:n\,(m>0,\ n>0)$으로 내분하는 점 P의 위치벡터 $\vec{p}$는 $\vec{p}=\dfrac{m\vec{b}+n\vec{a}}{m+n}$

(2) 선분 AB를 $m:n\,(m>0,\ n>0,\ m\neq n)$으로 외분하는 점 Q의 위치벡터 $\vec{q}$는 $\vec{q}=\dfrac{m\vec{b}-n\vec{a}}{m-n}$

1 두 점 A, B의 위치벡터를 각각 $\vec{a}$, $\vec{b}$라 하자. 선분 AB를 $3:2$로 내분하는 점을 P, 외분하는 점을 Q, 선분 PQ의 중점을 M이라 할 때, 점 M의 위치벡터를 $\vec{a}$, $\vec{b}$로 나타내시오.

2 두 점 A, B의 위치벡터를 각각 $\vec{a}$, $\vec{b}$라 하고 선분 AB를 $3:5$로 내분하는 점 P의 위치벡터를 $\vec{p}$, 선분 AB를 $5:3$으로 외분하는 점 Q의 위치벡터를 $\vec{q}$라 할 때, $4\vec{p}+3\vec{q}=x\vec{a}+y\vec{b}$를 만족시키는 실수 x, y에 대하여 $x+y$의 값은?

① 7 ② 8 ③ 9 ④ 10 ⑤ 11

3 오른쪽 그림과 같은 평행사변형 ABCD에서 변 AD를 $3:1$로 내분하는 점을 P, 변 CD를 $2:1$로 내분하는 점을 Q라 하자. $\overrightarrow{BA}=\vec{a}$, $\overrightarrow{BC}=\vec{b}$라 할 때, $\overrightarrow{PQ}=m\vec{a}+n\vec{b}$를 만족시키는 실수 m, n에 대하여 $m-n$의 값을 구하시오.

4 오른쪽 그림과 같이 $\overline{AB}=2$, $\overline{BC}=3$인 직사각형 ABCD에서 $\angle B$의 이등분선이 대각선 AC와 만나는 점을 P라 하자. 이때 $\overrightarrow{BP}=m\overrightarrow{BA}+n\overrightarrow{BC}$를 만족시키는 실수 m, n에 대하여 mn의 값을 구하시오.

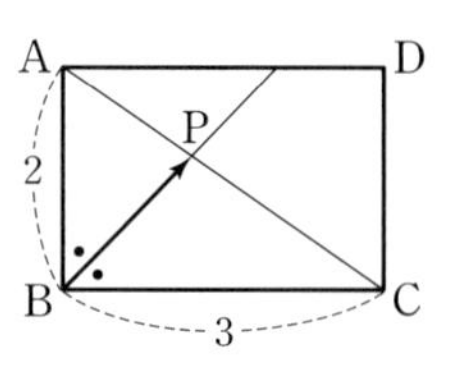

5 오른쪽 그림과 같은 삼각형 ABC에서 변 AC를 $2:1$로 내분하는 점을 P, 변 BC의 중점을 Q라 할 때, $3\overrightarrow{QP}-\overrightarrow{CA}=k\overrightarrow{BC}$를 만족시키는 실수 k의 값은?

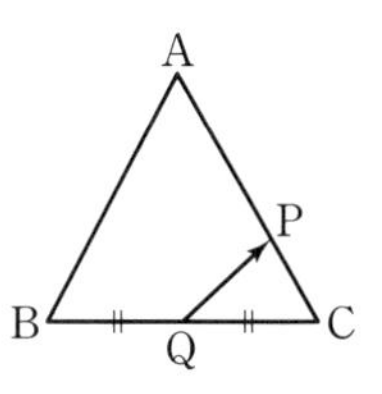

① $\dfrac{1}{2}$ ② 1 ③ $\dfrac{3}{2}$ ④ 2 ⑤ $\dfrac{5}{2}$

6 UP 오른쪽 그림과 같은 평행사변형 ABCD에서 변 AD를 $3:2$로 내분하는 점을 P라 하고 선분 BP와 대각선 AC의 교점을 Q라 하자. $\overrightarrow{BA}=\vec{a}$, $\overrightarrow{BC}=\vec{b}$라 할 때, $\overrightarrow{BQ}=x\vec{a}+y\vec{b}$를 만족시키는 실수 x, y에 대하여 $x-y$의 값을 구하시오.

유형 02 삼각형의 무게중심의 위치벡터

세 점 A, B, C의 위치벡터를 각각 $\vec{a}$, $\vec{b}$, $\vec{c}$라 할 때, 삼각형 ABC의 무게중심 G의 위치벡터 $\vec{g}$는

$$\vec{g}=\frac{\vec{a}+\vec{b}+\vec{c}}{3}$$

참고 삼각형 ABC의 무게중심을 G, 변 BC의 중점을 M이라 하면 무게중심 G는 선분 AM을 2 : 1로 내분하는 점이다.

7 삼각형 ABC의 무게중심을 G라 하고 세 점 A, B, C의 위치벡터를 각각 $\vec{a}$, $\vec{b}$, $\vec{c}$라 하자. 변 AB를 3 : 1로 내분하는 점을 P라 할 때, $\overrightarrow{GP}=l\vec{a}+m\vec{b}+n\vec{c}$를 만족시키는 실수 l, m, n에 대하여 $l+m-n$의 값을 구하시오.

8 삼각형 ABC의 무게중심을 G, 변 AB를 1 : 2로 내분하는 점을 P, 선분 PC의 중점을 M이라 하자. $\overrightarrow{AB}=\vec{a}$, $\overrightarrow{AC}=\vec{b}$라 할 때, $\overrightarrow{GM}=m\vec{a}+n\vec{b}$를 만족시키는 실수 m, n의 값을 구하시오.

9 삼각형 ABC의 무게중심을 G라 하고 세 변 AB, BC, CA의 중점을 각각 D, E, F라 할 때, 다음 중 $\overrightarrow{DG}+\overrightarrow{EG}+\overrightarrow{FG}$와 같은 벡터는? (단, O는 원점)

① $\vec{0}$ ② $\frac{1}{3}\overrightarrow{OG}$ ③ $\frac{1}{3}\overrightarrow{AG}$
④ $\frac{1}{3}\overrightarrow{BG}$ ⑤ $\frac{1}{3}\overrightarrow{CG}$

유형 03 UP 삼각형에서 위치벡터의 활용

삼각형 ABC에서 $\overrightarrow{BP}=k\overrightarrow{PC}$ $(k>0)$를 만족시키는 점 P는 변 BC를 k : 1로 내분하는 점이므로

➡ $\triangle ABP : \triangle APC=\overline{BP} : \overline{PC}=k : 1$

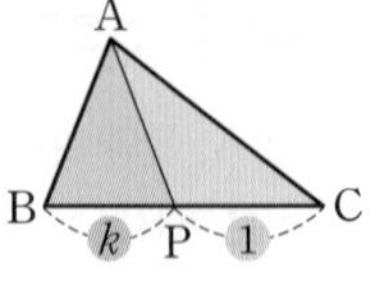

10 평면 위의 점 P와 삼각형 ABC에 대하여 $\overrightarrow{PA}+\overrightarrow{PB}+2\overrightarrow{PC}=\overrightarrow{CB}$가 성립할 때, 점 P는 변 AC를 $m : n$으로 내분한다. 이때 $m-n$의 값은? (단, m, n은 서로소인 자연수)

① 2 ② 3 ③ 4
④ 5 ⑤ 6

11 평면 위의 점 P와 넓이가 15인 삼각형 OAB에 대하여 $3\overrightarrow{OP}+2\overrightarrow{AP}+\overrightarrow{BP}=3\overrightarrow{OB}$가 성립할 때, 삼각형 OPB의 넓이는?

① $\frac{9}{2}$ ② 5 ③ $\frac{11}{2}$
④ 6 ⑤ $\frac{13}{2}$

12 오른쪽 그림과 같이 넓이가 91인 삼각형 ABC의 내부의 한 점 P에 대하여 $6\overrightarrow{PA}+3\overrightarrow{PC}=4\overrightarrow{BP}$일 때, 직선 AP와 변 BC의 교점을 E라 하자. 이때 삼각형 BEP의 넓이를 구하시오.

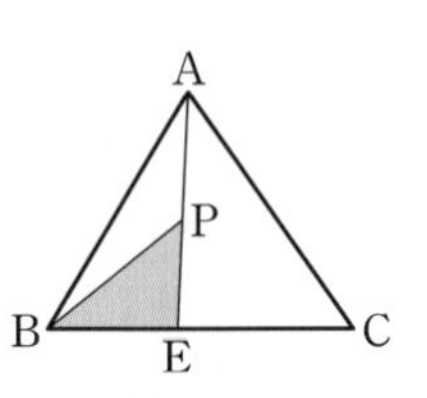

유형 04 성분으로 주어진 평면벡터의 연산과 크기

$\vec{a}=(a_1, a_2)$, $\vec{b}=(b_1, b_2)$일 때
(1) $|\vec{a}|=\sqrt{a_1^2+a_2^2}$
(2) $\vec{a}+\vec{b}=(a_1+b_1, a_2+b_2)$
(3) $\vec{a}-\vec{b}=(a_1-b_1, a_2-b_2)$
(4) $k\vec{a}=(ka_1, ka_2)$ (단, k는 실수)

13 $\vec{a}=(-2, 1)$, $\vec{b}=(1, -1)$, $\vec{c}=(3, 2)$일 때, $2(4\vec{a}-2\vec{b}-\vec{c})-(6\vec{a}+\vec{b}-3\vec{c})$를 성분으로 나타내면 (m, n)이다. 이때 $m+n$의 값을 구하시오.

14 두 벡터 $\vec{a}$, $\vec{b}$에 대하여
$$\vec{a}+2\vec{b}=(1, 3),\ \vec{a}-\vec{b}=(-2, 6)$$
일 때, $\vec{a}+\vec{b}$를 성분으로 나타내시오.

15 두 벡터 $\vec{a}=(-1, 5)$, $\vec{b}=(1, -2)$에 대하여 $\vec{a}+2\vec{b}$와 방향이 같고 크기가 4인 벡터를 $\vec{x}=(p, q)$라 할 때, $p+q$의 값은?

① $\sqrt{2}$　② $2\sqrt{2}$　③ $3\sqrt{2}$
④ $4\sqrt{2}$　⑤ $5\sqrt{2}$

16 두 벡터 $\vec{a}=(-1, 2)$, $\vec{b}=(3, -1)$에 대하여 $f(t)=|2\vec{a}+t\vec{b}|$는 $t=\alpha$일 때 최솟값 m을 갖는다. 이때 실수 α, m에 대하여 $\alpha+m^2$의 값은?

① 8　② 9　③ 10
④ 11　⑤ 12

유형 05 성분으로 주어진 평면벡터가 서로 같을 조건

두 벡터 $\vec{a}=(a_1, a_2)$, $\vec{b}=(b_1, b_2)$에 대하여
$\vec{a}=\vec{b} \iff a_1=b_1,\ a_2=b_2$

17 세 벡터 $\vec{a}=(-3, 0)$, $\vec{b}=(1, 2)$, $\vec{c}=(-11, -4)$에 대하여 $\vec{c}=m\vec{a}+n\vec{b}$일 때, 실수 m, n에 대하여 mn의 값을 구하시오.

18 $\vec{a}=(m, 3)$, $\vec{b}=(1, -2)$, $\vec{c}=(3, 1)$일 때, $\vec{a}=n\vec{b}+2\vec{c}$를 만족시키는 실수 m, n에 대하여 $m+n$의 값은?

① 4　② $\frac{9}{2}$　③ 5
④ $\frac{11}{2}$　⑤ 6

19 세 벡터 $\vec{a}=(1, -2)$, $\vec{b}=(2, x)$, $\vec{c}=(1-y, 4)$에 대하여 $\vec{a}-2\vec{b}=\vec{b}+\vec{c}$일 때, $|\vec{a}+\vec{b}+\vec{c}|$는?

① 2　② $\frac{5}{2}$　③ 3
④ $\frac{7}{2}$　⑤ 4

유형 06 평면벡터를 성분으로 나타내기

두 점 $A(a_1, a_2)$, $B(b_1, b_2)$에 대하여
(1) $\overrightarrow{AB}=(b_1-a_1, b_2-a_2)$
(2) $|\overrightarrow{AB}|=\sqrt{(b_1-a_1)^2+(b_2-a_2)^2}$

20 세 점 $A(1, 3)$, $B(-1, 4)$, $C(-2, 2)$에 대하여 $|\overrightarrow{CA}+2\overrightarrow{CB}|$를 구하시오.

21 네 점 $O(0, 0)$, $A(2, 4)$, $B(3, 4)$, $C(1, -1)$에 대하여 $\overrightarrow{OC}$를 $m\overrightarrow{AB}+n\overrightarrow{AC}$ 꼴로 나타낼 때, 실수 m, n에 대하여 $m+n$의 값을 구하시오.

22 두 점 $A(t, t+1)$, $B(1, 3)$에 대하여 $\overrightarrow{BA}$가 단위벡터가 되도록 하는 모든 t의 값의 합은?

① 3 ② 4 ③ 5
④ 6 ⑤ 7

23 세 점 $A(-3, 5)$, $B(0, -2)$, $C(1, 3)$에 대하여 $2\overrightarrow{AP}+3\overrightarrow{BP}+\overrightarrow{CP}=\overrightarrow{AB}$를 만족시키는 점 P의 좌표를 구하시오.

24 세 점 $A(-2, 3)$, $B(3, 4)$, $C(2, 2)$에 대하여 $\overrightarrow{AP}+\overrightarrow{BP}=\overrightarrow{PC}$를 만족시키는 점 P가 있다. 이때 $|\overrightarrow{BP}|$는?

① $\sqrt{5}$ ② $\sqrt{6}$ ③ $\sqrt{7}$
④ $2\sqrt{2}$ ⑤ 3

25 세 점 $O(0, 0)$, $A(1, 2)$, $B(3, 1)$에 대하여 $\overrightarrow{OA}=\overrightarrow{BC}$를 만족시키는 점 C가 있다. 이때 $\overrightarrow{AB}=\overrightarrow{CD}$를 만족시키는 점 D의 좌표를 구하시오.

26 세 점 $O(0, 0)$, $A(2, 0)$, $B(-3, 4)$에 대하여 $\angle AOB$의 이등분선이 선분 AB와 만나는 점을 P라 할 때, $|7\overrightarrow{OP}|$는?

① 8 ② $2\sqrt{17}$ ③ $6\sqrt{2}$
④ $2\sqrt{19}$ ⑤ $4\sqrt{5}$

27 UP 두 점 $A(-2, 0)$, $B(2, 0)$과 곡선 $y=\dfrac{4}{x}\,(x>0)$ 위의 점 P에 대하여 $|\overrightarrow{PA}+\overrightarrow{PB}|$의 최솟값은?

① $2\sqrt{7}$ ② $\sqrt{30}$ ③ $4\sqrt{2}$
④ $\sqrt{34}$ ⑤ 6

유형 07 성분으로 주어진 평면벡터의 평행 조건

영벡터가 아닌 두 벡터 $\vec{a}=(a_1, a_2)$, $\vec{b}=(b_1, b_2)$에 대하여
$\vec{a} \mathbin{/\!/} \vec{b} \iff b_1=ka_1,\ b_2=ka_2$ (단, k는 0이 아닌 실수)

28 두 벡터 $\vec{a}=(2, 7)$, $\vec{b}=(t+1, 2t+3)$이 서로 평행할 때, t의 값을 구하시오.

29 두 벡터 $\vec{a}=(-4, 3)$, $\vec{b}=(1, p)$에 대하여 두 벡터 $\vec{a}+2\vec{b}$, $2\vec{a}+\vec{b}$가 서로 평행할 때, p의 값을 구하시오.

30 세 벡터 $\vec{a}=(2, 8)$, $\vec{b}=(2, -2)$, $\vec{c}=(4, 2)$에 대하여 두 벡터 $\vec{a}-2\vec{c}$, $t\vec{b}+\vec{c}$가 서로 평행할 때, 실수 t의 값은?

① 6 ② 7 ③ 8
④ 9 ⑤ 10

31 서로 다른 네 점 P, A, B, C에 대하여
$\overrightarrow{PA}=(5, a-2)$, $\overrightarrow{PB}=(4, 2)$, $\overrightarrow{PC}=(2, a)$일 때, 세 점 A, B, C가 한 직선 위에 있도록 하는 a의 값을 구하시오.

유형 08 조건을 만족시키는 점이 나타내는 도형의 방정식 (UP)

구하는 점의 좌표를 (x, y)로 놓고 각 벡터를 성분으로 나타낸 후 주어진 조건을 이용하여 x, y 사이의 관계식을 구한다.

32 두 점 A(6, 0), B(0, 4)에 대하여 $|\overrightarrow{AP}|=|\overrightarrow{BP}|$를 만족시키는 점 P가 나타내는 도형의 방정식을 구하시오.

33 세 점 A(1, 1), B(4, 1), C(1, 4)에 대하여 $|\overrightarrow{AP}+\overrightarrow{BP}+\overrightarrow{CP}|=3\sqrt{5}$를 만족시키는 점 P가 나타내는 도형의 둘레의 길이는?

① $3\sqrt{2}\pi$ ② $2\sqrt{5}\pi$ ③ $\sqrt{22}\pi$
④ $2\sqrt{6}\pi$ ⑤ $\sqrt{26}\pi$

34 두 점 A(4, 6), B(4, −4)와 중심이 원점이고 반지름의 길이가 1인 원 위를 움직이는 점 P에 대하여 $2\overrightarrow{AP}+\overrightarrow{BP}=\overrightarrow{BQ}$를 만족시키는 점 Q가 나타내는 도형의 넓이는?

① 8π ② 9π ③ 10π
④ 11π ⑤ 12π

정답과 해설 99쪽

기초 문제 Training

02 평면벡터의 내적

평면벡터의 내적

개념편 102쪽

1 $|\vec{a}|=2$, $|\vec{b}|=3$인 두 벡터 $\vec{a}$, $\vec{b}$가 이루는 각의 크기가 다음과 같을 때, $\vec{a}\cdot\vec{b}$를 구하시오.

(1) $0°$
(2) $30°$
(3) $45°$
(4) $120°$

2 다음 두 벡터 $\vec{a}$, $\vec{b}$의 내적을 구하시오.

(1) $\vec{a}=(0, 4)$, $\vec{b}=(6, -1)$

(2) $\vec{a}=(1, 3)$, $\vec{b}=(5, -2)$

(3) $\vec{a}=(2, -1)$, $\vec{b}=(3, 2)$

(4) $\vec{a}=(5, -3)$, $\vec{b}=(-2, -4)$

3 두 벡터 $\vec{a}$, $\vec{b}$에 대하여 $|\vec{a}|=2$, $|\vec{b}|=3$, $\vec{a}\cdot\vec{b}=1$일 때, 다음을 구하시오.

(1) $(\vec{a}+\vec{b})\cdot(\vec{a}-\vec{b})$

(2) $(2\vec{a}+\vec{b})\cdot(\vec{a}-\vec{b})$

두 평면벡터가 이루는 각의 크기

개념편 107쪽

4 다음 두 벡터 $\vec{a}$, $\vec{b}$가 이루는 각의 크기를 구하시오.

(1) $\vec{a}=(2, -1)$, $\vec{b}=(1, -3)$

(2) $\vec{a}=(\sqrt{3}, -1)$, $\vec{b}=(3, \sqrt{3})$

(3) $\vec{a}=(0, 2)$, $\vec{b}=(\sqrt{2}, -\sqrt{6})$

(4) $\vec{a}=(-2\sqrt{3}, 4)$, $\vec{b}=(-\sqrt{3}, -5)$

5 다음 두 벡터 $\vec{a}$, $\vec{b}$가 서로 수직이 되도록 하는 x의 값을 구하시오.

(1) $\vec{a}=(3, -2)$, $\vec{b}=(x, 6)$

(2) $\vec{a}=(2, x)$, $\vec{b}=(5, 4)$

6 다음 두 벡터 $\vec{a}$, $\vec{b}$가 서로 평행하도록 하는 x의 값을 구하시오.

(1) $\vec{a}=(x, -2)$, $\vec{b}=(1, 5)$

(2) $\vec{a}=(4, -3)$, $\vec{b}=(x, 6)$

핵심 유형 Training

02 평면벡터의 내적

유형 01 평면도형에서의 벡터의 내적

두 평면벡터 $\vec{a}$, $\vec{b}$가 이루는 각의 크기가 θ일 때
(1) $0° \le \theta \le 90°$이면 ➡ $\vec{a} \cdot \vec{b} = |\vec{a}||\vec{b}|\cos\theta$
(2) $90° < \theta \le 180°$이면 ➡ $\vec{a} \cdot \vec{b} = -|\vec{a}||\vec{b}|\cos(180° - \theta)$

1 한 변의 길이가 $\sqrt{6}$인 정삼각형 ABC에 대하여 $\overrightarrow{AB} \cdot \overrightarrow{AC}$를 구하시오.

2 오른쪽 그림과 같이 한 변의 길이가 3인 정삼각형 OAB에서 변 AB의 중점을 M, 변 OA를 1 : 2로 내분하는 점을 P라 할 때, $\overrightarrow{OM} \cdot \overrightarrow{OP}$는?

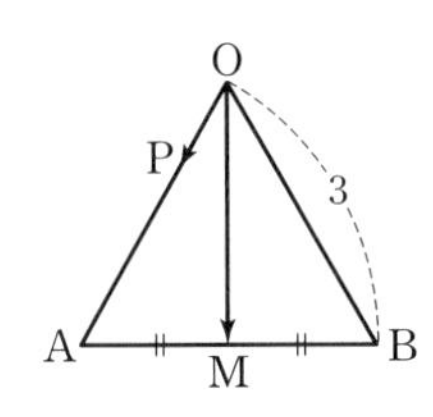

① 2 ② $\frac{9}{4}$ ③ $\frac{5}{2}$
④ $\frac{11}{4}$ ⑤ 3

3 오른쪽 그림과 같이 한 변의 길이가 1인 정육각형에서 $\overrightarrow{AC} \cdot \overrightarrow{AE}$는?

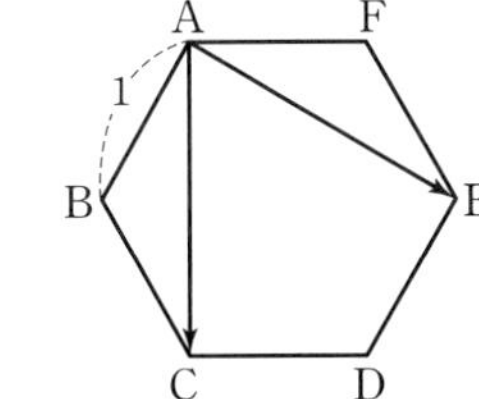

① $\frac{1}{2}$ ② 1
③ $\frac{3}{2}$ ④ 2
⑤ $\frac{5}{2}$

4 한 변의 길이가 $\sqrt{3}$인 정삼각형 ABC의 무게중심을 G라 할 때, $\overrightarrow{BG} \cdot \overrightarrow{GC}$는?

① $\frac{1}{2}$ ② $\frac{\sqrt{2}}{2}$ ③ $\frac{\sqrt{3}}{2}$
④ 1 ⑤ $\sqrt{3}$

5 오른쪽 그림과 같이 $\overline{AB}=3$, $\angle C=120°$인 평행사변형 ABCD에서 $\overrightarrow{BA} \cdot \overrightarrow{BC}=3$일 때, 평행사변형 ABCD의 넓이는?

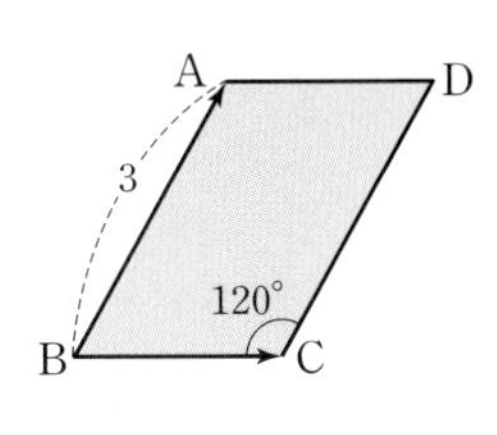

① $2\sqrt{5}$ ② $2\sqrt{6}$ ③ 5
④ $3\sqrt{3}$ ⑤ $2\sqrt{7}$

6 오른쪽 그림과 같이 $\overline{AB}=12$인 삼각형 ABC에 내접하는 원의 중심을 O라 하고, 점 O에서 변 BC에 내린 수선의 발을 H라 하자. $\overline{BH}=7$일 때, $\overrightarrow{BO} \cdot \overrightarrow{BA}$를 구하시오.

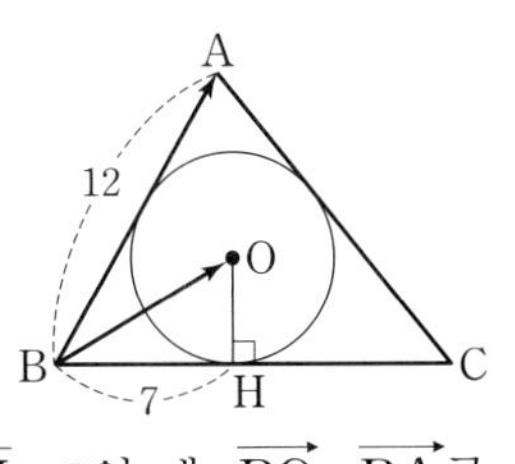

7 UP 오른쪽 그림과 같이 $\overline{BC}=3\sqrt{3}$, $\overline{CD}=3$인 직사각형 ABCD에서 변 AD를 1 : 2로 내분하는 점을 P라 할 때, $\overrightarrow{PB} \cdot \overrightarrow{BD}$를 구하시오.

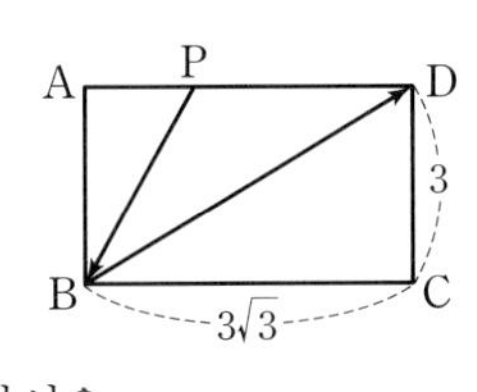

유형 02 성분으로 주어진 평면벡터의 내적

$\vec{a}=(a_1, a_2)$, $\vec{b}=(b_1, b_2)$일 때,
$\vec{a}\cdot\vec{b}=a_1b_1+a_2b_2$

8 $\vec{a}=(-2, 4)$, $\vec{b}=(4, -3)$일 때, $(\vec{a}+\vec{b})\cdot(\vec{a}-\vec{b})$는?

① -5 ② -3 ③ -1
④ 3 ⑤ 5

9 두 벡터 $\vec{a}=(k-2, -4)$, $\vec{b}=(4, 3k)$에 대하여 $|\vec{a}+\vec{b}|=10$일 때, $\vec{a}\cdot\vec{b}$는? (단, $k<0$)

① $\frac{15}{2}$ ② 8 ③ $\frac{17}{2}$
④ 9 ⑤ $\frac{19}{2}$

10 네 점 $O(0, 0)$, $A(x, 7)$, $B(-1, y)$, $C(x-3, -1)$에 대하여 $\overrightarrow{OA}\cdot\overrightarrow{OB}=16$, $\overrightarrow{OB}\cdot\overrightarrow{OC}=-5$일 때, $\overrightarrow{AB}\cdot\overrightarrow{AC}$는?

① 45 ② 50 ③ 55
④ 60 ⑤ 65

11 포물선 $y^2=6x$ 위의 두 점 P, Q와 원점 O에 대하여 $\overrightarrow{OP}\cdot\overrightarrow{OQ}$의 최솟값을 구하시오.

유형 03 평면벡터의 내적의 성질

두 평면벡터 $\vec{a}$, $\vec{b}$에 대하여
(1) $|\vec{a}+\vec{b}|^2=|\vec{a}|^2+2\vec{a}\cdot\vec{b}+|\vec{b}|^2$
(2) $|\vec{a}-\vec{b}|^2=|\vec{a}|^2-2\vec{a}\cdot\vec{b}+|\vec{b}|^2$
(3) $(\vec{a}+\vec{b})\cdot(\vec{a}-\vec{b})=|\vec{a}|^2-|\vec{b}|^2$

12 두 벡터 $\vec{a}$, $\vec{b}$가 이루는 각의 크기가 $60°$이고 $|\vec{a}|=1$, $|\vec{b}|=2$일 때, $(2\vec{a}+3\vec{b})\cdot(3\vec{a}-\vec{b})$는?

① -4 ② -3 ③ -2
④ -1 ⑤ 1

13 두 벡터 $\vec{a}$, $\vec{b}$에 대하여 $|\vec{a}|=3$, $|\vec{b}|=2$, $|2\vec{a}-\vec{b}|=2\sqrt{5}$일 때, $\vec{a}\cdot\vec{b}$는?

① 2 ② 3 ③ 4
④ 5 ⑤ 6

14 두 벡터 $\vec{a}$, $\vec{b}$에 대하여 $|\vec{a}+\vec{b}|=\sqrt{7}$, $|\vec{a}-\vec{b}|=3$일 때, $(3\vec{a}+\vec{b})\cdot(\vec{a}+3\vec{b})$를 구하시오.

15 두 벡터 $\vec{a}$, $\vec{b}$가 이루는 각의 크기가 $30°$이고 $|\vec{a}|=4$, $|2\vec{a}-\vec{b}|=4$일 때, $|\vec{b}|$를 구하시오.

16 두 벡터 $\vec{a}$, $\vec{b}$가 이루는 각의 크기가 $45°$이고 $|\vec{a}|=\sqrt{2}$, $|\vec{b}|=4$일 때, $|\vec{a}-k\vec{b}|=2$가 되도록 하는 모든 실수 k의 값의 합은?

① $\frac{1}{4}$　② $\frac{3}{8}$　③ $\frac{1}{2}$　④ $\frac{5}{8}$　⑤ $\frac{3}{4}$

17 $\overline{AB}=3$, $\angle B=30°$인 삼각형 ABC에 대하여 $\overrightarrow{BA}\cdot(\overrightarrow{BA}+2\overrightarrow{BC})=27$일 때, 변 BC의 길이를 구하시오.

18 오른쪽 그림과 같은 정사각형 ABCD에서 $\overrightarrow{AB}=\vec{a}$, $\overrightarrow{AC}=\vec{b}$라 하면 $(\vec{a}-2\vec{b})\cdot(3\vec{a}-2\vec{b})=27$일 때, 정사각형 ABCD의 한 변의 길이를 구하시오.

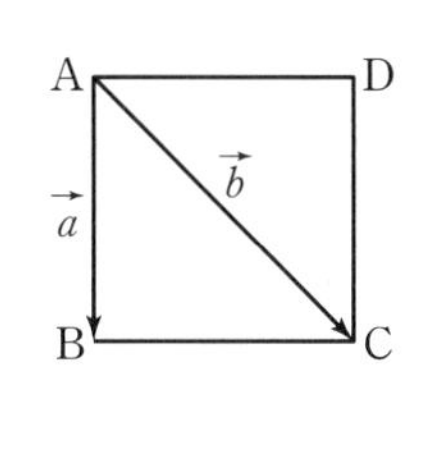

19 UP 다음 그림과 같이 $\overline{AB}=10$, $\overline{AC}=6$, $\angle A=120°$인 삼각형 ABC에서 $\angle A$의 이등분선이 변 BC와 만나는 점을 P라 할 때, $\overrightarrow{AP}\cdot\overrightarrow{AC}$는?

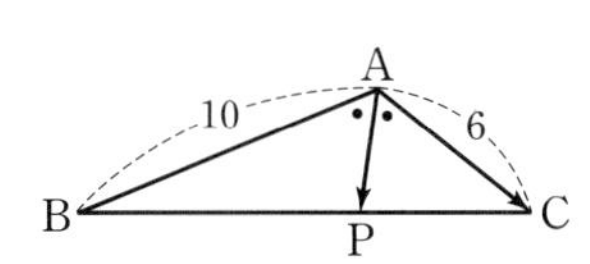

① 11　② $\frac{45}{4}$　③ $\frac{23}{2}$　④ $\frac{47}{4}$　⑤ 12

유형 04 성분으로 주어진 두 평면벡터가 이루는 각의 크기

영벡터가 아닌 두 벡터 $\vec{a}=(a_1, a_2)$, $\vec{b}=(b_1, b_2)$가 이루는 각의 크기를 $\theta\,(0°\le\theta\le180°)$라 할 때

(1) $\vec{a}\cdot\vec{b}\ge0$이면

$$\cos\theta=\frac{\vec{a}\cdot\vec{b}}{|\vec{a}||\vec{b}|}=\frac{a_1b_1+a_2b_2}{\sqrt{a_1^2+a_2^2}\sqrt{b_1^2+b_2^2}}$$

(2) $\vec{a}\cdot\vec{b}<0$이면

$$\cos(180°-\theta)=-\frac{\vec{a}\cdot\vec{b}}{|\vec{a}||\vec{b}|}=-\frac{a_1b_1+a_2b_2}{\sqrt{a_1^2+a_2^2}\sqrt{b_1^2+b_2^2}}$$

20 두 벡터 $\vec{a}$, $\vec{b}$에 대하여 $\vec{b}=(2, 1)$, $2\vec{a}+\vec{b}=(4, 5)$이다. 두 벡터 $\vec{a}$, $\vec{b}$가 이루는 각의 크기를 θ라 할 때, $\cos\theta$의 값을 구하시오.

21 두 벡터 $\vec{a}=\left(-\frac{1}{4}, \frac{1}{2}\right)$, $\vec{b}=\left(\frac{1}{2}, \frac{2}{3}\right)$에 대하여 두 벡터 $2\vec{a}+3\vec{b}$, $2\vec{a}-3\vec{b}$가 이루는 각의 크기를 구하시오.

22 네 점 $A(2, 2\sqrt{3})$, $B(2, 0)$, $C(-\sqrt{6}, 1)$, $D(0, 1-\sqrt{3})$에 대하여 두 벡터 $\overrightarrow{AB}$, $\overrightarrow{CD}$가 이루는 각의 크기를 θ라 할 때, $\cos\theta$의 값을 구하시오.

23 두 벡터 $\vec{a}=(x, 1)$, $\vec{b}=(x-1, 3)$에 대하여 $\vec{a}\cdot\vec{b}=5$일 때, 두 벡터 $\vec{a}$, $\vec{b}$가 이루는 각의 크기를 구하시오. (단, $x>0$)

유형 05 내적의 성질을 이용한 두 평면벡터가 이루는 각의 크기

다음과 같은 내적의 성질을 이용하여 $\vec{a}\cdot\vec{b}$ 또는 $|\vec{a}|$ 또는 $|\vec{b}|$를 구한 후 두 평면벡터 $\vec{a}$, $\vec{b}$가 이루는 각의 크기를 구한다.

(1) $|\vec{a}+\vec{b}|^2=|\vec{a}|^2+2\vec{a}\cdot\vec{b}+|\vec{b}|^2$

(2) $(\vec{a}+m\vec{b})\cdot(\vec{a}+n\vec{b})=|\vec{a}|^2+(m+n)\vec{a}\cdot\vec{b}+mn|\vec{b}|^2$

24 두 벡터 $\vec{a}$, $\vec{b}$에 대하여 $|\vec{a}|=2$, $|\vec{b}|=3$, $|3\vec{a}-\vec{b}|=3\sqrt{3}$일 때, 두 벡터 $\vec{a}$, $\vec{b}$가 이루는 각의 크기는?

① $30°$ ② $45°$ ③ $60°$
④ $120°$ ⑤ $150°$

25 두 벡터 $\vec{a}$, $\vec{b}$에 대하여 $|\vec{a}|=2\sqrt{2}$, $\vec{a}\cdot\vec{b}=4$, $(2\vec{a}+\vec{b})\cdot(\vec{a}-2\vec{b})=-14$이다. 두 벡터 $\vec{a}$, $\vec{b}$가 이루는 각의 크기를 θ라 할 때, $3\cos\theta$의 값을 구하시오.

26 세 벡터 $\vec{a}$, $\vec{b}$, $\vec{c}$에 대하여 $\vec{a}-2\vec{b}+\vec{c}=\vec{0}$이고 $|\vec{a}|=3$, $|\vec{b}|=4$, $|\vec{c}|=3\sqrt{5}$이다. 두 벡터 $\vec{a}$, $\vec{b}$가 이루는 각의 크기를 θ라 할 때, $\cos\theta$의 값을 구하시오.

27 두 벡터 $\vec{a}$, $\vec{b}$에 대하여 $|\vec{a}|=1$, $|\vec{b}|=1$이고 $|\vec{a}-\vec{b}|=|\vec{a}+\vec{b}|$이다. 두 벡터 $2\vec{a}+\vec{b}$, $\vec{a}+2\vec{b}$가 이루는 각의 크기를 θ라 할 때, $\cos\theta$의 값을 구하시오.

유형 06 평면벡터의 내적과 수직, 평행

영벡터가 아닌 두 평면벡터 $\vec{a}$, $\vec{b}$에 대하여

(1) $\vec{a}\perp\vec{b} \iff \vec{a}\cdot\vec{b}=0$

(2) $\vec{a}\,/\!/\,\vec{b} \iff \vec{a}\cdot\vec{b}=\pm|\vec{a}||\vec{b}|$

$\iff \vec{a}=k\vec{b}$ (단, k는 0이 아닌 실수)

28 두 벡터 $\vec{p}=(2t-2,\ t)$, $\vec{q}=(t-2,\ -3)$이 서로 수직일 때, t의 값을 모두 구하시오.

29 두 벡터 $\vec{a}=(4,\ 2)$, $\vec{b}=(-2,\ 2)$에 대하여 두 벡터 $3\vec{a}+\vec{b}$, $\vec{a}+m\vec{b}$가 서로 수직일 때, 실수 m의 값은?

① 14 ② 15 ③ 16
④ 17 ⑤ 18

30 세 벡터 $\vec{a}=(p,\ -2)$, $\vec{b}=(-5,\ q)$, $\vec{c}=(3,\ 1)$에 대하여 두 벡터 $\vec{a}$, $\vec{b}$가 서로 수직이고, 두 벡터 $\vec{a}$, $\vec{c}$가 서로 평행할 때, $p+q$의 값은?

① 5 ② 6 ③ 7
④ 8 ⑤ 9

31 세 점 A(1, 2), B(3, 8), C(2, 0)과 점 P에 대하여 두 벡터 $\overrightarrow{AP}$, $\overrightarrow{AC}$가 서로 수직이고, 두 벡터 $\overrightarrow{AB}$, $\overrightarrow{CP}$가 서로 평행할 때, 점 P의 좌표를 구하시오.

기초 문제 Training

03 직선과 원의 방정식

직선의 방정식

개념편 114쪽

1 다음 직선의 방정식을 구하시오.

(1) 점 $(2,\ -5)$를 지나고 방향벡터가 $\vec{u}=(3,\ -2)$인 직선

(2) 점 $(3,\ 1)$을 지나고 벡터 $\vec{u}=(-2,\ 0)$에 평행한 직선

2 다음 두 점을 지나는 직선의 방정식을 구하시오.

(1) $(-2,\ -5)$, $(5,\ 3)$

(2) $(0,\ 5)$, $(2,\ -4)$

3 다음 직선의 방정식을 구하시오.

(1) 점 $(0,\ 2)$를 지나고 법선벡터가 $\vec{n}=(1,\ 5)$인 직선

(2) 점 $(-1,\ 4)$를 지나고 벡터 $\vec{n}=(2,\ -3)$에 수직인 직선

두 직선이 이루는 각의 크기

개념편 118쪽

4 다음 두 직선이 이루는 예각의 크기를 θ라 할 때, $\cos\theta$의 값을 구하시오.

(1) $x-2=\dfrac{y+1}{-2}$, $\dfrac{x+1}{3}=\dfrac{y-4}{4}$

(2) $\dfrac{x}{2}=\dfrac{y-1}{\sqrt{2}}$, $\dfrac{x-4}{-1}=\dfrac{y-1}{2\sqrt{2}}$

5 두 직선 l: $\dfrac{x+1}{5}=\dfrac{y-1}{-2}$, m: $\dfrac{x+1}{a}=\dfrac{y-2}{5}$에 대하여 다음 조건을 만족시키는 실수 a의 값을 구하시오.

(1) $l\perp m$

(2) $l /\!/ m$

원의 방정식

개념편 121쪽

6 다음 도형의 방정식을 구하시오.

(1) 원점 O에 대하여 $|\overrightarrow{OP}|=2$를 만족시키는 점 P가 나타내는 도형

(2) 점 $A(2,\ -3)$에 대하여 $|\overrightarrow{AP}|=4$를 만족시키는 점 P가 나타내는 도형

핵심 유형 Training

유형 01 방향벡터가 주어진 직선의 방정식

점 (x_1, y_1)을 지나고 방향벡터가 $\vec{u}=(u_1, u_2)$인 직선의 방정식은

$\frac{x-x_1}{u_1}=\frac{y-y_2}{u_2}$ (단, $u_1u_2\neq0$)

1 점 $(-2, 3)$을 지나고 방향벡터가 $\vec{u}=(5, 2)$인 직선이 점 $(a, -3)$을 지날 때, a의 값은?

① -17 ② -16 ③ -15
④ -14 ⑤ -13

2 점 $(4, -10)$을 지나고 벡터 $\vec{u}=(-1, 2)$에 평행한 직선이 x축, y축과 만나는 점을 각각 A, B라 할 때, 삼각형 OAB의 넓이는? (단, O는 원점)

① $\frac{1}{2}$ ② 1 ③ $\frac{3}{2}$
④ 2 ⑤ $\frac{5}{2}$

3 점 $(3, 1)$을 지나고 두 점 $A(1, 4)$, $B(-2, a)$를 지나는 직선에 평행한 직선의 y절편이 -2일 때, a의 값을 구하시오.

4 두 직선 $3-x=\frac{1-y}{2}$, $\frac{x+2}{3}=\frac{y+1}{-2}$의 교점을 지나고 직선 $x-1=\frac{5-y}{2}$에 평행한 직선의 방정식을 구하시오.

유형 02 법선벡터가 주어진 직선의 방정식

점 (x_1, y_1)을 지나고 법선벡터가 $\vec{n}=(a, b)$인 직선의 방정식은

$a(x-x_1)+b(y-y_1)=0$

5 점 $(1, -3)$을 지나고 방향벡터가 $\vec{u}=(3, 2)$인 직선과 점 $(5, -3)$을 지나고 법선벡터가 $\vec{n}=(2, 1)$인 직선의 교점의 좌표를 구하시오.

6 점 $(2, -1)$을 지나고 벡터 $\vec{n}=(3, 2)$에 수직인 직선을 l이라 할 때, 점 $(3, 4)$와 직선 l 사이의 거리를 구하시오.

7 점 $(-1, 4)$를 지나고 직선 $\frac{x-2}{3}=\frac{3-y}{2}$에 수직인 직선의 기울기가 m, y절편이 n일 때, $n-m$의 값은?

① -2 ② 0 ③ 2
④ 4 ⑤ 6

8 점 $A(2, 3)$에 대하여 $\overline{AB}=\overline{AC}$인 이등변삼각형 ABC에서 변 BC의 중점이 $M(4, 2)$이다. 직선 BC가 점 $(a, a+1)$을 지날 때, a의 값은?

① 5 ② 6 ③ 7
④ 8 ⑤ 9

유형 03 두 직선이 이루는 각의 크기

두 직선 l, m의 방향벡터가 각각 $\vec{u}=(u_1, u_2)$, $\vec{v}=(v_1, v_2)$일 때, 두 직선 l, m이 이루는 각의 크기를 $\theta\,(0°\le\theta\le 90°)$라 하면

$$\cos\theta=\frac{|\vec{u}\cdot\vec{v}|}{|\vec{u}||\vec{v}|}=\frac{|u_1v_1+u_2v_2|}{\sqrt{u_1^2+u_2^2}\sqrt{v_1^2+v_2^2}}$$

9 두 직선 $\frac{x-3}{2}=y+1$, $x=\frac{y-3}{2}$이 이루는 예각의 크기를 θ라 할 때, $\cos\theta$의 값을 구하시오.

10 두 직선 $x+1=\frac{y-3}{2}$, $x+y=5$가 이루는 예각의 크기를 θ라 할 때, $\cos^2\theta$의 값은?

① $\frac{1}{10}$ ② $\frac{1}{8}$ ③ $\frac{1}{6}$
④ $\frac{1}{4}$ ⑤ $\frac{1}{2}$

11 두 직선 $\frac{x+2}{2}=1-y$, $\frac{x-1}{k}=\frac{y+3}{4}$이 이루는 예각의 크기를 θ라 할 때, $\cos\theta=\frac{2\sqrt{5}}{5}$이다. 이때 실수 k의 값을 구하시오.

12 두 직선 $\frac{x-3}{\sqrt{3}}=\frac{1-y}{a+1}$, $\frac{x+1}{a+1}=\frac{y-2}{-\sqrt{3}}$가 이루는 각의 크기가 30°일 때, 양수 a의 값을 구하시오.

유형 04 두 직선의 평행과 수직

두 직선 l, m의 방향벡터가 각각 $\vec{u}$, $\vec{v}$일 때
(1) $l\,/\!/\,m \iff \vec{u}=k\vec{v}$ (단, k는 0이 아닌 실수)
(2) $l\perp m \iff \vec{u}\cdot\vec{v}=0$

13 두 점 $\mathrm{A}(a, 4)$, $\mathrm{B}(2, a)$를 지나는 직선과 직선 $\frac{x-1}{4}=\frac{y-2}{-3}$가 서로 평행할 때, a의 값은?

① 7 ② 8 ③ 9
④ 10 ⑤ 11

14 두 직선 $mx+6y-12=0$, $\frac{x-1}{5}=\frac{y+1}{3}$이 서로 수직일 때, 실수 m의 값은?

① 6 ② 8 ③ 10
④ 12 ⑤ 14

15 두 직선 $\frac{1-x}{k}=\frac{y+1}{2}$, $\frac{x+5}{k}=\frac{3-y}{2(k+1)}$가 서로 수직일 때, 실수 k의 값을 구하시오.

16 두 직선 $\frac{x+2}{2}=\frac{y-1}{t}$, $\frac{x-1}{t-1}=\frac{y+2}{3}$가 서로 평행할 때, 실수 t의 값을 구하시오.

17 직선 l: $\frac{x-1}{a}=\frac{y+2}{3}$가 직선 m: $x+3=\frac{2y-1}{3}$과는 서로 평행하고, n: $\frac{x+2}{6}=\frac{4-y}{b}$와는 서로 수직일 때, 실수 a, b에 대하여 $a+b$의 값은?

① -6 ② -3 ③ 0
④ 3 ⑤ 6

18 점 P$(1,\ -2)$에서 직선 l: $\frac{x+3}{2}=\frac{y-5}{3}$에 내린 수선의 발을 H$(a,\ b)$라 할 때, $b-a$의 값은?

① 5 ② 6 ③ 7
④ 8 ⑤ 9

19 UP 점 A$(1,\ 7)$과 직선 l: $\frac{x+3}{3}=\frac{y}{2}$ 위의 두 점 B, C에 대하여 삼각형 ABC가 정삼각형일 때, 삼각형 ABC의 무게중심의 좌표는?

① $\left(\frac{7}{3},\ 5\right)$ ② $\left(\frac{8}{3},\ 5\right)$ ③ $(3,\ 5)$
④ $\left(5,\ \frac{7}{3}\right)$ ⑤ $\left(5,\ \frac{8}{3}\right)$

유형 05 벡터를 이용한 원의 방정식

세 점 A, B, P의 위치벡터가 각각 $\vec{a}$, $\vec{b}$, $\vec{p}$일 때, 다음을 만족시키는 점 P가 나타내는 도형은 원이다.
(1) $|\vec{p}-\vec{a}|=r$ 또는 $(\vec{p}-\vec{a})\cdot(\vec{p}-\vec{a})=r^2$
➡ 중심이 점 A이고 반지름의 길이가 r인 원
(2) $\overrightarrow{AP}\cdot\overrightarrow{BP}=0$ 또는 $(\vec{p}-\vec{a})\cdot(\vec{p}-\vec{b})=0$
➡ 두 점 A, B를 지름의 양 끝 점으로 하는 원

20 두 점 A$(-1,\ 5)$, B$(5,\ -3)$에 대하여 $\overrightarrow{AP}\cdot\overrightarrow{BP}=0$을 만족시키는 점 P가 나타내는 도형의 둘레의 길이는?

① 9π ② 10π ③ 11π
④ 12π ⑤ 13π

21 점 A$(1,\ 2)$에 대하여 $|\overrightarrow{AP}|=\sqrt{17}$을 만족시키는 점 P와 직선 $3x-4y-20=0$ 사이의 거리의 최댓값을 M, 최솟값을 m이라 할 때, Mm의 값은?

① 2 ② 4 ③ 6
④ 8 ⑤ 10

22 UP 두 점 A$(-2,\ 3)$, P$(x,\ y)$의 위치벡터를 각각 $\vec{a}$, $\vec{p}$라 하면 $(\vec{p}-\vec{a})\cdot(\vec{p}-\vec{a})=13$일 때, $|\vec{p}|$가 최대가 되도록 하는 점 P의 좌표를 구하시오.

공간도형과 공간좌표

기초 문제 Training

직선과 평면의 위치 관계

개념편 126쪽

1 다음 보기 중 평면이 결정되는 것만을 있는 대로 고르시오.

보기
ㄱ. 세 점
ㄴ. 한 점에서 만나는 두 직선
ㄷ. 수직으로 만나는 두 직선
ㄹ. 서로 만나지 않은 두 직선

2 오른쪽 그림과 같은 육각기둥의 각 모서리를 연장한 직선에 대하여 다음을 구하시오.

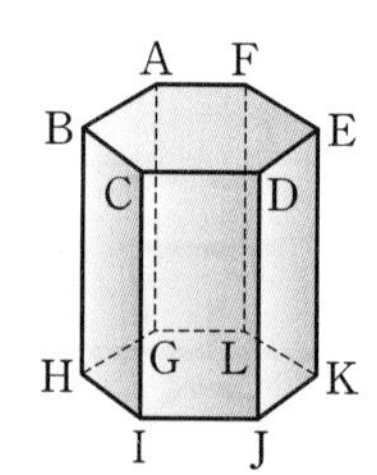

(1) 직선 AG와 만나는 직선

(2) 직선 AB와 평행한 직선

(3) 직선 CD와 꼬인 위치에 있는 직선

3 오른쪽 그림과 같은 정육면체의 각 모서리를 연장한 직선과 각 면을 포함하는 평면에 대하여 다음을 구하시오.

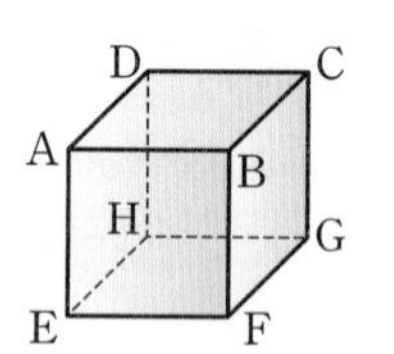

(1) 직선 AE를 포함하는 평면

(2) 직선 AD와 만나는 평면

(3) 직선 AB와 평행한 평면

(4) 평면 BFGC와 평행한 직선

01 직선과 평면의 위치 관계

4 오른쪽 그림과 같은 삼각기둥의 각 모서리를 연장한 직선과 각 면을 포함하는 평면에 대하여 다음을 구하시오.

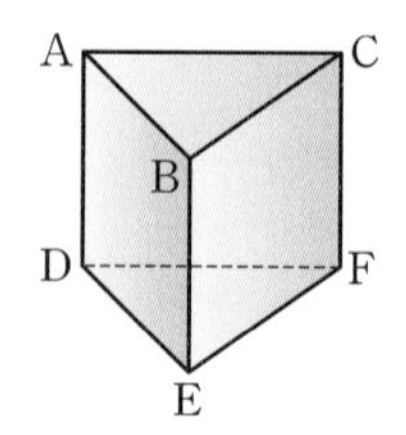

(1) 평면 ADEB와 평면 ABC의 교선

(2) 평면 ABC와 평행한 평면

(3) 평면 BEFC와 만나는 평면

직선과 평면의 평행과 수직

개념편 131쪽

5 오른쪽 그림과 같이 밑면이 직각이등변삼각형인 삼각기둥에서 다음 두 직선이 이루는 각의 크기를 구하시오.

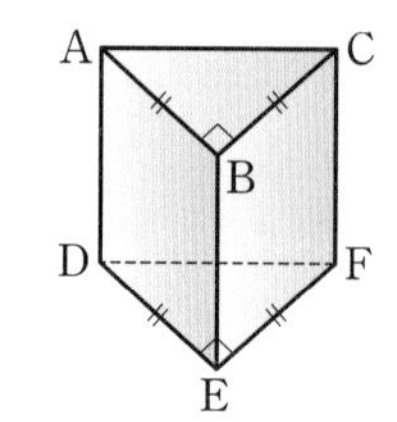

(1) 직선 AB와 직선 EF

(2) 직선 AC와 직선 DE

(3) 직선 AD와 직선 BC

6 오른쪽 그림과 같은 정육면체에서 다음 두 직선이 이루는 각의 크기를 구하시오.

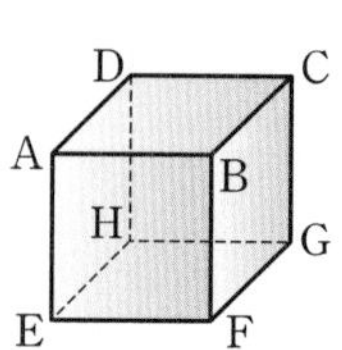

(1) 직선 AB와 직선 EG

(2) 직선 BG와 직선 DE

(3) 직선 AC와 직선 AF

핵심 유형 Training

01 직선과 평면의 위치 관계

유형 01 평면의 결정 조건

(1) 한 직선 위에 있지 않은 서로 다른 세 점
(2) 한 직선과 그 위에 있지 않은 한 점
(3) 한 점에서 만나는 두 직선
(4) 평행한 두 직선

1 오른쪽 그림과 같은 정오각뿔에서 세 직선 AD, BC, FE와 점 F로 만들 수 있는 서로 다른 평면의 개수를 구하시오.

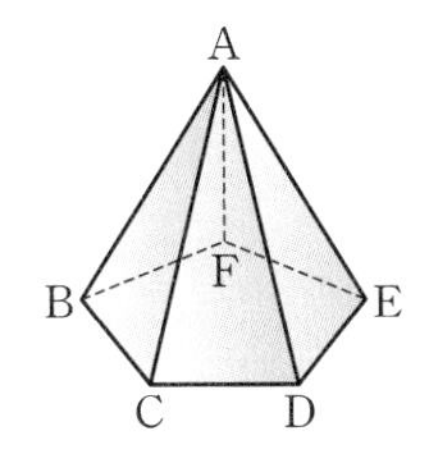

2 오른쪽 그림과 같은 정육면체에서 다섯 개의 점 A, C, D, E, G로 만들 수 있는 서로 다른 평면의 개수를 구하시오.

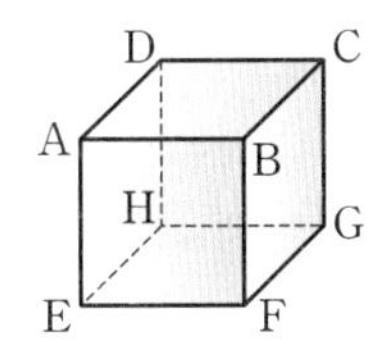

3 공간에서 한 직선 l과 직선 l 위에 있지 않은 네 개의 점 P, Q, R, S로 만들 수 있는 평면의 최대 개수는?

① 6 ② 7 ③ 8
④ 9 ⑤ 10

유형 02 공간에서의 위치 관계

(1) 서로 다른 두 직선의 위치 관계
① 한 점에서 만난다. ② 평행하다. — 한 평면 위에 있다.
③ 꼬인 위치에 있다. — 한 평면 위에 있지 않다.
(2) 직선과 평면의 위치 관계
① 포함된다. ② 한 점에서 만난다. — 만난다.
③ 평행하다. — 만나지 않는다.

4 오른쪽 그림과 같은 삼각기둥에 대한 다음 설명 중 옳지 않은 것은?

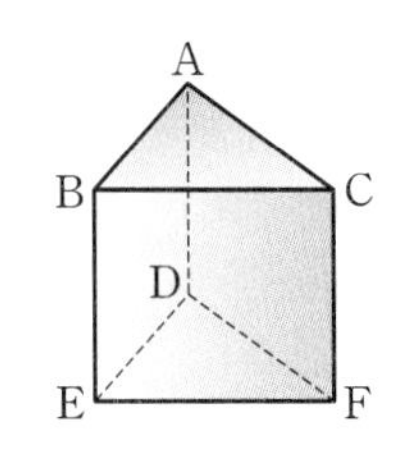

① 직선 AB와 평면 DEF는 평행하다.
② 직선 CD는 평면 ADFC에 포함된다.
③ 두 직선 AC, DE는 꼬인 위치에 있다.
④ 두 직선 AF, CE는 한 점에서 만난다.
⑤ 모서리를 연장한 직선 중 평면 DEF에 평행한 직선은 3개이다.

5 오른쪽 그림과 같은 정사각뿔에서 두 변 CD, ED의 중점을 각각 M, N이라 할 때, 다음 보기 중 직선 NM과 꼬인 위치에 있는 직선을 있는 대로 고르시오.

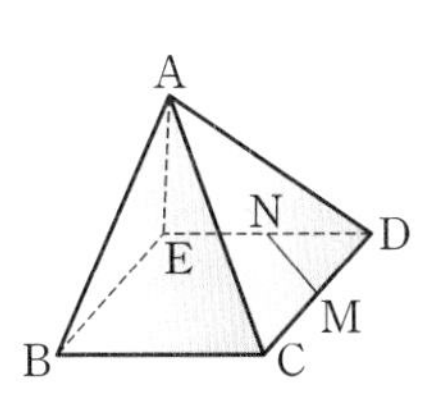

보기
ㄱ. 직선 AB ㄴ. 직선 BC
ㄷ. 직선 AC ㄹ. 직선 BE

6 오른쪽 그림과 같은 정육각기둥에서 각 모서리를 연장한 직선 중 직선 AG와 꼬인 위치에 있는 직선의 개수를 m, 평면 EKJD와 평행한 직선의 개수를 n이라 할 때, $m+n$의 값을 구하시오.

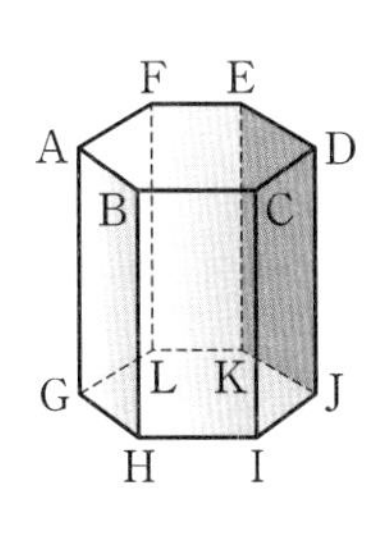

유형 03 직선과 평면의 평행과 수직

직선과 평면의 위치 관계는 정육면체를 이용하여 모서리는 직선, 면은 평면으로 생각하여 그 관계를 확인한다.

7 서로 다른 세 직선 l, m, n과 평면 α에 대하여 다음 보기 중 옳은 것만을 있는 대로 고른 것은?

보기
ㄱ. $l /\!/ m$, $m /\!/ n$이면 $l /\!/ n$이다.
ㄴ. $l /\!/ m$, $l \perp n$이면 $m \perp n$이다.
ㄷ. $l \perp m$, $l /\!/ \alpha$이면 $m \perp \alpha$이다.

① ㄱ ② ㄴ ③ ㄷ
④ ㄱ, ㄴ ⑤ ㄱ, ㄷ

8 다음 중 옳은 것은?

① 한 평면에 평행한 서로 다른 두 직선은 서로 평행하다.
② 한 평면에 수직인 서로 다른 두 직선은 서로 수직이다.
③ 한 직선에 수직인 서로 다른 두 직선은 서로 평행하다.
④ 한 직선에 수직인 서로 다른 두 평면은 서로 평행하다.
⑤ 한 직선에 평행한 서로 다른 두 평면은 서로 평행하다.

유형 04 두 직선이 이루는 각의 크기

꼬인 위치에 있는 두 직선이 이루는 각의 크기를 구할 때는 한 직선을 평행이동하여 두 직선이 만나도록 한 다음 만나는 두 직선이 이루는 각의 크기를 구한다.

9 오른쪽 그림과 같은 정팔면체에서 두 직선 AB, EF가 이루는 각의 크기를 α, 두 직선 AD, BE가 이루는 각의 크기를 β라 할 때, $\alpha+\beta$의 값을 구하시오.

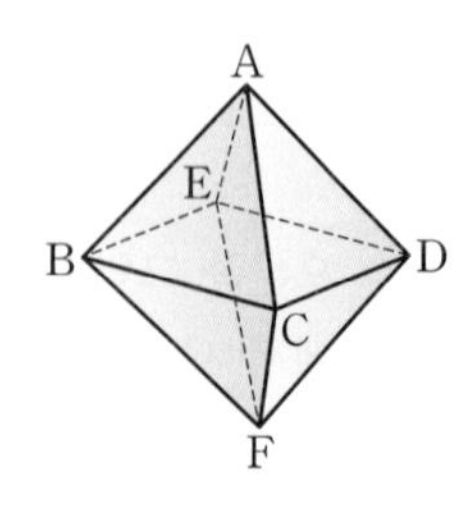

10 오른쪽 그림과 같이 한 변의 길이가 2인 정삼각형을 밑면으로 하고 높이가 $\sqrt{3}$인 삼각기둥에서 두 직선 AF, DE가 이루는 각의 크기를 θ라 할 때, $\cos\theta$의 값은?

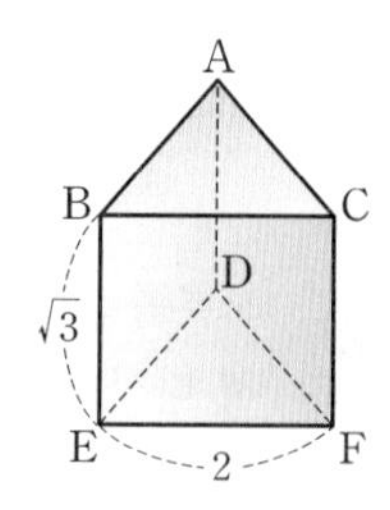

① $\frac{\sqrt{7}}{7}$ ② $\frac{2\sqrt{2}}{7}$ ③ $\frac{3}{7}$
④ $\frac{\sqrt{10}}{7}$ ⑤ $\frac{\sqrt{11}}{7}$

11 UP 오른쪽 그림과 같은 전개도로 만든 정육면체에서 두 직선 AB, CD가 이루는 각의 크기를 구하시오.

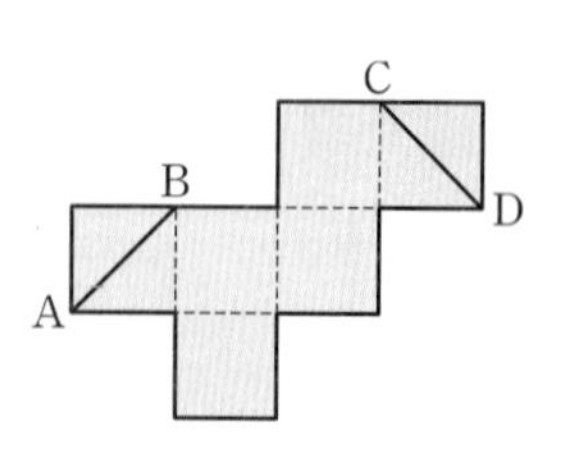

기초 문제 Training

02 삼수선의 정리와 정사영

삼수선의 정리

개념편 137쪽

1 다음은 삼수선의 정리를 증명하는 과정이다. (가), (나), (다)에 들어갈 알맞은 것을 구하시오.

오른쪽 그림과 같이 평면 α 위에 있지 않은 한 점 P에서 평면 α에 내린 수선의 발을 O, 점 O에서 점 O를 지나지 않는 평면 α 위의 직선 l에 내린 수선의 발을 H라 하자.

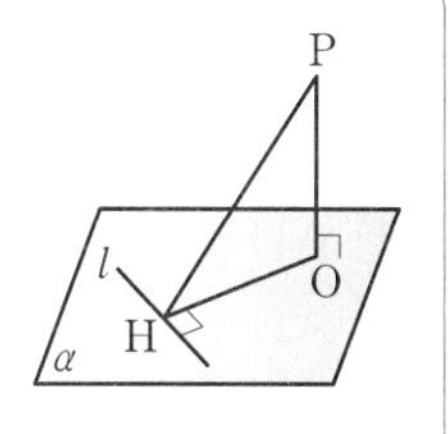

이때 $\overline{PO}\perp\alpha$이고 직선 l은 평면 α 위에 있으므로

$\overline{PO}\perp$ (가)

또 (나) $\perp l$이므로 직선 l은 두 직선 PO, OH를 포함하는 평면 PHO에 수직이다.

이때 직선 PH는 평면 PHO 위에 있으므로

(다) $\perp l$

두 평면이 이루는 각의 크기

개념편 140쪽

2 오른쪽 그림과 같은 정육면체에서 다음 두 면이 이루는 각의 크기를 구하시오.

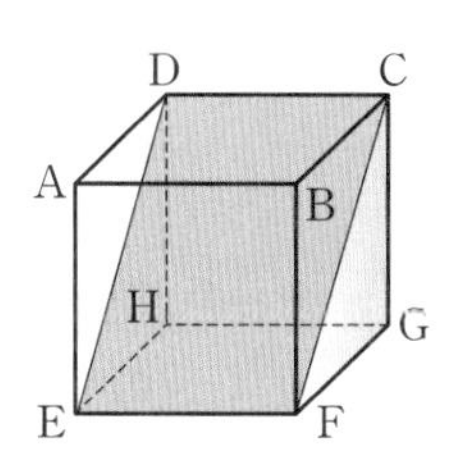

(1) 면 ABCD와 면 AEHD

(2) 면 DEFC와 면 EFGH

정사영

개념편 143쪽

3 오른쪽 그림과 같은 직육면체에서 다음을 구하시오.

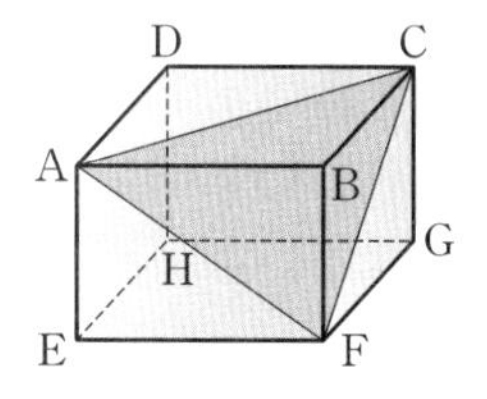

(1) 점 B의 평면 AEHD 위로의 정사영

(2) 선분 AF의 평면 EFGH 위로의 정사영

(3) 삼각형 AFC의 평면 EFGH 위로의 정사영

(4) 삼각형 ABC의 평면 BFGC 위로의 정사영

4 선분 AB의 평면 α 위로의 정사영을 선분 A′B′이라 하고, 직선 AB와 평면 α가 이루는 각의 크기를 θ라 할 때, 다음을 구하시오.

(1) $\overline{AB}=12$, $\theta=30^\circ$일 때, 선분 A′B′의 길이

(2) $\overline{AB}=8$, $\overline{A'B'}=4$일 때, θ의 크기

5 평면 α 위에 있는 도형의 넓이를 S, 이 도형의 평면 β 위로의 정사영의 넓이를 S'이라 하고, 두 평면 α, β가 이루는 각의 크기를 θ라 할 때, 다음을 구하시오.

(1) $S=20$, $\theta=60^\circ$일 때, S'의 값

(2) $S=6$, $S'=3\sqrt{2}$일 때, θ의 크기

핵심 유형 Training

02 삼수선의 정리와 정사영

유형 01 삼수선의 정리

(1) $\overline{PO}\perp\alpha$, $\overline{OH}\perp l$이면 $\overline{PH}\perp l$
(2) $\overline{PO}\perp\alpha$, $\overline{PH}\perp l$이면 $\overline{OH}\perp l$
(3) $\overline{PH}\perp l$, $\overline{OH}\perp l$, $\overline{PO}\perp\overline{OH}$이면 $\overline{PO}\perp\alpha$

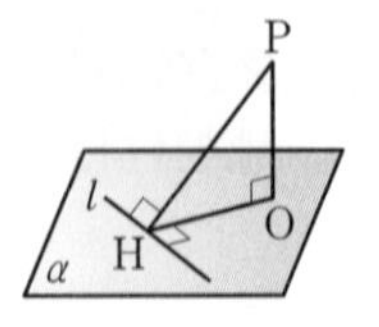

1 오른쪽 그림과 같이 평면 α 위에 있지 않은 한 점 P에서 평면 α에 내린 수선의 발을 O, 점 O에서 평면 α 위의 직선 AB에 내린 수선의 발을 H라 하자. $\overline{OP}=4$, $\overline{OH}=3$, $\overline{AH}=2\sqrt{6}$일 때, 선분 AP의 길이를 구하시오.

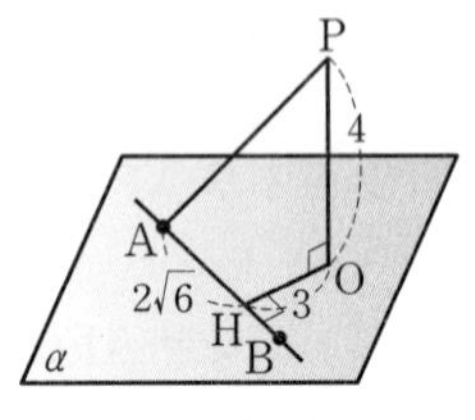

2 오른쪽 그림과 같이 평면 α 위에 있지 않은 한 점 P에서 평면 α에 내린 수선의 발을 O, 점 O에서 평면 α 위의 직선 AB에 내린 수선의 발을 H라 하자. $\overline{OP}=2\sqrt{7}$, $\overline{AH}=4\sqrt{2}$, $\angle PAH=45°$일 때, 선분 OH의 길이를 구하시오.

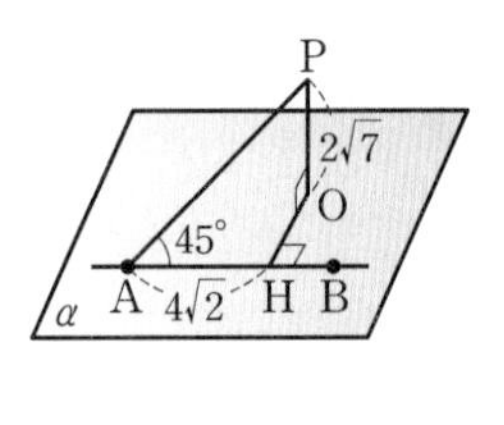

3 오른쪽 그림과 같이 평면 α 위에 $\angle A=120°$이고 $\overline{AB}=\overline{AC}=4$인 이등변삼각형 ABC가 있다. 평면 α 위에 있지 않은 점 P에서 평면 α에 내린 수선의 발이 A이고 $\overline{AP}=6$일 때, 점 P와 직선 BC 사이의 거리를 구하시오.

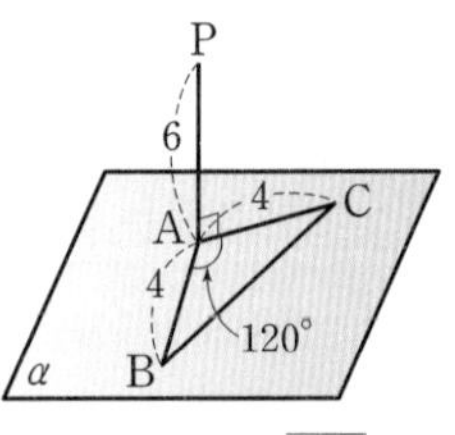

유형 02 삼수선의 정리의 활용

공간에서 직선과 직선, 직선과 평면의 수직 관계가 두 개 이상 주어지면 보조선을 그은 후 삼수선의 정리를 이용하여 다른 수직 관계를 찾는다.

4 오른쪽 그림과 같이 $\overline{AD}=1$, $\overline{DC}=3$, $\overline{AE}=2$인 직육면체의 꼭짓점 D에서 선분 EG에 내린 수선의 발을 I라 할 때, 선분 DI의 길이를 구하시오.

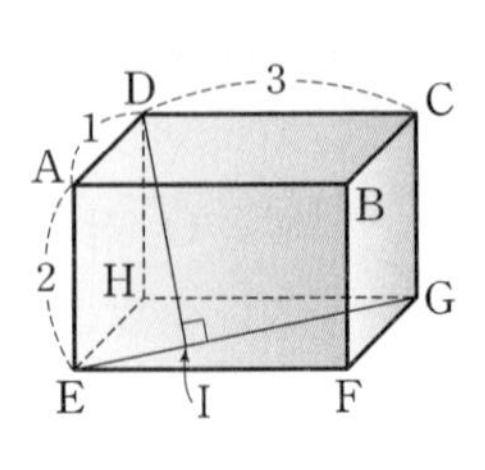

5 오른쪽 그림과 같은 사면체에서 $\overline{OA}\perp\overline{OB}$, $\overline{OB}\perp\overline{OC}$, $\overline{OC}\perp\overline{OA}$이고 $\overline{OA}=4$, $\overline{OB}=3$, $\overline{OC}=1$이다. 꼭짓점 C에서 모서리 AB에 내린 수선의 발을 H, $\angle CHO=\theta$라 할 때, $\sin\theta$의 값을 구하시오.

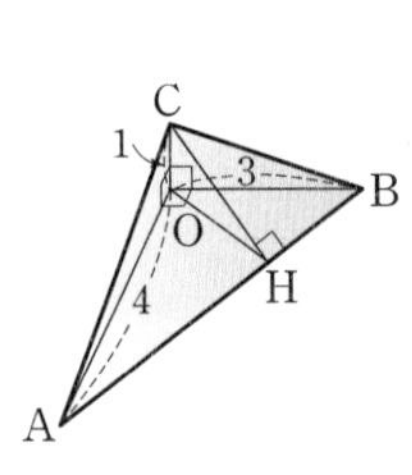

6 오른쪽 그림과 같이 한 모서리의 길이가 4인 정육면체에서 두 모서리 AD, FG의 중점을 각각 M, N이라 하자. 점 N에서 선분 CM에 내린 수선의 발을 I라 할 때, 선분 NI의 길이를 구하시오.

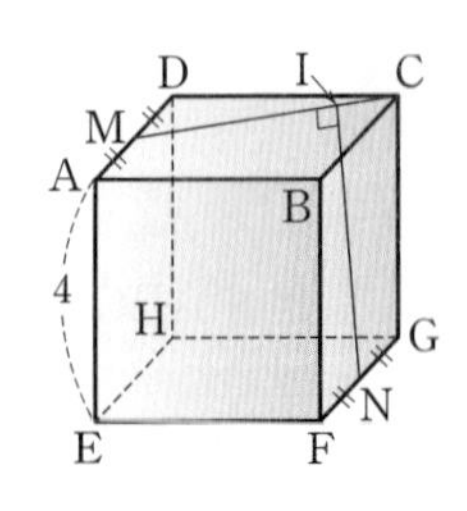

유형 03 두 평면이 이루는 각의 크기

두 평면이 이루는 각의 크기는 다음과 같은 순서로 구한다.

(1) 두 평면의 교선을 찾는다.

(2) 교선 위의 한 점 H에서 교선과 수직이 되도록 각 평면에 두 직선 HA, HB를 긋는다.

(3) (2)의 두 직선이 이루는 각의 크기 $\angle AHB=\theta$를 구한다.

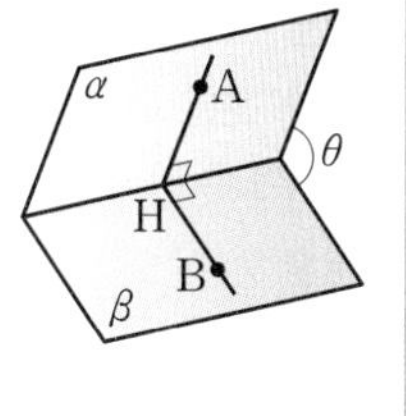

7 오른쪽 그림과 같이 평면 α 위에 있지 않은 한 점 A에서 평면 α 위의 직선 l과 평면 α에 내린 수선의 발을 각각 M, N이라 하자. $\overline{AM}=14$, $\overline{AN}=7\sqrt{3}$일 때, 점 A와 직선 l에 의하여 결정되는 평면과 평면 α가 이루는 각의 크기를 구하시오.

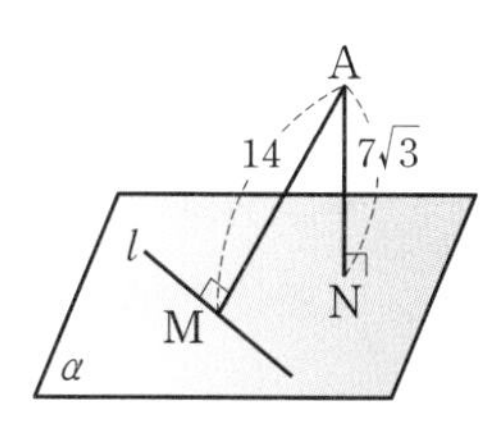

8 오른쪽 그림과 같이 한 모서리의 길이가 2인 정육면체에서 모서리 CG의 중점을 M이라 하자. 평면 HFM과 평면 EFGH가 이루는 각의 크기를 θ라 할 때, $\cos\theta$의 값을 구하시오.

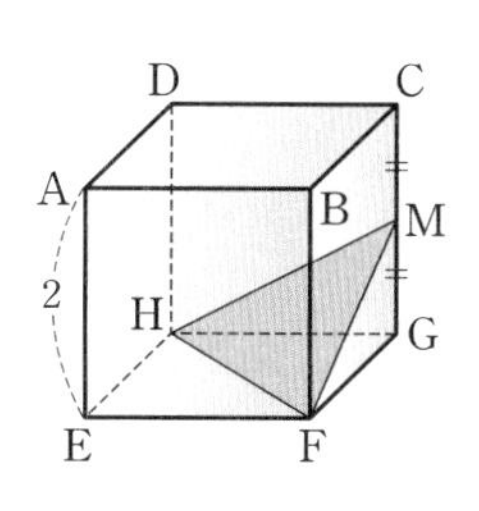

9 오른쪽 그림과 같이 밑면이 한 변의 길이가 6인 정사각형이고 옆면이 모두 합동인 이등변삼각형인 사각뿔이 있다. 평면 ABC와 평면 BCDE가 이루는 각의 크기가 60°일 때, 모서리 AB의 길이를 구하시오.

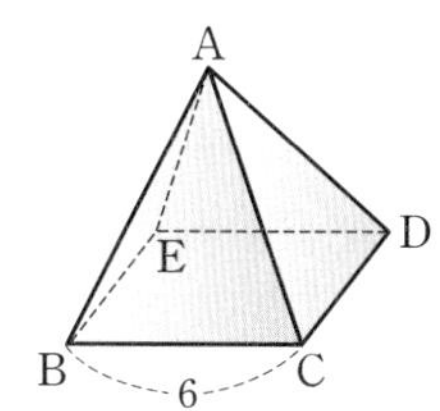

10 오른쪽 그림과 같이 밑면이 $\overline{AB}=\overline{AC}=2\sqrt{5}$, $\overline{BC}=4$인 이등변삼각형인 삼각기둥이 있다. 평면 ABED와 평면 ADFC가 이루는 각의 크기를 θ라 할 때, $\sin\theta$의 값은?

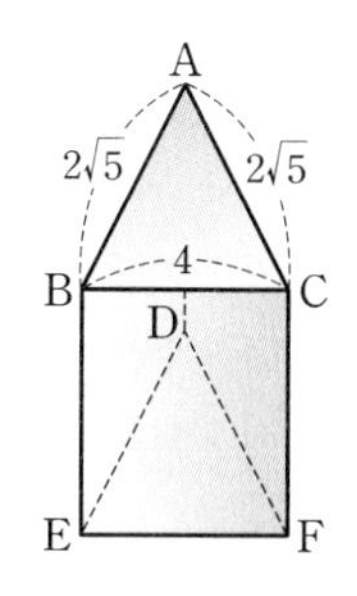

① $\frac{2\sqrt{2}}{5}$ ② $\frac{3}{5}$ ③ $\frac{\sqrt{10}}{5}$ ④ $\frac{2\sqrt{3}}{5}$ ⑤ $\frac{4}{5}$

11 오른쪽 그림과 같이 밑면의 반지름의 길이가 3인 원기둥의 한 밑면인 원의 중심을 O, 원의 지름을 AB라 하면 원기둥의 다른 밑면인 원의 둘레 위의 점 P에 대하여 $\overline{PO}\perp\overline{AB}$이다. 점 O를 포함한 원기둥의 밑면과 평면 PAB가 이루는 각의 크기를 θ라 하면 $\cos\theta=\frac{\sqrt{5}}{5}$일 때, 원기둥의 높이를 구하시오.

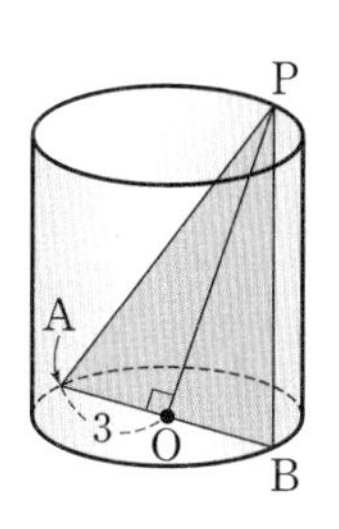

12 UP 오른쪽 그림과 같이 평면 α 위의 선분 AB는 길이가 $2\sqrt{3}$이고 두 평면 α, β의 교선 l과 30°의 각을 이룬다. 점 B에서 평면 β에 내린 수선의 발을 C라 하면 $\overline{BC}=1$이다. 두 평면 α, β가 이루는 각의 크기를 θ라 할 때, $\cos\theta$의 값을 구하시오.

(단, 점 A는 교선 l 위에 있다.)

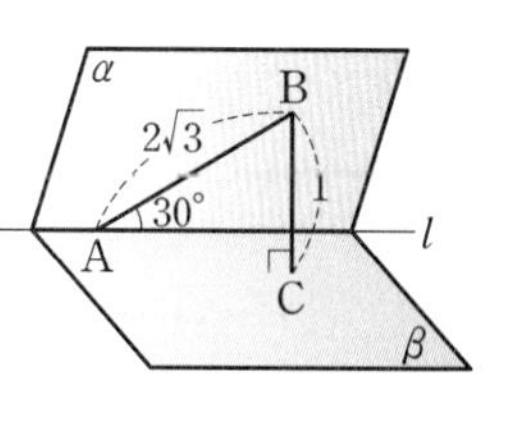

유형 04 직선과 평면이 이루는 각의 크기

직선 AB와 평면 α가 이루는 각의 크기를 θ, 점 B에서 평면 α에 내린 수선의 발을 H라 하면

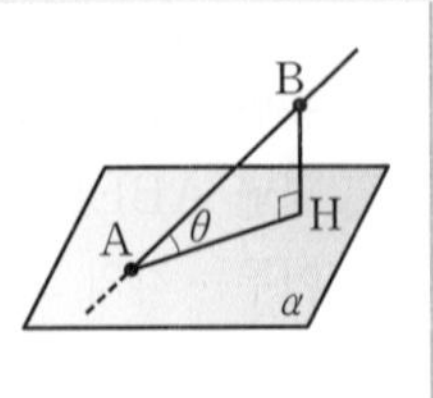

(1) $\angle BAH=\theta$

(2) $\sin\theta=\dfrac{\overline{BH}}{\overline{AB}}$, $\cos\theta=\dfrac{\overline{AH}}{\overline{AB}}$

13 오른쪽 그림과 같이 한 모서리의 길이가 2인 정사면체에서 직선 AB와 평면 BCD가 이루는 각의 크기를 θ라 할 때, $\cos\theta$의 값을 구하시오.

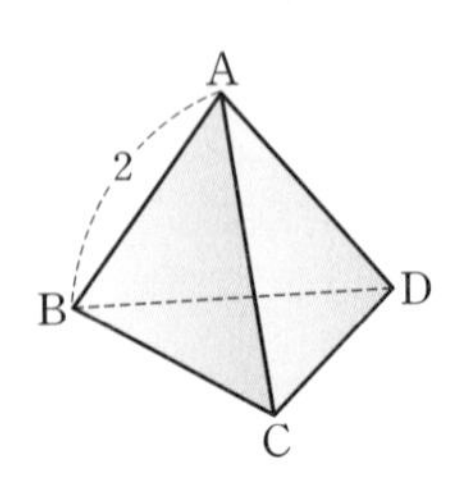

14 오른쪽 그림과 같이 한 변의 길이가 4인 정삼각형을 밑면으로 하고 높이가 $3\sqrt{2}$인 삼각기둥이 있다. 모서리 AC의 중점을 M이라 하고 직선 EM과 평면 DEF가 이루는 각의 크기를 θ라 할 때, $\cos\theta$의 값을 구하시오.

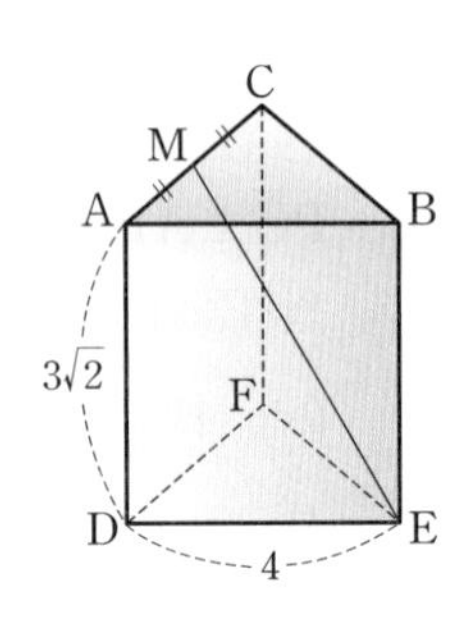

15 오른쪽 그림과 같이 $\overline{AD}=\overline{AE}=1$, $\overline{CD}=2$인 직육면체에서 대각선 DF가 평면 AEHD, 평면 EFGH, 평면 DHGC와 이루는 각의 크기를 각각 α, β, γ라 할 때, $\cos^2\alpha+\cos^2\beta+\cos^2\gamma$의 값을 구하시오.

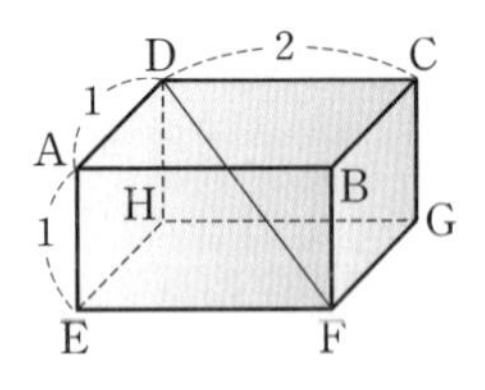

유형 05 정사영의 길이

선분 AB의 평면 α 위로의 정사영을 선분 A′B′이라 하고, 직선 AB와 평면 α가 이루는 각의 크기를 $\theta\,(0°\le\theta\le 90°)$라 하면

$\overline{A'B'}=\overline{AB}\cos\theta$

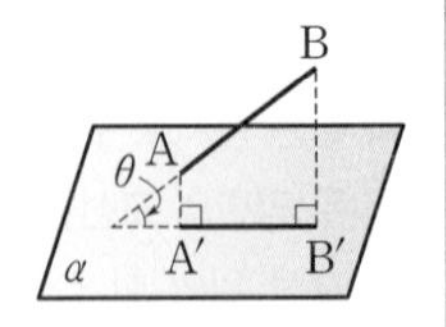

16 두 평면 α, β가 이루는 각의 크기는 30°이고, 평면 α 위의 선분 AB의 평면 β 위로의 정사영을 선분 A_1B_1, 선분 A_1B_1의 평면 α 위로의 정사영을 선분 A_2B_2라 할 때, $\overline{A_1B_1}^2+\overline{A_2B_2}^2=\dfrac{21}{2}$이다. 이때 선분 AB의 길이는? (단, 직선 AB와 두 평면 α, β의 교선은 서로 수직이다.)

① 2　② $\sqrt{5}$　③ $\sqrt{6}$
④ $\sqrt{7}$　⑤ $2\sqrt{2}$

17 오른쪽 그림과 같이 밑면의 반지름의 길이가 2인 원기둥을 밑면과 60°의 각을 이루는 평면으로 자를 때 생기는 타원의 장축의 길이를 구하시오.

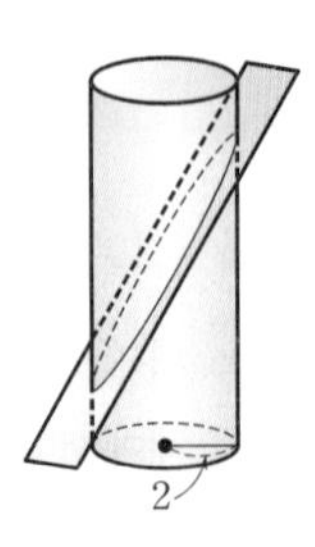

18 UP 오른쪽 그림과 같이 두 평면 α, β가 이루는 각의 크기가 60°이고, 평면 α 위에 길이가 4인 선분 AB가 있다. 직선 AB가 두 평면 α, β의 교선 l과 이루는 각의 크기가 30°이고 점 B가 교선 l 위에 있을 때, 선분 AB의 평면 β 위로의 정사영의 길이를 구하시오.

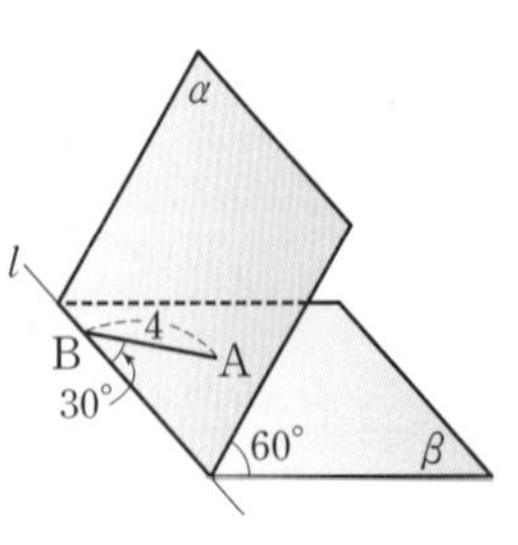

유형 06 정사영의 넓이 – 각의 크기가 주어진 경우

평면 β 위에 있는 도형의 넓이를 S, 이 도형의 평면 α 위로의 정사영의 넓이를 S'이라 할 때, 두 평면 α, β가 이루는 각의 크기를 $\theta\ (0^\circ \le \theta \le 90^\circ)$라 하면

$S' = S\cos\theta$

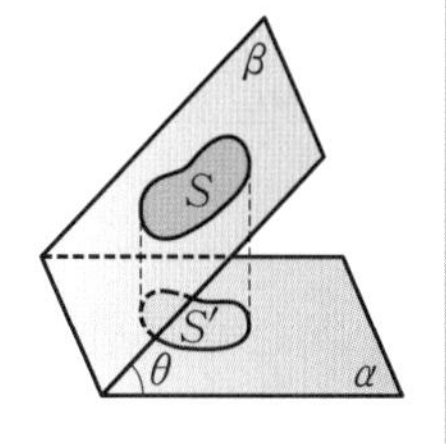

19 오른쪽 그림과 같이 밑면의 반지름의 길이가 $2\sqrt{2}$인 원기둥을 밑면과 60°의 각을 이루는 평면으로 자를 때 생기는 단면의 넓이는?

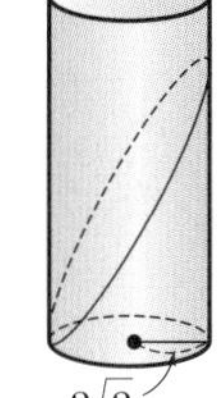

① 8π　② $8\sqrt{2}\pi$
③ 16π　④ $16\sqrt{2}\pi$
⑤ $16\sqrt{3}\pi$

20 오른쪽 그림과 같이 반지름의 길이가 4인 반구에서 밑면인 원의 중심을 O, 지름의 양 끝 점을 각각 A, B라 하자. 이 반구를 점 B를 지나고 밑면과 30°의 각을 이루는 평면으로 자를 때 생기는 단면의 밑면 위로의 정사영의 넓이를 구하시오.

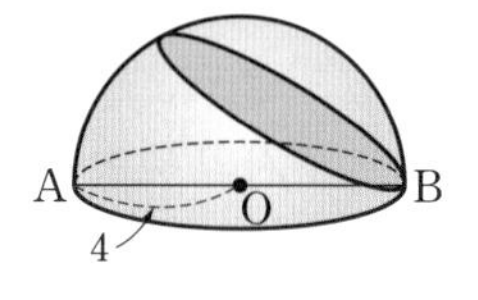

21 오른쪽 그림과 같이 평행한 두 밑면은 합동인 타원이고 옆면이 밑면에 45°의 각도를 이루며 기울어져 있는 입체도형 안에 구가 접하고 있다. 밑면인 타원의 넓이가 $16\sqrt{2}\pi$일 때, 구의 반지름의 길이를 구하시오.

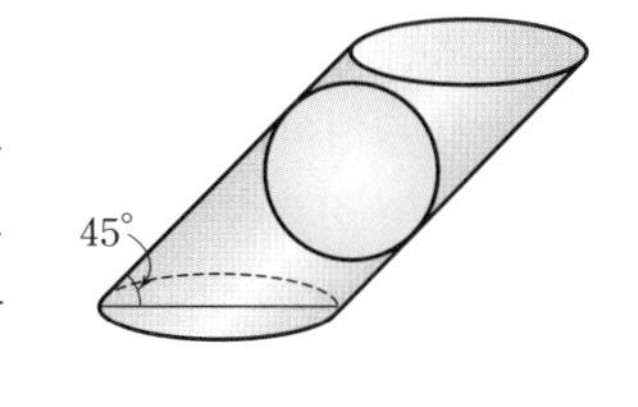

유형 07 정사영의 넓이의 활용 – 두 평면이 이루는 각

두 평면 α, β가 이루는 각의 크기가 θ이고, 평면 β 위의 도형의 넓이가 S, 이 도형의 평면 α 위로의 정사영의 넓이를 S'이라 하면

$\cos\theta = \dfrac{S'}{S}$ (단, $0^\circ \le \theta \le 90^\circ$)

22 오른쪽 그림은 한 모서리의 길이가 2인 정삼각형을 밑면으로 하는 삼각기둥을 밑면으로부터 높이가 각각 3, 1, 2인 위치에 있는 세 점 A, B, C를 지나는 평면으로 자른 것이다. 평면 ABC와 평면 DEF가 이루는 각의 크기를 θ라 할 때, $\cos\theta$의 값을 구하시오.

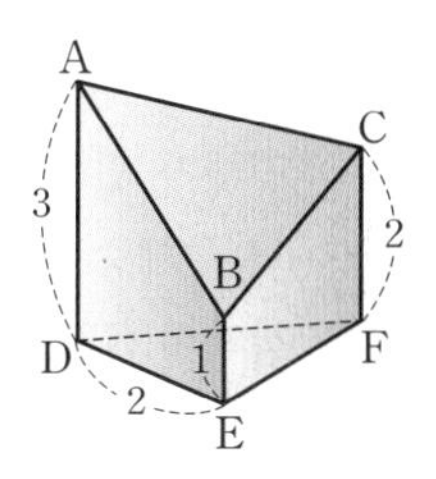

23 오른쪽 그림과 같은 정육면체에서 세 모서리 AB, FG, DC의 중점을 각각 P, Q, R라 하자. 평면 PQR와 평면 EFGH가 이루는 각의 크기를 θ라 할 때, $\cos\theta$의 값을 구하시오.

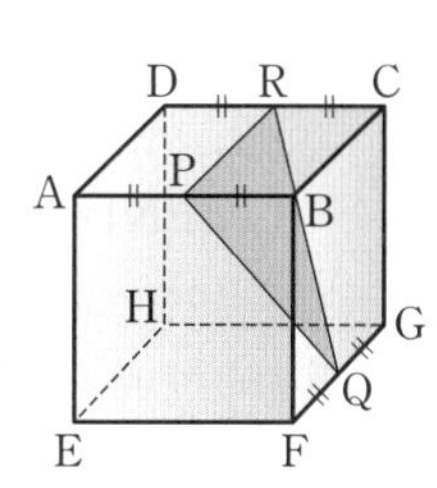

24 UP 오른쪽 그림과 같이 직사각형 ABCD를 대각선 AC를 접는 선으로 하여 꼭짓점 D의 평면 ABC 위로의 정사영 H가 변 BC 위에 오도록 접었더니 $\overline{BH} : \overline{HC} = 5 : 2$가 되었다. 평면 ADC와 평면 ABC가 이루는 각의 크기를 θ라 할 때, $\cos\theta$의 값을 구하시오.

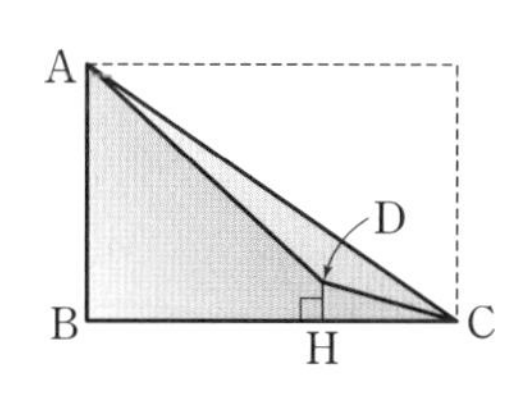

유형 08 정사영의 넓이 – 각의 크기가 주어지지 않은 경우

정사영을 이용하여 두 평면 α, β가 이루는 각의 크기를 구한 후 평면 α 위의 도형의 평면 β 위로의 정사영의 넓이를 구한다.

25 오른쪽 그림과 같이 한 모서리의 길이가 $\sqrt{3}$인 정사면체가 있다. 삼각형 BCD의 무게중심을 G라 할 때, 삼각형 GBC의 평면 ABC 위로의 정사영의 넓이를 구하시오.

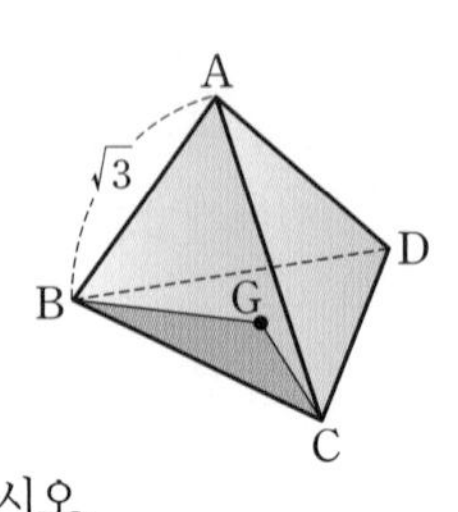

26 오른쪽 그림과 같은 정육면체에서 두 모서리 AE, CG의 중점을 각각 M, N이라 하자. 사각형 EFGH의 평면 MFND 위로의 정사영의 넓이가 $2\sqrt{6}$일 때, 정육면체의 한 모서리의 길이를 구하시오.

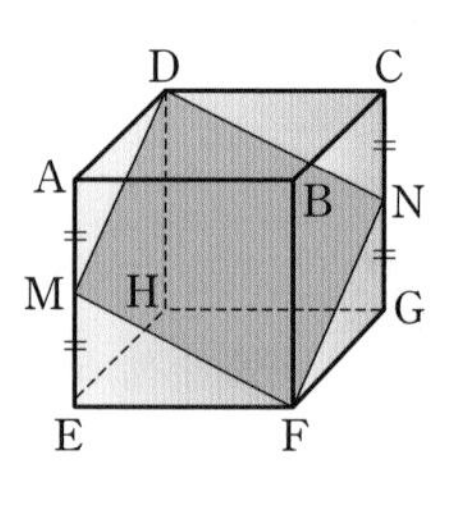

27 UP 다음 그림과 같이 밑면의 지름의 길이가 8, 높이가 10인 원기둥 모양의 컵에 높이가 7만큼 물이 채워져 있다. 이 컵을 물이 쏟아지기 직전까지 기울였을 때, 수면의 넓이를 구하시오.

(단, 컵의 두께는 무시한다.)

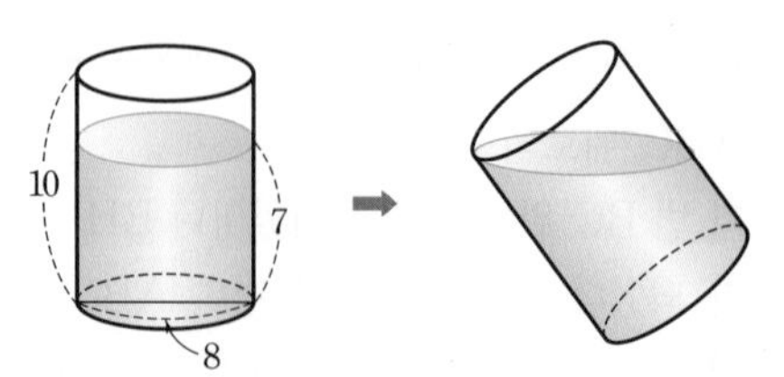

유형 09 UP 정사영의 넓이의 실생활에서의 활용

빛의 방향에 따라 물체와 그림자 중 어느 쪽이 처음 도형이고 어느 쪽이 정사영인지를 파악한다.

28 오른쪽 그림과 같이 반지름의 길이가 9 m인 구 모양의 애드벌룬이 지면 위에 떠 있다. 태양 광선이 지면과 $60°$의 각을 이루면서 비출 때, 지면 위에 생긴 애드벌룬의 그림자의 넓이를 구하시오.

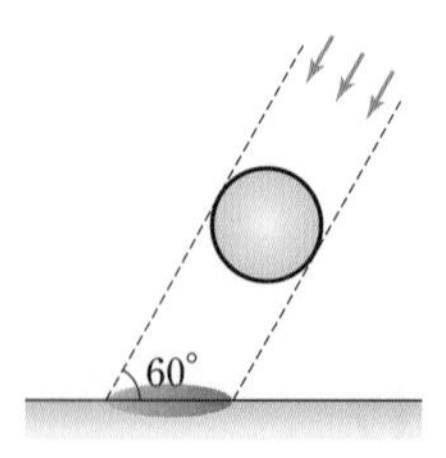

29 오른쪽 그림과 같이 밑면의 반지름의 길이가 2이고 높이가 $2\sqrt{3}$인 원뿔이 평면 α 위에 놓여 있다. 평면 α에 수직으로 빛을 비출 때, 원뿔의 밑면에 의하여 평면 α에 생기는 그림자의 넓이는?

(단, 원뿔의 한 모선이 평면 α에 포함된다.)

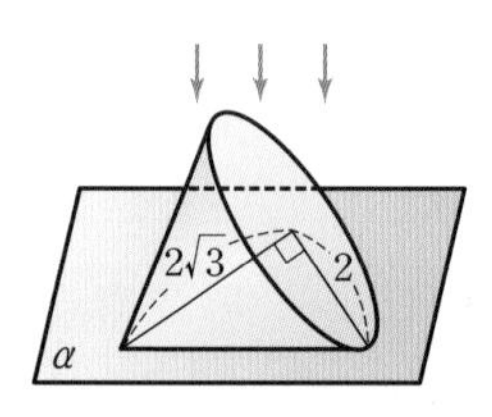

① π ② $\frac{3}{2}$ ③ 2π

④ $\frac{5}{2}\pi$ ⑤ 3π

30 오른쪽 그림과 같이 태양 광선이 지면과 $45°$의 각을 이루면서 지면 위에 놓인 구 모양의 공을 비추고 있다. 지면에 생기는 공의 그림자의 넓이가 $144\sqrt{2}\pi\ \text{cm}^2$일 때, 공의 반지름의 길이를 구하시오.

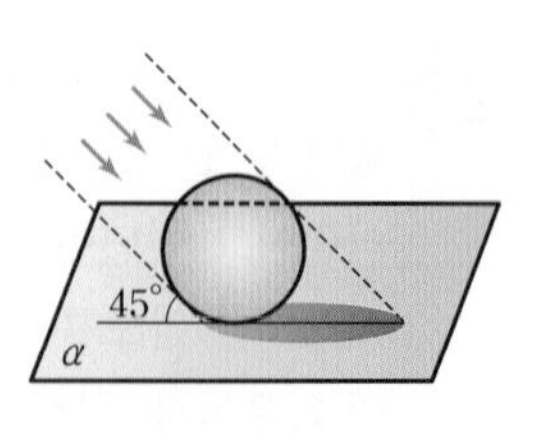

Ⅲ

공간도형과 공간좌표

기초 문제 Training

01 공간에서의 점의 좌표

공간에서의 점의 좌표

개념편 152쪽

1 오른쪽 그림과 같이 세 모서리가 좌표축 위에 있는 직육면체에 대하여 다음 점의 좌표를 구하시오.

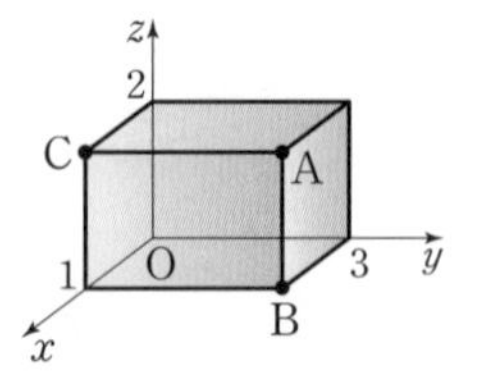

(1) 점 A (2) 점 B (3) 점 C

2 점 $P(1,\ 5,\ -3)$에서 다음에 내린 수선의 발의 좌표를 구하시오.

(1) x축 (2) y축 (3) z축

3 점 $P(7,\ -4,\ 2)$에서 다음에 내린 수선의 발의 좌표를 구하시오.

(1) xy평면 (2) yz평면 (3) zx평면

4 점 $P(-2,\ 6,\ 3)$을 다음에 대하여 대칭이동한 점의 좌표를 구하시오.

(1) x축 (2) y축 (3) z축

5 점 $P(1,\ -3,\ -5)$를 다음에 대하여 대칭이동한 점의 좌표를 구하시오.

(1) xy평면 (2) yz평면

(3) zx평면 (4) 원점

두 점 사이의 거리

개념편 156쪽

6 다음 두 점 사이의 거리를 구하시오.

(1) $A(2,\ 3,\ -1)$, $B(1,\ 4,\ 0)$

(2) $A(-1,\ 6,\ 4)$, $B(1,\ 3,\ -2)$

(3) $O(0,\ 0,\ 0)$, $A(-1,\ -2,\ 3)$

선분의 내분점과 외분점

개념편 161쪽

7 두 점 $A(3,\ -1,\ 6)$, $B(7,\ 3,\ 2)$에 대하여 다음 점의 좌표를 구하시오.

(1) 선분 AB를 $1:2$로 내분하는 점

(2) 선분 AB의 중점

(3) 선분 AB를 $2:1$로 외분하는 점

8 다음 세 점을 꼭짓점으로 하는 삼각형 ABC의 무게중심의 좌표를 구하시오.

(1) $A(3,\ -1,\ 4)$, $B(4,\ -2,\ -1)$, $C(2,\ 0,\ -2)$

(2) $A(1,\ -5,\ 2)$, $B(-3,\ 1,\ -4)$, $C(5,\ -2,\ 8)$

핵심 유형 Training

01 공간에서의 점의 좌표

유형 01 공간에서의 점의 좌표

좌표공간의 점 (a, b, c)에 대하여

	수선의 발	대칭인 점
x축	$(a, 0, 0)$	$(a, -b, -c)$
y축	$(0, b, 0)$	$(-a, b, -c)$
z축	$(0, 0, c)$	$(-a, -b, c)$
xy평면	$(a, b, 0)$	$(a, b, -c)$
yz평면	$(0, b, c)$	$(-a, b, c)$
zx평면	$(a, 0, c)$	$(a, -b, c)$
원점	—	$(-a, -b, -c)$

1 점 $A(2, -3, 6)$에서 zx평면에 내린 수선의 발을 B라 하고, 점 B와 y축에 대하여 대칭인 점을 $C(a, b, c)$라 할 때, $a+b+c$의 값을 구하시오.

2 점 $A(a, 2, b-1)$과 원점에 대하여 대칭인 점을 B라 하자. 점 $C(b+2, -2, 2a+6)$과 xy평면에 대하여 대칭인 점이 점 B와 일치할 때, $b-a$의 값을 구하시오.

3 점 A와 x축에 대하여 대칭인 점을 B라 하고, 점 B와 yz평면에 대하여 대칭인 점을 C라 하자. 점 C의 좌표가 $(-3, 6, -1)$일 때, 점 A의 좌표를 구하시오.

4 오른쪽 그림과 같이 세 모서리가 좌표축 위에 있는 직육면체의 꼭짓점 B의 좌표는 $(2, a, 3)$이고, 꼭짓점 C와 x축에 대하여 대칭인 점의 좌표는 $(0, -5, b)$일 때, $a-b$의 값을 구하시오.

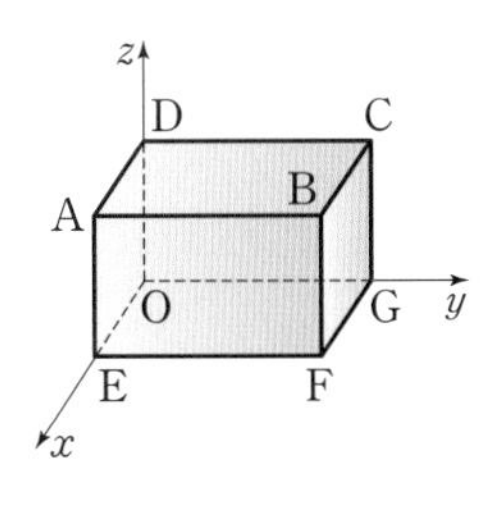

유형 02 두 점 사이의 거리

좌표공간에서 두 점 $A(x_1, y_1, z_1)$, $B(x_2, y_2, z_2)$ 사이의 거리는

$$\overline{AB}=\sqrt{(x_2-x_1)^2+(y_2-y_1)^2+(z_2-z_1)^2}$$

5 점 $A(-2, 3, 1)$과 xy평면에 대하여 대칭인 점을 B라 하고, 점 A와 yz평면에 대하여 대칭인 점을 C라 할 때, 선분 BC의 길이를 구하시오.

6 세 점 $A(2, 5, 2)$, $B(1, 3, a+2)$, $C(3, 4, 1)$에 대하여 $\overline{AB}=2\overline{AC}$일 때, 양수 a의 값은?

① 2 ② $\sqrt{5}$ ③ $\sqrt{6}$ ④ $\sqrt{7}$ ⑤ $2\sqrt{2}$

7 점 $A(a, 2, -4)$와 yz평면에 대하여 대칭인 점을 P라 하고, 점 A와 x축에 대하여 대칭인 점을 Q라 하자. 두 점 P, Q 사이의 거리가 10일 때, 양수 a의 값은?

① 1 ② $\sqrt{2}$ ③ $\sqrt{3}$ ④ 2 ⑤ $\sqrt{5}$

8 세 점 $A(-1, 2, 1)$, $B(a, 0, 1)$, $C(0, -1, 3)$을 꼭짓점으로 하는 삼각형 ABC가 $\angle B=90°$인 직각삼각형일 때, 모든 a의 값의 합을 구하시오.

9 점 $P(\sqrt{5},\ 0,\ 4)$에서 yz평면 위의 직선 $z=\sqrt{3}y$에 내린 수선의 발을 H라 할 때, 선분 PH의 길이를 구하시오.

10 두 점 $A(x+1,\ x-2,\ 2)$, $B(2,\ 0,\ x-1)$ 사이의 거리가 최소가 되도록 하는 x의 값을 α, 그때의 최솟값을 β라 할 때, $\alpha^2+\beta^2$의 값을 구하시오.

11 점 $P(2,\ 3,\ 4)$에서 xy평면에 내린 수선의 발을 H라 하자. xy평면 위의 한 직선 l과 점 P 사이의 거리가 $4\sqrt{2}$일 때, 점 H와 직선 l 사이의 거리는?

① 2 ② $2\sqrt{2}$ ③ 3
④ $2\sqrt{3}$ ⑤ 4

12 (UP) 점 $A(2,\ 4,\ -2)$와 xy평면 위에 있는 원 $(x+1)^2+y^2=1$ 위의 점 P에 대하여 두 점 A, P 사이의 거리의 최댓값을 M, 최솟값을 m이라 할 때, M^2+m^2의 값은?

① 50 ② 55 ③ 60
④ 65 ⑤ 70

유형 03 같은 거리에 있는 점

구하는 점의 좌표를 미지수로 놓고 주어진 조건에 대한 식을 세운다.

(1) x축 위의 점 ➡ $(a,\ 0,\ 0)$
y축 위의 점 ➡ $(0,\ b,\ 0)$
z축 위의 점 ➡ $(0,\ 0,\ c)$

(2) xy평면 위의 점 ➡ $(a,\ b,\ 0)$
yz평면 위의 점 ➡ $(0,\ b,\ c)$
zx평면 위의 점 ➡ $(a,\ 0,\ c)$

13 두 점 $A(3,\ -2,\ 4)$, $B(-3,\ 1,\ 2)$에서 같은 거리에 있는 z축 위의 점의 z좌표를 구하시오.

14 두 점 $A(1,\ 2,\ 2)$, $B(3,\ 0,\ -3)$과 xy평면 위에 있는 직선 $y=2x$ 위의 점 P에 대하여 $\overline{AP}=\overline{BP}$일 때, 점 P의 좌표를 구하시오.

15 세 점 $A(2,\ 0,\ 0)$, $B(1,\ 0,\ 1)$, $C(3,\ 2,\ 1)$에서 같은 거리에 있는 yz평면 위의 점 $P(a,\ b,\ c)$에 대하여 $a+b+c$의 값은?

① -2 ② -1 ③ 0
④ 1 ⑤ 2

16 두 점 $A(2,\ 2,\ -1)$, $B(3,\ 1,\ -1)$과 xy평면 위의 점 C에 대하여 삼각형 ABC가 정삼각형일 때, 점 C의 좌표를 모두 구하시오.

유형 04 선분의 길이의 합의 최솟값

좌표평면 위의 점 P에 대하여 $\overline{\mathrm{AP}}+\overline{\mathrm{BP}}$의 최솟값은
(1) 두 점 A, B가 좌표평면을 기준으로 서로 반대쪽에 있는 경우
➡ $\overline{\mathrm{AP}}+\overline{\mathrm{BP}}$의 최솟값은 선분 AB의 길이이다.
(2) 두 점 A, B가 좌표평면을 기준으로 같은 쪽에 있는 경우
➡ 점 A와 좌표평면에 대하여 대칭인 점을 A′이라 하면 $\overline{\mathrm{AP}}+\overline{\mathrm{BP}}$의 최솟값은 선분 A′B의 길이이다.

17 두 점 A$(4,\ -1,\ -4)$, B$(2,\ -5,\ 1)$과 xy평면 위의 점 P에 대하여 $\overline{\mathrm{AP}}+\overline{\mathrm{BP}}$의 최솟값을 구하시오.

18 두 점 A$(1,\ 3,\ 4)$, B$(-2,\ a,\ 4)$와 zx평면 위의 점 P에 대하여 $\overline{\mathrm{AP}}+\overline{\mathrm{BP}}$의 최솟값이 5일 때, 양수 a의 값을 구하시오.

19 두 점 A$(-3,\ 0,\ 1)$, B$(4,\ 0,\ 2)$와 x축 위의 점 P에 대하여 $\overline{\mathrm{AP}}+\overline{\mathrm{BP}}$의 최솟값은?

① $2\sqrt{13}$ ② $3\sqrt{6}$ ③ $2\sqrt{14}$
④ $\sqrt{58}$ ⑤ $2\sqrt{15}$

20 두 점 A$(1,\ 4,\ 3)$, B$(3,\ 2,\ 1)$과 yz평면 위의 점 P에 대하여 삼각형 ABP의 둘레의 길이의 최솟값을 구하시오.

유형 05 좌표평면 위로의 정사영

(1) 두 점 A, B의 xy평면 위로의 정사영은 두 점 A, B에서 xy평면에 내린 수선의 발과 같다.
(2) 두 점 A, B의 xy평면 위로의 정사영을 각각 A′, B′이라 하고 직선 AB와 xy평면이 이루는 각의 크기를 $\theta\,(0^\circ\le\theta\le 90^\circ)$라 하면
$\overline{\mathrm{A'B'}}=\overline{\mathrm{AB}}\cos\theta$

21 두 점 A$(-1,\ -1,\ 2)$, B$(2,\ -3,\ 1)$에 대하여 선분 AB의 yz평면 위로의 정사영의 길이는?

① 2 ② $\sqrt{5}$ ③ 3
④ $\sqrt{10}$ ⑤ $2\sqrt{3}$

22 두 점 A$(2,\ 1,\ 3)$, B$(5,\ 5,\ 8)$에 대하여 직선 AB와 xy평면이 이루는 예각의 크기를 θ라 할 때, $\cos\theta$의 값을 구하시오.

23 두 점 A$(3,\ a,\ 0)$, B$(2,\ 0,\ -\sqrt{2})$에 대하여 직선 AB와 zx평면이 이루는 각의 크기가 60°일 때, 양수 a의 값은?

① 2 ② 3 ③ 4
④ 5 ⑤ 6

24 세 점 A$(2,\ 1,\ 3)$, B$(2,\ 4,\ 3)$, C$(4,\ 4,\ 1)$을 꼭짓점으로 하는 삼각형 ABC와 xy평면이 이루는 예각의 크기를 구하시오.

유형 06 선분의 내분점과 외분점

두 점 $A(x_1, y_1, z_1)$, $B(x_2, y_2, z_2)$에 대하여 선분 AB를
(1) $m : n\,(m>0,\ n>0)$으로 내분하는 점의 좌표
➡ $\left(\dfrac{mx_2+nx_1}{m+n}, \dfrac{my_2+ny_1}{m+n}, \dfrac{mz_2+nz_1}{m+n}\right)$
(2) $m : n\,(m>0,\ n>0,\ m\neq n)$으로 외분하는 점의 좌표
➡ $\left(\dfrac{mx_2-nx_1}{m-n}, \dfrac{my_2-ny_1}{m-n}, \dfrac{mz_2-nz_1}{m-n}\right)$

25 두 점 $A(2, 1, 3)$, $B(-1, -5, 0)$에 대하여 선분 AB를 $1 : 2$로 내분하는 점을 P, 외분하는 점을 Q라 할 때, 선분 PQ의 중점의 좌표를 구하시오.

26 두 점 $P(a, 6, 5)$, $Q(8, b, 3)$을 이은 선분 PQ를 $2 : 1$로 외분하는 점 R의 좌표가 $(13, 4, c)$일 때, $a+b+c$의 값은?

① 6 ② 7 ③ 8
④ 9 ⑤ 10

27 점 $A(5, 2, -3)$과 점 B를 이은 선분 AB를 $2 : 3$으로 내분하는 점의 좌표가 $(-1, 2, -1)$일 때, 선분 AB를 $2 : 3$으로 외분하는 점의 좌표를 구하시오.

28 UP 세 점 $A(1, -1, 1)$, $B(0, 1, -1)$, $C(-2, 3, 1)$을 꼭짓점으로 하는 삼각형 ABC에서 $\angle A$의 이등분선이 변 BC와 만나는 점을 P라 하자. 점 P의 좌표를 (a, b, c)라 할 때, $a+b-c$의 값을 구하시오.

유형 07 좌표평면 또는 좌표축에 의한 내분과 외분

선분의 내분점 또는 외분점이
(1) xy평면 위에 있으면 ➡ z좌표는 0이다.
(2) yz평면 위에 있으면 ➡ x좌표는 0이다.
(3) zx평면 위에 있으면 ➡ y좌표는 0이다.
(4) x축 위에 있으면 ➡ y좌표, z좌표는 0이다.
(5) y축 위에 있으면 ➡ x좌표, z좌표는 0이다.
(6) z축 위에 있으면 ➡ x좌표, y좌표는 0이다.

29 두 점 $A(6, -4, 1)$, $B(-3, 2, -3)$에 대하여 선분 AB가 xy평면에 의하여 $1 : m$으로 내분될 때, 자연수 m의 값을 구하시오.

30 두 점 $A(2, 5, 4)$, $B(a, b, c)$에 대하여 선분 AB가 yz평면에 의하여 $2 : 1$로 내분되고, x축에 의하여 $3 : 2$로 외분될 때, $a+b+c$의 값은?

① 4 ② 5 ③ 6
④ 7 ⑤ 8

31 두 점 $A(3, 6, -2)$, $B(-1, 5, 4)$에 대하여 선분 AB가 xy평면과 만나는 점을 C라 할 때, $\dfrac{\overline{BC}}{\overline{AC}}$의 값은?

① $\dfrac{1}{2}$ ② $\dfrac{2}{3}$ ③ 1
④ $\dfrac{3}{2}$ ⑤ 2

유형 08 선분의 내분점과 외분점의 사각형에의 활용

(1) 평행사변형
➡ 두 대각선은 서로 다른 것을 이등분한다.
➡ 두 대각선의 중점이 일치한다.
(2) 마름모
① 네 변의 길이가 모두 같다.
② 두 대각선은 서로 다른 것을 이등분한다.
➡ 두 대각선의 중점이 일치한다.

32 네 점 A, B, C, D를 꼭짓점으로 하는 평행사변형 ABCD에서 $A(4, 1, 3)$, $B(5, -1, 2)$, $C(2, -1, 1)$일 때, 점 D의 좌표를 구하시오.

33 네 점 A, B, C, D를 꼭짓점으로 하는 평행사변형 ABCD에서 $A(6, -1, 0)$, $D(-1, 8, 3)$이고 두 대각선의 교점의 좌표가 $(-2, 3, 1)$일 때, 변 AB의 길이를 구하시오.

34 네 점 A, B, C, D를 꼭짓점으로 하는 평행사변형 ABCD에서 $A(-3, 1, 2)$, $C(1, -1, 6)$이고, 네 변 AB, BC, CD, DA의 중점을 각각 P, Q, R, S라 할 때, 사각형 PQRS의 두 대각선의 교점의 좌표가 (a, b, c)이다. 이때 $a+b+c$의 값을 구하시오.

35 네 점 $A(a, 2, 3)$, $B(b, 4, 1)$, $C(1, 2, -1)$, $D(2, 0, 1)$을 꼭짓점으로 하는 사각형 ABCD가 마름모일 때, ab의 값을 구하시오. (단, $a>1$)

유형 09 삼각형의 무게중심

세 점 $A(x_1, y_1, z_1)$, $B(x_2, y_2, z_2)$, $C(x_3, y_3, z_3)$을 꼭짓점으로 하는 삼각형 ABC의 무게중심의 좌표는

$$\left(\frac{x_1+x_2+x_3}{3}, \frac{y_1+y_2+y_3}{3}, \frac{z_1+z_2+z_3}{3}\right)$$

36 세 점 $A(a, -1, 3)$, $B(a-6, 2, b)$, $C(-1, b, 3-b)$를 꼭짓점으로 하는 삼각형 ABC의 무게중심의 좌표가 $(-1, 1, c)$일 때, $a+b-c$의 값은?

① 2 ② 3 ③ 4 ④ 5 ⑤ 6

37 삼각형 ABC에서 변 AB의 중점이 $M(3, 4, 6)$이고 삼각형 ABC의 무게중심이 $G(2, -3, 4)$일 때, 점 C의 좌표를 구하시오.

38 세 점 $A(2, 3, -4)$, $B(a, 0, -3)$, $C(8, 0, b)$를 꼭짓점으로 하는 삼각형 ABC에서 변 BC의 중점을 M이라 하자. 선분 AM을 $2:1$로 내분하는 점의 좌표가 $(b-1, 1, a)$일 때, $a+b$의 값을 구하시오.

39 세 점 A, B, C를 꼭짓점으로 하는 삼각형 ABC에서 세 변 AB, BC, CA의 중점이 각각 $P(0, 1, -8)$, $Q(2, 3, 5)$, $R(1, 2, -3)$이다. 이때 삼각형 ABC의 무게중심의 좌표를 구하시오.

기초 문제 Training

구의 방정식 (1)

개념편 170쪽

1 다음 방정식이 나타내는 구의 중심의 좌표와 반지름의 길이를 구하시오.

(1) $(x-1)^2+(y+2)^2+z^2=4$

(2) $(x+3)^2+(y+1)^2+(z-4)^2=25$

2 다음 구의 방정식을 구하시오.

(1) 중심이 점 $(-1,\ 1,\ 5)$이고 반지름의 길이가 4인 구

(2) 중심이 원점이고 반지름의 길이가 2인 구

3 다음 구의 방정식을 구하시오.

(1) 중심이 원점이고 점 $(4,\ 3,\ -5)$를 지나는 구

(2) 중심이 점 $(1,\ -2,\ 3)$이고 점 $(2,\ 5,\ 2)$를 지나는 구

4 다음 방정식이 나타내는 구의 중심의 좌표와 반지름의 길이를 구하시오.

(1) $x^2+y^2+z^2-2y+4z=0$

(2) $x^2+y^2+z^2-6x+4y+2z-2=0$

02 구의 방정식

5 다음 방정식이 나타내는 도형이 구일 때, 상수 k의 값의 범위를 구하시오.

(1) $x^2+y^2+z^2+6x-4y+k=0$

(2) $x^2+y^2+z^2-2x-8y+4z-k=0$

구의 방정식 (2)

개념편 175쪽

6 중심이 점 $(-4,\ 2,\ -8)$이고 다음 좌표평면에 접하는 구의 방정식을 구하시오.

(1) xy평면 (2) yz평면 (3) zx평면

7 중심이 점 $(1,\ -2,\ 3)$이고 다음 좌표축에 접하는 구의 방정식을 구하시오.

(1) x축 (2) y축 (3) z축

8 구 $(x-3)^2+(y+4)^2+(z-1)^2=20$과 다음 좌표평면이 만나서 생기는 교선의 방정식을 구하시오.

(1) xy평면 (2) yz평면 (3) zx평면

핵심 유형 Training

02 구의 방정식

유형 01 구의 방정식

(1) 중심이 점 (a, b, c)이고 반지름의 길이가 r인 구의 방정식
➡ $(x-a)^2+(y-b)^2+(z-c)^2=r^2$

(2) 두 점 A, B를 지름의 양 끝 점으로 하는 구의 방정식
➡ (구의 중심)=(선분 AB의 중점),
(반지름의 길이)$=\frac{1}{2}\overline{AB}$임을 이용한다.

1 구 $(x-3)^2+(y+1)^2+(z-2)^2=16$과 중심이 같고 점 $(2, 1, -1)$을 지나는 구의 방정식이 $(x-a)^2+(y-b)^2+(z-c)^2=d$일 때, 상수 a, b, c, d에 대하여 $a+b+c+d$의 값을 구하시오.

2 세 점 $A(0, 2, -1)$, $B(-3, 1, 3)$, $C(3, 0, 1)$을 꼭짓점으로 하는 삼각형 ABC의 무게중심을 중심으로 하고, 점 A를 지나는 구의 방정식을 구하시오.

3 두 점 $A(4, 0, 1)$, $B(-5, 3, -2)$에 대하여 선분 AB를 $1:2$로 내분하는 점을 P, 외분하는 점을 Q라 할 때, 두 점 P, Q를 지름의 양 끝 점으로 하는 구의 방정식은?

① $(x-7)^2+(y-1)^2+(z-2)^2=20$
② $(x-7)^2+(y+1)^2+(z+2)^2=20$
③ $(x-7)^2+(y+1)^2+(z-2)^2=44$
④ $(x-7)^2+(y+1)^2+(z+2)^2=44$
⑤ $(x+7)^2+(y+1)^2+(z+2)^2=44$

유형 02 구의 방정식의 일반형

(1) 구의 방정식이 $x^2+y^2+z^2+Ax+By+Cz+D=0$ 꼴로 주어진 경우
➡ $(x-a)^2+(y-b)^2+(z-c)^2=d$ 꼴로 변형한다.

(2) 구가 지나는 네 점의 좌표가 주어진 경우
➡ 구의 방정식을 $x^2+y^2+z^2+Ax+By+Cz+D=0$으로 놓고, 네 점의 좌표를 대입하여 A, B, C, D의 값을 구한다.

4 네 점 $(0, 0, 0)$, $(2, 0, 0)$, $(0, 2, 0)$, $(0, 0, 2)$를 지나는 구의 중심의 좌표가 (a, b, c)이고 반지름의 길이가 r일 때, $a+b+c+r^2$의 값을 구하시오.

5 구 $x^2+y^2+z^2-4x+2ky-10z-6k=0$의 부피가 최소가 되도록 하는 상수 k의 값을 구하시오.

6 구 $x^2+y^2+z^2-8x-4y+4z+20=0$과 직선 l이 두 점 A, B에서 만난다. $\overline{AB}=2\sqrt{3}$일 때, 구의 중심과 직선 l 사이의 거리를 구하시오.

7 구 $x^2+y^2+z^2+2x-2y-4z-5=0$ 위의 점 $A(-4, 2, 1)$과 구의 중심을 지나는 직선이 구와 만나는 다른 한 점을 $B(a, b, c)$라 할 때, $a-b+c$의 값을 구하시오.

유형 03 조건을 만족시키는 점이 나타내는 도형의 방정식

조건을 만족시키는 점의 좌표를 (x, y, z)로 놓고 x, y, z 사이의 관계식을 구한다.

8 두 점 $A(0, 0, 3)$, $B(0, -1, 0)$으로부터 거리의 비가 $2 : 1$인 점 P가 나타내는 도형의 방정식이 $x^2+y^2+z^2+ax+by+cz+d=0$일 때, 상수 a, b, c, d에 대하여 $a-b+c-d$의 값은?

① -3　② -1　③ 0　④ 1　⑤ 3

9 두 점 $A(1, -1, 4)$, $B(-3, 3, 0)$에 대하여 $\overline{AP}^2+\overline{BP}^2=\overline{AB}^2$을 만족시키는 점 P가 나타내는 도형의 부피를 구하시오.

10 UP 구 $x^2+y^2+z^2=4$ 위의 점 A와 점 $B(4, -3, 3)$에 대하여 선분 AB의 중점이 나타내는 도형은 구이다. 이 구의 중심의 좌표가 (a, b, c)이고 반지름의 길이가 r일 때, $a+b+c+r$의 값은?

① 2　② $\frac{5}{2}$　③ 3　④ $\frac{7}{2}$　⑤ 4

유형 04 좌표평면 또는 좌표축에 접하는 구의 방정식

구의 중심의 좌표가 (a, b, c)이고 좌표평면 또는 좌표축에 접하는 구의 방정식은

(1) xy평면 ➡ $(x-a)^2+(y-b)^2+(z-c)^2=c^2$
(2) yz평면 ➡ $(x-a)^2+(y-b)^2+(z-c)^2=a^2$
(3) zx평면 ➡ $(x-a)^2+(y-b)^2+(z-c)^2=b^2$
(4) x축 ➡ $(x-a)^2+(y-b)^2+(z-c)^2=b^2+c^2$
(5) y축 ➡ $(x-a)^2+(y-b)^2+(z-c)^2=a^2+c^2$
(6) z축 ➡ $(x-a)^2+(y-b)^2+(z-c)^2=a^2+b^2$

11 구 $x^2+y^2+z^2+6x-4y+2kz+k=0$이 xy평면에 접할 때, 상수 k의 값은?

① 10　② 11　③ 12　④ 13　⑤ 14

12 반지름의 길이가 6이고 x축, y축, z축에 동시에 접하는 구의 중심의 좌표를 (a, b, c)라 할 때, $a^2+b^2+c^2$의 값을 구하시오.

13 구 $x^2+y^2+z^2-2ax+4by-2z+9=0$이 yz평면, zx평면에 동시에 접할 때, 양수 a, b에 대하여 ab의 값을 구하시오.

14 점 $(2, 1, -1)$을 지나고 xy평면, yz평면, zx평면에 동시에 접하는 구는 2개 있다. 이 두 구의 반지름의 길이의 합은?

① 2　② 4　③ 6　④ 8　⑤ 10

유형 05 구와 좌표축의 교점

구 $(x-a)^2+(y-b)^2+(z-c)^2=r^2$과 좌표축의 교점의 좌표는 다음과 같이 구한다.

(1) x축 ➡ $y=0$, $z=0$을 대입

(2) y축 ➡ $x=0$, $z=0$을 대입

(3) z축 ➡ $x=0$, $y=0$을 대입

15 구 $x^2+y^2+z^2-4x+6y-4z+8=0$과 y축이 서로 다른 두 점 A, B에서 만날 때, 선분 AB의 길이는?

① $\sqrt{2}$ ② 2 ③ $2\sqrt{2}$
④ $2\sqrt{3}$ ⑤ 4

16 두 점 A$(4, -5, 7)$, B$(-8, 1, 1)$을 지름의 양 끝 점으로 하는 구와 x축이 만나는 두 점 사이의 거리를 구하시오.

17 구 $(x-1)^2+(y-3)^2+(z+4)^2=r^2$과 z축이 만나는 두 점 사이의 거리가 2일 때, 양수 r의 값을 구하시오.

18 구 $x^2+y^2+z^2+2x+2y-4z-3=0$의 중심을 C, 이 구와 x축의 두 교점을 각각 A, B라 할 때, 삼각형 ABC의 둘레의 길이는?

① 6 ② 7 ③ 8
④ 9 ⑤ 10

유형 06 구와 좌표평면의 교선의 방정식

구 $(x-a)^2+(y-b)^2+(z-c)^2=r^2$과 좌표평면의 교선의 방정식은

(1) xy평면 ➡ $(x-a)^2+(y-b)^2=r^2-c^2$ ◀ $z=0$을 대입

(2) yz평면 ➡ $(y-b)^2+(z-c)^2=r^2-a^2$ ◀ $x=0$을 대입

(3) zx평면 ➡ $(x-a)^2+(z-c)^2=r^2-b^2$ ◀ $y=0$을 대입

19 구 $(x-3)^2+(y+2)^2+(z-2)^2=8$과 xy평면이 만나서 생기는 도형의 둘레의 길이는?

① $\sqrt{2}\pi$ ② 2π ③ $2\sqrt{2}\pi$
④ 3π ⑤ 4π

20 구 $x^2+y^2+z^2+6x+2y-4z+k=0$과 yz평면이 만나서 생기는 원의 반지름의 길이가 1일 때, 상수 k의 값을 구하시오.

21 반지름의 길이가 $2\sqrt{5}$인 구와 zx평면이 만나서 생기는 원의 방정식이 $(x-2)^2+z^2=4$인 구는 2개 있다. 이 두 구의 중심 사이의 거리는?

① 5 ② 6 ③ 7
④ 8 ⑤ 9

22 구 $x^2+y^2+z^2+6x-4y+2z-2=0$과 yz평면이 만나서 생기는 원을 밑면으로 하고, 이 구에 내접하는 원기둥의 부피를 구하시오.

유형 07 구 밖의 한 점에서 구에 그은 접선의 길이

구 밖의 한 점 A에서 중심이 C인 구에 그은 접선의 접점을 P라 하면 직각삼각형 APC에서

➡ $\overline{AP}=\sqrt{\overline{AC}^2-\overline{CP}^2}$

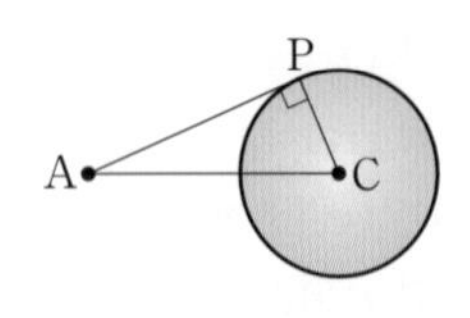

23 점 A(1, 3, 2)에서 구 $x^2+y^2+z^2+4y-2z-6=0$에 그은 접선의 길이는?

① $2\sqrt{3}$ ② $\sqrt{14}$ ③ 4
④ $3\sqrt{2}$ ⑤ $\sqrt{22}$

24 점 A(3, 5, −2)에서 중심이 C(−2, 3, 0)인 구에 그은 접선의 길이가 $\sqrt{21}$일 때, 구의 반지름의 길이를 구하시오.

25 점 A(4, −3, −5)에서 구 $x^2+y^2+z^2-2x+2z-k=0$에 그은 접선의 길이가 5일 때, 상수 k의 값은?

① 4 ② 5 ③ 6
④ 7 ⑤ 8

26 UP 점 A(0, −1, $-\sqrt{7}$)에서 구 $(x-3)^2+(y-3)^2+z^2=8$에 접선을 그었을 때, 접점이 나타내는 도형의 넓이를 구하시오.

유형 08 점과 구 사이의 거리의 최댓값과 최솟값

반지름의 길이가 r인 구의 중심으로부터 거리가 $d(d>r)$인 점과 구 위의 점을 잇는 선분의 길이의

(1) (최댓값)$=d+r$
(2) (최솟값)$=d-r$

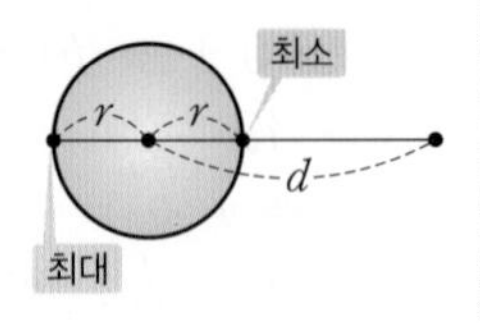

27 점 A(1, 2, −1)과 구 $(x+1)^2+(y+2)^2+(z-1)^2=1$ 위의 점을 잇는 선분의 길이의 최댓값을 M, 최솟값을 m이라 할 때, Mm의 값은?

① 21 ② 22 ③ 23
④ 24 ⑤ 25

28 구 $x^2+y^2+z^2=1$ 위의 점 P와 구 $x^2+y^2+z^2+10x-6y+8z+34=0$ 위의 점 Q에 대하여 두 점 P, Q 사이의 거리의 최솟값은?

① $4\sqrt{2}-5$ ② $5-3\sqrt{2}$ ③ 1
④ $5\sqrt{2}-5$ ⑤ $5\sqrt{3}-5$

29 UP 구 $x^2+y^2+z^2+4x+2y-4z+8=0$ 위의 점 P(x, y, z)에 대하여 $x^2+y^2+z^2$의 최댓값을 구하시오.

memo

memo

개념+유형

기하

정답과 해설

개념편

정답과 해설

Ⅰ-1 01 포물선

1 포물선의 방정식

개념 CHECK 10쪽

1 답 (1) **풀이 참조** (2) **풀이 참조**

(1) $y^2=4x$에서 $y^2=4\times1\times x$

따라서 초점의 좌표는 $(1, 0)$, 준선의 방정식은 $x=-1$이고, 그래프는 왼쪽으로 볼록한 포물선이므로 오른쪽 그림과 같다.

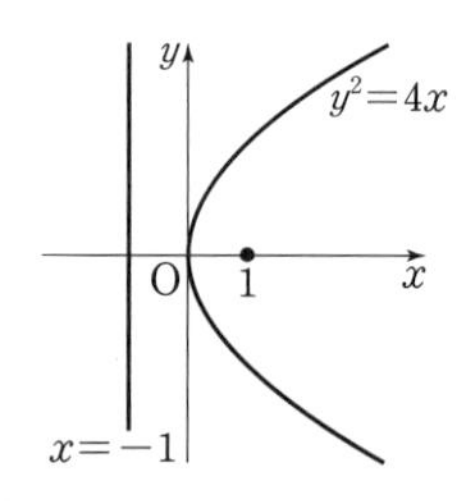

(2) $x^2=-8y$에서 $x^2=4\times(-2)\times y$

따라서 초점의 좌표는 $(0, -2)$, 준선의 방정식은 $y=2$이고, 그래프는 위로 볼록한 포물선이므로 오른쪽 그림과 같다.

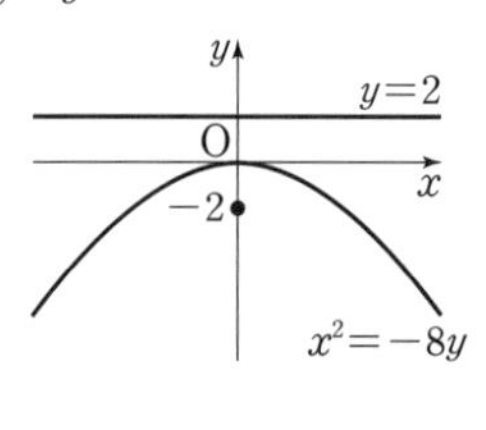

2 답 (1) **2, −1**

포물선	$y^2=12x$	$(y+1)^2=12(x-2)$
초점의 좌표	$(3, 0)$	$(5, -1)$
꼭짓점의 좌표	$(0, 0)$	$(2, -1)$
준선의 방정식	$x=-3$	$x=-1$
축의 방정식	$y=0$	$y=-1$

(2) **−2, 2**

포물선	$x^2=-4y$	$(x+2)^2=-4(y-2)$
초점의 좌표	$(0, -1)$	$(-2, 1)$
꼭짓점의 좌표	$(0, 0)$	$(-2, 2)$
준선의 방정식	$y=1$	$y=3$
축의 방정식	$x=0$	$x=-2$

문제 11~16쪽

01-1 답 (1) $y^2=16x$ (2) $x^2=\frac{4}{3}y$

(1) 초점이 $F(4, 0)$이고 준선이 $x=-4$인 포물선의 방정식은

$y^2=4\times4\times x$ $\therefore y^2=16x$

(2) 초점이 $F\left(0, \frac{1}{3}\right)$이고 준선이 $y=-\frac{1}{3}$인 포물선의 방정식은

$x^2=4\times\frac{1}{3}\times y$ $\therefore x^2=\frac{4}{3}y$

다른 풀이

(1) 포물선 위의 점을 $P(x, y)$라 하고, 점 P에서 준선 $x=-4$에 내린 수선의 발을 H라 하면 포물선의 정의에 의하여 $\overline{PF}=\overline{PH}$이므로

$\sqrt{(x-4)^2+y^2}=|x+4|$

양변을 제곱하면 구하는 포물선의 방정식은

$(x-4)^2+y^2=(x+4)^2$

$\therefore y^2=16x$

(2) 포물선 위의 점을 $P(x, y)$라 하고, 점 P에서 준선 $y=-\frac{1}{3}$에 내린 수선의 발을 H라 하면 포물선의 정의에 의하여 $\overline{PF}=\overline{PH}$이므로

$\sqrt{x^2+\left(y-\frac{1}{3}\right)^2}=\left|y+\frac{1}{3}\right|$

양변을 제곱하면 구하는 포물선의 방정식은

$x^2+\left(y-\frac{1}{3}\right)^2=\left(y+\frac{1}{3}\right)^2$

$\therefore x^2=\frac{4}{3}y$

01-2 답 -2

준선이 $y=2$이고 꼭짓점이 원점인 포물선의 방정식은

$x^2=4\times(-2)\times y$ $\therefore x^2=-8y$

이 포물선이 점 $(4, k)$를 지나므로

$16=-8k$ $\therefore k=-2$

02-1 답 $(x-1)^2=-16(y-1)$

준선이 x축에 평행하므로 포물선의 방정식은

$(x-m)^2=4p(y-n)$ ⋯⋯ ㉠

㉠의 초점의 좌표는 $(m, p+n)$이므로

$m=1, p+n=-3$ ⋯⋯ ㉡

㉠의 준선의 방정식은 $y=-p+n$이므로

$-p+n=5$ ⋯⋯ ㉢

㉡, ㉢을 연립하여 풀면 $p=-4, n=1$

따라서 구하는 포물선의 방정식은

$(x-1)^2=-16(y-1)$

다른 풀이

포물선 위의 점을 $P(x, y)$라 하고, 점 P에서 준선 $y=5$에 내린 수선의 발을 H라 하면 포물선의 정의에 의하여

$\overline{PF}=\overline{PH}$이므로

$\sqrt{(x-1)^2+(y+3)^2}=|y-5|$

양변을 제곱하면 구하는 포물선의 방정식은

$(x-1)^2+(y+3)^2=(y-5)^2$

$\therefore (x-1)^2=-16(y-1)$

02-2 답 **1**

초점과 꼭짓점의 y좌표가 같고 꼭짓점의 좌표가 $(-3, -2)$이므로 포물선의 방정식은

$(y+2)^2=4p(x+3)$

이 포물선의 초점의 좌표는 $(p-3, -2)$이므로

$p-3=-2 \qquad \therefore p=1$

따라서 포물선의 방정식은 $(y+2)^2=4(x+3)$

이 포물선이 점 $(k, 2)$를 지나므로

$16=4(k+3) \qquad \therefore k=1$

02-3 답 $\boldsymbol{(y-2)^2=-12(x-5), (y-2)^2=12(x+1)}$

준선이 y축에 평행하므로 포물선의 방정식은

$(y-n)^2=4p(x-m)$

이 포물선의 초점의 좌표는 $(p+m, n)$이므로

$p+m=2 \qquad \cdots\cdots ㉠$

$n=2$

포물선 $(y-2)^2=4p(x-m)$이 점 $(2, -4)$를 지나므로

$36=4p(2-m) \qquad \cdots\cdots ㉡$

㉠, ㉡을 연립하여 풀면

$p=-3, m=5$ 또는 $p=3, m=-1$

따라서 구하는 포물선의 방정식은

$(y-2)^2=-12(x-5)$ 또는 $(y-2)^2=12(x+1)$

03-1 답 (1) **초점의 좌표: $(2, -5)$,**
꼭짓점의 좌표: $(4, -5)$,
준선의 방정식: $x=6$
(2) **초점의 좌표: $(-6, 0)$,**
꼭짓점의 좌표: $(-6, -2)$,
준선의 방정식: $y=-4$

(1) $y^2+8x+10y-7=0$에서

$y^2+10y+25=-8x+32$

$\therefore (y+5)^2=-8(x-4)$

즉, 주어진 포물선은 포물선 $y^2=-8x$를 x축의 방향으로 4만큼, y축의 방향으로 -5만큼 평행이동한 것이다.

이때 포물선 $y^2=-8x$, 즉 $y^2=4\times(-2)\times x$의 초점의 좌표는 $(-2, 0)$, 꼭짓점의 좌표는 $(0, 0)$, 준선의 방정식은 $x=2$이다.

따라서 구하는 포물선의 초점의 좌표는 $(2, -5)$, 꼭짓점의 좌표는 $(4, -5)$, 준선의 방정식은 $x=6$이다.

(2) $x^2+12x-8y+20=0$에서

$x^2+12x+36=8y+16$

$\therefore (x+6)^2=8(y+2)$

즉, 주어진 포물선은 포물선 $x^2=8y$를 x축의 방향으로 -6만큼, y축의 방향으로 -2만큼 평행이동한 것이다.

이때 포물선 $x^2=8y$, 즉 $x^2=4\times2\times y$의 초점의 좌표는 $(0, 2)$, 꼭짓점의 좌표는 $(0, 0)$, 준선의 방정식은 $y=-2$이다.

따라서 구하는 포물선의 초점의 좌표는 $(-6, 0)$, 꼭짓점의 좌표는 $(-6, -2)$, 준선의 방정식은 $y=-4$이다.

03-2 답 **−28**

$x^2+4x+8y+a=0$에서

$x^2+4x+4=-8y-a+4$

$\therefore (x+2)^2=-8\left(y+\frac{a-4}{8}\right)$

즉, 주어진 포물선은 포물선 $x^2=-8y$를 x축의 방향으로 -2만큼, y축의 방향으로 $-\frac{a-4}{8}$만큼 평행이동한 것이다.

이때 포물선 $x^2=-8y$의 초점의 좌표는 $(0, -2)$이므로 주어진 포물선의 초점의 좌표는 $\left(-2, -2-\frac{a-4}{8}\right)$이다.

따라서 $-2-\frac{a-4}{8}=2$이므로

$\frac{a-4}{8}=-4, a-4=-32 \qquad \therefore a=-28$

03-3 답 **−59**

$x^2-4x+4y-4=0$에서

$x^2-4x+4=-4y+8$

$\therefore (x-2)^2=-4(y-2) \qquad \cdots\cdots ㉠$

즉, 포물선 ㉠은 포물선 $x^2=-4y$를 x축의 방향으로 2만큼, y축의 방향으로 2만큼 평행이동한 것이다.

이때 포물선 $x^2=-4y$의 초점의 좌표는 $(0, -1)$이므로 포물선 ㉠의 초점의 좌표는 $(2, 1)$이다.

한편 $y^2-20x-2y+a=0$에서

$y^2-2y+1=20x-a+1$

$\therefore (y-1)^2=20\left(x-\frac{a-1}{20}\right) \qquad \cdots\cdots ㉡$

즉, 포물선 ㉡은 포물선 $y^2=20x$를 x축의 방향으로

$\frac{a-1}{20}$만큼, y축의 방향으로 1만큼 평행이동한 것이다.

이때 포물선 $y^2=20x$의 초점의 좌표는 $(5, 0)$이므로 포물선 ㉡의 초점의 좌표는 $\left(5+\frac{a-1}{20}, 1\right)$이다.

두 포물선 ㉠, ㉡의 초점이 일치하므로

$2=5+\frac{a-1}{20}$, $\frac{a-1}{20}=-3$ $\quad\therefore a=-59$

04-**1** 답 **3**

포물선 $x^2=4y$의 준선의 방정식은 $y=-1$

다음 그림과 같이 두 점 A, B에서 준선 $y=-1$에 내린 수선의 발을 각각 A″, B″이라 하자.

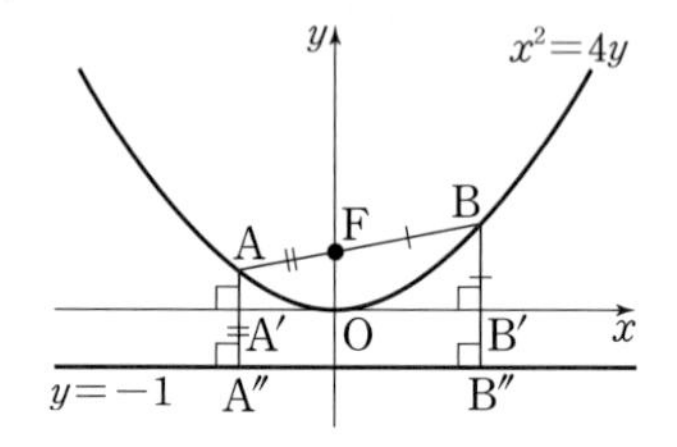

포물선의 정의에 의하여 $\overline{AF}=\overline{AA''}$, $\overline{BF}=\overline{BB''}$

이때 $\overline{AF}+\overline{BF}=\overline{AB}=5$이므로

$\overline{AA''}+\overline{BB''}=5$

$(\overline{AA'}+\overline{A'A''})+(\overline{BB'}+\overline{B'B''})=5$

$\overline{AA'}+1+\overline{BB'}+1=5$ $\quad\therefore \overline{AA'}+\overline{BB'}=3$

04-**2** 답 **22**

포물선의 정의에 의하여 $\overline{PF}=\overline{PH}$, $\overline{QF}=\overline{QH'}$

따라서 구하는 사각형 PHH′Q의 둘레의 길이는

$$\begin{aligned}\overline{PH}+\overline{HH'}+\overline{QH'}+\overline{PQ}&=\overline{PF}+\overline{HH'}+\overline{QF}+\overline{PQ}\\&=(\overline{PF}+\overline{QF})+\overline{HH'}+\overline{PQ}\\&=\overline{PQ}+\overline{HH'}+\overline{PQ}\\&=8+6+8=22\end{aligned}$$

05-**1** 답 $\sqrt{26}$

포물선 $y^2=4x$의 초점을 F라 하면 $F(1, 0)$이고, 준선의 방정식은 $x=-1$이다.

포물선의 정의에 의하여 $\overline{PF}=\overline{PH}$이고, 세 점 A, P, F가 일직선 위에 있을 때 $\overline{AP}+\overline{PF}$의 값이 최소이므로

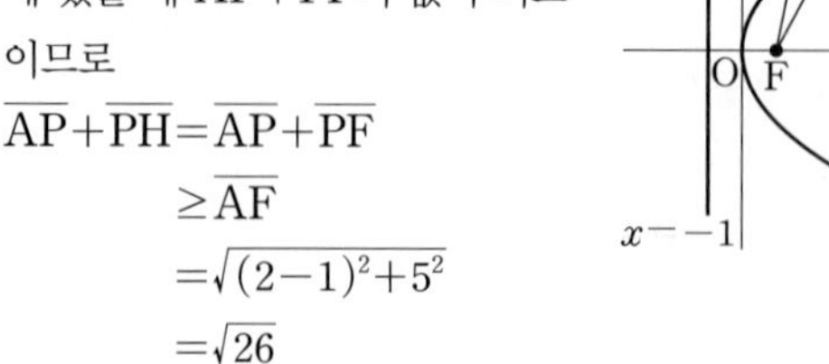

$$\begin{aligned}\overline{AP}+\overline{PH}&=\overline{AP}+\overline{PF}\\&\ge\overline{AF}\\&=\sqrt{(2-1)^2+5^2}\\&=\sqrt{26}\end{aligned}$$

따라서 구하는 최솟값은 $\sqrt{26}$이다.

05-**2** 답 $2\sqrt{3}$

포물선 $x^2=8y$의 초점을 F라 하면 $F(0, 2)$이고, 준선의 방정식은 $y=-2$이다.

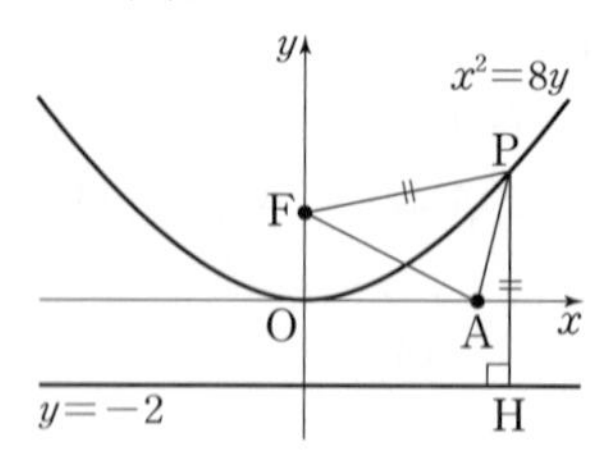

포물선의 정의에 의하여 $\overline{PF}=\overline{PH}$이고, 세 점 A, P, F가 일직선 위에 있을 때 $\overline{AP}+\overline{PF}$의 값이 최소이므로

$\overline{AP}+\overline{PH}=\overline{AP}+\overline{PF}\ge\overline{AF}$

따라서 $\overline{AP}+\overline{PH}$의 최솟값은 선분 AF의 길이와 같으므로

$\overline{AF}=\sqrt{a^2+2^2}=4$

$a^2+4=16$, $a^2=12$

$\therefore a=2\sqrt{3}$ ($\because a>0$)

06-**1** 답 $(x-1)^2=-16(y+2)$

점 C의 좌표를 (x, y)라 하면 점 C에서 점 $A(1, -6)$까지의 거리와 직선 $y=2$까지의 거리가 원의 반지름으로 서로 같으므로

$\sqrt{(x-1)^2+(y+6)^2}=|y-2|$

양변을 제곱하면 구하는 도형의 방정식은

$(x-1)^2+(y+6)^2=(y-2)^2$

$\therefore (x-1)^2=-16(y+2)$

06-**2** 답 $x^2=6\left(y+\frac{1}{2}\right)$

포물선 $x^2=4y$의 초점이 F이므로 $F(0, 1)$

포물선 위의 점 A의 좌표를 (a, b)라 하면

$a^2=4b$ $\quad\cdots\cdots$ ㉠

선분 FA를 $3:1$로 외분하는 점 P의 좌표를 (x, y)라 하면

$x=\frac{3\times a-1\times 0}{3-1}=\frac{3a}{2}$

$y=\frac{3\times b-1\times 1}{3-1}=\frac{3b-1}{2}$

이 식을 각각 a, b에 대하여 풀면

$a=\frac{2x}{3}$, $b=\frac{2y+1}{3}$

이를 ㉠에 대입하면 구하는 도형의 방정식은

$\left(\frac{2x}{3}\right)^2=4\times\frac{2y+1}{3}$

$\therefore x^2=6\left(y+\frac{1}{2}\right)$

연습문제 17~18쪽

1 ② 2 ③ 3 $(-2, 1)$
4 $(x-2)^2=4(y-2)$, $(x-2)^2=-16(y-7)$
5 ③ 6 ③ 7 $x^2+4x-4y=0$ 8 ①
9 18 10 ② 11 $(y-1)^2=6(x+2)$
12 12 13 $36\sqrt{3}$ 14 ⑤

1 꼭짓점이 원점이고 초점 $(0, -4)$가 y축 위의 점이므로 포물선의 방정식은
$x^2=4\times(-4)\times y \quad \therefore x^2=-16y$
이 포물선이 점 $(8, a)$를 지나므로
$64=-16a \quad \therefore a=-4$

2 포물선 $(x+1)^2=-4(y-4)$는 포물선 $x^2=-4y$를 x축의 방향으로 -1만큼, y축의 방향으로 4만큼 평행이동한 것이고, 포물선 $x^2=-4y$의 초점의 좌표는 $(0, -1)$이므로 점 A의 좌표는 $(-1, 3)$이다.
포물선 $(y-5)^2=12(x+2)$는 포물선 $y^2=12x$를 x축의 방향으로 -2만큼, y축의 방향으로 5만큼 평행이동한 것이고, 포물선 $y^2=12x$의 초점의 좌표는 $(3, 0)$이므로 점 B의 좌표는 $(1, 5)$이다.
따라서 구하는 선분 AB의 길이는
$\sqrt{(1+1)^2+(5-3)^2}=2\sqrt{2}$

3 준선이 y축에 평행하므로 포물선의 방정식은
$(y-n)^2=4p(x-m)$ ...... ㉠
㉠의 초점의 좌표는 $(p+m, n)$이므로
$p+m=1$ ...... ㉡
$n=1$
㉠의 준선의 방정식은 $x=-p+m$이므로
$-p+m=-5$ ...... ㉢
㉡, ㉢을 연립하여 풀면
$p=3, m=-2$
즉, 포물선의 방정식은
$(y-1)^2=12(x+2)$
따라서 구하는 포물선의 꼭짓점의 좌표는 $(-2, 1)$이다.

4 준선이 x축에 평행하므로 포물선의 방정식은
$(x-m)^2=4p(y-n)$
이 포물선의 초점의 좌표는 $(m, p+n)$이므로
$m=2$
$p+n=3$ ...... ㉠
포물선 $(x-2)^2=4p(y-n)$이 점 $(-2, 6)$을 지나므로
$16=4p(6-n)$ ...... ㉡
㉠, ㉡을 연립하여 풀면
$p=1, n=2$ 또는 $p=-4, n=7$
따라서 구하는 포물선의 방정식은
$(x-2)^2=4(y-2)$ 또는 $(x-2)^2=-16(y-7)$

5 $y^2-8x-6y-7=0$에서
$y^2-6y+9=8x+16$
$\therefore (y-3)^2=8(x+2)$
즉, 주어진 포물선은 포물선 $y^2=8x$를 x축의 방향으로 -2만큼, y축의 방향으로 3만큼 평행이동한 것이다.
이때 포물선 $y^2=8x$의 초점의 좌표는 $(2, 0)$, 준선의 방정식은 $x=-2$이므로 주어진 포물선의 초점의 좌표는 $(0, 3)$, 준선의 방정식은 $x=-4$이다.
따라서 $a=0, b=3, c=-4$이므로
$a+b+c=-1$

6 $y^2-2x+2ay+18=0$에서
$y^2+2ay+a^2=2x-18+a^2$
$\therefore (y+a)^2=2\left(x-\frac{18-a^2}{2}\right)$
즉, 이 포물선의 꼭짓점 A의 좌표는 $\left(\frac{18-a^2}{2}, -a\right)$
한편 $x^2+2x-12y+b=0$에서
$x^2+2x+1=12y-b+1$
$\therefore (x+1)^2=12\left(y-\frac{b-1}{12}\right)$
즉, 이 포물선의 꼭짓점 B의 좌표는 $\left(-1, \frac{b-1}{12}\right)$
두 점 A, B가 y축에 대하여 대칭이므로
$\frac{18-a^2}{2}=1, -a=\frac{b-1}{12}$
$\therefore a=4, b=-47 \ (\because a>0)$
$\therefore a-b=51$

7 축이 y축에 평행한 포물선의 방정식의 일반형은
$x^2+Ax+By+C=0$ (단, A, B, C는 상수, $B\neq0$)
이 포물선이 점 $(0, 0)$을 지나므로
$C=0$
포물선 $x^2+Ax+By=0$이 점 $(-4, 0)$을 지나므로
$16-4A=0$
$\therefore A=4$
포물선 $x^2+4x+By=0$이 점 $(2, 3)$을 지나므로
$12+3B=0$
$\therefore B=-4$
따라서 구하는 포물선의 방정식은
$x^2+4x-4y=0$

8 포물선 $y^2=12x$의 준선의 방정식은 $x=-3$

점 P에서 준선 $x=-3$에 내린 수선의 발을 H라 하면 포물선의 정의에 의하여

$\overline{PH}=\overline{PF}=9$

이때 점 P의 x좌표를 a라 하면

$a+3=9$

$\therefore a=6$

9 포물선 $x^2=-16y$의 준선의 방정식은 $y=4$

다음 그림과 같이 두 점 A, B에서 준선 $y=4$에 내린 수선의 발을 각각 P′, Q′이라 하자.

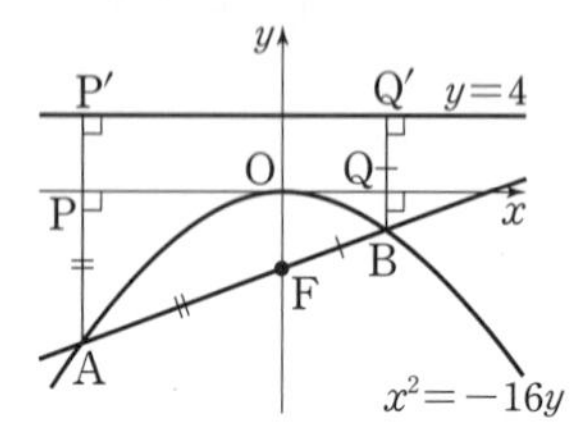

포물선의 정의에 의하여

$\overline{AF}=\overline{AP'}=\overline{AP}+\overline{PP'}$

$=8+4=12$

$\overline{BF}=\overline{BQ'}=\overline{BQ}+\overline{QQ'}$

$=2+4=6$

따라서 구하는 선분 AB의 길이는

$\overline{AB}=\overline{AF}+\overline{BF}$

$=12+6=18$

10 포물선 $y^2=8x$의 초점이 F이므로 F$(2,\ 0)$이고, 준선의 방정식은 $x=-2$이다.

점 P에서 준선 $x=-2$에 내린 수선의 발을 H라 하면 포물선의 정의에 의하여

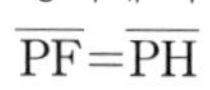

$\overline{PF}=\overline{PH}$

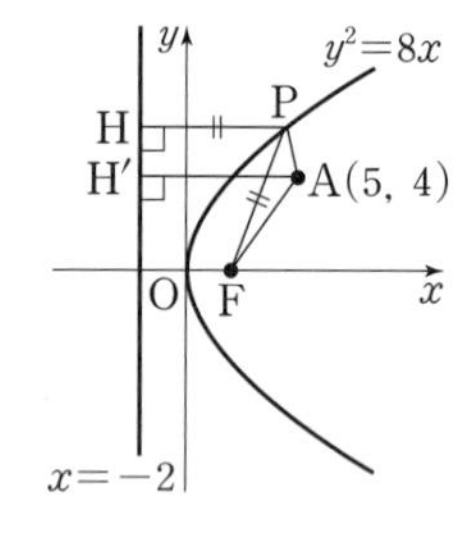

세 점 A, P, H가 일직선 위에 있을 때 $\overline{AP}+\overline{PH}$의 값이 최소이므로 점 A에서 준선 $x=-2$에 내린 수선의 발을 H′이라 하면

$\overline{AP}+\overline{PF}=\overline{AP}+\overline{PH}$

$\geq\overline{AH'}$

$=5-(-2)=7$

한편 $\overline{AF}=\sqrt{(5-2)^2+4^2}=5$이므로 삼각형 APF의 둘레의 길이는

$\overline{AP}+\overline{PF}+\overline{AF}\geq\overline{AH'}+\overline{AF}$

$=7+5=12$

따라서 구하는 최솟값은 12이다.

11 $y^2-12x-2y-23=0$에서

$y^2-2y+1=12x+24$

$\therefore (y-1)^2=12(x+2)$

즉, 주어진 포물선의 꼭짓점 B의 좌표는 $(-2,\ 1)$이다.

포물선 위의 점 A의 좌표를 $(a,\ b)$라 하면

$b^2-12a-2b-23=0$ …… ㉠

선분 AB의 중점 P의 좌표를 $(x,\ y)$라 하면

$x=\dfrac{a-2}{2}$, $y=\dfrac{b+1}{2}$

이 식을 각각 a, b에 대하여 풀면

$a=2x+2$, $b=2y-1$

이를 ㉠에 대입하면 구하는 도형의 방정식은

$(2y-1)^2-12(2x+2)-2(2y-1)-23=0$

$\therefore (y-1)^2=6(x+2)$

12 $\overline{AF}=k\,(k>0)$라 하면

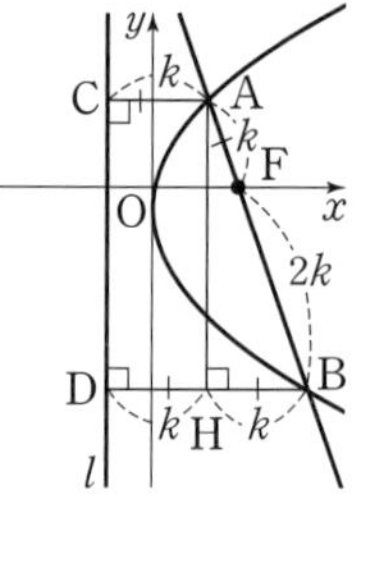

$\overline{AF}:\overline{BF}=1:2$에서

$\overline{BF}=2\overline{AF}=2k$

$\therefore \overline{AB}=\overline{AF}+\overline{BF}$

$=k+2k=3k$

이때 포물선의 정의에 의하여

$\overline{AF}=\overline{AC}=k$

$\overline{BF}=\overline{BD}=2k$

점 A에서 변 BD에 내린 수선의 발을 H라 하면

$\overline{AC}=\overline{HD}=k$이고 $\overline{BD}=2k$이므로

$\overline{BH}=\overline{BD}-\overline{HD}=2k-k=k$

직각삼각형 AHB에서

$\overline{AH}=\sqrt{\overline{AB}^2-\overline{BH}^2}$

$=\sqrt{(3k)^2-k^2}=2\sqrt{2}k$ ($\because k>0$)

이때 사다리꼴 ACDB의 넓이가 $48\sqrt{2}$이므로

$\dfrac{1}{2}(k+2k)\times2\sqrt{2}k=48\sqrt{2}$

$k^2=16$ $\therefore k=4$ ($\because k>0$)

따라서 구하는 변 AB의 길이는

$\overline{AB}=3k=3\times4=12$

13 포물선 $y^2=12x$의 초점이 F이므로 F$(3,\ 0)$이고, 준선의 방정식은 $x=-3$이다.

포물선의 준선 $x=-3$과 선분 AP의 연장선이 만나는 점을 B라 하면 삼각형 BPF에서

$\angle BPF=\angle APF=60^\circ$

포물선의 정의에 의하여

$\overline{PF}=\overline{PB}$

즉, 삼각형 PBF는 정삼각형이다.

$\therefore \overline{PB}=\overline{BF}=\overline{PF}$

이때 선분 PB의 중점을 M이라 하면

$\overline{MB}=\overline{MA}+\overline{AB}=\overline{FO}+\overline{AB}$

$=3+3=6$

$\therefore \overline{PB}=2\overline{MB}=2\times6=12$

$\therefore \overline{AP}=\overline{PB}-\overline{AB}=12-3=9$

$\overline{MP}=\overline{MB}=6$이므로

$\overline{MF}=\overline{MP}\tan60°=6\sqrt{3}$

$\therefore \overline{AO}=\overline{MF}=6\sqrt{3}$

따라서 구하는 사다리꼴 AOFP의 넓이는

$\frac{1}{2}(\overline{OF}+\overline{AP})\times\overline{AO}=\frac{1}{2}\times(3+9)\times6\sqrt{3}=36\sqrt{3}$

14 포물선 $y^2=4x$의 초점이 F이므로 F(1, 0)이고, 준선의 방정식이 $x=-1$이므로 준선이 x축과 만나는 점은 P$(-1, 0)$이다.

두 점 A, B에서 준선 $x=-1$에 내린 수선의 발을 각각 C, D라 하면 포물선의 정의에 의하여

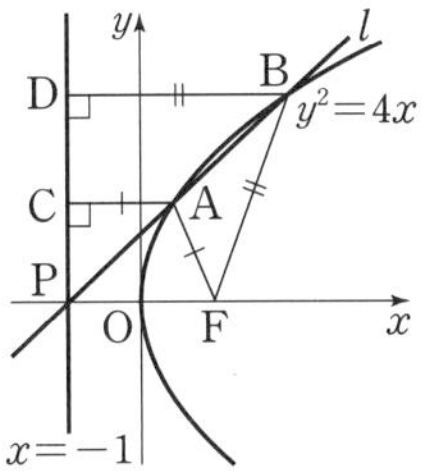

$\overline{AF}=\overline{AC}$

$\overline{BF}=\overline{BD}$

$\overline{FA}:\overline{FB}=1:2$에서

$\overline{FB}=2\overline{FA}$이므로

$\overline{BD}=\overline{BF}=2\overline{FA}=2\overline{AC}$

점 A는 제1사분면 위에 있는 포물선 위의 점이므로 점 A의 좌표를 $(a, 2\sqrt{a})\ (a>0)$라 하면

$\overline{AC}=a+1$

$\therefore \overline{BD}=2\overline{AC}=2(a+1)=2a+2$

따라서 점 B의 x좌표는 $2a+2-1=2a+1$이므로

$B(2a+1, 2\sqrt{2a+1})$

한편 삼각형 PAC와 삼각형 PBD는 닮음이고

$\overline{BD}=2\overline{AC}$에서 $\overline{AC}:\overline{BD}=1:2$이므로

$\overline{PC}:\overline{PD}=1:2$

$\overline{PD}=2\overline{PC}$

$\therefore 2\sqrt{2a+1}=4\sqrt{a}$

양변을 제곱하면

$4(2a+1)=16a$

$\therefore a=\frac{1}{2}$

따라서 두 점 $A\left(\frac{1}{2}, \sqrt{2}\right)$, $B(2, 2\sqrt{2})$를 지나는 직선 l의 기울기는

$\frac{2\sqrt{2}-\sqrt{2}}{2-\frac{1}{2}}=\frac{2\sqrt{2}}{3}$

I-1 02 타원

1 타원의 방정식

개념 CHECK 21쪽

1 답 (1) 풀이 참조 (2) 풀이 참조

(1) $\frac{x^2}{9}+\frac{y^2}{4}=1$에서 $\frac{x^2}{3^2}+\frac{y^2}{2^2}=1$

$3>2$이므로 초점은 x축 위에 있고 초점의 좌표는

$(\sqrt{9-4}, 0), (-\sqrt{9-4}, 0)$ $\therefore (\sqrt{5}, 0), (-\sqrt{5}, 0)$

꼭짓점의 좌표는 $(3, 0), (-3, 0), (0, 2), (0, -2)$

장축의 길이는 $2\times3=6$

단축의 길이는 $2\times2=4$

그래프는 좌우로 긴 타원이므로 오른쪽 그림과 같다.

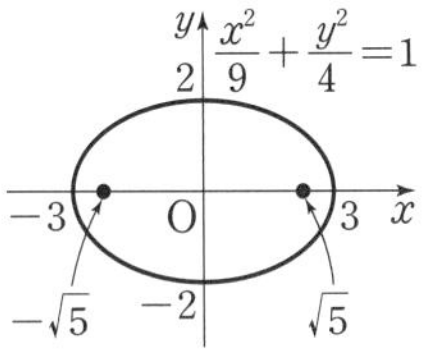

(2) $\frac{x^2}{7}+\frac{y^2}{16}=1$에서 $\frac{x^2}{(\sqrt{7})^2}+\frac{y^2}{4^2}=1$

$\sqrt{7}<4$이므로 초점은 y축 위에 있고 초점의 좌표는

$(0, \sqrt{16-7}), (0, -\sqrt{16-7})$ $\therefore (0, 3), (0, -3)$

꼭짓점의 좌표는

$(\sqrt{7}, 0), (-\sqrt{7}, 0), (0, 4), (0, -4)$

장축의 길이는 $2\times4=8$

단축의 길이는 $2\times\sqrt{7}=2\sqrt{7}$

그래프는 상하로 긴 타원이므로 오른쪽 그림과 같다.

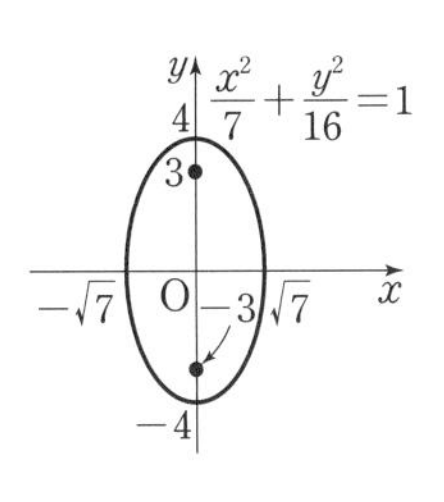

2 답 **-1, 2**

방정식	$\frac{x^2}{25}+\frac{y^2}{9}=1$	$\frac{(x+1)^2}{25}+\frac{(y-2)^2}{9}=1$
초점의 좌표	**(4, 0), (−4, 0)**	**(3, 2), (−5, 2)**
꼭짓점의 좌표	**(5, 0), (−5, 0), (0, 3), (0, −3)**	**(4, 2), (−6, 2), (−1, 5), (−1, −1)**
중심의 좌표	**(0, 0)**	**(−1, 2)**
장축의 길이	**10**	**10**
단축의 길이	**6**	**6**

문제 22~27쪽

01-1 답 (1) $\frac{x^2}{11}+\frac{y^2}{16}=1$ (2) $\frac{x^2}{10}+\frac{y^2}{9}=1$

(1) 두 점 F, F′으로부터 거리의 합이 8인 타원이므로 두 점 F, F′은 초점이다.

중심이 원점이고 두 초점이 y축 위에 있으므로 타원의 방정식은

$\frac{x^2}{a^2}+\frac{y^2}{b^2}=1$ (단, $b>a>0$)

두 초점으로부터 거리의 합이 8이므로

$2b=8$ $\therefore b=4$

$a^2=b^2-(\sqrt{5})^2$이므로 $a^2=4^2-(\sqrt{5})^2=11$

따라서 구하는 타원의 방정식은

$\frac{x^2}{11}+\frac{y^2}{16}=1$

(2) 중심이 원점이고 두 초점이 x축 위에 있으므로 타원의 방정식은

$\frac{x^2}{a^2}+\frac{y^2}{b^2}=1$ (단, $a>b>0$)

단축의 길이가 6이므로 $2b=6$ $\therefore b=3$

$b^2=a^2-1^2$이므로 $a^2=b^2+1^2=3^2+1^2=10$

따라서 구하는 타원의 방정식은

$\frac{x^2}{10}+\frac{y^2}{9}=1$

다른 풀이

(1) 두 점 F, F′으로부터 거리의 합이 8인 점의 좌표를 (x, y)라 하면

$\sqrt{x^2+(y-\sqrt{5})^2}+\sqrt{x^2+(y+\sqrt{5})^2}=8$

$\therefore \sqrt{x^2+(y-\sqrt{5})^2}=8-\sqrt{x^2+(y+\sqrt{5})^2}$

양변을 제곱하여 정리하면

$4\sqrt{x^2+(y+\sqrt{5})^2}=\sqrt{5}y+16$

다시 양변을 제곱하여 정리하면 구하는 타원의 방정식은

$16x^2+11y^2=176$ $\therefore \frac{x^2}{11}+\frac{y^2}{16}=1$

01-2 답 0

중심이 원점이고 두 초점이 y축 위에 있으므로 타원의 방정식은

$\frac{x^2}{a^2}+\frac{y^2}{b^2}=1$ (단, $b>a>0$)

장축의 길이가 6이므로 $2b=6$ $\therefore b=3$

$a^2=b^2-2^2$이므로 $a^2=3^2-2^2=5$

따라서 타원의 방정식은 $\frac{x^2}{5}+\frac{y^2}{9}=1$

이 타원이 점 $(k, 3)$을 지나므로

$\frac{k^2}{5}+1=1$ $\therefore k=0$

02-1 답 $\frac{(x-2)^2}{20}+\frac{(y-3)^2}{36}=1$

타원의 중심은 선분 FF′의 중점이므로 중심의 좌표는

$\left(\frac{2+2}{2}, \frac{7-1}{2}\right)$ $\therefore (2, 3)$

중심의 좌표가 $(2, 3)$이고 두 초점이 y축에 평행한 직선 위에 있으므로 타원의 방정식은

$\frac{(x-2)^2}{a^2}+\frac{(y-3)^2}{b^2}=1$ (단, $b>a>0$)

장축의 길이가 12이므로 $2b=12$ $\therefore b=6$

중심에서 초점까지의 거리가 4이고 $a^2=b^2-4^2$이므로

$a^2=6^2-4^2=20$

따라서 구하는 타원의 방정식은

$\frac{(x-2)^2}{20}+\frac{(y-3)^2}{36}=1$

02-2 답 $\frac{(x+1)^2}{16}+\frac{(y-1)^2}{12}=1$

타원의 중심은 선분 FF′의 중점이므로 중심의 좌표는

$\left(\frac{1-3}{2}, \frac{1+1}{2}\right)$ $\therefore (-1, 1)$

중심의 좌표가 $(-1, 1)$이고 두 초점이 x축에 평행한 직선 위에 있으므로 타원의 방정식은

$\frac{(x+1)^2}{a^2}+\frac{(y-1)^2}{b^2}=1$ (단, $a>b>0$)

한편 두 초점 F, F′으로부터 타원 위의 점 A까지의 거리의 합은

$\overline{AF}+\overline{AF'}=2+6=8$

즉, 두 초점으로부터 거리의 합이 8이므로

$2a=8$ $\therefore a=4$

중심에서 초점까지의 거리가 2이고 $b^2=a^2-2^2$이므로

$b^2=4^2-2^2=12$

따라서 구하는 타원의 방정식은

$\frac{(x+1)^2}{16}+\frac{(y-1)^2}{12}=1$

02-3 답 $\frac{(x-3)^2}{9}+(y+5)^2=1$

두 점 A, B의 y좌표가 같으므로 선분 AB의 중점이 타원의 중심과 같다.

타원의 중심을 M이라 하면

$M\left(\frac{6+0}{2}, \frac{-5-5}{2}\right)$ $\therefore M(3, -5)$

이때 $\overline{AM}=3$, $\overline{CM}=1$이므로 장축은 선분 AB이고 x축에 평행한 직선 위에 있다.

따라서 구하는 타원의 방정식은

$\frac{(x-3)^2}{3^2}+\frac{(y+5)^2}{1^2}=1$ $\therefore \frac{(x-3)^2}{9}+(y+5)^2=1$

03-1 답 풀이 참조

$9x^2+4y^2+18x-32y+37=0$에서

$9(x^2+2x+1)+4(y^2-8y+16)=36$

$\therefore \frac{(x+1)^2}{4}+\frac{(y-4)^2}{9}=1$

즉, 주어진 타원은 타원 $\frac{x^2}{4}+\frac{y^2}{9}=1$을 x축의 방향으로 -1만큼, y축의 방향으로 4만큼 평행이동한 것이다.

$\frac{x^2}{4}+\frac{y^2}{9}=1$에서 $\frac{x^2}{2^2}+\frac{y^2}{3^2}=1$이므로 이 타원의

초점의 좌표는 $(0, \sqrt{5})$, $(0, -\sqrt{5})$,

꼭짓점의 좌표는 $(2, 0)$, $(-2, 0)$, $(0, 3)$, $(0, -3)$,

중심의 좌표는 $(0, 0)$,

장축의 길이는 $2\times3=6$, 단축의 길이는 $2\times2=4$

따라서 구하는 타원의

초점의 좌표는 $(-1, \sqrt{5}+4)$, $(-1, -\sqrt{5}+4)$,

꼭짓점의 좌표는 $(1, 4)$, $(-3, 4)$, $(-1, 7)$, $(-1, 1)$,

중심의 좌표는 $(-1, 4)$,

장축의 길이는 6, 단축의 길이는 4

03-2 답 6

$11x^2+2y^2-44x-12y+40=0$에서

$11(x^2-4x+4)+2(y^2-6y+9)=22$

$\therefore \frac{(x-2)^2}{2}+\frac{(y-3)^2}{11}=1$

즉, 주어진 타원은 타원 $\frac{x^2}{2}+\frac{y^2}{11}=1$을 x축의 방향으로 2만큼, y축의 방향으로 3만큼 평행이동한 것이다.

타원 $\frac{x^2}{2}+\frac{y^2}{11}=1$의 두 초점의 좌표는 $(0, 3)$, $(0, -3)$이므로 주어진 타원의 두 초점의 좌표는

$(2, 6)$, $(2, 0)$

따라서 구하는 삼각형의 넓이는

$\frac{1}{2}\times2\times6=6$

04-1 답 8

타원 $\frac{x^2}{3}+\frac{y^2}{4}=1$의 두 초점의 좌표는 $(0, 1)$, $(0, -1)$이므로 두 점 F, C는 주어진 타원의 초점이다.

타원 위의 점에서 두 초점 C, F까지의 거리의 합은 장축의 길이와 같으므로

$\overline{AC}+\overline{AF}=2\times2=4$

$\overline{BC}+\overline{BF}=2\times2=4$

따라서 구하는 삼각형 ABC의 둘레의 길이는

$\overline{AB}+\overline{BC}+\overline{AC}=(\overline{AF}+\overline{BF})+\overline{BC}+\overline{AC}$

$=(\overline{AC}+\overline{AF})+(\overline{BC}+\overline{BF})$

$=4+4=8$

04-2 답 $27\sqrt{5}$

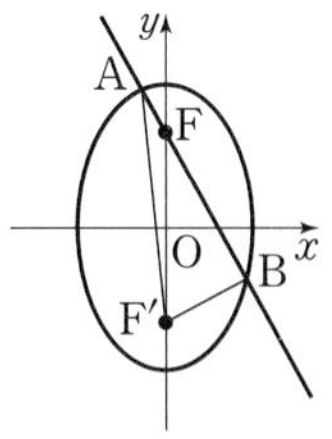

타원 $\frac{x^2}{a^2}+\frac{y^2}{b^2}=1$의 두 초점이 y축 위에 있으므로 타원의 장축의 길이는 $2b$

타원 위의 점에서 두 초점까지의 거리의 합은 장축의 길이와 같으므로

$\overline{AF}+\overline{AF'}=2b$

$\overline{BF}+\overline{BF'}=2b$

삼각형 ABF′의 둘레의 길이가 36이므로

$\overline{AB}+\overline{BF'}+\overline{AF'}=36$

$(\overline{AF}+\overline{BF})+\overline{BF'}+\overline{AF'}=36$

$(\overline{AF}+\overline{AF'})+(\overline{BF}+\overline{BF'})=36$

$2b+2b=36 \quad \therefore b=9$

한편 $a^2=b^2-6^2$이므로

$a^2=9^2-6^2=45 \quad \therefore a=3\sqrt{5}$ ($\because a>0$)

$\therefore ab=3\sqrt{5}\times9=27\sqrt{5}$

05-1 답 25

타원 $\frac{x^2}{25}+\frac{y^2}{9}=1$의 두 초점의 좌표는 $(4, 0)$, $(-4, 0)$이므로 두 점 A, B는 주어진 타원의 초점이다.

타원 위의 점 P에서 두 초점 A, B까지의 거리의 합은 장축의 길이와 같으므로

$\overline{PA}+\overline{PB}=2\times5=10$

$\overline{PA}>0$, $\overline{PB}>0$이므로 산술평균과 기하평균의 관계에 의하여

$\overline{PA}+\overline{PB}\ge2\sqrt{\overline{PA}\times\overline{PB}}$

$10\ge2\sqrt{\overline{PA}\times\overline{PB}}$

$\therefore \sqrt{\overline{PA}\times\overline{PB}}\le5$ (단, 등호는 $\overline{PA}=\overline{PB}$일 때 성립)

양변을 제곱하면

$\overline{PA}\times\overline{PB}\le25$

따라서 구하는 최댓값은 25이다.

다른 풀이

타원 $\frac{x^2}{25}+\frac{y^2}{9}=1$의 두 초점의 좌표는 $(4, 0)$, $(-4, 0)$이므로 두 점 A, B는 주어진 타원의 초점이다.

타원 위의 점 P에서 두 초점 A, B까지의 거리의 합은 장축의 길이와 같으므로

$\overline{PA}+\overline{PB}=2\times5=10 \quad \therefore \overline{PB}=10-\overline{PA}$

이를 $\overline{PA}\times\overline{PB}$에 대입하면

$\overline{PA}\times\overline{PB}=\overline{PA}(10-\overline{PA})=-\overline{PA}^2+10\overline{PA}$

$=-(\overline{PA}-5)^2+25$

따라서 $\overline{PA}=5$일 때 최댓값은 25이다.

05-2 답 **6**

점 P(a, b)가 타원 위의 점이므로

$\frac{a^2}{4}+\frac{b^2}{36}=1$

$\frac{a^2}{4}>0$, $\frac{b^2}{36}>0$이므로 산술평균과 기하평균의 관계에 의하여

$\frac{a^2}{4}+\frac{b^2}{36}\geq 2\sqrt{\frac{a^2}{4}\times\frac{b^2}{36}}$

$1\geq\frac{ab}{6}$ ($\because a>0, b>0$)

$\therefore ab\leq 6$ $\left(\text{단, 등호는 } \frac{a^2}{4}=\frac{b^2}{36}\text{일 때 성립}\right)$

따라서 구하는 최댓값은 6이다.

06-1 답 $\boldsymbol{\frac{x^2}{4}+\frac{y^2}{3}=1}$

점 P의 좌표를 (x, y)라 하면

$\sqrt{(x-1)^2+y^2} : |x-4|=1 : 2$

$\therefore 2\sqrt{(x-1)^2+y^2}=|x-4|$

양변을 제곱하면 구하는 도형의 방정식은

$4(x-1)^2+4y^2=(x-4)^2$

$3x^2+4y^2=12 \qquad \therefore \frac{x^2}{4}+\frac{y^2}{3}=1$

06-2 답 $\boldsymbol{\frac{x^2}{36}+\frac{y^2}{100}=1}$

A$(a, 0)$, B$(0, b)$라 하면 $\overline{AB}=4$에서

$\sqrt{a^2+b^2}=4$

양변을 제곱하면 $a^2+b^2=16$ $\quad\cdots\cdots$ ㉠

선분 AB를 $5:3$으로 외분하는 점 P의 좌표를 (x, y)라 하면

$x=\frac{5\times 0-3\times a}{5-3}=-\frac{3a}{2}$

$y=\frac{5\times b-3\times 0}{5-3}=\frac{5b}{2}$

이 식을 각각 a, b에 대하여 풀면

$a=-\frac{2x}{3}$, $b=\frac{2y}{5}$

이를 ㉠에 대입하면 구하는 도형의 방정식은

$\left(-\frac{2x}{3}\right)^2+\left(\frac{2y}{5}\right)^2=16 \qquad \therefore \frac{x^2}{36}+\frac{y^2}{100}=1$

연습문제   28~29쪽

1 ②	**2** 26	**3** ①	**4** 40	**5** 25
6 22	**7** 8	**8** ②	**9** 2	**10** 12
11 ④	**12** 11			

1 $5x^2+y^2=20$에서 $\frac{x^2}{4}+\frac{y^2}{20}=1$이므로 이 타원의 두 초점의 좌표는 $(0, 4)$, $(0, -4)$

이 두 점을 초점으로 하는 타원은 중심이 원점이고 두 초점이 y축 위에 있으므로 타원의 방정식은

$\frac{x^2}{a^2}+\frac{y^2}{b^2}=1$ (단, $b>a>0$)

이 타원의 장축의 길이가 10이므로

$2b=10 \qquad \therefore b=5$

$a^2=b^2-4^2$이므로 $a^2=5^2-4^2=9$

즉, 타원의 방정식은 $\frac{x^2}{9}+\frac{y^2}{25}=1$

따라서 이 타원의 단축의 길이는

$2\times 3=6$

2 중심이 원점이고 두 초점이 x축 위에 있으므로 타원의 방정식은

$\frac{x^2}{a^2}+\frac{y^2}{b^2}=1$ (단, $a>b>0$)

장축과 단축의 길이의 차가 2이므로

$2a-2b=2 \qquad \therefore a-b=1$ $\quad\cdots\cdots$ ㉠

$b^2=a^2-5^2$이므로

$a^2-b^2=25$

$\therefore (a+b)(a-b)=25$

이 식에 ㉠을 대입하면 $a+b=25$ $\quad\cdots\cdots$ ㉡

㉠, ㉡을 연립하여 풀면

$a=13$, $b=12$

즉, 타원의 방정식은 $\frac{x^2}{13^2}+\frac{y^2}{12^2}=1$

이때 $\overline{PF}+\overline{PF'}$의 값은 타원의 장축의 길이와 같으므로

$\overline{PF}+\overline{PF'}=2\times 13=26$

3 타원 $\frac{(x-2)^2}{a}+\frac{(y-2)^2}{4}=1$은 타원 $\frac{x^2}{a}+\frac{y^2}{4}=1$을 x축의 방향으로 2만큼, y축의 방향으로 2만큼 평행이동한 것이다.

주어진 타원의 두 초점이 x축에 평행한 직선 위에 있으므로 $a>4$이다.

즉, 타원 $\frac{x^2}{a}+\frac{y^2}{4}=1$의 두 초점의 좌표는 $(\sqrt{a-4}, 0)$, $(-\sqrt{a-4}, 0)$이므로 주어진 타원의 두 초점의 좌표는

$(\sqrt{a-4}+2, 2)$, $(-\sqrt{a-4}+2, 2)$

따라서 $\sqrt{a-4}+2=6$, $b=2$, $-\sqrt{a-4}+2=-2$이므로

$\sqrt{a-4}=4$

양변을 제곱하면

$a-4=16 \qquad \therefore a=20$

$\therefore ab=20\times 2=40$

4 타원 $\frac{(x-m)^2}{a}+\frac{(y-n)^2}{b}=1$의 중심의 좌표는 (m, n)이므로 $m=1$, $n=-2$

장축이 y축에 평행하고 장축의 길이가 10이므로

$2\sqrt{b}=10$, $\sqrt{b}=5$ $\quad\therefore b=25$

두 초점 사이의 거리가 6이면 중심에서 초점까지의 거리는 3이므로

$a=b-3^2=25-3^2=16$

$\therefore a+b+m+n=16+25+1+(-2)=40$

5 $9x^2+5y^2+18x-36=0$에서

$9(x^2+2x+1)+5y^2=45 \quad \therefore \frac{(x+1)^2}{5}+\frac{y^2}{9}=1$

즉, 주어진 타원은 타원 $\frac{x^2}{5}+\frac{y^2}{9}=1$을 x축의 방향으로 -1만큼 평행이동한 것이다.

이때 타원 $\frac{x^2}{5}+\frac{y^2}{9}=1$의 두 초점의 좌표는 $(0, 2)$, $(0, -2)$, 단축의 길이는 $2\sqrt{5}$이므로 주어진 타원의 두 초점의 좌표는 $(-1, 2)$, $(-1, -2)$, 단축의 길이는 $2\sqrt{5}$이다.

$\therefore p^2+q^2+l^2=1+4+20=25$

6 타원 $\frac{x^2}{36}+\frac{y^2}{27}=1$의 두 초점이 F, F′이므로

$F(3, 0)$, $F'(-3, 0)$ $\quad\therefore \overline{F'F}=6$

타원 위의 점 Q에서 두 초점까지의 거리의 합은 장축의 길이와 같으므로

$\overline{QF}+\overline{QF'}=2\times6=12$

따라서 삼각형 PFQ와 삼각형 PF′F의 둘레의 길이의 합은

$(\overline{PF}+\overline{FQ}+\overline{PQ})+(\overline{PF'}+\overline{F'F}+\overline{PF})$

$=2+\overline{QF}+(\overline{PQ}+\overline{PF'})+6+2$

$=\overline{QF}+\overline{QF'}+10=12+10=22$

7 타원 $\frac{(x-2)^2}{4}+\frac{(y-1)^2}{3}=1$은 타원 $\frac{x^2}{4}+\frac{y^2}{3}=1$을 x축의 방향으로 2만큼, y축의 방향으로 1만큼 평행이동한 것이고, 타원 $\frac{x^2}{4}+\frac{y^2}{3}=1$의 두 초점의 좌표는 $(1, 0)$, $(-1, 0)$이므로 주어진 타원의 두 초점의 좌표는 $(3, 1)$, $(1, 1)$이다.

따라서 두 점 A, B는 주어진 타원의 초점이고, 타원 위의 점에서 두 초점 A, B까지의 거리의 합은 장축의 길이와 같으므로

$\overline{CA}+\overline{CB}=2\times2=4$, $\overline{DA}+\overline{DB}=2\times2=4$

따라서 구하는 사각형의 둘레의 길이는

$\overline{CA}+\overline{CB}+\overline{DB}+\overline{DA}=4+4=8$

8 타원 $\frac{x^2}{25}+\frac{y^2}{16}=1$의 두 초점의 좌표는 $(3, 0)$, $(-3, 0)$이므로 두 점 A, B는 주어진 타원의 초점이다.

타원 위의 점 P에서 두 초점 A, B까지의 거리의 합은 장축의 길이와 같으므로

$\overline{PA}+\overline{PB}=2\times5=10$

$\therefore \overline{PA}^2+\overline{PB}^2=(\overline{PA}+\overline{PB})^2-2\overline{PA}\times\overline{PB}$

$=100-2\overline{PA}\times\overline{PB}$ $\quad\cdots\cdots$ ㉠

$\overline{PA}>0$, $\overline{PB}>0$이므로 산술평균과 기하평균의 관계에 의하여

$\overline{PA}+\overline{PB}\ge2\sqrt{\overline{PA}\times\overline{PB}}$

$10\ge2\sqrt{\overline{PA}\times\overline{PB}}$

$\therefore \sqrt{\overline{PA}\times\overline{PB}}\le5$ (단, 등호는 $\overline{PA}=\overline{PB}$일 때 성립)

양변을 제곱하면

$\overline{PA}\times\overline{PB}\le25$

이때 ㉠에 의하여

$\overline{PA}^2+\overline{PB}^2=100-2\overline{PA}\times\overline{PB}$

$\ge100-2\times25=50$

따라서 구하는 최솟값은 50이다.

9 원 $x^2+y^2=4$ 위의 점 P의 좌표를 (a, b)라 하면

$a^2+b^2=4$ $\quad\cdots\cdots$ ㉠

$H(a, 0)$이므로 선분 PH의 중점 M의 좌표를 (x, y)라 하면

$x=\frac{a+a}{2}=a$, $y=\frac{b}{2}$

이 식을 각각 a, b에 대하여 풀면

$a=x$, $b=2y$

이를 ㉠에 대입하면

$x^2+(2y)^2=4$

$\therefore \frac{x^2}{4}+y^2=1$

따라서 이 타원의 장축의 길이는 $2\times2=4$, 단축의 길이는 $2\times1=2$이므로 그 차는

$4-2=2$

10 타원 $\frac{x^2}{9}+\frac{y^2}{4}=1$의 두 초점 중 x좌표가 양수인 점이 F, 음수인 점이 F′이므로

$F(\sqrt{5}, 0)$, $F'(-\sqrt{5}, 0)$

$\therefore \overline{FF'}=2\sqrt{5}$

타원 위의 점 P에서 두 초점까지의 거리의 합은 장축의 길이와 같으므로

$\overline{PF}+\overline{PF'}=2\times3=6$

$\therefore \overline{PF}=6-\overline{PF'}$ $\quad\cdots\cdots$ ㉠

삼각형 PF'F는 직각삼각형이므로

$\overline{PF}^2+\overline{PF'}^2=\overline{FF'}^2$

$(6-\overline{PF'})^2+\overline{PF'}^2=(2\sqrt{5})^2$

$\overline{PF'}^2-6\overline{PF'}+8=0$

$(\overline{PF'}-2)(\overline{PF'}-4)=0$

$\therefore\ \overline{PF'}=2$ 또는 $\overline{PF'}=4$

그런데 점 P가 제1사분면의 점이면 $\overline{PF'}>\overline{PF}$, 즉 ㉠에서

$\overline{PF'}>3$이므로

$\overline{PF'}=4$

따라서 구하는 삼각형의 넓이는

$\frac{1}{2}\times\overline{FQ}\times\overline{PF'}=\frac{1}{2}\times6\times4=12$

11 타원 $\frac{x^2}{9}+\frac{y^2}{25}=1$의 두 초점이 F, F'이므로

F(0, 4), F'(0, −4)

타원 위의 점 P에서 두 초점까지의 거리의 합은 장축의 길이와 같으므로

$\overline{PF}+\overline{PF'}=2\times5=10\qquad\therefore\ \overline{PF}=10-\overline{PF'}$

이를 $\overline{AP}-\overline{PF}$에 대입하면

$$\begin{aligned}\overline{AP}-\overline{PF}&=\overline{AP}-(10-\overline{PF'})\\&=\overline{AP}+\overline{PF'}-10\\&\geq\overline{AF'}-10\end{aligned}$$

즉, $\overline{AP}-\overline{PF}$의 최솟값은 $\overline{AF'}-10$이므로

$\overline{AF'}-10=2\qquad\therefore\ \overline{AF'}=12$

두 점 $A(a, 0)$, F'(0, −4)에 대하여 $\overline{AF'}=12$이므로

$\sqrt{a^2+4^2}=12$

양변을 제곱하면

$a^2+16=144$

$a^2=128\qquad\therefore\ a=8\sqrt{2}\ (\because\ a>0)$

12 타원 $\frac{x^2}{49}+\frac{y^2}{33}=1$의 두 초점이 F, F'이므로

F(4, 0), F'(−4, 0)

타원 위의 점 Q에서 두 초점까지의 거리의 합은 장축의 길이와 같으므로

$\overline{QF}+\overline{QF'}=2\times7=14$

$\overline{QF}+(\overline{PF'}+\overline{PQ})=14$

$\therefore\ \overline{PQ}+\overline{FQ}=14-\overline{PF'}\qquad\cdots\cdots$ ㉠

한편 원 $x^2+(y-3)^2=4$의 중심을 C(0, 3)이라 하면

$\overline{PF'}\geq\overline{CF'}-2=5-2=3$

즉, $\overline{PF'}$의 최솟값이 3이므로 ㉠에서

$\overline{PQ}+\overline{FQ}=14-\overline{PF'}\leq14-3=11$

따라서 구하는 최댓값은 11이다.

Ⅰ-1 03 쌍곡선

1 쌍곡선의 방정식

개념 CHECK 33쪽

1 답 (1) 풀이 참조 (2) 풀이 참조

(1) $\frac{x^2}{9}-\frac{y^2}{16}=1$에서

$\frac{x^2}{3^2}-\frac{y^2}{4^2}=1$

초점은 x축 위에 있으므로 초점의 좌표는

$(\sqrt{9+16}, 0)$, $(-\sqrt{9+16}, 0)$

$\therefore$ (5, 0), (−5, 0)

꼭짓점의 좌표는 (3, 0), (−3, 0)

주축의 길이는 $2\times3=6$

점근선의 방정식은

$y=\frac{4}{3}x$, $y=-\frac{4}{3}x$

그래프는 좌우로 놓인 쌍곡선이므로 다음 그림과 같다.

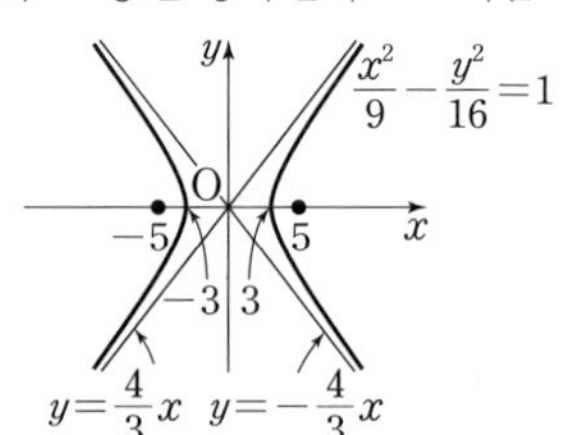

(2) $\frac{x^2}{5}-\frac{y^2}{4}=-1$에서

$\frac{x^2}{(\sqrt{5})^2}-\frac{y^2}{2^2}=-1$

초점은 y축 위에 있으므로 초점의 좌표는

$(0, \sqrt{5+4})$, $(0, -\sqrt{5+4})$

$\therefore$ (0, 3), (0, −3)

꼭짓점의 좌표는 (0, 2), (0, −2)

주축의 길이는 $2\times2=4$

점근선의 방정식은

$y=\frac{2}{\sqrt{5}}x$, $y=-\frac{2}{\sqrt{5}}x$

$\therefore\ y=\frac{2\sqrt{5}}{5}x$, $y=-\frac{2\sqrt{5}}{5}x$

그래프는 상하로 놓인 쌍곡선이므로 다음 그림과 같다.

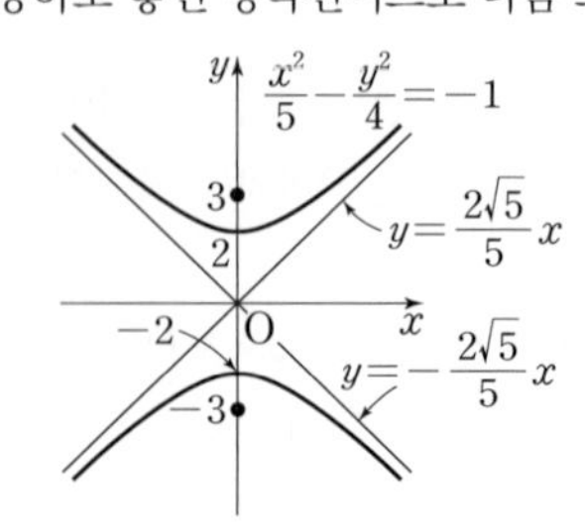

2 답 **1, −1**

방정식	$x^2-\frac{y^2}{3}=1$	$(x-1)^2-\frac{(y+1)^2}{3}=1$
초점의 좌표	**(2, 0), (−2, 0)**	**(3, −1), (−1, −1)**
꼭짓점의 좌표	**(1, 0), (−1, 0)**	**(2, −1), (0, −1)**
중심의 좌표	**(0, 0)**	**(1, −1)**
주축의 길이	**2**	**2**
점근선의 방정식	$\boldsymbol{y=\sqrt{3}x}$, $\boldsymbol{y=-\sqrt{3}x}$	$\boldsymbol{y=\sqrt{3}x-\sqrt{3}-1}$, $\boldsymbol{y=-\sqrt{3}x+\sqrt{3}-1}$

문제 34~39쪽

01-1 답 (1) $\boldsymbol{\frac{x^2}{3}-\frac{y^2}{9}=-1}$ (2) $\boldsymbol{\frac{x^2}{4}-\frac{y^2}{12}=1}$

(1) 두 점 F, F′으로부터 거리의 차가 6인 쌍곡선이므로 두 점 F, F′은 초점이다.
중심이 원점이고 두 초점이 y축 위에 있으므로 쌍곡선의 방정식은
$\frac{x^2}{a^2}-\frac{y^2}{b^2}=-1$ (단, $a>0$, $b>0$)
두 초점으로부터 거리의 차가 6이므로
$2b=6$ $\therefore b=3$
$a^2=(2\sqrt{3})^2-b^2$이므로 $a^2=(2\sqrt{3})^2-3^2=3$
따라서 구하는 쌍곡선의 방정식은 $\frac{x^2}{3}-\frac{y^2}{9}=-1$

(2) 중심이 원점이고 두 초점이 x축 위에 있으므로 쌍곡선의 방정식은
$\frac{x^2}{a^2}-\frac{y^2}{b^2}=1$ (단, $a>0$, $b>0$)
주축의 길이가 4이므로 $2a=4$ $\therefore a=2$
$b^2=4^2-a^2$이므로 $b^2=4^2-2^2=12$
따라서 구하는 쌍곡선의 방정식은 $\frac{x^2}{4}-\frac{y^2}{12}=1$

다른 풀이

(1) 두 점 F, F′으로부터 거리의 차가 6인 점의 좌표를 (x, y)라 하면
$|\sqrt{x^2+(y-2\sqrt{3})^2}-\sqrt{x^2+(y+2\sqrt{3})^2}|=6$
$\therefore \sqrt{x^2+(y-2\sqrt{3})^2}=\sqrt{x^2+(y+2\sqrt{3})^2}\pm6$
양변을 제곱하여 정리하면
$-2\sqrt{3}y-9=\pm3\sqrt{x^2+(y+2\sqrt{3})^2}$
다시 양변을 제곱하여 정리하면 구하는 쌍곡선의 방정식은
$9x^2-3y^2=-27$ $\therefore \frac{x^2}{3}-\frac{y^2}{9}=-1$

01-2 답 $\boldsymbol{x^2-\frac{y^2}{2}=1}$

중심이 원점이고 두 꼭짓점이 x축 위에 있으므로 쌍곡선의 방정식은
$\frac{x^2}{a^2}-\frac{y^2}{b^2}=1$ (단, $a>0$, $b>0$)
두 꼭짓점의 좌표가 $(1, 0)$, $(-1, 0)$이므로 $a=1$
쌍곡선 $x^2-\frac{y^2}{b^2}=1$이 점 $(2, \sqrt{6})$을 지나므로
$4-\frac{6}{b^2}=1$ $\therefore b^2=2$
따라서 구하는 쌍곡선의 방정식은 $x^2-\frac{y^2}{2}=1$

02-1 답 $\boldsymbol{\frac{x^2}{3}-\frac{y^2}{3}=-1}$

중심이 원점이고 두 초점이 y축 위에 있으므로 쌍곡선의 방정식은
$\frac{x^2}{a^2}-\frac{y^2}{b^2}=-1$ (단, $a>0$, $b>0$)
$a^2=(\sqrt{6})^2-b^2$이므로 $a^2=6-b^2$ ...... ㉠
점근선의 방정식이 $y=x$, $y=-x$이므로
$\frac{b}{a}=1$ $\therefore b=a$ ...... ㉡
㉡을 ㉠에 대입하면
$a^2=6-a^2$ $\therefore a^2=3$
이를 ㉠에 대입하면
$3=6-b^2$ $\therefore b^2=3$
따라서 구하는 쌍곡선의 방정식은 $\frac{x^2}{3}-\frac{y^2}{3}=-1$

02-2 답 **10**

쌍곡선 $\frac{x^2}{a^2}-\frac{y^2}{b^2}=1$의 주축은 x축 위에 있고 주축의 길이가 4이므로
$2a=4$ $\therefore a=2$
한 점근선의 방정식이 $y=\frac{5}{2}x$이므로
$\frac{b}{a}=\frac{5}{2}$ $\therefore b=\frac{5}{2}a=\frac{5}{2}\times2=5$
$\therefore ab=2\times5=10$

02-3 답 $\boldsymbol{\frac{x^2}{20}-\frac{y^2}{5}=-1}$

쌍곡선이 점 $(0, \sqrt{5})$를 지나고 두 점근선의 교점이 원점이므로 쌍곡선의 방정식은
$\frac{x^2}{a^2}-\frac{y^2}{b^2}=-1$ (단, $a>0$, $b>0$)
점근선의 방정식이 $y=\frac{1}{2}x$, $y=-\frac{1}{2}x$이므로
$\frac{b}{a}=\frac{1}{2}$ $\therefore a=2b$ ...... ㉠

쌍곡선이 점 $(0, \sqrt{5})$를 지나므로

$-\frac{5}{b^2}=-1 \qquad \therefore b^2=5$

㉠에서 $a^2=4b^2$이므로 $a^2=20$

따라서 구하는 쌍곡선의 방정식은

$\frac{x^2}{20}-\frac{y^2}{5}=-1$

03-1 답 $\frac{(x-4)^2}{20}-\frac{(y-3)^2}{16}=-1$

쌍곡선의 중심은 선분 FF′의 중점이므로 중심의 좌표는

$\left(\frac{4+4}{2}, \frac{9-3}{2}\right) \qquad \therefore (4, 3)$

중심의 좌표가 $(4, 3)$이고 두 초점이 y축에 평행한 직선 위에 있으므로 쌍곡선의 방정식은

$\frac{(x-4)^2}{a^2}-\frac{(y-3)^2}{b^2}=-1$ (단, $a>0$, $b>0$)

두 초점으로부터 거리의 차가 8이므로

$2b=8 \qquad \therefore b=4$

중심에서 초점까지의 거리가 6이고 $a^2=6^2-b^2$이므로

$a^2=6^2-4^2=20$

따라서 구하는 쌍곡선의 방정식은

$\frac{(x-4)^2}{20}-\frac{(y-3)^2}{16}=-1$

다른 풀이

두 점 F, F′으로부터 거리의 차가 8인 점의 좌표를 (x, y)라 하면

$|\sqrt{(x-4)^2+(y-9)^2}-\sqrt{(x-4)^2+(y+3)^2}|=8$

$\therefore \sqrt{(x-4)^2+(y-9)^2}=\sqrt{(x-4)^2+(y+3)^2}\pm8$

양변을 제곱하여 정리하면

$-3y+1=\pm2\sqrt{(x-4)^2+(y+3)^2}$

다시 양변을 제곱하여 정리하면 구하는 쌍곡선의 방정식은

$4(x-4)^2-5(y-3)^2=-80$

$\therefore \frac{(x-4)^2}{20}-\frac{(y-3)^2}{16}=-1$

03-2 답 $(x+3)^2-\frac{(y-2)^2}{3}=1$

쌍곡선의 중심은 선분 FF′의 중점이므로 중심의 좌표는

$\left(\frac{-1-5}{2}, \frac{2+2}{2}\right) \qquad \therefore (-3, 2)$

중심의 좌표가 $(-3, 2)$이고 두 초점이 x축에 평행한 직선 위에 있으므로 쌍곡선의 방정식은

$\frac{(x+3)^2}{a^2}-\frac{(y-2)^2}{b^2}=1$ (단, $a>0$, $b>0$)

주축의 길이가 2이므로

$2a=2 \qquad \therefore a=1$

중심에서 초점까지의 거리가 2이고 $b^2=2^2-a^2$이므로

$b^2=2^2-1^2=3$

따라서 구하는 쌍곡선의 방정식은

$(x+3)^2-\frac{(y-2)^2}{3}=1$

03-3 답 $\frac{(x+1)^2}{8}-\frac{y^2}{8}=1$

두 점근선의 교점은 쌍곡선의 중심이므로 두 점근선의 방정식을 연립하면

$x+1=-x-1 \qquad \therefore x=-1$

즉, 두 점근선의 교점의 좌표는 $(-1, 0)$이다.

쌍곡선의 중심 $(-1, 0)$과 한 초점 $(3, 0)$이 x축 위에 있으므로 쌍곡선의 방정식은

$\frac{(x+1)^2}{a^2}-\frac{y^2}{b^2}=1$ (단, $a>0$, $b>0$)

점근선의 방정식이 $y=x+1$, $y=-x-1$이므로

$\frac{b}{a}=1 \qquad \therefore b=a \qquad \cdots\cdots$ ㉠

중심에서 초점까지의 거리가 4이고 $b^2=4^2-a^2$이므로

$b^2=16-a^2 \qquad \cdots\cdots$ ㉡

㉠을 ㉡에 대입하면

$a^2=16-a^2 \qquad \therefore a^2=8$

이를 ㉡에 대입하면 $b^2=8$

따라서 구하는 쌍곡선의 방정식은

$\frac{(x+1)^2}{8}-\frac{y^2}{8}=1$

다른 풀이

점근선의 방정식이 $y=x+1$, $y=-x-1$, 즉 $y=x+1$, $y=-(x+1)$이고 한 초점의 좌표가 $(3, 0)$인 쌍곡선은 점근선의 방정식이 $y=x$, $y=-x$이고 한 초점의 좌표가 $(4, 0)$인 쌍곡선을 x축의 방향으로 -1만큼 평행이동한 것이다.

점근선의 방정식이 $y=x$, $y=-x$이고, 한 초점의 좌표가 $(4, 0)$인 쌍곡선의 방정식은

$\frac{x^2}{a^2}-\frac{y^2}{b^2}=1$ (단, $a>0$, $b>0$)

한 초점의 좌표가 $(4, 0)$이므로

$b^2=4^2-a^2 \qquad \cdots\cdots$ ㉠

점근선의 방정식이 $y=x$, $y=-x$이므로

$\frac{b}{a}=1 \qquad \therefore b=a \qquad \cdots\cdots$ ㉡

㉠, ㉡에서 $a^2=8$, $b^2=8$

따라서 구하는 쌍곡선은 쌍곡선 $\frac{x^2}{8}-\frac{y^2}{8}=1$을 x축의 방향으로 -1만큼 평행이동한 것이므로

$\frac{(x+1)^2}{8}-\frac{y^2}{8}=1$

04-1 답 풀이 참조

$9x^2-4y^2-54x-16y+101=0$에서

$9(x^2-6x+9)-4(y^2+4y+4)=-36$

$\therefore \frac{(x-3)^2}{4}-\frac{(y+2)^2}{9}=-1$

즉, 주어진 쌍곡선은 쌍곡선 $\frac{x^2}{4}-\frac{y^2}{9}=-1$을 x축의 방향으로 3만큼, y축의 방향으로 -2만큼 평행이동한 것이다.

쌍곡선 $\frac{x^2}{4}-\frac{y^2}{9}=-1$, 즉 $\frac{x^2}{2^2}-\frac{y^2}{3^2}=-1$의

초점의 좌표는 $(0, \sqrt{13})$, $(0, -\sqrt{13})$,

꼭짓점의 좌표는 $(0, 3)$, $(0, -3)$,

중심의 좌표는 $(0, 0)$, 주축의 길이는 $2\times3=6$,

점근선의 방정식은 $y=\frac{3}{2}x$, $y=-\frac{3}{2}x$

따라서 구하는 쌍곡선의

초점의 좌표는 $(3, \sqrt{13}-2)$, $(3, -\sqrt{13}-2)$,

꼭짓점의 좌표는 $(3, 1)$, $(3, -5)$,

중심의 좌표는 $(3, -2)$, 주축의 길이는 6,

점근선의 방정식은 $y=\frac{3}{2}x-\frac{13}{2}$, $y=-\frac{3}{2}x+\frac{5}{2}$

04-2 답 3

$8x^2-y^2+2y-9=0$에서

$8x^2-(y^2-2y+1)=8 \qquad \therefore x^2-\frac{(y-1)^2}{8}=1$

즉, 주어진 쌍곡선은 쌍곡선 $x^2-\frac{y^2}{8}=1$을 y축의 방향으로 1만큼 평행이동한 것이다.

쌍곡선 $x^2-\frac{y^2}{8}=1$의 두 초점의 좌표는 $(3, 0)$, $(-3, 0)$이므로 주어진 쌍곡선의 두 초점의 좌표는

$(3, 1)$, $(-3, 1)$

따라서 구하는 삼각형의 넓이는 $\frac{1}{2}\times6\times1=3$

05-1 답 8

쌍곡선 $x^2-8y^2=-8$, 즉 $\frac{x^2}{8}-y^2=-1$의 두 초점의 좌표는 $(0, 3)$, $(0, -3)$

따라서 두 초점 사이의 거리는 $\overline{FF'}=6$

이때 $\overline{PF}=m$, $\overline{PF'}=n$이라 하면 쌍곡선 위의 점 P에서 두 초점까지의 거리의 차는 주축의 길이와 같으므로

$|m-n|=2\times1=2$

양변을 제곱하면 $m^2-2mn+n^2=4$ ...... ㉠

삼각형 PFF′이 직각삼각형이므로 $m^2+n^2=36$

이를 ㉠에 대입하면 $36-2mn=4 \qquad \therefore mn=16$

따라서 구하는 삼각형의 넓이는

$\frac{1}{2}mn=\frac{1}{2}\times16=8$

05-2 답 480

쌍곡선 $\frac{x^2}{64}-\frac{y^2}{36}=1$의 두 초점의 좌표는

$(10, 0)$, $(-10, 0)$

따라서 두 초점 사이의 거리는 $\overline{FF'}=20$

삼각형 PFF′의 둘레의 길이가 50이므로

$\overline{PF}+\overline{FF'}+\overline{PF'}=50 \qquad \therefore \overline{PF}+\overline{PF'}=30$

쌍곡선 위의 점 P에서 두 초점까지의 거리의 차는 주축의 길이와 같으므로

$\overline{PF}-\overline{PF'}=2\times8=16$ ($\because \overline{PF}>\overline{PF'}$)

$\therefore \overline{PF}^2-\overline{PF'}^2=(\overline{PF}+\overline{PF'})(\overline{PF}-\overline{PF'})$

$=30\times16=480$

05-3 답 34

쌍곡선 $\frac{x^2}{9}-\frac{y^2}{16}=-1$의 두 초점의 좌표는

$(0, 5)$, $(0, -5)$

따라서 두 초점 사이의 거리는 $\overline{FF'}=10$

쌍곡선 위의 점 P에서 두 초점까지의 거리의 차는 주축의 길이와 같으므로

$\overline{PF'}-\overline{PF}=2\times4=8$ ($\because \overline{PF'}>\overline{PF}$)

이때 $\overline{PF'}=2\overline{PF}$이므로

$2\overline{PF}-\overline{PF}=8 \qquad \therefore \overline{PF}=8$, $\overline{PF'}=16$

따라서 구하는 삼각형 PFF′의 둘레의 길이는

$\overline{PF}+\overline{FF'}+\overline{PF'}=8+10+16=34$

06-1 답 $\frac{x^2}{16}-\frac{y^2}{16}=-1$

점 P의 좌표를 (x, y)라 하면 점 Q의 좌표는 $(x, 0)$

$\overline{AQ}=\overline{PQ}$에서 $\sqrt{x^2+4^2}=|y|$

양변을 제곱하면 구하는 도형의 방정식은

$x^2+16=y^2$, $x^2-y^2=-16$

$\therefore \frac{x^2}{16}-\frac{y^2}{16}=-1$

06-2 답 $x^2-\frac{(y-1)^2}{2}=1$

쌍곡선 위의 점 P의 좌표를 (a, b)라 하면

$\frac{a^2}{4}-\frac{b^2}{8}=1$ ...... ㉠

선분 AP의 중점 M의 좌표를 (x, y)라 하면

$x=\frac{a}{2}$, $y=\frac{2+b}{2}$

이 식을 각각 a, b에 대하여 풀면

$a=2x$, $b=2y-2$

이를 ㉠에 대입하면 구하는 도형의 방정식은

$\frac{(2x)^2}{4}-\frac{(2y-2)^2}{8}=1 \qquad \therefore x^2-\frac{(y-1)^2}{2}=1$

2 이차곡선

개념 CHECK 40쪽

1 답 (1) **쌍곡선** (2) **포물선** (3) **원** (4) **타원**

(1) $x^2-y^2+2x-2y+4=0$에서

$(x^2+2x+1)-(y^2+2y+1)=-4$

$\therefore \frac{(x+1)^2}{4}-\frac{(y+1)^2}{4}=-1$

따라서 주어진 방정식은 쌍곡선 $\frac{x^2}{4}-\frac{y^2}{4}=-1$을 x축의 방향으로 -1만큼, y축의 방향으로 -1만큼 평행이동한 쌍곡선을 나타낸다.

(2) $x^2+4x-2y+14=0$에서

$x^2+4x+4=2y-10$ $\therefore (x+2)^2=2(y-5)$

따라서 주어진 방정식은 포물선 $x^2=2y$를 x축의 방향으로 -2만큼, y축의 방향으로 5만큼 평행이동한 포물선을 나타낸다.

(3) $x^2+y^2-8x+1=0$에서

$(x^2-8x+16)+y^2=15$ $\therefore (x-4)^2+y^2=15$

따라서 주어진 방정식은 중심의 좌표가 $(4, 0)$, 반지름의 길이가 $\sqrt{15}$인 원을 나타낸다.

(4) $4x^2+y^2+6y-11=0$에서

$4x^2+(y^2+6y+9)=20$

$\therefore \frac{x^2}{5}+\frac{(y+3)^2}{20}=1$

따라서 주어진 방정식은 타원 $\frac{x^2}{5}+\frac{y^2}{20}=1$을 y축의 방향으로 -3만큼 평행이동한 타원을 나타낸다.

다른 풀이

(1) x^2항과 y^2항의 계수의 곱이 음수이므로 쌍곡선이다.

(2) y^2항이 없고 x^2항, y항이 존재하므로 포물선이다.

(3) x^2항과 y^2항의 계수가 같으므로 원이다.

(4) x^2항과 y^2항의 계수의 곱이 양수이면서 서로 다르므로 타원이다.

문제 41쪽

07-1 답 -1 **또는** $\frac{1}{2}$

$x^2-2y^2+6x+4y+k(x^2+4y^2)=0$에서

$(k+1)x^2+(4k-2)y^2+6x+4y=0$

이 방정식이 나타내는 도형이 포물선이려면

$k+1=0$ 또는 $4k-2=0$

$\therefore k=-1$ 또는 $k=\frac{1}{2}$

07-2 답 $0<k<1$ **또는** $1<k<2$

$x^2-4x+k(y^2+2)=0$에서

$(x^2-4x+4)+ky^2=-2k+4$

$\therefore (x-2)^2+ky^2=-2k+4$

이 방정식이 나타내는 도형이 타원이려면

$1\times k>0$, $k\neq1$, $-2k+4>0$

$\therefore 0<k<1$ 또는 $1<k<2$

07-3 답 $k<-3$ **또는** $k>2$

$3x^2+4y^2-5+k(x^2-2y^2)=0$에서

$(k+3)x^2+(4-2k)y^2=5$

이 방정식이 나타내는 도형이 쌍곡선이려면

$(k+3)(4-2k)<0$

$(k+3)(k-2)>0$

$\therefore k<-3$ 또는 $k>2$

연습문제 42~44쪽

1 24	**2** 36	**3** ④	**4** ⑤	**5** ④
6 $\frac{x^2}{5}-\frac{y^2}{15}=-1$	**7** ②	**8** ②	**9** ②	
10 ④	**11** ③	**12** 16	**13** ②	**14** ③
15 ①	**16** 12	**17** 7	**18** $4\sqrt{3}$	

1 $\frac{x^2}{24}-\frac{y^2}{25}=-1$에서 $\frac{x^2}{(2\sqrt{6})^2}-\frac{y^2}{5^2}=-1$

초점은 y축 위에 있으므로 두 초점의 좌표는

$(0, 7)$, $(0, -7)$

$\therefore a=|7-(-7)|=14$

주축은 y축 위에 있으므로 주축의 길이는

$b=2\times5=10$

$\therefore a+b=14+10=24$

2 쌍곡선 $\frac{x^2}{a^2}-\frac{y^2}{16}=1$의 두 꼭짓점은 x축 위에 있으므로 두 꼭짓점의 좌표는

$(a, 0)$, $(-a, 0)$

따라서 타원 $\frac{x^2}{36}+\frac{y^2}{b^2}=1$의 두 초점의 좌표가 $(a, 0)$, $(-a, 0)$이고 두 초점이 x축 위에 있으므로

$b^2=36-a^2$

$\therefore a^2+b^2=36$

3 중심이 원점이고 두 초점이 x축 위에 있으므로 쌍곡선의 방정식은

$\frac{x^2}{a^2}-\frac{y^2}{b^2}=1$ (단, $a>0$, $b>0$)

주축의 길이가 8이므로

$2a=8 \quad \therefore a=4$

$b^2=6^2-a^2$이므로 $b^2=6^2-4^2=20$

따라서 쌍곡선의 방정식은

$\frac{x^2}{16}-\frac{y^2}{20}=1$

이 쌍곡선이 점 $(6, k)$를 지나므로

$\frac{36}{16}-\frac{k^2}{20}=1$, $k^2=25$

$\therefore k=5$ ($\because k>0$)

4 중심이 원점이고 두 초점이 y축 위에 있으므로 쌍곡선의 방정식은

$\frac{x^2}{a^2}-\frac{y^2}{b^2}=-1$ (단, $a>0$, $b>0$)

이 쌍곡선이 두 점 $(-4, 5)$, $(6, -5\sqrt{2})$를 지나므로

$\frac{16}{a^2}-\frac{25}{b^2}=-1 \quad \cdots\cdots$ ㉠

$\frac{36}{a^2}-\frac{50}{b^2}=-1 \quad \cdots\cdots$ ㉡

㉠$\times 2-$㉡을 하면

$-\frac{4}{a^2}=-1 \quad \therefore a^2=4$

이를 ㉠에 대입하여 풀면 $b^2=5$

따라서 쌍곡선의 방정식은

$\frac{x^2}{4}-\frac{y^2}{5}=-1$

이 쌍곡선의 두 초점의 좌표는

$(0, 3)$, $(0, -3)$

따라서 두 초점 사이의 거리는

$|3-(-3)|=6$

5 쌍곡선 $3x^2-y^2=-9$, 즉 $\frac{x^2}{3}-\frac{y^2}{9}=-1$의 초점, 주축, 꼭짓점은 y축 위에 있다.

① 초점의 좌표는 $(0, 2\sqrt{3})$, $(0, -2\sqrt{3})$이다.

② 주축의 길이는 $2\times 3=6$이다.

③ 꼭짓점의 좌표는 $(0, 3)$, $(0, -3)$이다.

④ 쌍곡선 위의 점에서 두 초점까지의 거리의 차는 주축의 길이와 같으므로 6이다.

⑤ 점근선의 방정식은

$y=\frac{3}{\sqrt{3}}x$, $y=-\frac{3}{\sqrt{3}}x$

$\therefore y=\sqrt{3}x$, $y=-\sqrt{3}x$

따라서 옳은 것은 ④이다.

6 타원 $\frac{x^2}{5}+\frac{y^2}{25}=1$의 두 초점의 좌표는

$(0, 2\sqrt{5})$, $(0, -2\sqrt{5})$

이 두 점을 초점으로 하는 쌍곡선의 중심은 원점이고 두 초점이 y축 위에 있으므로 쌍곡선의 방정식은

$\frac{x^2}{a^2}-\frac{y^2}{b^2}=-1$ (단, $a>0$, $b>0$)

$a^2=(2\sqrt{5})^2-b^2$이므로

$a^2+b^2=20 \quad \cdots\cdots$ ㉠

한 점근선이 x축의 양의 방향과 이루는 각의 크기가 $60°$이므로

$\frac{b}{a}=\tan 60°$, $\frac{b}{a}=\sqrt{3} \quad \therefore b=\sqrt{3}a$

이를 ㉠에 대입하면

$a^2+3a^2=20 \quad \therefore a^2=5$

이를 ㉠에 대입하면

$5+b^2=20 \quad \therefore b^2=15$

따라서 구하는 쌍곡선의 방정식은

$\frac{x^2}{5}-\frac{y^2}{15}=-1$

7 쌍곡선 $\frac{x^2}{a^2}-\frac{y^2}{b^2}=-1$이 점 $(2, -4)$를 지나므로

$\frac{4}{a^2}-\frac{16}{b^2}=-1 \quad \cdots\cdots$ ㉠

쌍곡선 $\frac{x^2}{a^2}-\frac{y^2}{b^2}=-1$의 점근선의 방정식은

$y=\frac{b}{a}x$, $y=-\frac{b}{a}x$

두 점근선이 서로 수직이므로

$\frac{b}{a}\times\left(-\frac{b}{a}\right)=-1$

$\therefore b^2=a^2 \quad \cdots\cdots$ ㉡

㉡을 ㉠에 대입하면

$\frac{4}{a^2}-\frac{16}{a^2}=-1$, $a^2=12$

$\therefore a=2\sqrt{3}$ ($\because a>0$)

이를 ㉡에 대입하면

$b^2=12 \quad \therefore b=2\sqrt{3}$ ($\because b>0$)

$\therefore ab=2\sqrt{3}\times 2\sqrt{3}=12$

8 쌍곡선 $\frac{(x+3)^2}{9}-\frac{(y-1)^2}{7}=1$은 쌍곡선 $\frac{x^2}{9}-\frac{y^2}{7}=1$을 x축의 방향으로 -3만큼, y축의 방향으로 1만큼 평행이동한 것이다.

쌍곡선 $\frac{x^2}{9}-\frac{y^2}{7}=1$의 두 초점의 좌표는 $(4, 0)$, $(-4, 0)$이므로 주어진 쌍곡선의 두 초점의 좌표는

$(1, 1)$, $(-7, 1)$

$\therefore a+b+c+d=1+1+(-7)+1=-4$

9 쌍곡선의 중심은 두 초점을 이은 선분의 중점이므로 중심의 좌표는

$\left(\frac{-2-2}{2}, \frac{\sqrt{5}-\sqrt{5}}{2}\right) \qquad \therefore (-2, 0)$

중심의 좌표가 $(-2, 0)$이고 두 초점이 y축에 평행한 직선 위에 있으므로 쌍곡선의 방정식은

$\frac{(x+2)^2}{a^2}-\frac{y^2}{b^2}=-1$ (단, $a>0$, $b>0$)

주축의 길이가 4이므로

$2b=4 \qquad \therefore b=2$

중심에서 초점까지의 거리가 $\sqrt{5}$이고 $a^2=(\sqrt{5})^2-b^2$이므로

$a^2=(\sqrt{5})^2-2^2=1$

따라서 구하는 쌍곡선의 방정식은

$(x+2)^2-\frac{y^2}{4}=-1$

10 $9x^2-y^2-72x-2y+107=0$에서

$9(x^2-8x+16)-(y^2+2y+1)=36$

$\therefore \frac{(x-4)^2}{4}-\frac{(y+1)^2}{36}=1$

즉, 주어진 쌍곡선은 쌍곡선 $\frac{x^2}{4}-\frac{y^2}{36}=1$을 x축의 방향으로 4만큼, y축의 방향으로 -1만큼 평행이동한 것이다.

쌍곡선 $\frac{x^2}{4}-\frac{y^2}{36}=1$의 점근선의 방정식은 $y=3x$, $y=-3x$이므로 주어진 쌍곡선의 점근선의 방정식은

$y+1=3(x-4)$, $y+1=-3(x-4)$

$\therefore y=3x-13$, $y=-3x+11$

이때 두 점근선의 교점의 좌표는 $(4, -1)$이므로 구하는 삼각형의 넓이는

$\frac{1}{2}\times 24\times 4=48$

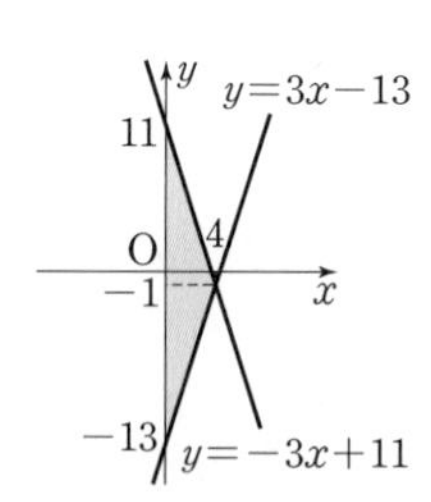

11 쌍곡선 위의 점 A에서 두 초점까지의 거리의 차는 주축의 길이와 같으므로

$\overline{AF'}-\overline{AF}=2 \qquad \cdots\cdots$ ㉠

사각형 ABF′F가 정사각형이므로 한 변의 길이를 k라 하면

$\overline{AF}=k$, $\overline{AF'}=\sqrt{2}k$

이를 ㉠에 대입하면

$\sqrt{2}k-k=2$, $(\sqrt{2}-1)k=2$

$\therefore k=\frac{2}{\sqrt{2}-1}=2\sqrt{2}+2$

따라서 구하는 대각선의 길이는 $\sqrt{2}k$이므로

$\sqrt{2}k=\sqrt{2}\times(2\sqrt{2}+2)=4+2\sqrt{2}$

12 원 $x^2+y^2=25$와 y축이 만나는 두 점이 A, B이므로

A$(0, 5)$, B$(0, -5)$

쌍곡선 $\frac{x^2}{16}-\frac{y^2}{9}=-1$의 두 초점의 좌표는

$(0, 5)$, $(0, -5)$

즉, 두 점 A, B는 쌍곡선의 두 초점이다.

이때 두 초점 A, B 사이의 거리는

$\overline{AB}=10$

$\overline{PA}=m$, $\overline{PB}=n$이라 하면 쌍곡선의 위의 점 P에서 두 초점 A, B까지의 거리의 차는 주축의 길이와 같으므로

$|m-n|=2\times 3=6$

양변을 제곱하면

$m^2-2mn+n^2=36 \qquad \cdots\cdots$ ㉠

점 P는 선분 AB를 지름으로 하는 원 위의 점이므로

$\angle APB=90^\circ$

즉, 삼각형 PAB는 직각삼각형이므로

$m^2+n^2=100 \qquad \cdots\cdots$ ㉡

㉡을 ㉠에 대입하면

$100-2mn=36$

$\therefore mn=32$

따라서 구하는 삼각형의 넓이는

$\frac{1}{2}mn=\frac{1}{2}\times 32=16$

13 $\overline{PF'}=2\overline{PF}$에서 $\overline{PF}=k$, $\overline{PF'}=2k\ (k>0)$라 하면 삼각형 PFF′은 직각삼각형이므로

$\overline{PF}^2+\overline{PF'}^2=\overline{FF'}^2$

$k^2+(2k)^2=10^2$

$k^2=20$

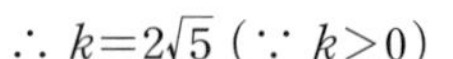

$\therefore k=2\sqrt{5}\ (\because k>0)$

$\therefore \overline{PF}=2\sqrt{5}$, $\overline{PF'}=4\sqrt{5}$

쌍곡선 위의 점 P에서 두 초점까지의 거리의 차는 주축의 길이와 같으므로

$\overline{PF'}-\overline{PF}=2a$

$4\sqrt{5}-2\sqrt{5}=2a$

$\therefore a=\sqrt{5} \qquad \cdots\cdots$ ㉠

한편 $\overline{FF'}=10$에서

$2\sqrt{a^2+b^2}=10$

$\therefore a^2+b^2=25 \qquad \cdots\cdots$ ㉡

㉠을 ㉡에 대입하면

$(\sqrt{5})^2+b^2=25$, $b^2=20$

$\therefore b=2\sqrt{5}\ (\because b>0)$

$\therefore ab=\sqrt{5}\times 2\sqrt{5}=10$

14 점 P의 좌표를 (x, y)라 하면

$\sqrt{(x-3)^2+y^2} : |x|=2 : 1$

$\therefore \sqrt{(x-3)^2+y^2}=2|x|$

양변을 제곱하면 구하는 도형의 방정식은

$(x-3)^2+y^2=4x^2$, $3x^2+6x-y^2-9=0$

$3(x^2+2x+1)-y^2=12$

$\therefore \dfrac{(x+1)^2}{4}-\dfrac{y^2}{12}=1$

15 $x^2+3y^2-2+k(x^2+y^2)=0$에서

$(k+1)x^2+(k+3)y^2-2=0$

이 방정식이 나타내는 도형이 쌍곡선이려면

$(k+1)(k+3)<0$

$\therefore -3<k<-1$

따라서 정수 k는 -2이다.

16 중심이 원점이고 두 초점이 x축 위에 있으므로 쌍곡선의 방정식은

$\dfrac{x^2}{a^2}-\dfrac{y^2}{b^2}=1$ (단, $a>0$, $b>0$)

이 쌍곡선의 두 초점의 좌표는 $(\sqrt{a^2+b^2}, 0)$, $(-\sqrt{a^2+b^2}, 0)$이므로

$c=\sqrt{a^2+b^2}$ ...... ㉠

점근선의 방정식이 $y=\pm\dfrac{4}{3}x$이므로

$\dfrac{b}{a}=\dfrac{4}{3}$ $\therefore b=\dfrac{4}{3}a$

이를 ㉠에 대입하면

$c=\sqrt{a^2+b^2}=\sqrt{a^2+\left(\dfrac{4}{3}a\right)^2}=\sqrt{\dfrac{25}{9}a^2}=\dfrac{5}{3}a$ ($\because a>0$)

$\therefore \mathrm{F}\left(\dfrac{5}{3}a, 0\right)$

한편 (가)에서 $\overline{\mathrm{PF'}}>\overline{\mathrm{PF}}$이고, 쌍곡선 위의 점 P에서 두 초점까지의 거리의 차는 주축의 길이와 같으므로

$\overline{\mathrm{PF'}}-\overline{\mathrm{PF}}=2a$

$30-\overline{\mathrm{PF}}=2a$

$\therefore \overline{\mathrm{PF}}=30-2a$

(가)에서 $16\le\overline{\mathrm{PF}}\le20$이므로

$16\le30-2a\le20$

$\therefore 5\le a\le7$

두 점 $\mathrm{A}(a, 0)$, $\mathrm{F}\left(\dfrac{5}{3}a, 0\right)$에 대하여 선분 AF의 길이는

$\overline{\mathrm{AF}}=\left|a-\dfrac{5}{3}a\right|=\dfrac{2}{3}a$

(나)에서 선분 AF의 길이가 자연수이고 $5\le a\le7$이므로

$a=6$

따라서 구하는 주축의 길이는

$2a=2\times6=12$

17 쌍곡선 $\dfrac{x^2}{9}-\dfrac{y^2}{16}=1$의 두 초점의 좌표는

$(5, 0)$, $(-5, 0)$

즉, 점 A는 쌍곡선의 한 초점이므로 나머지 초점을 F라 하자.

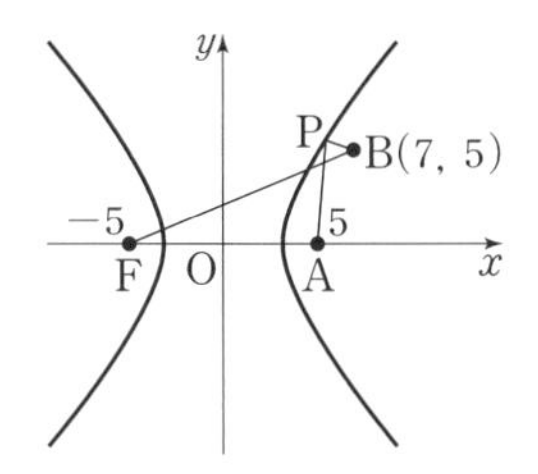

쌍곡선 위의 점 P에서 두 초점 A, F까지의 거리의 차는 주축의 길이와 같으므로

$\overline{\mathrm{PF}}-\overline{\mathrm{PA}}=2\times3=6$ $\therefore \overline{\mathrm{PA}}=\overline{\mathrm{PF}}-6$

이를 $\overline{\mathrm{PA}}+\overline{\mathrm{PB}}$에 대입하면

$\overline{\mathrm{PA}}+\overline{\mathrm{PB}}=\overline{\mathrm{PF}}+\overline{\mathrm{PB}}-6$

$\ge\overline{\mathrm{BF}}-6=13-6=7$

따라서 구하는 최솟값은 7이다.

18 쌍곡선 $\dfrac{x^2}{a^2}-\dfrac{y^2}{b^2}=1$의 두 초점은 x축 위에 있으므로

$\mathrm{F}(c, 0)$, $\mathrm{F'}(-c, 0)$ $(c>0)$이라 하면 $\overline{\mathrm{FF'}}=2c$

주어진 조건에 의하여 두 이등변삼각형 AFF′, BFF′은 다음 그림과 같다.

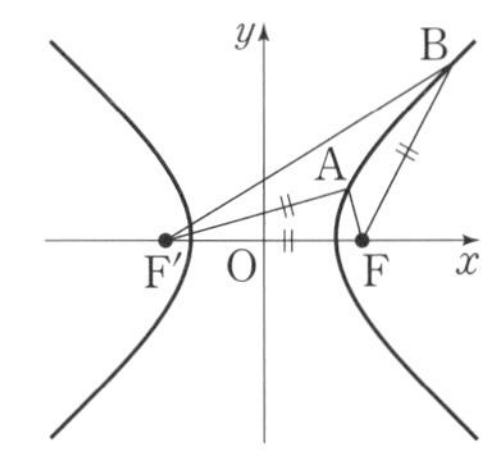

$\therefore \overline{\mathrm{AF'}}=\overline{\mathrm{FF'}}=2c$, $\overline{\mathrm{BF}}=\overline{\mathrm{FF'}}=2c$

쌍곡선 위의 점에서 두 초점까지의 거리의 차는 주축의 길이와 같으므로

$\overline{\mathrm{AF'}}-\overline{\mathrm{AF}}=2a$, $\overline{\mathrm{BF'}}-\overline{\mathrm{BF}}=2a$

$\therefore \overline{\mathrm{AF}}=\overline{\mathrm{AF'}}-2a=2c-2a$, $\overline{\mathrm{BF'}}=\overline{\mathrm{BF}}+2a=2c+2a$

(다)에서 삼각형 AFF′의 둘레의 길이가 20이므로

$\overline{\mathrm{AF}}+\overline{\mathrm{FF'}}+\overline{\mathrm{AF'}}=20$

$(2c-2a)+2c+2c=20$ $\therefore 3c-a=10$ ...... ㉠

(다)에서 삼각형 BFF′의 둘레의 길이가 28이므로

$\overline{\mathrm{BF}}+\overline{\mathrm{FF'}}+\overline{\mathrm{BF'}}=28$

$2c+2c+(2c+2a)=28$ $\therefore 3c+a=14$ ...... ㉡

㉠, ㉡을 연립하여 풀면 $a=2$, $c=4$

$b^2=c^2-a^2$이므로

$b^2=4^2-2^2=12$ $\therefore b=2\sqrt{3}$ ($\because b>0$)

$\therefore ab=2\times2\sqrt{3}=4\sqrt{3}$

Ⅰ-2 01 이차곡선과 직선

1 이차곡선과 직선의 위치 관계

개념 CHECK 46쪽

1 답 (1) 한 점에서 만난다.(접한다.)
(2) 서로 다른 두 점에서 만난다.
(3) 만나지 않는다.

문제 47쪽

01-1 답 (1) $-\sqrt{17}<k<\sqrt{17}$
(2) $k=-\sqrt{17}$ 또는 $k=\sqrt{17}$
(3) $k<-\sqrt{17}$ 또는 $k>\sqrt{17}$

$y=2x+k$를 $x^2+4y^2=4$에 대입하면
$x^2+4(2x+k)^2=4$
$\therefore\ 17x^2+16kx+4k^2-4=0$
이 이차방정식의 판별식을 D라 하면
$\frac{D}{4}=(8k)^2-17(4k^2-4)=-4k^2+68$
(1) 타원과 직선이 서로 다른 두 점에서 만나려면 $D>0$이어야 하므로
$-4k^2+68>0$
$k^2<17$
$\therefore\ -\sqrt{17}<k<\sqrt{17}$
(2) 타원과 직선이 접하려면 $D=0$이어야 하므로
$-4k^2+68=0$
$k^2=17$
$\therefore\ k=-\sqrt{17}$ 또는 $k=\sqrt{17}$
(3) 타원과 직선이 만나지 않으려면 $D<0$이어야 하므로
$-4k^2+68<0$
$k^2>17$
$\therefore\ k<-\sqrt{17}$ 또는 $k>\sqrt{17}$

01-2 답 $-1<k<1$

$y=x+k$를 $\frac{x^2}{5}-\frac{y^2}{4}=1$에 대입하면
$\frac{x^2}{5}-\frac{(x+k)^2}{4}=1$
$\therefore\ x^2+10kx+5k^2+20=0$
이 이차방정식의 판별식을 D라 하면 $D<0$이어야 하므로
$\frac{D}{4}=(5k)^2-(5k^2+20)<0$
$k^2<1$
$\therefore\ -1<k<1$

2 포물선의 접선의 방정식

개념 CHECK 49쪽

1 답 (1) $y=-2x-1$ (2) $y=2x+2$

2 답 (1) $y=-\frac{1}{2}x+1$ (2) $y=-x+3$

문제 50~52쪽

02-1 답 $y=\sqrt{3}x-\sqrt{3}$

x축의 양의 방향과 이루는 각의 크기가 $60°$인 직선의 기울기는 $\tan 60°=\sqrt{3}$
$y^2=4\times(-3)\times x$이므로 포물선 $y^2=-12x$에 접하고 기울기가 $\sqrt{3}$인 직선의 방정식은
$y=\sqrt{3}x+\frac{-3}{\sqrt{3}}$ $\quad\therefore\ y=\sqrt{3}x-\sqrt{3}$

다른 풀이 판별식 이용
x축의 양의 방향과 이루는 각의 크기가 $60°$인 직선의 기울기는 $\tan 60°=\sqrt{3}$이므로 직선의 방정식은
$y=\sqrt{3}x+k$ (단, k는 상수)
이를 $y^2=-12x$에 대입하면
$(\sqrt{3}x+k)^2=-12x$ $\quad\therefore\ 3x^2+2(\sqrt{3}k+6)x+k^2=0$
이 이차방정식의 판별식을 D라 하면 $D=0$이어야 하므로
$\frac{D}{4}=(\sqrt{3}k+6)^2-3k^2=0$
$12\sqrt{3}k+36=0$ $\quad\therefore\ k=-\sqrt{3}$
따라서 구하는 직선의 방정식은 $y=\sqrt{3}x-\sqrt{3}$

02-2 답 -15

직선 $x-5y+5=0$, 즉 $y=\frac{1}{5}x+1$에 수직인 직선의 기울기는 -5
$x^2=4\times1\times y$이므로 포물선 $x^2=4y$에 접하고 기울기가 -5인 직선의 방정식은
$y=-5x-(-5)^2\times1$ $\quad\therefore\ y=-5x-25$
이 직선이 점 $(-2,\ k)$를 지나므로 $k=-15$

03-1 답 -4

점 $(-2,\ a)$가 포물선 $x^2=-2y$ 위의 점이므로
$4=-2a$ $\quad\therefore\ a=-2$
$x^2=4\times\left(-\frac{1}{2}\right)\times y$이므로 포물선 $x^2=-2y$ 위의 점 $(-2,\ -2)$에서의 접선의 방정식은
$-2x=2\times\left(-\frac{1}{2}\right)\times(y-2)$ $\quad\therefore\ y=2x+2$
이 직선이 점 $(0,\ b)$를 지나므로 $b=2$
$\therefore\ ab=-2\times2=-4$

다른 풀이 판별식 이용

점 $(-2, a)$가 포물선 $x^2=-2y$ 위의 점이므로

$4=-2a \qquad \therefore a=-2$

점 $(-2, -2)$를 지나고 기울기가 $m(m\neq0)$인 직선의 방정식은

$y+2=m(x+2) \qquad \therefore y=mx+2m-2$

이를 $x^2=-2y$에 대입하면

$x^2=-2(mx+2m-2) \qquad \therefore x^2+2mx+4m-4=0$

이 이차방정식의 판별식을 D라 하면 $D=0$이어야 하므로

$\frac{D}{4}=m^2-(4m-4)=0$

$m^2-4m+4=0, (m-2)^2=0 \qquad \therefore m=2$

따라서 접선의 방정식은 $y=2x+2$

이 직선이 점 $(0, b)$를 지나므로 $b=2$

$\therefore ab=-2\times2=-4$

03-2 답 $\boldsymbol{y=x+2}$

점 $A(a, 2a)$가 포물선 $y^2=8x$ 위의 점이므로

$4a^2=8a, 4a^2-8a=0$

$4a(a-2)=0 \qquad \therefore a=0$ 또는 $a=2$

$y^2=4\times2\times x$이므로 초점의 좌표는 $(2, 0)$이고 점 A에서 초점까지의 거리가 4이므로 $A(2, 4)$

따라서 포물선 $y^2=8x$ 위의 점 $A(2, 4)$에서의 접선의 방정식은

$4y=2\times2(x+2) \qquad \therefore y=x+2$

04-1 답 $\boldsymbol{y=-2x-6}$ 또는 $\boldsymbol{y=\frac{2}{3}x-\frac{2}{3}}$

$x^2=4\times\frac{3}{2}\times y$이므로 접점의 좌표를 (x_1, y_1)이라 하면 접선의 방정식은

$x_1x=2\times\frac{3}{2}(y+y_1) \qquad \therefore x_1x=3(y+y_1)$

이 직선이 점 $(-2, -2)$를 지나므로

$-2x_1=3(-2+y_1)$

$\therefore y_1=-\frac{2}{3}x_1+2 \qquad \cdots\cdots$ ㉠

또 점 (x_1, y_1)은 포물선 $x^2=6y$ 위의 점이므로

$x_1^2=6y_1 \qquad \cdots\cdots$ ㉡

㉠을 ㉡에 대입하면

$x_1^2=6\left(-\frac{2}{3}x_1+2\right), x_1^2+4x_1-12=0$

$(x_1+6)(x_1-2)=0 \qquad \therefore x_1=-6$ 또는 $x_1=2$

㉠에서 $x_1=-6$일 때 $y_1=6$, $x_1=2$일 때 $y_1=\frac{2}{3}$

따라서 구하는 접선의 방정식은

$y=-2x-6$ 또는 $y=\frac{2}{3}x-\frac{2}{3}$

다른 풀이 기울기가 주어진 접선의 방정식 이용

$x^2=4\times\frac{3}{2}\times y$이므로 포물선 $x^2=6y$에 접하고 기울기가 $m(m\neq0)$인 직선의 방정식은

$y=mx-\frac{3}{2}m^2$

이 직선이 점 $(-2, -2)$를 지나므로

$-2=-2m-\frac{3}{2}m^2, 3m^2+4m-4=0$

$(m+2)(3m-2)=0 \qquad \therefore m=-2$ 또는 $m=\frac{2}{3}$

따라서 구하는 접선의 방정식은

$y=-2x-6$ 또는 $y=\frac{2}{3}x-\frac{2}{3}$

다른 풀이 판별식 이용

점 $(-2, -2)$를 지나고 기울기가 $m(m\neq0)$인 직선의 방정식은

$y+2=m(x+2) \qquad \therefore y=mx+2m-2$

이를 $x^2=6y$에 대입하면

$x^2=6(mx+2m-2) \qquad \therefore x^2-6mx-12m+12=0$

이 이차방정식의 판별식을 D라 하면 $D=0$이어야 하므로

$\frac{D}{4}=(3m)^2-(-12m+12)=0$

$3m^2+4m-4=0, (m+2)(3m-2)=0$

$\therefore m=-2$ 또는 $m=\frac{2}{3}$

따라서 구하는 접선의 방정식은

$y=-2x-6$ 또는 $y=\frac{2}{3}x-\frac{2}{3}$

3 타원의 접선의 방정식

개념 CHECK 54쪽

1 답 (1) $\boldsymbol{y=\frac{1}{2}x\pm\sqrt{10}}$ (2) $\boldsymbol{y=-x\pm3}$

2 답 (1) $\boldsymbol{y=-x+5}$ (2) $\boldsymbol{y=\frac{1}{2}x+3}$

문제 55~57쪽

05-1 답 $\boldsymbol{y=x\pm\sqrt{5}}$

x축의 양의 방향과 이루는 각의 크기가 $45°$인 직선의 기울기는 $\tan 45°=1$

타원 $3x^2+2y^2=6$, 즉 $\frac{x^2}{2}+\frac{y^2}{3}=1$에 접하고 기울기가 1인 직선의 방정식은

$y=x\pm\sqrt{2\times1^2+3} \qquad \therefore y=x\pm\sqrt{5}$

다른 풀이 판별식 이용

x축의 양의 방향과 이루는 각의 크기가 $45°$인 직선의 기울기는 $\tan 45°=1$이므로 직선의 방정식은

$y=x+k$ (단, k는 상수)

이를 $3x^2+2y^2=6$에 대입하면

$3x^2+2(x+k)^2=6 \qquad \therefore 5x^2+4kx+2k^2-6=0$

이 이차방정식의 판별식을 D라 하면 $D=0$이어야 하므로

$\frac{D}{4}=(2k)^2-5(2k^2-6)=0$

$k^2=5 \qquad \therefore k=\pm\sqrt{5}$

따라서 구하는 직선의 방정식은

$y=x\pm\sqrt{5}$

05-2 답 $\mathbf{\frac{14}{3}}$

직선 $3x-y-6=0$, 즉 $y=3x-6$에 평행한 직선의 기울기는 3

타원 $\frac{x^2}{5}+\frac{y^2}{4}=1$에 접하고 기울기가 3인 직선의 방정식은

$y=3x\pm\sqrt{5\times 3^2+4} \qquad \therefore y=3x\pm 7$

즉, 두 직선이 x축과 만나는 점의 좌표는 각각

$\left(-\frac{7}{3}, 0\right)$, $\left(\frac{7}{3}, 0\right)$

따라서 구하는 선분 AB의 길이는

$\left|-\frac{7}{3}-\frac{7}{3}\right|=\frac{14}{3}$

06-1 답 $\mathbf{y=-\sqrt{2}x+4}$

점 $(\sqrt{2}, 2)$가 타원 $\frac{x^2}{a}+\frac{y^2}{8}=1$ 위의 점이므로

$\frac{2}{a}+\frac{4}{8}=1 \qquad \therefore a=4$

따라서 타원 $\frac{x^2}{4}+\frac{y^2}{8}=1$ 위의 점 $(\sqrt{2}, 2)$에서의 접선의 방정식은

$\frac{\sqrt{2}x}{4}+\frac{2y}{8}=1$

$\therefore y=-\sqrt{2}x+4$

다른 풀이 판별식 이용

점 $(\sqrt{2}, 2)$가 타원 $\frac{x^2}{a}+\frac{y^2}{8}=1$ 위의 점이므로

$\frac{2}{a}+\frac{4}{8}=1 \qquad \therefore a=4$

점 $(\sqrt{2}, 2)$를 지나고 기울기가 $m\,(m\neq 0)$인 직선의 방정식은

$y-2=m(x-\sqrt{2}) \qquad \therefore y=mx-\sqrt{2}m+2$

이를 $\frac{x^2}{4}+\frac{y^2}{8}=1$, 즉 $2x^2+y^2=8$에 대입하면

$2x^2+(mx-\sqrt{2}m+2)^2=8$

$\therefore (m^2+2)x^2-2(\sqrt{2}m^2-2m)x+2m^2-4\sqrt{2}m-4=0$

이 이차방정식의 판별식을 D라 하면 $D=0$이어야 하므로

$\frac{D}{4}=(\sqrt{2}m^2-2m)^2-(m^2+2)(2m^2-4\sqrt{2}m-4)=0$

$m^2+2\sqrt{2}m+2=0$, $(m+\sqrt{2})^2=0 \qquad \therefore m=-\sqrt{2}$

따라서 구하는 접선의 방정식은 $y=-\sqrt{2}x+4$

06-2 답 $\mathbf{\frac{9}{2}}$

타원 $2x^2+y^2=6$ 위의 점 $(1, -2)$에서의 접선의 방정식은

$2x-2y=6 \qquad \therefore y=x-3$

따라서 $\mathrm{P}(3, 0)$, $\mathrm{Q}(0, -3)$이므로 구하는 삼각형의 넓이는

$\frac{1}{2}\times 3\times 3=\frac{9}{2}$

07-1 답 $\mathbf{y=-\sqrt{2}x+\sqrt{2}}$ **또는** $\mathbf{y=\sqrt{2}x-\sqrt{2}}$

접점의 좌표를 (x_1, y_1)이라 하면 접선의 방정식은

$2x_1x+y_1y=1$

이 직선이 점 $(1, 0)$을 지나므로

$2x_1=1 \qquad \therefore x_1=\frac{1}{2}$ …… ㉠

또 점 (x_1, y_1)은 타원 $2x^2+y^2=1$ 위의 점이므로

$2x_1^2+y_1^2=1$ …… ㉡

㉠을 ㉡에 대입하면

$\frac{1}{2}+y_1^2=1$, $y_1^2=\frac{1}{2} \qquad \therefore y_1=\pm\frac{\sqrt{2}}{2}$

따라서 구하는 접선의 방정식은

$y=-\sqrt{2}x+\sqrt{2}$ 또는 $y=\sqrt{2}x-\sqrt{2}$

다른 풀이 판별식 이용

점 $(1, 0)$을 지나고 기울기가 $m\,(m\neq 0)$인 직선의 방정식은

$y=m(x-1) \qquad \therefore y=mx-m$

이를 $2x^2+y^2=1$에 대입하면

$2x^2+(mx-m)^2=1$

$\therefore (m^2+2)x^2-2m^2x+m^2-1=0$

이 이차방정식의 판별식을 D라 하면 $D=0$이어야 하므로

$\frac{D}{4}=m^4-(m^2+2)(m^2-1)=0$

$m^2=2 \qquad \therefore m=\pm\sqrt{2}$

따라서 구하는 접선의 방정식은

$y=-\sqrt{2}x+\sqrt{2}$ 또는 $y=\sqrt{2}x-\sqrt{2}$

07-2 답 $\mathbf{\frac{32}{5}}$

접점의 좌표를 (x_1, y_1)이라 하면 접선의 방정식은

$\frac{x_1x}{16}+\frac{y_1y}{9}=1$

이 직선이 점 $(0, 5)$를 지나므로

$\frac{5y_1}{9}=1 \qquad \therefore y_1=\frac{9}{5}$ …… ㉠

또 점 (x_1, y_1)은 타원 $\frac{x^2}{16}+\frac{y^2}{9}=1$ 위의 점이므로

$\frac{x_1^2}{16}+\frac{y_1^2}{9}=1$ …… ㉡

㉠을 ㉡에 대입하면

$\frac{x_1^2}{16}+\frac{9}{25}=1$, $x_1^2=\frac{256}{25}$ $\therefore x_1=\pm\frac{16}{5}$

즉, 두 접선의 접점의 좌표는

$\left(-\frac{16}{5}, \frac{9}{5}\right)$, $\left(\frac{16}{5}, \frac{9}{5}\right)$

따라서 구하는 선분 AB의 길이는

$\left|-\frac{16}{5}-\frac{16}{5}\right|=\frac{32}{5}$

4 쌍곡선의 접선의 방정식

개념 CHECK 59쪽

1 답 (1) $y=2x\pm2\sqrt{6}$ (2) $y=-x\pm2$

2 답 (1) $y=-2x-2$ (2) $y=\frac{2}{3}x+\frac{5}{3}$

문제 60~62쪽

08-1 답 $y=2x\pm2\sqrt{3}$

직선 $x+2y+4=0$, 즉 $y=-\frac{1}{2}x-2$에 수직인 직선의 기울기는 2

쌍곡선 $x^2-y^2=4$, 즉 $\frac{x^2}{4}-\frac{y^2}{4}=1$에 접하고 기울기가 2인 직선의 방정식은

$y=2x\pm\sqrt{4\times2^2-4}$ $\therefore y=2x\pm2\sqrt{3}$

다른 풀이 판별식 이용

직선 $x+2y+4=0$, 즉 $y=-\frac{1}{2}x-2$에 수직인 직선의 기울기는 2이므로 직선의 방정식은

$y=2x+k$ (단, k는 상수)

이를 $x^2-y^2=4$에 대입하면

$x^2-(2x+k)^2=4$

$\therefore 3x^2+4kx+k^2+4=0$

이 이차방정식의 판별식을 D라 하면 $D=0$이어야 하므로

$\frac{D}{4}=(2k)^2-3(k^2+4)=0$

$k^2=12$ $\therefore k=\pm2\sqrt{3}$

따라서 구하는 직선의 방정식은

$y=2x\pm2\sqrt{3}$

08-2 답 $2\sqrt{2}$

쌍곡선 $\frac{x^2}{2}-\frac{y^2}{6}=-1$에 접하고 기울기가 1인 직선의 방정식은

$y=x\pm\sqrt{6-2\times1^2}$ $\therefore y=x\pm2$

따라서 두 직선 사이의 거리는 직선 $y=x+2$ 위의 점 $(0, 2)$와 직선 $y=x-2$, 즉 $x-y-2=0$ 사이의 거리와 같으므로

$\frac{|-2-2|}{\sqrt{1^2+(-1)^2}}=\frac{4}{\sqrt{2}}=2\sqrt{2}$

09-1 답 2

점 $(4, a)$가 쌍곡선 $\frac{x^2}{12}-\frac{y^2}{3}=1$ 위의 점이므로

$\frac{16}{12}-\frac{a^2}{3}=1$, $a^2=1$ $\therefore a=-1$ ($\because a<0$)

따라서 쌍곡선 $\frac{x^2}{12}-\frac{y^2}{3}=1$ 위의 점 $(4, -1)$에서의 접선의 방정식은

$\frac{4x}{12}+\frac{y}{3}=1$ $\therefore y=-x+3$

이 직선이 점 $(b, 0)$을 지나므로

$0=-b+3$ $\therefore b=3$

$\therefore a+b=-1+3=2$

다른 풀이 판별식 이용

점 $(4, a)$가 쌍곡선 $\frac{x^2}{12}-\frac{y^2}{3}=1$ 위의 점이므로

$\frac{16}{12}-\frac{a^2}{3}=1$, $a^2=1$ $\therefore a=-1$ ($\because a<0$)

점 $(4, -1)$을 지나고 기울기가 $m\,(m\neq0)$인 직선의 방정식은

$y+1=m(x-4)$ $\therefore y=mx-4m-1$

이를 $\frac{x^2}{12}-\frac{y^2}{3}=1$, 즉 $x^2-4y^2=12$에 대입하면

$x^2-4(mx-4m-1)^2=12$

$\therefore (4m^2-1)x^2-8(4m^2+m)x+64m^2+32m+16=0$

이 이차방정식의 판별식을 D라 하면 $D=0$이어야 하므로

$\frac{D}{4}=\{4(4m^2+m)\}^2-(4m^2-1)(64m^2+32m+16)=0$

$m^2+2m+1=0$, $(m+1)^2=0$ $\therefore m=-1$

따라서 접선의 방정식은 $y=-x+3$

이 직선이 점 $(b, 0)$을 지나므로

$0=-b+3$ $\therefore b=3$

$\therefore a+b=-1+3=2$

09-2 답 5

점 $(1, 3)$이 쌍곡선 $ax^2-by^2=-3$ 위의 점이므로

$a-9b=-3$ …… ㉠

쌍곡선 $ax^2-by^2=-3$ 위의 점 $(1, 3)$에서의 접선의 방정식은

$ax-3by=-3 \qquad \therefore y=\frac{a}{3b}x+\frac{1}{b}$

이때 접선의 기울기가 2이므로

$\frac{a}{3b}=2 \qquad \therefore a=6b \qquad \cdots\cdots$ ㉡

㉠, ㉡을 연립하여 풀면 $a=6$, $b=1 \qquad \therefore a-b=5$

10-1 답 $y=-\frac{\sqrt{2}}{2}x+1$ 또는 $y=\frac{\sqrt{2}}{2}x+1$

접점의 좌표를 (x_1, y_1)이라 하면 접선의 방정식은

$x_1x-4y_1y=4$

이 직선이 점 $(0, 1)$을 지나므로

$-4y_1=4 \qquad \therefore y_1=-1 \qquad \cdots\cdots$ ㉠

또 점 (x_1, y_1)은 쌍곡선 $x^2-4y^2=4$ 위의 점이므로

$x_1^2-4y_1^2=4 \qquad \cdots\cdots$ ㉡

㉠을 ㉡에 대입하면 $x_1^2-4=4$, $x_1^2=8 \qquad \therefore x_1=\pm 2\sqrt{2}$

따라서 구하는 접선의 방정식은

$y=-\frac{\sqrt{2}}{2}x+1$ 또는 $y=\frac{\sqrt{2}}{2}x+1$

다른 풀이 판별식 이용

점 $(0, 1)$을 지나고 기울기가 $m\,(m\neq 0)$인 직선의 방정식은

$y-1=mx \qquad \therefore y=mx+1$

이를 $x^2-4y^2=4$에 대입하면

$x^2-4(mx+1)^2=4 \qquad \therefore (4m^2-1)x^2+8mx+8=0$

이 이차방정식의 판별식을 D라 하면 $D=0$이어야 하므로

$\frac{D}{4}=(4m)^2-8(4m^2-1)=0$

$m^2=\frac{1}{2} \qquad \therefore m=\pm\frac{\sqrt{2}}{2}$

따라서 구하는 접선의 방정식은

$y=-\frac{\sqrt{2}}{2}x+1$ 또는 $y=\frac{\sqrt{2}}{2}x+1$

10-2 답 1

접점의 좌표를 (x_1, y_1)이라 하면 접선의 방정식은

$2x_1x-y_1y=-2$

이 직선이 점 $(0, -1)$을 지나므로 $y_1=-2 \qquad \cdots\cdots$ ㉠

또 점 (x_1, y_1)은 쌍곡선 $2x^2-y^2=-2$ 위의 점이므로

$2x_1^2-y_1^2=-2 \qquad \cdots\cdots$ ㉡

㉠을 ㉡에 대입하면

$2x_1^2-4=-2$, $x_1^2=1 \qquad \therefore x_1=\pm 1$

즉, 접선의 방정식은 $y=-x-1$ 또는 $y=x-1$

따라서 구하는 삼각형의 넓이는

$\frac{1}{2}\times 2\times 1=1$

연습문제

64~66쪽

1 ③	**2** 0	**3** ④	**4** -12	**5** ③
6 $\left(1, \frac{5}{2}\right)$	**7** $8\sqrt{2}$	**8** 48	**9** ④	**10** 4
11 5	**12** ⑤	**13** ③	**14** 52	**15** ③
16 32	**17** $5\sqrt{2}$	**18** 32	**19** 15	**20** ②

1 $y=m(x-2)$를 $x^2+\frac{y^2}{36}=1$에 대입하면

$x^2+\frac{\{m(x-2)\}^2}{36}=1$

$\therefore (m^2+36)x^2-4m^2x+4m^2-36=0$

이 이차방정식의 판별식을 D라 하면 $D>0$이어야 하므로

$\frac{D}{4}=(2m^2)^2-(m^2+36)(4m^2-36)>0$

$m^2<12 \qquad \therefore -2\sqrt{3}<m<2\sqrt{3}$

따라서 정수 m은 $-3, -2, -1, 0, 1, 2, 3$의 7개이다.

2 직선 $2x+y+4=0$, 즉 $y=-2x-4$에 평행한 직선의 기울기는 -2

$y^2=4\times 4\times x$이므로 포물선 $y^2=16x$에 접하고 기울기가 -2인 직선의 방정식은

$y=-2x-2$

따라서 이 직선이 점 $(-1, a)$를 지나므로

$a=0$

3 이차방정식 $2x^2-3x+1=0$에서

$(2x-1)(x-1)=0 \qquad \therefore x=\frac{1}{2}$ 또는 $x=1$

이때 $m_1=\frac{1}{2}$, $m_2=1$이라 하자.

$y^2=4\times 2\times x$이므로 포물선 $y^2=8x$에 접하고 기울기가 $\frac{1}{2}$인 직선 l_1의 방정식은

$y=\frac{1}{2}x+4$

또 포물선 $y^2=8x$에 접하고 기울기가 1인 직선 l_2의 방정식은

$y=x+2$

따라서 두 직선 l_1, l_2의 교점의 x좌표는

$\frac{1}{2}x+4=x+2 \qquad \therefore x=4$

4 $y^2=4\times 3\times x$이므로 포물선 $y^2=12x$ 위의 점 $(3, -6)$에서의 접선의 방정식은

$-6y=6(x+3) \qquad \therefore y=-x-3$

이 직선이 포물선 $x^2=ay$의 초점 $\left(0, \frac{a}{4}\right)$를 지나므로

$\frac{a}{4}=-3 \qquad \therefore a=-12$

5 $y^2=4\times4\times x$이므로 포물선 $y^2=16x$ 위의 점 $A(1, 4)$에서의 접선의 방정식은

$4y=8(x+1)$ $\qquad\therefore y=2x+2$

$\therefore C(-1, 0)$

포물선 $y^2=16x$의 준선의 방정식은 $x=-4$이므로

$B(-4, -6)$, $D(-4, 0)$

따라서 구하는 삼각형의 넓이는

$\frac{1}{2}\times3\times6=9$

6 $x^2=4\times1\times y$이므로 접점의 좌표를 (x_1, y_1)이라 하면 접선의 방정식은

$x_1x=2(y+y_1)$

이 직선이 점 $(1, -2)$를 지나므로

$x_1=2(-2+y_1)$

$\therefore x_1=2y_1-4$ $\quad\cdots\cdots$ ㉠

또 점 (x_1, y_1)은 포물선 $x^2=4y$ 위의 점이므로

$x_1^2=4y_1$ $\quad\cdots\cdots$ ㉡

㉠을 ㉡에 대입하면

$(2y_1-4)^2=4y_1$, $y_1^2-5y_1+4=0$

$(y_1-1)(y_1-4)=0$

$\therefore y_1=1$ 또는 $y_1=4$

㉠에서 $y_1=1$일 때 $x_1=-2$, $y_1=4$일 때 $x_1=4$이므로 두 접선의 접점의 좌표는

$(-2, 1)$, $(4, 4)$

따라서 선분 PQ의 중점의 좌표는

$\left(\frac{-2+4}{2}, \frac{1+4}{2}\right)$ $\qquad\therefore \left(1, \frac{5}{2}\right)$

7 타원 $\frac{x^2}{a^2}+\frac{y^2}{b^2}=1$이 점 $(4, 0)$을 지나므로

$\frac{16}{a^2}=1$, $a^2=16$ $\qquad\therefore a=4$ $(\because a>0)$

직선 $x-4y+12=0$, 즉 $y=\frac{1}{4}x+3$의 기울기는 $\frac{1}{4}$이므로 타원 $\frac{x^2}{16}+\frac{y^2}{b^2}=1$에 접하고 기울기가 $\frac{1}{4}$인 직선의 방정식은

$y=\frac{1}{4}x\pm\sqrt{16\times\left(\frac{1}{4}\right)^2+b^2}$

$\therefore y=\frac{1}{4}x\pm\sqrt{b^2+1}$

즉, 직선 $y=\frac{1}{4}x+\sqrt{b^2+1}$이 직선 $y=\frac{1}{4}x+3$과 일치하므로

$\sqrt{b^2+1}=3$, $b^2=8$

$\therefore b=2\sqrt{2}$ $(\because b>0)$

$\therefore ab=4\times2\sqrt{2}=8\sqrt{2}$

8 오른쪽 그림과 같이 타원 $\frac{x^2}{9}+\frac{y^2}{16}=1$의 네 꼭짓점을 $A(-3, 0)$, $A'(3, 0)$, $B(0, 4)$, $B'(0, -4)$라 하고, 마름모 $ABA'B'$과 각 변이 평행하고 타원에 외접하는 마름모를 $PQP'Q'$이라 하자.

직선 AB의 기울기가 $\frac{4}{3}$이고 두 변 AB, PQ가 평행하므로 직선 PQ의 기울기도 $\frac{4}{3}$이다.

이때 타원 $\frac{x^2}{9}+\frac{y^2}{16}=1$에 접하고 기울기가 $\frac{4}{3}$인 직선의 방정식은

$y=\frac{4}{3}x\pm\sqrt{9\times\left(\frac{4}{3}\right)^2+16}$

$\therefore y=\frac{4}{3}x\pm4\sqrt{2}$

그런데 직선 PQ의 y절편은 양수이므로 직선 PQ의 방정식은

$y=\frac{4}{3}x+4\sqrt{2}$

즉, $P(-3\sqrt{2}, 0)$, $Q(0, 4\sqrt{2})$이므로 삼각형 OPQ의 넓이는

$\frac{1}{2}\times3\sqrt{2}\times4\sqrt{2}=12$

따라서 구하는 마름모의 넓이는

$4\times12=48$

9 타원 $x^2+2y^2=6$ 위의 점 $(2, -1)$에서의 접선의 방정식은

$2x-2y=6$

$\therefore y=x-3$

이 직선에 수직인 직선의 기울기는 -1이므로 점 $(-3, 2)$를 지나고 기울기가 -1인 직선의 방정식은

$y-2=-(x+3)$

$\therefore x+y+1=0$

따라서 $a=1$, $b=1$이므로

$a+b=2$

10 점 $(a, 2a)$가 타원 $4x^2+y^2=8$ 위의 점이므로

$4a^2+4a^2=8$, $a^2=1$

$\therefore a=1$ $(\because a>0)$

이때 타원 $4x^2+y^2=8$ 위의 점 $(1, 2)$에서의 접선의 방정식은

$4x+2y=8$

$\therefore y=-2x+4$

이 직선이 점 $(0, b)$를 지나므로 $b=4$

$\therefore ab=1\times4=4$

11 접점의 좌표를 (x_1, y_1)이라 하면 접선의 방정식은

$4x_1x+9y_1y=36$

이 직선이 점 $(3, 4)$를 지나므로

$12x_1+36y_1=36$

$\therefore y_1=-\frac{1}{3}x_1+1$ ...... ㉠

또 점 (x_1, y_1)은 타원 $4x^2+9y^2=36$ 위의 점이므로

$4x_1^2+9y_1^2=36$ ...... ㉡

㉠을 ㉡에 대입하면

$4x_1^2+9\left(-\frac{1}{3}x_1+1\right)^2=36$

$5x_1^2-6x_1-27=0$, $(5x_1+9)(x_1-3)=0$

$\therefore x_1=-\frac{9}{5}$ 또는 $x_1=3$

㉠에서 $x_1=-\frac{9}{5}$일 때 $y_1=\frac{8}{5}$, $x_1=3$일 때 $y_1=0$이므로 접선의 방정식은

$y=\frac{1}{2}x+\frac{5}{2}$ 또는 $x=3$

따라서 접선 중 직선 $y=\frac{1}{2}x+\frac{5}{2}$가 점 $(5, k)$를 지나므로

$k=\frac{5}{2}+\frac{5}{2}=5$

12 쌍곡선 $\frac{x^2}{16}-\frac{y^2}{25}=-1$에 접하고 기울기가 1인 직선의 방정식은

$y=x\pm\sqrt{25-16\times1^2}$ $\quad\therefore y=x\pm3$

이때 y절편이 양수인 직선은

$y=x+3$

따라서 구하는 삼각형의 넓이는

$\frac{1}{2}\times3\times3=\frac{9}{2}$

13 쌍곡선 $x^2-y^2=5$ 위의 점 $(3, 2)$에서의 접선의 방정식은

$3x-2y=5$

쌍곡선 $x^2-y^2=5$, 즉 $\frac{x^2}{5}-\frac{y^2}{5}=1$의 두 초점 F, F′은

$F(\sqrt{10}, 0)$, $F'(-\sqrt{10}, 0)$

따라서 초점 $F(\sqrt{10}, 0)$과 직선 $3x-2y=5$, 즉 $3x-2y-5=0$ 사이의 거리는

$\overline{FP}=\frac{|3\sqrt{10}-5|}{\sqrt{3^2+(-2)^2}}=\frac{3\sqrt{10}-5}{\sqrt{13}}$

초점 $F'(-\sqrt{10}, 0)$과 직선 $3x-2y-5=0$ 사이의 거리는

$\overline{F'Q}=\frac{|-3\sqrt{10}-5|}{\sqrt{3^2+(-2)^2}}=\frac{3\sqrt{10}+5}{\sqrt{13}}$

$\therefore \overline{FP}\times\overline{F'Q}=\frac{3\sqrt{10}-5}{\sqrt{13}}\times\frac{3\sqrt{10}+5}{\sqrt{13}}$

$=\frac{(3\sqrt{10})^2-5^2}{13}=5$

14 쌍곡선 $\frac{x^2}{12}-\frac{y^2}{8}=1$ 위의 점 (a, b)에서의 접선의 방정식은

$\frac{ax}{12}-\frac{by}{8}=1$

이 직선이 타원 $\frac{(x-2)^2}{4}+y^2=1$의 넓이를 이등분하려면 타원의 중심인 점 $(2, 0)$을 지나야 하므로

$\frac{a}{6}=1$ $\quad\therefore a=6$

점 $(6, b)$는 쌍곡선 $\frac{x^2}{12}-\frac{y^2}{8}=1$ 위의 점이므로

$\frac{36}{12}-\frac{b^2}{8}=1$ $\quad\therefore b^2=16$

$\therefore a^2+b^2=36+16=52$

15 접점의 좌표를 (x_1, y_1)이라 하면 접선의 방정식은

$x_1x-y_1y=1$

이 직선이 점 $(1, 3)$을 지나므로

$x_1-3y_1=1$

$\therefore x_1=3y_1+1$ ...... ㉠

또 점 (x_1, y_1)은 쌍곡선 $x^2-y^2=1$ 위의 점이므로

$x_1^2-y_1^2=1$ ...... ㉡

㉠을 ㉡에 대입하면

$(3y_1+1)^2-y_1^2=1$, $8y_1^2+6y_1=0$

$2y_1(4y_1+3)=0$

$\therefore y_1=-\frac{3}{4}$ 또는 $y_1=0$

㉠에서 $y_1=-\frac{3}{4}$일 때 $x_1=-\frac{5}{4}$, $y_1=0$일 때 $x_1=1$이므로 두 접선의 접점의 좌표는

$\left(-\frac{5}{4}, -\frac{3}{4}\right)$, $(1, 0)$

따라서 구하는 삼각형의 넓이는

$\frac{1}{2}\times1\times\frac{3}{4}=\frac{3}{8}$

16 포물선 $y^2=12x$의 준선의 방정식은 $x=-3$

오른쪽 그림과 같이 점 A에서 준선에 내린 수선의 발을 H라 하면 포물선의 정의에 의하여

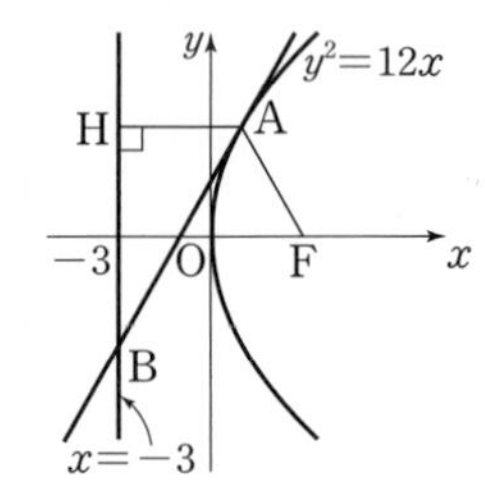

$\overline{AF}=\overline{AH}$

이때 $\overline{AB}=2\overline{AF}$에서

$\overline{AB}=2\overline{AH}$이므로 직각삼각형 AHB에서

$\overline{AB}:\overline{AH}=2:1$

즉, $\angle BAH=60°$이므로 직선 AB가 x축의 양의 방향과 이루는 각의 크기는 $60°$이다.

이때 $y^2=4\times3\times x$이므로 포물선 $y^2=12x$에 접하고 기울기가 $\tan 60°=\sqrt{3}$인 직선의 방정식은

$y=\sqrt{3}x+\frac{3}{\sqrt{3}}$ $\quad\therefore y=\sqrt{3}x+\sqrt{3}$

이를 $y^2=12x$에 대입하면

$(\sqrt{3}x+\sqrt{3})^2=12x,\ x^2-2x+1=0$

$(x-1)^2=0$ $\quad\therefore x=1$

따라서 점 A의 x좌표가 1이므로

$\overline{AF}=\overline{AH}=1-(-3)=4$

$\therefore \overline{AB}=2\overline{AF}=8$

$\therefore \overline{AB}\times\overline{AF}=32$

17 오른쪽 그림과 같이 타원 $\frac{x^2}{9}+\frac{y^2}{7}=1$ 위의 점 P에서 그은 접선이 직선 $y=x+6$과 평행하고 y절편이 음수일 때 점 P와 직선 $y=x+6$ 사이의 거리가 최대이다.

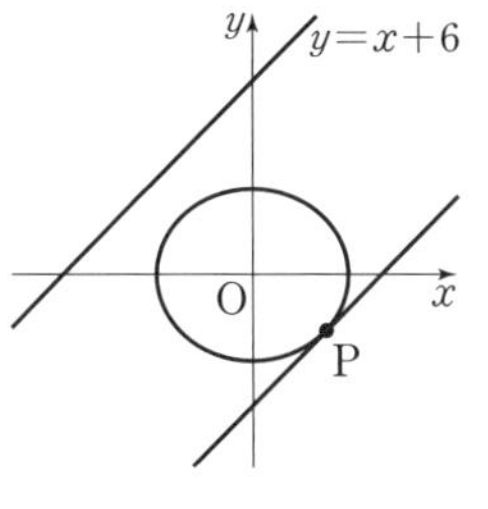

직선 $y=x+6$에 평행한 직선의 기울기는 1이므로 타원 $\frac{x^2}{9}+\frac{y^2}{7}=1$에 접하고 기울기가 1인 직선의 방정식은

$y=x\pm\sqrt{9\times1^2+7}$ $\quad\therefore y=x\pm4$

이때 구하는 거리의 최댓값은 직선 $y=x-4$와 직선 $y=x+6$ 사이의 거리이다.

따라서 직선 $y=x-4$ 위의 점 $(0,\ -4)$와 직선 $y=x+6$, 즉 $x-y+6=0$ 사이의 거리와 같으므로

$\frac{|4+6|}{\sqrt{1^2+(-1)^2}}=\frac{10}{\sqrt{2}}=5\sqrt{2}$

18 접점의 좌표를 $(x_1,\ y_1)$이라 하면 접선의 방정식은

$\frac{x_1x}{8}+\frac{y_1y}{2}=1$

이 직선이 점 $(0,\ 2)$를 지나므로

$y_1=1$ $\quad\cdots\cdots$ ㉠

또 점 $(x_1,\ y_1)$은 타원 $\frac{x^2}{8}+\frac{y^2}{2}=1$ 위의 점이므로

$\frac{{x_1}^2}{8}+\frac{{y_1}^2}{2}=1$ $\quad\cdots\cdots$ ㉡

㉠을 ㉡에 대입하면

$\frac{{x_1}^2}{8}+\frac{1}{2}=1,\ {x_1}^2=4$

$\therefore x_1=\pm2$

따라서 $P(-2,\ 1)$, $Q(2,\ 1)$이므로 $\overline{PQ}=4$

한편 타원 $\frac{x^2}{8}+\frac{y^2}{2}=1$의 장축의 길이는 $4\sqrt{2}$이므로 타원의 다른 한 초점을 F′이라 하면 타원의 정의에 의하여

$\overline{PF}+\overline{PF'}=\overline{QF}+\overline{QF'}=4\sqrt{2}$

이때 두 점 P, Q와 두 점 F, F′은 각각 y축에 대하여 대칭이므로

$\overline{PF'}=\overline{QF}$

$\therefore \overline{PF}+\overline{QF}=4\sqrt{2}$

따라서 삼각형 PFQ의 둘레의 길이는

$\overline{PF}+\overline{QF}+\overline{PQ}=4\sqrt{2}+4$

즉, $a=4$, $b=4$이므로

$a^2+b^2=16+16=32$

19 쌍곡선 $\frac{x^2}{a^2}-\frac{y^2}{b^2}=1$의 두 초점이 $F(3,\ 0)$, $F'(-3,\ 0)$이므로

$a^2+b^2=9$ $\quad\cdots\cdots$ ㉠

쌍곡선 $\frac{x^2}{a^2}-\frac{y^2}{b^2}=1$ 위의 점 $P(4,\ k)$에서의 접선의 방정식은

$\frac{4x}{a^2}-\frac{ky}{b^2}=1$ $\quad\cdots\cdots$ ㉡

선분 F′F를 2 : 1로 내분하는 점의 좌표는

$\left(\frac{2\times3+1\times(-3)}{2+1},\ \frac{2\times0+1\times0}{2+1}\right)$

$\therefore (1,\ 0)$

이때 직선 ㉡이 점 $(1,\ 0)$을 지나므로

$\frac{4}{a^2}=1$ $\quad\therefore a^2=4$

이를 ㉠에 대입하여 풀면 $b^2=5$

따라서 점 $P(4,\ k)$는 쌍곡선 $\frac{x^2}{4}-\frac{y^2}{5}=1$ 위의 점이므로

$\frac{16}{4}-\frac{k^2}{5}=1$ $\quad\therefore k^2=15$

20 쌍곡선 $x^2-3y^2=12$, 즉 $\frac{x^2}{12}-\frac{y^2}{4}=1$에 접하고 기울기가 $m\,(m\neq0)$인 직선의 방정식은

$y=mx\pm\sqrt{12m^2-4}$

이 직선이 점 $(a,\ 1)$을 지나므로

$1=am\pm\sqrt{12m^2-4}$

$\therefore 1-am=\pm\sqrt{12m^2-4}$

양변을 제곱하면

$1-2am+a^2m^2=12m^2-4$

$\therefore (a^2-12)m^2-2am+5=0$ $\quad\cdots\cdots$ ㉠

두 접선이 서로 수직이면 이차방정식 ㉠의 두 근의 곱이 -1이므로

$\frac{5}{a^2-12}=-1,\ a^2=7$

$\therefore a=-\sqrt{7}$ 또는 $a=\sqrt{7}$

따라서 모든 a의 값의 합은

$-\sqrt{7}+\sqrt{7}=0$

Ⅱ-1 01 벡터의 연산

1 벡터의 뜻

개념 CHECK 69쪽

1 답 (1) $\vec{e}$, $\vec{h}$ (2) $\vec{c}$, $\vec{e}$, $\vec{i}$ (3) $\vec{e}$ (4) $\vec{i}$

문제 70쪽

01-1 답 (1) $\overrightarrow{\mathrm{DA}}$, $\overrightarrow{\mathrm{EF}}$ (2) $\overrightarrow{\mathrm{FD}}$, $\overrightarrow{\mathrm{EB}}$, $\overrightarrow{\mathrm{CE}}$ (3) 1

(1) 서로 같은 벡터는 시점의 위치에 관계없이 크기와 방향이 각각 같은 벡터이므로 $\overrightarrow{\mathrm{BD}}$와 서로 같은 벡터는 $\overrightarrow{\mathrm{DA}}$, $\overrightarrow{\mathrm{EF}}$

(2) $\overrightarrow{\mathrm{DF}}$와 크기는 같고 방향이 반대인 벡터는 $\overrightarrow{\mathrm{FD}}$, $\overrightarrow{\mathrm{EB}}$, $\overrightarrow{\mathrm{CE}}$

(3) $|\overrightarrow{\mathrm{CF}}|=\overline{\mathrm{CF}}=\frac{1}{2}\overline{\mathrm{AC}}=1$

01-2 답 ㄷ

ㄱ. $\overrightarrow{\mathrm{CD}}=\overrightarrow{\mathrm{BA}}=-\overrightarrow{\mathrm{AB}}=-\vec{a}$

ㄴ. $\overrightarrow{\mathrm{BC}}=\overrightarrow{\mathrm{AD}}=\vec{b}$

ㄷ. $\overrightarrow{\mathrm{CA}}=-\overrightarrow{\mathrm{AC}}=-\vec{c}$

따라서 보기 중 옳은 것은 ㄷ이다.

2 벡터의 덧셈과 뺄셈

개념 CHECK 72쪽

1 답 (1)

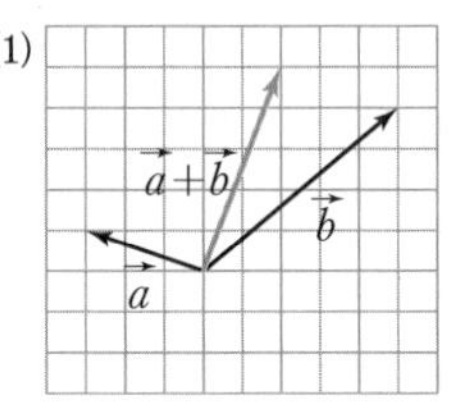

(2)

2 답 (1)

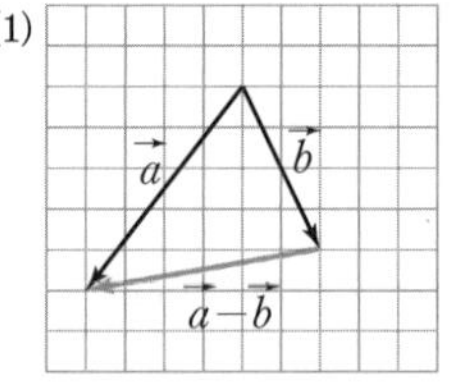

(2)

3 답 (1) $\vec{0}$ (2) $\overrightarrow{\mathrm{AD}}$ (3) $\overrightarrow{\mathrm{AE}}$ (4) $\vec{0}$

(1) $\overrightarrow{\mathrm{AB}}+\overrightarrow{\mathrm{BA}}=\overrightarrow{\mathrm{AA}}=\vec{0}$

(2) $\overrightarrow{\mathrm{AB}}+\overrightarrow{\mathrm{BC}}+\overrightarrow{\mathrm{CD}}=(\overrightarrow{\mathrm{AB}}+\overrightarrow{\mathrm{BC}})+\overrightarrow{\mathrm{CD}}$
$=\overrightarrow{\mathrm{AC}}+\overrightarrow{\mathrm{CD}}=\overrightarrow{\mathrm{AD}}$

(3) $\overrightarrow{\mathrm{BC}}+\overrightarrow{\mathrm{AB}}+\overrightarrow{\mathrm{DE}}+\overrightarrow{\mathrm{CD}}$
$=\overrightarrow{\mathrm{AB}}+\overrightarrow{\mathrm{BC}}+\overrightarrow{\mathrm{CD}}+\overrightarrow{\mathrm{DE}}$
$=(\overrightarrow{\mathrm{AB}}+\overrightarrow{\mathrm{BC}})+(\overrightarrow{\mathrm{CD}}+\overrightarrow{\mathrm{DE}})$
$=\overrightarrow{\mathrm{AC}}+\overrightarrow{\mathrm{CE}}=\overrightarrow{\mathrm{AE}}$

(4) $\overrightarrow{\mathrm{AB}}+\overrightarrow{\mathrm{CD}}-\overrightarrow{\mathrm{CB}}+\overrightarrow{\mathrm{DA}}$
$=\overrightarrow{\mathrm{AB}}-\overrightarrow{\mathrm{CB}}+\overrightarrow{\mathrm{CD}}+\overrightarrow{\mathrm{DA}}$
$=\overrightarrow{\mathrm{AB}}+\overrightarrow{\mathrm{BC}}+\overrightarrow{\mathrm{CD}}+\overrightarrow{\mathrm{DA}}$
$=(\overrightarrow{\mathrm{AB}}+\overrightarrow{\mathrm{BC}})+(\overrightarrow{\mathrm{CD}}+\overrightarrow{\mathrm{DA}})$
$=\overrightarrow{\mathrm{AC}}+\overrightarrow{\mathrm{CA}}=\overrightarrow{\mathrm{AA}}=\vec{0}$

문제 73쪽

02-1 답 (1) $\vec{b}+\vec{c}$ (2) $-\vec{a}-\vec{b}$

(1) $\overrightarrow{\mathrm{AE}}=\overrightarrow{\mathrm{AF}}+\overrightarrow{\mathrm{FE}}=\overrightarrow{\mathrm{CD}}+\overrightarrow{\mathrm{BC}}=\vec{b}+\vec{c}$

(2) $\overrightarrow{\mathrm{DF}}=\overrightarrow{\mathrm{DE}}+\overrightarrow{\mathrm{EF}}=\overrightarrow{\mathrm{BA}}+\overrightarrow{\mathrm{CB}}$
$=-\overrightarrow{\mathrm{AB}}-\overrightarrow{\mathrm{BC}}=-\vec{a}-\vec{b}$

다른 풀이

(1) $\overrightarrow{\mathrm{AE}}=\overrightarrow{\mathrm{FE}}-\overrightarrow{\mathrm{FA}}=\overrightarrow{\mathrm{BC}}-\overrightarrow{\mathrm{DC}}$
$=\overrightarrow{\mathrm{BC}}+\overrightarrow{\mathrm{CD}}=\vec{b}+\vec{c}$

(2) $\overrightarrow{\mathrm{DF}}=\overrightarrow{\mathrm{EF}}-\overrightarrow{\mathrm{ED}}=\overrightarrow{\mathrm{CB}}-\overrightarrow{\mathrm{AB}}$
$=-\overrightarrow{\mathrm{BC}}-\overrightarrow{\mathrm{AB}}=-\vec{a}-\vec{b}$

02-2 답 ③

평행사변형 ABCD에서 $\overrightarrow{\mathrm{AD}}=\overrightarrow{\mathrm{BC}}$이므로
$\overrightarrow{\mathrm{AB}}+\overrightarrow{\mathrm{AD}}+\overrightarrow{\mathrm{CA}}=\overrightarrow{\mathrm{AB}}+\overrightarrow{\mathrm{BC}}+\overrightarrow{\mathrm{CA}}$
$=\overrightarrow{\mathrm{AC}}+\overrightarrow{\mathrm{CA}}=\overrightarrow{\mathrm{AA}}=\vec{0}$

3 벡터의 실수배

개념 CHECK 75쪽

1 답 (1) $7\vec{a}+\vec{b}$ (2) $2\vec{a}-5\vec{b}+13\vec{c}$

2 답 $\vec{c}$, $\vec{d}$

문제 76~81쪽

03-1 답 (1) $\frac{1}{2}\vec{a}+\frac{1}{2}\vec{b}$ (2) $-\frac{1}{2}\vec{a}+\frac{1}{2}\vec{b}$

(1) $\overrightarrow{\mathrm{AO}}=\frac{1}{2}\overrightarrow{\mathrm{AC}}=\frac{1}{2}(\overrightarrow{\mathrm{AB}}+\overrightarrow{\mathrm{AD}})$
$=\frac{1}{2}(\vec{a}+\vec{b})=\frac{1}{2}\vec{a}+\frac{1}{2}\vec{b}$

(2) $\overrightarrow{\mathrm{OD}}=\frac{1}{2}\overrightarrow{\mathrm{BD}}=\frac{1}{2}(\overrightarrow{\mathrm{AD}}-\overrightarrow{\mathrm{AB}})$
$=\frac{1}{2}(\vec{b}-\vec{a})=-\frac{1}{2}\vec{a}+\frac{1}{2}\vec{b}$

03-2 답 $\frac{1}{3}\vec{a}-\frac{1}{2}\vec{b}$

$\overrightarrow{AP}=\frac{1}{3}\overrightarrow{AB}=\frac{1}{3}\vec{a}$, $\overrightarrow{AQ}=\frac{1}{2}\overrightarrow{AC}=\frac{1}{2}\vec{b}$

$\therefore \overrightarrow{QP}=\overrightarrow{AP}-\overrightarrow{AQ}=\frac{1}{3}\vec{a}-\frac{1}{2}\vec{b}$

03-3 답 $-\frac{2}{3}\vec{a}+\frac{1}{3}\vec{b}$

변 BC의 중점을 D라 하면

$\overrightarrow{BD}=\frac{1}{2}\overrightarrow{BC}=\frac{1}{2}\vec{b}$

$\therefore \overrightarrow{AD}=\overrightarrow{BD}-\overrightarrow{BA}=\frac{1}{2}\vec{b}-\vec{a}$

$\therefore \overrightarrow{AG}=\frac{2}{3}\overrightarrow{AD}=\frac{2}{3}\left(\frac{1}{2}\vec{b}-\vec{a}\right)=-\frac{2}{3}\vec{a}+\frac{1}{3}\vec{b}$

03-4 답 $-\frac{1}{6}\vec{a}-\frac{1}{2}\vec{b}$

$\overrightarrow{AE}=\frac{1}{3}\overrightarrow{AB}=\frac{1}{3}\vec{a}$

$\overrightarrow{AO}=\frac{1}{2}\overrightarrow{AC}=\frac{1}{2}(\overrightarrow{AB}+\overrightarrow{BC})=\frac{1}{2}(\vec{a}+\vec{b})=\frac{1}{2}\vec{a}+\frac{1}{2}\vec{b}$

$\therefore \overrightarrow{OE}=\overrightarrow{AE}-\overrightarrow{AO}$

$=\frac{1}{3}\vec{a}-\left(\frac{1}{2}\vec{a}+\frac{1}{2}\vec{b}\right)=-\frac{1}{6}\vec{a}-\frac{1}{2}\vec{b}$

03-5 답 $4\sqrt{2}$

$\vec{a}+3\vec{b}+\vec{c}=\overrightarrow{AB}+3\overrightarrow{AC}+\overrightarrow{AD}=\overrightarrow{AB}+\overrightarrow{AD}+3\overrightarrow{AC}$

$=\overrightarrow{AC}+3\overrightarrow{AC}=4\overrightarrow{AC}$

이때 $|\overrightarrow{AC}|=\overline{AC}=\sqrt{1^2+1^2}=\sqrt{2}$이므로

$|\vec{a}+3\vec{b}+\vec{c}|=|4\overrightarrow{AC}|=4|\overrightarrow{AC}|=4\sqrt{2}$

04-1 답 (1) $-11\vec{a}+9\vec{b}$ (2) $\frac{3}{5}\vec{a}-\frac{2}{5}\vec{b}-\frac{4}{5}\vec{c}$

(1) $3(\vec{a}+\vec{b}+\vec{x})=4(3\vec{b}-2\vec{a})+2\vec{x}$에서

$3\vec{a}+3\vec{b}+3\vec{x}=12\vec{b}-8\vec{a}+2\vec{x}$

$\therefore \vec{x}=-11\vec{a}+9\vec{b}$

(2) $3(\vec{a}-\vec{x})-2(\vec{b}+\vec{c})=2(\vec{x}+\vec{c})$에서

$3\vec{a}-3\vec{x}-2\vec{b}-2\vec{c}=2\vec{x}+2\vec{c}$

$5\vec{x}=3\vec{a}-2\vec{b}-4\vec{c}$

$\therefore \vec{x}=\frac{3}{5}\vec{a}-\frac{2}{5}\vec{b}-\frac{4}{5}\vec{c}$

04-2 답 $\vec{x}=2\vec{a}-\vec{b}$, $\vec{y}=3\vec{a}-2\vec{b}$

$2\vec{x}-\vec{y}=\vec{a}$ …… ㉠

$-3\vec{x}+2\vec{y}=-\vec{b}$ …… ㉡

㉠×2+㉡을 하면 $\vec{x}=2\vec{a}-\vec{b}$

이를 ㉠에 대입하면

$2(2\vec{a}-\vec{b})-\vec{y}=\vec{a}$

$\therefore \vec{y}=3\vec{a}-2\vec{b}$

04-3 답 $-3\vec{a}+11\vec{b}$

$2\vec{x}+\vec{y}=4\vec{a}+2\vec{b}$ …… ㉠

$\vec{x}-3\vec{y}=-5\vec{a}+15\vec{b}$ …… ㉡

㉠×3+㉡을 하면

$7\vec{x}=7\vec{a}+21\vec{b}$ $\therefore \vec{x}=\vec{a}+3\vec{b}$

이를 ㉠에 대입하면

$2(\vec{a}+3\vec{b})+\vec{y}=4\vec{a}+2\vec{b}$ $\therefore \vec{y}=2\vec{a}-4\vec{b}$

$\therefore \vec{x}-2\vec{y}=(\vec{a}+3\vec{b})-2(2\vec{a}-4\vec{b})=-3\vec{a}+11\vec{b}$

05-1 답 (1) $m=1$, $n=-1$ (2) $m=2$, $n=1$

(1) 두 벡터가 서로 같을 조건에서

$2m+n-1=0$, $3m-2n-5=0$

$\therefore 2m+n=1$, $3m-2n=5$

두 식을 연립하여 풀면 $m=1$, $n=-1$

(2) 두 벡터가 서로 같을 조건에서

$2m=m+2n$, $3n=2m-1$

$\therefore m-2n=0$, $2m-3n=1$

두 식을 연립하여 풀면 $m=2$, $n=1$

05-2 답 -1

$m\vec{a}+2n\vec{b}=(2\vec{a}+\vec{b})m+(\vec{a}+\vec{b})n+2\vec{b}$에서

$m\vec{a}+2n\vec{b}=(2m+n)\vec{a}+(m+n+2)\vec{b}$

두 벡터가 서로 같을 조건에서

$m=2m+n$, $2n=m+n+2$

$\therefore m+n=0$, $m-n=-2$

두 식을 연립하여 풀면

$m=-1$, $n=1$ $\therefore mn=-1$

05-3 답 $k=-1$, $m=-2$

$\overrightarrow{AB}=\overrightarrow{OB}-\overrightarrow{OA}=-\vec{a}+\vec{b}$

$\overrightarrow{AC}=\overrightarrow{OC}-\overrightarrow{OA}=(2\vec{a}+k\vec{b})-\vec{a}=\vec{a}+k\vec{b}$

이때 $m\overrightarrow{AB}=2\overrightarrow{AC}$에서

$m(-\vec{a}+\vec{b})=2(\vec{a}+k\vec{b})$

$\therefore -m\vec{a}+m\vec{b}=2\vec{a}+2k\vec{b}$

따라서 $-m=2$, $m=2k$이므로

$m=-2$, $k=-1$

06-1 답 -1

두 벡터 $\vec{p}=m\vec{a}-2\vec{b}$, $\vec{q}=4\vec{a}+8\vec{b}$가 서로 평행하려면

0이 아닌 실수 k에 대하여

$m\vec{a}-2\vec{b}=k(4\vec{a}+8\vec{b})$

$\therefore m\vec{a}-2\vec{b}=4k\vec{a}+8k\vec{b}$

따라서 $m=4k$, $-2=8k$이므로

$k=-\frac{1}{4}$, $m=-1$

06-2 답 -3

두 벡터 $\vec{q}-\vec{p}$, $\vec{q}+\vec{r}$가 서로 평행하려면

$\vec{q}+\vec{r}=k(\vec{q}-\vec{p})$ …… ㉠

를 만족시키는 0이 아닌 실수 k가 존재해야 한다.

$\vec{q}-\vec{p}=(-\vec{a}+2\vec{b})-(-3\vec{a}+4\vec{b})=2\vec{a}-2\vec{b}$

$\vec{q}+\vec{r}=(-\vec{a}+2\vec{b})+(m\vec{a}+2\vec{b})=(m-1)\vec{a}+4\vec{b}$

이를 ㉠에 대입하면

$(m-1)\vec{a}+4\vec{b}=k(2\vec{a}-2\vec{b})$

$\therefore (m-1)\vec{a}+4\vec{b}=2k\vec{a}-2k\vec{b}$

따라서 $m-1=2k$, $4=-2k$이므로

$k=-2$, $m=-3$

06-3 답 ㄴ, ㄷ

ㄱ. $\vec{a}+\vec{c}=\vec{a}+(3\vec{a}+2\vec{b})=4\vec{a}+2\vec{b}=2(2\vec{a}+\vec{b})$

따라서 두 벡터 $\vec{a}+\vec{c}$, $\vec{a}+\vec{b}$는 서로 평행하지 않다.

ㄴ. $\vec{a}-\vec{c}=\vec{a}-(3\vec{a}+2\vec{b})=-2\vec{a}-2\vec{b}=-2(\vec{a}+\vec{b})$

따라서 두 벡터 $\vec{a}-\vec{c}$, $\vec{a}+\vec{b}$는 서로 평행하다.

ㄷ. $\vec{b}+\vec{c}=\vec{b}+(3\vec{a}+2\vec{b})=3\vec{a}+3\vec{b}=3(\vec{a}+\vec{b})$

따라서 두 벡터 $\vec{b}+\vec{c}$, $\vec{a}+\vec{b}$는 서로 평행하다.

ㄹ. $\vec{b}-\vec{c}=\vec{b}-(3\vec{a}+2\vec{b})=-3\vec{a}-\vec{b}=-(3\vec{a}+\vec{b})$

따라서 두 벡터 $\vec{b}-\vec{c}$, $\vec{a}+\vec{b}$는 서로 평행하지 않다.

따라서 보기 중 $\vec{a}+\vec{b}$와 서로 평행한 벡터인 것은 ㄴ, ㄷ이다.

07-1 답 $\frac{1}{2}$

세 점 A, B, C가 한 직선 위에 있으려면

$\overrightarrow{AC}=k\overrightarrow{AB}$ …… ㉠

를 만족시키는 0이 아닌 실수 k가 존재해야 한다.

$\overrightarrow{AC}=\overrightarrow{OC}-\overrightarrow{OA}=(2\vec{a}+m\vec{b})-\vec{a}=\vec{a}+m\vec{b}$

$\overrightarrow{AB}=\overrightarrow{OB}-\overrightarrow{OA}=(3\vec{a}+\vec{b})-\vec{a}=2\vec{a}+\vec{b}$

이를 ㉠에 대입하면

$\vec{a}+m\vec{b}=k(2\vec{a}+\vec{b})$ $\quad\therefore \vec{a}+m\vec{b}=2k\vec{a}+k\vec{b}$

따라서 $1=2k$, $m=k$이므로 $k=\frac{1}{2}$, $m=\frac{1}{2}$

07-2 답 2

세 점 A, B, C가 한 직선 위에 있으려면

$\overrightarrow{AC}=k\overrightarrow{AB}$ …… ㉠

를 만족시키는 0이 아닌 실수 k가 존재해야 한다.

$\overrightarrow{AC}=\overrightarrow{OC}-\overrightarrow{OA}=(3\vec{a}+6\vec{b})-(\vec{a}-2\vec{b})=2\vec{a}+8\vec{b}$

$\overrightarrow{AB}=\overrightarrow{OB}-\overrightarrow{OA}=(2\vec{a}+m\vec{b})-(\vec{a}-2\vec{b})=\vec{a}+(m+2)\vec{b}$

이를 ㉠에 대입하면

$2\vec{a}+8\vec{b}=k\{\vec{a}+(m+2)\vec{b}\}$

$\therefore 2\vec{a}+8\vec{b}=k\vec{a}+(km+2k)\vec{b}$

따라서 $2=k$, $8=km+2k$이므로 $m=2$

연습문제 82~84쪽

1 $\frac{5}{2}$	2 ④	3 ④	4 ③	5 ①
6 $-2\vec{a}+\frac{2}{3}\vec{b}$		7 ㄱ, ㄷ	8 $\sqrt{2}$	9 2
10 ②	11 5	12 4	13 12	14 ⑤
15 C, E	16 ②	17 6	18 ⑤	19 $\frac{2}{3}\pi$

1 $\overline{BD}=\sqrt{3^2+4^2}=5$이므로 $\overline{BO}=\frac{1}{2}\overline{BD}=\frac{5}{2}$

$\therefore |\overrightarrow{BO}|=\overline{BO}=\frac{5}{2}$

2 ① $\overrightarrow{AC}=\overrightarrow{OC}-\overrightarrow{OA}=-\vec{a}+\vec{c}$

② $\overrightarrow{BF}=\overrightarrow{OF}-\overrightarrow{OB}=\overrightarrow{CO}-\overrightarrow{OB}$
$=-\overrightarrow{OC}-\overrightarrow{OB}=-\vec{b}-\vec{c}$

③ $\overrightarrow{DE}=\overrightarrow{CO}=-\overrightarrow{OC}=-\vec{c}$

④ $\overrightarrow{EA}=\overrightarrow{OA}-\overrightarrow{OE}=\overrightarrow{OA}-\overrightarrow{BO}$
$=\overrightarrow{OA}+\overrightarrow{OB}=\vec{a}+\vec{b}$

⑤ $\vec{a}-\vec{b}+\vec{c}=\overrightarrow{OA}-\overrightarrow{OB}+\overrightarrow{OC}$
$=\overrightarrow{BA}+\overrightarrow{OC}=\overrightarrow{CO}+\overrightarrow{OC}$
$=\overrightarrow{CC}=\vec{0}$

$\therefore |\vec{a}-\vec{b}+\vec{c}|=0$

따라서 옳지 않은 것은 ④이다.

3 ㄱ. $\overrightarrow{AB}+\overrightarrow{BC}+\overrightarrow{CD}+\overrightarrow{DC}+\overrightarrow{DA}$
$=(\overrightarrow{AB}+\overrightarrow{BC})+\overrightarrow{CC}+\overrightarrow{DA}$
$=\overrightarrow{AC}+\overrightarrow{DA}=\overrightarrow{DA}+\overrightarrow{AC}=\overrightarrow{DC}$

ㄴ. $\overrightarrow{CD}+\overrightarrow{DA}+\overrightarrow{AB}+\overrightarrow{BD}+\overrightarrow{DB}$
$=\overrightarrow{CA}+\overrightarrow{AD}+\overrightarrow{DB}=\overrightarrow{CD}+\overrightarrow{DB}=\overrightarrow{CB}$

ㄷ. $\overrightarrow{BC}+\overrightarrow{BD}+\overrightarrow{CB}+\overrightarrow{DB}+\overrightarrow{AC}$
$=(\overrightarrow{BC}+\overrightarrow{CB})+(\overrightarrow{BD}+\overrightarrow{DB})+\overrightarrow{AC}$
$=\overrightarrow{BB}+\overrightarrow{BB}+\overrightarrow{AC}=\overrightarrow{AC}$

따라서 보기 중 옳은 것은 ㄴ, ㄷ이다.

4 $\overrightarrow{PB}+\overrightarrow{PC}=\vec{0}$에서 $\overrightarrow{PB}=-\overrightarrow{PC}$이므로 두 벡터 $\overrightarrow{PB}$, $\overrightarrow{PC}$는 크기가 같고 방향이 반대이다.

즉, 점 P는 변 BC의 중점이므로 오른쪽 그림과 같이 직각삼각형 ABC에서

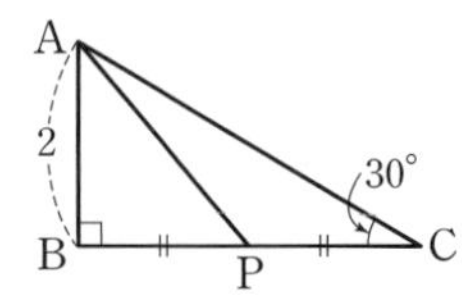

$\overline{BC}=\frac{2}{\tan 30°}=2\sqrt{3}$

$\therefore \overline{PB}=\frac{1}{2}\overline{BC}=\sqrt{3}$

따라서 $\overline{PA}=\sqrt{\overline{AB}^2+\overline{PB}^2}=\sqrt{2^2+(\sqrt{3})^2}=\sqrt{7}$이므로

$|\overrightarrow{PA}|^2=\overline{PA}^2=7$

5 $\vec{a}+\vec{b}=\overrightarrow{AC}+\overrightarrow{BA}=\overrightarrow{AC}-\overrightarrow{AB}=\overrightarrow{BC}$이고 $|\vec{a}+\vec{b}|=3$이므로

$|\overrightarrow{BC}|=3$ $\quad\therefore\ \overline{BC}=3$

또 $\vec{a}-\vec{c}=\overrightarrow{AC}-\overrightarrow{DC}=\overrightarrow{AC}+\overrightarrow{CD}=\overrightarrow{AD}$이고 $|\vec{a}-\vec{c}|=2$이므로

$|\overrightarrow{AD}|=2$ $\quad\therefore\ \overline{AD}=2$

따라서 구하는 삼각형의 넓이는

$\frac{1}{2}\times3\times2=3$

6 $\overrightarrow{AC}=\overrightarrow{BC}-\overrightarrow{BA}=\vec{b}-\vec{a}$

오른쪽 그림과 같이 변 BC를 1 : 2로 내분하는 점을 E라 하면

$\overrightarrow{BE}=\frac{1}{3}\overrightarrow{BC}=\frac{1}{3}\vec{b}$

이때 $3\overrightarrow{AD}=\overrightarrow{BC}$이므로

$\overrightarrow{AD}=\overrightarrow{BE}$

따라서 사각형 ABED는 평행사변형이므로

$\overrightarrow{BD}=\overrightarrow{BA}+\overrightarrow{BE}=\vec{a}+\frac{1}{3}\vec{b}$

$\therefore\ \overrightarrow{AC}-\overrightarrow{BD}=(\vec{b}-\vec{a})-\left(\vec{a}+\frac{1}{3}\vec{b}\right)=-2\vec{a}+\frac{2}{3}\vec{b}$

7 ㄱ. $\triangle OAE\equiv\triangle OCF$이고 $\overline{AE}=3\overline{BE}$이므로

$\overrightarrow{CF}=\overrightarrow{EA}=\frac{3}{4}\overrightarrow{BA}=-\frac{3}{4}\overrightarrow{AB}=-\frac{3}{4}\vec{a}$

ㄴ. $\overrightarrow{CA}=\overrightarrow{CB}+\overrightarrow{BA}=-\overrightarrow{BC}-\overrightarrow{AB}=-\vec{a}-\vec{b}$

$\therefore\ \overrightarrow{OA}=\frac{1}{2}\overrightarrow{CA}=\frac{1}{2}(-\vec{a}-\vec{b})=-\frac{1}{2}\vec{a}-\frac{1}{2}\vec{b}$

ㄷ. $\overrightarrow{OF}=\overrightarrow{OC}+\overrightarrow{CF}=\frac{1}{2}\overrightarrow{AC}+\overrightarrow{CF}$

$=\frac{1}{2}(\overrightarrow{AB}+\overrightarrow{BC})+\overrightarrow{CF}$

$=\frac{1}{2}(\vec{a}+\vec{b})+\left(-\frac{3}{4}\vec{a}\right)$ ($\because$ ㄱ)

$=-\frac{1}{4}\vec{a}+\frac{1}{2}\vec{b}$

따라서 보기 중 옳은 것은 ㄱ, ㄷ이다.

8 오른쪽 그림과 같이 두 선분 AB, BC를 이웃하는 두 변으로 하는 정사각형의 나머지 꼭짓점을 E라 하면

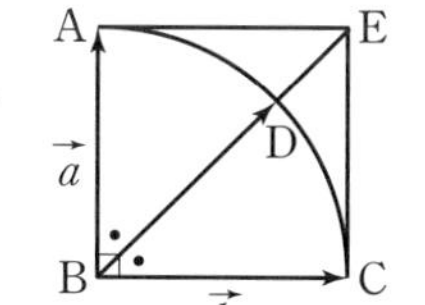

$\overrightarrow{BE}=\sqrt{2}\,\overrightarrow{BD}$

$\overrightarrow{BE}=\overrightarrow{BA}+\overrightarrow{BC}$이므로

$\sqrt{2}\,\overrightarrow{BD}=\overrightarrow{BA}+\overrightarrow{BC}$

$\sqrt{2}\,\overrightarrow{BD}=\vec{a}+\vec{b}$

$\therefore\ \overrightarrow{BD}=\frac{\sqrt{2}}{2}\vec{a}+\frac{\sqrt{2}}{2}\vec{b}$

따라서 $m=\frac{\sqrt{2}}{2}$, $n=\frac{\sqrt{2}}{2}$이므로 $m+n=\sqrt{2}$

9 $\vec{a}+\vec{b}+\vec{c}=\overrightarrow{AB}+\overrightarrow{AD}+\overrightarrow{BD}$

$=(\overrightarrow{AB}+\overrightarrow{BD})+\overrightarrow{AD}$

$=\overrightarrow{AD}+\overrightarrow{AD}=2\overrightarrow{AD}$

이때 $|\vec{a}+\vec{b}+\vec{c}|=4$이므로 $|2\overrightarrow{AD}|=4$

$2|\overrightarrow{AD}|=4$, $|\overrightarrow{AD}|=2$ $\quad\therefore\ \overline{AD}=2$

따라서 정사각형의 한 변의 길이는 2이다.

10 $2(\vec{x}-\vec{y})+3\vec{y}=2\vec{x}+\vec{y}$

$=2(7\vec{a}-3\vec{b})+(-2\vec{a}+5\vec{b})$

$=12\vec{a}-\vec{b}$

11 $(m+n)(\vec{a}+\vec{b})=3(\vec{a}+n\vec{b})+6\vec{b}$에서

$(m+n)\vec{a}+(m+n)\vec{b}=3\vec{a}+(3n+6)\vec{b}$

두 벡터가 서로 같을 조건에서

$m+n=3$, $m+n=3n+6$

$\therefore\ m+n=3$, $m-2n=6$

두 식을 연립하여 풀면

$m=4$, $n=-1$ $\quad\therefore\ m-n=5$

12 오른쪽 그림과 같이 두 점 A, B에 대하여 $\overrightarrow{OA}=\vec{a}$, $\overrightarrow{OB}=\vec{b}$라 하면

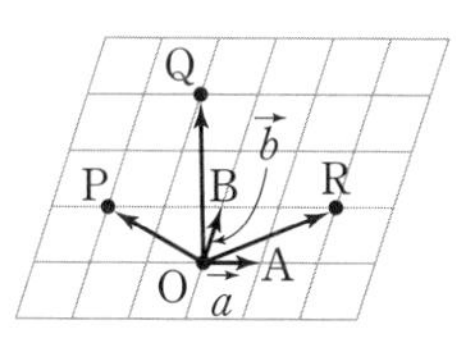

$\overrightarrow{OP}=-2\vec{a}+\vec{b}$

$\overrightarrow{OQ}=-\vec{a}+3\vec{b}$

$\overrightarrow{OR}=2\vec{a}+\vec{b}$

이를 $\overrightarrow{OQ}=t\overrightarrow{OP}+s\overrightarrow{OR}$에 대입하면

$-\vec{a}+3\vec{b}=t(-2\vec{a}+\vec{b})+s(2\vec{a}+\vec{b})$

$\therefore\ -\vec{a}+3\vec{b}=(-2t+2s)\vec{a}+(t+s)\vec{b}$

따라서 $-1=-2t+2s$, $3=t+s$이므로 두 식을 연립하여 풀면

$t=\frac{7}{4}$, $s=\frac{5}{4}$

$\therefore\ 3t-s=\frac{21}{4}-\frac{5}{4}=4$

13 두 벡터 $\vec{x}+\vec{y}$, $m\vec{a}+3\vec{b}$가 서로 평행하려면

$m\vec{a}+3\vec{b}=k(\vec{x}+\vec{y})$ $\quad\cdots\cdots$ ㉠

를 만족시키는 0이 아닌 실수 k가 존재해야 한다.

$m\vec{a}+3\vec{b}=m(\vec{x}+2\vec{y})+3(3\vec{x}-\vec{y})$

$=(m+9)\vec{x}+(2m-3)\vec{y}$

이를 ㉠에 대입하면

$(m+9)\vec{x}+(2m-3)\vec{y}=k(\vec{x}+\vec{y})$

$\therefore\ (m+9)\vec{x}+(2m-3)\vec{y}=k\vec{x}+k\vec{y}$

따라서 $m+9=k$, $2m-3=k$이므로 두 식을 연립하여 풀면

$k=21$, $m=12$

14 세 점 A, B, C가 한 직선 위에 있으려면

$\overrightarrow{AC}=k\overrightarrow{AB}$ ...... ㉠

를 만족시키는 0이 아닌 실수 k가 존재해야 한다.

$\overrightarrow{AC}=\overrightarrow{OC}-\overrightarrow{OA}=(m\vec{a}+3\vec{b})-(3\vec{a}+\vec{b})$

$=(m-3)\vec{a}+2\vec{b}$

$\overrightarrow{AB}=\overrightarrow{OB}-\overrightarrow{OA}=(\vec{a}-\vec{b})-(3\vec{a}+\vec{b})$

$=-2\vec{a}-2\vec{b}$

이를 ㉠에 대입하면

$(m-3)\vec{a}+2\vec{b}=k(-2\vec{a}-2\vec{b})$

$\therefore (m-3)\vec{a}+2\vec{b}=-2k\vec{a}-2k\vec{b}$

따라서 $m-3=-2k$, $2=-2k$이므로

$k=-1$, $m=5$

15 $\overrightarrow{AB}=\overrightarrow{OB}-\overrightarrow{OA}=-\vec{a}+\vec{b}$

$\overrightarrow{AC}=\overrightarrow{OC}-\overrightarrow{OA}=(3\vec{a}-2\vec{b})-\vec{a}$

$=2\vec{a}-2\vec{b}=-2(-\vec{a}+\vec{b})$

$\overrightarrow{AD}=\overrightarrow{OD}-\overrightarrow{OA}=(2\vec{a}-3\vec{b})-\vec{a}$

$=\vec{a}-3\vec{b}$

$\overrightarrow{AE}=\overrightarrow{OE}-\overrightarrow{OA}=(4\vec{a}-3\vec{b})-\vec{a}$

$=3\vec{a}-3\vec{b}=-3(-\vec{a}+\vec{b})$

따라서 $\overrightarrow{AC}=-2\overrightarrow{AB}$, $\overrightarrow{AE}=-3\overrightarrow{AB}$이므로 직선 AB 위에 있는 점은 C, E이다.

16 사각형 PF′QF가 두 선분 PF, PF′을 이웃하는 두 변으로 하는 평행사변형이 되도록 점 Q를 잡으면

$\overline{PF}=\overline{QF'}$, $\overline{PF'}=\overline{QF}$

즉, $\overline{PF}+\overline{PF'}=\overline{QF}+\overline{QF'}$이므로 타원의 정의에 의하여 점 Q는 타원 위의 점이다.

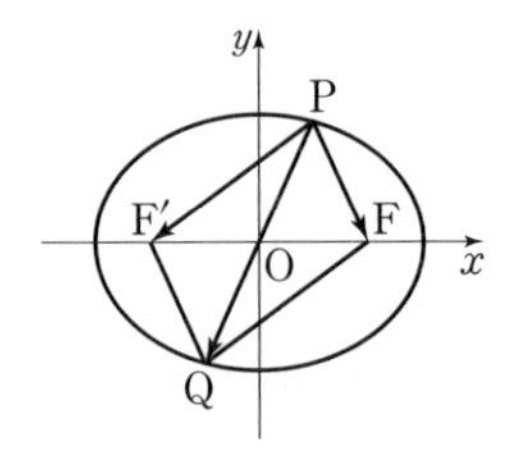

이때 $\overrightarrow{PF}+\overrightarrow{PF'}=\overrightarrow{PQ}$이므로

$|\overrightarrow{PF}+\overrightarrow{PF'}|=|\overrightarrow{PQ}|=\overline{PQ}$

선분 PQ는 타원의 장축일 때 길이가 최대이다.

따라서 타원의 장축의 길이는 $2\times3=6$이므로 구하는 $|\overrightarrow{PF}+\overrightarrow{PF'}|$의 최댓값은 6이다.

17 $\overrightarrow{AP_1}+\overrightarrow{AP_2}+\overrightarrow{AP_3}+\overrightarrow{AP_4}+\overrightarrow{AP_5}+\overrightarrow{AP_6}$

$=(\overrightarrow{OP_1}-\overrightarrow{OA})+(\overrightarrow{OP_2}-\overrightarrow{OA})+\cdots+(\overrightarrow{OP_6}-\overrightarrow{OA})$

$=(\overrightarrow{OP_1}+\overrightarrow{OP_2}+\cdots+\overrightarrow{OP_6})-6\overrightarrow{OA}$ ...... ㉠

이때 오른쪽 그림과 같이 점 P_1, P_2, $\cdots$, P_6은 원의 둘레를 6등분 하므로

$\overrightarrow{OP_1}=-\overrightarrow{OP_4}$

$\overrightarrow{OP_2}=-\overrightarrow{OP_5}$

$\overrightarrow{OP_3}=-\overrightarrow{OP_6}$

$\therefore \overrightarrow{OP_1}+\overrightarrow{OP_2}+\cdots+\overrightarrow{OP_6}=\vec{0}$

이를 ㉠에 대입하면

$\overrightarrow{AP_1}+\overrightarrow{AP_2}+\overrightarrow{AP_3}+\overrightarrow{AP_4}+\overrightarrow{AP_5}+\overrightarrow{AP_6}=-6\overrightarrow{OA}$

$=6\overrightarrow{AO}$

$\therefore k=6$

18 ㄱ. $\overrightarrow{PA}+\overrightarrow{PB}+\overrightarrow{PC}+\overrightarrow{PD}=\overrightarrow{CA}$에서

$\overrightarrow{PA}+\overrightarrow{PB}-\overrightarrow{CP}+\overrightarrow{PD}=\overrightarrow{CP}+\overrightarrow{PA}$

$\therefore \overrightarrow{PB}+\overrightarrow{PD}=2\overrightarrow{CP}$ ...... ㉠

ㄴ. 오른쪽 그림과 같이 직사각형 ABCD의 두 대각선의 교점을 M이라 하면

$\overrightarrow{PB}+\overrightarrow{PD}=2\overrightarrow{PM}$

이를 ㉠에 대입하면

$2\overrightarrow{PM}=2\overrightarrow{CP}$, $\overrightarrow{PM}=\overrightarrow{CP}$ $\therefore \overrightarrow{PM}=-\overrightarrow{PC}$

따라서 점 P는 선분 CM의 중점이므로

$\overrightarrow{AP}=\frac{3}{4}\overrightarrow{AC}$ ...... ㉡

ㄷ. ㉡에서 $|\overrightarrow{AP}|=\left|\frac{3}{4}\overrightarrow{AC}\right|$이므로 $\overline{AP}=\frac{3}{4}\overline{AC}$

$\therefore \overline{AP}:\overline{AC}=3:4$

$\therefore \triangle ADC=\frac{4}{3}\triangle ADP$

$=\frac{4}{3}\times3=4$

따라서 직사각형 ABCD의 넓이는 $4\times2=8$

따라서 보기 중 옳은 것은 ㄱ, ㄴ, ㄷ이다.

19 $\overrightarrow{OQ}$는 $\overrightarrow{OP}$와 방향이 같은 단위벡터이므로 점 Q가 나타내는 도형은 오른쪽 그림과 같이 중심이 원점이고 반지름의 길이가 1인 부채꼴의 호이다. 원점 O에서 중심이 C(0, 2)이고 반지름의 길이가 $\sqrt{3}$인 원에 그은 두 접선의 접점을 각각 A, B라 하면 $\angle AOC=60°$

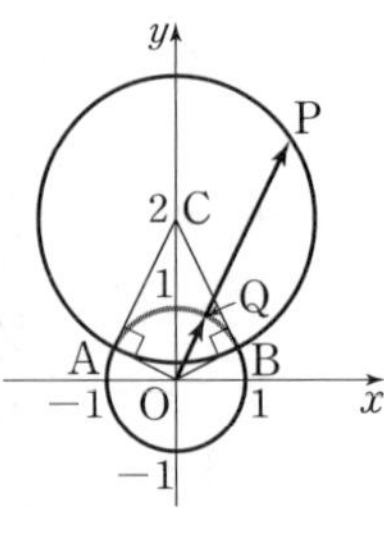

따라서 $\angle AOB=120°$이므로 구하는 도형의 길이는

$2\pi\times1\times\frac{120°}{360°}=\frac{2}{3}\pi$

Ⅱ-2 01 평면벡터의 성분

1 위치벡터

개념 CHECK 87쪽

1 답 (1) $\frac{5}{9}\vec{a}+\frac{4}{9}\vec{b}$ (2) $\frac{1}{2}\vec{a}+\frac{1}{2}\vec{b}$ (3) $-\frac{1}{2}\vec{a}+\frac{3}{2}\vec{b}$

문제 88~90쪽

01-1 답 $\frac{3}{10}\vec{a}+\frac{2}{5}\vec{b}$

점 M은 변 OA의 중점이므로 $\overrightarrow{OM}=\frac{1}{2}\overrightarrow{OA}=\frac{1}{2}\vec{a}$

점 N은 선분 BM을 3 : 2로 내분하는 점이므로 삼각형 OMB에서

$$\overrightarrow{ON}=\frac{3\overrightarrow{OM}+2\overrightarrow{OB}}{3+2}=\frac{3}{5}\overrightarrow{OM}+\frac{2}{5}\overrightarrow{OB}$$
$$=\frac{3}{5}\times\frac{1}{2}\vec{a}+\frac{2}{5}\vec{b}=\frac{3}{10}\vec{a}+\frac{2}{5}\vec{b}$$

01-2 답 $\frac{4}{5}\vec{a}+\frac{2}{5}\vec{b}$

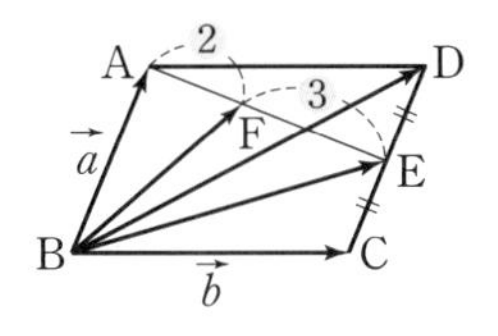

$\overrightarrow{BD}=\overrightarrow{BA}+\overrightarrow{BC}$이고 점 E는 변 CD의 중점이므로 삼각형 BCD에서

$$\overrightarrow{BE}=\frac{\overrightarrow{BC}+\overrightarrow{BD}}{2}$$
$$=\frac{\overrightarrow{BC}+(\overrightarrow{BA}+\overrightarrow{BC})}{2}=\frac{1}{2}\overrightarrow{BA}+\overrightarrow{BC}=\frac{1}{2}\vec{a}+\vec{b}$$

점 F는 선분 AE를 2 : 3으로 내분하는 점이므로 삼각형 BEA에서

$$\overrightarrow{BF}=\frac{2\overrightarrow{BE}+3\overrightarrow{BA}}{2+3}=\frac{2}{5}\overrightarrow{BE}+\frac{3}{5}\overrightarrow{BA}$$
$$=\frac{2}{5}\left(\frac{1}{2}\vec{a}+\vec{b}\right)+\frac{3}{5}\vec{a}=\frac{4}{5}\vec{a}+\frac{2}{5}\vec{b}$$

01-3 답 $-\frac{1}{6}\vec{a}-\frac{1}{3}\vec{b}$

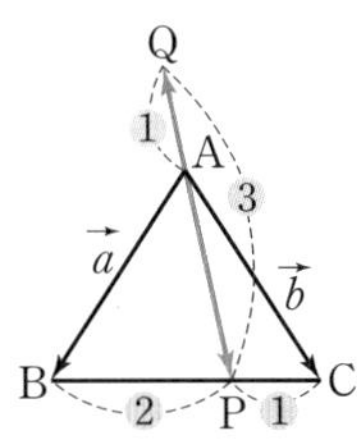

주어진 조건을 그림으로 나타내면 오른쪽과 같다.

이때 점 P는 변 BC를 2 : 1로 내분하는 점이므로 삼각형 ABC에서

$$\overrightarrow{AP}=\frac{2\overrightarrow{AC}+\overrightarrow{AB}}{2+1}$$
$$=\frac{1}{3}\overrightarrow{AB}+\frac{2}{3}\overrightarrow{AC}=\frac{1}{3}\vec{a}+\frac{2}{3}\vec{b}$$

따라서 점 Q는 선분 AP를 1 : 3으로 외분하는 점이므로

$$\overrightarrow{AQ}=-\frac{1}{2}\overrightarrow{AP}=-\frac{1}{2}\left(\frac{1}{3}\vec{a}+\frac{2}{3}\vec{b}\right)$$
$$=-\frac{1}{6}\vec{a}-\frac{1}{3}\vec{b}$$

02-1 답 풀이 참조

네 점 A, B, C, G의 위치벡터를 각각 $\vec{a}$, $\vec{b}$, $\vec{c}$, $\vec{g}$라 하면

$\vec{g}=\frac{\vec{a}+\vec{b}+\vec{c}}{3}$이므로

$$\overrightarrow{GA}+\overrightarrow{GB}+\overrightarrow{GC}$$
$$=(\overrightarrow{OA}-\overrightarrow{OG})+(\overrightarrow{OB}-\overrightarrow{OG})+(\overrightarrow{OC}-\overrightarrow{OG})$$
$$=(\vec{a}-\vec{g})+(\vec{b}-\vec{g})+(\vec{c}-\vec{g})$$
$$=\vec{a}+\vec{b}+\vec{c}-3\vec{g}$$
$$=\vec{a}+\vec{b}+\vec{c}-3\times\frac{\vec{a}+\vec{b}+\vec{c}}{3}=\vec{0}$$
$$\therefore \overrightarrow{GA}+\overrightarrow{GB}+\overrightarrow{GC}=\vec{0}$$

02-2 답 $-\frac{2}{3}\vec{a}+\frac{1}{3}\vec{b}+\frac{1}{3}\vec{c}$

삼각형 ABC의 무게중심 G의 위치벡터를 $\vec{g}$라 하면

$$\vec{g}=\frac{\vec{a}+\vec{b}+\vec{c}}{3}$$
$$\therefore \overrightarrow{AG}=\overrightarrow{OG}-\overrightarrow{OA}=\vec{g}-\vec{a}$$
$$=\frac{\vec{a}+\vec{b}+\vec{c}}{3}-\vec{a}$$
$$=-\frac{2}{3}\vec{a}+\frac{1}{3}\vec{b}+\frac{1}{3}\vec{c}$$

02-3 답 $-\frac{1}{3}\vec{a}+\frac{1}{3}\vec{b}$

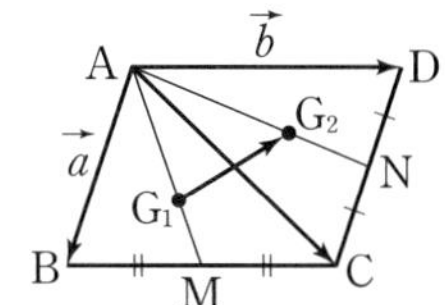

오른쪽 그림과 같이 두 변 BC, CD의 중점을 각각 M, N이라 하면 $\overrightarrow{AC}=\overrightarrow{AB}+\overrightarrow{AD}=\vec{a}+\vec{b}$이므로

$$\overrightarrow{AG_1}=\frac{2}{3}\overrightarrow{AM}=\frac{2}{3}\times\frac{\overrightarrow{AB}+\overrightarrow{AC}}{2}$$
$$=\frac{2}{3}\times\frac{\vec{a}+(\vec{a}+\vec{b})}{2}=\frac{2}{3}\vec{a}+\frac{1}{3}\vec{b}$$
$$\overrightarrow{AG_2}=\frac{2}{3}\overrightarrow{AN}=\frac{2}{3}\times\frac{\overrightarrow{AC}+\overrightarrow{AD}}{2}$$
$$=\frac{2}{3}\times\frac{(\vec{a}+\vec{b})+\vec{b}}{2}=\frac{1}{3}\vec{a}+\frac{2}{3}\vec{b}$$
$$\therefore \overrightarrow{G_1G_2}=\overrightarrow{AG_2}-\overrightarrow{AG_1}$$
$$=\left(\frac{1}{3}\vec{a}+\frac{2}{3}\vec{b}\right)-\left(\frac{2}{3}\vec{a}+\frac{1}{3}\vec{b}\right)$$
$$=-\frac{1}{3}\vec{a}+\frac{1}{3}\vec{b}$$

03-1 답 2

네 점 A, B, C, P의 위치벡터를 각각 $\vec{a}$, $\vec{b}$, $\vec{c}$, $\vec{p}$라 하면

$\overrightarrow{PA}+3\overrightarrow{PB}+4\overrightarrow{PC}=\overrightarrow{CA}$에서

$(\vec{a}-\vec{p})+3(\vec{b}-\vec{p})+4(\vec{c}-\vec{p})=\vec{a}-\vec{c}$

$3\vec{b}+5\vec{c}=8\vec{p}$

$\therefore \vec{p}=\dfrac{3\vec{b}+5\vec{c}}{8}=\dfrac{5\times\vec{c}+3\times\vec{b}}{5+3}$

따라서 점 P는 변 BC를 5 : 3으로 내분하는 점이므로

$m=5$, $n=3$

$\therefore m-n=2$

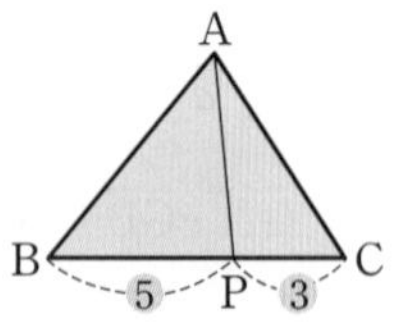

다른 풀이

$\overrightarrow{PA}+3\overrightarrow{PB}+4\overrightarrow{PC}=\overrightarrow{CA}$에서

$\overrightarrow{PA}+3\overrightarrow{PB}+4\overrightarrow{PC}=\overrightarrow{PA}-\overrightarrow{PC}$

$\therefore 3\overrightarrow{PB}=-5\overrightarrow{PC}$

따라서 점 P는 변 BC를 5 : 3으로 내분하는 점이므로

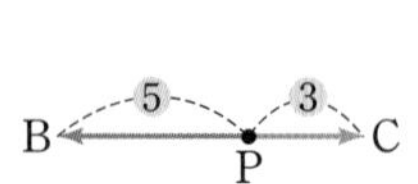

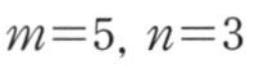

$m=5$, $n=3$

$\therefore m-n=2$

03-2 답 **1 : 3**

네 점 A, B, C, P의 위치벡터를 각각 $\vec{a}$, $\vec{b}$, $\vec{c}$, $\vec{p}$라 하면

$2\overrightarrow{PA}+\overrightarrow{PB}+\overrightarrow{PC}=\overrightarrow{AB}$에서

$2(\vec{a}-\vec{p})+(\vec{b}-\vec{p})+(\vec{c}-\vec{p})=\vec{b}-\vec{a}$

$3\vec{a}+\vec{c}=4\vec{p}$

$\therefore \vec{p}=\dfrac{3\vec{a}+\vec{c}}{4}=\dfrac{1\times\vec{c}+3\times\vec{a}}{1+3}$

따라서 점 P는 변 AC를 1 : 3으로 내분하는 점이므로

$\triangle ABP : \triangle BCP=\overline{AP} : \overline{PC}$

$=1 : 3$

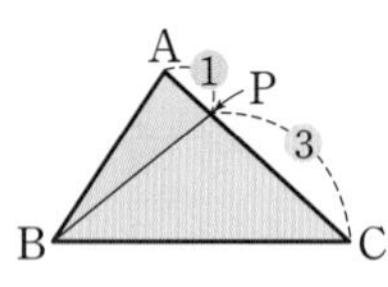

2 평면벡터의 성분

개념 CHECK 93쪽

1 답 (1) **(2, 1)** (2) **(−1, 3)**

2 답 (1) **(−11, 14)** (2) **(6, −14)**

문제 94~98쪽

04-1 답 **(−10, 15), $5\sqrt{13}$**

$2(\vec{a}-2\vec{b}+\vec{c})-3(\vec{a}-\vec{b}-\vec{c})$

$=-\vec{a}-\vec{b}+5\vec{c}$

$=-(2, 1)-(3, -6)+5(-1, 2)$

$=(-10, 15)$

$\therefore |2(\vec{a}-2\vec{b}+\vec{c})-3(\vec{a}-\vec{b}-\vec{c})|$

$=\sqrt{(-10)^2+15^2}=5\sqrt{13}$

04-2 답 $\sqrt{17}$

$2(\vec{x}+\vec{a})=3\vec{a}-\vec{b}+\vec{x}$에서

$2\vec{x}+2\vec{a}=3\vec{a}-\vec{b}+\vec{x}$

$\therefore \vec{x}=\vec{a}-\vec{b}=(4, 2)-(3, -2)=(1, 4)$

$\therefore |\vec{x}|=\sqrt{1^2+4^2}=\sqrt{17}$

04-3 답 $-\dfrac{9}{5}$

$\vec{a}+\dfrac{1}{5}\vec{b}=\left(\dfrac{1}{5}, k\right)+\dfrac{1}{5}(2, 5)=\left(\dfrac{3}{5}, k+1\right)$

이때 $\vec{a}+\dfrac{1}{5}\vec{b}$가 단위벡터이므로 $\left|\vec{a}+\dfrac{1}{5}\vec{b}\right|=1$

$\sqrt{\left(\dfrac{3}{5}\right)^2+(k+1)^2}=1$

양변을 제곱하면

$\dfrac{9}{25}+k^2+2k+1=1$, $25k^2+50k+9=0$

$(5k+1)(5k+9)=0$ $\quad\therefore k=-\dfrac{9}{5}$ 또는 $k=-\dfrac{1}{5}$

그런데 $k<-1$이므로 $k=-\dfrac{9}{5}$

05-1 답 (1) $-6\vec{a}-4\vec{b}$ (2) $2\vec{a}+4\vec{b}$

(1) $\vec{c}=k\vec{a}+l\vec{b}$를 성분으로 나타내면

$(8, 6)=k(-2, 1)+l(1, -3)$

$=(-2k+l, k-3l)$

두 평면벡터가 서로 같을 조건에 의하여

$8=-2k+l$, $6=k-3l$

두 식을 연립하여 풀면

$k=-6$, $l=-4$ $\quad\therefore \vec{c}=-6\vec{a}-4\vec{b}$

(2) $\vec{d}=k\vec{a}+l\vec{b}$를 성분으로 나타내면

$(0, -10)=k(-2, 1)+l(1, -3)$

$=(-2k+l, k-3l)$

두 평면벡터가 서로 같을 조건에 의하여

$0=-2k+l$, $-10=k-3l$

두 식을 연립하여 풀면

$k=2$, $l=4$ $\quad\therefore \vec{d}=2\vec{a}+4\vec{b}$

05-2 답 $x=2,\ y=-1$

$\vec{c}=x\vec{a}+y\vec{b}$를 성분으로 나타내면

$(5,\ 4)=x(2,\ 3)+y(-1,\ 2)$

$=(2x-y,\ 3x+2y)$

두 평면벡터가 서로 같을 조건에 의하여

$5=2x-y,\ 4=3x+2y$

두 식을 연립하여 풀면

$x=2,\ y=-1$

05-3 답 $\sqrt{10}$

$\vec{a}=\vec{b}$를 성분으로 나타내면

$(x-1,\ y+2)=(2-y,\ 2x-1)$

두 평면벡터가 서로 같을 조건에 의하여

$x-1=2-y,\ y+2=2x-1$

$\therefore\ x+y=3,\ 2x-y=3$

두 식을 연립하여 풀면

$x=2,\ y=1$

따라서 $\vec{a}=(1,\ 3)$이므로

$|\vec{a}|=\sqrt{1^2+3^2}=\sqrt{10}$

06-1 답 $(6,\ 4)$

점 C의 좌표를 $(x,\ y)$라 하면

$\overrightarrow{AC}=(x-2,\ y-5)$

$\overrightarrow{OB}=\overrightarrow{AC}$이므로

$(4,\ -1)=(x-2,\ y-5)$

두 평면벡터가 서로 같을 조건에 의하여

$4=x-2,\ -1=y-5$

$\therefore\ x=6,\ y=4$

따라서 점 C의 좌표는 $(6,\ 4)$

06-2 답 6

$\overrightarrow{AB}=(0-(-1),\ 2-1)=(1,\ 1)$

$\overrightarrow{DC}=(3-x,\ 5-y)$

$\overrightarrow{AB}=\overrightarrow{DC}$이므로

$(1,\ 1)=(3-x,\ 5-y)$

두 평면벡터가 서로 같을 조건에 의하여

$1=3-x,\ 1=5-y$

$\therefore\ x=2,\ y=4$

$\therefore\ x+y=6$

06-3 답 $(2,\ 2)$

점 P의 좌표를 $(x,\ y)$라 하면

$\overrightarrow{AP}=(x+1,\ y-2),\ \overrightarrow{BP}=(x-4,\ y-3),$

$\overrightarrow{CP}=(x-3,\ y-1)$

$\therefore\ \overrightarrow{AP}+\overrightarrow{BP}+\overrightarrow{CP}$

$=(x+1,\ y-2)+(x-4,\ y-3)+(x-3,\ y-1)$

$=(3x-6,\ 3y-6)$

$\overrightarrow{AP}+\overrightarrow{BP}+\overrightarrow{CP}=\vec{0}$이므로

$(3x-6,\ 3y-6)=(0,\ 0)$

두 평면벡터가 서로 같을 조건에 의하여

$3x-6=0,\ 3y-6=0\qquad \therefore\ x=2,\ y=2$

따라서 점 P의 좌표는 $(2,\ 2)$

07-1 답 $-\frac{1}{2}$

두 벡터 $\vec{a},\ \vec{b}$가 서로 평행하므로

$\vec{a}=k\vec{b}$ (단, k는 0이 아닌 실수)

$(2,\ 2x-1)=k(x+1,\ 1)=(k(x+1),\ k)$

두 평면벡터가 서로 같을 조건에 의하여

$2=k(x+1),\ 2x-1=k$

$k=2x-1$을 $2=k(x+1)$에 대입하면

$2=(2x-1)(x+1),\ 2x^2+x-3=0$

$(2x+3)(x-1)=0\qquad \therefore\ x=-\frac{3}{2}$ 또는 $x=1$

따라서 모든 x의 값의 합은

$-\frac{3}{2}+1=-\frac{1}{2}$

07-2 답 6

두 벡터 $\vec{a}-\vec{b},\ \vec{a}+\vec{b}$를 각각 성분으로 나타내면

$\vec{a}-\vec{b}=(3,\ t)-(2,\ 4)=(1,\ t-4)$

$\vec{a}+\vec{b}=(3,\ t)+(2,\ 4)=(5,\ t+4)$

두 벡터 $\vec{a}-\vec{b},\ \vec{a}+\vec{b}$가 서로 평행하므로

$\vec{a}-\vec{b}=k(\vec{a}+\vec{b})$ (단, k는 0이 아닌 실수)

$(1,\ t-4)=k(5,\ t+4)=(5k,\ k(t+4))$

두 평면벡터가 서로 같을 조건에 의하여

$1=5k,\ t-4=k(t+4)\qquad \therefore\ k=\frac{1}{5},\ t=6$

07-3 답 $-\frac{1}{2}$

두 벡터 $\vec{a}+t\vec{c},\ \vec{b}-\vec{a}$를 각각 성분으로 나타내면

$\vec{a}+t\vec{c}=(5,\ 4)+t(3,\ 7)=(5+3t,\ 4+7t)$

$\vec{b}-\vec{a}=(-2,\ 3)-(5,\ 4)=(-7,\ -1)$

두 벡터 $\vec{a}+t\vec{c},\ \vec{b}-\vec{a}$가 서로 평행하므로

$\vec{a}+t\vec{c}=k(\vec{b}-\vec{a})$ (단, k는 0이 아닌 실수)

$(5+3t,\ 4+7t)=k(-7,\ -1)=(-7k,\ -k)$

두 평면벡터가 서로 같을 조건에 의하여

$5+3t=-7k,\ 4+7t=-k$

두 식을 연립하여 풀면

$k=-\frac{1}{2},\ t=-\frac{1}{2}$

08-**1** 답 $x+y-2=0$

점 P의 좌표를 (x, y)라 하면

$\overrightarrow{AP}=(x, y-1)$, $\overrightarrow{BP}=(x-1, y-2)$

$|\overrightarrow{AP}|=|\overrightarrow{BP}|$이므로

$\sqrt{x^2+(y-1)^2}=\sqrt{(x-1)^2+(y-2)^2}$

양변을 제곱하면

$x^2+y^2-2y+1=x^2-2x+1+y^2-4y+4$

$\therefore x+y-2=0$

08-**2** 답 4π

점 P의 좌표를 (x, y)라 하면

$\overrightarrow{PA}=(2-x, 3-y)$, $\overrightarrow{PB}=(4-x, -y)$,

$\overrightarrow{PC}=(-x, -1-y)$

$\therefore \overrightarrow{PA}+\overrightarrow{PB}+\overrightarrow{PC}$

$=(2-x, 3-y)+(4-x, -y)+(-x, -1-y)$

$=(6-3x, 2-3y)$

$|\overrightarrow{PA}+\overrightarrow{PB}+\overrightarrow{PC}|=6$이므로

$\sqrt{(6-3x)^2+(2-3y)^2}=6$

양변을 제곱하면

$9(x-2)^2+9\left(y-\frac{2}{3}\right)^2=36$

$\therefore (x-2)^2+\left(y-\frac{2}{3}\right)^2=4$

따라서 점 P가 나타내는 도형은 중심이 점 $\left(2, \frac{2}{3}\right)$이고 반지름의 길이가 2인 원이므로 그 둘레의 길이는

$2\pi\times 2=4\pi$

연습문제

99~101쪽

1 $\frac{3}{2}\vec{a}-\frac{1}{2}\vec{b}$		**2** $-\frac{5}{4}\vec{a}+\frac{5}{4}\vec{b}$		**3** ⑤
4 ①	**5** $-2\vec{a}-\vec{b}$		**6** 10	**7** ①
8 ②	**9** -5, 1	**10** 24	**11** $2\sqrt{17}$	
12 $\left(\frac{9}{4}, \frac{7}{4}\right)$		**13** ②	**14** ①	**15** ④
16 ⑤	**17** 3	**18** ④	**19** ⑤	**20** 27
21 2				

1 점 M이 선분 AB의 중점이므로

$\overrightarrow{OM}=\frac{\overrightarrow{OA}+\overrightarrow{OB}}{2}=\frac{(2\vec{a}-3\vec{b})+(\vec{a}+2\vec{b})}{2}$

$=\frac{3}{2}\vec{a}-\frac{1}{2}\vec{b}$

2 선분 AB를 $1:3$으로 내분하는 점 P의 위치벡터를 $\vec{p}$라 하면

$\vec{p}=\frac{\vec{b}+3\vec{a}}{1+3}=\frac{3}{4}\vec{a}+\frac{1}{4}\vec{b}$

또 선분 AB를 $3:1$로 외분하는 점 Q의 위치벡터를 $\vec{q}$라 하면

$\vec{q}=\frac{3\vec{b}-\vec{a}}{3-1}=-\frac{1}{2}\vec{a}+\frac{3}{2}\vec{b}$

$\therefore \overrightarrow{PQ}=\vec{q}-\vec{p}$

$=\left(-\frac{1}{2}\vec{a}+\frac{3}{2}\vec{b}\right)-\left(\frac{3}{4}\vec{a}+\frac{1}{4}\vec{b}\right)=-\frac{5}{4}\vec{a}+\frac{5}{4}\vec{b}$

3 점 M은 변 AB의 중점이므로

$\overrightarrow{BM}=\frac{1}{2}\overrightarrow{BA}$

점 N은 선분 CM을 $3:2$로 내분하는 점이므로

$\overrightarrow{BN}=\frac{3\overrightarrow{BM}+2\overrightarrow{BC}}{3+2}=\frac{3}{5}\overrightarrow{BM}+\frac{2}{5}\overrightarrow{BC}$

$=\frac{3}{5}\times\frac{1}{2}\overrightarrow{BA}+\frac{2}{5}\overrightarrow{BC}=\frac{3}{10}\overrightarrow{BA}+\frac{2}{5}\overrightarrow{BC}$

따라서 $m=\frac{3}{10}$, $n=\frac{2}{5}$이므로 $m+n=\frac{7}{10}$

4 점 A, B, C, D, M, N의 위치벡터를 각각 $\vec{a}$, $\vec{b}$, $\vec{c}$, $\vec{d}$, $\vec{m}$, $\vec{n}$이라 하면 두 점 M, N은 각각 두 변 AB, CD의 중점이므로

$\vec{m}=\frac{\vec{a}+\vec{b}}{2}$, $\vec{n}=\frac{\vec{c}+\vec{d}}{2}$

$\therefore \overrightarrow{MN}=\vec{n}-\vec{m}=\left(\frac{\vec{c}+\vec{d}}{2}\right)-\left(\frac{\vec{a}+\vec{b}}{2}\right)$

$=\frac{(\vec{d}-\vec{a})+(\vec{c}-\vec{b})}{2}=\frac{\overrightarrow{AD}+\overrightarrow{BC}}{2}$

5 $\overrightarrow{GA}+\overrightarrow{GB}+\overrightarrow{GC}=\vec{0}$에서

$\overrightarrow{GC}=-\overrightarrow{GA}-\overrightarrow{GB}=-\vec{a}-\vec{b}$

$\therefore \overrightarrow{AC}=\overrightarrow{GC}-\overrightarrow{GA}=(-\vec{a}-\vec{b})-\vec{a}=-2\vec{a}-\vec{b}$

6 네 점 A, B, C, P의 위치벡터를 각각 $\vec{a}$, $\vec{b}$, $\vec{c}$, $\vec{p}$라 하면

$\overrightarrow{PA}+2\overrightarrow{PB}+3\overrightarrow{PC}=\overrightarrow{CA}$에서

$(\vec{a}-\vec{p})+2(\vec{b}-\vec{p})+3(\vec{c}-\vec{p})=\vec{a}-\vec{c}$, $2\vec{b}+4\vec{c}=6\vec{p}$

$\therefore \vec{p}=\frac{\vec{b}+2\vec{c}}{3}=\frac{2\times\vec{c}+1\times\vec{b}}{2+1}$

즉, 점 P는 변 BC를 $2:1$로 내분하는 점이므로

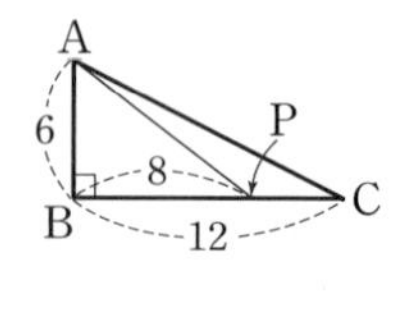

$\overline{PB}=\frac{2}{3}\overline{BC}=\frac{2}{3}\times 12=8$

따라서 직각삼각형 ABP에서

$|\overrightarrow{PA}|=\overline{PA}=\sqrt{\overline{AB}^2+\overline{BP}^2}$

$=\sqrt{6^2+8^2}=\sqrt{100}=10$

7 $\vec{a}$는 단위벡터이므로 $|\vec{a}|=1$

$\sqrt{\left(\frac{4}{5}\right)^2+(x-1)^2}=1$

양변을 제곱하면

$\frac{16}{25}+x^2-2x+1=1$, $25x^2-50x+16=0$

$(5x-2)(5x-8)=0$

$\therefore x=\frac{2}{5}$ 또는 $x=\frac{8}{5}$

그런데 $x>1$이므로 $x=\frac{8}{5}$

8 $(\vec{a}+3\vec{b}-\vec{c})-(2\vec{c}-\vec{a})$

$=\vec{a}+3\vec{b}-\vec{c}-2\vec{c}+\vec{a}$

$=2\vec{a}+3\vec{b}-3\vec{c}$

$=2(2, 1)+3(-1, 3)-3(0, 4)$

$=(1, -1)$

$\therefore |(\vec{a}+3\vec{b}-\vec{c})-(2\vec{c}-\vec{a})|=\sqrt{1^2+(-1)^2}=\sqrt{2}$

9 $\vec{a}+x\vec{b}=(4, -2)+x(2, 0)=(4+2x, -2)$

$\vec{a}+x\vec{b}$의 크기가 $2\sqrt{10}$이어야 하므로

$\sqrt{(4+2x)^2+(-2)^2}=2\sqrt{10}$

양변을 제곱하면

$4x^2+16x+16+4=40$, $x^2+4x-5=0$

$(x+5)(x-1)=0$ $\qquad \therefore x=-5$ 또는 $x=1$

10 $\vec{a}+\vec{b}=(4t-2, -1)+\left(2, 1+\frac{3}{t}\right)=\left(4t, \frac{3}{t}\right)$

$|\vec{a}+\vec{b}|^2=(4t)^2+\left(\frac{3}{t}\right)^2=16t^2+\frac{9}{t^2}$

$t^2>0$이므로 산술평균과 기하평균의 관계에 의하여

$16t^2+\frac{9}{t^2}\geq 2\sqrt{16t^2\times\frac{9}{t^2}}=24$

(단, 등호는 $16t^2=\frac{9}{t^2}$, 즉 $t=\frac{\sqrt{3}}{2}$일 때 성립)

따라서 $|\vec{a}+\vec{b}|^2$의 최솟값은 24이다.

11 $\vec{a}=\vec{b}$를 성분으로 나타내면

$(x+2, y-1)=(4-y, 2x-5)$

두 평면벡터가 서로 같을 조건에 의하여

$x+2=4-y$, $y-1=2x-5$

두 식을 연립하여 풀면

$x=2$, $y=0$

$\vec{a}=\vec{b}=(4, -1)$이므로

$\vec{a}+\vec{b}=(8, -2)$

$\therefore |\vec{a}+\vec{b}|=\sqrt{8^2+(-2)^2}=2\sqrt{17}$

12 점 P의 좌표를 (x, y)라 하면

$\overrightarrow{AP}=(x+1, y-2)$, $\overrightarrow{BP}=(x-4, y-3)$,

$\overrightarrow{PC}=(3-x, 1-y)$

$\overrightarrow{AP}+\overrightarrow{BP}=2\overrightarrow{PC}$이므로

$(x+1, y-2)+(x-4, y-3)=2(3-x, 1-y)$

$(2x-3, 2y-5)=(6-2x, 2-2y)$

두 평면벡터가 서로 같을 조건에 의하여

$2x-3=6-2x$, $2y-5=2-2y$

$\therefore x=\frac{9}{4}$, $y=\frac{7}{4}$

따라서 점 P의 좌표는 $\left(\frac{9}{4}, \frac{7}{4}\right)$

13 점 P는 직선 $y=-x+2$ 위의 점이므로 점 P의 좌표를 $(a, -a+2)$라 하면

$\overrightarrow{AP}=(a, -a+1)$, $\overrightarrow{BP}=(a-2, -a-1)$

$\therefore \overrightarrow{AP}+\overrightarrow{BP}=(a, -a+1)+(a-2, -a-1)$

$=(2a-2, -2a)$

$\therefore |\overrightarrow{AP}+\overrightarrow{BP}|=\sqrt{(2a-2)^2+(-2a)^2}$

$=\sqrt{4a^2-8a+4+4a^2}$

$=\sqrt{8a^2-8a+4}$

$=\sqrt{8\left(a-\frac{1}{2}\right)^2+2}$

따라서 $a=\frac{1}{2}$일 때 $|\overrightarrow{AP}+\overrightarrow{BP}|$의 최솟값은 $\sqrt{2}$이다.

14 $|\overrightarrow{OA}|=2$, $|\overrightarrow{OB}|=\sqrt{(2\sqrt{2})^2+1^2}=3$

이때 선분 OP가 $\angle$AOB의 이등분선이므로

$\overline{AP}:\overline{PB}=\overline{OA}:\overline{OB}=2:3$

따라서 점 P는 선분 AB를 $2:3$으로 내분하는 점이므로

$\overrightarrow{OP}=\frac{2\overrightarrow{OB}+3\overrightarrow{OA}}{2+3}=\frac{3}{5}\overrightarrow{OA}+\frac{2}{5}\overrightarrow{OB}$

$=\frac{3}{5}(0, 2)+\frac{2}{5}(2\sqrt{2}, 1)=\left(\frac{4\sqrt{2}}{5}, \frac{8}{5}\right)$

$\therefore |\overrightarrow{OP}|=\sqrt{\left(\frac{4\sqrt{2}}{5}\right)^2+\left(\frac{8}{5}\right)^2}=\sqrt{\frac{96}{25}}=\frac{4\sqrt{6}}{5}$

15 $\vec{a}-\vec{b}=(1, -2)-(3, t)=(-2, -t-2)$

$2\vec{a}+\vec{b}=2(1, -2)+(3, t)=(5, t-4)$

두 벡터 $\vec{a}-\vec{b}$, $2\vec{a}+\vec{b}$가 서로 평행하므로

$\vec{a}-\vec{b}=k(2\vec{a}+\vec{b})$ (단, k는 0이 아닌 실수)

$(-2, -t-2)=k(5, t-4)=(5k, k(t-4))$

두 평면벡터가 서로 같을 조건에 의하여

$-2=5k$, $-t-2=k(t-4)$

$\therefore k=-\frac{2}{5}$, $t=-6$

16 $\vec{v}=(x,\ y)$라 하면

$\vec{v}+\vec{b}=(x,\ y)+(4,\ -2)=(x+4,\ y-2)$

두 벡터 $\vec{a}$, $\vec{v}+\vec{b}$가 서로 평행하므로

$\vec{v}+\vec{b}=k\vec{a}$ (단, k는 0이 아닌 실수)

$(x+4,\ y-2)=k(3,\ 1)=(3k,\ k)$

두 평면벡터가 서로 같을 조건에 의하여

$x+4=3k$, $y-2=k$

$\therefore\ x=3k-4$, $y=k+2$

$\therefore\ |\vec{v}|^2=(3k-4)^2+(k+2)^2$

$=9k^2-24k+16+k^2+4k+4$

$=10k^2-20k+20$

$=10(k-1)^2+10$

따라서 $k=1$일 때 $|\vec{v}|^2$의 최솟값은 10이다.

17 $\overrightarrow{AB}=\overrightarrow{PB}-\overrightarrow{PA}$

$=(2,\ 4)-(1,\ 5)=(1,\ -1)$

$\overrightarrow{AC}=\overrightarrow{PC}-\overrightarrow{PA}$

$=(a,\ 3)-(1,\ 5)=(a-1,\ -2)$

세 점 A, B, C가 한 직선 위에 있으므로

$\overrightarrow{AC}=k\overrightarrow{AB}$ (단, k는 0이 아닌 실수)

$(a-1,\ -2)=k(1,\ -1)=(k,\ -k)$

두 평면벡터가 서로 같을 조건에 의하여

$a-1=k$, $-2=-k$

$\therefore\ k=2$, $a=3$

18 점 P의 좌표를 $(x,\ y)$라 하면

$\overrightarrow{AP}=(x-3,\ y+4)$, $\overrightarrow{BP}=(x-1,\ y+2)$

$|\overrightarrow{AP}|=\sqrt{2}|\overrightarrow{BP}|$이므로

$\sqrt{(x-3)^2+(y+4)^2}=\sqrt{2}\sqrt{(x-1)^2+(y+2)^2}$

양변을 제곱하면

$x^2-6x+9+y^2+8y+16=2(x^2-2x+1+y^2+4y+4)$

$x^2+2x+y^2-15=0$

$\therefore\ (x+1)^2+y^2=16$

따라서 점 P가 나타내는 도형은 중심이 점 $(-1,\ 0)$이고 반지름의 길이가 4인 원이므로 그 넓이는

$\pi\times4^2=16\pi$

19 점 D는 변 AB를 $2:1$로 내분하는 점이므로

$\overrightarrow{AB}=\frac{3}{2}\overrightarrow{AD}=\frac{3}{2}\vec{a}$

점 E는 변 AC를 $1:2$로 내분하는 점이므로

$\overrightarrow{AC}=3\overrightarrow{AE}=3\vec{b}$

삼각형 ABE에서 점 P가 변 BE를 $m:(1-m)$으로 내분하는 점이라 하면

$\overrightarrow{AP}=\frac{m\overrightarrow{AE}+(1-m)\overrightarrow{AB}}{m+(1-m)}=m\overrightarrow{AE}+(1-m)\overrightarrow{AB}$

$=\frac{3}{2}(1-m)\vec{a}+m\vec{b}$ …… ㉠

또 삼각형 ADC에서 점 P가 변 CD를 $n:(1-n)$으로 내분하는 점이라 하면

$\overrightarrow{AP}=\frac{n\overrightarrow{AD}+(1-n)\overrightarrow{AC}}{n+(1-n)}=n\overrightarrow{AD}+(1-n)\overrightarrow{AC}$

$=n\vec{a}+3(1-n)\vec{b}$ …… ㉡

㉠, ㉡에서

$\frac{3}{2}(1-m)\vec{a}+m\vec{b}=n\vec{a}+3(1-n)\vec{b}$

두 벡터 $\vec{a}$, $\vec{b}$는 서로 평행하지 않으므로

$\frac{3}{2}(1-m)=n$, $m=3(1-n)$

두 식을 연립하여 풀면

$m=\frac{3}{7}$, $n=\frac{6}{7}$

따라서 $\overrightarrow{AP}=\frac{6}{7}\vec{a}+\frac{3}{7}\vec{b}$이므로 $x=\frac{6}{7}$, $y=\frac{3}{7}$

$\therefore\ x+y=\frac{9}{7}$

다른 풀이

세 점 B, P, E가 한 직선 위에 있으므로

$\overrightarrow{BP}=k\overrightarrow{BE}$ (단, k는 0이 아닌 실수)

$\overrightarrow{AP}-\overrightarrow{AB}=k(\overrightarrow{AE}-\overrightarrow{AB})$

$\therefore\ \overrightarrow{AP}=k\overrightarrow{AE}+(1-k)\overrightarrow{AB}$

$=\frac{3}{2}(1-k)\vec{a}+k\vec{b}$ …… ㉠

또 세 점 C, P, D가 한 직선 위에 있으므로

$\overrightarrow{CP}=l\overrightarrow{CD}$ (단, l은 0이 아닌 실수)

$\overrightarrow{AP}-\overrightarrow{AC}=l(\overrightarrow{AD}-\overrightarrow{AC})$

$\therefore\ \overrightarrow{AP}=l\overrightarrow{AD}+(1-l)\overrightarrow{AC}$

$=l\vec{a}+3(1-l)\vec{b}$ …… ㉡

㉠, ㉡에서

$\frac{3}{2}(1-k)\vec{a}+k\vec{b}=l\vec{a}+3(1-l)\vec{b}$

두 벡터 $\vec{a}$, $\vec{b}$는 서로 평행하지 않으므로

$\frac{3}{2}(1-k)=l$, $k=3(1-l)$

두 식을 연립하여 풀면

$k=\frac{3}{7}$, $l=\frac{6}{7}$

따라서 $\overrightarrow{AP}=\frac{6}{7}\vec{a}+\frac{3}{7}\vec{b}$이므로 $x=\frac{6}{7}$, $y=\frac{3}{7}$

$\therefore\ x+y=\frac{9}{7}$

20 $3\overrightarrow{PA}+3\overrightarrow{PB}+4\overrightarrow{PC}=\vec{0}$에서 $-3\overrightarrow{PA}=3\overrightarrow{PB}+4\overrightarrow{PC}$

$\therefore\ 3\overrightarrow{AP}=7\times\dfrac{4\overrightarrow{PC}+3\overrightarrow{PB}}{7}=7\times\dfrac{4\overrightarrow{PC}+3\overrightarrow{PB}}{4+3}$

이때 $\dfrac{4\overrightarrow{PC}+3\overrightarrow{PB}}{4+3}=\overrightarrow{PD}$라 하면 점 D는 변 BC를 4 : 3으로 내분하는 점이다.

또 $3\overrightarrow{AP}=7\overrightarrow{PD}$에서 $|\overrightarrow{AP}|:|\overrightarrow{PD}|=7:3$이므로 점 P는 선분 AD를 7 : 3으로 내분하는 점이다.

$\therefore\ \triangle APC=\dfrac{7}{10}\triangle ADC$

$=\dfrac{7}{10}\times\dfrac{3}{7}\triangle ABC$

$=\dfrac{7}{10}\times\dfrac{3}{7}\times 90$

$=27$

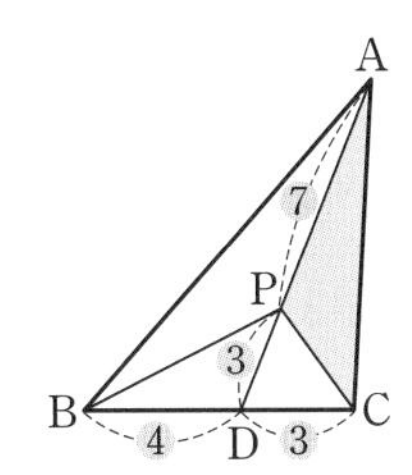

21 오른쪽 그림과 같이 점 C에서 변 AB에 내린 수선의 발을 원점으로 하고 두 직선 AB, CO가 각각 x축, y축이 되도록 좌표평면에 놓으면

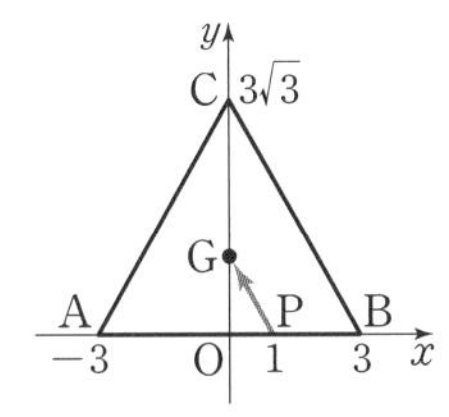

A$(-3, 0)$, B$(3, 0)$

이때 정삼각형 ABC의 높이는 $\dfrac{\sqrt{3}}{2}\times 6=3\sqrt{3}$이므로

C$(0, 3\sqrt{3})$

점 P의 좌표를 (x, y)라 하면 점 P는 변 AB를 2 : 1로 내분하는 점이므로

$x=\dfrac{2\times3+1\times(-3)}{2+1}=1,\ y=\dfrac{2\times0+1\times0}{2+1}=0$

$\therefore$ P$(1, 0)$

$\overline{OG}=\dfrac{1}{3}\overline{OC}=\sqrt{3}$이므로 G$(0, \sqrt{3})$

$\therefore\ \overrightarrow{PG}=\overrightarrow{OG}-\overrightarrow{OP}=(0, \sqrt{3})-(1, 0)=(-1, \sqrt{3})$

$\therefore\ |\overrightarrow{PG}|=\sqrt{(-1)^2+(\sqrt{3})^2}=2$

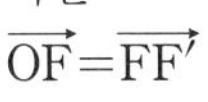

점 P는 변 AB를 2 : 1로 내분하는 점이므로

$\overrightarrow{AP}=\dfrac{2}{3}\overrightarrow{AB}$

변 BC의 중점을 M이라 하면

$\overrightarrow{AG}=\dfrac{2}{3}\overrightarrow{AM}=\dfrac{2}{3}\times\dfrac{\overrightarrow{AB}+\overrightarrow{AC}}{2}=\dfrac{\overrightarrow{AB}+\overrightarrow{AC}}{3}$

$\therefore\ \overrightarrow{PG}=\overrightarrow{AG}-\overrightarrow{AP}=\left(\dfrac{\overrightarrow{AB}+\overrightarrow{AC}}{3}\right)-\dfrac{2}{3}\overrightarrow{AB}$

$=-\dfrac{1}{3}\overrightarrow{AB}+\dfrac{1}{3}\overrightarrow{AC}=\dfrac{1}{3}(\overrightarrow{AC}-\overrightarrow{AB})$

$=\dfrac{1}{3}\overrightarrow{BC}$

$\therefore\ |\overrightarrow{PG}|=\dfrac{1}{3}|\overrightarrow{BC}|=\dfrac{1}{3}\times6=2$

Ⅱ-2 02 평면벡터의 내적

1 평면벡터의 내적

개념 CHECK 103쪽

1 답 (1) **4** (2) $\boldsymbol{-4\sqrt{2}}$

2 답 (1) **10** (2) **−11**

문제 104~106쪽

01-1 답 (1) $\boldsymbol{\dfrac{1}{2}}$ (2) $\boldsymbol{-\dfrac{1}{2}}$ (3) **1** (4) $\boldsymbol{-\dfrac{3}{2}}$

(1) $\overrightarrow{OA}\cdot\overrightarrow{OB}=|\overrightarrow{OA}||\overrightarrow{OB}|\cos60°$

$=1\times1\times\dfrac{1}{2}=\dfrac{1}{2}$

(2) $\overrightarrow{BO}=\overrightarrow{AF}$, $\angle BAF=120°$이므로

$\overrightarrow{AB}\cdot\overrightarrow{BO}=\overrightarrow{AB}\cdot\overrightarrow{AF}$

$=-|\overrightarrow{AB}||\overrightarrow{AF}|\cos(180°-120°)$

$=-1\times1\times\dfrac{1}{2}=-\dfrac{1}{2}$

(3) $\overrightarrow{OB}=\overrightarrow{EO}$이므로

$\overrightarrow{OB}\cdot\overrightarrow{EO}=\overrightarrow{OB}\cdot\overrightarrow{OB}=|\overrightarrow{OB}||\overrightarrow{OB}|\cos0°$

$=|\overrightarrow{OB}|^2=1$

(4) 오른쪽 그림과 같이 $\overrightarrow{OF}$를 평행이동하여 시점을 F로 일치시켰을 때의 종점을 F′이라 하면

$\overrightarrow{OF}=\overrightarrow{FF'}$

직각삼각형 CDF에서

$\angle FCD=60°$, $\overline{CF}=2$이므로

$\overline{FD}=\overline{CF}\sin60°=2\times\dfrac{\sqrt{3}}{2}=\sqrt{3}$

따라서 $\angle F'FD=150°$이므로

$\overrightarrow{OF}\cdot\overrightarrow{FD}=\overrightarrow{FF'}\cdot\overrightarrow{FD}$

$=-|\overrightarrow{FF'}||\overrightarrow{FD}|\cos(180°-150°)$

$=-1\times\sqrt{3}\times\dfrac{\sqrt{3}}{2}=-\dfrac{3}{2}$

01-2 답 **9**

오른쪽 그림과 같이 두 벡터 $\overrightarrow{AB}$, $\overrightarrow{AC}$가 이루는 각의 크기를 $\theta(0°<\theta<90°)$라 하면 직각삼각형 ABC에서

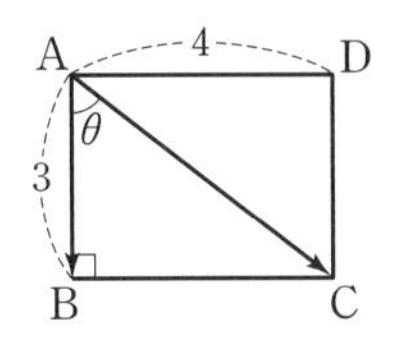

$|\overrightarrow{AC}|\cos\theta=|\overrightarrow{AB}|$

$\therefore\ \overrightarrow{AB}\cdot\overrightarrow{AC}=|\overrightarrow{AB}||\overrightarrow{AC}|\cos\theta$
$=|\overrightarrow{AB}||\overrightarrow{AB}|$
$=|\overrightarrow{AB}|^2=9$

02-1 답 (1) **4** (2) **2**

(1) $\vec{a}+3\vec{b}$를 성분으로 나타내면
$\vec{a}+3\vec{b}=(-5,\ 3)+3(1,\ -2)$
$=(-5+3,\ 3-6)=(-2,\ -3)$
$\therefore\ (\vec{a}+3\vec{b})\cdot\vec{b}=(-2,\ -3)\cdot(1,\ -2)$
$=(-2)\times1+(-3)\times(-2)=4$

(2) $\vec{a}\cdot\vec{b}$를 k에 대한 식으로 나타내면
$\vec{a}\cdot\vec{b}=(2,\ k-1)\cdot(-3,\ k+2)$
$=2\times(-3)+(k-1)(k+2)$
$=k^2+k-8$
$\vec{a}\cdot\vec{b}=-2$이므로
$k^2+k-8=-2,\ k^2+k-6=0$
$(k+3)(k-2)=0\quad\therefore\ k=-3$ 또는 $k=2$
그런데 $k>0$이므로 $k=2$

02-2 답 **3**

$\overrightarrow{AB}=(-3,\ 2)-(-1,\ 3)=(-2,\ -1)$
$\overrightarrow{CD}=(0,\ -2)-(-1,\ 3)=(1,\ -5)$
$\therefore\ \overrightarrow{AB}\cdot\overrightarrow{CD}=(-2,\ -1)\cdot(1,\ -5)$
$=(-2)\times1+(-1)\times(-5)=3$

02-3 답 **2**

$|\vec{a}|=5$이므로 $\sqrt{(k-2)^2+(-3)^2}=5$
양변을 제곱하면
$k^2-4k+4+9=25,\ k^2-4k-12=0$
$(k+2)(k-6)=0\quad\therefore\ k=-2$ 또는 $k=6$
그런데 $k<0$이므로 $k=-2$
따라서 $\vec{a}=(-4,\ -3),\ \vec{b}=(4,\ -6)$이므로
$\vec{a}\cdot\vec{b}=(-4,\ -3)\cdot(4,\ -6)$
$=(-4)\times4+(-3)\times(-6)=2$

03-1 답 (1) $\sqrt{29}$ (2) **3**

(1) $|2\vec{a}-\vec{b}|^2=4|\vec{a}|^2-4\vec{a}\cdot\vec{b}+|\vec{b}|^2$
$|\vec{a}|=3,\ |\vec{b}|=1,\ \vec{a}\cdot\vec{b}=2$이므로
$|2\vec{a}-\vec{b}|^2=4\times3^2-4\times2+1^2=29$
$\therefore\ |2\vec{a}-\vec{b}|=\sqrt{29}$

(2) $|\vec{a}-\vec{b}|=\sqrt{7}$의 양변을 제곱하면
$|\vec{a}|^2-2\vec{a}\cdot\vec{b}+|\vec{b}|^2=7$
$|\vec{a}|=\sqrt{5},\ |\vec{b}|=2\sqrt{2}$이므로
$(\sqrt{5})^2-2\vec{a}\cdot\vec{b}+(2\sqrt{2})^2=7,\ -2\vec{a}\cdot\vec{b}=-6$
$\therefore\ \vec{a}\cdot\vec{b}=3$

03-2 답 **65**

$|\vec{a}+\vec{b}|=4$의 양변을 제곱하면
$|\vec{a}|^2+2\vec{a}\cdot\vec{b}+|\vec{b}|^2=16\quad\cdots\cdots$ ㉠
$|\vec{a}-\vec{b}|=\sqrt{10}$의 양변을 제곱하면
$|\vec{a}|^2-2\vec{a}\cdot\vec{b}+|\vec{b}|^2=10\quad\cdots\cdots$ ㉡
㉠+㉡을 하면
$2(|\vec{a}|^2+|\vec{b}|^2)=26\quad\therefore\ |\vec{a}|^2+|\vec{b}|^2=13$
$\therefore\ |\vec{a}+2\vec{b}|^2+|2\vec{a}-\vec{b}|^2$
$=|\vec{a}|^2+4\vec{a}\cdot\vec{b}+4|\vec{b}|^2+4|\vec{a}|^2-4\vec{a}\cdot\vec{b}+|\vec{b}|^2$
$=5(|\vec{a}|^2+|\vec{b}|^2)=5\times13=65$

03-3 답 **3**

두 벡터 $\vec{a},\ \vec{b}$가 이루는 각의 크기가 $60°$, $|\vec{b}|=\frac{1}{3}$이므로
$\vec{a}\cdot\vec{b}=|\vec{a}||\vec{b}|\cos60°=|\vec{a}|\times\frac{1}{3}\times\frac{1}{2}=\frac{|\vec{a}|}{6}$
$|\vec{a}-3\vec{b}|=\sqrt{7}$의 양변을 제곱하면
$|\vec{a}|^2-6\vec{a}\cdot\vec{b}+9|\vec{b}|^2=7$
$|\vec{a}|^2-|\vec{a}|-6=0,\ (|\vec{a}|+2)(|\vec{a}|-3)=0$
$\therefore\ |\vec{a}|=-2$ 또는 $|\vec{a}|=3$
그런데 $|\vec{a}|\geq0$이므로 $|\vec{a}|=3$

2 두 평면벡터가 이루는 각의 크기

개념 CHECK 107쪽

1 답 (1) **60°** (2) **135°**

2 답 (1) $\frac{2}{3}$ (2) $-\frac{3}{2}$

문제 108~110쪽

04-1 답 (1) **120°** (2) $3\sqrt{3}$

(1) $\vec{a}+\vec{b}=(\sqrt{3},\ 1)+(-\sqrt{3},\ 0)=(0,\ 1)$
$-\vec{a}-2\vec{b}=-(\sqrt{3},\ 1)-2(-\sqrt{3},\ 0)=(\sqrt{3},\ -1)$
$\therefore\ (\vec{a}+\vec{b})\cdot(-\vec{a}-2\vec{b})=(0,\ 1)\cdot(\sqrt{3},\ -1)$
$=0\times\sqrt{3}+1\times(-1)=-1$
$(\vec{a}+\vec{b})\cdot(-\vec{a}-2\vec{b})<0$이므로 두 벡터 $\vec{a}+\vec{b}$, $-\vec{a}-2\vec{b}$가 이루는 각의 크기를 $\theta\ (90°<\theta\leq180°)$라 하면
$\cos(180°-\theta)=-\frac{(\vec{a}+\vec{b})\cdot(-\vec{a}-2\vec{b})}{|\vec{a}+\vec{b}||-\vec{a}-2\vec{b}|}$
$=-\frac{-1}{\sqrt{0^2+1^2}\sqrt{(\sqrt{3})^2+(-1)^2}}=\frac{1}{2}$

그런데 $90^\circ < \theta \leq 180^\circ$이므로

$180^\circ - \theta = 60^\circ \qquad \therefore \theta = 120^\circ$

(2) 두 벡터 $\vec{a} = (1, \sqrt{3})$, $\vec{b} = (-3, k)$가 이루는 각의 크기가 60°이므로

$\cos 60^\circ = \dfrac{1 \times (-3) + \sqrt{3} \times k}{\sqrt{1^2 + (\sqrt{3})^2}\sqrt{(-3)^2 + k^2}}$

$\dfrac{1}{2} = \dfrac{\sqrt{3}k - 3}{2\sqrt{k^2 + 9}}$, $\sqrt{k^2 + 9} = \sqrt{3}k - 3$

양변을 제곱하면

$k^2 + 9 = 3k^2 - 6\sqrt{3}k + 9$, $k^2 - 3\sqrt{3}k = 0$

$k(k - 3\sqrt{3}) = 0 \qquad \therefore k = 0$ 또는 $k = 3\sqrt{3}$

그런데 k는 양수이므로 $k = 3\sqrt{3}$

04-**2** 답 **135°**

$\angle BAC = \theta$라 하면 θ는 두 벡터 $\overrightarrow{AB}$, $\overrightarrow{AC}$가 이루는 각의 크기이다.

$\overrightarrow{AB} = (2, 3) - (1, 1) = (1, 2)$

$\overrightarrow{AC} = (3, -5) - (1, 1) = (2, -6)$

$\therefore \overrightarrow{AB} \cdot \overrightarrow{AC} = (1, 2) \cdot (2, -6)$

$= 1 \times 2 + 2 \times (-6) = -10$

$\overrightarrow{AB} \cdot \overrightarrow{AC} < 0$에서 $90^\circ < \theta \leq 180^\circ$이므로

$\cos(180^\circ - \theta) = -\dfrac{\overrightarrow{AB} \cdot \overrightarrow{AC}}{|\overrightarrow{AB}||\overrightarrow{AC}|}$

$= -\dfrac{-10}{\sqrt{1^2 + 2^2}\sqrt{2^2 + (-6)^2}} = \dfrac{\sqrt{2}}{2}$

그런데 $90^\circ < \theta \leq 180^\circ$이므로

$180^\circ - \theta = 45^\circ \qquad \therefore \theta = 135^\circ$

05-**1** 답 **90°**

$|4\vec{a} + \vec{b}| = |4\vec{a} - \vec{b}|$의 양변을 제곱하면

$16|\vec{a}|^2 + 8\vec{a} \cdot \vec{b} + |\vec{b}|^2 = 16|\vec{a}|^2 - 8\vec{a} \cdot \vec{b} + |\vec{b}|^2$

$16\vec{a} \cdot \vec{b} = 0 \qquad \therefore \vec{a} \cdot \vec{b} = 0$

$\vec{a} \cdot \vec{b} \geq 0$이므로 두 벡터 $\vec{a}$, $\vec{b}$가 이루는 각의 크기를 $\theta(0^\circ \leq \theta \leq 90^\circ)$라 하면

$\vec{a} \cdot \vec{b} = |\vec{a}||\vec{b}|\cos\theta = 0$

$\therefore \cos\theta = 0$ ($\because |\vec{a}| \neq 0$, $|\vec{b}| \neq 0$)

$\therefore \theta = 90^\circ$

05-**2** 답 **150°**

$|\vec{a} - 2\vec{b}| = \sqrt{13}$의 양변을 제곱하면

$|\vec{a}|^2 - 4\vec{a} \cdot \vec{b} + 4|\vec{b}|^2 = 13$

$|\vec{a}| = \sqrt{3}$, $|\vec{b}| = 1$이므로

$(\sqrt{3})^2 - 4\vec{a} \cdot \vec{b} + 4 \times 1^2 = 13$, $-4\vec{a} \cdot \vec{b} = 6$

$\therefore \vec{a} \cdot \vec{b} = -\dfrac{3}{2}$

$\vec{a} \cdot \vec{b} < 0$이므로 두 벡터 $\vec{a}$, $\vec{b}$가 이루는 각의 크기를 $\theta(90^\circ < \theta \leq 180^\circ)$라 하면

$\cos(180^\circ - \theta) = -\dfrac{\vec{a} \cdot \vec{b}}{|\vec{a}||\vec{b}|} = -\dfrac{-\frac{3}{2}}{\sqrt{3} \times 1} = \dfrac{\sqrt{3}}{2}$

그런데 $90^\circ < \theta \leq 180^\circ$이므로

$180^\circ - \theta = 30^\circ \qquad \therefore \theta = 150^\circ$

05-**3** 답 **45°**

$\vec{a} + \vec{b} + \vec{c} = \vec{0}$에서 $\vec{a} + \vec{b} = -\vec{c}$

$|\vec{a} + \vec{b}| = |-\vec{c}|$의 양변을 제곱하면

$|\vec{a}|^2 + 2\vec{a} \cdot \vec{b} + |\vec{b}|^2 = |\vec{c}|^2$

$|\vec{a}| = 6$, $|\vec{b}| = 6\sqrt{2}$, $|\vec{c}| = 6\sqrt{5}$이므로

$6^2 + 2\vec{a} \cdot \vec{b} + (6\sqrt{2})^2 = (6\sqrt{5})^2$

$2\vec{a} \cdot \vec{b} = 72 \qquad \therefore \vec{a} \cdot \vec{b} = 36$

$\vec{a} \cdot \vec{b} > 0$이므로 두 벡터 $\vec{a}$, $\vec{b}$가 이루는 각의 크기를 $\theta(0^\circ \leq \theta < 90^\circ)$라 하면

$\cos\theta = \dfrac{\vec{a} \cdot \vec{b}}{|\vec{a}||\vec{b}|} = \dfrac{36}{6 \times 6\sqrt{2}} = \dfrac{\sqrt{2}}{2}$

그런데 $0^\circ \leq \theta < 90^\circ$이므로 $\theta = 45^\circ$

06-**1** 답 (1) $\mathbf{\dfrac{1}{3}}$ (2) $\mathbf{-2}$

$\vec{a} - x\vec{b} = (2, -1) - x(-1, -3) = (x + 2, 3x - 1)$

$\vec{a} + 2\vec{b} = (2, -1) + 2(-1, -3) = (0, -7)$

(1) $(\vec{a} - x\vec{b}) \perp (\vec{a} + 2\vec{b})$이면

$(\vec{a} - x\vec{b}) \cdot (\vec{a} + 2\vec{b}) = 0$이므로

$(x + 2, 3x - 1) \cdot (0, -7) = 0$

$-7(3x - 1) = 0 \qquad \therefore x = \dfrac{1}{3}$

(2) $(\vec{a} - x\vec{b}) /\!/ (\vec{a} + 2\vec{b})$이면

$(\vec{a} - x\vec{b}) \cdot (\vec{a} + 2\vec{b}) = \pm|\vec{a} - x\vec{b}||\vec{a} + 2\vec{b}|$이므로

$(x + 2, 3x - 1) \cdot (0, -7)$

$= \pm\sqrt{(x + 2)^2 + (3x - 1)^2}\sqrt{0^2 + (-7)^2}$

$-3x + 1 = \pm\sqrt{10x^2 - 2x + 5}$

양변을 제곱하면

$9x^2 - 6x + 1 = 10x^2 - 2x + 5$

$x^2 + 4x + 4 = 0$, $(x + 2)^2 = 0$

$\therefore x = -2$

다른 풀이

(2) $(\vec{a} - x\vec{b}) /\!/ (\vec{a} + 2\vec{b})$이면

$\vec{a} - x\vec{b} = k(\vec{a} + 2\vec{b})$ (단, k는 0이 아닌 실수)

$(x + 2, 3x - 1) = k(0, -7) = (0, -7k)$

두 평면벡터가 서로 같을 조건에 의하여

$x + 2 = 0$, $3x - 1 = -7k$

$\therefore x = -2$, $k = 1$

개념편

06-2 답 $x=-9$, $y=-3$

두 벡터 $\vec{a}$, $\vec{b}$가 서로 평행하므로

$\vec{a}\cdot\vec{b}=\pm|\vec{a}||\vec{b}|$

$(x, 6)\cdot(-6, 4)=\pm\sqrt{x^2+6^2}\sqrt{(-6)^2+4^2}$

$-3x+12=\pm\sqrt{13}\sqrt{x^2+36}$

양변을 제곱하면

$9x^2-72x+144=13x^2+468$

$x^2+18x+81=0$

$(x+9)^2=0 \quad \therefore x=-9$

두 벡터 $\vec{b}$, $\vec{c}$가 서로 수직이므로 $\vec{b}\cdot\vec{c}=0$

$(-6, 4)\cdot(-2, y)=0$

$(-6)\times(-2)+4\times y=0$

$12+4y=0 \quad \therefore y=-3$

연습문제 111~113쪽

1 ④	2 ②	3 14	4 ③	5 4
6 ①	7 3	8 15	9 $\sqrt{7}$	
10 ②	11 $-2\sqrt{3}$	12 ①	13 135°	14 ⑤
15 5	16 60°	17 ②	18 $-\frac{3}{5}$	19 -4
20 7	21 ⑤	22 ③		

1 삼각형 ABP는 $\angle BPA=90°$인 직각삼각형이므로

$\overline{AP}=\sqrt{\overline{AB}^2-\overline{BP}^2}=\sqrt{10^2-6^2}=8$

두 벡터 $\overrightarrow{AB}$, $\overrightarrow{AP}$가 이루는 각의 크기를 $\theta(0°<\theta<90°)$라 하면 직각삼각형 ABP에서

$\cos\theta=\frac{\overline{AP}}{\overline{AB}}=\frac{4}{5}$

$\therefore \overrightarrow{AB}\cdot\overrightarrow{AP}=|\overrightarrow{AB}||\overrightarrow{AP}|\cos\theta$

$=10\times8\times\frac{4}{5}=64$

2 두 벡터 $\overrightarrow{BA}$, $\overrightarrow{BC}$가 이루는 각의 크기를 $\theta(0°<\theta<90°)$라 하면 직각삼각형 ABH에서

$|\overrightarrow{BA}|\cos\theta=|\overrightarrow{BH}|$

$\therefore \overrightarrow{BA}\cdot\overrightarrow{BC}=|\overrightarrow{BA}||\overrightarrow{BC}|\cos\theta=|\overrightarrow{BC}||\overrightarrow{BA}|\cos\theta$

$=|\overrightarrow{BC}||\overrightarrow{BH}|=7\times4=28$

3 $\vec{a}+\vec{b}=(3, -2)+(-2, 5)=(1, 3)$

$\vec{b}+\vec{c}=(-2, 5)+(-2, 1)=(-4, 6)$

$\therefore (\vec{a}+\vec{b})\cdot(\vec{b}+\vec{c})=(1, 3)\cdot(-4, 6)$

$=1\times(-4)+3\times6=14$

4 $\overrightarrow{AC}=(6, 1)-(x, -1)=(-x+6, 2)$

$\overrightarrow{BD}=(2, -x+1)-(3, -2)=(-1, -x+3)$

$\overrightarrow{AC}\cdot\overrightarrow{BD}=-2$이므로

$(-x+6, 2)\cdot(-1, -x+3)=-2$

$-(-x+6)+2(-x+3)=-2 \quad \therefore x=2$

5 $|\vec{a}|=2\sqrt{10}$이므로

$\sqrt{6^2+(3k-4)^2}=2\sqrt{10}$

양변을 제곱하면

$36+9k^2-24k+16=40$, $3k^2-8k+4=0$

$(3k-2)(k-2)=0 \quad \therefore k=\frac{2}{3}$ 또는 $k=2$

그런데 k는 정수이므로 $k=2$

따라서 $\vec{a}=(6, 2)$, $\vec{b}=(-1, 5)$이므로

$\vec{a}\cdot\vec{b}=(6, 2)\cdot(-1, 5)$

$=6\times(-1)+2\times5=4$

6 $t\vec{a}+\vec{b}=t(-1, 1)+(2, -1)$

$=(-t+2, t-1)$

$\vec{a}-t\vec{b}=(-1, 1)-t(2, -1)$

$=(-2t-1, t+1)$

$\therefore f(t)=(t\vec{a}+\vec{b})\cdot(\vec{a}-t\vec{b})$

$=(-t+2, t-1)\cdot(-2t-1, t+1)$

$=(-t+2)(-2t-1)+(t-1)(t+1)$

$=3t^2-3t-3=3\left(t-\frac{1}{2}\right)^2-\frac{15}{4}$

따라서 $t=\frac{1}{2}$일 때 $f(t)$의 최솟값은 $-\frac{15}{4}$이다.

7 점 P의 좌표를 (x, y)라 하면

$\overrightarrow{AB}=(4, 2)-(1, -2)=(3, 4)$

$\overrightarrow{CP}=(x, y)-(1, 2)=(x-1, y-2)$

$\overrightarrow{AB}\cdot\overrightarrow{CP}=4$이므로

$(3, 4)\cdot(x-1, y-2)=4$

$3(x-1)+4(y-2)=4$

$\therefore 3x+4y-15=0$

즉, 점 P가 나타내는 도형은 직선 $3x+4y-15=0$이다.

따라서 $|\overrightarrow{OP}|$의 최솟값은 원점 O와 직선 $3x+4y-15=0$ 사이의 거리와 같으므로

$\frac{|-15|}{\sqrt{3^2+4^2}}=3$

8 포물선 $y^2=12x$의 초점 F의 좌표는 $(3, 0)$

점 P의 좌표를 $(a, 2\sqrt{3a})(a\ge0)$라 하면

$\overrightarrow{AP}=(a, 2\sqrt{3a})-(5, 0)=(a-5, 2\sqrt{3a})$

$\overrightarrow{FP}=(a, 2\sqrt{3a})-(3, 0)=(a-3, 2\sqrt{3a})$

$\therefore \overrightarrow{AP}\cdot\overrightarrow{FP}=(a-5,\ 2\sqrt{3a})\cdot(a-3,\ 2\sqrt{3a})$

$=(a-5)(a-3)+12a$

$=a^2-8a+15+12a$

$=a^2+4a+15$

$=(a+2)^2+11$

그런데 $a\geq 0$이므로 $a=0$일 때 $\overrightarrow{AP}\cdot\overrightarrow{FP}$의 최솟값은 15이다.

9 $|\vec{a}+\vec{b}|=2$의 양변을 제곱하면

$|\vec{a}|^2+2\vec{a}\cdot\vec{b}+|\vec{b}|^2=4$

$|\vec{a}|=\sqrt{2}$, $|\vec{b}|=1$이므로

$(\sqrt{2})^2+2\vec{a}\cdot\vec{b}+1^2=4$, $2\vec{a}\cdot\vec{b}=1$

$\therefore \vec{a}\cdot\vec{b}=\frac{1}{2}$

$\therefore |2\vec{a}-\vec{b}|^2=4|\vec{a}|^2-4\vec{a}\cdot\vec{b}+|\vec{b}|^2$

$=4\times(\sqrt{2})^2-4\times\frac{1}{2}+1^2=7$

$\therefore |2\vec{a}-\vec{b}|=\sqrt{7}$

10 두 벡터 $\vec{a}$, $\vec{b}$가 이루는 각의 크기는 60°이고 $|\vec{a}|=2$, $|\vec{b}|=2$이므로

$\vec{a}\cdot\vec{b}=|\vec{a}||\vec{b}|\cos 60^\circ=2\times2\times\frac{1}{2}=2$

$\therefore |2\vec{a}+3\vec{b}|^2=4|\vec{a}|^2+12\vec{a}\cdot\vec{b}+9|\vec{b}|^2$

$=4\times2^2+12\times2+9\times2^2=76$

$\therefore |2\vec{a}+3\vec{b}|=2\sqrt{19}$

11 두 벡터 $\vec{a}$, $\vec{b}$가 이루는 각의 크기가 30°이고 $|\vec{a}|=1$, $|\vec{b}|=2$이므로

$\vec{a}\cdot\vec{b}=|\vec{a}||\vec{b}|\cos 30^\circ=1\times2\times\frac{\sqrt{3}}{2}=\sqrt{3}$

$|k\vec{a}+\vec{b}|=2$의 양변을 제곱하면

$k^2|\vec{a}|^2+2k\vec{a}\cdot\vec{b}+|\vec{b}|^2=4$

$k^2\times1^2+2k\times\sqrt{3}+2^2=4$, $k^2+2\sqrt{3}k=0$

$k(k+2\sqrt{3})=0$ $\quad\therefore k=-2\sqrt{3}$ 또는 $k=0$

그런데 $k\neq0$이므로 $k=-2\sqrt{3}$

12 $\overrightarrow{BC}=\overrightarrow{AC}-\overrightarrow{AB}$이므로 $|\overrightarrow{AB}-\overrightarrow{BC}|=6$에서

$|\overrightarrow{AB}-(\overrightarrow{AC}-\overrightarrow{AB})|=6$

$\therefore |2\overrightarrow{AB}-\overrightarrow{AC}|=6$

양변을 제곱하면

$4|\overrightarrow{AB}|^2-4\overrightarrow{AB}\cdot\overrightarrow{AC}+|\overrightarrow{AC}|^2=36$

$|\overrightarrow{AB}|=2$, $\overrightarrow{AB}\cdot\overrightarrow{AC}=0$이므로

$4\times2^2-4\times0+|\overrightarrow{AC}|^2=36$, $|\overrightarrow{AC}|^2=20$

$\therefore |\overrightarrow{AC}|=2\sqrt{5}$

13 $\vec{a}+2\vec{b}=\left(\frac{1}{2},\ -1\right)+2\left(\frac{3}{4},\ 1\right)=(2,\ 1)$

$\vec{a}-2\vec{b}=\left(\frac{1}{2},\ -1\right)-2\left(\frac{3}{4},\ 1\right)=(-1,\ -3)$

$\therefore (\vec{a}+2\vec{b})\cdot(\vec{a}-2\vec{b})=(2,\ 1)\cdot(-1,\ -3)$

$=2\times(-1)+1\times(-3)=-5$

$(\vec{a}+2\vec{b})\cdot(\vec{a}-2\vec{b})<0$이므로 두 벡터 $\vec{a}+2\vec{b}$, $\vec{a}-2\vec{b}$가 이루는 각의 크기를 $\theta(90^\circ<\theta\leq180^\circ)$라 하면

$\cos(180^\circ-\theta)=-\frac{(\vec{a}+2\vec{b})\cdot(\vec{a}-2\vec{b})}{|\vec{a}+2\vec{b}||\vec{a}-2\vec{b}|}$

$=-\frac{-5}{\sqrt{2^2+1^2}\sqrt{(-1)^2+(-3)^2}}$

$=\frac{\sqrt{2}}{2}$

그런데 $90^\circ<\theta\leq180^\circ$이므로

$180^\circ-\theta=45^\circ$ $\quad\therefore \theta=135^\circ$

14 $\vec{a}\cdot\vec{b}=6$이므로

$(x-1,\ 4)\cdot(-x,\ 3)=6$

$-x(x-1)+4\times3=6$, $x^2-x-6=0$

$(x+2)(x-3)=0$ $\quad\therefore x=-2$ 또는 $x=3$

그런데 $x>0$이므로 $x=3$

따라서 $\vec{a}=(2,\ 4)$, $\vec{b}=(-3,\ 3)$이므로

$\cos\theta=\frac{\vec{a}\cdot\vec{b}}{|\vec{a}||\vec{b}|}$

$=\frac{6}{\sqrt{2^2+4^2}\sqrt{(-3)^2+3^2}}=\frac{\sqrt{10}}{10}$

15 (가)에서 $|\vec{a}+\vec{b}|=|\vec{a}-\vec{b}|$의 양변을 제곱하면

$|\vec{a}|^2+2\vec{a}\cdot\vec{b}+|\vec{b}|^2=|\vec{a}|^2-2\vec{a}\cdot\vec{b}+|\vec{b}|^2$

$\therefore \vec{a}\cdot\vec{b}=0$

(나)에서 $(2\vec{a}+\vec{b})\cdot(2\vec{a}-\vec{b})=0$이므로

$4|\vec{a}|^2-|\vec{b}|^2=0$

$\therefore |\vec{b}|=2|\vec{a}|$ ($\because |\vec{a}|>0$, $|\vec{b}|>0$)

$|\vec{a}-\vec{b}|^2=|\vec{a}|^2-2\vec{a}\cdot\vec{b}+|\vec{b}|^2$

$=|\vec{a}|^2-2\times0+(2|\vec{a}|)^2=5|\vec{a}|^2$

$\therefore |\vec{a}-\vec{b}|=\sqrt{5}|\vec{a}|$

한편 $\vec{a}\cdot(\vec{a}-\vec{b})=|\vec{a}|^2-\vec{a}\cdot\vec{b}=|\vec{a}|^2>0$이므로

$0^\circ\leq\theta<90^\circ$

$\therefore \cos\theta=\frac{\vec{a}\cdot(\vec{a}-\vec{b})}{|\vec{a}||\vec{a}-\vec{b}|}$

$=\frac{|\vec{a}|^2}{|\vec{a}|\times\sqrt{5}|\vec{a}|}=\frac{\sqrt{5}}{5}$

$\therefore 25\cos^2\theta=25\times\left(\frac{\sqrt{5}}{5}\right)^2=5$

16 두 벡터 $\vec{a}$, $\vec{b}$가 이루는 각의 크기가 $60°$이고 $|\vec{a}|=1$, $|\vec{b}|=1$이므로

$\vec{a}\cdot\vec{b}=|\vec{a}||\vec{b}|\cos 60°=1\times1\times\dfrac{1}{2}=\dfrac{1}{2}$

$|\vec{a}+\vec{b}|^2=|\vec{a}|^2+2\vec{a}\cdot\vec{b}+|\vec{b}|^2=1^2+2\times\dfrac{1}{2}+1^2=3$

$\therefore\ |\vec{a}+\vec{b}|=\sqrt{3}$

$|2\vec{a}-\vec{b}|^2=4|\vec{a}|^2-4\vec{a}\cdot\vec{b}+|\vec{b}|^2=4\times1^2-4\times\dfrac{1}{2}+1^2=3$

$\therefore\ |2\vec{a}-\vec{b}|=\sqrt{3}$

$(\vec{a}+\vec{b})\cdot(2\vec{a}-\vec{b})=2|\vec{a}|^2+\vec{a}\cdot\vec{b}-|\vec{b}|^2$

$=2\times1^2+\dfrac{1}{2}-1^2=\dfrac{3}{2}$

$(\vec{a}+\vec{b})\cdot(2\vec{a}-\vec{b})>0$이므로 두 벡터 $\vec{a}+\vec{b}$, $2\vec{a}-\vec{b}$가 이루는 각의 크기를 $\theta(0°\le\theta<90°)$라 하면

$\cos\theta=\dfrac{(\vec{a}+\vec{b})\cdot(2\vec{a}-\vec{b})}{|\vec{a}+\vec{b}||2\vec{a}-\vec{b}|}=\dfrac{\frac{3}{2}}{\sqrt{3}\times\sqrt{3}}=\dfrac{1}{2}$

그런데 $0°\le\theta<90°$이므로 $\theta=60°$

다른 풀이

오른쪽 그림과 같이 정삼각형을 이용하여 두 벡터 $\vec{a}+\vec{b}$, $2\vec{a}-\vec{b}$가 이루는 각의 크기를 구하면 $60°$이다.

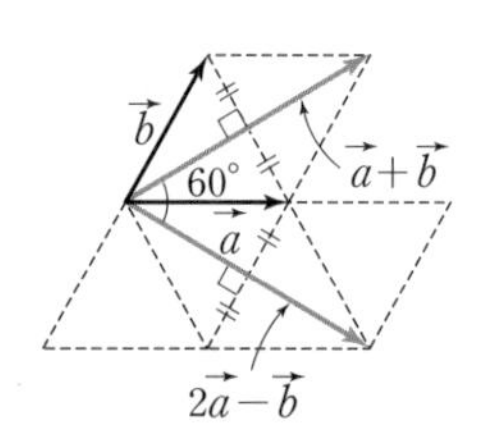

17 두 벡터 $\vec{a}$, $\vec{a}-t\vec{b}$가 서로 수직이므로

$\vec{a}\cdot(\vec{a}-t\vec{b})=0$, $|\vec{a}|^2-t\vec{a}\cdot\vec{b}=0$

$|\vec{a}|=2$, $\vec{a}\cdot\vec{b}=2$이므로

$2^2-t\times2=0\qquad\therefore\ t=2$

18 두 벡터 $\vec{a}$, $\vec{b}$가 서로 평행하므로

$\vec{a}\cdot\vec{b}=\pm|\vec{a}||\vec{b}|$

$(x,\ 1)\cdot(3,\ 5)=\pm\sqrt{x^2+1^2}\sqrt{3^2+5^2}$

$3x+5=\pm\sqrt{34}\sqrt{x^2+1}$

양변을 제곱하면

$9x^2+30x+25=34x^2+34$

$25x^2-30x+9=0$

$(5x-3)^2=0\qquad\therefore\ x=\dfrac{3}{5}$

두 벡터 $\vec{a}$, $\vec{c}$가 서로 수직이므로

$\vec{a}\cdot\vec{c}=0$

$\left(\dfrac{3}{5},\ 1\right)\cdot(2,\ y)=0$

$\dfrac{6}{5}+y=0\qquad\therefore\ y=-\dfrac{6}{5}$

$\therefore\ x+y=\dfrac{3}{5}-\dfrac{6}{5}=-\dfrac{3}{5}$

19 오른쪽 그림과 같이 주어진 원의 중심 O를 원점으로 하고 두 직선 CG, AE가 각각 x축, y축이 되도록 좌표평면에 놓으면

$\mathrm{A}(0,\ 2)$, $\mathrm{C}(-2,\ 0)$, $\mathrm{G}(2,\ 0)$

점 H의 좌표를 $(x,\ y)$라 하면

$x=\overline{\mathrm{OH}}\cos 45°=2\times\dfrac{\sqrt{2}}{2}=\sqrt{2}$

$y=\overline{\mathrm{OH}}\sin 45°=2\times\dfrac{\sqrt{2}}{2}=\sqrt{2}$

$\therefore\ \mathrm{H}(\sqrt{2},\ \sqrt{2})$

$\overrightarrow{\mathrm{AG}}=(2,\ 0)-(0,\ 2)=(2,\ -2)$

$\overrightarrow{\mathrm{HC}}=(-2,\ 0)-(\sqrt{2},\ \sqrt{2})=(-2-\sqrt{2},\ -\sqrt{2})$

$\therefore\ \overrightarrow{\mathrm{AG}}\cdot\overrightarrow{\mathrm{HC}}=(2,\ -2)\cdot(-2-\sqrt{2},\ -\sqrt{2})$

$=2\times(-2-\sqrt{2})+(-2)\times(-\sqrt{2})=-4$

20 오른쪽 그림과 같이 두 벡터 $\overrightarrow{\mathrm{PA}}$, $\overrightarrow{\mathrm{PB}}$가 이루는 각의 크기를 $\theta(90°<\theta\le180°)$라 하면

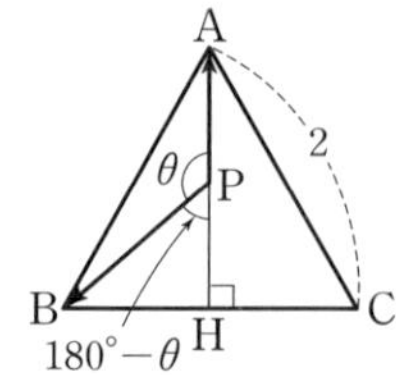

직각삼각형 PBH에서

$|\overrightarrow{\mathrm{PB}}|\cos(180°-\theta)=|\overrightarrow{\mathrm{PH}}|$

$\therefore\ |\overrightarrow{\mathrm{PA}}\cdot\overrightarrow{\mathrm{PB}}|=|-|\overrightarrow{\mathrm{PA}}||\overrightarrow{\mathrm{PB}}|\cos(180°-\theta)|$

$=|-|\overrightarrow{\mathrm{PA}}||\overrightarrow{\mathrm{PH}}||=|\overrightarrow{\mathrm{PA}}||\overrightarrow{\mathrm{PH}}|$

두 벡터 $\overrightarrow{\mathrm{PA}}$, $\overrightarrow{\mathrm{PH}}$가 영벡터가 아닐 때, $|\overrightarrow{\mathrm{PA}}|>0$, $|\overrightarrow{\mathrm{PH}}|>0$이므로 산술평균과 기하평균의 관계에 의하여

$|\overrightarrow{\mathrm{PA}}|+|\overrightarrow{\mathrm{PH}}|\ge2\sqrt{|\overrightarrow{\mathrm{PA}}||\overrightarrow{\mathrm{PH}}|}$

이때 $|\overrightarrow{\mathrm{PA}}|+|\overrightarrow{\mathrm{PH}}|=|\overrightarrow{\mathrm{AH}}|=\dfrac{\sqrt{3}}{2}\times2=\sqrt{3}$이므로

$\sqrt{3}\ge2\sqrt{|\overrightarrow{\mathrm{PA}}||\overrightarrow{\mathrm{PH}}|}$

양변을 제곱하면 $3\ge4|\overrightarrow{\mathrm{PA}}||\overrightarrow{\mathrm{PH}}|$

$\therefore\ |\overrightarrow{\mathrm{PA}}||\overrightarrow{\mathrm{PH}}|\le\dfrac{3}{4}$

(단, 등호는 $|\overrightarrow{\mathrm{PA}}|=|\overrightarrow{\mathrm{PH}}|$일 때 성립)

따라서 $|\overrightarrow{\mathrm{PA}}\cdot\overrightarrow{\mathrm{PB}}|$의 최댓값이 $\dfrac{3}{4}$이므로

$p=4,\ q=3\qquad\therefore\ p+q=7$

다른 풀이

오른쪽 그림과 같이 점 H를 원점으로 하고 두 직선 BC, AH가 각각 x축, y축이 되도록 좌표평면에 놓으면

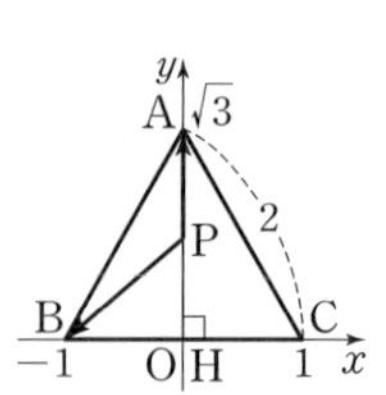

$\mathrm{A}(0,\ \sqrt{3})$, $\mathrm{B}(-1,\ 0)$, $\mathrm{C}(1,\ 0)$

점 P는 선분 AH 위의 점이므로 점 P의 좌표를 $(0,\ y)$ $(0\le y\le\sqrt{3})$라 하면

$\overrightarrow{\mathrm{PA}}=(0,\ \sqrt{3})-(0,\ y)=(0,\ \sqrt{3}-y)$

$\overrightarrow{\mathrm{PB}}=(-1,\ 0)-(0,\ y)=(-1,\ -y)$

$\therefore\ |\overrightarrow{PA}\cdot\overrightarrow{PB}|=|(0,\ \sqrt{3}-y)\cdot(-1,\ -y)|$
$=|y^2-\sqrt{3}y|$
$=\left|\left(y-\frac{\sqrt{3}}{2}\right)^2-\frac{3}{4}\right|$

$0\le y\le\sqrt{3}$에서 $y=\frac{\sqrt{3}}{2}$일 때 $|\overrightarrow{PA}\cdot\overrightarrow{PB}|$의 최댓값은 $\frac{3}{4}$이다.
따라서 $p=4$, $q=3$이므로
$p+q=7$

21 $\overrightarrow{AB}=\vec{a}$, $\overrightarrow{AD}=\vec{b}$라 하면
$\overrightarrow{AC}=\overrightarrow{AB}+\overrightarrow{BC}=\vec{a}+\vec{b}$
$\overrightarrow{BD}=\overrightarrow{AD}-\overrightarrow{AB}=\vec{b}-\vec{a}$
$|\overrightarrow{AC}|=15$이므로
$|\vec{a}+\vec{b}|=15$
양변을 제곱하면
$|\vec{a}|^2+2\vec{a}\cdot\vec{b}+|\vec{b}|^2=225$ ...... ㉠
$|\overrightarrow{BD}|=9$이므로
$|\vec{b}-\vec{a}|=9$
양변을 제곱하면
$|\vec{a}|^2-2\vec{a}\cdot\vec{b}+|\vec{b}|^2=81$ ...... ㉡
㉠－㉡을 하면
$4\vec{a}\cdot\vec{b}=144$
$\therefore\ \vec{a}\cdot\vec{b}=36$

22 $\overrightarrow{AB}=\vec{a}$, $\overrightarrow{AC}=\vec{b}$라 하면 $\overrightarrow{AD}=\frac{2}{3}\vec{a}$, $\overrightarrow{AE}=\frac{3}{4}\vec{b}$, $\overrightarrow{AF}=\frac{1}{4}\vec{b}$이므로
$\overrightarrow{BF}=\overrightarrow{AF}-\overrightarrow{AB}=\frac{1}{4}\vec{b}-\vec{a}$
$\overrightarrow{DE}=\overrightarrow{AE}-\overrightarrow{AD}=\frac{3}{4}\vec{b}-\frac{2}{3}\vec{a}$
$\therefore\ \overrightarrow{BF}+\overrightarrow{DE}=\left(\frac{1}{4}\vec{b}-\vec{a}\right)+\left(\frac{3}{4}\vec{b}-\frac{2}{3}\vec{a}\right)$
$=-\frac{5}{3}\vec{a}+\vec{b}$
두 벡터 $\vec{a}$, $\vec{b}$가 이루는 각의 크기가 $60°$이고 $|\vec{a}|=3$, $|\vec{b}|=3$이므로
$\vec{a}\cdot\vec{b}=|\vec{a}||\vec{b}|\cos 60°=3\times3\times\frac{1}{2}=\frac{9}{2}$
$\therefore\ |\overrightarrow{BF}+\overrightarrow{DE}|^2=\left|-\frac{5}{3}\vec{a}+\vec{b}\right|^2$
$=\frac{25}{9}|\vec{a}|^2-\frac{10}{3}\vec{a}\cdot\vec{b}+|\vec{b}|^2$
$=\frac{25}{9}\times3^2-\frac{10}{3}\times\frac{9}{2}+3^2=19$

Ⅱ-2 03 직선과 원의 방정식

1 직선의 방정식

개념 CHECK 115쪽

1 답 (1) $\frac{x+1}{2}=\frac{y-1}{3}$
(2) $\frac{x+3}{5}=\frac{y+4}{-3}$
(3) $7x-3y-8=0$

문제 116~117쪽

01-1 답 (1) $\frac{x-2}{4}=\frac{y-4}{3}$ (2) $\frac{x}{-4}=\frac{y-3}{5}$

(1) 직선 $\frac{x-1}{4}=\frac{y+2}{3}$의 방향벡터는 $(4,\ 3)$
따라서 점 $(2,\ 4)$를 지나고 방향벡터가 $(4,\ 3)$인 직선의 방정식은 $\frac{x-2}{4}=\frac{y-4}{3}$
(2) 두 점 $A(5,\ -2)$, $B(1,\ 3)$을 지나는 직선의 방향벡터는 $\overrightarrow{AB}=(1,\ 3)-(5,\ -2)=(-4,\ 5)$
따라서 점 $(0,\ 3)$을 지나고 방향벡터가 $(-4,\ 5)$인 직선의 방정식은 $\frac{x}{-4}=\frac{y-3}{5}$

01-2 답 3
두 점 $A(3,\ -1)$, $B(4,\ -2)$를 지나는 직선의 방향벡터는 $\overrightarrow{AB}=(4,\ -2)-(3,\ -1)=(1,\ -1)$
점 $(1,\ 2)$를 지나고 방향벡터가 $(1,\ -1)$인 직선의 방정식은 $x-1=\frac{y-2}{-1}$
$x=0$을 대입하면
$-1=\frac{y-2}{-1}$ $\therefore\ y=3$
따라서 y절편은 3이다.

01-3 답 -1
직선 $\frac{x-1}{2}=2-y$의 방향벡터는 $(2,\ -1)$
점 $(3,\ -2)$를 지나고 방향벡터가 $(2,\ -1)$인 직선의 방정식은 $\frac{x-3}{2}=\frac{y+2}{-1}$
이 직선이 점 $(1,\ a)$를 지나므로
$\frac{1-3}{2}=\frac{a+2}{-1}$ $\therefore\ a=-1$

02-1 답 (1) $\boldsymbol{2x+3y-8=0}$ (2) $\boldsymbol{x+4y+1=0}$

(1) 두 점 A$(4,\ -1)$, B$(2,\ -4)$를 지나는 직선의 방향벡터는 $\overrightarrow{AB}=(2,\ -4)-(4,\ -1)=(-2,\ -3)$
따라서 점 $(1,\ 2)$를 지나고 법선벡터가 $(-2,\ -3)$인 직선의 방정식은 $-2(x-1)-3(y-2)=0$
$\therefore\ 2x+3y-8=0$

(2) 직선 $x+4y-1=0$의 법선벡터는 $(1,\ 4)$
따라서 점 $(3,\ -1)$을 지나고 법선벡터가 $(1,\ 4)$인 직선의 방정식은 $(x-3)+4(y+1)=0$
$\therefore\ x+4y+1=0$

02-2 답 8

직선 $x-1=\dfrac{y+2}{-2}$의 방향벡터는 $(1,\ -2)$
점 $(2,\ -3)$을 지나고 법선벡터가 $(1,\ -2)$인 직선의 방정식은 $(x-2)-2(y+3)=0$
$\therefore\ x-2y-8=0$
$y=0$을 대입하면
$x-8=0 \qquad \therefore\ x=8$
따라서 x절편은 8이다.

02-3 답 $\boldsymbol{-3}$

직선 $2x-y+5=0$의 법선벡터는 $(2,\ -1)$
점 $(-2,\ 4)$를 지나고 법선벡터가 $(2,\ -1)$인 직선의 방정식은 $2(x+2)-(y-4)=0$
$\therefore\ 2x-y+8=0$
이 직선이 점 $(a,\ 2)$를 지나므로
$2a-2+8=0 \qquad \therefore\ a=-3$

2 두 직선이 이루는 각의 크기

문제 119~120쪽

03-1 답 (1) $\boldsymbol{\frac{4}{5}}$ (2) $\boldsymbol{-2}$

(1) 두 직선 l, m의 방향벡터를 각각 $\vec{u}$, $\vec{v}$라 하면
$\vec{u}=(1,\ -1)$, $\vec{v}=(1,\ -7)$
두 직선이 이루는 예각의 크기가 θ이므로
$$\cos\theta=\frac{|\vec{u}\cdot\vec{v}|}{|\vec{u}||\vec{v}|}=\frac{|1\times1+(-1)\times(-7)|}{\sqrt{1^2+(-1)^2}\sqrt{1^2+(-7)^2}}=\frac{4}{5}$$

(2) 두 직선 l, m의 방향벡터를 각각 $\vec{u}$, $\vec{v}$라 하면
$\vec{u}=(-3,\ 1)$, $\vec{v}=(a,\ -1)$
두 직선이 이루는 각의 크기가 $45°$이므로
$$\frac{|\vec{u}\cdot\vec{v}|}{|\vec{u}||\vec{v}|}=\cos45°$$
$$\frac{|(-3)\times a+1\times(-1)|}{\sqrt{(-3)^2+1^2}\sqrt{a^2+(-1)^2}}=\frac{\sqrt{2}}{2}$$
$|-3a-1|=\sqrt{5}\sqrt{a^2+1}$
양변을 제곱하면
$9a^2+6a+1=5a^2+5$, $2a^2+3a-2=0$
$(a+2)(2a-1)=0 \qquad \therefore\ a=-2$ 또는 $a=\dfrac{1}{2}$
그런데 a는 정수이므로 $a=-2$

03-2 답 2

두 직선 l, m의 방향벡터를 각각 $\vec{u}$, $\vec{v}$라 하면
$\vec{u}=(a,\ -b)$, $\vec{v}=(1,\ 2)$
$\cos\theta=\dfrac{3}{5}$이므로 $\dfrac{|\vec{u}\cdot\vec{v}|}{|\vec{u}||\vec{v}|}=\dfrac{3}{5}$
$$\frac{|a\times1+(-b)\times2|}{\sqrt{a^2+(-b)^2}\sqrt{1^2+2^2}}=\frac{3}{5}$$
$\sqrt{5}|a-2b|=3\sqrt{a^2+b^2}$
양변을 제곱하면
$5a^2-20ab+20b^2=9a^2+9b^2$, $4a^2+20ab-11b^2=0$
$(2a+11b)(2a-b)=0 \qquad \therefore\ 2a=-11b$ 또는 $2a=b$
그런데 a, b는 자연수이므로 $a>0$, $b>0$에서
$2a=b \qquad \therefore\ \dfrac{b}{a}=2$

04-1 답 $\boldsymbol{a=\frac{8}{3},\ b=-\frac{4}{3}}$

세 직선 l, m, n의 방향벡터를 각각 $\vec{u_1}$, $\vec{u_2}$, $\vec{u_3}$이라 하면
$\vec{u_1}=(4,\ 3)$, $\vec{u_2}=(a,\ 2)$, $\vec{u_3}=(1,\ b)$
두 직선 l, m이 서로 평행하므로 $\vec{u_1}\,/\!/\,\vec{u_2}$에서
$\vec{u_1}=k\vec{u_2}$ (단, k는 0이 아닌 실수)
$(4,\ 3)=k(a,\ 2)=(ak,\ 2k)$
두 평면벡터가 서로 같을 조건에 의하여
$4=ak$, $3=2k \qquad \therefore\ k=\dfrac{3}{2}$, $a=\dfrac{8}{3}$
두 직선 l, n이 서로 수직이므로 $\vec{u_1}\perp\vec{u_3}$에서 $\vec{u_1}\cdot\vec{u_3}=0$
$(4,\ 3)\cdot(1,\ b)=0$
$4+3b=0 \qquad \therefore\ b=-\dfrac{4}{3}$

04-2 답 $\boldsymbol{\frac{1}{2}}$

두 점 A$(a,\ 2)$, B$(-2,\ a)$를 지나는 직선의 방향벡터는
$\overrightarrow{AB}=(-a-2,\ a-2)$
직선 $\dfrac{x-2}{3}=\dfrac{y+4}{-5}$의 방향벡터는 $(3,\ -5)$
두 직선이 서로 수직이므로
$(-a-2,\ a-2)\cdot(3,\ -5)=0$
$-3a-6-5a+10=0 \qquad \therefore\ a=\dfrac{1}{2}$

04-**3** 답 -1

두 직선 l, m의 방향벡터를 각각 $\vec{u}$, $\vec{v}$라 하면

$\vec{u}=(2,\ a+1)$, $\vec{v}=(a,\ 3)$

두 직선 l, m이 서로 평행하므로 $\vec{u}/\!/\vec{v}$에서

$\vec{u}=k\vec{v}$ (단, k는 0이 아닌 실수)

$(2,\ a+1)=k(a,\ 3)=(ak,\ 3k)$

두 평면벡터가 서로 같을 조건에 의하여

$2=ak$, $a+1=3k$

$k=\frac{2}{a}=\frac{a+1}{3}$이므로

$a(a+1)=6$, $a^2+a-6=0$

$(a+3)(a-2)=0$ $\quad\therefore a=-3$ 또는 $a=2$

따라서 모든 실수 a의 값의 합은 $-3+2=-1$

3 원의 방정식

문제 122쪽

05-**1** 답 (1) $(x+1)^2+(y-4)^2=9$ (2) $x^2+(y-5)^2=5$

(1) $\vec{p}-\vec{a}=(x+1,\ y-4)$

$|\vec{p}-\vec{a}|=3$이므로

$\sqrt{(x+1)^2+(y-4)^2}=3$

양변을 제곱하면

$(x+1)^2+(y-4)^2=9$

(2) 점 P의 좌표를 $(x,\ y)$라 하면

$\vec{p}-\vec{a}=(x-2,\ y-6)$, $\vec{p}-\vec{b}=(x+2,\ y-4)$

$(\vec{p}-\vec{a})\cdot(\vec{p}-\vec{b})=0$이므로

$(x-2,\ y-6)\cdot(x+2,\ y-4)=0$

$(x-2)(x+2)+(y-6)(y-4)=0$

$x^2-4+y^2-10y+24=0$

$\therefore x^2+(y-5)^2=5$

다른 풀이

(2) $(\vec{p}-\vec{a})\cdot(\vec{p}-\vec{b})=0$이므로 점 P가 나타내는 도형은 두 점 A, B를 지름의 양 끝 점으로 하는 원이다.

원의 중심은 선분 AB의 중점과 같으므로 원의 중심의 좌표는 $\left(\frac{2-2}{2},\ \frac{6+4}{2}\right)$ $\quad\therefore (0,\ 5)$

반지름의 길이는 $\frac{1}{2}\overline{AB}$와 같으므로

$\frac{1}{2}\overline{AB}=\frac{1}{2}\sqrt{(-2-2)^2+(4-6)^2}=\frac{1}{2}\times2\sqrt{5}=\sqrt{5}$

따라서 구하는 도형의 방정식은

$x^2+(y-5)^2=(\sqrt{5})^2$

$\therefore x^2+(y-5)^2=5$

연습문제 123~124쪽

1 5 **2** 9 **3** $x-4y+2=0$ **4** ①
5 ② **6** ③ **7** 45° **8** ④ **9** ②
10 $\sqrt{5}$ **11** $(x-3)^2+(y-4)^2=2$ **12** ⑤
13 ③

1 두 점 A(3, 4), B(5, 1)을 지나는 직선의 방향벡터는

$\overrightarrow{AB}=(5,\ 1)-(3,\ 4)=(2,\ -3)$

점 $(1,\ 3)$을 지나고 방향벡터가 $(2,\ -3)$인 직선의 방정식은

$\frac{x-1}{2}=\frac{y-3}{-3}$

이 직선이 점 $(a,\ -3)$을 지나므로

$\frac{a-1}{2}=\frac{-3-3}{-3}$ $\quad\therefore a=5$

2 점 $(4,\ 1)$을 지나고 법선벡터가 $\vec{n}=(1,\ 2)$인 직선의 방정식은

$(x-4)+2(y-1)=0$

$\therefore x+2y-6=0$

이 직선이 x축, y축과 만나는 점의 좌표는 각각 $(6,\ 0)$, $(0,\ 3)$

따라서 $a=6$, $b=3$이므로

$a+b=9$

3 $\frac{x+2}{2}=3-y$에서 $x+2y-4=0$

$x+2y-4=0$, $2x+y-5=0$을 연립하여 풀면

$x=2$, $y=1$

즉, 두 직선 l, m의 교점의 좌표는 $(2,\ 1)$이다.

직선 $x-4y+1=0$의 법선벡터는 $(1,\ -4)$

따라서 점 $(2,\ 1)$을 지나고 법선벡터가 $(1,\ -4)$인 직선의 방정식은

$(x-2)-4(y-1)=0$

$\therefore x-4y+2=0$

4 직선 $\frac{x+1}{4}=\frac{y-7}{3}$의 방향벡터는 $(4,\ 3)$

점 $(-3,\ -5)$를 지나고 방향벡터가 $(4,\ 3)$인 직선의 방정식은

$\frac{x+3}{4}=\frac{y+5}{3}$

$\therefore 3x-4y-11=0$ $\quad\cdots\cdots$ ㉠

직선 $3x+4y=-5$의 법선벡터는 $(3, 4)$

점 $(5, -4)$를 지나고 법선벡터가 $(3, 4)$인 직선의 방정식은

$3(x-5)+4(y+4)=0$

$\therefore 3x+4y+1=0$ $\cdots\cdots$ ㉡

㉠, ㉡을 연립하여 풀면

$x=\frac{5}{3}, y=-\frac{3}{2}$

따라서 $a=\frac{5}{3}, b=-\frac{3}{2}$이므로

$ab=-\frac{5}{2}$

5 두 직선 l, m의 방향벡터를 각각 $\vec{u}, \vec{v}$라 하면

$\vec{u}=(2, 1), \vec{v}=(-4, 3)$

$\therefore \cos\theta=\frac{|\vec{u}\cdot\vec{v}|}{|\vec{u}||\vec{v}|}=\frac{|2\times(-4)+1\times3|}{\sqrt{2^2+1^2}\sqrt{(-4)^2+3^2}}=\frac{\sqrt{5}}{5}$

6 두 직선 l, m의 방향벡터를 각각 $\vec{u}, \vec{v}$라 하면

$\vec{u}=(-2, 3), \vec{v}=(a, -1)$

두 직선이 이루는 각의 크기가 45°이므로

$\frac{|\vec{u}\cdot\vec{v}|}{|\vec{u}||\vec{v}|}=\cos 45°$

$\frac{|(-2)\times a+3\times(-1)|}{\sqrt{(-2)^2+3^2}\sqrt{a^2+(-1)^2}}=\frac{\sqrt{2}}{2}$

$2|-2a-3|=\sqrt{26}\sqrt{a^2+1}$

양변을 제곱하면

$16a^2+48a+36=26a^2+26$

$5a^2-24a-5=0, (5a+1)(a-5)=0$

$\therefore a=-\frac{1}{5}$ 또는 $a=5$

그런데 a는 정수이므로 $a=5$

7 선분 AC의 중점 M의 좌표는

$\left(\frac{3-1}{2}, \frac{2+6}{2}\right)$ $\therefore (1, 4)$

$\overrightarrow{AC}=(-1, 6)-(3, 2)=(-4, 4)$

$\overrightarrow{BM}=(1, 4)-(4, 4)=(-3, 0)$

두 직선 AC, BM이 이루는 예각의 크기를 θ라 하면

$\cos\theta=\frac{|\overrightarrow{AC}\cdot\overrightarrow{BM}|}{|\overrightarrow{AC}||\overrightarrow{BM}|}$

$=\frac{|(-4)\times(-3)+4\times0|}{\sqrt{(-4)^2+4^2}\sqrt{(-3)^2+0^2}}=\frac{\sqrt{2}}{2}$

$\therefore \theta=45°$

8 두 점 $A(5, 1), B(2, a)$를 지나는 직선의 방향벡터를 $\vec{u}$라 하면

$\vec{u}=(2, a)-(5, 1)=(-3, a-1)$

직선 $\frac{x+3}{2}=\frac{y-4}{3}$의 방향벡터를 $\vec{v}$라 하면

$\vec{v}=(2, 3)$

두 점 A, B를 지나는 직선과 직선 $\frac{x+3}{2}=\frac{y-4}{3}$가 서로 수직이므로 $\vec{u}\perp\vec{v}$에서

$\vec{u}\cdot\vec{v}=0$

$(-3, a-1)\cdot(2, 3)=0$

$-6+3a-3=0$ $\therefore a=3$

9 세 직선 l, m, n의 방향벡터를 각각 $\vec{u_1}, \vec{u_2}, \vec{u_3}$이라 하면

$\vec{u_1}=(3, 2), \vec{u_2}=(6, a), \vec{u_3}=(-b, 3)$

두 직선 l, m이 서로 평행하므로 $\vec{u_1}/\!/\vec{u_2}$에서

$\vec{u_1}=k\vec{u_2}$ (단, k는 0이 아닌 실수)

$(3, 2)=k(6, a)=(6k, ak)$

두 평면벡터가 서로 같을 조건에 의하여

$3=6k, 2=ak$

$\therefore k=\frac{1}{2}, a=4$

두 직선 l, n이 서로 수직이므로 $\vec{u_1}\perp\vec{u_3}$에서

$\vec{u_1}\cdot\vec{u_3}=0$

$(3, 2)\cdot(-b, 3)=0$

$-3b+6=0$ $\therefore b=2$

$\therefore a+b=4+2=6$

10 점 H의 좌표를 (a, b)라 하면 점 H는 직선 l 위의 점이므로

$2(a+3)=-(b-1)$

$\therefore 2a+b=-5$ $\cdots\cdots$ ㉠

직선 l: $2(x+3)=-(y-1)$, 즉 $\frac{x+3}{-1}=\frac{y-1}{2}$의 방향벡터를 $\vec{u}$라 하면

$\vec{u}=(-1, 2)$

$\overrightarrow{AH}=(a-2, b-1)$, $\overrightarrow{AH}\perp\vec{u}$이므로 $\overrightarrow{AH}\cdot\vec{u}=0$에서

$(a-2, b-1)\cdot(-1, 2)=0$

$-(a-2)+2(b-1)=0$

$\therefore a-2b=0$ $\cdots\cdots$ ㉡

㉠, ㉡을 연립하여 풀면

$a=-2, b=-1$

따라서 $H(-2, -1)$이므로

$|\overrightarrow{OH}|=\sqrt{(-2)^2+(-1)^2}=\sqrt{5}$

11 원 위의 한 점을 $\mathrm{P}(x, y)$라 하면

$\overrightarrow{\mathrm{AP}} \cdot \overrightarrow{\mathrm{BP}}=0$

$\overrightarrow{\mathrm{AP}}=(x-2, y-5)$, $\overrightarrow{\mathrm{BP}}=(x-4, y-3)$이므로 구하는 원의 방정식은

$(x-2, y-5) \cdot (x-4, y-3)=0$

$(x-2)(x-4)+(y-5)(y-3)=0$

$x^2-6x+8+y^2-8y+15=0$

$\therefore (x-3)^2+(y-4)^2=2$

12 오른쪽 그림과 같이 원 $x^2+y^2=10$ 위의 두 점 $\mathrm{A}(3, 1)$, $\mathrm{B}(a, b)$에서의 두 접선이 서로 수직이면 두 접선의 법선벡터도 서로 수직이다.

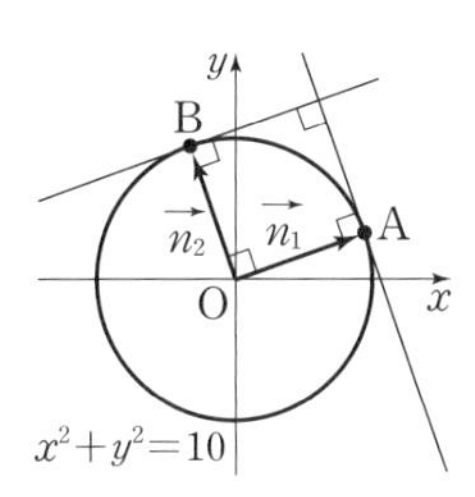

두 접선의 법선벡터를 각각 $\overrightarrow{n_1}$, $\overrightarrow{n_2}$라 하면

$\overrightarrow{n_1}=\overrightarrow{\mathrm{OA}}=(3, 1)$, $\overrightarrow{n_2}=\overrightarrow{\mathrm{OB}}=(a, b)$

$\overrightarrow{n_1} \perp \overrightarrow{n_2}$이므로 $\overrightarrow{n_1} \cdot \overrightarrow{n_2}=0$

$(3, 1) \cdot (a, b)=0$

$3a+b=0 \quad \therefore b=-3a \quad \cdots\cdots$ ㉠

점 $\mathrm{B}(a, b)$는 원 $x^2+y^2=10$ 위의 점이므로

$a^2+b^2=10 \quad \cdots\cdots$ ㉡

㉠, ㉡을 연립하여 풀면

$a=-1$, $b=3$ 또는 $a=1$, $b=-3$

그런데 $a<0$이므로 $a=-1$, $b=3$

$\therefore ab=-3$

13 점 P의 좌표를 (x, y)라 하면 $(\vec{p}-\vec{b}) \cdot (\vec{p}-\vec{b})=9$이므로

$(x-2, y-2) \cdot (x-2, y-2)=9$

$\therefore (x-2)^2+(y-2)^2=9$

즉, 점 P가 나타내는 도형은 중심이 점 $\mathrm{B}(2, 2)$이고 반지름의 길이가 3인 원이다.

한편 $|\vec{p}-\vec{a}|=|\overrightarrow{\mathrm{AP}}|$는 두 점 A, P 사이의 거리이므로 $|\vec{p}-\vec{a}|$가 최대, 최소인 경우는 점 P의 위치가 각각 오른쪽 그림에서 P_1, P_2일 때이다.

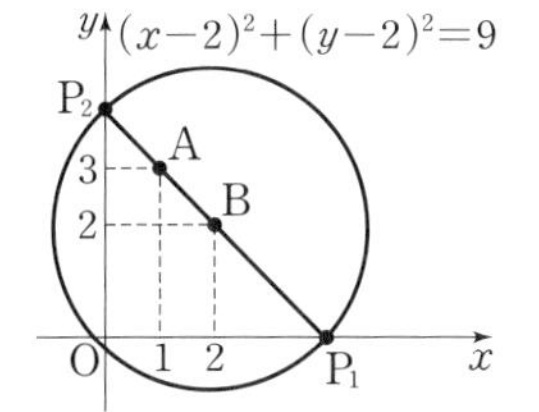

$\overline{\mathrm{AB}}=\sqrt{(2-1)^2+(2-3)^2}$

$=\sqrt{2}$

이므로

(최댓값)$=|\overrightarrow{\mathrm{P_1A}}|=\overline{\mathrm{P_1B}}+\overline{\mathrm{AB}}=3+\sqrt{2}$

(최솟값)$=|\overrightarrow{\mathrm{P_2A}}|=\overline{\mathrm{P_2B}}-\overline{\mathrm{AB}}=3-\sqrt{2}$

따라서 최댓값과 최솟값의 곱은

$(3+\sqrt{2})(3-\sqrt{2})=9-2=7$

Ⅲ-1 01 직선과 평면의 위치 관계

1 직선과 평면의 위치 관계

개념 CHECK 128쪽

1 답 (1) 직선 AB, 직선 AD, 직선 CB, 직선 CF
(2) 직선 DE
(3) 직선 CB, 직선 FE

2 답 (1) 평면 ABCD, 평면 AEHD
(2) 평면 AEHD, 평면 AEFB, 평면 BFGC, 평면 EFGH
(3) 평면 BFGC, 평면 DHGC
(4) 직선 EH, 직선 EF, 직선 FG, 직선 HG

3 답 (1) 직선 CI
(2) 평면 DJKE
(3) 평면 ABCDEF, 평면 GHIJKL, 평면 ABHG, 평면 BHIC, 평면 DJKE, 평면 FLKE

문제 129~130쪽

01-1 답 **10**

한 직선 위에 있지 않은 서로 다른 세 점은 한 평면을 결정한다.

따라서 구하는 평면의 개수는 5개의 점에서 3개를 선택하는 조합의 수와 같으므로

${}_5\mathrm{C}_3=10$

01-2 답 **7**

주어진 사각뿔에서 5개의 꼭짓점으로 만들 수 있는 서로 다른 평면은

평면 ABCD, 평면 OAB, 평면 OBC, 평면 ODC, 평면 OAD, 평면 OAC, 평면 ODB

따라서 구하는 평면의 개수는 7

다른 풀이

꼭짓점 O와 밑면의 두 점으로 만들 수 있는 평면의 개수는 ${}_4\mathrm{C}_2=6$

밑면의 네 점으로 만들 수 있는 평면의 개수는 1

따라서 구하는 평면의 개수는

$6+1=7$

01-3 답 6

한 직선 위에 있지 않은 서로 다른 세 점으로 만들 수 있는 평면은

평면 DHF

한 직선과 그 위에 있지 않은 한 점으로 만들 수 있는 평면은

평면 AED, 평면 AEH, 평면 AEF, 평면 CDG,
평면 CHG, 평면 CFG

이때 네 점 A, E, H, D는 한 평면 위의 점이므로 평면 AED와 평면 AEH는 서로 같은 평면이다.

또 네 점 D, H, G, C도 한 평면 위의 점이므로 평면 CDG와 평면 CHG는 서로 같은 평면이다.

평행한 두 직선으로 만들 수 있는 평면은

평면 AEGC

따라서 구하는 평면의 개수는 $1+4+1=6$

02-1 답 **(1) 직선 CF, 직선 DF, 직선 EF**
(2) 평면 ABC, 평면 ABED
(3) 평면 ABC, 평면 DEF, 평면 ABED, 평면 ACFD
(4) 직선 AB, 직선 BC, 직선 AC

(1) 직선 AB와 꼬인 위치에 있는 직선은
직선 CF, 직선 DF, 직선 EF

(2) 직선 AB를 포함하는 평면은
평면 ABC, 평면 ABED

(3) 직선 AD와 만나는 평면은
평면 ABC, 평면 DEF, 평면 ABED, 평면 ACFD

(4) 평면 DEF와 평행한 직선은
직선 AB, 직선 BC, 직선 AC

02-2 답 8

오른쪽 그림과 같이 정팔면체는 모든 모서리의 길이가 같으므로

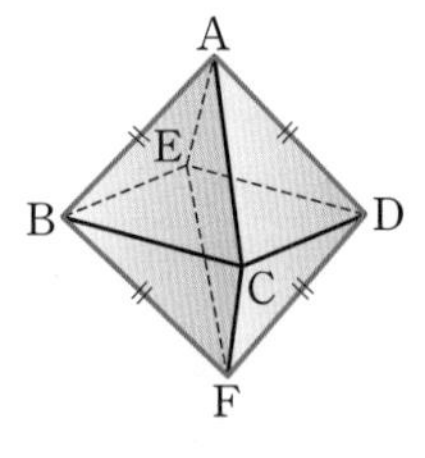

$\overline{AB}=\overline{BF}=\overline{DF}=\overline{AD}$

즉, 사각형 ABFD는 마름모이므로 직선 AD와 평행한 직선은

직선 BF

$\therefore a=1$

직선 BC와 꼬인 위치에 있는 직선은

직선 AE, 직선 AD, 직선 EF, 직선 DF

$\therefore b=4$

평면 ABE와 평행한 직선은

직선 CD, 직선 CF, 직선 DF

$\therefore c=3$

$\therefore a+b+c=1+4+3=8$

2 직선과 평면의 평행과 수직

문제 133~134쪽

03-1 답 ㄱ, ㄴ

ㄱ. 오른쪽 그림에서 $l\perp\alpha$, $m /\!/ \alpha$이면 $l\perp m$이다.

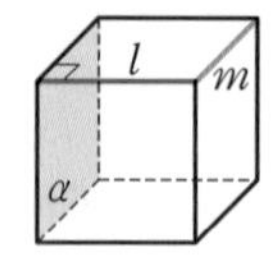

ㄴ. 오른쪽 그림에서 $l\perp\alpha$, $l /\!/ m$이면 $m\perp\alpha$이다.

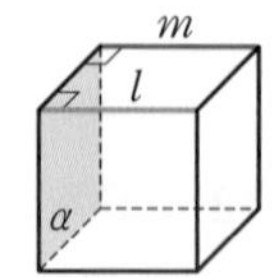

ㄷ. [반례] 오른쪽 그림에서 $l /\!/ \alpha$, $m /\!/ \alpha$이지만 $l\perp m$이다.

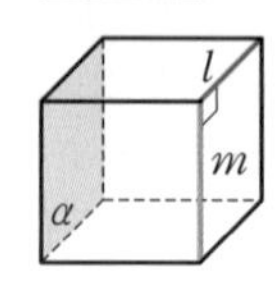

따라서 보기 중 옳은 것은 ㄱ, ㄴ이다.

04-1 답 (1) **90°** (2) **45°** (3) **60°**

(1) 오른쪽 그림에서 $\overline{EF} /\!/ \overline{HG}$이므로 두 직선 AE, HG가 이루는 각의 크기는 두 직선 AE, EF가 이루는 $\angle AEF$의 크기와 같다.

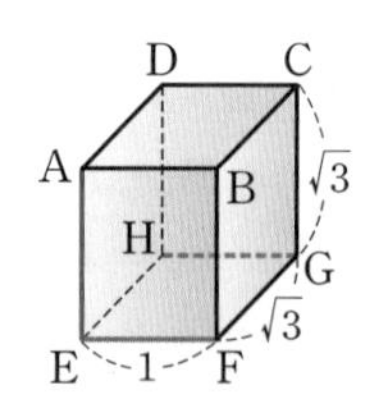

이때 사각형 AEFB는 직사각형이므로

$\angle AEF=90°$

따라서 구하는 각의 크기는 90°이다.

(2) 오른쪽 그림에서 $\overline{DH} /\!/ \overline{CG}$이므로 두 직선 AH, CG가 이루는 각의 크기는 두 직선 AH, DH가 이루는 $\angle AHD$의 크기와 같다.

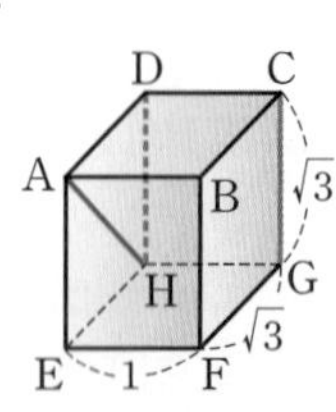

이때 삼각형 AHD는 $\overline{AD}=\overline{DH}$인 직각이등변삼각형이므로

$\angle AHD=45°$

따라서 구하는 각의 크기는 45°이다.

(3) 오른쪽 그림에서 $\overline{AB} /\!/ \overline{EF}$이므로 두 직선 AC, EF가 이루는 각의 크기는 두 직선 AC, AB가 이루는 $\angle CAB$의 크기와 같다.

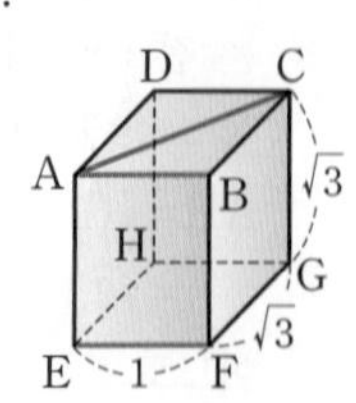

이때 직각삼각형 ABC에서

$\tan(\angle CAB)=\dfrac{\overline{BC}}{\overline{AB}}=\sqrt{3}$

$\therefore \angle CAB=60°$

따라서 구하는 각의 크기는 60°이다.

연습문제 135~136쪽

1 ④ 2 20 3 ② 4 ⑤ 5 ㄱ, ㄴ
6 ㄴ 7 13 8 (가) $\overline{BM}$ (나) $\overline{AM}$ 9 $60°$
10 $\frac{\sqrt{15}}{6}$ 11 20 12 $\frac{\sqrt{3}}{6}$ 13 $\sqrt{2}$

1 ㄱ. 한 직선 위에 있지 않은 서로 다른 세 점은 한 평면을 결정하므로 세 점 B, C, H는 평면을 결정한다.
ㄴ. 한 직선과 그 위에 있지 않은 한 점은 한 평면을 결정하므로 점 A와 직선 CF는 평면을 결정한다.
ㄷ. 직선 DE와 직선 HG는 꼬인 위치에 있으므로 평면을 결정할 수 없다.
ㄹ. 한 직선과 그 위에 있지 않은 한 점은 한 평면을 결정하므로 직선 DC 위의 임의의 점 P와 직선 EF는 평면을 결정한다.
따라서 보기 중 평면이 결정되는 것은 ㄱ, ㄴ, ㄹ이다.

2 어느 두 점도 한 모서리 위에 있지 않은 세 점으로 만들 수 있는 평면은
평면 AFC, 평면 AFH, 평면 AHC, 평면 CHF,
평면 BDE, 평면 BGD, 평면 BEG, 평면 DEG
평행한 두 모서리로 만들 수 있는 평면은
평면 ABCD, 평면 EFGH, 평면 AEFB, 평면 DHGC,
평면 AEHD, 평면 BFGC, 평면 AHGB, 평면 DEFC,
평면 AFGD, 평면 BCHE, 평면 AEGC, 평면 DHFB
따라서 구하는 서로 다른 평면의 개수는
$8+12=20$

3 직선 EH와 만나는 평면은
평면 AEFB, 평면 DHGC, 평면 AEHD, 평면 EFGH
$\therefore a=4$
평면 ABCD와 만나지 않는 평면은
평면 EFGH
$\therefore b=1$
$\therefore ab=4\times1=4$

4 주어진 전개도로 정사면체를 만들면 오른쪽 그림과 같다.
따라서 모서리 BD와 꼬인 위치에 있는 것은
$\overline{CE}$

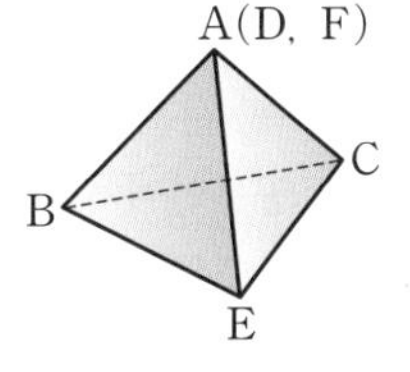

5 ㄱ. 직선 CD와 직선 BQ는 만나지도 않고 평행하지도 않으므로 꼬인 위치에 있다.
ㄴ. 직선 AD와 직선 BC는 만나지도 않고 평행하지도 않으므로 꼬인 위치에 있다.
ㄷ. 오른쪽 그림과 같이 직선 CP가 모서리 AB와 만나는 점을 M, 직선 CQ가 모서리 AD와 만나는 점을 N이라 하면 두 점 M, N은 두 모서리 AB, AD의 중점이므로 삼각형 ABD에서

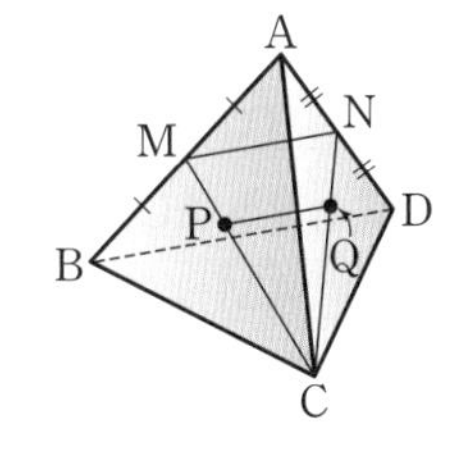

$\overline{MN} /\!/ \overline{BD}$ …… ㉠
또 두 점 P, Q는 두 삼각형 ABC, ACD의 무게중심이므로 삼각형 CNM에서
$\overline{PQ} /\!/ \overline{MN}$ …… ㉡
㉠, ㉡에 의하여 $\overline{PQ} /\!/ \overline{BD}$
따라서 보기 중 꼬인 위치에 있는 것은 ㄱ, ㄴ이다.

6 ㄱ. [반례] 오른쪽 그림에서 $l /\!/ \alpha$, $l /\!/ \beta$이지만 $\alpha\perp\beta$이다.

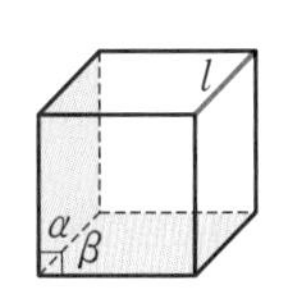

ㄴ. 오른쪽 그림에서 $l\perp\alpha$, $\alpha /\!/ \beta$이면 $l\perp\beta$이다.

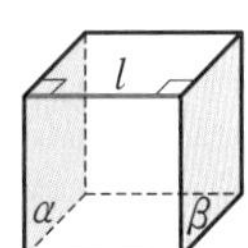

ㄷ. [반례] 오른쪽 그림에서 $l /\!/ \alpha$, $m /\!/ \beta$, $l /\!/ m$이지만 $\alpha\perp\beta$이다.

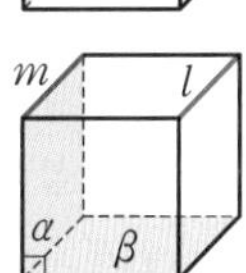

따라서 보기 중 옳은 것은 ㄴ이다.

7 $l /\!/ m$일 때, 서로 다른 세 평면 α, β, γ에 의하여 나누어지는 공간의 개수는 다음 두 가지 경우로 나누어 생각할 수 있다.
(i) 두 평면 α, γ가 서로 평행한 경우
세 평면 α, β, γ의 위치 관계가 오른쪽 그림과 같을 때 나누어지는 공간의 개수는 6이다.

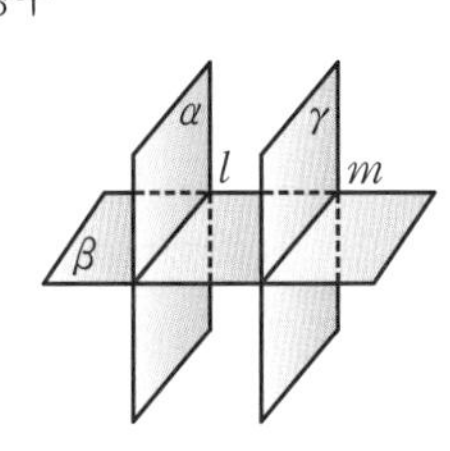

(ii) 두 평면 α, γ가 한 직선을 공유하는 경우
세 평면 α, β, γ의 위치 관계가 오른쪽 그림과 같을 때 나누어지는 공간의 개수는 7이다.

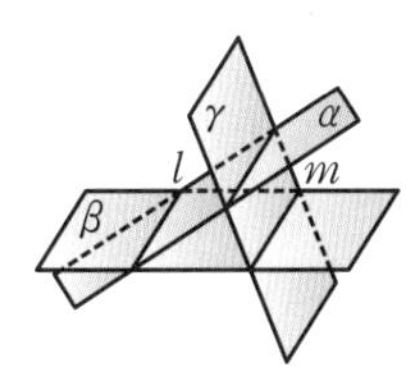

(i), (ii)에 의하여 구하는 공간의 최대 개수와 최소 개수의 합은 $7+6=13$

8 오른쪽 그림과 같이 모서리 CD의 중점을 M이라 하자.

삼각형 BCD는 정삼각형이므로

(가) $\overline{BM} \perp \overline{CD}$ ...... ㉠

삼각형 ACD는 정삼각형이므로

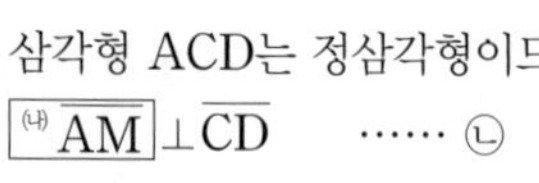

(나) $\overline{AM} \perp \overline{CD}$ ...... ㉡

㉠, ㉡에 의하여

(평면 ABM)$\perp \overline{CD}$

따라서 직선 CD는 평면 ABM에 포함된 모든 직선과 수직이므로

$\overline{AB} \perp \overline{CD}$

9 $\overline{BC} /\!/ \overline{ED}$이므로 두 직선 AC, ED가 이루는 각의 크기는 두 직선 AC, BC가 이루는 ∠ACB의 크기와 같다.

삼각형 ABC는 정삼각형이므로

$\angle ACB = 60°$

따라서 구하는 각의 크기는 60°이다.

10 오른쪽 직육면체에서 $\overline{AD} /\!/ \overline{EH}$이므로

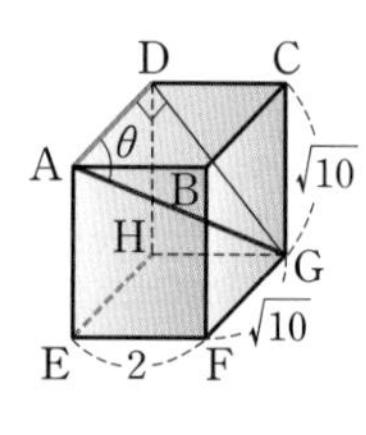

$\angle DAG = \theta$

한편 $\overline{AD} \perp$(평면 DHGC)이므로

삼각형 AGD는 $\angle GDA = 90°$인 직각삼각형이다.

직각삼각형 DGC에서

$\overline{DG} = \sqrt{\overline{DC}^2 + \overline{CG}^2} = \sqrt{2^2 + (\sqrt{10})^2} = \sqrt{14}$

직각삼각형 AGD에서

$\overline{AG} = \sqrt{\overline{AD}^2 + \overline{DG}^2} = \sqrt{(\sqrt{10})^2 + (\sqrt{14})^2} = 2\sqrt{6}$

따라서 직각삼각형 AGD에서

$\cos\theta = \dfrac{\overline{AD}}{\overline{AG}} = \dfrac{\sqrt{10}}{2\sqrt{6}} = \dfrac{\sqrt{15}}{6}$

11 오른쪽 그림과 같이 네 모서리 AB, BC, CD, AD와 이 사면체를 자른 평면의 교점을 각각 E, F, G, H라 하자.

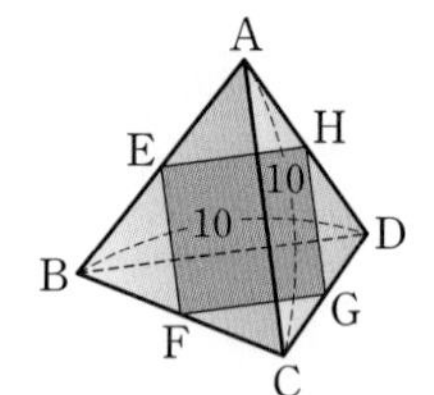

$\overline{EF} /\!/ \overline{AC}$, $\overline{AC} /\!/ \overline{HG}$이므로

$\overline{EF} /\!/ \overline{HG}$

$\overline{EH} /\!/ \overline{BD}$, $\overline{BD} /\!/ \overline{FG}$이므로

$\overline{EH} /\!/ \overline{FG}$

따라서 사각형 EFGH는 평행사변형이다.

$\overline{AE} : \overline{EB} = m : n\,(m>0,\ n>0)$으로 놓으면

$\overline{EF} /\!/ \overline{AC}$이므로

$\overline{EF} : \overline{AC} = n : (m+n)$

$\therefore \overline{EF} = \dfrac{n}{m+n}\overline{AC} = \dfrac{10n}{m+n}$

또 $\overline{EH} /\!/ \overline{BD}$이므로

$\overline{EH} : \overline{BD} = m : (m+n)$

$\therefore \overline{EH} = \dfrac{m}{m+n}\overline{BD} = \dfrac{10m}{m+n}$

따라서 구하는 사각형의 둘레의 길이는

$2(\overline{EF} + \overline{EH}) = 2\left(\dfrac{10n}{m+n} + \dfrac{10m}{m+n}\right)$

$= 2 \times 10 = 20$

12 오른쪽 그림과 같이 모서리 BD의 중점을 N이라 하면 모서리 CD의 중점은 M이므로

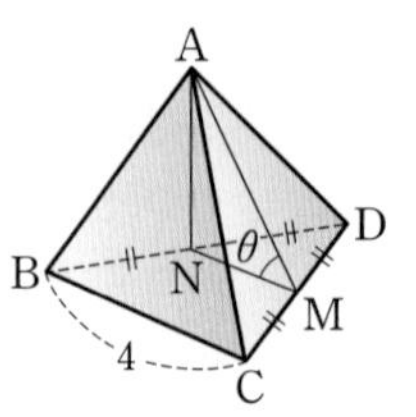

$\overline{NM} /\!/ \overline{BC}$, $\overline{NM} = \dfrac{1}{2}\overline{BC} = 2$

두 직선 AM, BC가 이루는 각의 크기는 두 직선 AM, NM이 이루는 각의 크기와 같으므로

$\angle AMN = \theta$

오른쪽 그림과 같이 삼각형 ANM은

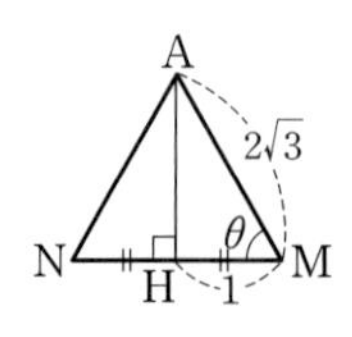

$\overline{AN} = \overline{AM} = \dfrac{\sqrt{3}}{2} \times 4 = 2\sqrt{3}$인 이등변삼각형이므로 점 A에서 변 NM에 내린 수선의 발을 H라 하면

$\overline{HM} = \dfrac{1}{2}\overline{NM} = 1$

따라서 직각삼각형 AHM에서

$\cos\theta = \dfrac{\overline{HM}}{\overline{AM}} = \dfrac{1}{2\sqrt{3}} = \dfrac{\sqrt{3}}{6}$

13 오른쪽 그림과 같이 두 모서리 AB, CD의 중점을 각각 M, N이라 하면 두 삼각형 ACD, BCD는 모두 정삼각형이므로

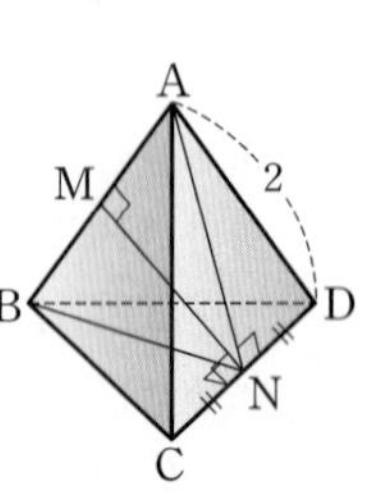

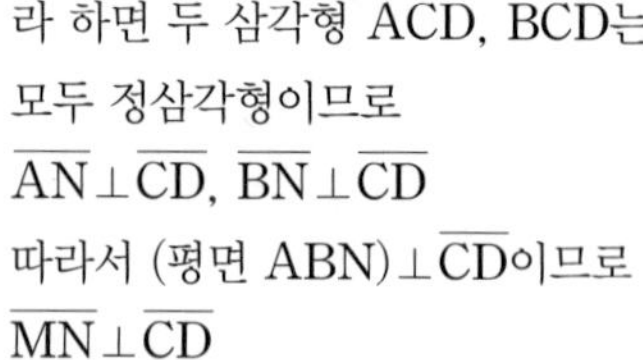

$\overline{AN} \perp \overline{CD}$, $\overline{BN} \perp \overline{CD}$

따라서 (평면 ABN)$\perp \overline{CD}$이므로

$\overline{MN} \perp \overline{CD}$

같은 방법으로 하면 $\overline{MN} \perp \overline{AB}$

즉, 선분 MN은 꼬인 위치에 있는 두 모서리 AB, CD의 공통인 수선이므로 두 모서리 AB, CD 사이의 거리는 선분 MN의 길이와 같다.

따라서 직각삼각형 AMN에서

$\overline{AM} = \dfrac{1}{2}\overline{AB} = 1$, $\overline{AN} = \dfrac{\sqrt{3}}{2} \times 2 = \sqrt{3}$

$\therefore \overline{MN} = \sqrt{\overline{AN}^2 - \overline{AM}^2} = \sqrt{(\sqrt{3})^2 - 1^2} = \sqrt{2}$

Ⅲ-1 02 삼수선의 정리와 정사영

1 삼수선의 정리

문제 138~139쪽

01-1 답 $2\sqrt{3}$

오른쪽 그림과 같이 선분 PH를 그으면 직각삼각형 POH에서

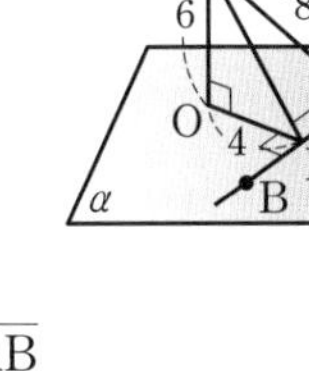

$\overline{PH}=\sqrt{\overline{OH}^2+\overline{OP}^2}$
$=\sqrt{4^2+6^2}=2\sqrt{13}$

이때 $\overline{PO}\perp\alpha$, $\overline{OH}\perp\overline{AB}$이므로

삼수선의 정리에 의하여 $\overline{PH}\perp\overline{AB}$

따라서 직각삼각형 PHA에서

$\overline{AH}=\sqrt{\overline{PA}^2-\overline{PH}^2}=\sqrt{8^2-(2\sqrt{13})^2}=2\sqrt{3}$

01-2 답 3

오른쪽 그림과 같이 선분 PH를 그으면 $\overline{PO}\perp\alpha$, $\overline{OH}\perp\overline{AB}$이므로 삼수선의 정리에 의하여

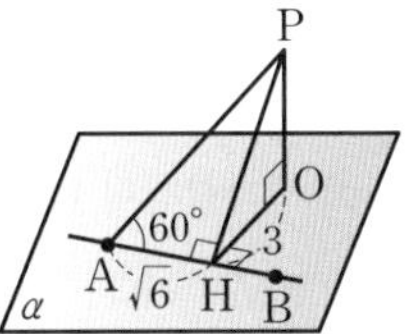

$\overline{PH}\perp\overline{AB}$

직각삼각형 PAH에서

$\angle PAH=60^\circ$이므로

$\overline{PH}=\sqrt{6}\tan 60^\circ=\sqrt{6}\times\sqrt{3}=3\sqrt{2}$

따라서 직각삼각형 PHO에서

$\overline{PO}=\sqrt{\overline{PH}^2-\overline{OH}^2}=\sqrt{(3\sqrt{2})^2-3^2}=3$

02-1 답 $4\sqrt{5}$

$\overline{DH}\perp$(평면 EFGH), $\overline{DI}\perp\overline{GM}$이므로 삼수선의 정리에 의하여 $\overline{HI}\perp\overline{GM}$

직각삼각형 MFG에서

$\overline{MG}=\sqrt{\overline{MF}^2+\overline{FG}^2}=\sqrt{5^2+10^2}=5\sqrt{5}$

삼각형 HMG의 넓이에서

$\frac{1}{2}\times\overline{HG}\times\overline{HE}=\frac{1}{2}\times\overline{GM}\times\overline{HI}$

$\frac{1}{2}\times10\times10=\frac{1}{2}\times5\sqrt{5}\times\overline{HI}$ $\therefore \overline{HI}=4\sqrt{5}$

02-2 답 1

$\overline{OC}\perp\overline{OA}$, $\overline{OB}\perp\overline{OC}$이므로 $\overline{OC}\perp$(평면 OAB)

오른쪽 그림과 같이 선분 OH를 그으면 $\overline{CH}\perp\overline{AB}$이므로 삼수선의 정리에 의하여 $\overline{OH}\perp\overline{AB}$

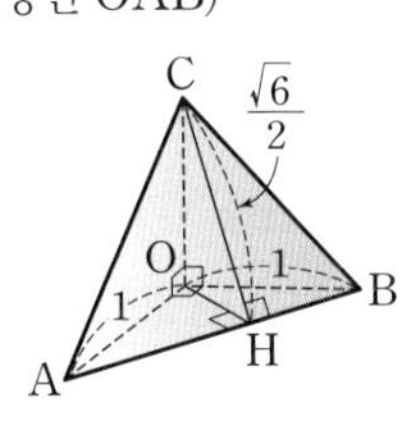

직각삼각형 OAB에서

$\overline{AB}=\sqrt{\overline{OA}^2+\overline{OB}^2}=\sqrt{1^2+1^2}=\sqrt{2}$

삼각형 OAB의 넓이에서

$\frac{1}{2}\times\overline{OA}\times\overline{OB}=\frac{1}{2}\times\overline{AB}\times\overline{OH}$

$\frac{1}{2}\times1\times1=\frac{1}{2}\times\sqrt{2}\times\overline{OH}$ $\therefore \overline{OH}=\frac{\sqrt{2}}{2}$

따라서 직각삼각형 OHC에서

$\overline{OC}=\sqrt{\overline{CH}^2-\overline{OH}^2}=\sqrt{\left(\frac{\sqrt{6}}{2}\right)^2-\left(\frac{\sqrt{2}}{2}\right)^2}=1$

2 두 평면이 이루는 각의 크기

개념 CHECK 141쪽

1 답 (1) 90° (2) 45°

(1) 면 ABCD와 면 BFGC의 교선 BC에 대하여 $\overline{AB}\perp\overline{BC}$, $\overline{BF}\perp\overline{BC}$이고, $\angle ABF=90^\circ$이다.
따라서 면 ABCD와 면 BFGC가 이루는 각의 크기는 90°이다.

(2) 면 AEFB와 면 AEGC의 교선 AE에 대하여 $\overline{AB}\perp\overline{AE}$, $\overline{AC}\perp\overline{AE}$이고, $\angle CAB=45^\circ$이다.
따라서 면 AEFB와 면 AEGC가 이루는 각의 크기는 45°이다.

문제 142쪽

03-1 답 $\frac{\sqrt{3}}{3}$

오른쪽 그림과 같이 선분 HF의 중점을 I라 하면 두 삼각형 CHF, GHF는 이등변삼각형이므로

$\overline{CI}\perp\overline{HF}$, $\overline{GI}\perp\overline{HF}$

평면 CHF와 평면 EFGH가 이루

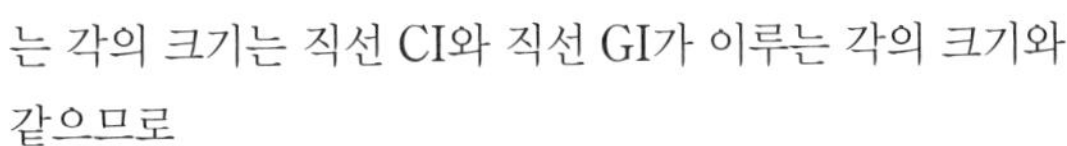
는 각의 크기는 직선 CI와 직선 GI가 이루는 각의 크기와 같으므로

$\angle CIG=\theta$

직각삼각형 EFG에서

$\overline{EG}=\sqrt{\overline{EF}^2+\overline{FG}^2}=\sqrt{2^2+2^2}=2\sqrt{2}$

$\therefore \overline{GI}=\frac{1}{2}\overline{EG}=\sqrt{2}$

직각삼각형 CIG에서

$\overline{CI}=\sqrt{\overline{GI}^2+\overline{CG}^2}=\sqrt{(\sqrt{2})^2+2^2}=\sqrt{6}$

$\therefore \cos\theta=\frac{\overline{GI}}{\overline{CI}}=\frac{\sqrt{2}}{\sqrt{6}}=\frac{\sqrt{3}}{3}$

03-**2** 답 $\frac{\sqrt{3}}{3}$

오른쪽 그림과 같이 점 A에서 평면 BCDE에 내린 수선의 발을 H라 하면 점 H는 정사각형 BCDE의 두 대각선의 교점이므로

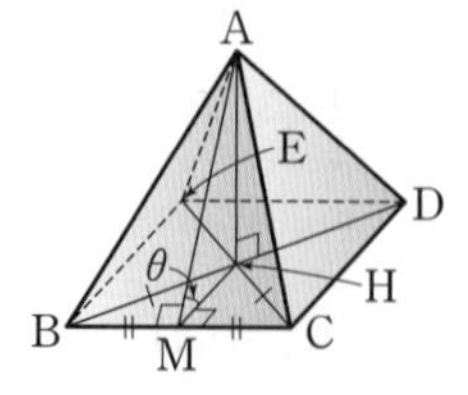

$\overline{BH}=\overline{CH}$

모서리 BC의 중점을 M이라 하면 두 삼각형 ABC, HBC는 이등변삼각형이므로

$\overline{AM}\perp\overline{BC}$, $\overline{HM}\perp\overline{BC}$

평면 ABC와 평면 BCDE가 이루는 각의 크기는 직선 AM과 직선 HM이 이루는 각의 크기와 같으므로

$\angle AMH=\theta$

이때 사각뿔의 한 모서리의 길이를 $2a$라 하면

$\overline{HM}=\frac{1}{2}\times 2a=a$

정삼각형 ABC에서

$\overline{AM}=\frac{\sqrt{3}}{2}\times 2a=\sqrt{3}a$

$\therefore \cos\theta=\frac{\overline{HM}}{\overline{AM}}=\frac{a}{\sqrt{3}a}=\frac{\sqrt{3}}{3}$

3 정사영

개념 CHECK 144쪽

1 답 (1) **점 E** (2) **선분 DG**
(3) **삼각형 EFH** (4) **선분 AF**

2 답 **5**

선분 AB의 평면 α 위로의 정사영을 선분 A′B′이라 하면

$\overline{A'B'}=\overline{AB}\cos 60^\circ=10\times\frac{1}{2}=5$

3 답 $3\sqrt{2}$

$6\cos 45^\circ=6\times\frac{\sqrt{2}}{2}=3\sqrt{2}$

문제 145~147쪽

04-**1** 답 **12**

$\tan\theta=\sqrt{3}$이므로 $\theta=60^\circ$

$\overline{A'B'}=\overline{AB}\cos 60^\circ$이므로

$6=\overline{AB}\times\frac{1}{2}$ $\quad\therefore \overline{AB}=12$

04-**2** 답 $3+3\sqrt{3}$

직선 AB와 평면 β가 이루는 각의 크기가 30°이므로

$\overline{A'B'}=\overline{AB}\cos 30^\circ$

$=2\times\frac{\sqrt{3}}{2}=\sqrt{3}$

$\overline{BC}\,/\!/\,\beta$에서 직선 BC와 평면 β가 이루는 각의 크기는 0°이므로

$\overline{B'C'}=\overline{BC}\cos 0^\circ=3\times 1=3$

이때 삼각형 A′B′C′은 $\angle B'=90^\circ$인 직각삼각형이므로

$\overline{A'C'}=\sqrt{\overline{A'B'}^2+\overline{B'C'}^2}$

$=\sqrt{(\sqrt{3})^2+3^2}=2\sqrt{3}$

따라서 삼각형 A′B′C′의 둘레의 길이는

$\sqrt{3}+3+2\sqrt{3}=3+3\sqrt{3}$

04-**3** 답 $\sqrt{5}$

오른쪽 그림에서 선분 AM의 평면 EFGH 위로의 정사영은 선분 EM이다.

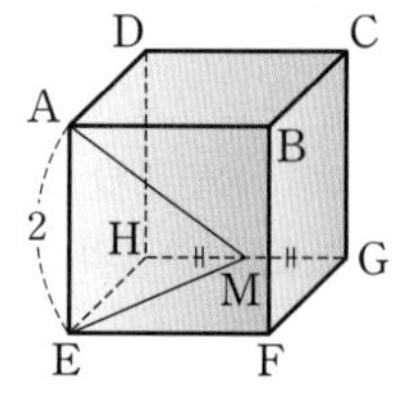

직각삼각형 HEM에서

$\overline{EM}=\sqrt{\overline{EH}^2+\overline{HM}^2}$

$=\sqrt{2^2+1^2}=\sqrt{5}$

05-**1** 답 **15**

세 변의 길이가 5, 12, 13인 삼각형은 빗변의 길이가 13인 직각삼각형이다.

평면 α 위의 삼각형 ABC의 넓이를 S라 하면

$S=\frac{1}{2}\times 5\times 12=30$

따라서 구하는 정사영의 넓이는

$S\cos 60^\circ=30\times\frac{1}{2}=15$

05-**2** 답 **8**

삼각기둥의 단면의 밑면을 포함한 평면 위로의 정사영은 삼각기둥의 밑면이다.

삼각기둥의 밑면인 정삼각형의 넓이는

$\frac{\sqrt{3}}{4}\times 4^2=4\sqrt{3}$

단면과 밑면이 이루는 각의 크기가 30°이므로 단면의 넓이를 S라 하면

$S\cos 30^\circ=4\sqrt{3}$, $\frac{\sqrt{3}}{2}S=4\sqrt{3}$

$\therefore S=8$

05-3 답 $\frac{72\sqrt{5}}{5}$

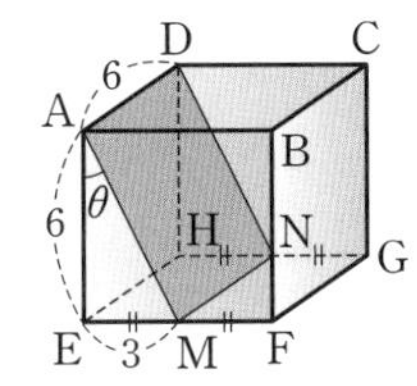

오른쪽 그림에서 $\overline{AM}\perp\overline{AD}$, $\overline{AE}\perp\overline{AD}$이므로 평면 AEHD와 평면 AMND가 이루는 각의 크기를 θ라 하면 $\angle EAM=\theta$

직각삼각형 AEM에서

$\overline{AM}=\sqrt{\overline{AE}^2+\overline{EM}^2}=\sqrt{6^2+3^2}=3\sqrt{5}$

$\therefore \cos\theta=\frac{\overline{AE}}{\overline{AM}}=\frac{6}{3\sqrt{5}}=\frac{2\sqrt{5}}{5}$

따라서 평면 AEHD의 평면 AMND 위로의 정사영의 넓이는

$\square AEHD\cos\theta=36\times\frac{2\sqrt{5}}{5}=\frac{72\sqrt{5}}{5}$

06-1 답 (1) 4 (2) $\frac{\sqrt{2}}{4}$

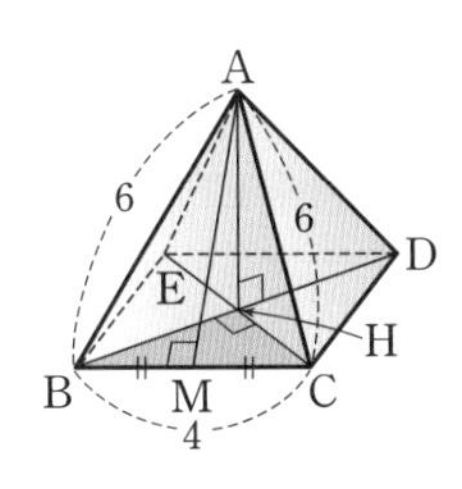

(1) 오른쪽 그림과 같이 점 A에서 사각형 BCDE에 내린 수선의 발을 H라 하면 점 H는 사각형 BCDE의 두 대각선의 교점이므로 삼각형 ABC의 평면 BCDE 위로의 정사영은 삼각형 HBC이다.

$\therefore \triangle HBC=\frac{1}{4}\square BCDE=\frac{1}{4}\times4^2=4$

(2) 점 A에서 모서리 BC에 내린 수선의 발을 M이라 하면 $\overline{BM}=\overline{CM}=2$

직각삼각형 ABM에서

$\overline{AM}=\sqrt{\overline{AB}^2-\overline{BM}^2}=\sqrt{6^2-2^2}=4\sqrt{2}$

$\therefore \triangle ABC=\frac{1}{2}\times\overline{BC}\times\overline{AM}$

$=\frac{1}{2}\times4\times4\sqrt{2}=8\sqrt{2}$

따라서 $\triangle HBC=\triangle ABC\cos\theta$이므로

$4=8\sqrt{2}\cos\theta$ $\therefore \cos\theta=\frac{\sqrt{2}}{4}$

다른 풀이

(2) 점 A에서 사각형 BCDE에 내린 수선의 발을 H, 모서리 BC의 중점을 M이라 하면

$\overline{BC}\perp\overline{AM}$, $\overline{BC}\perp\overline{HM}$

평면 ABC와 평면 BCDE가 이루는 각의 크기를 θ라 하면

$\angle AMH=\theta$

$\overline{AM}=4\sqrt{2}$, $\overline{HM}=\frac{1}{2}\overline{BE}=2$이므로

$\cos\theta=\frac{\overline{HM}}{\overline{AM}}=\frac{2}{4\sqrt{2}}=\frac{\sqrt{2}}{4}$

06-2 답 $\frac{\sqrt{6}}{6}$

모서리 AB의 중점을 N′이라 하면 $\overline{NN'}\perp\overline{AB}$이고 점 G에서 평면 ABCD 위에 내린 수선의 발이 C이므로 사각형 ANGM의 평면 ABCD 위로의 정사영은 평행사변형 AN′CM이다.

직각삼각형 AEN에서

$\overline{AN}=\sqrt{\overline{AE}^2+\overline{EN}^2}$

$=\sqrt{4^2+2^2}=2\sqrt{5}$

$\overline{AM}=\overline{AN}=\overline{MG}=\overline{NG}$이므로

사각형 ANGM은 마름모이다.

마름모 ANGM의 두 대각선의 길이는

$\overline{AG}=\sqrt{\overline{AE}^2+\overline{EG}^2}=\sqrt{4^2+(4\sqrt{2})^2}=4\sqrt{3}$

$\overline{MN}=\sqrt{\overline{MN'}^2+\overline{N'N}^2}=\sqrt{4^2+4^2}=4\sqrt{2}$

즉, 마름모 ANGM의 넓이는

$\frac{1}{2}\times\overline{AG}\times\overline{MN}=\frac{1}{2}\times4\sqrt{3}\times4\sqrt{2}=8\sqrt{6}$

평행사변형 AN′CM의 넓이는

$\overline{AN'}\times\overline{BC}=2\times4=8$

따라서 $\square AN'CM=\square ANGM\cos\theta$이므로

$8=8\sqrt{6}\cos\theta$

$\therefore \cos\theta=\frac{\sqrt{6}}{6}$

연습문제

148~150쪽

1 $3\sqrt{3}$	**2** ②	**3** $\frac{\sqrt{2}}{4}$	**4** ②	**5** ⑤
6 $2\sqrt{6}$	**7** ④	**8** $\frac{\sqrt{6}}{3}$	**9** $\sqrt{13}$	**10** $5\sqrt{6}$
11 $\sqrt{2}\pi$	**12** $\frac{\sqrt{2}}{4}$	**13** ④	**14** $\frac{\sqrt{3}}{12}$	**15** ②
16 4	**17** $\frac{3}{4}\pi$	**18** ④		

1 오른쪽 그림과 같이 선분 PH를 그으면 $\overline{PO}\perp\alpha$, $\overline{OH}\perp\overline{AB}$이므로 삼수선의 정리에 의하여 $\overline{PH}\perp\overline{AB}$

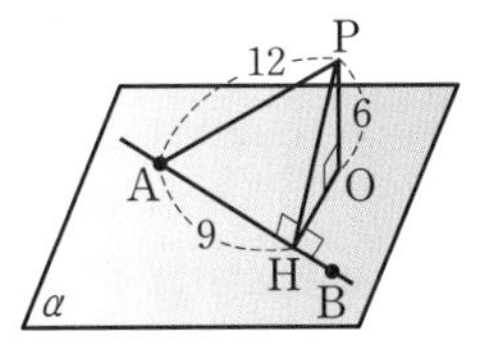

직각삼각형 PAH에서

$\overline{PH}=\sqrt{\overline{PA}^2-\overline{AH}^2}=\sqrt{12^2-9^2}=3\sqrt{7}$

따라서 직각삼각형 PHO에서

$\overline{OH}=\sqrt{\overline{PH}^2-\overline{OP}^2}=\sqrt{(3\sqrt{7})^2-6^2}=3\sqrt{3}$

2 오른쪽 그림과 같이 선분 HQ를 그으면 $\overline{PH}\perp\alpha$, $\overline{PQ}\perp\overline{AB}$이므로 삼수선의 정리에 의하여 $\overline{HQ}\perp\overline{AB}$

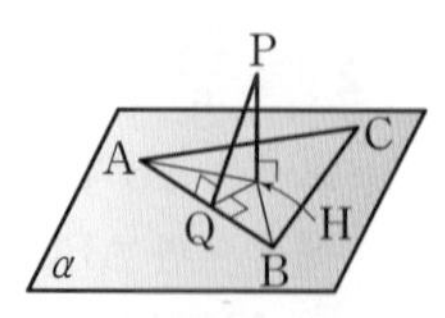

이때 삼각형 ABC의 넓이가 24이고, 점 H가 삼각형 ABC의 무게중심이므로 삼각형 ABH의 넓이에서

$\frac{1}{2}\times\overline{AB}\times\overline{HQ}=\frac{1}{3}\times\triangle ABC$

$\frac{1}{2}\times 8\times\overline{HQ}=\frac{1}{3}\times 24$　　$\therefore\ \overline{HQ}=2$

따라서 직각삼각형 PQH에서

$\overline{PQ}=\sqrt{\overline{HQ}^2+\overline{PH}^2}=\sqrt{2^2+4^2}=2\sqrt{5}$

3 오른쪽 그림과 같이 직선 m 위의 한 점 A에서 교선 l에 내린 수선의 발을 H, 점 H에서 직선 n에 내린 수선의 발을 B라 하고 선분 AB를 그으면 $\overline{AH}\perp\beta$, $\overline{HB}\perp\overline{PB}$이므로 삼수선의 정리에 의하여 $\overline{AB}\perp\overline{PB}$

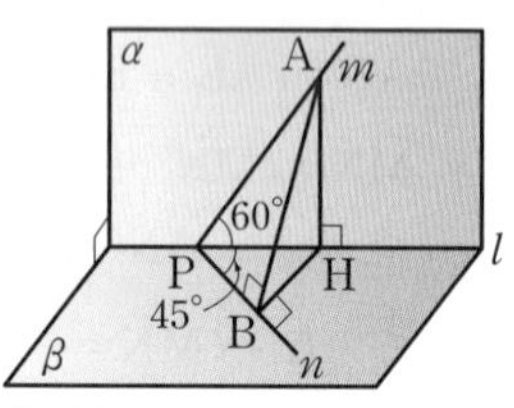

이때 $\overline{AP}=a$라 하면 두 직각삼각형 APH, HPB에서

$\overline{PH}=\overline{AP}\cos 60°=\frac{a}{2}$, $\overline{PB}=\overline{PH}\cos 45°=\frac{\sqrt{2}}{4}a$

따라서 직각삼각형 APB에서

$\cos\theta=\frac{\overline{PB}}{\overline{AP}}=\frac{\frac{\sqrt{2}}{4}a}{a}=\frac{\sqrt{2}}{4}$

4 오른쪽 그림과 같이 선분 DH를 그으면 $\overline{AD}\perp$(평면 DEF), $\overline{AH}\perp\overline{EF}$이므로 삼수선의 정리에 의하여 $\overline{DH}\perp\overline{EF}$

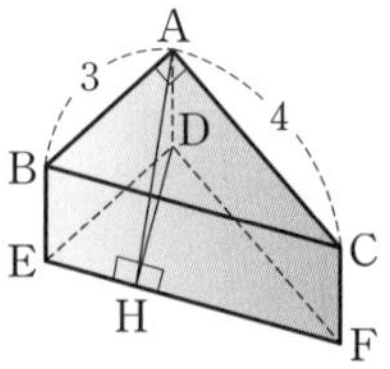

직각삼각형 DEF에서

$\overline{EF}=\sqrt{\overline{DE}^2+\overline{DF}^2}=\sqrt{3^2+4^2}=5$

삼각형 DEF의 넓이에서

$\frac{1}{2}\times\overline{DE}\times\overline{DF}=\frac{1}{2}\times\overline{EF}\times\overline{DH}$

$\frac{1}{2}\times 3\times 4=\frac{1}{2}\times 5\times\overline{DH}$　　$\therefore\ \overline{DH}=\frac{12}{5}$

따라서 직각삼각형 ADH에서

$\overline{AD}=\sqrt{\overline{AH}^2-\overline{DH}^2}=\sqrt{\left(\frac{13}{5}\right)^2-\left(\frac{12}{5}\right)^2}=1$

5 오른쪽 그림과 같이 모서리 BC의 중점을 N이라 하면 삼각형 MBC는 이등변삼각형이고 삼각형 DBC는 정삼각형이므로 $\overline{MN}\perp\overline{BC}$, $\overline{DN}\perp\overline{BC}$

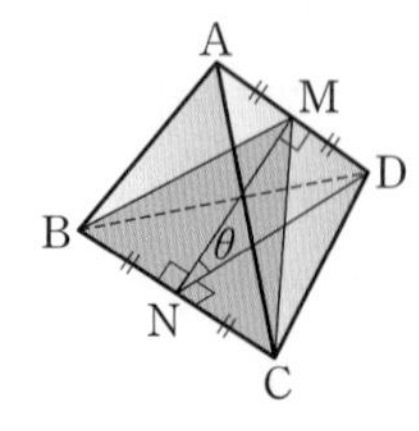

평면 MBC와 평면 BCD가 이루는 각의 크기는 직선 MN과 직선 DN이 이루는 각의 크기와 같으므로 $\angle MND=\theta$

정사면체의 한 모서리의 길이를 $2a$라 하면

$\overline{DN}=\frac{\sqrt{3}}{2}\times 2a=\sqrt{3}a$

이때 $\overline{DM}=a$이고 삼각형 MND는 직각삼각형이므로

$\overline{MN}=\sqrt{\overline{DN}^2-\overline{DM}^2}=\sqrt{(\sqrt{3}a)^2-a^2}=\sqrt{2}a$

$\therefore\ \cos\theta=\frac{\overline{MN}}{\overline{DN}}=\frac{\sqrt{2}a}{\sqrt{3}a}=\frac{\sqrt{6}}{3}$

6 오른쪽 그림과 같이 선분 HF의 중점을 M이라 하면 두 삼각형 CHF, GHF는 이등변삼각형이므로 $\overline{CM}\perp\overline{HF}$, $\overline{GM}\perp\overline{HF}$

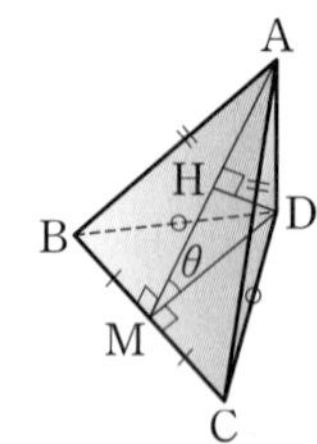

평면 CHF와 평면 FGH가 이루는 각의 크기는 직선 CM과 직선 GM이 이루는 각의 크기와 같으므로 $\angle CMG=60°$

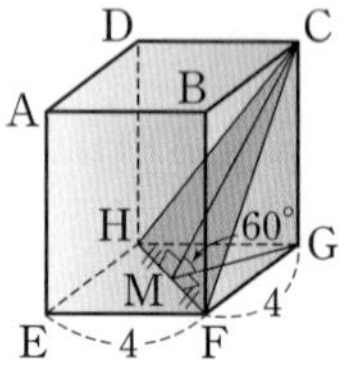

이때 $\overline{EF}=\overline{FG}=4$이므로

$\overline{MG}=\frac{1}{2}\overline{EG}=\frac{1}{2}\times 4\sqrt{2}=2\sqrt{2}$

따라서 직각삼각형 CMG에서

$\overline{CG}=\overline{MG}\tan 60°=2\sqrt{2}\times\sqrt{3}=2\sqrt{6}$

7 오른쪽 그림과 같이 모서리 BC의 중점을 M이라 하면 두 삼각형 ABC, DBC는 이등변삼각형이므로 $\overline{AM}\perp\overline{BC}$, $\overline{DM}\perp\overline{BC}$

평면 ABC와 평면 BCD가 이루는 각의 크기는 직선 AM과 직선 DM이 이루는 각의 크기와 같으므로 $\angle AMD=\theta$

$\overline{BM}=\frac{1}{2}\overline{BC}=3$이므로

$\overline{AM}=\sqrt{\overline{AB}^2-\overline{BM}^2}=\sqrt{7^2-3^2}=2\sqrt{10}$

$\overline{DM}=\sqrt{\overline{BD}^2-\overline{BM}^2}=\sqrt{5^2-3^2}=4$

즉, 삼각형 AMD는 $\overline{AD}=\overline{DM}$인 이등변삼각형이다.

점 D에서 변 AM에 내린 수선의 발을 H라 하면

$\overline{MH}=\overline{AH}=\frac{1}{2}\overline{AM}=\sqrt{10}$

따라서 직각삼각형 DHM에서

$\cos\theta=\frac{\overline{MH}}{\overline{DM}}=\frac{\sqrt{10}}{4}$

8 점 A에서 평면 EFGH에 내린 수선의 발이 E이므로 $\angle AGE=\theta$

이때 정육면체의 한 모서리의 길이가 4이므로

$\overline{EG}=4\sqrt{2}$, $\overline{AG}=4\sqrt{3}$

따라서 직각삼각형 AEG에서

$\cos\theta=\dfrac{\overline{\text{EG}}}{\overline{\text{AG}}}=\dfrac{4\sqrt{2}}{4\sqrt{3}}=\dfrac{\sqrt{6}}{3}$

9 오른쪽 그림과 같이 점 A에서 평면 β에 내린 수선의 발을 A′, 점 A′에서 교선 l에 내린 수선의 발을 H라 하고 선분 AH를 그으면 $\overline{\text{AA}'}\perp\beta$, $\overline{\text{A}'\text{H}}\perp l$이므로 삼수선의 정리에 의하여 $\overline{\text{AH}}\perp l$

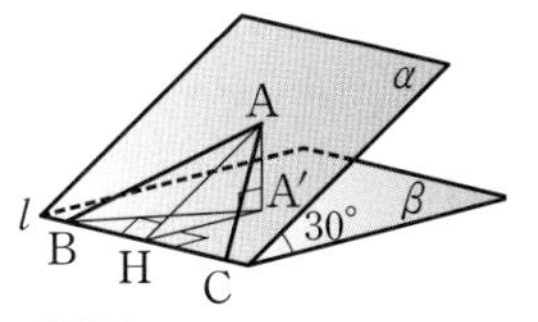

직각삼각형 ABH에서

$\overline{\text{AH}}=4\sin 60°=4\times\dfrac{\sqrt{3}}{2}=2\sqrt{3}$

$\overline{\text{BH}}=4\cos 60°=4\times\dfrac{1}{2}=2$

또 두 평면 α, β가 이루는 각의 크기가 30°이므로

$\angle\text{AHA}'=30°$

$\therefore\ \overline{\text{A}'\text{H}}=\overline{\text{AH}}\cos 30°=2\sqrt{3}\times\dfrac{\sqrt{3}}{2}=3$

따라서 선분 AB의 평면 β 위로의 정사영은 선분 A′B이므로 직각삼각형 A′BH에서

$\overline{\text{A}'\text{B}}=\sqrt{\overline{\text{BH}}^2+\overline{\text{A}'\text{H}}^2}=\sqrt{2^2+3^2}=\sqrt{13}$

10 오른쪽 그림과 같이 선분 BD의 중점을 M이라 하면 $\overline{\text{CM}}\perp$(평면 DHFB)이므로 선분 CF의 평면 DHFB 위로의 정사영은 선분 MF이다.

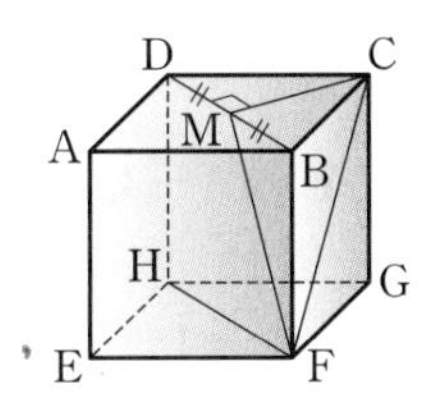

직각삼각형 FBM에서

$\overline{\text{BF}}=10$, $\overline{\text{BM}}=\dfrac{1}{2}\overline{\text{BD}}=\dfrac{1}{2}\times 10\sqrt{2}=5\sqrt{2}$

$\therefore\ \overline{\text{MF}}=\sqrt{\overline{\text{BF}}^2+\overline{\text{BM}}^2}=\sqrt{10^2+(5\sqrt{2})^2}=5\sqrt{6}$

11 오른쪽 그림과 같이 밑면과 45°의 각을 이루는 평면으로 자른 단면은 원이다.

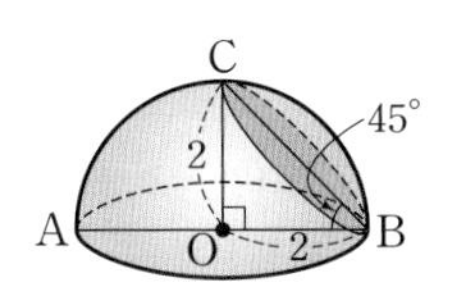

단면인 원의 지름을 선분 BC라 하면 삼각형 OBC는 $\overline{\text{OB}}=\overline{\text{OC}}=2$인 직각이등변삼각형이므로 $\overline{\text{BC}}=2\sqrt{2}$

따라서 단면의 넓이가 $\pi\times(\sqrt{2})^2=2\pi$이므로 구하는 정사영의 넓이는 $2\pi\cos 45°=2\pi\times\dfrac{\sqrt{2}}{2}=\sqrt{2}\pi$

12 대각선 BD는 평면 α와 평행하므로

$\overline{\text{B}'\text{D}'}=\overline{\text{BD}}=4\sqrt{2}$

오른쪽 그림과 같이 두 대각선 A′C′, B′D′의 교점을 P라 하면

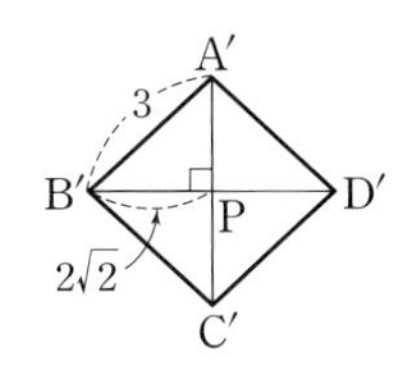

$\overline{\text{B}'\text{P}}=\dfrac{1}{2}\overline{\text{B}'\text{D}'}=2\sqrt{2}$

직각삼각형 A′B′P에서

$\overline{\text{A}'\text{P}}=\sqrt{\overline{\text{A}'\text{B}'}^2-\overline{\text{B}'\text{P}}^2}=\sqrt{3^2-(2\sqrt{2})^2}=1$

즉, $\overline{\text{A}'\text{C}'}=2\overline{\text{A}'\text{P}}=2$이므로

$\square\text{A}'\text{B}'\text{C}'\text{D}'=\dfrac{1}{2}\times\overline{\text{B}'\text{D}'}\times\overline{\text{A}'\text{C}'}=\dfrac{1}{2}\times 4\sqrt{2}\times 2=4\sqrt{2}$

따라서 $\square\text{A}'\text{B}'\text{C}'\text{D}'=\square\text{ABCD}\cos\theta$에서

$4\sqrt{2}=16\cos\theta \qquad \therefore\ \cos\theta=\dfrac{\sqrt{2}}{4}$

13 삼각형 MEN의 평면 EFGH 위로의 정사영은 삼각형 HEF이므로 $\triangle\text{HEF}=\triangle\text{MEN}\cos\theta$

이때 $\overline{\text{MN}}=\overline{\text{DB}}=\sqrt{\overline{\text{AD}}^2+\overline{\text{AB}}^2}=\sqrt{2^2+4^2}=2\sqrt{5}$,

$\overline{\text{EN}}=\sqrt{\overline{\text{EF}}^2+\overline{\text{NF}}^2}=\sqrt{4^2+2^2}=2\sqrt{5}$,

$\overline{\text{EM}}=\sqrt{\overline{\text{EH}}^2+\overline{\text{MH}}^2}=\sqrt{2^2+2^2}=2\sqrt{2}$이므로 삼각형 MEN은 $\overline{\text{MN}}=\overline{\text{EN}}$인 이등변삼각형이다.

점 N에서 변 EM에 내린 수선의 발을 I라 하면 $\overline{\text{MI}}=\dfrac{1}{2}\overline{\text{EM}}=\sqrt{2}$이므로

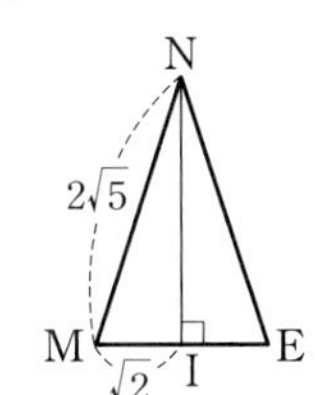

$\overline{\text{IN}}=\sqrt{\overline{\text{MN}}^2-\overline{\text{MI}}^2}=\sqrt{(2\sqrt{5})^2-(\sqrt{2})^2}$

$=3\sqrt{2}$

$\therefore\ \triangle\text{MEN}=\dfrac{1}{2}\times\overline{\text{EM}}\times\overline{\text{IN}}$

$=\dfrac{1}{2}\times 2\sqrt{2}\times 3\sqrt{2}=6$,

$\triangle\text{HEF}=\dfrac{1}{2}\times\overline{\text{HE}}\times\overline{\text{EF}}=\dfrac{1}{2}\times 2\times 4=4$

따라서 $\triangle\text{HEF}=\triangle\text{MEN}\cos\theta$이므로

$4=6\cos\theta \qquad \therefore\ \cos\theta=\dfrac{2}{3}$

14 평면 OAB와 평면 ABCD가 이루는 각의 크기를 θ라 하면 삼각형 OAB의 평면 ABCD 위로의 정사영이 삼각형 EAB이므로 $\triangle\text{EAB}=\triangle\text{OAB}\cos\theta$

이때 $\triangle\text{OAB}=\dfrac{\sqrt{3}}{4}\times 1^2=\dfrac{\sqrt{3}}{4}$,

$\triangle\text{EAB}=\dfrac{1}{4}\square\text{ABCD}=\dfrac{1}{4}\times 1=\dfrac{1}{4}$이므로

$\dfrac{1}{4}=\dfrac{\sqrt{3}}{4}\cos\theta \qquad \therefore\ \cos\theta=\dfrac{\sqrt{3}}{3}$

따라서 삼각형 EAB의 평면 OAB 위로의 정사영의 넓이는 $\triangle\text{EAB}\cos\theta=\dfrac{1}{4}\times\dfrac{\sqrt{3}}{3}=\dfrac{\sqrt{3}}{12}$

15 오른쪽 그림과 같이 점 P에서 선분 BC에 내린 수선의 발을 H라 하고 선분 AH를 그으면 $\overline{\text{PA}}\perp\alpha$, $\overline{\text{PH}}\perp\overline{\text{BC}}$이므로 삼수선의 정리에 의하여

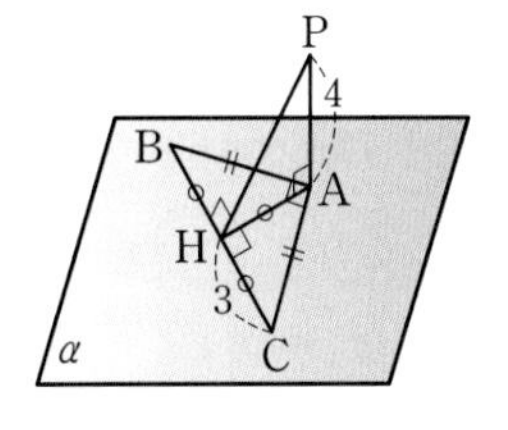

$\overline{\text{AH}}\perp\overline{\text{BC}}$

직각이등변삼각형 ABC에서 점 H는 빗변 BC의 중점이므로 삼각형 ABC의 외심이다.

$\therefore \overline{AH}=\overline{BH}=\overline{CH}=\frac{1}{2}\times 6=3$

직각삼각형 PHA에서

$\overline{PH}=\sqrt{\overline{AH}^2+\overline{PA}^2}=\sqrt{3^2+4^2}=5$

따라서 점 P에서 직선 BC까지의 거리는 5이다.

16 타원의 장축의 길이를 $2a$, 단축의 길이를 $2b$라 하자.

타원의 장축의 밑면 위로의 정사영은 원기둥의 밑면의 지름이고, 타원을 포함하는 평면과 원기둥의 밑면을 포함하는 평면이 이루는 각의 크기가 45°이므로

$2a\cos 45°=4 \qquad \therefore a=2\sqrt{2}$

단축의 길이는 원기둥의 밑면의 지름의 길이와 같으므로

$2b=4 \qquad \therefore b=2$

따라서 타원의 두 초점 사이의 거리는

$2\sqrt{a^2-b^2}=2\sqrt{(2\sqrt{2})^2-2^2}=4$

17 오른쪽 그림과 같이 반구를 반구의 중심을 지나고 평면 α와 평행한 평면으로 자를 때 생기는 단면인 반원의 평면 α 위로의 정사영의 넓이를 S_1, 반구의 밑면의 반인 반원의 평면 α 위로의 정사영의 넓이를 S_2라 하면 구하는 정사영의 넓이는 S_1+S_2이다.

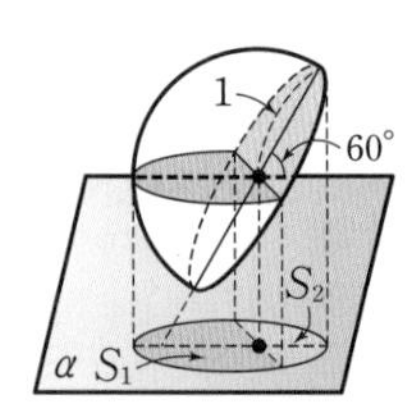

S_1은 반원의 넓이와 같으므로

$S_1=\frac{1}{2}\times\pi\times 1^2=\frac{\pi}{2}$

$S_2=(\text{반원의 넓이})\times\cos 60°=\frac{\pi}{2}\times\frac{1}{2}=\frac{\pi}{4}$

따라서 구하는 넓이는

$S_1+S_2=\frac{\pi}{2}+\frac{\pi}{4}=\frac{3}{4}\pi$

18 오른쪽 그림과 같이 풍선이 지면과 접하도록 이동시키면 태양 광선과 수직이고 풍선의 중심을 지나는 평면이 지면과 이루는 각의 크기는 60°이다.

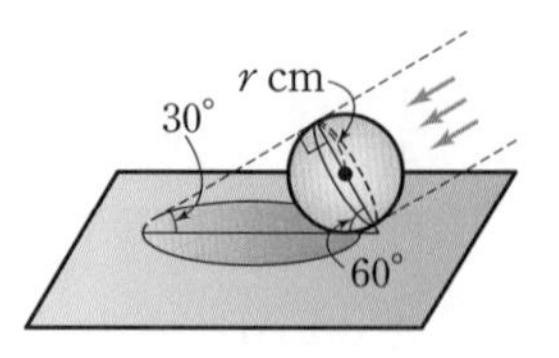

이때 풍선의 반지름의 길이를 r cm라 하면

$72\pi\cos 60°=\pi r^2$이므로

$72\pi\times\frac{1}{2}=\pi r^2,\ r^2=36$

$\therefore r=6\ (\because r>0)$

따라서 풍선의 반지름의 길이는 6 cm이다.

Ⅲ-2 01 공간에서의 점의 좌표

1 공간에서의 점의 좌표

개념 CHECK 154쪽

1 답 (1) $\mathrm{P}(2, 4, 3)$, $\mathrm{Q}(2, 0, 0)$, $\mathrm{R}(0, 0, 3)$
(2) $\mathrm{P}(0, -6, 5)$, $\mathrm{Q}(3, -6, 0)$, $\mathrm{R}(3, 0, 0)$

2 답 (1) $(2, 0, 0)$ (2) $(0, -3, 0)$ (3) $(0, 0, 4)$

3 답 (1) $(-1, 5, 0)$ (2) $(0, 5, 7)$ (3) $(-1, 0, 7)$

4 답 (1) $(3, -6, 2)$ (2) $(-3, 6, 2)$
(3) $(-3, -6, -2)$

5 답 (1) $(-4, 1, 8)$ (2) $(4, 1, -8)$
(3) $(-4, -1, -8)$ (4) $(4, -1, 8)$

문제 155쪽

01-1 답 $(-3, -1, -7)$

점 $\mathrm{P}(-3, 1, 7)$과 원점에 대하여 대칭인 점 Q의 좌표는 $(3, -1, -7)$

점 $\mathrm{Q}(3, -1, -7)$과 yz평면에 대하여 대칭인 점 R의 좌표는 $(-3, -1, -7)$

01-2 답 -2

점 $\mathrm{P}(a, 2, b)$와 y축에 대하여 대칭인 점 Q의 좌표는 $(-a, 2, -b)$

점 $\mathrm{Q}(-a, 2, -b)$에서 zx평면에 내린 수선의 발 R의 좌표는 $(-a, 0, -b)$

이 점이 점 $(5, c, -3)$과 일치하므로

$-a=5,\ 0=c,\ -b=-3$

$\therefore a=-5,\ b=3,\ c=0 \qquad \therefore a+b+c=-2$

01-3 답 3

점 A는 점 $\mathrm{B}(2, 4, a)$에서 zx평면에 내린 수선의 발이므로 $\mathrm{A}(2, 0, a)$

점 A와 x축에 대하여 대칭인 점의 좌표는 $(2, 0, -a)$

이 점이 점 $(b, 0, -5)$와 일치하므로

$2=b,\ -a=-5$

$\therefore a=5,\ b=2 \qquad \therefore a-b=3$

2 두 점 사이의 거리

개념 CHECK 156쪽

1 답 (1) $\sqrt{34}$ (2) 7

(1) $\overline{AB}=\sqrt{(2+1)^2+(5-1)^2+(-5+2)^2}=\sqrt{34}$

(2) $\overline{OA}=\sqrt{2^2+(-3)^2+(-6)^2}=7$

문제 157~160쪽

02-1 답 2

$\overline{AB}=9$이므로

$\sqrt{(-a-2)^2+(-3-5)^2+(1-a)^2}=9$

양변을 제곱하여 정리하면

$a^2+a-6=0$, $(a+3)(a-2)=0$

$\therefore a=2$ ($\because a>0$)

02-2 답 $\sqrt{17}$

점 P$(1, -2, 6)$에서 yz평면에 내린 수선의 발 Q의 좌표는

$(0, -2, 6)$

점 P$(1, -2, 6)$과 z축에 대하여 대칭인 점 R의 좌표는

$(-1, 2, 6)$

$\therefore \overline{QR}=\sqrt{(-1)^2+(2+2)^2+(6-6)^2}=\sqrt{17}$

02-3 답 $\sqrt{6}$

$\overline{AB}=\sqrt{(1-3)^2+(-2+4)^2+(-2)^2}=\sqrt{12}=2\sqrt{3}$

$\overline{BC}=\sqrt{(2-1)^2+(-4+2)^2+3^2}=\sqrt{14}$

$\overline{CA}=\sqrt{(3-2)^2+(-4+4)^2+(2-3)^2}=\sqrt{2}$

이때 $\overline{BC}^2=\overline{AB}^2+\overline{CA}^2$이므로 삼각형 ABC는 $\angle A=90°$인 직각삼각형이다.

$\therefore \triangle ABC=\frac{1}{2}\times\overline{AB}\times\overline{CA}$

$=\frac{1}{2}\times 2\sqrt{3}\times\sqrt{2}=\sqrt{6}$

03-1 답 (1) $(0, -1, 0)$ (2) $(0, -4, -1)$

(1) y축 위의 점 P의 좌표를 $(0, b, 0)$이라 하면

$\overline{AP}=\overline{BP}$에서 $\overline{AP}^2=\overline{BP}^2$이므로

$(-4)^2+(b+3)^2+(-1)^2=1^2+(b-3)^2+2^2$

$b^2+6b+26=b^2-6b+14$

$12b=-12 \quad \therefore b=-1$

$\therefore$ P$(0, -1, 0)$

(2) yz평면 위의 점 Q의 좌표를 $(0, b, c)$라 하면

$\overline{OQ}=\overline{AQ}$에서 $\overline{OQ}^2=\overline{AQ}^2$이므로

$b^2+c^2=(-2)^2+(b+1)^2+(c-1)^2$

$2b-2c=-6 \quad \therefore b-c=-3$ …… ㉠

$\overline{OQ}=\overline{BQ}$에서 $\overline{OQ}^2=\overline{BQ}^2$이므로

$b^2+c^2=(b+5)^2+(c-3)^2$

$10b-6c=-34 \quad \therefore 5b-3c=-17$ …… ㉡

㉠, ㉡을 연립하여 풀면

$b=-4$, $c=-1$

$\therefore$ Q$(0, -4, -1)$

03-2 답 $\left(-\frac{1}{5}, 0, -\frac{2}{5}\right)$, $(1, 0, 2)$

zx평면 위의 점 C의 좌표를 $(a, 0, c)$라 하자.

이때 삼각형 ABC가 정삼각형이므로 $\overline{AB}=\overline{BC}=\overline{CA}$이다.

$\overline{AB}=\overline{BC}$에서 $\overline{AB}^2=\overline{BC}^2$이므로

$2^2+(1-2)^2+(-1)^2=(a-2)^2+(-1)^2+c^2$

$a^2+c^2-4a-1=0$ …… ㉠

$\overline{BC}=\overline{CA}$에서 $\overline{BC}^2=\overline{CA}^2$이므로

$(a-2)^2+(-1)^2+c^2=(-a)^2+2^2+(1-c)^2$

$-4a=-2c \quad \therefore c=2a$

이를 ㉠에 대입하여 정리하면

$5a^2-4a-1=0$, $(5a+1)(a-1)=0$

$\therefore a=-\frac{1}{5}$ 또는 $a=1$

$\therefore a=-\frac{1}{5}, c=-\frac{2}{5}$ 또는 $a=1, c=2$

따라서 구하는 점 C의 좌표는

$\left(-\frac{1}{5}, 0, -\frac{2}{5}\right)$, $(1, 0, 2)$

04-1 답 (1) $2\sqrt{6}$ (2) $2\sqrt{21}$

(1) 두 점 A, B의 y좌표의 부호가 다르므로 두 점 A, B는 zx평면을 기준으로 서로 반대쪽에 있다.

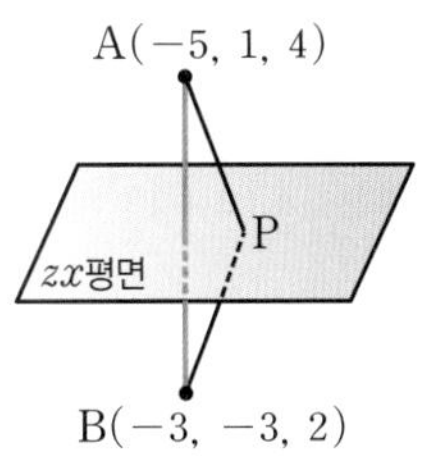

$\therefore \overline{AP}+\overline{BP}\geq\overline{AB}$

$=\sqrt{(-3+5)^2+(-3-1)^2+(2-4)^2}$

$=2\sqrt{6}$

따라서 구하는 최솟값은 $2\sqrt{6}$이다.

(2) 두 점 A, B의 x좌표의 부호가 같으므로 두 점 A, B는 yz평면을 기준으로 같은 쪽에 있다.

점 A와 yz평면에 대하여 대칭인 점을 A′이라 하면

$A'(5, 1, 4)$

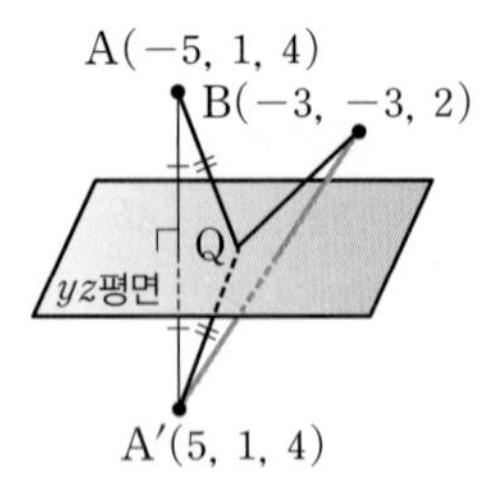

이때 $\overline{AQ}=\overline{A'Q}$이므로

$\overline{AQ}+\overline{BQ}=\overline{A'Q}+\overline{BQ}$

$\geq \overline{A'B}$

$=\sqrt{(-3-5)^2+(-3-1)^2+(2-4)^2}$

$=2\sqrt{21}$

따라서 구하는 최솟값은 $2\sqrt{21}$이다.

04-2 답 $\sqrt{34}$

두 점 A, B의 y좌표가 0이고 z좌표의 부호가 같으므로 두 점 A, B는 zx평면 위에 있고 x축을 기준으로 같은 쪽에 있다.

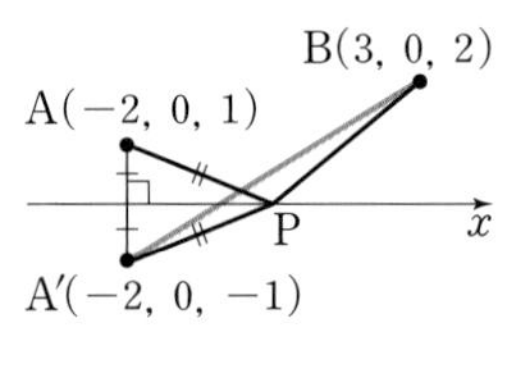

점 A와 x축에 대하여 대칭인 점을 A′이라 하면

$A'(-2, 0, -1)$

이때 $\overline{AP}=\overline{A'P}$이므로

$\overline{AP}+\overline{BP}=\overline{A'P}+\overline{BP}$

$\geq \overline{A'B}$

$=\sqrt{(3+2)^2+(2+1)^2}=\sqrt{34}$

따라서 구하는 최솟값은 $\sqrt{34}$이다.

05-1 답 $\sqrt{41}$

두 점 A, B의 yz평면 위로의 정사영을 각각 A′, B′이라 하면

$A'(0, -2, -1)$, $B'(0, 2, 4)$

따라서 구하는 정사영의 길이는

$\overline{A'B'}=\sqrt{(2+2)^2+(4+1)^2}=\sqrt{41}$

05-2 답 $45°$

$\overline{AB}=\sqrt{(5-2)^2+(8-3)^2+(8-4)^2}=5\sqrt{2}$

두 점 A, B의 zx평면 위로의 정사영을 각각 A′, B′이라 하면

$A'(2, 0, 4)$, $B'(5, 0, 8)$

$\therefore \overline{A'B'}=\sqrt{(5-2)^2+(8-4)}=5$

직선 AB와 zx평면이 이루는 예각의 크기를 θ라 하면

$\overline{A'B'}=\overline{AB}\cos\theta$이므로

$5=5\sqrt{2}\cos\theta \qquad \therefore \cos\theta=\frac{\sqrt{2}}{2}$

$\therefore \theta=45°$

05-3 답 2, 4

$\overline{AB}=\sqrt{(-\sqrt{2})^2+(a-3)^2+(4-1)^2}=\sqrt{a^2-6a+20}$

두 점 A, B의 xy평면 위로의 정사영을 각각 A′, B′이라 하면

$A'(\sqrt{2}, 3, 0)$, $B'(0, a, 0)$

$\overline{A'B'}=\sqrt{(-\sqrt{2})^2+(a-3)^2}=\sqrt{a^2-6a+11}$

따라서 $\overline{A'B'}=\overline{AB}\cos 60°$이므로

$\sqrt{a^2-6a+11}=\sqrt{a^2-6a+20}\times\frac{1}{2}$

양변을 제곱하여 정리하면

$a^2-6a+8=0$, $(a-2)(a-4)=0$

$\therefore a=2$ 또는 $a=4$

3 선분의 내분점과 외분점

개념 CHECK 162쪽

1 답 (1) $\left(-\frac{8}{3}, -1, 2\right)$ (2) $(-3, 0, 1)$ (3) $(-6, 9, -8)$

(1) $\left(\frac{1\times(-4)+2\times(-2)}{1+2}, \frac{1\times3+2\times(-3)}{1+2}, \frac{1\times(-2)+2\times4}{1+2}\right)$

$\therefore \left(-\frac{8}{3}, -1, 2\right)$

(2) $\left(\frac{-2+(-4)}{2}, \frac{-3+3}{2}, \frac{4+(-2)}{2}\right)$

$\therefore (-3, 0, 1)$

(3) $\left(\frac{2\times(-4)-1\times(-2)}{2-1}, \frac{2\times3-1\times(-3)}{2-1}, \frac{2\times(-2)-1\times4}{2-1}\right)$

$\therefore (-6, 9, -8)$

2 답 $(4, -1, 4)$

$\left(\frac{3+(-1)+10}{3}, \frac{-1+2+(-4)}{3}, \frac{5+4+3}{3}\right)$

$\therefore (4, -1, 4)$

문제 163~166쪽

06-1 답 $3\sqrt{3}$

선분 AB를 1 : 3으로 내분하는 점 P의 좌표는

$$\left(\frac{1\times(-1)+3\times3}{1+3}, \frac{1\times0+3\times(-4)}{1+3}, \frac{1\times2+3\times(-2)}{1+3}\right)$$

$\therefore$ $(2, -3, -1)$

선분 AB를 1 : 3으로 외분하는 점 Q의 좌표는

$$\left(\frac{1\times(-1)-3\times3}{1-3}, \frac{1\times0-3\times(-4)}{1-3}, \frac{1\times2-3\times(-2)}{1-3}\right)$$

$\therefore$ $(5, -6, -4)$

$\therefore$ $\overline{PQ}=\sqrt{(5-2)^2+(-6+3)^2+(-4+1)^2}$
$=3\sqrt{3}$

06-2 답 21

점 $P(-1, 6, 7)$을 yz평면에 대하여 대칭이동한 점은 $Q(1, 6, 7)$

따라서 선분 PQ를 3 : 1로 내분하는 점의 좌표는

$$\left(\frac{3\times1+1\times(-1)}{3+1}, \frac{3\times6+1\times6}{3+1}, \frac{3\times7+1\times7}{3+1}\right)$$

$\therefore$ $\left(\frac{1}{2}, 6, 7\right)$

따라서 $a=\frac{1}{2}$, $b=6$, $c=7$이므로

$abc=21$

06-3 답 $(0, -1, -4)$

선분 AB를 3 : 2로 외분하는 점 Q의 좌표는

$$\left(\frac{3\times a-2\times3}{3-2}, \frac{3\times b-2\times2}{3-2}, \frac{3\times c-2\times(-7)}{3-2}\right)$$

$\therefore$ $(3a-6, 3b-4, 3c+14)$

이 점이 점 $(-12, -13, 8)$과 일치하므로

$3a-6=-12$, $3b-4=-13$, $3c+14=8$

$\therefore$ $a=-2$, $b=-3$, $c=-2$

즉, $B(-2, -3, -2)$이므로 선분 AB를 3 : 2로 내분하는 점 P의 좌표는

$$\left(\frac{3\times(-2)+2\times3}{3+2}, \frac{3\times(-3)+2\times2}{3+2}, \frac{3\times(-2)+2\times(-7)}{3+2}\right)$$

$\therefore$ $(0, -1, -4)$

다른 풀이

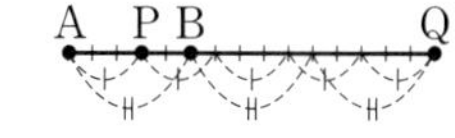

오른쪽 그림에서 점 P는 선분 AQ를 1 : 4로 내분하는 점이므로 점 P의 좌표는

$$\left(\frac{1\times(-12)+4\times3}{1+4}, \frac{1\times(-13)+4\times2}{1+4}, \frac{1\times8+4\times(-7)}{1+4}\right)$$

$\therefore$ $(0, -1, -4)$

07-1 답 3

선분 AB를 m : 1로 내분하는 점이 zx평면 위에 있으므로 내분점의 y좌표는 0이다.

즉, $\frac{m\times1+1\times(-3)}{m+1}=0$이므로

$m-3=0$ $\quad\therefore$ $m=3$

07-2 답 10

선분 AB를 1 : 2로 내분하는 점이 xy평면 위에 있으므로 내분점의 z좌표는 0이다.

즉, $\frac{1\times c+2\times(-4)}{1+2}=0$이므로

$c-8=0$ $\quad\therefore$ $c=8$

또 선분 AB를 3 : 2로 외분하는 점이 z축 위에 있으므로 외분점의 x좌표, y좌표는 모두 0이다.

즉, $\frac{3\times a-2\times(-2)}{3-2}=0$, $\frac{3\times b-2\times5}{3-2}=0$이므로

$3a+4=0$, $3b-10=0$ $\quad\therefore$ $a=-\frac{4}{3}$, $b=\frac{10}{3}$

$\therefore$ $a+b+c=10$

08-1 답 $a=5$, $b=4$, $c=12$

평행사변형의 두 대각선은 서로 다른 것을 이등분하므로 두 대각선 AC, BD의 중점이 일치한다.

대각선 AC의 중점의 좌표는

$$\left(\frac{3+1}{2}, \frac{-1+b}{2}, \frac{6+8}{2}\right)$$

$\therefore$ $\left(2, \frac{-1+b}{2}, 7\right)$ ...... ㉠

대각선 BD의 중점의 좌표는

$$\left(\frac{a-1}{2}, \frac{-3+6}{2}, \frac{2+c}{2}\right)$$

$\therefore$ $\left(\frac{a-1}{2}, \frac{3}{2}, \frac{2+c}{2}\right)$ ...... ㉡

㉠, ㉡이 일치하므로

$2=\frac{a-1}{2}$, $\frac{-1+b}{2}=\frac{3}{2}$, $7=\frac{2+c}{2}$

$\therefore$ $a=5$, $b=4$, $c=12$

08-2 답 $C(7,\ -1,\ 3),\ D(3,\ 2,\ 11)$

두 대각선 AC, BD의 교점은 두 대각선 AC, BD의 중점과 일치한다.

대각선 AC의 중점의 좌표가 $(2,\ 0,\ 4)$이므로 점 C의 좌표를 $(a,\ b,\ c)$라 하면

$$\frac{-3+a}{2}=2,\ \frac{1+b}{2}=0,\ \frac{5+c}{2}=4$$

$\therefore a=7,\ b=-1,\ c=3 \qquad \therefore C(7,\ -1,\ 3)$

대각선 BD의 중점의 좌표가 $(2,\ 0,\ 4)$이므로 점 D의 좌표를 $(d,\ e,\ f)$라 하면

$$\frac{1+d}{2}=2,\ \frac{-2+e}{2}=0,\ \frac{-3+f}{2}=4$$

$\therefore d=3,\ e=2,\ f=11 \qquad \therefore D(3,\ 2,\ 11)$

08-3 답 5

마름모의 두 대각선은 서로 다른 것을 수직이등분하므로 두 대각선 AC, BD의 중점이 일치한다.

대각선 AC의 중점의 좌표는 $\left(\frac{a+0}{2},\ \frac{-4+7}{2},\ \frac{-2+3}{2}\right)$

$\therefore \left(\frac{a}{2},\ \frac{3}{2},\ \frac{1}{2}\right)$ …… ㉠

대각선 BD의 중점의 좌표는 $\left(\frac{b+3}{2},\ \frac{0+3}{2},\ \frac{3-2}{2}\right)$

$\therefore \left(\frac{b+3}{2},\ \frac{3}{2},\ \frac{1}{2}\right)$ …… ㉡

㉠, ㉡이 일치하므로

$\frac{a}{2}=\frac{b+3}{2} \qquad \therefore a=b+3$ …… ㉢

또 마름모는 네 변의 길이가 모두 같으므로

$\overline{AD}=\overline{CD} \qquad \therefore \overline{AD}^2=\overline{CD}^2$

$(3-a)^2+(3+4)^2+(-2+2)^2$

$=3^2+(3-7)^2+(-2-3)^2$

$a^2-6a+8=0,\ (a-2)(a-4)=0$

$\therefore a=4\ (\because a>2)$

이를 ㉢에 대입하여 풀면 $b=1$

$\therefore a+b=5$

09-1 답 $(2,\ 0,\ 3)$

$C(a,\ b,\ c)$라 하면 삼각형 ABC의 무게중심의 좌표는

$$\left(\frac{3+4+a}{3},\ \frac{-1-2+b}{3},\ \frac{4-1+c}{3}\right)$$

$\therefore \left(\frac{a+7}{3},\ \frac{b-3}{3},\ \frac{c+3}{3}\right)$

이 점이 점 $(3,\ -1,\ 2)$와 일치하므로

$$\frac{a+7}{3}=3,\ \frac{b-3}{3}=-1,\ \frac{c+3}{3}=2$$

$\therefore a=2,\ b=0,\ c=3 \qquad \therefore C(2,\ 0,\ 3)$

09-2 답 $\left(-\frac{2}{3},\ 1,\ -4\right)$

점 $A(2,\ 3,\ 4)$와 xy평면에 대하여 대칭인 점 P의 좌표는 $(2,\ 3,\ -4)$

점 $A(2,\ 3,\ 4)$와 y축에 대하여 대칭인 점 Q의 좌표는 $(-2,\ 3,\ -4)$

점 $A(2,\ 3,\ 4)$와 원점에 대하여 대칭인 점 R의 좌표는 $(-2,\ -3,\ -4)$

따라서 삼각형 PQR의 무게중심의 좌표는

$$\left(\frac{2-2-2}{3},\ \frac{3+3-3}{3},\ \frac{-4-4-4}{3}\right)$$

$\therefore \left(-\frac{2}{3},\ 1,\ -4\right)$

09-3 답 $\left(3,\ -1,\ \frac{1}{3}\right)$

선분 AB를 $2:1$로 내분하는 점 P의 좌표는

$$\left(\frac{2\times4+1\times3}{2+1},\ \frac{2\times(-2)+1\times(-1)}{2+1},\ \frac{2\times(-1)+1\times4}{3}\right)$$

$\therefore \left(\frac{11}{3},\ -\frac{5}{3},\ \frac{2}{3}\right)$

선분 BC를 $2:1$로 내분하는 점 Q의 좌표는

$$\left(\frac{2\times2+1\times4}{2+1},\ \frac{2\times0+1\times(-2)}{2+1},\ \frac{2\times(-2)+1\times(-1)}{2+1}\right)$$

$\therefore \left(\frac{8}{3},\ -\frac{2}{3},\ -\frac{5}{3}\right)$

선분 CA를 $2:1$로 내분하는 점 R의 좌표는

$$\left(\frac{2\times3+1\times2}{2+1},\ \frac{2\times(-1)+1\times0}{2+1},\ \frac{2\times4+1\times(-2)}{2+1}\right)$$

$\therefore \left(\frac{8}{3},\ -\frac{2}{3},\ 2\right)$

따라서 삼각형 PQR의 무게중심의 좌표는

$$\left(\frac{\frac{11}{3}+\frac{8}{3}+\frac{8}{3}}{3},\ \frac{-\frac{5}{3}-\frac{2}{3}-\frac{2}{3}}{3},\ \frac{\frac{2}{3}-\frac{5}{3}+2}{3}\right)$$

$\therefore \left(3,\ -1,\ \frac{1}{3}\right)$

다른 풀이

삼각형 PQR의 무게중심은 삼각형 ABC의 무게중심과 일치하므로 구하는 무게중심의 좌표는

$$\left(\frac{3+4+2}{3},\ \frac{-1-2+0}{3},\ \frac{4-1-2}{3}\right)$$

$\therefore \left(3,\ -1,\ \frac{1}{3}\right)$

참고 삼각형의 세 변을 각각 $m:n\,(m>0,\ n>0)$으로 내분하는 점을 연결한 삼각형의 무게중심은 원래 삼각형의 무게중심과 일치한다.

연습문제 167~169쪽

1 $(-3,\ -1,\ -4)$ **2** ⑤ **3** ① **4** ⑤
5 $3\sqrt{2}$ **6** $(0,\ 1,\ 0)$ **7** -30 **8** 6
9 $5\sqrt{2}$ **10** $60°$ **11** ② **12** $(7,\ -4,\ -2)$
13 1 **14** ④ **15** ③ **16** $(2,\ 2,\ 0)$
17 $5\sqrt{2}$ **18** ④ **19** $(-19,\ -5,\ 14)$ **20** ②
21 $45°$ **22** $\sqrt{17}$

1 점 A의 좌표를 $(a,\ b,\ c)$라 하자.
점 $A(a,\ b,\ c)$와 yz평면에 대하여 대칭인 점 B의 좌표는
$(-a,\ b,\ c)$
점 $B(-a,\ b,\ c)$와 z축에 대하여 대칭인 점 C의 좌표는
$(a,\ -b,\ c)$
이 점이 점 $(-3,\ 1,\ -4)$와 일치하므로
$a=-3,\ -b=1,\ c=-4$
$\therefore a=-3,\ b=-1,\ c=-4$
$\therefore A(-3,\ -1,\ -4)$

2 점 $P(1,\ 5,\ -2)$와 zx평면에 대하여 대칭인 점 Q의 좌표는
$(1,\ -5,\ -2)$
점 $Q(1,\ -5,\ -2)$와 y축에 대하여 대칭인 점 R의 좌표는
$(-1,\ -5,\ 2)$
$\therefore \overline{QR}=\sqrt{(-1-1)^2+(-5+5)^2+(2+2)^2}=2\sqrt{5}$

3 $\overline{PA}=2\overline{PB}$에서 $\overline{PA}^2=4\overline{PB}^2$이므로
$(-1)^2+(1-3)^2+a^2=4\{1^2+(2-3)^2+(-1)^2\}$
$a^2+5=12,\ a^2=7 \qquad \therefore a=\sqrt{7}\ (\because a>0)$

4 점 C의 좌표를 $(a,\ 0,\ 0)$이라 하면
$\overline{AB}^2=(-2-1)^2+(-2+4)^2+1^2=14$
$\overline{BC}^2=(a+2)^2+2^2+(-1)^2=a^2+4a+9$
$\overline{CA}^2=(1-a)^2+(-4)^2=a^2-2a+17$
삼각형 ABC가 변 AC를 빗변으로 하는 직각삼각형이므로 $\overline{CA}^2=\overline{AB}^2+\overline{BC}^2$
$a^2-2a+17=14+(a^2+4a+9)$
$-6a=6 \qquad \therefore a=-1$

5 $\overline{AB}=\sqrt{(b-2)^2+(-a)^2+(-4-b)^2}$
$=\sqrt{a^2+2b^2+4b+20}$
$=\sqrt{a^2+2(b+1)^2+18}$
따라서 두 점 A, B 사이의 거리는 $a=0,\ b=-1$일 때 최솟값 $\sqrt{18}=3\sqrt{2}$를 갖는다.

6 y축 위의 점 P의 좌표를 $(0,\ b,\ 0)$이라 하면
$\overline{AP}=\overline{BP}$에서 $\overline{AP}^2=\overline{BP}^2$이므로
$(-4)^2+(b-2)^2+1^2=4^2+b^2+1^2$
$-4b=-4 \qquad \therefore b=1$
$\therefore P(0,\ 1,\ 0)$

7 점 P가 xy평면 위에 있으므로 $c=0$
$\overline{AP}=\overline{BP}$에서 $\overline{AP}^2=\overline{BP}^2$이므로
$(a-1)^2+(b+1)^2+(-1)^2=(a-2)^2+(b-1)^2+4^2$
$2a+4b=18 \qquad \therefore a+2b=9 \qquad \cdots\cdots$ ㉠
$\overline{BP}=\overline{CP}$에서 $\overline{BP}^2=\overline{CP}^2$이므로
$(a-2)^2+(b-1)^2+4^2=a^2+(b+1)^2+(-6)^2$
$-4a-4b=16 \qquad \therefore a+b=-4 \qquad \cdots\cdots$ ㉡
㉠, ㉡을 연립하여 풀면
$a=-17,\ b=13$
$\therefore a-b+c=-30$

8 두 점 A, B의 x좌표의 부호가 같으므로 두 점 A, B는 yz평면을 기준으로 같은 쪽에 있다.

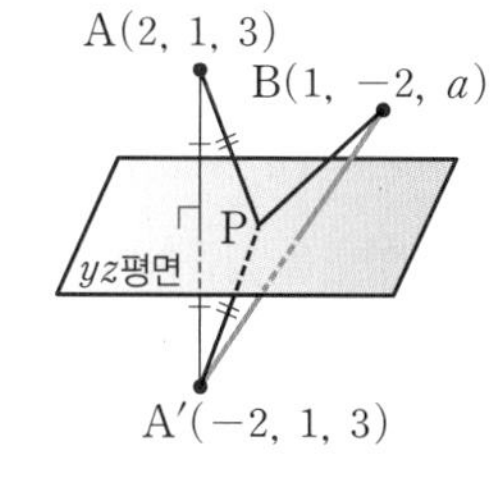

점 A와 yz평면에 대하여 대칭인 점을 A′이라 하면
$A'(-2,\ 1,\ 3)$
이때 $\overline{AP}=\overline{A'P}$이므로
$\overline{AP}+\overline{BP}=\overline{A'P}+\overline{BP}$
$\geq \overline{A'B}$
$=\sqrt{(1+2)^2+(-2-1)^2+(a-3)^2}$
$=\sqrt{a^2-6a+27}$
따라서 $\sqrt{a^2-6a+27}=3\sqrt{3}$이므로 양변을 제곱하여 정리하면
$a^2-6a=0,\ a(a-6)=0 \qquad \therefore a=6\ (\because a>0)$

9 두 점 A, B의 x좌표가 0이고 y좌표의 부호가 같으므로 두 점 A, B는 yz평면 위에 있고 z축을 기준으로 같은 쪽에 있다.
점 A와 z축에 대하여 대칭인 점을 A′이라 하면 $A'(0,\ 1,\ 2)$
이때 $\overline{AP}=\overline{A'P}$이므로
$\overline{AP}+\overline{BP}=\overline{A'P}+\overline{BP}$
$\geq \overline{A'B}$
$=\sqrt{(-4-1)^2+(-3-2)^2}=5\sqrt{2}$
따라서 구하는 최솟값은 $5\sqrt{2}$이다.

10 $\overline{AB}=\sqrt{(5-2)^2+(-1-3)^2+(2\sqrt{3}-7\sqrt{3})^2}=10$

두 점 A, B의 xy평면 위로의 정사영을 각각 A′, B′이라 하면

$A'(2, 3, 0)$, $B'(5, -1, 0)$

$\therefore \overline{A'B'}=\sqrt{(5-2)^2+(-1-3)^2}=5$

직선 AB와 xy평면이 이루는 예각의 크기를 θ라 하면

$\overline{A'B'}=\overline{AB}\cos\theta$이므로

$5=10\cos\theta$, $\cos\theta=\frac{1}{2}$

$\therefore \theta=60°$

11 $\overline{AB}=\sqrt{(-\sqrt{2})^2+(a-1)^2+(2-3)^2}$

$=\sqrt{a^2-2a+4}$

두 점 A, B의 zx평면 위로의 정사영을 각각 A′, B′이라 하면

$A'(\sqrt{2}, 0, 3)$, $B'(0, 0, 2)$

$\therefore \overline{A'B'}=\sqrt{(-\sqrt{2})^2+(2-3)^2}=\sqrt{3}$

이때 $\overline{A'B'}=\overline{AB}\cos 30°$이므로

$\sqrt{3}=\sqrt{a^2-2a+4}\times\frac{\sqrt{3}}{2}$

양변을 제곱하여 정리하면

$a^2-2a=0$, $a(a-2)=0$

$\therefore a=2$ ($\because a>0$)

12 선분 AB를 3 : 2로 내분하는 점 P의 좌표는

$\left(\frac{3\times3+2\times(-2)}{3+2}, \frac{3\times0+2\times5}{3+2}, \frac{3\times2+2\times7}{3+2}\right)$

$\therefore (1, 2, 4)$

선분 AB를 3 : 2로 외분하는 점 Q의 좌표는

$\left(\frac{3\times3-2\times(-2)}{3-2}, \frac{3\times0-2\times5}{3-2}, \frac{3\times2-2\times7}{3-2}\right)$

$\therefore (13, -10, -8)$

따라서 선분 PQ의 중점의 좌표는

$\left(\frac{1+13}{2}, \frac{2-10}{2}, \frac{4-8}{2}\right)$

$\therefore (7, -4, -2)$

13 점 A는 선분 PP′의 중점이므로

$A\left(\frac{4-6}{2}, \frac{0+1}{2}, \frac{6-3}{2}\right)$

$\therefore A\left(-1, \frac{1}{2}, \frac{3}{2}\right)$

따라서 $a=-1$, $b=\frac{1}{2}$, $c=\frac{3}{2}$이므로

$a+b+c=1$

14 선분 AB를 2 : 1로 내분하는 점이 x축 위에 있으므로 내분점의 y좌표는 0이다.

즉, $\frac{2\times(-2)+1\times a}{2+1}=0$이므로

$a-4=0 \qquad \therefore a=4$

15 선분 AB를 m : 3으로 내분하는 점이 xy평면 위에 있으므로 내분점의 z좌표는 0이다.

즉, $\frac{m\times6+3\times(-4)}{m+3}=0$이므로

$6m-12=0 \qquad \therefore m=2$

또 선분 AB를 3 : n으로 외분하는 점이 zx평면 위에 있으므로 외분점의 y좌표는 0이다.

즉, $\frac{3\times5-n\times3}{3-n}=0$이므로

$15-3n=0 \qquad \therefore n=5$

$\therefore mn=10$

16 $\overline{AP}:\overline{BP}=m:n$이라 하면 점 P는 선분 AB를 $m:n$으로 내분하는 점이고, xy평면 위에 있으므로 점 P의 z좌표는 0이다.

즉, $\frac{m\times4+n\times(-1)}{m+n}=0$이므로

$4m-n=0 \qquad \therefore 4m=n$

$\therefore \overline{AP}:\overline{BP}=1:4$

따라서 점 P는 선분 AB를 1 : 4로 내분하는 점이므로 점 P의 좌표는

$\left(\frac{1\times(-2)+4\times3}{1+4}, \frac{1\times2+4\times2}{1+4}, \frac{1\times4+4\times(-1)}{1+4}\right)$

$\therefore (2, 2, 0)$

17 점 B의 좌표를 (a, b, c)라 하면 평행사변형 ABCD의 대각선 BD의 중점의 좌표는

$\left(\frac{a+3}{2}, \frac{b+2}{2}, \frac{c+8}{2}\right)$

이때 대각선 BD의 중점은 두 대각선의 교점 $(2, 0, 4)$와 일치하므로

$\frac{a+3}{2}=2$, $\frac{b+2}{2}=0$, $\frac{c+8}{2}=4$

$\therefore a=1, b=-2, c=0$

따라서 $B(1, -2, 0)$이므로

$\overline{AB}=\sqrt{(1+3)^2+(-2-1)^2+(-5)^2}$

$=5\sqrt{2}$

18 삼각형 ABC의 무게중심의 좌표는

$\left(\frac{a+1+1}{3}, \frac{0+b+1}{3}, \frac{5-3+1}{3}\right)$

$\therefore \left(\frac{a+2}{3}, \frac{b+1}{3}, 1\right)$

이 점이 점 (2, 2, 1)과 일치하므로

$\frac{a+2}{3}=2, \frac{b+1}{3}=2$

$\therefore a=4, b=5 \qquad \therefore a+b=9$

19 점 C의 좌표를 (a, b, c)라 하면 선분 CM을 2 : 1로 내분하는 점의 좌표는

$\left(\frac{2\times8+1\times a}{2+1}, \frac{2\times4+1\times b}{2+1}, \frac{2\times2+1\times c}{2+1}\right)$

$\therefore \left(\frac{a+16}{3}, \frac{b+8}{3}, \frac{c+4}{3}\right)$

이 점이 점 G(−1, 1, 6)과 일치하므로

$\frac{a+16}{3}=-1, \frac{b+8}{3}=1, \frac{c+4}{3}=6$

$\therefore a=-19, b=-5, c=14$

$\therefore$ C(−19, −5, 14)

다른 풀이

$A(x_1, y_1, z_1)$, $B(x_2, y_2, z_2)$, $C(x, y, z)$라 하면 선분 AB의 중점이 M이므로

$M\left(\frac{x_1+x_2}{2}, \frac{y_1+y_2}{2}, \frac{z_1+z_2}{2}\right)$

즉, $\frac{x_1+x_2}{2}=8, \frac{y_1+y_2}{2}=4, \frac{z_1+z_2}{2}=2$이므로

$x_1+x_2=16, y_1+y_2=8, z_1+z_2=4$

삼각형 ABC의 무게중심이 G이므로

$G\left(\frac{x_1+x_2+x}{3}, \frac{y_1+y_2+y}{3}, \frac{z_1+z_2+z}{3}\right)$

즉, $\frac{16+x}{3}=-1, \frac{8+y}{3}=1, \frac{4+z}{3}=6$이므로

$x=-19, y=-5, z=14$

$\therefore$ C(−19, −5, 14)

20 점 $P(a, 2a, a+1)$과 xy평면에 대하여 대칭인 점 Q의 좌표는

$(a, 2a, -a-1)$

점 $P(a, 2a, a+1)$과 y축에 대하여 대칭인 점 R의 좌표는

$(-a, 2a, -a-1)$

삼각형 PQR에서

$\overline{PQ}=|-a-1-(a+1)|=|-2a-2|=2a+2$

$\overline{QR}=|-a-a|=|-2a|=2a$

$\overline{RP}=\sqrt{(a+a)^2+(2a-2a)^2+(a+1+a+1)^2}$

$=\sqrt{8a^2+8a+4}$

이때 $\overline{RP}^2=\overline{PQ}^2+\overline{QR}^2$이므로 삼각형 PQR는 $\angle Q=90°$인 직각삼각형이다.

$\therefore \triangle ABC=\frac{1}{2}\times\overline{PQ}\times\overline{QR}=\frac{1}{2}\times(2a+2)\times2a$

$=2a^2+2a$

따라서 $2a^2+2a=40$이므로

$a^2+a-20=0, (a+5)(a-4)=0$

$\therefore a=4$ ($\because a>0$)

21 $\overline{AB}=|4-1|=3$

$\overline{BC}=\sqrt{(4-2)^2+(4-4)^2+(1-3)^2}=2\sqrt{2}$

$\overline{CA}=\sqrt{(2-4)^2+(1-4)^2+(3-1)^2}=\sqrt{17}$

이때 $\overline{CA}^2=\overline{AB}^2+\overline{BC}^2$이므로 삼각형 ABC는 $\angle B=90°$인 직각삼각형이다.

$\therefore \triangle ABC=\frac{1}{2}\times\overline{AB}\times\overline{BC}$

$=\frac{1}{2}\times3\times2\sqrt{2}=3\sqrt{2}$

세 점 A, B, C의 xy평면 위로의 정사영을 각각 A′, B′, C′이라 하면

A′(2, 1, 0), B′(2, 4, 0), C′(4, 4, 0)

$\therefore \overline{A'B'}=|4-1|=3, \overline{B'C'}=|4-2|=2,$

$\overline{C'A'}=\sqrt{(2-4)^2+(1-4)^2}=\sqrt{13}$

이때 $\overline{C'A'}^2=\overline{A'B'}^2+\overline{B'C'}^2$이므로 삼각형 A′B′C′은 $\angle B'=90°$인 직각삼각형이다.

$\therefore \triangle A'B'C'=\frac{1}{2}\times\overline{A'B'}\times\overline{B'C'}$

$=\frac{1}{2}\times3\times2=3$

따라서 삼각형 ABC와 xy평면이 이루는 예각의 크기를 θ라 하면 $\triangle A'B'C'=\triangle ABC\cos\theta$이므로

$3=3\sqrt{2}\cos\theta, \cos\theta=\frac{\sqrt{2}}{2}$

$\therefore \theta=45°$

22 오른쪽 그림과 같이 점 H를 원점으로 하고 세 직선 EH, GH, DH를 각각 x축, y축, z축으로 하는 좌표공간을 나타내면

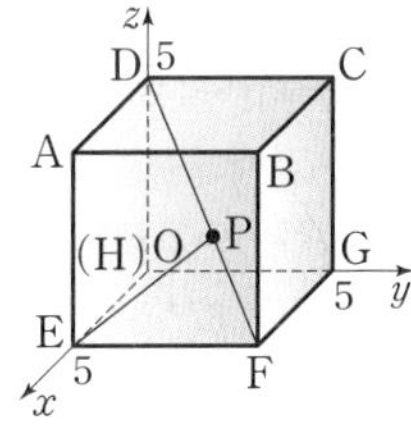

D(0, 0, 5), E(5, 0, 0), F(5, 5, 0)

선분 DF를 3 : 2로 내분하는 점 P의 좌표는

$\left(\frac{3\times5+2\times0}{3+2}, \frac{3\times5+2\times0}{3+2}, \frac{3\times0+2\times5}{3+2}\right)$

$\therefore$ (3, 3, 2)

$\therefore \overline{EP}=\sqrt{(3-5)^2+3^2+2^2}=\sqrt{17}$

Ⅲ-2 02 구의 방정식

1 구의 방정식 (1)

개념 CHECK 171쪽

1 답 (1) **중심의 좌표: $(0, -1, 2)$, 반지름의 길이: 1**
(2) **중심의 좌표: $(-2, -4, 3)$, 반지름의 길이: 4**

2 답 (1) $\boldsymbol{(x-2)^2+(y-1)^2+(z+2)^2=4}$
(2) $\boldsymbol{x^2+y^2+z^2=9}$

3 답 (1) **중심의 좌표: $(0, 1, -1)$, 반지름의 길이: 1**
(2) **중심의 좌표: $(-1, 3, -2)$, 반지름의 길이: $\sqrt{17}$**

(1) $x^2+y^2+z^2-2y+2z+1=0$을 변형하면
$x^2+(y-1)^2+(z+1)^2=1$
따라서 중심의 좌표는 $(0, 1, -1)$, 반지름의 길이는 1이다.

(2) $x^2+y^2+z^2+2x-6y+4z-3=0$을 변형하면
$(x+1)^2+(y-3)^2+(z+2)^2=17$
따라서 중심의 좌표는 $(-1, 3, -2)$, 반지름의 길이는 $\sqrt{17}$이다.

문제 172~174쪽

01-1 답 (1) $\boldsymbol{(x-3)^2+(y+2)^2+(z-1)^2=22}$
(2) $\boldsymbol{(x-1)^2+(y-2)^2+(z-1)^2=29}$

(1) 구의 반지름의 길이는 두 점 $(3, -2, 1)$, $(0, 1, 3)$ 사이의 거리와 같으므로
$\sqrt{(-3)^2+(1+2)^2+(3-1)^2}=\sqrt{22}$
따라서 구하는 구의 방정식은
$(x-3)^2+(y+2)^2+(z-1)^2=22$

(2) 구의 중심은 선분 AB의 중점과 같으므로 구의 중심의 좌표는
$\left(\frac{-2+4}{2}, \frac{0+4}{2}, \frac{5-3}{2}\right)$
$\therefore (1, 2, 1)$
구의 반지름의 길이는 $\frac{1}{2}\overline{AB}$와 같으므로
$\frac{1}{2}\overline{AB}=\frac{1}{2}\sqrt{(4+2)^2+4^2+(-3-5)^2}=\sqrt{29}$
따라서 구하는 구의 방정식은
$(x-1)^2+(y-2)^2+(z-1)^2=29$

01-2 답 $\boldsymbol{(x-1)^2+(y+2)^2+(z-3)^2=51}$

구 $(x-1)^2+(y+2)^2+(z-3)^2=10$의 중심의 좌표는 $(1, -2, 3)$
구의 반지름의 길이는 두 점 $(1, -2, 3)$, $(2, 5, 2)$ 사이의 거리와 같으므로
$\sqrt{(2-1)^2+(5+2)^2+(2-3)^2}=\sqrt{51}$
따라서 구하는 구의 방정식은
$(x-1)^2+(y+2)^2+(z-3)^2=51$

01-3 답 $\boldsymbol{(x-3)^2+(y-6)^2+(z+5)^2=12}$

선분 AB를 $2:1$로 내분하는 점 P의 좌표는
$\left(\frac{2\times2+1\times(-1)}{2+1}, \frac{2\times5+1\times2}{2+1}, \frac{2\times(-4)+1\times(-1)}{2+1}\right)$
$\therefore (1, 4, -3)$
선분 AB를 $2:1$로 외분하는 점 Q의 좌표는
$\left(\frac{2\times2-1\times(-1)}{2-1}, \frac{2\times5-1\times2}{2-1}, \frac{2\times(-4)-1\times(-1)}{2-1}\right)$
$\therefore (5, 8, -7)$
구의 중심은 선분 PQ의 중점과 같으므로 구의 중심의 좌표는
$\left(\frac{1+5}{2}, \frac{4+8}{2}, \frac{-3-7}{2}\right) \qquad \therefore (3, 6, -5)$
구의 반지름의 길이는
$\frac{1}{2}\overline{PQ}=\frac{1}{2}\sqrt{(5-1)^2+(8-4)^2+(-7+3)^2}=2\sqrt{3}$
따라서 구하는 구의 방정식은
$(x-3)^2+(y-6)^2+(z+5)^2=12$

02-1 답 (1) $\boldsymbol{a=21, b=-3, c=6}$
(2) $\boldsymbol{x^2+y^2+z^2+4x-y-3z=0}$

(1) $x^2+y^2+z^2+2x+6y-12z+a=0$을 변형하면
$(x+1)^2+(y+3)^2+(z-6)^2=46-a$
이 구의 중심의 좌표는 $(-1, -3, 6)$이므로
$b=-3, c=6$
구의 반지름의 길이는 $\sqrt{46-a}$이므로
$\sqrt{46-a}=5, 46-a=25 \qquad \therefore a=21$

(2) 구하는 구의 방정식을
$x^2+y^2+z^2+Ax+By+Cz+D=0$
이라 하자.
점 $(0, 0, 0)$을 지나므로 $D=0$
점 $(0, 1, 0)$을 지나므로
$1+B=0 \qquad \therefore B=-1$
점 $(0, 2, 2)$를 지나므로
$6+2C=0 \qquad \therefore C=-3$

점 $(-4, 0, 3)$을 지나므로

$16-4A=0 \quad \therefore A=4$

따라서 구하는 구의 방정식은

$x^2+y^2+z^2+4x-y-3z=0$

02-2 답 $k>-21$

$x^2+y^2+z^2+8x-2y+4z-k=0$을 변형하면

$(x+4)^2+(y-1)^2+(z+2)^2=k+21$

주어진 방정식이 구를 나타내려면 $k+21>0$이어야 하므로 $k>-21$

03-1 답 $x^2+y^2+z^2+10x+16=0$

$\overline{AP}:\overline{BP}=3:1$이므로 $3\overline{BP}=\overline{AP}$

$\therefore 9\overline{BP}^2=\overline{AP}^2$

점 P의 좌표를 (x, y, z)라 하면

$9\{(x+4)^2+y^2+z^2\}=(x-4)^2+y^2+z^2$

$\therefore x^2+y^2+z^2+10x+16=0$

03-2 답 $72\sqrt{2}\pi$

$\dfrac{\overline{AP}}{\overline{BP}}=\sqrt{3}$이므로 $\sqrt{3}\,\overline{BP}=\overline{AP}$

$\therefore 3\overline{BP}^2=\overline{AP}^2$

점 P의 좌표를 (x, y, z)라 하면

$3\{(x-2)^2+y^2+z^2\}=x^2+(y-4)^2+(z-2)^2$

$\therefore (x-3)^2+(y+2)^2+(z+1)^2=18$

따라서 점 P가 나타내는 도형은 중심이 점 $(3, -2, -1)$이고 반지름의 길이가 $3\sqrt{2}$인 구이므로 구하는 도형의 부피는

$\dfrac{4}{3}\pi\times(3\sqrt{2})^3=72\sqrt{2}\pi$

03-3 답 4π

점 A의 좌표를 (a, b, c)라 하면 점 A는 구 $(x-2)^2+(y-1)^2+z^2=4$ 위의 점이므로

$(a-2)^2+(b-1)^2+c^2=4 \quad \cdots\cdots ㉠$

선분 AB의 중점의 좌표를 (x, y, z)라 하면

$x=\dfrac{a+0}{2},\ y=\dfrac{b+5}{2},\ z=\dfrac{c-2}{2}$

$\therefore a=2x,\ b=2y-5,\ c=2z+2$

이를 ㉠에 대입하면

$(2x-2)^2+(2y-6)^2+(2z+2)^2=4$

$\therefore (x-1)^2+(y-3)^2+(z+1)^2=1$

따라서 선분 AB의 중점이 나타내는 도형은 중심이 점 $(1, 3, -1)$이고 반지름의 길이가 1인 구이므로 구하는 도형의 겉넓이는

$4\pi\times1^2=4\pi$

2 구의 방정식 (2)

개념 CHECK

176쪽

1 답 (1) $(x-3)^2+(y-1)^2+(z+2)^2=4$
(2) $(x-3)^2+(y-1)^2+(z+2)^2=9$
(3) $(x-3)^2+(y-1)^2+(z+2)^2=1$

(1) 주어진 구가 xy평면에 접하므로 반지름의 길이는

$|-2|=2$

따라서 구하는 구의 방정식은

$(x-3)^2+(y-1)^2+(z+2)^2=4$

(2) 주어진 구가 yz평면에 접하므로 반지름의 길이는

$|3|=3$

따라서 구하는 구의 방정식은

$(x-3)^2+(y-1)^2+(z+2)^2=9$

(3) 주어진 구가 zx평면에 접하므로 반지름의 길이는

$|1|=1$

따라서 구하는 구의 방정식은

$(x-3)^2+(y-1)^2+(z+2)^2=1$

2 답 (1) $(x-5)^2+(y+4)^2+(z-1)^2=17$
(2) $(x-5)^2+(y+4)^2+(z-1)^2=26$
(3) $(x-5)^2+(y+4)^2+(z-1)^2=41$

(1) 주어진 구가 x축에 접하므로 반지름의 길이는

$\sqrt{(-4)^2+1^2}=\sqrt{17}$

따라서 구하는 구의 방정식은

$(x-5)^2+(y+4)^2+(z-1)^2=17$

(2) 주어진 구가 y축에 접하므로 반지름의 길이는

$\sqrt{5^2+1^2}=\sqrt{26}$

따라서 구하는 구의 방정식은

$(x-5)^2+(y+4)^2+(z-1)^2=26$

(3) 주어진 구가 z축에 접하므로 반지름의 길이는

$\sqrt{5^2+(-4)^2}=\sqrt{41}$

따라서 구하는 구의 방정식은

$(x-5)^2+(y+4)^2+(z-1)^2=41$

3 답 (1) $(x-1)^2+(y+3)^2=12$
(2) $(y+3)^2+(z-2)^2=15$
(3) $(x-1)^2+(z-2)^2=7$

(1) 주어진 구의 방정식에 $z=0$을 대입하면

$(x-1)^2+(y+3)^2+(-2)^2=16$

$\therefore (x-1)^2+(y+3)^2=12$

(2) 주어진 구의 방정식에 $x=0$을 대입하면

$(-1)^2+(y+3)^2+(z-2)^2=16$

$\therefore (y+3)^2+(z-2)^2=15$

(3) 주어진 구의 방정식에 $y=0$을 대입하면

$(x-1)^2+3^2+(z-2)^2=16$

$\therefore (x-1)^2+(z-2)^2=7$

문제 177~180쪽

04-1 답 3

$x^2+y^2+z^2-4x+2ky+2z+10=0$을 변형하면

$(x-2)^2+(y+k)^2+(z+1)^2=k^2-5$

이 구가 yz평면에 접할 때 반지름의 길이는 중심의 x좌표의 절댓값과 같으므로

$\sqrt{k^2-5}=|2|$

양변을 제곱하여 정리하면

$k^2=9 \qquad \therefore k=3\ (\because k>0)$

04-2 답 1

구의 중심 $C(k, 2, -3)$에서 y축에 내린 수선의 발을 H라 하면

$H(0, 2, 0)$

$\therefore \overline{CH}=\sqrt{(-k)^2+3^2}=\sqrt{k^2+9}$

이때 선분 CH의 길이는 구의 반지름의 길이와 같으므로

$\sqrt{k^2+9}=\sqrt{10}$

양변을 제곱하여 정리하면

$k^2=1 \qquad \therefore k=1\ (\because k>0)$

04-3 답 6

구가 xy평면, yz평면, zx평면에 동시에 접하고 점 $(-2, 3, 1)$을 지나므로 반지름의 길이를 r라 하면 구의 중심의 좌표는 $(-r, r, r)$ ◀ $(-2, 3, 1)$ ➡ $(-r, r, r)$ ⊖ ⊕⊕ ⊖ ⊕⊕

즉, 구의 방정식은

$(x+r)^2+(y-r)^2+(z-r)^2=r^2$

이 구가 점 $(-2, 3, 1)$을 지나므로

$(-2+r)^2+(3-r)^2+(1-r)^2=r^2$

$\therefore r^2-6r+7=0$

이때 두 구의 반지름의 길이를 각각 r_1, r_2라 하면 이차방정식의 근과 계수의 관계에 의하여

$r_1+r_2=6$

05-1 답 8π

주어진 구의 방정식에 $x=0$을 대입하면

$y^2+z^2-2y-4z-3=0$

$\therefore (y-1)^2+(z-2)^2=8$

따라서 주어진 구와 yz평면이 만나서 생기는 도형은 반지름의 길이가 $2\sqrt{2}$인 원이므로 구하는 도형의 넓이는

$\pi\times(2\sqrt{2})^2=8\pi$

다른 풀이

$x^2+y^2+z^2+2x-2y-4z-3=0$을 변형하면

$(x+1)^2+(y-1)^2+(z-2)^2=9$

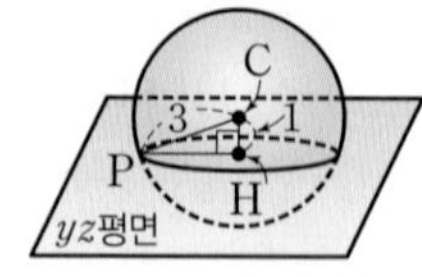

구의 중심을 C라 하고 점 C에서 yz평면에 내린 수선의 발을 H, 구와 yz평면이 만나서 생기는 원 위의 한 점을 P라 하면

$\overline{CP}=3$, $\overline{CH}=1$

이때 직각삼각형 CPH에서

$\overline{PH}=\sqrt{\overline{CP}^2-\overline{CH}^2}=\sqrt{3^2-1^2}=2\sqrt{2}$

따라서 주어진 구와 yz평면이 만나서 생기는 도형은 반지름의 길이가 $2\sqrt{2}$인 원이므로 구하는 도형의 넓이는

$\pi\times(2\sqrt{2})^2=8\pi$

05-2 답 8

구의 중심의 좌표를 (a, b, c)라 하면 구의 반지름의 길이가 5이므로 구의 방정식은

$(x-a)^2+(y-b)^2+(z-c)^2=25$

위의 방정식에 $y=0$을 대입하면

$(x-a)^2+(-b)^2+(z-c)^2=25$

$\therefore (x-a)^2+(z-c)^2=25-b^2$

이 방정식이 $(x-3)^2+(z-4)^2=9$와 일치하므로

$a=3$, $c=4$, $25-b^2=9$

$25-b^2=9$에서 $b^2=16 \qquad \therefore b=\pm4$

두 구의 중심의 좌표는

$(3, -4, 4)$, $(3, 4, 4)$

따라서 두 구의 중심 사이의 거리는

$|4-(-4)|=8$

06-1 답 $\sqrt{7}$

$x^2+y^2+z^2-2x-10y+22=0$을 변형하면

$(x-1)^2+(y-5)^2+z^2=4$

이 구의 중심을 C라 하면 $C(1, 5, 0)$이므로

$\overline{AC}=\sqrt{(1+2)^2+(5-6)^2+1^2}=\sqrt{11}$

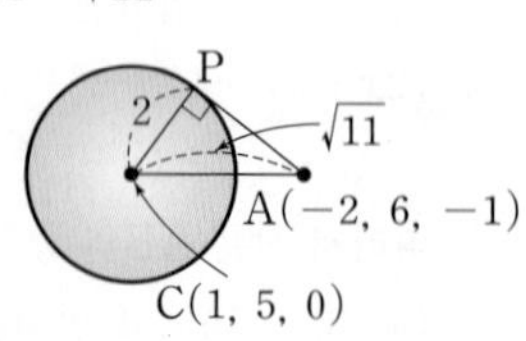

오른쪽 그림과 같이 점 A에서 구에 그은 접선의 접점을 P라 하면

$\overline{CP}=2$

따라서 직각삼각형 APC에서

$\overline{AP}=\sqrt{\overline{AC}^2-\overline{CP}^2}=\sqrt{(\sqrt{11})^2-2^2}=\sqrt{7}$

06-2 답 $\sqrt{10}$

$\overline{AC}=\sqrt{(2-5)^2+(-5-3)^2+(3-2)^2}=\sqrt{74}$

오른쪽 그림과 같이 점 A에서 구에 그은 접선의 접점을 P라 하면

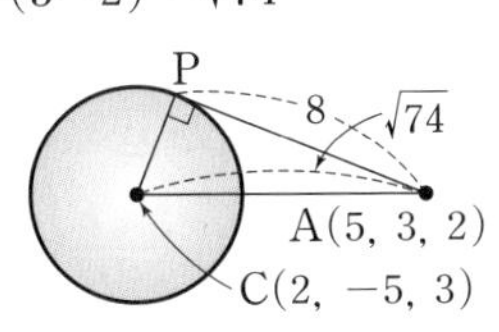

$\overline{AP}=8$

따라서 직각삼각형 APC에서

$\overline{CP}=\sqrt{\overline{AC}^2-\overline{AP}^2}=\sqrt{(\sqrt{74})^2-8^2}=\sqrt{10}$

06-3 답 29

$x^2+y^2+z^2+2x-6y-12z+k=0$을 변형하면

$(x+1)^2+(y-3)^2+(z-6)^2=46-k$

이 구의 중심을 C라 하면 C$(-1, 3, 6)$이므로

$\overline{AC}=\sqrt{(-1-3)^2+(3-2)^2+(6-1)^2}=\sqrt{42}$

오른쪽 그림과 같이 점 A에서 구에 그은 접선의 접점을 P라 하면

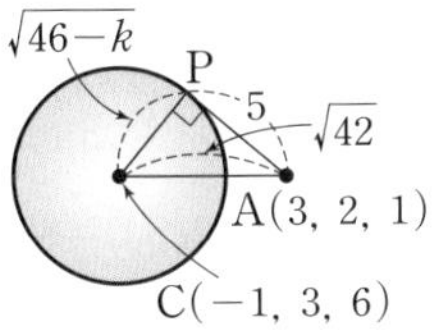

$\overline{AP}=5$, $\overline{CP}=\sqrt{46-k}$

직각삼각형 APC에서

$\overline{CP}=\sqrt{\overline{AC}^2-\overline{AP}^2}=\sqrt{(\sqrt{42})^2-5^2}=\sqrt{17}$

따라서 $\sqrt{46-k}=\sqrt{17}$이므로 양변을 제곱하면

$46-k=17 \quad \therefore k=29$

07-1 답 22

$x^2+y^2+z^2-2x-12y-4z+25=0$을 변형하면

$(x-1)^2+(y-6)^2+(z-2)^2=16$

이 구의 중심을 C라 하면 C$(1, 6, 2)$이므로

$\overline{AC}=\sqrt{(1-2)^2+(6-7)^2+(2+4)^2}=\sqrt{38}$

다음 그림과 같이 직선 AC가 구와 만나는 두 점을 각각 P, Q라 하면 두 선분 CP, CQ의 길이는 구의 반지름의 길이와 같으므로

$\overline{CP}=\overline{CQ}=4$

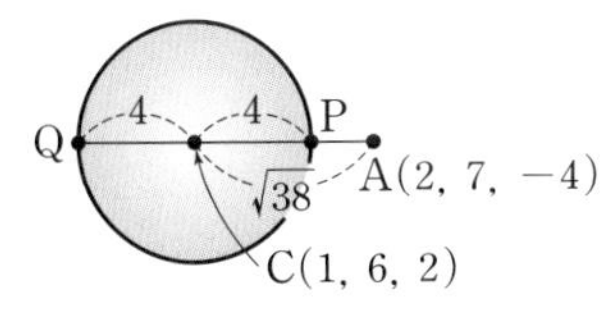

따라서 선분의 길이의 최댓값 M, 최솟값 m은

$M=\overline{AQ}=\overline{AC}+\overline{CQ}=\sqrt{38}+4$

$m=\overline{AP}=\overline{AC}-\overline{CP}=\sqrt{38}-4$

$\therefore Mm=38-16=22$

07-2 답 최댓값: 6, 최솟값: 2

$x^2+y^2+z^2-2x-6y+8z+22=0$을 변형하면

$(x-1)^2+(y-3)^2+(z+4)^2=4$

구의 중심을 C라 하고 점 C에서 xy평면에 내린 수선의 발을 H라 하면

$\overline{HC}=4$

오른쪽 그림과 같이 직선 HC가 구와 만나는 두 점을 각각 P, Q라 하면 두 선분 CP, CQ의 길이는 구의 반지름의 길이와 같으므로

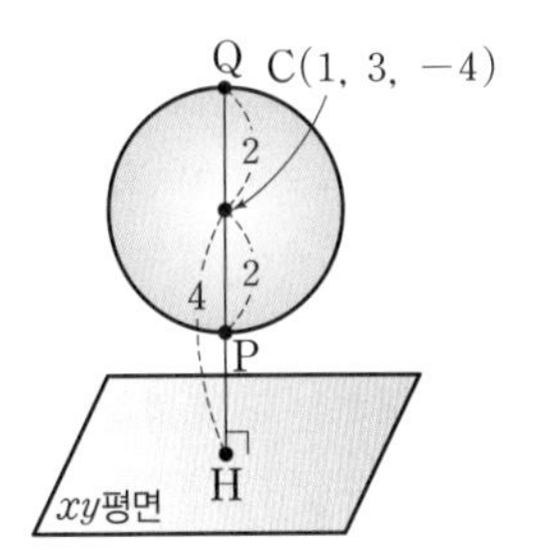

$\overline{CP}=\overline{CQ}=2$

따라서 거리의 최댓값은

$\overline{HQ}=\overline{HC}+\overline{CQ}=4+2=6$

또 거리의 최솟값은

$\overline{HP}=\overline{HC}-\overline{CP}=4-2=2$

연습문제

181~183쪽

1 $(x-3)^2+(y+1)^2+(z-2)^2=14$ **2** ④
3 ④ **4** 2 **5** 5 **6** 40 **7** 80π
8 ④ **9** ③
10 $(x-5)^2+(y-5)^2+(z-5)^2=50$ **11** ③
12 20 **13** ④ **14** 6 **15** −12 **16** 45
17 ② **18** ② **19** ② **20** 64

1 구 $(x-3)^2+(y+1)^2+(z-2)^2=9$의 중심의 좌표는

$(3, -1, 2)$

구의 반지름의 길이는 두 점 $(3, -1, 2)$, $(2, 1, -1)$ 사이의 거리와 같으므로

$\sqrt{(2-3)^2+(1+1)^2+(-1-2)^2}=\sqrt{14}$

따라서 구하는 구의 방정식은

$(x-3)^2+(y+1)^2+(z-2)^2=14$

2 선분 AB를 1 : 2로 내분하는 점 P의 좌표는

$\left(\frac{1\times1+2\times4}{1+2}, \frac{1\times(-2)+2\times1}{1+2}, \frac{1\times3+2\times(-3)}{1+2}\right)$

$\therefore (3, 0, -1)$

선분 AB를 1 : 2로 외분하는 점 Q의 좌표는

$\left(\frac{1\times1-2\times4}{1-2}, \frac{1\times(-2)-2\times1}{1-2}, \frac{1\times3-2\times(-3)}{1-2}\right)$

$\therefore (7, 4, -9)$

구의 중심은 선분 PQ의 중점과 같으므로 구의 중심의 좌표는

$\left(\frac{3+7}{2}, \frac{0+4}{2}, \frac{-1-9}{2}\right)$

$\therefore (5, 2, -5)$

구의 반지름의 길이는

$\frac{1}{2}\overline{PQ}=\frac{1}{2}\sqrt{(7-3)^2+4^2+(-9+1)^2}=2\sqrt{6}$

따라서 구하는 구의 방정식은

$(x-5)^2+(y-2)^2+(z+5)^2=24$

즉, $a=5$, $b=2$, $c=-5$, $d=24$이므로

$a+b+c+d=26$

3 구하는 구의 방정식을

$x^2+y^2+z^2+Ax+By+Cz+D=0$

이라 하자.

점 (0, 0, 0)을 지나므로 $D=0$

점 (6, 0, 0)을 지나므로

$36+6A=0 \qquad \therefore A=-6$

점 (1, 1, 0)을 지나므로

$-4+B=0 \qquad \therefore B=4$

점 (−3, 0, 3)을 지나므로

$36+3C=0 \qquad \therefore C=-12$

즉, 구의 방정식은 $x^2+y^2+z^2-6x+4y-12z=0$이므로

$(x-3)^2+(y+2)^2+(z-6)^2=49$

따라서 구의 반지름의 길이는 7이다.

4 $x^2+y^2+z^2-2x-4y+kz=k$를 변형하면

$(x-1)^2+(y-2)^2+\left(z+\frac{k}{2}\right)^2=\frac{k^2}{4}+k+5$

이때 구의 부피가 최소이려면 구의 반지름의 길이

$\sqrt{\frac{k^2}{4}+k+5}$가 최소이어야 한다.

$\frac{k^2}{4}+k+5=\frac{1}{4}(k+2)^2+4$이므로 $k=-2$일 때 반지름의 길이가 최소이고 이때의 구의 방정식은

$(x-1)^2+(y-2)^2+(z-1)^2=4$

따라서 $a=1$, $b=2$, $c=1$, $r=2$이므로

$a+b+c-r=2$

5 $x^2+y^2+z^2+6x-8y+10z=0$을 변형하면

$(x+3)^2+(y-4)^2+(z+5)^2=50$

이므로 이 구의 중심의 좌표는 (−3, 4, −5), 반지름의 길이는 $5\sqrt{2}$이다.

오른쪽 그림과 같이 구의 중심을 C라 하고 점 C에서 직선 l에 내린 수선의 발을 H라 하면

$\overline{CB}=5\sqrt{2}$, $\overline{BH}=\frac{1}{2}\overline{AB}=5$

따라서 직각삼각형 BHC에서

$\overline{CH}=\sqrt{\overline{CB}^2-\overline{BH}^2}=\sqrt{(5\sqrt{2})^2-5^2}=5$

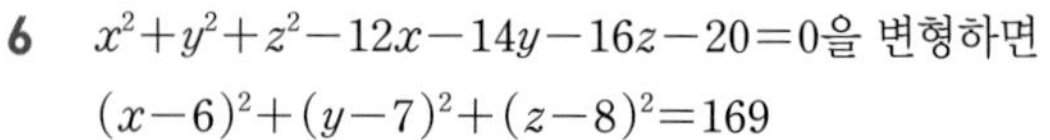

6 $x^2+y^2+z^2-12x-14y-16z-20=0$을 변형하면

$(x-6)^2+(y-7)^2+(z-8)^2=169$

이므로 이 구의 중심의 좌표는 (6, 7, 8)이다.

이때 구의 중심은 선분 AB의 중점과 같으므로

$\frac{3+a}{2}=6$, $\frac{3+b}{2}=7$, $\frac{-4+c}{2}=8$

$\therefore a=9$, $b=11$, $c=20$

$\therefore a+b+c=40$

7 $\overline{AP}:\overline{BP}=2:1$이므로 $2\overline{BP}=\overline{AP}$

$\therefore 4\overline{BP}^2=\overline{AP}^2$

점 P의 좌표를 (x, y, z)라 하면

$4\{x^2+(y-3)^2+z^2\}=(x+6)^2+y^2+z^2$

$x^2+y^2+z^2-4x-8y=0$

$\therefore (x-2)^2+(y-4)^2+z^2=20$

따라서 점 P가 나타내는 도형은 중심이 점 (2, 4, 0)이고 반지름의 길이가 $2\sqrt{5}$인 구이므로 구하는 도형의 겉넓이는

$4\pi\times(2\sqrt{5})^2=80\pi$

8 $x^2+y^2+z^2-8x+4y-2az+b=0$을 변형하면

$(x-4)^2+(y+2)^2+(z-a)^2=a^2-b+20$

이므로 이 구의 중심의 좌표는 $(4, -2, a)$, 반지름의 길이는 $\sqrt{a^2-b+20}$이다.

이 구가 xy평면에 접하므로

$\sqrt{a^2-b+20}=|a|$

양변을 제곱하면

$a^2-b+20=a^2$

$\therefore b=20$

또 이 구가 yz평면에 접하므로

$\sqrt{a^2-b+20}=|4|$

이때 $b=20$이므로 $\sqrt{a^2}=4$

그런데 $a>0$이므로

$a=4$

$\therefore b-a=16$

9 구가 xy평면에 접하므로

$r=|a|=a\ (\because a>0)$

구의 중심 $C(3, 4, a)$에서 z축에 내린 수선의 발을 H라 하면

$H(0, 0, a)$

이때 선분 CH의 길이는 구의 반지름의 길이와 같으므로

$r=\sqrt{(-3)^2+(-4)^2+(a-a)^2}=5$

$\therefore a=5$

$\therefore a+r=10$

10 구가 x축, y축, z축에 동시에 접하므로 구의 중심에서 x축, y축, z축에 이르는 거리는 모두 구의 반지름의 길이와 같다.
구의 중심을 $C(a, a, a)(a>0)$라 하고 점 C에서 x축에 내린 수선의 발을 H라 하면
$H(a, 0, 0)$
$\overline{CH}=5\sqrt{2}$이므로
$\sqrt{(a-a)^2+(-a)^2+(-a)^2}=5\sqrt{2}$
$\sqrt{2a^2}=5\sqrt{2}$, $a\sqrt{2}=5\sqrt{2}$ $\quad\therefore a=5$
따라서 구의 중심의 좌표는 $(5, 5, 5)$이고 반지름의 길이는 $5\sqrt{2}$이므로 구하는 구의 방정식은
$(x-5)^2+(y-5)^2+(z-5)^2=50$

11 주어진 구의 방정식에 $y=0$, $z=0$을 대입하면
$(x-1)^2+2^2+(-3)^2=r^2$
$\therefore x^2-2x+14-r^2=0 \quad \cdots\cdots$ ㉠
주어진 구와 x축이 만나는 두 점 사이의 거리가 6이므로 x에 대한 이차방정식 ㉠의 두 근을 α, $\alpha+6$이라 하면 이차방정식의 근과 계수의 관계에 의하여
$\alpha+(\alpha+6)=2$, $\alpha(\alpha+6)=14-r^2$
$\therefore \alpha=-2$, $r=\sqrt{22}$ ($\because r>0$)

12 주어진 구의 방정식에 $x=0$, $z=0$을 대입하면
$y^2-6y-7=0$, $(y+1)(y-7)=0$
$\therefore y=-1$ 또는 $y=7$
즉, 주어진 구와 y축의 두 교점의 좌표는 $(0, -1, 0)$, $(0, 7, 0)$이므로
$\overline{AB}=|7-(-1)|=8$
$x^2+y^2+z^2-8x-6y+4z-7=0$을 변형하면
$(x-4)^2+(y-3)^2+(z+2)^2=36$
이때 두 점 A, B는 구 위의 점이므로 두 선분 AC, BC의 길이는 구의 반지름의 길이와 같다.
$\therefore \overline{AC}=\overline{BC}=6$
따라서 삼각형 ABC의 둘레의 길이는
$\overline{AB}+\overline{BC}+\overline{AC}=8+6+6=20$

13 구의 중심은 선분 AB의 중점과 같으므로 구의 중심의 좌표는
$\left(\frac{4-8}{2}, \frac{-5-1}{2}, \frac{7+1}{2}\right)$
$\therefore (-2, -3, 4)$
구의 반지름의 길이는
$\frac{1}{2}\overline{AB}=\frac{1}{2}\sqrt{(-8-4)^2+(-1+5)^2+(1-7)^2}=7$
즉, 구의 방정식은
$(x+2)^2+(y+3)^2+(z-4)^2=49$
위의 방정식에 $z=0$을 대입하면
$(x+2)^2+(y+3)^2+(-4)^2=49$
$\therefore (x+2)^2+(y+3)^2=33$
따라서 주어진 구와 xy평면이 만나서 생기는 도형은 반지름의 길이가 $\sqrt{33}$인 원이므로 구하는 도형의 넓이는
$\pi\times(\sqrt{33})^2=33\pi$

14 주어진 구의 방정식에 $x=0$을 대입하면
$y^2+z^2+6y-2z+k=0$
$\therefore (y+3)^2+(z-1)^2=10-k$
이때 주어진 구와 yz평면이 만나서 생기는 원의 반지름의 길이가 2이므로
$\sqrt{10-k}=2$
양변을 제곱하면
$10-k=4 \quad \therefore k=6$

15 $x^2+y^2+z^2-2x+2z+k=0$을 변형하면
$(x-1)^2+y^2+(z+1)^2=2-k$
주어진 구의 중심을 C라 하면 $C(1, 0, -1)$이므로
$\overline{AC}=\sqrt{(1+2)^2+(-2)^2+(-1-3)^2}=\sqrt{29}$
오른쪽 그림과 같이 점 A에서 구에 그은 접선의 접점을 P라 하면
$\overline{AP}=\sqrt{15}$, $\overline{CP}=\sqrt{2-k}$
직각삼각형 ACP에서
$\overline{CP}=\sqrt{\overline{AC}^2-\overline{AP}^2}$
$=\sqrt{(\sqrt{29})^2-(\sqrt{15})^2}=\sqrt{14}$
따라서 $\sqrt{2-k}=\sqrt{14}$이므로
$2-k=14 \quad \therefore k=-12$

16 구의 중심을 C라 하면 $C(-2, 3, -6)$이므로
$\overline{OC}=\sqrt{(-2)^2+3^2+(-6)^2}=7$
오른쪽 그림과 같이 직선 OC가 구와 만나는 두 점을 각각 P, Q라 하면 두 선분 CP, CQ의 길이는 구의 반지름의 길이와 같으므로

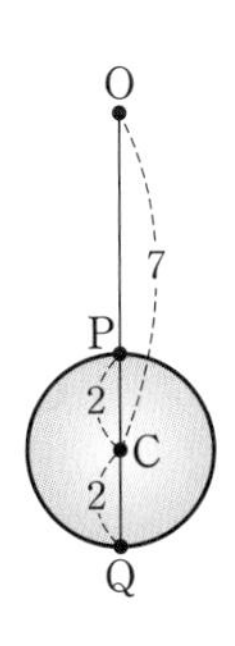

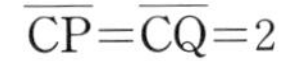
$\overline{CP}=\overline{CQ}=2$
따라서 선분의 길이의 최댓값 M, 최솟값 m은
$M=\overline{OQ}=\overline{OC}+\overline{CQ}=7+2=9$
$m=\overline{OP}=\overline{OC}-\overline{CP}=7-2=5$
$\therefore Mm=45$

17 정육면체 A에 내접하는 구의 중심의 좌표는 (3, 1, 3)
정육면체 B에 내접하는 구의 중심의 좌표는 (3, 3, 1)
정육면체 C에 내접하는 구의 중심의 좌표는 (1, 3, 1)
즉, 세 점 (3, 1, 3), (3, 3, 1), (1, 3, 1)을 연결한 삼각형의 무게중심의 좌표는
$\left(\frac{3+3+1}{3}, \frac{1+3+3}{3}, \frac{3+1+1}{3}\right)$ $\quad\therefore \left(\frac{7}{3}, \frac{7}{3}, \frac{5}{3}\right)$
따라서 $p=\frac{7}{3}$, $q=\frac{7}{3}$, $r=\frac{5}{3}$이므로 $p+q+r=\frac{19}{3}$

18 구 S의 반지름의 길이를 r, 중심을 $C(a, b, c)$라 하면 중심의 x좌표, y좌표, z좌표가 모두 양수이므로
$a>0$, $b>0$, $c>0$
구 S가 x축, y축과 접하는 점을 각각 A, B라 하면
$A(a, 0, 0)$, $B(0, b, 0)$이고 $r=\overline{AC}=\overline{BC}$이므로
$r=\sqrt{b^2+c^2}=\sqrt{a^2+c^2}$
$\therefore r^2=b^2+c^2=a^2+c^2$
$\therefore a=b\ (\because a>0, b>0)$
따라서 구 S의 방정식은
$(x-a)^2+(y-a)^2+(z-c)^2=a^2+c^2$ $\quad\cdots\cdots$ ㉠
㉠에 $z=0$을 대입하면
$(x-a)^2+(y-a)^2=a^2$
이 원의 넓이가 64π이므로
$\pi\times a^2=64\pi$ $\quad\therefore a=8\ (\because a>0)$
$a=8$을 ㉠에 대입하면
$(x-8)^2+(y-8)^2+(z-c)^2=64+c^2$ $\quad\cdots\cdots$ ㉡
㉡에 $x=0$, $y=0$을 대입하면
$64+64+(z-c)^2=64+c^2$
$(z-c)^2=c^2-64$ $\quad\therefore z=c\pm\sqrt{c^2-64}$
구 S가 z축과 만나는 두 점 사이의 거리가 8이므로
$(c+\sqrt{c^2-64})-(c-\sqrt{c^2-64})=8$
$\therefore \sqrt{c^2-64}=4$
양변을 제곱하면
$c^2-64=16$ $\quad\therefore c^2=80$
따라서 구 S의 반지름의 길이는
$\sqrt{a^2+c^2}=\sqrt{64+80}=12$

다른 풀이

오른쪽 그림과 같이 구 S의 중심을 C라 하고 점 C의 xy평면 위로의 정사영을 C′이라 하자.
이때 구 S가 x축과 y축에 각각 접하므로 xy평면에 의하여 잘린 구의 단면은 x축과 y축에 각각 접하고 점 C′을 중심으로 하는 원이다.

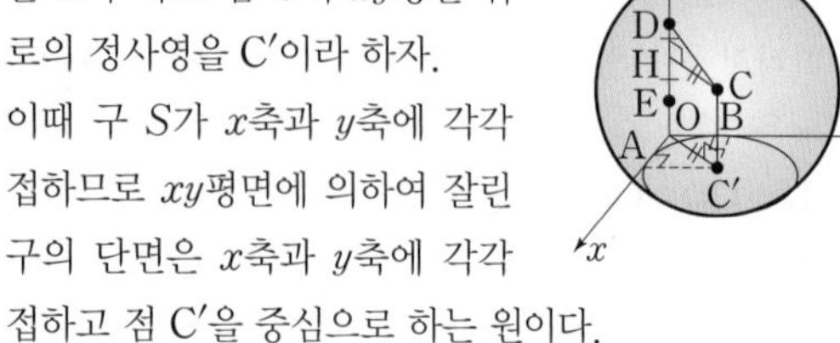

이 원의 넓이가 $64\pi=\pi\times8^2$이므로
$\overline{AC'}=\overline{BC'}=8$
또 구 S가 z축과 만나는 두 점을 D, E, 점 C에서 z축에 내린 수선의 발을 H라 하면
$\overline{DE}=8$, $\overline{CD}=\overline{CE}$, $\overline{CH}\perp\overline{DE}$
이므로
$\overline{DH}=\frac{1}{2}\overline{DE}=4$
$\overline{CH}=\overline{OC'}=\sqrt{\overline{OA}^2+\overline{AC'}^2}=\sqrt{8^2+8^2}=8\sqrt{2}$
직각삼각형 DHC에서
$\overline{DC}=\sqrt{\overline{DH}^2+\overline{CH}^2}=\sqrt{4^2+(8\sqrt{2})^2}=12$
따라서 구 S의 반지름의 길이는 12이다.

19 주어진 구의 중심을 C라 하면 $C(1, 0, -1)$이므로
$\overline{AC}=\sqrt{(1-1)^2+(-2)^2+(-1-1)^2}=2\sqrt{2}$
오른쪽 그림과 같이 점 A에서 구에 그은 접선의 접점을 P라 하면
$\overline{CP}=2$

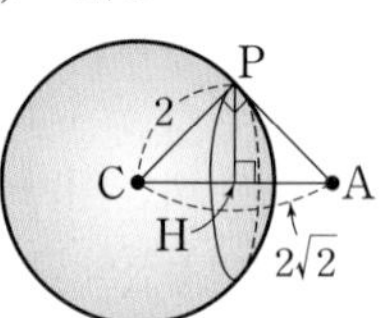

직각삼각형 APC에서
$\overline{AP}=\sqrt{\overline{AC}^2-\overline{CP}^2}=\sqrt{(2\sqrt{2})^2-2^2}=2$
직각삼각형 APC의 꼭짓점 P에서 변 AC에 내린 수선의 발을 H라 하면 삼각형 APC의 넓이에서
$\frac{1}{2}\times\overline{CP}\times\overline{AP}=\frac{1}{2}\times\overline{AC}\times\overline{PH}$
$\frac{1}{2}\times2\times2=\frac{1}{2}\times2\sqrt{2}\times\overline{PH}$
$\therefore \overline{PH}=\sqrt{2}$
따라서 접점이 나타내는 도형은 중심이 점 H이고 반지름의 길이가 $\sqrt{2}$인 원이므로 구하는 도형의 넓이는
$\pi\times(\sqrt{2})^2=2\pi$

20 $x^2+y^2+z^2+8x-8y+4z+32=0$을 변형하면
$(x+4)^2+(y-4)^2+(z+2)^2=4$
구의 중심을 C라 하면 $C(-4, 4, -2)$이고 반지름의 길이는 2이다.
원점 O에 대하여 $\overline{OP}^2=x^2+y^2+z^2$이므로 점 P가 오른쪽 그림과 같을 때 $x^2+y^2+z^2$의 값이 최대가 된다.
이때 $\overline{OC}=\sqrt{(-4)^2+4^2+(-2)^2}=6$이므로
$\overline{OP}=6+2=8$

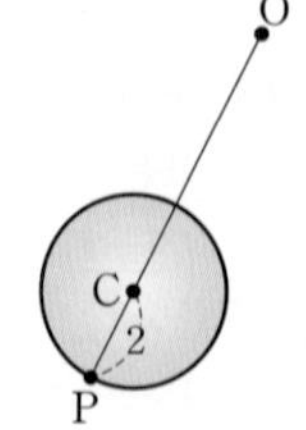

따라서 $x^2+y^2+z^2$의 최댓값은
$8^2=64$

유형편

정답과 해설

I-1 01 포물선

기초 문제 Training 4쪽

1 (1) $y^2=8x$ (2) $y^2=-20x$
(3) $x^2=2y$ (4) $x^2=-24y$

2 (1) 초점의 좌표: $\left(\frac{1}{2}, 0\right)$, 꼭짓점의 좌표: $(0, 0)$

준선의 방정식: $x=-\frac{1}{2}$

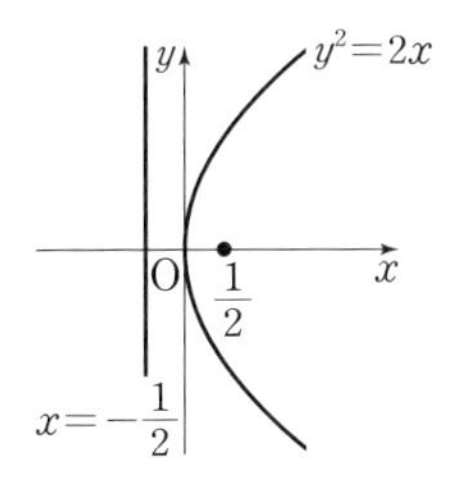

(2) 초점의 좌표: $(-4, 0)$, 꼭짓점의 좌표: $(0, 0)$
준선의 방정식: $x=4$

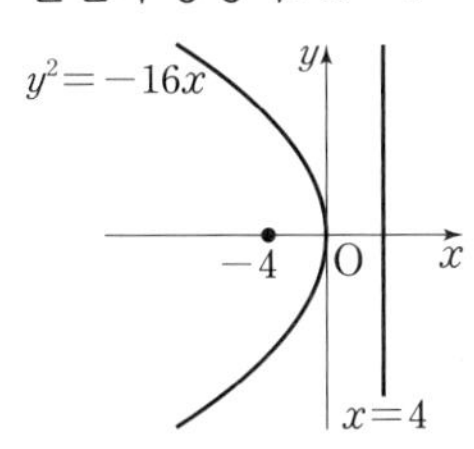

(3) 초점의 좌표: $\left(0, \frac{3}{2}\right)$, 꼭짓점의 좌표: $(0, 0)$

준선의 방정식: $y=-\frac{3}{2}$

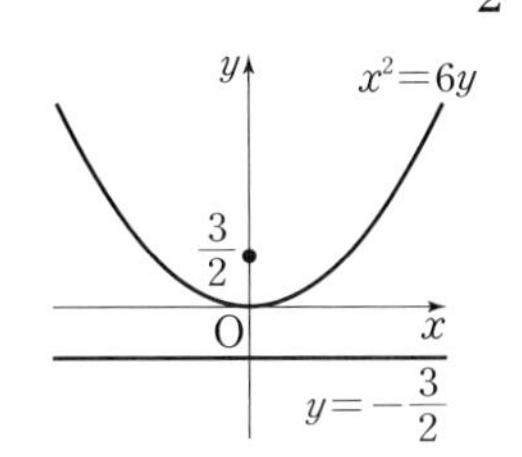

(4) 초점의 좌표: $(0, -3)$, 꼭짓점의 좌표: $(0, 0)$
준선의 방정식: $y=3$

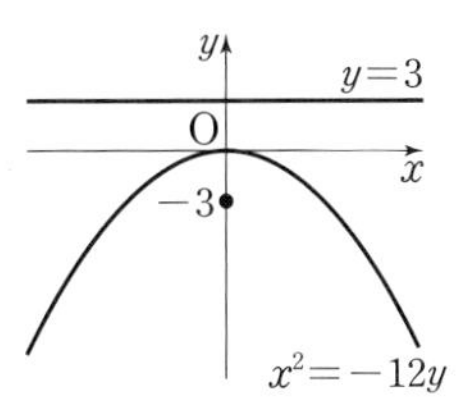

3 (1) $(y+2)^2=2(x-1)$ (2) $(x+4)^2=16(y-2)$

4 (1) 초점의 좌표: $(2, -2)$, 꼭짓점의 좌표: $(3, -2)$
준선의 방정식: $x=4$, 축의 방정식: $y=-2$
(2) 초점의 좌표: $(1, 4)$, 꼭짓점의 좌표: $(1, 2)$
준선의 방정식: $y=0$, 축의 방정식: $x=1$

5 (1) 초점의 좌표: $(-5, 1)$, 준선의 방정식: $x=3$
(2) 초점의 좌표: $(-1, 7)$, 준선의 방정식: $y=5$

핵심 유형 Training 5~8쪽

1 ③	**2** ④	**3** ②	**4** $y^2=8x$, $x^2=y$	
5 ③	**6** $2\sqrt{6}$	**7** $\frac{1}{8}$	**8** 12	**9** ②
10 $(0, -4)$		**11** ③	**12** 4	**13** ④
14 10	**15** $x^2+9y-9=0$		**16** 6	**17** 6
18 8	**19** 15	**20** 6	**21** ④	**22** 4
23 $\sqrt{17}$	**24** $\frac{1}{4}$	**25** 14	**26** ⑤	
27 $y^2=7(x+1)$		**28** $(2, -1)$		

1 $y^2=-4x$에서 $y^2=4\times(-1)\times x$이므로 $\mathrm{A}(-1, 0)$
$x^2=-12y$에서 $x^2=4\times(-3)\times y$이므로 $\mathrm{B}(0, -3)$
$\therefore \overline{\mathrm{AB}}=\sqrt{1^2+(-3)^2}=\sqrt{10}$

2 $y^2=ax$에서 $y^2=4\times\frac{a}{4}\times x$이므로 준선의 방정식은

$x=-\frac{a}{4}$
$x^2=4y$에서 $x^2=4\times1\times y$이므로 준선의 방정식은
$y=-1$
두 준선의 교점의 좌표는 $\left(-\frac{a}{4}, -1\right)$이므로

$-\frac{a}{4}=-6$, $-1=b$
$\therefore a=24$, $b=-1$
$\therefore a-b=25$

3 점 $\left(-\frac{1}{2}, 0\right)$을 초점으로 하고 준선이 $x=\frac{1}{2}$인 포물선의 방정식은

$y^2=4\times\left(-\frac{1}{2}\right)\times x \qquad \therefore y^2=-2x$

따라서 이 포물선이 지나는 점은 ② $(-2, 2)$이다.

4 꼭짓점이 원점인 포물선의 방정식은

$y^2=4px$ 또는 $x^2=4py$ (단, $p\neq0$)

이 포물선이 점 $(2, 4)$를 지나므로

(i) $y^2=4px$일 때, $16=8p \qquad \therefore p=2$

$\therefore y^2=8x$

(ii) $x^2=4py$일 때, $4=16p \qquad \therefore p=\frac{1}{4}$

$\therefore x^2=y$

(i), (ii)에 의하여 구하는 포물선의 방정식은

$y^2=8x$ 또는 $x^2=y$

5 포물선 $y^2=4px$의 초점의 좌표는 $(p, 0)$, 준선의 방정식은 $x=-p$이므로 중심의 좌표가 $(p, 0)$이고 직선 $x=-p$에 접하는 원의 반지름의 길이는 $2p$이다.

이때 원의 둘레의 길이가 36π이므로

$2\pi\times2p=36\pi \qquad \therefore p=9$

6 꼭짓점이 원점이고 y축에 대하여 대칭인 포물선의 방정식은

$x^2=4py$ (단, $p\neq0$)

이 포물선이 점 $(a, 3)\,(a>0)$을 지나므로 $p>0$

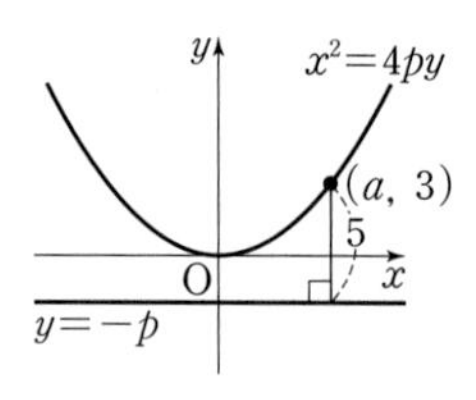

포물선의 준선의 방정식은 $y=-p$이고 점 $(a, 3)$에서 준선까지의 거리가 5이므로

$3-(-p)=5 \qquad \therefore p=2$

따라서 점 $(a, 3)$이 포물선 $x^2=8y$ 위의 점이므로

$a^2=24 \qquad \therefore a=2\sqrt{6}\ (\because a>0)$

7 초점이 $F\left(\frac{1}{4}, 0\right)$이고 준선이 $x=-\frac{1}{4}$인 포물선의 방정식은

$y^2=4\times\frac{1}{4}\times x \qquad \therefore y^2=x$

이 포물선의 꼭짓점은 $A(0, 0)$

한편 초점 F를 지나고 준선에 평행한 직선의 방정식은

$x=\frac{1}{4}$

$x=\frac{1}{4}$을 $y^2=x$에 대입하면 $y^2=\frac{1}{4} \qquad \therefore y=\pm\frac{1}{2}$

따라서 $B\left(\frac{1}{4}, \frac{1}{2}\right)$, $C\left(\frac{1}{4}, -\frac{1}{2}\right)$이라 하면 구하는 삼각형의 넓이는 $\frac{1}{2}\times1\times\frac{1}{4}=\frac{1}{8}$

8 포물선 $y^2=a(x-1)$은 포물선 $y^2=ax$를 x축의 방향으로 1만큼 평행이동한 것이므로 초점은

$F\left(\frac{a}{4}+1, 0\right)$

포물선 $x^2=2a(y+2)$는 포물선 $x^2=2ay$를 y축의 방향으로 -2만큼 평행이동한 것이므로 초점은

$F'\left(0, \frac{a}{2}-2\right)$

점 F의 x좌표와 점 F′의 y좌표가 서로 같으므로

$\frac{a}{4}+1=\frac{a}{2}-2$

$\therefore a=12$

9 준선이 y축에 평행하므로 포물선의 방정식은

$(y-n)^2=4p(x-m)$

이 포물선의 초점의 좌표는 $(p+m, n)$, 준선의 방정식은 $x=-p+m$이므로

$p+m=-2,\ n=2,\ -p+m=4$

$\therefore p=-3,\ m=1,\ n=2$

따라서 포물선의 방정식은

$(y-2)^2=-12(x-1)$

이 포물선이 점 $(a, 8)$을 지나므로

$36=-12(a-1)$

$\therefore a=-2$

10 꼭짓점의 좌표가 $(4, -2)$이고 준선이 x축인 포물선의 방정식은

$(x-4)^2=4p(y+2)$

이 포물선의 준선의 방정식은 $y=-p-2$이므로

$-p-2=0 \qquad \therefore p=-2$

즉, 포물선의 방정식은 $(x-4)^2=-8(y+2)$이므로 $x=0$을 대입하면

$16=-8(y+2) \qquad \therefore y=-4$

따라서 주어진 포물선이 y축과 만나는 점의 좌표는

$(0, -4)$

11 구하는 포물선은 점 $(3, 0)$이 초점이고 직선 $x=-5$가 준선이다.

준선이 y축에 평행하므로 포물선의 방정식은

$(y-n)^2=4p(x-m)$

이 포물선의 초점의 좌표는 $(p+m, n)$, 준선의 방정식은 $x=-p+m$이므로

$p+m=3,\ n=0,\ -p+m=-5$

$\therefore p=4,\ m=-1,\ n=0$

따라서 구하는 포물선의 방정식은

$y^2=16(x+1)$

다른 풀이

$P(x, y)$라 하면

$\sqrt{(x-3)^2+y^2}=|x-(-5)|$

양변을 제곱하면 구하는 포물선의 방정식은

$(x-3)^2+y^2=(x+5)^2 \quad \therefore y^2=16(x+1)$

12 $y^2-3x-4y+1=0$에서

$y^2-4y+4=3x+3 \quad \therefore (y-2)^2=3(x+1)$

즉, 이 포물선은 포물선 $y^2=3x$를 x축의 방향으로 -1만큼, y축의 방향으로 2만큼 평행이동한 것이므로

$a=3,\ m=-1,\ n=2 \quad \therefore a+m+n=4$

13 $y^2-4x+4y+a=0$에서

$y^2+4y+4=4x-a+4$

$\therefore (y+2)^2=4\left(x-\dfrac{a}{4}+1\right)$

이 포물선은 포물선 $y^2=4x$를 x축의 방향으로 $\dfrac{a}{4}-1$만큼, y축의 방향으로 -2만큼 평행이동한 것이므로 초점의 좌표는 $\left(1+\dfrac{a}{4}-1,\ -2\right)$, 즉 $\left(\dfrac{a}{4},\ -2\right)$이다.

점 $\left(\dfrac{a}{4},\ -2\right)$가 포물선 $y^2=x$ 위의 점이므로

$4=\dfrac{a}{4} \quad \therefore a=16$

14 포물선 $x^2-8y=0$, 즉 $x^2=8y$의 초점은 $F(0, 2)$

$x^2+4y-8=0$에서 $x^2=-4(y-2)$

즉, 이 포물선은 포물선 $x^2=-4y$를 y축의 방향으로 2만큼 평행이동한 것이므로 초점은

$F'(0, -1+2) \quad \therefore F'(0, 1)$

점 $A(a, 0)\,(a>0)$에 대하여 삼각형 AFF'의 넓이가 5이므로

$\dfrac{1}{2}\times1\times a=5 \quad \therefore a=10$

15 준선이 x축에 평행한 포물선의 방정식의 일반형은

$x^2+Ax+By+C=0$ (단, A, B, C는 상수, $B\neq0$)

이 포물선이 세 점 $(-3, 0)$, $(3, 0)$, $(0, 1)$을 지나므로

$9-3A+C=0$ …… ㉠

$9+3A+C=0$ …… ㉡

$B+C=0$ …… ㉢

㉠, ㉡을 연립하여 풀면 $A=0$, $C=-9$

$C=-9$를 ㉢에 대입하여 풀면 $B=9$

따라서 구하는 포물선의 방정식은

$x^2+9y-9=0$

16 포물선 $x^2=16y$의 준선의 방정식은 $y=-4$

포물선 위의 점 P에서 준선에 내린 수선의 발을 H, 직선 $y=-6$에 내린 수선의 발을 H′이라 하면

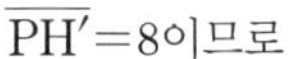

$\overline{PH'}=8$이므로

$\overline{PH}+\overline{HH'}=8$

$\overline{PH}+2=8$

$\therefore \overline{PH}=6$

따라서 포물선의 정의에 의하여 점 P에서 초점 F까지의 거리는

$\overline{PF}=\overline{PH}=6$

17 포물선 $(y-2)^2=4(x+1)$의 준선의 방정식은

$x=-1-1 \quad \therefore x=-2$

포물선 위의 점 B에서 준선에 내린 수선의 발을 H라 하면 포물선의 정의에 의하여

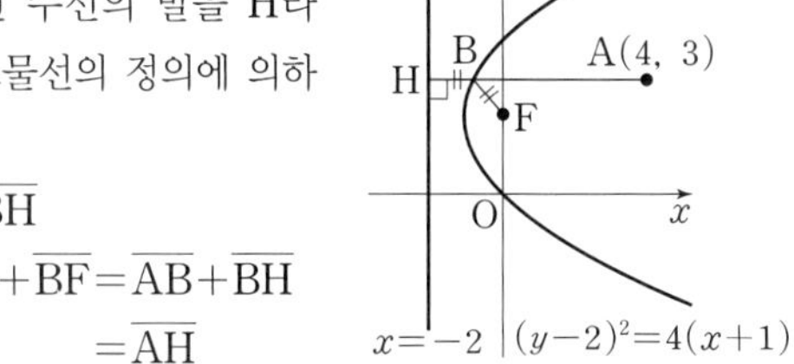

$\overline{BF}=\overline{BH}$

$\therefore \overline{AB}+\overline{BF}=\overline{AB}+\overline{BH}$

$=\overline{AH}$

$=4-(-2)$

$=6$

18 포물선 $y^2=8x$의 준선의 방정식은 $x=-2$

두 점 A, B에서 준선에 내린 수선의 발을 각각 A″, B″이라 하면 포물선의 정의에 의하여

$\overline{AF}=\overline{AA''}$

$=\overline{AA'}+1$

$\overline{BF}=\overline{BB''}$

$=\overline{BB'}+1$

이때 $\overline{AF}+\overline{BF}=\overline{AB}=10$이므로

$(\overline{AA'}+1)+(\overline{BB'}+1)=10$

$\therefore \overline{AA'}+\overline{BB'}=8$

19 포물선 $x^2=6y$의 준선의 방정식은 $y=-\dfrac{3}{2}$

두 점 A, B에서 준선에 내린 수선의 발을 각각 P′, Q′이라 하면 포물선의 정의에 의하여

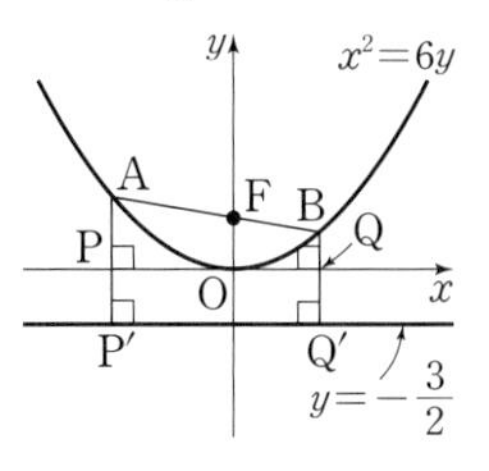

$\overline{AF}=\overline{AP'}=\overline{AP}+\dfrac{3}{2}$

$\overline{BF}=\overline{BQ'}=\overline{BQ}+\dfrac{3}{2}$

유형편

이때 $\overline{AF}+\overline{BF}=\overline{AB}=8$이므로

$\left(\overline{AP}+\frac{3}{2}\right)+\left(\overline{BQ}+\frac{3}{2}\right)=8$ $\therefore\ \overline{AP}+\overline{BQ}=5$

따라서 구하는 사각형 APQB의 넓이는

$\frac{1}{2}\times(\overline{AP}+\overline{BQ})\times\overline{PQ}=\frac{1}{2}\times5\times6=15$

20 포물선 $y^2=-4x$의 초점을 F라 하면 $F(-1,\ 0)$이고, 준선의 방정식은 $x=1$이다.

두 점 A, B의 x좌표를 각각 a, b라 하면 선분 AB의 중점의 x좌표가 -2이므로

$\frac{a+b}{2}=-2$

$\therefore\ a+b=-4$

두 점 A, B에서 준선에 내린 수선의 발을 각각 A′, B′이라 하면 포물선의 정의에 의하여

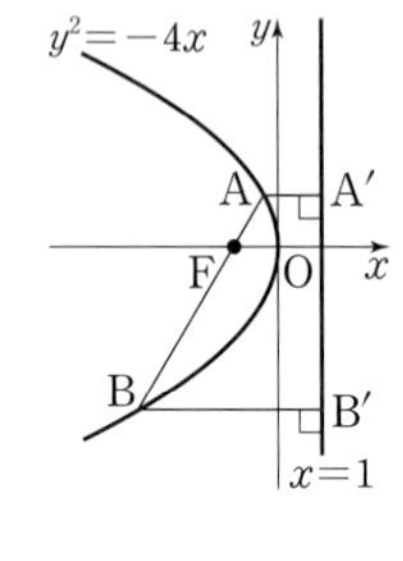

$\overline{AF}=\overline{AA'}=1-a$

$\overline{BF}=\overline{BB'}=1-b$

$\therefore\ \overline{AB}=\overline{AF}+\overline{BF}$

$=(1-a)+(1-b)$

$=2-(a+b)=6$ ($\because\ a+b=-4$)

21 포물선 $x^2=12y$의 초점은 $F(0,\ 3)$이고, 준선의 방정식은 $y=-3$이다.

세 점 A, B, C의 y좌표를 각각 y_1, y_2, y_3이라 하면 초점 F가 삼각형 ABC의 무게중심과 같으므로

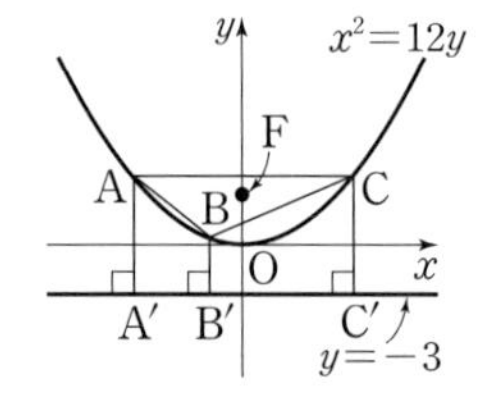

$\frac{y_1+y_2+y_3}{3}=3$

$\therefore\ y_1+y_2+y_3=9$

세 점 A, B, C에서 준선에 내린 수선의 발을 각각 A′, B′, C′이라 하면 포물선의 정의에 의하여

$\overline{AF}=\overline{AA'}=y_1+3$

$\overline{BF}=\overline{BB'}=y_2+3$

$\overline{CF}=\overline{CC'}=y_3+3$

$\therefore\ \overline{AF}+\overline{BF}+\overline{CF}$

$=(y_1+3)+(y_2+3)+(y_3+3)$

$=y_1+y_2+y_3+9=18$ ($\because\ y_1+y_2+y_3=9$)

22 포물선 $y^2=8x$의 초점은 $F(2,\ 0)$, 준선의 방정식은 $x=-2$이고, 포물선 $y^2=-4(x+3)$의 초점은 $F'(-1-3,\ 0)$, 즉 $F'(-4,\ 0)$, 준선의 방정식은 $x=1-3$, 즉 $x=-2$이다.

이때 선분 FF′의 길이는 $\overline{FF'}=|-4-2|=6$

두 포물선의 준선이 서로 같으므로 직선 $y=k$와 준선의 교점을 H라 하면 포물선의 정의에 의하여

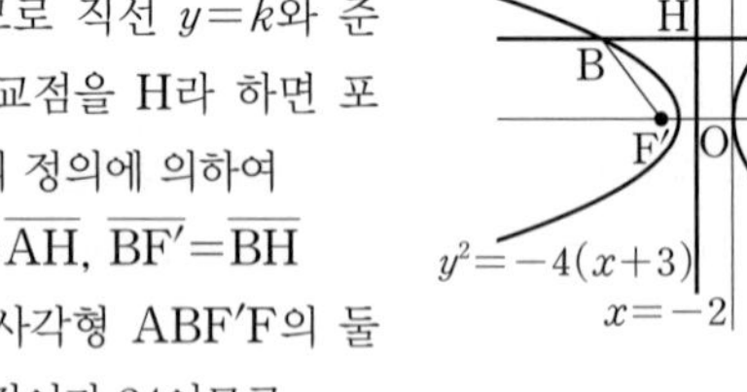

$\overline{AF}=\overline{AH}$, $\overline{BF'}=\overline{BH}$

이때 사각형 ABF′F의 둘레의 길이가 24이므로

$\overline{AB}+\overline{BF'}+\overline{F'F}+\overline{AF}=24$

$\overline{AB}+\overline{BH}+\overline{F'F}+\overline{AH}=24$

$\overline{AB}+(\overline{BH}+\overline{AH})+\overline{F'F}=24$

$2\overline{AB}+6=24$

$\therefore\ \overline{AB}=9$

두 점 A, B의 y좌표가 k이므로

$A\left(\frac{k^2}{8},\ k\right)$, $B\left(-\frac{k^2}{4}-3,\ k\right)$

$\overline{AB}=9$이므로

$\frac{k^2}{8}-\left(-\frac{k^2}{4}-3\right)=9$, $\frac{3}{8}k^2=6$

$k^2=16$

$\therefore\ k=4$ ($\because\ k>0$)

23 포물선 $y^2=8x$의 초점을 F라 하면 $F(2,\ 0)$이고, 준선의 방정식은 $x=-2$이다.

포물선의 정의에 의하여

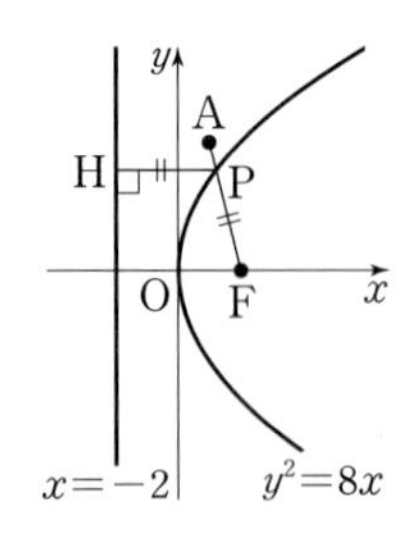

$\overline{PH}=\overline{PF}$

$\therefore\ \overline{AP}+\overline{PH}=\overline{AP}+\overline{PF}$

$\geq\overline{AF}$

$=\sqrt{(2-1)^2+(-4)^2}$

$=\sqrt{17}$

따라서 구하는 최솟값은 $\sqrt{17}$이다.

24 포물선 $x^2=4y$의 초점은 $F(0,\ 1)$이고, 준선의 방정식은 $y=-1$이다.

점 P에서 준선에 내린 수선의 발을 H라 하면 포물선의 정의에 의하여

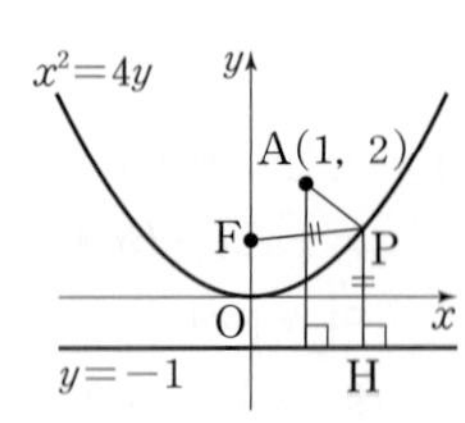

$\overline{PF}=\overline{PH}$

$\therefore\ \overline{AP}+\overline{PF}=\overline{AP}+\overline{PH}$

즉, 세 점 A, P, H가 직선 $x=1$ 위에 있을 때 $\overline{AP}+\overline{PF}$의 값이 최소이다.

이때 점 P의 x좌표가 1이므로

$P\left(1,\ \frac{1}{4}\right)$

따라서 $a=1$, $b=\frac{1}{4}$이므로 $ab=\frac{1}{4}$

25 포물선 $y^2=12x$의 초점은 F(3, 0)이고, 준선의 방정식은 $x=-3$이다.

점 P에서 준선에 내린 수선의 발을 H, 점 A에서 준선에 내린 수선의 발을 H′이라 하면 포물선의 정의에 의하여 $\overline{PF}=\overline{PH}$이므로 삼각형 APF의 둘레의 길이는

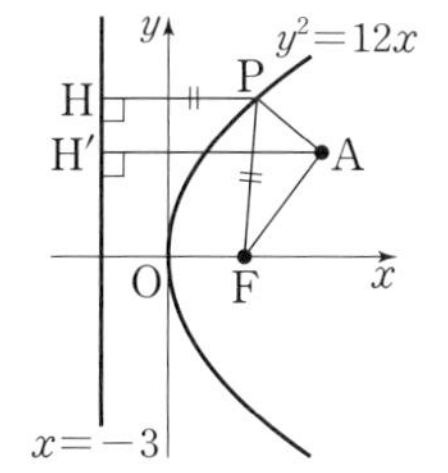

$$\overline{AP}+\overline{PF}+\overline{AF}=\overline{AP}+\overline{PH}+\overline{AF}$$
$$\geq \overline{AH'}+\overline{AF}$$
$$=|6-(-3)|+\sqrt{(6-3)^2+4^2}$$
$$=9+5=14$$

따라서 구하는 최솟값은 14이다.

26 점 C의 좌표를 (x, y)라 하면 점 C에서 점 (5, 3)까지의 거리와 직선 $x=-1$까지의 거리가 서로 같으므로

$\sqrt{(x-5)^2+(y-3)^2}=|x-(-1)|$

양변을 제곱하면 구하는 도형의 방정식은

$(x-5)^2+(y-3)^2=(x+1)^2$

$\therefore (y-3)^2=12(x-2)$

27 포물선 위의 점 P의 좌표를 (a, b)라 하면

$b^2=14a$ ⋯⋯ ㉠

선분 AP의 중점 M의 좌표를 (x, y)라 하면

$x=\dfrac{-2+a}{2}$, $y=\dfrac{b}{2}$ $\therefore a=2x+2$, $b=2y$

이를 ㉠에 대입하면 구하는 도형의 방정식은

$(2y)^2=14(2x+2)$ $\therefore y^2=7(x+1)$

28 $x^2-4x+4y+4=0$에서

$x^2-4x+4=-4y$ $\therefore (x-2)^2=-4y$

즉, 초점은 F(2, −1)

A(a, b)라 하면 $(a-2)^2=-4b$ ⋯⋯ ㉠

선분 AF를 1 : 2로 내분하는 점 P의 좌표를 (x, y)라 하면

$x=\dfrac{2+2a}{3}$, $y=\dfrac{-1+2b}{3}$

$\therefore a=\dfrac{3x-2}{2}$, $b=\dfrac{3y+1}{2}$

이를 ㉠에 대입하면

$\left(\dfrac{3x-2}{2}-2\right)^2=-4\times\dfrac{3y+1}{2}$

$\dfrac{9}{4}(x-2)^2=-2(3y+1)$

$\therefore (x-2)^2=-\dfrac{8}{3}\left(y+\dfrac{1}{3}\right)$

따라서 이 포물선의 초점의 좌표는

$\left(2, -\dfrac{2}{3}-\dfrac{1}{3}\right)$ $\therefore (2, -1)$

Ⅰ-1 02 타원

기초 문제 Training

9쪽

1 (1) $\dfrac{x^2}{25}+\dfrac{y^2}{9}=1$ (2) $\dfrac{x^2}{3}+\dfrac{y^2}{4}=1$

(3) $\dfrac{x^2}{16}+\dfrac{y^2}{7}=1$ (4) $\dfrac{x^2}{4}+\dfrac{y^2}{14}=1$

2 (1) 초점의 좌표: (2, 0), (−2, 0)

꼭짓점의 좌표: (3, 0), (−3, 0), $(0, \sqrt{5})$, $(0, -\sqrt{5})$

중심의 좌표: (0, 0)

장축의 길이: 6, 단축의 길이: $2\sqrt{5}$

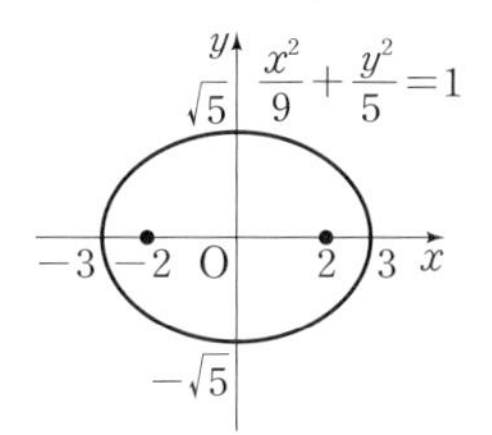

(2) 초점의 좌표: $(0, 2\sqrt{5})$, $(0, -2\sqrt{5})$

꼭짓점의 좌표: (4, 0), (−4, 0), (0, 6), (0, −6)

중심의 좌표: (0, 0)

장축의 길이: 12, 단축의 길이: 8

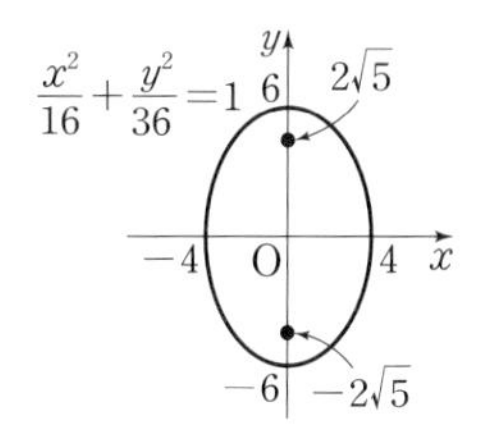

3 (1) $\dfrac{(x+2)^2}{3}+\dfrac{(y-1)^2}{2}=1$

(2) $(x-4)^2+\dfrac{(y+5)^2}{10}=1$

4 (1) 초점의 좌표: (0, 0), (−2, 0)

꼭짓점의 좌표: (1, 0), (−3, 0), $(-1, \sqrt{3})$, $(-1, -\sqrt{3})$

중심의 좌표: (−1, 0)

장축의 길이: 4, 단축의 길이: $2\sqrt{3}$

(2) 초점의 좌표: (3, 3), (3, −5)

꼭짓점의 좌표: (6, −1), (0, −1), (3, 4), (3, −6)

중심의 좌표: (3, −1)

장축의 길이: 10, 단축의 길이: 6

유형편

5 (1) **초점의 좌표: $(-3, 0)$, $(-3, -4)$**

장축의 길이: $2\sqrt{6}$, 단축의 길이: $2\sqrt{2}$

(2) **초점의 좌표: $(2, 2)$, $(0, 2)$**

장축의 길이: 4, 단축의 길이: $2\sqrt{3}$

핵심 유형 Training

10~13쪽

1 42	**2** ③	**3** ①	**4** $\frac{x^2}{36}+\frac{y^2}{61}=1$	
5 $\frac{96}{5}$	**6** ②	**7** ④	**8** 4	
9 $\frac{(x-1)^2}{9}+\frac{(y-2)^2}{25}=1$			**10** 46	**11** ④
12 ②	**13** ①	**14** ①	**15** 5	**16** ①
17 ⑤	**18** ③	**19** ①	**20** ⑤	**21** ②
22 72	**23** ④	**24** $x^2+\frac{y^2}{4}=1$		**25** ⑤
26 $\frac{(x+1)^2}{9}+\frac{y^2}{8}=1$				

1 타원 $\frac{x^2}{9}+\frac{y^2}{16}=1$의 두 초점의 좌표는

$(0, \sqrt{16-9})$, $(0, -\sqrt{16-9})$

$\therefore (0, \sqrt{7})$, $(0, -\sqrt{7})$

따라서 두 초점 사이의 거리는

$d=|\sqrt{7}-(-\sqrt{7})|=2\sqrt{7}$ $\quad \therefore d^2=28$

타원 $\frac{x^2}{9}+\frac{y^2}{16}=1$의 장축의 길이는 $a=2\times4=8$, 단축의 길이는 $b=2\times3=6$이므로

$d^2+a+b=28+8+6=42$

2 포물선 $x^2=-12y$의 초점의 좌표는 $(0, -3)$

이 초점이 타원 $\frac{x^2}{9}+\frac{y^2}{k}=1$의 한 초점과 일치하므로

$k-9=(-3)^2$ $\quad \therefore k=18$

3 두 점 A, B는 초점이므로 중심이 원점이고 두 초점이 x축 위에 있는 타원의 방정식은

$\frac{x^2}{a^2}+\frac{y^2}{b^2}=1$ (단, $a>b>0$)

두 초점으로부터 거리의 합이 6이므로

$2a=6$ $\quad \therefore a=3$

$b^2=a^2-2^2$이므로 $b^2=3^2-2^2=5$

따라서 타원 $\frac{x^2}{9}+\frac{y^2}{5}=1$이 점 $(0, p)$를 지나므로

$\frac{p^2}{5}=1$, $p^2=5$ $\quad \therefore p=\sqrt{5}$ ($\because p>0$)

4 중심이 원점이고 두 초점이 y축 위에 있으므로 타원의 방정식은

$\frac{x^2}{a^2}+\frac{y^2}{b^2}=1$ (단, $b>a>0$)

단축의 길이가 12이므로

$2a=12$ $\quad \therefore a=6$

한 초점의 좌표가 $(0, 5)$이고 $b^2=a^2+5^2$이므로

$b^2=6^2+5^2=61$

따라서 구하는 타원의 방정식은

$\frac{x^2}{36}+\frac{y^2}{61}=1$

5 타원 $\frac{x^2}{25}+\frac{y^2}{16}=1$의 두 초점 F, F′은

$F(\sqrt{25-16}, 0)$, $F'(-\sqrt{25-16}, 0)$

$\therefore F(3, 0)$, $F'(-3, 0)$

$\therefore \overline{FF'}=6$

두 점 A, B의 x좌표가 3이므로 $\frac{x^2}{25}+\frac{y^2}{16}=1$에 $x=3$을 대입하면

$\frac{9}{25}+\frac{y^2}{16}=1$, $y^2=\frac{256}{25}$ $\quad \therefore y=\pm\frac{16}{5}$

$\therefore \overline{AB}=\frac{32}{5}$

따라서 구하는 삼각형 AF′B의 넓이는

$\frac{1}{2}\times\overline{AB}\times\overline{FF'}=\frac{1}{2}\times\frac{32}{5}\times6=\frac{96}{5}$

6 중심이 원점이고 두 초점이 x축 위에 있으므로 타원의 방정식은

$\frac{x^2}{a^2}+\frac{y^2}{b^2}=1$ (단, $a>b>0$)

장축과 단축의 길이의 차가 $2\sqrt{3}$이므로

$2a-2b=2\sqrt{3}$

$\therefore a-b=\sqrt{3}$ $\quad \cdots\cdots$ ㉠

$a^2-b^2=3^2$이므로 $a^2-b^2=9$

$\therefore (a+b)(a-b)=9$

이 식에 ㉠을 대입하면

$(a+b)\times\sqrt{3}=9$

$\therefore a+b=3\sqrt{3}$ $\quad \cdots\cdots$ ㉡

㉠, ㉡을 연립하여 풀면

$a=2\sqrt{3}$, $b=\sqrt{3}$

즉, 타원의 네 꼭짓점의 좌표는

$(2\sqrt{3}, 0)$, $(-2\sqrt{3}, 0)$, $(0, \sqrt{3})$, $(0, -\sqrt{3})$

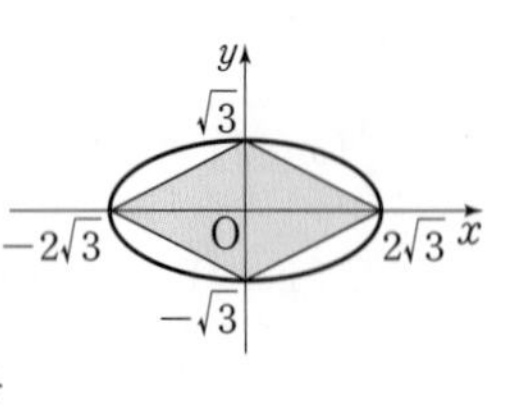

따라서 구하는 사각형의 넓이는

$\frac{1}{2}\times4\sqrt{3}\times2\sqrt{3}=12$

7 오른쪽 그림과 같이 두 꼭짓점 A, B가 x축 위에 있고 변 AB의 중점이 원점이 되도록 좌표평면 위에 삼각형 ABC를 놓자. 두 점 A, B를 초점으로 하고 점 C를 지나는 타원의 방정식은

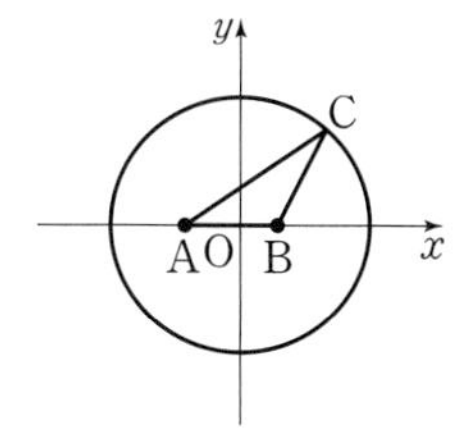

$\frac{x^2}{a^2}+\frac{y^2}{b^2}=1$ (단, $a>b>0$)

두 초점으로부터 거리의 합은 $\overline{CA}+\overline{BC}=7+5=12$이므로

$2a=12 \quad \therefore a=6$

중심에서 초점까지의 거리가 2이고 $b^2=a^2-2^2$이므로

$b^2=6^2-2^2=32$

따라서 타원 $\frac{x^2}{36}+\frac{y^2}{32}=1$의 단축의 길이는

$2\times 4\sqrt{2}=8\sqrt{2}$

8 타원 $\frac{(x-1)^2}{4}+\frac{(y+1)^2}{3}=1$은 타원 $\frac{x^2}{4}+\frac{y^2}{3}=1$을 x축의 방향으로 1만큼, y축의 방향으로 -1만큼 평행이동한 것이므로 두 초점의 좌표는

$(2, -1)$, $(0, -1)$

따라서 구하는 삼각형의 넓이는 $\frac{1}{2}\times 2\times 4=4$

9 타원의 중심은 선분 FF′의 중점이므로 중심의 좌표가 $(1, 2)$이고 두 초점이 y축에 평행한 직선 위에 있는 타원의 방정식은

$\frac{(x-1)^2}{a^2}+\frac{(y-2)^2}{b^2}=1$ (단, $b>a>0$)

두 초점으로부터 거리의 합이 10이므로

$2b=10 \quad \therefore b=5$

중심에서 초점까지의 거리가 4이고 $a^2=b^2-4^2$이므로

$a^2=5^2-4^2=9$

따라서 구하는 타원의 방정식은 $\frac{(x-1)^2}{9}+\frac{(y-2)^2}{25}=1$

10 $A(-2, 2)$, $B(3, -2)$, $C(8, 2)$라 하자.

두 점 A, C의 y좌표가 같으므로 선분 AC의 중점이 타원의 중심과 같다.

타원의 중심을 M이라 하면 $M(3, 2)$

이때 $\overline{AM}=5$, $\overline{BM}=4$이므로 장축은 선분 AC이고 x축에 평행한 직선 위에 있다.

따라서 타원의 방정식은

$\frac{(x-3)^2}{5^2}+\frac{(y-2)^2}{4^2}=1 \quad \therefore \frac{(x-3)^2}{25}+\frac{(y-2)^2}{16}=1$

따라서 $a=25$, $b=16$, $m=3$, $n=2$이므로

$a+b+m+n=46$

11 $(x-6)^2+(y-5)^2=34$에 $y=0$을 대입하면

$(x-6)^2+25=34$, $x^2-12x+27=0$

$(x-3)(x-9)=0 \quad \therefore x=3$ 또는 $x=9$

즉, 두 점 $(3, 0)$, $(9, 0)$을 초점으로 하고 점 $(6, 5)$를 지나는 타원이다.

타원의 중심은 두 초점을 이은 선분의 중점이므로 중심의 좌표가 $(6, 0)$이고 두 초점이 x축 위에 있는 타원의 방정식은

$\frac{(x-6)^2}{a^2}+\frac{y^2}{b^2}=1$ (단, $a>b>0$)

이 타원이 점 $(6, 5)$를 지나므로

$\frac{25}{b^2}=1 \quad \therefore b^2=25$

중심에서 초점까지의 거리가 3이고 $a^2=b^2+3^2$이므로

$a^2=25+3^2=34$

따라서 타원 $\frac{(x-6)^2}{34}+\frac{y^2}{25}=1$의 장축의 길이는

$2\times\sqrt{34}=2\sqrt{34}$

12 $x^2+4y^2-8x+8y+8=0$에서

$(x^2-8x+16)+4(y^2+2y+1)=12$

$\therefore \frac{(x-4)^2}{12}+\frac{(y+1)^2}{3}=1$

이 타원의 중심의 좌표는 $(4, -1)$, 장축의 길이는 $2\times 2\sqrt{3}=4\sqrt{3}$, 단축의 길이는 $2\times\sqrt{3}=2\sqrt{3}$이므로

$a=4$, $b=-1$, $c=4\sqrt{3}$, $d=2\sqrt{3}$

$\therefore ab+cd=-4+24=20$

13 $3x^2+2y^2-6x-4y-1=0$에서

$3(x^2-2x+1)+2(y^2-2y+1)=6$

$\therefore 3(x-1)^2+2(y-1)^2=6$

즉, 이 타원을 x축의 방향으로 -1만큼, y축의 방향으로 -1만큼 평행이동하면 타원 $3x^2+2y^2=6$과 겹쳐진다.

따라서 $m=-1$, $n=-1$, $k=6$이므로

$m+n+k=4$

14 $x^2+5y^2-4x-10y-1=0$에서

$(x^2-4x+4)+5(y^2-2y+1)=10$

$\therefore \frac{(x-2)^2}{10}+\frac{(y-1)^2}{2}=1$

ㄱ. 단축의 길이는 $2\times\sqrt{2}=2\sqrt{2}$

ㄴ. 평행이동하여 타원 $\frac{x^2}{10}+\frac{y^2}{2}=1$과 겹쳐지지만 타원 $\frac{x^2}{5}+y^2=1$과는 겹쳐지지 않는다.

ㄷ. 두 초점의 좌표는 $(2\sqrt{2}+2, 1)$, $(-2\sqrt{2}+2, 1)$

따라서 보기 중 옳은 것은 ㄱ이다.

15 타원 $\frac{x^2}{25}+\frac{y^2}{9}=1$의 두 초점의 좌표는 $(4,\ 0)$, $(-4,\ 0)$이므로 두 점 A, B는 타원의 초점이다.

타원의 정의에 의하여

$\overline{PA}+\overline{PB}=2\times5=10$ ...... ㉠

$\overline{PA}:\overline{PB}=3:1$에서

$\overline{PA}=3\overline{PB}$ ...... ㉡

㉠, ㉡을 연립하여 풀면

$\overline{PA}=\frac{15}{2}$, $\overline{PB}=\frac{5}{2}$

$\therefore\ \overline{PA}-\overline{PB}=5$

16 타원 $\frac{x^2}{2}+\frac{y^2}{6}=1$의 두 초점의 좌표는 $(0,\ 2)$, $(0,\ -2)$이므로 두 초점 F, F′ 사이의 거리는

$\overline{FF'}=4$

$\overline{PF}=m$, $\overline{PF'}=n$이라 하면 타원의 정의에 의하여

$m+n=2\times\sqrt{6}=2\sqrt{6}$ ...... ㉠

삼각형 PFF′이 직각삼각형이므로

$m^2+n^2=4^2$

$\therefore\ (m+n)^2-2mn=16$

이 식에 ㉠을 대입하면

$(2\sqrt{6})^2-2mn=16$, $2mn=8$

$\therefore\ mn=4$

따라서 구하는 삼각형의 넓이는

$\frac{1}{2}mn=\frac{1}{2}\times4=2$

17 타원 $\frac{x^2}{9}+\frac{y^2}{25}=1$의 두 초점의 좌표는 $(0,\ 4)$, $(0,\ -4)$이므로 두 초점 F, F′ 사이의 거리는

$\overline{FF'}=8$

$\overline{PF}=m$, $\overline{PF'}=n$이라 하면 타원의 정의에 의하여

$m+n=2\times5=10$ ...... ㉠

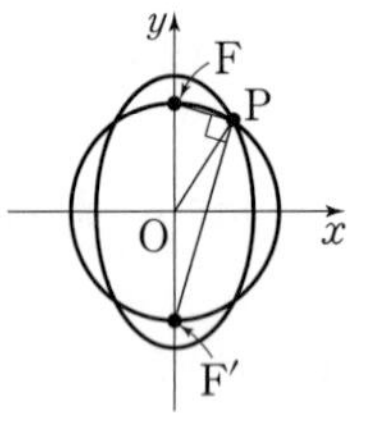

$\overline{OP}=\overline{OF}=\overline{OF'}$이므로 점 P는 선분 FF′을 지름으로 하는 원 위의 점이다.

$\therefore\ \angle FPF'=90^\circ$

삼각형 PFF′이 직각삼각형이므로

$m^2+n^2=8^2$

$\therefore\ (m+n)^2-2mn=64$

이 식에 ㉠을 대입하면

$10^2-2mn=64$, $2mn=36$

$\therefore\ mn=18$

$\therefore\ \overline{PF}\times\overline{PF'}=18$

18 타원 $\frac{(x-3)^2}{25}+\frac{(y-2)^2}{16}=1$은 타원 $\frac{x^2}{25}+\frac{y^2}{16}=1$을 x축의 방향으로 3만큼, y축의 방향으로 2만큼 평행이동한 것이므로 두 초점의 좌표는

$(6,\ 2)$, $(0,\ 2)$

즉, 두 점 A, B는 타원의 초점이므로 타원의 정의에 의하여

$\overline{CA}+\overline{CB}=2\times5=10$

$\overline{DA}+\overline{DB}=2\times5=10$

따라서 구하는 삼각형 BCD의 둘레의 길이는

$\overline{BC}+\overline{CD}+\overline{BD}=\overline{BC}+(\overline{CA}+\overline{DA})+\overline{BD}$

$=(\overline{CB}+\overline{CA})+(\overline{DA}+\overline{DB})$

$=10+10=20$

19 두 점 A, B는 타원 $\frac{x^2}{a^2}+\frac{y^2}{b^2}=1$ 위의 점이므로

타원의 정의에 의하여

$\overline{AF}+\overline{AF'}=2a$

$\overline{BF}+\overline{BF'}=2a$

삼각형 ABF′의 둘레의 길이가 $4\sqrt{6}$이므로

$\overline{AB}+\overline{BF'}+\overline{AF'}=4\sqrt{6}$

$(\overline{AF}+\overline{BF})+\overline{BF'}+\overline{AF'}=4\sqrt{6}$

$(\overline{AF}+\overline{AF'})+(\overline{BF}+\overline{BF'})=4\sqrt{6}$

$2a+2a=4\sqrt{6}$ $\quad\therefore\ a=\sqrt{6}$

$b^2=a^2-2^2$이므로 $b^2=(\sqrt{6})^2-2^2=2$

$\therefore\ b=\sqrt{2}$ ($\because\ b>0$)

$\therefore\ ab=\sqrt{6}\times\sqrt{2}=2\sqrt{3}$

20 타원 $\frac{x^2}{a^2}+\frac{y^2}{b^2}=1$의 두 초점이 x축 위에 있으므로

$F(c,\ 0)$, $F'(-c,\ 0)\ (c>0)$이라 하자.

x좌표가 양수인 꼭짓점 A의 좌표는 $(a,\ 0)$

두 삼각형 PF′F, PFA의 넓이의 비가 $2:1$이므로

$\overline{F'F}:\overline{FA}=2:1$, $\overline{F'F}=2\overline{FA}$

$2c=2(a-c)$ $\quad\therefore\ a=2c$ ...... ㉠

타원의 정의에 의하여 $\overline{PF}+\overline{PF'}=2a$이고, 삼각형 PF′F의 둘레의 길이가 12이므로

$\overline{PF'}+\overline{F'F}+\overline{PF}=12$, $(\overline{PF}+\overline{PF'})+\overline{F'F}=12$

$2a+2c=12$ $\quad\therefore\ a+c=6$ ...... ㉡

㉠, ㉡을 연립하여 풀면

$a=4$, $c=2$

$b^2=a^2-c^2$이므로 $b^2=4^2-2^2=12$

$\therefore\ a^2+b^2=16+12=28$

21 타원의 정의에 의하여

$\overline{PF}+\overline{PF'}=4$

$\overline{PF}>0$, $\overline{PF'}>0$이므로 산술평균과 기하평균의 관계에 의하여

$\overline{PF}+\overline{PF'}\ge 2\sqrt{\overline{PF}\times\overline{PF'}}$

$4\ge 2\sqrt{\overline{PF}\times\overline{PF'}}$

$\therefore \sqrt{\overline{PF}\times\overline{PF'}}\le 2$ (단, 등호는 $\overline{PF}=\overline{PF'}$일 때 성립)

양변을 제곱하면

$\overline{PF}\times\overline{PF'}\le 4$

따라서 구하는 최댓값은 4이다.

22 타원의 정의에 의하여

$\overline{PF}+\overline{PF'}=2\times 6=12$

$\therefore \overline{PF}^2+\overline{PF'}^2=(\overline{PF}+\overline{PF'})^2-2\overline{PF}\times\overline{PF'}$

$=144-2\overline{PF}\times\overline{PF'}$ ······ ㉠

$\overline{PF}>0$, $\overline{PF'}>0$이므로 산술평균과 기하평균의 관계에 의하여

$\overline{PF}+\overline{PF'}\ge 2\sqrt{\overline{PF}\times\overline{PF'}}$

$12\ge 2\sqrt{\overline{PF}\times\overline{PF'}}$

$\therefore \sqrt{\overline{PF}\times\overline{PF'}}\le 6$ (단, 등호는 $\overline{PF}=\overline{PF'}$일 때 성립)

양변을 제곱하면

$\overline{PF}\times\overline{PF'}\le 36$

이때 ㉠에 의하여

$\overline{PF}^2+\overline{PF'}^2=144-2\overline{PF}\times\overline{PF'}$

$\ge 144-2\times 36=72$

따라서 구하는 최솟값은 72이다.

23 $D(a, b)$ $(a>0, b>0)$라 하면 직사각형 ABCD의 넓이는

$2a\times 2b=4ab$

점 $D(a, b)$는 타원 $\frac{x^2}{16}+\frac{y^2}{36}=1$ 위의 점이므로

$\frac{a^2}{16}+\frac{b^2}{36}=1$

$\frac{a^2}{16}>0$, $\frac{b^2}{36}>0$이므로 산술평균과 기하평균의 관계에 의하여

$\frac{a^2}{16}+\frac{b^2}{36}\ge 2\sqrt{\frac{a^2}{16}\times\frac{b^2}{36}}$

$1\ge\frac{ab}{12}$

$\therefore ab\le 12$ $\left(\text{단, 등호는 }\frac{a^2}{16}=\frac{b^2}{36}\text{일 때 성립}\right)$

따라서 $4ab\le 48$이므로 구하는 넓이의 최댓값은 48이다.

24 $A(a, 0)$, $B(0, b)$라 하면 $\overline{AB}=3$에서

$\sqrt{(-a)^2+b^2}=3$

$\therefore a^2+b^2=9$ ······ ㉠

선분 AB를 2 : 1로 내분하는 점 P의 좌표를 (x, y)라 하면

$x=\frac{a}{3}$, $y=\frac{2b}{3}$

$\therefore a=3x$, $b=\frac{3y}{2}$

이를 ㉠에 대입하면 구하는 도형의 방정식은

$(3x)^2+\left(\frac{3y}{2}\right)^2=9$

$\therefore x^2+\frac{y^2}{4}=1$

25 타원 $\frac{x^2}{3}+\frac{y^2}{4}=1$ 위의 점 P의 좌표를 (m, n)이라 하면

$\frac{m^2}{3}+\frac{n^2}{4}=1$ ······ ㉠

$H(0, n)$이므로 선분 PH의 중점 M의 좌표를 (x, y)라 하면

$x=\frac{m}{2}$, $y=n$

$\therefore m=2x$, $n=y$

이를 ㉠에 대입하면

$\frac{(2x)^2}{3}+\frac{y^2}{4}=1$ $\therefore 16x^2+3y^2=12$

따라서 $a=16$, $b=3$이므로

$a-b=13$

26 두 원 C_1, C_2의 중심을 각각 C_1, C_2라 하고, 중심이 점 P인 원의 반지름의 길이를 r라 하자.

$\overline{C_1P}=5-r$, $\overline{C_2P}=1+r$이므로 $\overline{C_1P}+\overline{C_2P}=6$

즉, 점 P에서 두 점 C_1, C_2까지의 거리의 합이 6으로 일정하다.

따라서 점 P가 나타내는 도형은 두 점 $C_1(0, 0)$, $C_2(-2, 0)$을 초점으로 하고 장축의 길이가 6인 타원이다.

타원의 중심은 선분 C_1C_2의 중점이므로 중심의 좌표가 $(-1, 0)$이고 두 초점이 x축 위에 있는 타원의 방정식은

$\frac{(x+1)^2}{a^2}+\frac{y^2}{b^2}=1$ (단, $a>b>0$)

장축의 길이가 6이므로

$2a=6$ $\therefore a=3$

중심에서 초점까지의 거리가 1이고 $b^2=a^2-1^2$이므로

$b^2=3^2-1^2=8$

따라서 구하는 도형의 방정식은

$\frac{(x+1)^2}{9}+\frac{y^2}{8}=1$

Ⅰ-1 03 쌍곡선

기초 문제 Training

14쪽

1 (1) $x^2-\frac{y^2}{15}=1$ (2) $\frac{x^2}{9}-\frac{y^2}{9}=-1$

(3) $\frac{x^2}{49}-\frac{y^2}{51}=1$ (4) $\frac{x^2}{20}-\frac{y^2}{16}=-1$

2 (1) 초점의 좌표: $(3, 0)$, $(-3, 0)$

꼭짓점의 좌표: $(2, 0)$, $(-2, 0)$

중심의 좌표: $(0, 0)$

주축의 길이: 4

점근선의 방정식: $y=\frac{\sqrt{5}}{2}x$, $y=-\frac{\sqrt{5}}{2}x$

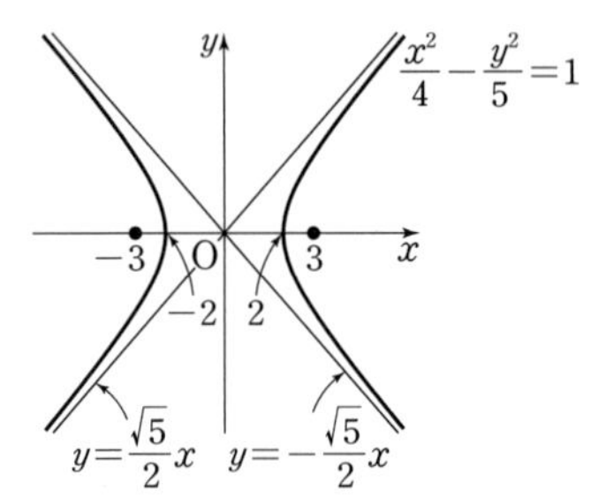

(2) 초점의 좌표: $(0, 4)$, $(0, -4)$

꼭짓점의 좌표: $(0, 2)$, $(0, -2)$

중심의 좌표: $(0, 0)$

주축의 길이: 4

점근선의 방정식: $y=\frac{\sqrt{3}}{3}x$, $y=-\frac{\sqrt{3}}{3}x$

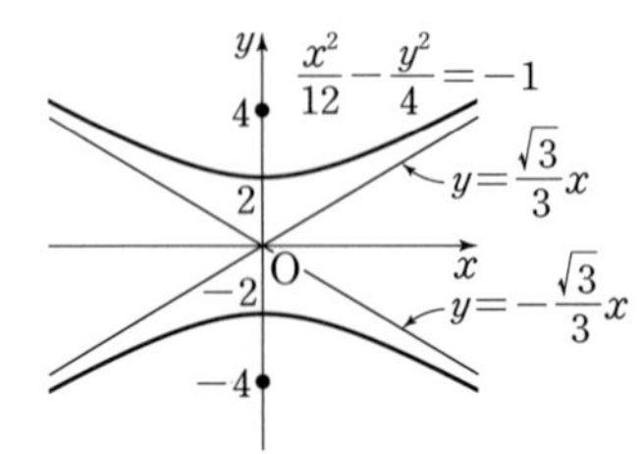

3 (1) 초점의 좌표: $(3, 3)$, $(-7, 3)$

꼭짓점의 좌표: $(1, 3)$, $(-5, 3)$

중심의 좌표: $(-2, 3)$

주축의 길이: 6

점근선의 방정식: $y=\frac{4}{3}x+\frac{17}{3}$, $y=-\frac{4}{3}x+\frac{1}{3}$

(2) 초점의 좌표: $(0, 7)$, $(0, 3)$

꼭짓점의 좌표: $(0, 6)$, $(0, 4)$

중심의 좌표: $(0, 5)$

주축의 길이: 2

점근선의 방정식: $y=\frac{\sqrt{3}}{3}x+5$, $y=-\frac{\sqrt{3}}{3}x+5$

4 (1) 초점의 좌표: $(5, -4)$, $(-1, -4)$

주축의 길이: $2\sqrt{3}$

(2) 초점의 좌표: $(-3, 2)$, $(-3, -6)$

주축의 길이: 6

5 (1) 포물선 (2) 타원 (3) 쌍곡선 (4) 원

핵심 유형 Training

15~18쪽

1 $\sqrt{10}$ **2** ⑤ **3** 10 **4** $\frac{x^2}{3}-y^2=1$

5 5 **6** $\frac{x^2}{4}-y^2=1$

7 $\frac{x^2}{6}-\frac{y^2}{6}=1$, $\frac{x^2}{6}-\frac{y^2}{6}=-1$ **8** ① **9** ③

10 1 **11** ② **12** ① **13** ㄱ, ㄷ **14** ③

15 ② **16** ⑤ **17** ③ **18** 9 **19** 3

20 ① **21** $\frac{x^2}{4}-\frac{(y-5)^2}{36}=1$ **22** ③

23 ③ **24** ④ **25** 4

1 타원 $\frac{x^2}{10}+\frac{y^2}{25}=1$의 두 초점의 좌표는

$(0, \sqrt{15})$, $(0, -\sqrt{15})$

이 두 점이 쌍곡선 $\frac{x^2}{5}-\frac{y^2}{a^2}=-1$의 두 초점이므로

$5+a^2=(\sqrt{15})^2$, $a^2=10$

$\therefore a=\sqrt{10}$ ($\because a>0$)

2 중심이 원점이고 두 초점이 x축 위에 있으므로 쌍곡선의 방정식은

$\frac{x^2}{a^2}-\frac{y^2}{b^2}=1$ (단, $a>0$, $b>0$)

주축의 길이가 2이므로

$2a=2$ $\quad\therefore a=1$

$b^2=(\sqrt{3})^2-a^2$이므로 $b^2=3-1=2$

즉, 쌍곡선의 방정식은

$x^2-\frac{y^2}{2}=1$ $\quad\therefore 2x^2-y^2=2$

따라서 $p=2$, $q=2$이므로 $p+q=4$

3 중심이 원점이고 두 초점이 y축 위에 있는 쌍곡선의 방정식은

$\frac{x^2}{a^2}-\frac{y^2}{b^2}=-1$ (단, $a>0$, $b>0$)

두 점 $(0, 3)$, $(4, 3\sqrt{2})$를 지나므로

$-\frac{9}{b^2}=-1$, $\frac{16}{a^2}-\frac{18}{b^2}=-1$

$\therefore a^2=16$, $b^2=9$

즉, 쌍곡선 $\frac{x^2}{16}-\frac{y^2}{9}=-1$의 두 초점의 좌표는

$(0, \sqrt{16+9})$, $(0, -\sqrt{16+9})$

$\therefore (0, 5)$, $(0, -5)$

따라서 두 초점 사이의 거리는 10이다.

4 쌍곡선 $\frac{x^2}{4}-\frac{y^2}{5}=1$의 두 꼭짓점의 좌표는

$(2, 0)$, $(-2, 0)$

이 두 점을 초점으로 하는 쌍곡선의 방정식은

$\frac{x^2}{a^2}-\frac{y^2}{b^2}=1$ (단, $a>0$, $b>0$) …… ㉠

$a^2+b^2=2^2$이므로 $b^2=4-a^2$ …… ㉡

쌍곡선 ㉠이 점 $(3, \sqrt{2})$를 지나므로

$\frac{9}{a^2}-\frac{2}{b^2}=1$ …… ㉢

㉡을 ㉢에 대입하면

$\frac{9}{a^2}-\frac{2}{4-a^2}=1$, $9(4-a^2)-2a^2=a^2(4-a^2)$

$(a^2-3)(a^2-12)=0$ $\therefore a^2=3$ 또는 $a^2=12$

그런데 ㉡에서 $4-a^2>0$, 즉 $a^2<4$이므로

$a^2=3$, $b^2=1$

따라서 구하는 쌍곡선의 방정식은

$\frac{x^2}{3}-y^2=1$

5 주축의 길이가 4이므로

$2a=4$ $\therefore a=2$

한 점근선의 방정식이 $y=\frac{3}{2}x$이므로

$\frac{b}{a}=\frac{3}{2}$ $\therefore b=\frac{3}{2}a=\frac{3}{2}\times 2=3$

$\therefore a+b=2+3=5$

6 타원 $x^2+5y^2=5$, 즉 $\frac{x^2}{5}+y^2=1$의 두 초점의 좌표는

$(2, 0)$, $(-2, 0)$

이 두 점을 꼭짓점으로 하는 쌍곡선의 방정식은

$\frac{x^2}{2^2}-\frac{y^2}{b^2}=1$ (단, $b>0$)

점근선의 방정식이 $y=\frac{1}{2}x$, $y=-\frac{1}{2}x$이므로

$\frac{b}{2}=\frac{1}{2}$ $\therefore b=1$

따라서 구하는 쌍곡선의 방정식은

$\frac{x^2}{4}-y^2=1$

7 두 점근선이 원점을 지나므로 쌍곡선의 방정식은

$\frac{x^2}{a^2}-\frac{y^2}{b^2}=1$ 또는 $\frac{x^2}{a^2}-\frac{y^2}{b^2}=-1$ (단, $a>0$, $b>0$)

이때 점근선의 방정식은 $y=\frac{b}{a}x$, $y=-\frac{b}{a}x$이고 두 점근선이 서로 수직이므로

$\frac{b}{a}\times\left(-\frac{b}{a}\right)=-1$ $\therefore b^2=a^2$ …… ㉠

한편 쌍곡선의 두 초점의 좌표는

$(\sqrt{a^2+b^2}, 0)$, $(-\sqrt{a^2+b^2}, 0)$

또는 $(0, \sqrt{a^2+b^2})$, $(0, -\sqrt{a^2+b^2})$

이때 두 초점 사이의 거리가 $4\sqrt{3}$이므로

$2\sqrt{a^2+b^2}=4\sqrt{3}$

$\therefore a^2+b^2=12$ …… ㉡

㉠, ㉡에서 $a^2=b^2=6$

따라서 구하는 쌍곡선의 방정식은

$\frac{x^2}{6}-\frac{y^2}{6}=1$ 또는 $\frac{x^2}{6}-\frac{y^2}{6}=-1$

8 점 P의 좌표를 (a, b)라 하면

$a^2-\frac{b^2}{4}=-1$

$\therefore 4a^2-b^2=-4$ …… ㉠

쌍곡선 $x^2-\frac{y^2}{4}=-1$의 점근선의 방정식은

$y=2x$, $y=-2x$ $\therefore 2x-y=0$, $2x+y=0$

점 $P(a, b)$와 직선 $2x-y=0$ 사이의 거리는

$\frac{|2a-b|}{\sqrt{2^2+(-1)^2}}=\frac{|2a-b|}{\sqrt{5}}$

또 점 $P(a, b)$와 직선 $2x+y=0$ 사이의 거리는

$\frac{|2a+b|}{\sqrt{2^2+1^2}}=\frac{|2a+b|}{\sqrt{5}}$

$\therefore \overline{PA}\times\overline{PB}=\frac{|2a-b|}{\sqrt{5}}\times\frac{|2a+b|}{\sqrt{5}}$

$=\frac{|4a^2-b^2|}{5}=\frac{|-4|}{5}$ ($\because$ ㉠)

$=\frac{4}{5}$

9 쌍곡선 $\frac{(x+6)^2}{20}-\frac{(y-4)^2}{16}=-1$은 쌍곡선

$\frac{x^2}{20}-\frac{y^2}{16}=-1$을 x축의 방향으로 -6만큼, y축의 방향으로 4만큼 평행이동한 것이다.

쌍곡선 $\frac{x^2}{20}-\frac{y^2}{16}=-1$의 두 초점의 좌표는 $(0, 6)$, $(0, -6)$, 주축의 길이는 $2\times 4=8$이므로 주어진 쌍곡선의 두 초점의 좌표는 $(-6, 10)$, $(-6, -2)$, 주축의 길이는 8이다.

$\therefore ab+cd+l=-60+12+8=-40$

유형편

10 쌍곡선의 중심은 선분 FF′의 중점이므로 중심의 좌표가 (1, 1)이고 두 초점이 x축에 평행한 직선 위에 있는 쌍곡선의 방정식은

$\frac{(x-1)^2}{a^2}-\frac{(y-1)^2}{b^2}=1$ (단, $a>0$, $b>0$)

두 초점으로부터 거리의 차가 6이므로

$2a=6$ $\quad\therefore a=3$

중심에서 초점까지의 거리가 5이고 $b^2=5^2-a^2$이므로

$b^2=5^2-3^2=16$

따라서 쌍곡선의 방정식은

$\frac{(x-1)^2}{9}-\frac{(y-1)^2}{16}=1$

이 쌍곡선이 점 $(-2, k)$를 지나므로

$1-\frac{(k-1)^2}{16}=1$, $(k-1)^2=0$ $\quad\therefore k=1$

11 두 점근선의 교점을 구하면 $\frac{1}{2}x+1=-\frac{1}{2}x-1$에서

$x=-2$

즉, 두 점근선의 교점의 좌표는 $(-2, 0)$이고 이 점은 쌍곡선의 중심과 같다.

중심 $(-2, 0)$과 한 초점 $(-2, \sqrt{10})$이 y축에 평행한 직선 위에 있으므로 쌍곡선의 방정식은

$\frac{(x+2)^2}{a^2}-\frac{y^2}{b^2}=-1$ (단, $a>0$, $b>0$)

한 점근선의 방정식이 $y=\frac{1}{2}x+1$이므로

$\frac{b}{a}=\frac{1}{2}$ $\quad\therefore a=2b$ $\quad\cdots\cdots$ ㉠

중심에서 초점까지의 거리가 $\sqrt{10}$이므로

$a^2+b^2=10$ $\quad\cdots\cdots$ ㉡

㉠, ㉡에서 $a^2=8$, $b^2=2$

따라서 쌍곡선 $\frac{(x+2)^2}{8}-\frac{y^2}{2}=-1$의 주축의 길이는

$2\times\sqrt{2}=2\sqrt{2}$

12 $3x^2-y^2+4y-1=0$에서 $3x^2-(y^2-4y+4)=-3$

$\therefore x^2-\frac{(y-2)^2}{3}=-1$

따라서 이 쌍곡선을 y축의 방향으로 -2만큼 평행이동하면 쌍곡선 $x^2-\frac{y^2}{3}=-1$과 겹쳐진다.

13 $5x^2-3y^2-20x-6y-13=0$에서

$5(x^2-4x+4)-3(y^2+2y+1)=30$

$\therefore \frac{(x-2)^2}{6}-\frac{(y+1)^2}{10}=1$

이 쌍곡선은 쌍곡선 $\frac{x^2}{6}-\frac{y^2}{10}=1$을 x축의 방향으로 2만큼, y축의 방향으로 -1만큼 평행이동한 것이다.

ㄱ. 주축의 길이는 $2\sqrt{6}$이다.

ㄴ. 두 초점의 좌표는 $(6, -1)$, $(-2, -1)$

즉, 두 초점 사이의 거리는 $|-2-6|=8$

ㄷ. 두 점근선의 교점은 쌍곡선의 중심과 같으므로 교점의 좌표는 $(2, -1)$이다.

따라서 보기 중 옳은 것은 ㄱ, ㄷ이다.

14 $4x^2-y^2-32x-2y+47=0$에서

$4(x^2-8x+16)-(y^2+2y+1)=16$

$\therefore \frac{(x-4)^2}{4}-\frac{(y+1)^2}{16}=1$

이 쌍곡선은 쌍곡선 $\frac{x^2}{4}-\frac{y^2}{16}=1$을 x축의 방향으로 4만큼, y축의 방향으로 -1만큼 평행이동한 것이므로 점근선의 방정식은

$y+1=2(x-4)$, $y+1=-2(x-4)$

$\therefore y=2x-9$, $y=-2x+7$

따라서 구하는 삼각형의 넓이는

$\frac{1}{2}\times4\times(7+9)=32$

15 쌍곡선 $\frac{x^2}{16}-\frac{y^2}{20}=1$의 두 초점의 좌표는 $(6, 0)$, $(-6, 0)$이므로 두 초점 F, F′ 사이의 거리는

$\overline{FF'}=12$

이때 $\overline{PF}=m$, $\overline{PF'}=n$이라 하면 쌍곡선의 정의에 의하여

$|m-n|=2\times4=8$

양변을 제곱하면

$m^2-2mn+n^2=64$ $\quad\cdots\cdots$ ㉠

삼각형 PFF′이 직각삼각형이므로

$m^2+n^2=144$

이를 ㉠에 대입하면

$144-2mn=64$ $\quad\therefore mn=40$

따라서 구하는 삼각형의 넓이는

$\frac{1}{2}mn=\frac{1}{2}\times40=20$

16 쌍곡선 $\frac{x^2}{16}-\frac{y^2}{9}=1$의 두 초점의 좌표는 $(5, 0)$, $(-5, 0)$이므로 두 점 A, B는 이 쌍곡선의 초점이다.

따라서 쌍곡선의 정의에 의하여

$\overline{CB}-\overline{CA}=2\times4=8$, $\overline{DB}-\overline{DA}=2\times4=8$

$\therefore \overline{CB}+\overline{DB}-\overline{CA}-\overline{DA}=16$

이때 $\overline{CA}+\overline{DA}=\overline{CD}$이므로

$\overline{CB}+\overline{DB}-\overline{CD}=16$ $\quad\cdots\cdots$ ㉠

한편 삼각형 BCD의 둘레의 길이가 30이므로

$\overline{CB}+\overline{DB}+\overline{CD}=30$ $\quad\cdots\cdots$ ㉡

㉡$-$㉠을 하면 $2\overline{CD}=14$ $\quad\therefore \overline{CD}=7$

17 $\overline{PF}:\overline{PF'}=4:1$에서

$\overline{PF}=4\overline{PF'}$ ⋯⋯ ㉠

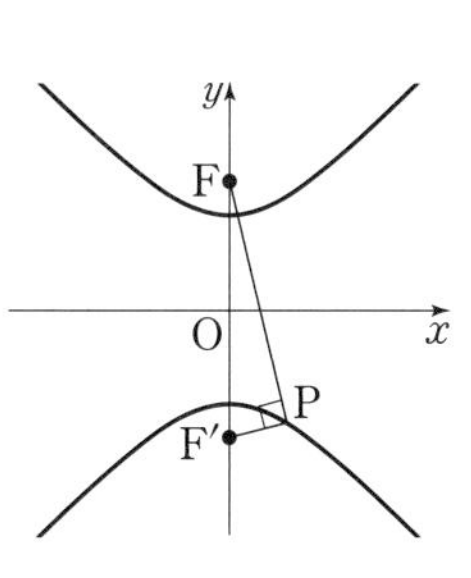

$\overline{PF}>\overline{PF'}$이므로 쌍곡선의 정의에 의하여

$\overline{PF}-\overline{PF'}=2\times3$

$=6$ ⋯⋯ ㉡

㉠, ㉡을 연립하여 풀면

$\overline{PF}=8$, $\overline{PF'}=2$

삼각형 PFF′이 직각삼각형이므로

$\overline{FF'}=\sqrt{\overline{PF}^2+\overline{PF'}^2}$

$=\sqrt{8^2+2^2}=2\sqrt{17}$

이때 쌍곡선 $\frac{x^2}{a^2}-\frac{y^2}{9}=-1$의 두 초점의 좌표는

$(0,\ \sqrt{a^2+9})$, $(0,\ -\sqrt{a^2+9})$이므로

$2\sqrt{a^2+9}=2\sqrt{17}$, $a^2=8$

$\therefore a=2\sqrt{2}$ ($\because a>0$)

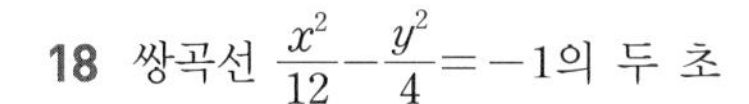

18 쌍곡선 $\frac{x^2}{12}-\frac{y^2}{4}=-1$의 두 초점 중 y좌표가 음수인 점을 F′이라 하면

F(0, 4), F′(0, −4)

쌍곡선의 정의에 의하여

$\overline{PF}-\overline{PF'}=2\times2=4$

$\therefore \overline{PF}=\overline{PF'}+4$

$\therefore \overline{AP}+\overline{PF}=\overline{AP}+\overline{PF'}+4$

$\geq\overline{AF'}+4$

이때 $\overline{AF'}=\sqrt{(-3)^2+(-4)^2}=5$이므로

$\overline{AP}+\overline{PF}\geq9$

따라서 구하는 최솟값은 9이다.

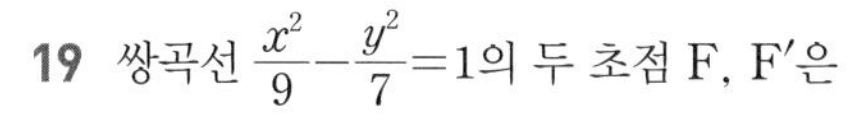

19 쌍곡선 $\frac{x^2}{9}-\frac{y^2}{7}=1$의 두 초점 F, F′은

F(4, 0), F′(−4, 0)

쌍곡선 $\frac{x^2}{9}-\frac{y^2}{7}=1$의 한 꼭짓점을 A(3, 0)이라 하면 원 C는 중심이 F이고 반지름의 길이가 $\overline{AF}=1$이다.

점 Q는 원의 접점이므로

$\angle PQF=90°$

즉, 삼각형 PQF는 직각삼각형이므로

$\overline{PF}=\sqrt{\overline{PQ}^2+\overline{FQ}^2}=\sqrt{(4\sqrt{5})^2+1^2}=9$

쌍곡선의 정의에 의하여

$\overline{PF}-\overline{PF'}=6$

$9-\overline{PF'}=6$ $\therefore \overline{PF'}=3$

20 점 P의 좌표를 $(x,\ y)$라 하면

$\sqrt{(x-4)^2+y^2}:|x-1|=2:1$

$\therefore \sqrt{(x-4)^2+y^2}=2|x-1|$

양변을 제곱하면 구하는 도형의 방정식은

$(x-4)^2+y^2=4(x-1)^2$, $3x^2-y^2=12$

$\therefore \frac{x^2}{4}-\frac{y^2}{12}=1$

21 점 P의 좌표를 $(x,\ y)$라 하면 점 Q의 좌표는 $(0,\ y)$

$\overline{AQ}=3\overline{PQ}$에서

$\sqrt{6^2+(y-5)^2}=3|x|$

양변을 제곱하면 구하는 도형의 방정식은

$36+(y-5)^2=9x^2$, $9x^2-(y-5)^2=36$

$\therefore \frac{x^2}{4}-\frac{(y-5)^2}{36}=1$

22 점 P의 좌표를 $(a,\ b)$라 하면

$4a^2-b^2=-1$ ⋯⋯ ㉠

선분 PA의 중점 M의 좌표를 $(x,\ y)$라 하면

$x=\frac{a+4}{2}$, $y=\frac{b}{2}$

$\therefore a=2x-4$, $b=2y$

이를 ㉠에 대입하면

$4(2x-4)^2-(2y)^2=-1$

$\therefore \frac{(x-2)^2}{\frac{1}{16}}-\frac{y^2}{\frac{1}{4}}=-1$

따라서 주축의 길이는

$2\times\frac{1}{2}=1$

23 $(k+2)x^2+(k-3)y^2=2$가 쌍곡선이려면

$(k+2)(k-3)<0$

$\therefore -2<k<3$

따라서 정수 k는 −1, 0, 1, 2의 4개이다.

24 $kx^2+y^2+4x=0$이 타원이려면

$k\times1>0$, $k\neq1$

$\therefore 0<k<1$ 또는 $k>1$

따라서 상수 k의 값이 될 수 있는 것은 ④ $\frac{1}{2}$이다.

25 $(x^2+2y^2-x)k-4x^2+3y^2-x=0$에서

$(k-4)x^2+(2k+3)y^2-(k+1)x=0$

이때 y항이 없으므로 포물선이려면

$k-4=0$, $(2k+3)(k+1)\neq0$

$\therefore k=4$

유형편

Ⅰ-2 01 이차곡선과 직선

기초 문제 Training

20쪽

1 (1) 만나지 않는다.
(2) 한 점에서 만난다.(접한다.)
(3) 서로 다른 두 점에서 만난다.

2 (1) $y=3x+\frac{1}{2}$ (2) $y=-4x-12$

3 (1) $y=-x-1$ (2) $y=-x+2$

4 (1) $y=-x\pm\sqrt{6}$ (2) $y=2x\pm3$

5 (1) $y=-x+4$ (2) $y=2x-3$

6 (1) $y=x\pm\sqrt{2}$ (2) $y=-2x\pm1$

7 (1) $y=-x+1$ (2) $y=-\frac{1}{2}x+\frac{3}{2}$

핵심 유형 Training

21~26쪽

1 ①	**2** ②	**3** ④	**4** ③	
5 $-3<k<3$		**6** ④	**7** 2	**8** ③
9 ①	**10** ①	**11** ③	**12** $\left(\frac{2}{3}, \frac{2\sqrt{2}}{3}\right)$	
13 ④	**14** $\frac{3}{2}$	**15** -3	**16** -16	**17** 2
18 ③	**19** ⑤	**20** ④	**21** ④	**22** 45
23 ⑤	**24** 5	**25** $12\sqrt{3}$	**26** 1	**27** ④
28 -12	**29** ②	**30** $\frac{4}{5}$	**31** ①	**32** ④
33 -2	**34** 1	**35** ④	**36** $\frac{\sqrt{5}}{5}$	**37** $\frac{9}{8}$
38 10	**39** 12	**40** ②	**41** ④	**42** 4

1 $x-y+k=0$, 즉 $y=x+k$를 $y^2=x$에 대입하면
$(x+k)^2=x$ $\quad\therefore x^2+(2k-1)x+k^2=0$
이 이차방정식의 판별식을 D라 하면
$D=(2k-1)^2-4k^2=0$, $-4k+1=0$ $\quad\therefore k=\frac{1}{4}$

2 $n(A\cap B)=0$이므로 포물선 $(x-2)^2=4y$와 직선 $y=\frac{1}{2}x+k$는 만나지 않는다.
$y=\frac{1}{2}x+k$를 $(x-2)^2=4y$에 대입하면
$x^2-4x+4=4\left(\frac{1}{2}x+k\right)$ $\quad\therefore x^2-6x-4k+4=0$
이 이차방정식의 판별식을 D라 하면
$\frac{D}{4}=3^2-(-4k+4)<0$
$4k+5<0$ $\quad\therefore k<-\frac{5}{4}$
따라서 정수 k의 최댓값은 -2이다.

3 $y=2x-1$을 $y^2=8x$에 대입하면
$(2x-1)^2=8x$ $\quad\therefore 4x^2-12x+1=0$ $\quad\cdots\cdots$ ㉠
두 점 A, B의 좌표를 각각 $(x_1, 2x_1-1)$, $(x_2, 2x_2-1)$이라 하면 x_1, x_2는 이차방정식 ㉠의 실근이므로 근과 계수의 관계에 의하여
$x_1+x_2=3$, $x_1x_2=\frac{1}{4}$
$\therefore \overline{AB}=\sqrt{(x_2-x_1)^2+(2x_2-1-2x_1+1)^2}$
$=\sqrt{5(x_2-x_1)^2}$
$=\sqrt{5\{(x_1+x_2)^2-4x_1x_2\}}$
$=\sqrt{5\left(3^2-4\times\frac{1}{4}\right)}=2\sqrt{10}$

4 $y=mx+5$를 $9x^2+4y^2=36$에 대입하면
$9x^2+4(mx+5)^2=36$
$\therefore (4m^2+9)x^2+40mx+64=0$
이 이차방정식의 판별식을 D라 하면
$\frac{D}{4}=(20m)^2-64(4m^2+9)=0$
$m^2=4$ $\quad\therefore m=-2$ 또는 $m=2$
따라서 모든 실수 m의 값의 곱은 $-2\times2=-4$

5 직선 $y=x$를 x축의 방향으로 k만큼 평행이동한 직선의 방정식은
$y=x-k$
이를 $2x^2+y^2=6$에 대입하면
$2x^2+(x-k)^2=6$ $\quad\therefore 3x^2-2kx+k^2-6=0$
이 이차방정식의 판별식을 D라 하면
$\frac{D}{4}=k^2-3(k^2-6)>0$
$-2k^2+18>0$, $k^2<9$ $\quad\therefore -3<k<3$

6 ㄱ. 쌍곡선 $x^2-4y^2=16$, 즉 $\frac{x^2}{16}-\frac{y^2}{4}=1$의 점근선의 방정식은
$y=\frac{1}{2}x$, $y=-\frac{1}{2}x$
따라서 직선 $x+2y=0$은 점근선이므로 주어진 쌍곡선과 만나지 않는다.

ㄴ. $x+y+1=0$, 즉 $y=-x-1$을 $x^2-4y^2=16$에 대입하면

$x^2-4(-x-1)^2=16$ $\quad \therefore 3x^2+8x+20=0$

이 이차방정식의 판별식을 D라 하면

$\frac{D}{4}=4^2-3\times 20=-44<0$

따라서 직선 $x+y+1=0$은 주어진 쌍곡선과 만나지 않는다.

ㄷ. $x+3y+2=0$, 즉 $x=-3y-2$를 $x^2-4y^2=16$에 대입하면

$(-3y-2)^2-4y^2=16$ $\quad \therefore 5y^2+12y-12=0$

이 이차방정식의 판별식을 D라 하면

$\frac{D}{4}=6^2-5\times(-12)=96>0$

따라서 직선 $x+3y+2=0$은 주어진 쌍곡선과 서로 다른 두 점에서 만난다.

따라서 보기 중 옳은 것은 ㄱ, ㄷ이다.

7 $y=kx-1$을 $x^2-\frac{y^2}{3}=-1$에 대입하면

$x^2-\frac{(kx-1)^2}{3}=-1$ $\quad \therefore (3-k^2)x^2+2kx+2=0$

이 이차방정식의 판별식을 D라 하면

$\frac{D}{4}=k^2-2(3-k^2)<0$

$3k^2-6<0$, $k^2<2$ $\quad \therefore -\sqrt{2}<k<\sqrt{2}$

따라서 정수 k의 최댓값은 1, 최솟값은 -1이므로

$M-m=1-(-1)=2$

8 직선 $x+2y-10=0$, 즉 $y=-\frac{1}{2}x+5$에 수직인 직선의 기울기는 2이므로 포물선 $y^2=3x$에 접하고 기울기가 2인 직선의 방정식은

$y=2x+\frac{3}{8}$

이 직선이 점 $(0, k)$를 지나므로 $k=\frac{3}{8}$

9 포물선 $x^2=ay$에 접하고 기울기가 1인 직선의 방정식은

$y=x-\frac{a}{4}$ $\quad \therefore x-y-\frac{a}{4}=0$

즉, $-1=b$, $-\frac{a}{4}=-1$이므로

$a=4$, $b=-1$ $\quad \therefore ab=-4$

10 직선 $x-y+3=0$, 즉 $y=x+3$에 수직인 직선의 기울기는 -1이므로 포물선 $y^2=ax$에 접하고 기울기가 -1인 직선의 방정식은

$y=-x-\frac{a}{4}$

이를 $y^2=ax$에 대입하면

$\left(-x-\frac{a}{4}\right)^2=ax$, $x^2-\frac{a}{2}x+\frac{a^2}{16}=0$

$\left(x-\frac{a}{4}\right)^2=0$ $\quad \therefore x=\frac{a}{4}$

즉, 점 A의 좌표는 $\left(\frac{a}{4}, -\frac{a}{2}\right)$이고 초점 F의 좌표는 $\left(\frac{a}{4}, 0\right)$이므로 $\overline{\text{AF}}=\left|\frac{a}{2}\right|$

$\overline{\text{AF}}=1$에서 $\left|\frac{a}{2}\right|=1$이므로 $a=-2$ 또는 $a=2$

따라서 모든 상수 a의 값의 곱은 $-2\times 2=-4$

11 포물선 $y^2=4x$에 접하고 기울기가 -1인 직선의 방정식은

$y=-x-1$ $\quad \cdots\cdots$ ㉠

㉠을 $y^2=4x$에 대입하면

$(-x-1)^2=4x$, $x^2-2x+1=0$

$(x-1)^2=0$ $\quad \therefore x=1$

즉, 접점 A의 좌표는 $(1, -2)$

또 직선 ㉠은 포물선 $x^2=4y$의 접선이므로 ㉠을 $x^2=4y$에 대입하면

$x^2=4(-x-1)$, $x^2+4x+4=0$

$(x+2)^2=0$ $\quad \therefore x=-2$

즉, 접점 B의 좌표는 $(-2, 1)$

$\therefore \overline{\text{AB}}=\sqrt{(-2-1)^2+(1+2)^2}=3\sqrt{2}$

12 포물선 $y^2=8x$에 접하고 기울기가 $\sqrt{2}$인 직선의 방정식은

$y=\sqrt{2}x+\sqrt{2}$

이를 $y^2=8x$에 대입하면

$(\sqrt{2}x+\sqrt{2})^2=8x$, $x^2-2x+1=0$

$(x-1)^2=0$ $\quad \therefore x=1$

즉, 접점 P의 좌표는 $(1, 2\sqrt{2})$

한편 점 Q의 좌표는 $(-1, 0)$, 포물선의 초점 F의 좌표는 $(2, 0)$이므로 삼각형 PQF의 무게중심의 좌표는

$\left(\frac{1-1+2}{3}, \frac{2\sqrt{2}}{3}\right)$ $\quad \therefore \left(\frac{2}{3}, \frac{2\sqrt{2}}{3}\right)$

13 직선 $2x-y+2=0$, 즉 $y=2x+2$에 평행한 직선의 기울기는 2이므로 포물선 $y^2=\frac{8}{3}x$에 접하고 기울기가 2인 직선의 방정식은 $y=2x+\frac{1}{3}$

따라서 포물선 $y^2=\frac{8}{3}x$와 직선 $2x-y+2=0$ 사이의 거리의 최솟값은 직선 $2x-y+2=0$ 위의 점 $(0, 2)$와 직선 $y=2x+\frac{1}{3}$, 즉 $6x-3y+1=0$ 사이의 거리와 같으므로

$\frac{|-6+1|}{\sqrt{6^2+(-3)^2}}=\frac{\sqrt{5}}{3}$

유형편

14 포물선 $y^2=16x$ 위의 점 P에서의 접선이 직선 AB와 평행할 때, 점 P와 직선 AB 사이의 거리가 최소이므로 삼각형 APB의 넓이도 최소이다.

직선 AB의 기울기가 $\frac{4}{3}$이므로 포물선 $y^2=16x$에 접하고 기울기가 $\frac{4}{3}$인 직선의 방정식은

$y=\frac{4}{3}x+3$

따라서 점 A와 직선 $y=\frac{4}{3}x+3$, 즉 $4x-3y+9=0$ 사이의 거리는

$\frac{|-12+9|}{\sqrt{4^2+(-3)^2}}=\frac{3}{5}$

이때 $\overline{AB}=\sqrt{3^2+4^2}=5$이므로 삼각형 APB의 넓이의 최솟값은

$\frac{1}{2}\times5\times\frac{3}{5}=\frac{3}{2}$

15 포물선 $y^2=6x$ 위의 점 $(3, 3\sqrt{2})$에서의 접선의 방정식은

$3\sqrt{2}y=3(x+3)$

$\therefore y=\frac{\sqrt{2}}{2}x+\frac{3\sqrt{2}}{2}$

이 직선이 점 $(k, 0)$을 지나므로

$0=\frac{\sqrt{2}}{2}k+\frac{3\sqrt{2}}{2}$

$\therefore k=-3$

16 포물선 $x^2=8y$ 위의 점 (x_1, y_1)에서의 접선의 방정식은

$x_1x=4(y+y_1)$

$\therefore y=\frac{x_1}{4}x-y_1$

두 점 (a, b), (c, d)에서의 접선의 기울기는 각각 $\frac{a}{4}$, $\frac{c}{4}$이고 두 접선이 서로 수직이므로

$\frac{a}{4}\times\frac{c}{4}=-1$

$\therefore ac=-16$

17 포물선 $y^2=ax$ 위의 점 (a, a)에서의 접선의 방정식은

$ay=\frac{a}{2}(x+a)$

$\therefore y=\frac{1}{2}x+\frac{a}{2}$

즉, $A(-a, 0)$, $B\left(0, \frac{a}{2}\right)$이므로

$\overline{AB}=\sqrt{a^2+\left(\frac{a}{2}\right)^2}=\frac{\sqrt{5}}{2}a$ ($\because a>0$)

따라서 $\frac{\sqrt{5}}{2}a=\sqrt{5}$이므로 $a=2$

18 점 $P(a, b)$가 포물선 $y^2=\frac{3}{2}x$ 위의 점이므로

$b^2=\frac{3}{2}a$ ...... ㉠

또 포물선 $y^2=\frac{3}{2}x$ 위의 점 $P(a, b)$에서의 접선의 방정식은

$by=\frac{3}{4}(x+a)$ $\quad\therefore y=\frac{3}{4b}x+\frac{3a}{4b}$

이 접선이 x축, y축과 만나는 점의 좌표는 각각

$(-a, 0)$, $\left(0, \frac{3a}{4b}\right)$

이때 접선과 x축, y축으로 둘러싸인 삼각형의 넓이가 $\frac{9}{2}$이므로

$\frac{1}{2}\times a\times\frac{3a}{4b}=\frac{9}{2}$ $\quad\therefore a^2=12b$ ...... ㉡

㉠, ㉡을 연립하여 풀면 $a=6$, $b=3$

$\therefore a+b=9$

19 접점의 좌표를 (x_1, y_1)이라 하면 접선의 방정식은

$y_1y=4(x+x_1)$

이 직선이 점 $(-8, 0)$을 지나므로

$0=4(-8+x_1)$ $\quad\therefore x_1=8$ ...... ㉠

또 점 (x_1, y_1)은 포물선 $y^2=8x$ 위의 점이므로

${y_1}^2=8x_1$ ...... ㉡

㉠을 ㉡에 대입하면 ${y_1}^2=64$ $\quad\therefore y_1=\pm8$

따라서 접선의 방정식은

$y=\frac{1}{2}x+4$ 또는 $y=-\frac{1}{2}x-4$

그런데 $m>0$, $n>0$이므로 $m=\frac{1}{2}$, $n=4$

$\therefore mn=2$

20 접점의 좌표를 (x_1, y_1)이라 하면 접선의 방정식은

$x_1x=-(y+y_1)$

이 직선이 점 $(2, 6)$을 지나므로

$2x_1=-(6+y_1)$ $\quad\therefore y_1=-2x_1-6$ ...... ㉠

또 점 (x_1, y_1)은 포물선 $x^2=-2y$ 위의 점이므로

${x_1}^2=-2y_1$ ...... ㉡

㉠을 ㉡에 대입하면

${x_1}^2=-2(-2x_1-6)$, ${x_1}^2-4x_1-12=0$

$(x_1+2)(x_1-6)=0$ $\quad\therefore x_1=-2$ 또는 $x_1=6$

㉠에서 $x_1=-2$일 때 $y_1=-2$, $x_1=6$일 때 $y_1=-18$이므로 접선의 방정식은

$y=2x+2$ 또는 $y=-6x+18$

따라서 기울기가 양수인 직선 $y=2x+2$가 점 $(1, k)$를 지나므로 $k=4$

21 접점의 좌표를 (x_1, y_1)이라 하면 접선의 방정식은

$y_1y=-3(x+x_1)$

이 직선이 점 $(2, 1)$을 지나므로

$y_1=-3(2+x_1)$ $\quad\therefore x_1=-\frac{1}{3}y_1-2$ ⋯⋯ ㉠

또 점 (x_1, y_1)은 포물선 $y^2=-6x$ 위의 점이므로

$y_1^2=-6x_1$ ⋯⋯ ㉡

㉠을 ㉡에 대입하면

$y_1^2=-6\left(-\frac{1}{3}y_1-2\right)$ $\quad\therefore y_1^2-2y_1-12=0$

이 이차방정식의 두 근을 α, β라 하면 근과 계수의 관계에 의하여 $\alpha+\beta=2$

이때 접점 P, Q의 좌표가 각각 $\left(-\frac{\alpha^2}{6}, \alpha\right)$, $\left(-\frac{\beta^2}{6}, \beta\right)$이므로 직선 PQ의 기울기는

$$\frac{\beta-\alpha}{-\frac{\beta^2}{6}+\frac{\alpha^2}{6}}=\frac{-6(\beta-\alpha)}{(\beta-\alpha)(\beta+\alpha)}=-\frac{6}{\alpha+\beta}=-3$$

22 직선 $x+3y+12=0$, 즉 $y=-\frac{1}{3}x-4$에 수직인 직선의 기울기는 3이므로 타원 $\frac{x^2}{3}+\frac{y^2}{9}=1$에 접하고 기울기가 3인 직선의 방정식은

$y=3x\pm\sqrt{3\times3^2+9}$ $\quad\therefore y=3x\pm6$

따라서 $m=3$, $n=\pm6$이므로 $m^2+n^2=9+36=45$

23 타원의 방정식을 $\frac{x^2}{a^2}+\frac{y^2}{b^2}=1\,(b>a>0)$이라 하면 초점의 좌표가 $(0, 2)$, $(0, -2)$이므로

$b^2-a^2=4$ ⋯⋯ ㉠

또 타원 $\frac{x^2}{a^2}+\frac{y^2}{b^2}=1$에 접하고 기울기가 1인 직선의 방정식은 $y=x\pm\sqrt{a^2+b^2}$

즉, 직선 $y=x-\sqrt{a^2+b^2}$이 직선 $y=x-4$와 일치하므로

$\sqrt{a^2+b^2}=4$ $\quad\therefore a^2+b^2=16$ ⋯⋯ ㉡

㉠, ㉡에서 $a^2=6$, $b^2=10$

따라서 타원 $\frac{x^2}{6}+\frac{y^2}{10}=1$의 장축의 길이는

$2\times\sqrt{10}=2\sqrt{10}$

24 타원 $\frac{x^2}{a}+\frac{y^2}{4}=1$에 접하고 기울기가 1인 직선의 방정식은

$y=x\pm\sqrt{a+4}$

따라서 두 접선 사이의 거리는 직선 $y=x+\sqrt{a+4}$ 위의 점 $(0, \sqrt{a+4})$와 직선 $y=x-\sqrt{a+4}$, 즉 $x-y-\sqrt{a+4}=0$ 사이의 거리와 같으므로

$\frac{|-\sqrt{a+4}-\sqrt{a+4}|}{\sqrt{1^2+(-1)^2}}=3\sqrt{2}$, $\sqrt{2a+8}=3\sqrt{2}$ $\quad\therefore a=5$

25 삼각형 ABC가 정삼각형이므로 직선 AB의 기울기는

$\tan 60^\circ=\sqrt{3}$

타원 $x^2+8y^2=8$, 즉 $\frac{x^2}{8}+y^2=1$에 접하고 기울기가 $\sqrt{3}$인 직선의 방정식은

$y=\sqrt{3}x\pm\sqrt{8\times(\sqrt{3})^2+1}$ $\quad\therefore y=\sqrt{3}x\pm5$

이때 직선 AB의 방정식은 $y=\sqrt{3}x+5$이므로

$A(0, 5)$, $B(-2\sqrt{3}, -1)$

$\therefore \overline{AB}=\sqrt{(-2\sqrt{3})^2+(-1-5)^2}=4\sqrt{3}$

따라서 한 변의 길이가 $4\sqrt{3}$인 정삼각형 ABC의 넓이는

$\frac{\sqrt{3}}{4}\times(4\sqrt{3})^2=12\sqrt{3}$

26 점 $(-1, a)$가 타원 $x^2+2y^2=9$ 위의 점이므로

$1+2a^2=9$, $a^2=4$ $\quad\therefore a=2\ (\because a>0)$

따라서 타원 $x^2+2y^2=9$ 위의 점 $(-1, 2)$에서의 접선의 방정식은

$-x+4y=9$ $\quad\therefore y=\frac{1}{4}x+\frac{9}{4}$

이 직선이 점 $(b, 3)$을 지나므로

$3=\frac{1}{4}b+\frac{9}{4}$ $\quad\therefore b=3$

$\therefore b-a=3-2=1$

27 점 $(2, 1)$이 타원 $\frac{x^2}{a}+\frac{y^2}{b}=1$ 위의 점이므로

$\frac{4}{a}+\frac{1}{b}=1$ ⋯⋯ ㉠

또 타원 $\frac{x^2}{a}+\frac{y^2}{b}=1$ 위의 점 $(2, 1)$에서의 접선의 방정식은

$\frac{2x}{a}+\frac{y}{b}=1$ $\quad\therefore y=-\frac{2b}{a}x+b$

이 직선의 y절편이 3이므로 $b=3$

이를 ㉠에 대입하여 풀면 $a=6$

$\therefore a+b=6+3=9$

28 타원 $\frac{x^2}{3}+\frac{y^2}{6}=1$ 위의 점 $(\sqrt{2}, \sqrt{2})$에서의 접선의 방정식은

$\frac{\sqrt{2}x}{3}+\frac{\sqrt{2}y}{6}=1$ $\quad\therefore y=-2x+3\sqrt{2}$

이 직선에 수직인 직선의 기울기는 $\frac{1}{2}$이므로 기울기가 $\frac{1}{2}$이고 타원 $\frac{x^2}{3}+\frac{y^2}{6}=1$의 두 초점 $(0, \sqrt{3})$, $(0, -\sqrt{3})$을 각각 지나는 두 직선의 방정식은

$y=\frac{1}{2}x+\sqrt{3}$, $y=\frac{1}{2}x-\sqrt{3}$

따라서 두 직선의 x절편은 각각 $-2\sqrt{3}$, $2\sqrt{3}$이므로 그 곱은

$-2\sqrt{3}\times2\sqrt{3}=-12$

29 타원 $x^2+16y^2=16$ 위의 점 $\mathrm{P}(a,\ b)$에서의 접선의 방정식은

$ax+16by=16 \qquad \therefore y=-\frac{a}{16b}x+\frac{1}{b}$

이 직선의 x절편은 $\frac{16}{a}$, y절편은 $\frac{1}{b}$이므로 접선과 x축, y축으로 둘러싸인 삼각형의 넓이는

$\frac{1}{2}\times\frac{16}{|a|}\times\frac{1}{|b|}=\frac{8}{|ab|}$

또 점 $(a,\ b)$는 타원 $x^2+16y^2=16$ 위의 점이므로

$a^2+16b^2=16$

$a^2>0,\ 16b^2>0$이므로 산술평균과 기하평균의 관계에 의하여

$a^2+16b^2\ge2\sqrt{a^2\times16b^2}$

$16\ge8|ab|$

$\therefore |ab|\le2$ (단, 등호는 $a^2=16b^2$일 때 성립)

따라서 $\frac{8}{|ab|}\ge\frac{8}{2}=4$이므로 구하는 삼각형의 넓이의 최솟값은 4이다.

30 접점의 좌표를 $(x_1,\ y_1)$이라 하면 접선의 방정식은

$\frac{x_1x}{4}+y_1y=1$

이 직선이 점 $(4,\ 1)$을 지나므로

$x_1+y_1=1 \qquad \therefore y_1=-x_1+1 \qquad \cdots\cdots ㉠$

또 점 $(x_1,\ y_1)$은 타원 $\frac{x^2}{4}+y^2=1$ 위의 점이므로

$\frac{x_1^2}{4}+y_1^2=1 \qquad \cdots\cdots ㉡$

㉠을 ㉡에 대입하면

$\frac{x_1^2}{4}+(-x_1+1)^2=1,\ 5x_1^2-8x_1=0$

$x_1(5x_1-8)=0 \qquad \therefore x_1=0$ 또는 $x_1=\frac{8}{5}$

㉠에서 $x_1=0$일 때 $y_1=1$, $x_1=\frac{8}{5}$일 때 $y_1=-\frac{3}{5}$이므로

두 접점의 좌표는 $(0,\ 1)$, $\left(\frac{8}{5},\ -\frac{3}{5}\right)$

따라서 구하는 삼각형의 넓이는

$\frac{1}{2}\times1\times\frac{8}{5}=\frac{4}{5}$

31 접점 P의 좌표를 $(x_1,\ y_1)$이라 하면 접선의 방정식은

$5x_1x+9y_1y=45$

이 직선이 점 $\mathrm{A}(0,\ a)$를 지나므로

$9ay_1=45 \qquad \therefore y_1=\frac{5}{a} \qquad \cdots\cdots ㉠$

또 $\overline{\mathrm{OP}}=\overline{\mathrm{AP}}$에서

$\sqrt{x_1^2+y_1^2}=\sqrt{x_1^2+(y_1-a)^2}$

$x_1^2+y_1^2=x_1^2+y_1^2-2ay_1+a^2 \qquad \therefore y_1=\frac{a}{2} \qquad \cdots\cdots ㉡$

㉠, ㉡에서

$\frac{5}{a}=\frac{a}{2},\ a^2=10 \qquad \therefore a=\sqrt{10}\ (\because a>0)$

32 접점의 좌표를 $(x_1,\ y_1)$이라 하면 접선의 방정식은

$9x_1x+y_1y=3$

이 직선이 점 $(1,\ 0)$을 지나므로

$9x_1=3 \qquad \therefore x_1=\frac{1}{3} \qquad \cdots\cdots ㉠$

또 점 $(x_1,\ y_1)$은 타원 $9x^2+y^2=3$ 위의 점이므로

$9x_1^2+y_1^2=3 \qquad \cdots\cdots ㉡$

㉠을 ㉡에 대입하면

$1+y_1^2=3,\ y_1^2=2 \qquad \therefore y_1=\pm\sqrt{2}$

따라서 접선의 방정식은

$3x\pm\sqrt{2}y=3 \qquad \therefore 3x\pm\sqrt{2}y-3=0$

이 직선이 원 $x^2+y^2=r^2$에 접하려면 원의 중심 $(0,\ 0)$과 직선 사이의 거리가 반지름의 길이 r와 같아야 하므로

$r=\frac{|-3|}{\sqrt{3^2+(\pm\sqrt{2})^2}}=\frac{3}{\sqrt{11}}$

$\therefore r^2=\frac{9}{11}$

33 쌍곡선 $\frac{x^2}{2}-\frac{y^2}{10}=-1$에 접하고 기울기가 -2인 직선의 방정식은

$y=-2x\pm\sqrt{10-2\times(-2)^2}$

$\therefore y=-2x\pm\sqrt{2}$

따라서 두 직선의 y절편은 각각 $-\sqrt{2}$, $\sqrt{2}$이므로 그 곱은

$-\sqrt{2}\times\sqrt{2}=-2$

34 쌍곡선 $3x^2-4y^2=12$, 즉 $\frac{x^2}{4}-\frac{y^2}{3}=1$에 접하고 기울기가 m인 직선의 방정식은

$y=mx\pm\sqrt{4m^2-3}$

이 직선이 점 $(0,\ -1)$을 지나므로

$-1=\pm\sqrt{4m^2-3},\ 4m^2-3=1$

$m^2=1 \qquad \therefore m=1\ (\because m>0)$

35 쌍곡선 $\frac{x^2}{2}-\frac{y^2}{a}=-1$에 접하고 기울기가 1인 직선의 방정식은

$y=x\pm\sqrt{a-2}$

직선 $y=x-\sqrt{a-2}$가 직선 $y=x-1$과 일치하므로

$\sqrt{a-2}=1 \qquad \therefore a=3$

즉, 쌍곡선 $\frac{x^2}{2}-\frac{y^2}{3}=-1$의 두 초점의 좌표는

$(0,\ \sqrt{5})$, $(0,\ -\sqrt{5})$

따라서 두 초점 사이의 거리는 $2\sqrt{5}$이다.

36 쌍곡선 $8x^2-y^2=16$, 즉 $\frac{x^2}{2}-\frac{y^2}{16}=1$에 접하고 기울기가 3인 직선의 방정식은

$y=3x\pm\sqrt{2\times3^2-16}$ $\therefore y=3x\pm\sqrt{2}$

따라서 구하는 거리의 최솟값은 직선 $y=3x$ 위의 점 $(0, 0)$과 직선 $y=3x+\sqrt{2}$, 즉 $3x-y+\sqrt{2}=0$ 사이의 거리와 같으므로

$\frac{\sqrt{2}}{\sqrt{3^2+(-1)^2}}=\frac{\sqrt{5}}{5}$

37 점 $(a, 1)$이 쌍곡선 $4x^2-y^2=3$ 위의 점이므로

$4a^2-1=3$, $a^2=1$ $\therefore a=-1$ ($\because a<0$)

쌍곡선 $4x^2-y^2=3$ 위의 점 $(-1, 1)$에서의 접선의 방정식은

$-4x-y=3$ $\therefore y=-4x-3$

따라서 구하는 삼각형의 넓이는

$\frac{1}{2}\times\frac{3}{4}\times3=\frac{9}{8}$

38 점 $(1, 2)$는 타원 $\frac{x^2}{a}+\frac{y^2}{b}=1$ 위의 점이므로

$\frac{1}{a}+\frac{4}{b}=1$ ...... ㉠

이때 쌍곡선 $\frac{x^2}{3}-\frac{y^2}{3}=-1$ 위의 점 $(1, 2)$에서의 접선의 방정식은

$\frac{x}{3}-\frac{2y}{3}=-1$ $\therefore y=\frac{1}{2}x+\frac{3}{2}$ ...... ㉡

또 타원 $\frac{x^2}{a}+\frac{y^2}{b}=1$ 위의 점 $(1, 2)$에서의 접선의 방정식은

$\frac{x}{a}+\frac{2y}{b}=1$ $\therefore y=-\frac{b}{2a}x+\frac{b}{2}$ ...... ㉢

두 직선 ㉡, ㉢이 서로 수직이므로

$\frac{1}{2}\times\left(-\frac{b}{2a}\right)=-1$ $\therefore b=4a$ ...... ㉣

㉠, ㉣을 연립하여 풀면 $a=2$, $b=8$ $\therefore a+b=10$

39 쌍곡선 $x^2-y^2=12$ 위의 점 $(4, 2)$에서의 접선의 방정식은

$4x-2y=12$ $\therefore y=2x-6$ ...... ㉠

이때 쌍곡선 $x^2-y^2=12$, 즉 $\frac{x^2}{12}-\frac{y^2}{12}=1$의 점근선의 방정식은 $y=x$, $y=-x$이므로 두 점근선은 서로 수직이다.

$y=x$를 ㉠에 대입하면 $x=2x-6$ $\therefore x=6$

직선 ㉠과 점근선 $y=x$의 교점을 A라 하면

$A(6, 6)$ $\therefore \overline{OA}=\sqrt{6^2+6^2}=6\sqrt{2}$

또 $y=-x$를 ㉠에 대입하면

$-x=2x-6$ $\therefore x=2$

직선 ㉠과 점근선 $y=-x$의 교점을 B라 하면

$B(2, -2)$ $\therefore \overline{OB}=\sqrt{2^2+(-2)^2}=2\sqrt{2}$

따라서 구하는 삼각형의 넓이는 $\frac{1}{2}\times6\sqrt{2}\times2\sqrt{2}=12$

40 접점의 좌표를 (x_1, y_1)이라 하면 접선의 방정식은

$x_1x-y_1y=-4$

이 직선이 점 $(2, 0)$을 지나므로

$2x_1=-4$ $\therefore x_1=-2$ ...... ㉠

또 점 (x_1, y_1)은 쌍곡선 $x^2-y^2=-4$ 위의 점이므로

$x_1^2-y_1^2=-4$ ...... ㉡

㉠을 ㉡에 대입하면

$4-y_1^2=-4$, $y_1^2=8$ $\therefore y_1=\pm2\sqrt{2}$

즉, 접선의 방정식은

$y=\frac{\sqrt{2}}{2}x-\sqrt{2}$ 또는 $y=-\frac{\sqrt{2}}{2}x+\sqrt{2}$

따라서 두 접선의 기울기의 곱은

$\frac{\sqrt{2}}{2}\times\left(-\frac{\sqrt{2}}{2}\right)=-\frac{1}{2}$

41 접점의 좌표를 (x_1, y_1)이라 하면 접선의 방정식은

$2x_1x-y_1y=1$

이 직선이 점 $(1, 3)$을 지나므로

$2x_1-3y_1=1$ $\therefore y_1=\frac{2}{3}x_1-\frac{1}{3}$ ...... ㉠

또 점 (x_1, y_1)은 쌍곡선 $2x^2-y^2=1$ 위의 점이므로

$2x_1^2-y_1^2=1$ ...... ㉡

㉠을 ㉡에 대입하면

$2x_1^2-\left(\frac{2}{3}x_1-\frac{1}{3}\right)^2=1$, $7x_1^2+2x_1-5=0$

$(x_1+1)(7x_1-5)=0$ $\therefore x_1=-1$ 또는 $x_1=\frac{5}{7}$

㉠에서 $x_1=-1$일 때 $y_1=-1$, $x_1=\frac{5}{7}$일 때 $y_1=\frac{1}{7}$이므로 접선의 방정식은

$y=2x+1$ 또는 $y=10x-7$

그런데 $m>0$, $n>0$이므로 $m=2$, $n=1$ $\therefore mn=2$

42 접점의 좌표를 (x_1, y_1)이라 하면 접선의 방정식은

$x_1x-2y_1y=2$

이 직선이 점 $A(0, 1)$을 지나므로

$-2y_1=2$ $\therefore y_1=-1$ ...... ㉠

또 점 (x_1, y_1)은 쌍곡선 $x^2-2y^2=2$ 위의 점이므로

$x_1^2-2y_1^2=2$ ...... ㉡

㉠을 ㉡에 대입하면 $x_1^2-2=2$, $x_1^2=4$ $\therefore x_1=\pm2$

따라서 $P(-2, -1)$, $Q(2, -1)$이므로 구하는 삼각형 APQ의 넓이는

$\frac{1}{2}\times4\times2=4$

유형편

Ⅱ-1 01 벡터의 연산

기초 문제 Training 28쪽

1 (1) $\vec{f}$, $\vec{h}$ (2) $\vec{b}$, $\vec{d}$, $\vec{f}$ (3) $\vec{f}$ (4) $\vec{d}$

2 (1)

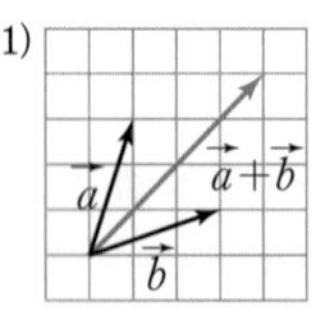

(2)

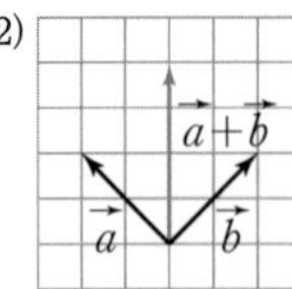

3 (1)

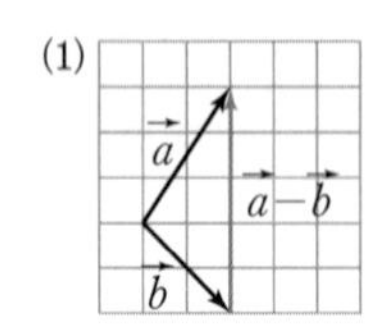

(2)

4 (1) $\overrightarrow{AE}$ (2) $\vec{0}$ (3) $\overrightarrow{DC}$ (4) $\overrightarrow{AD}$

5 (1) $3\vec{a}+2\vec{b}$ (2) $-2\vec{a}-5\vec{b}$

6 (1) $5\vec{a}+4\vec{b}$ (2) $4\vec{a}+6\vec{b}$

7 $\vec{c}$, $\vec{d}$

핵심 유형 Training 29~32쪽

1 $2\sqrt{3}$	2 ㄷ, ㄹ	3 4	4 ⑤	5 ⑤
6 1	7 ⑤	8 $-\frac{3}{2}\vec{a}+\frac{1}{2}\vec{b}$	9 $\frac{1}{2}$	
10 $2\sqrt{5}$	11 ④	12 5	13 -8	14 ②
15 ③	16 ①	17 ④	18 ①	19 ④
20 ③	21 20	22 3	23 11	24 13
25 ③	26 2			

1 오른쪽 그림과 같이 두 대각선의 교점을 H라 하면 $\overline{AC}\perp\overline{BD}$이고 $\angle BAC=60°$이므로

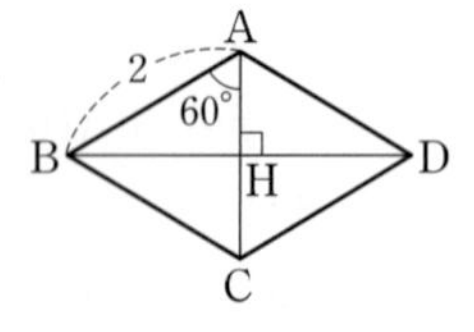

$\overline{BH}=\overline{AB}\sin 60°=\sqrt{3}$

$\therefore |\overrightarrow{BD}|=\overline{BD}=2\overline{BH}=2\sqrt{3}$

2 서로 같은 벡터는 시점의 위치에 관계없이 크기와 방향이 각각 같은 벡터이므로 $\overrightarrow{OB}$와 서로 같은 벡터는
$\overrightarrow{EO}$, $\overrightarrow{FA}$, $\overrightarrow{DC}$
따라서 보기 중 $\overrightarrow{OB}$와 서로 같은 벡터는 ㄷ, ㄹ이다.

3 서로 같은 벡터는 시점의 위치에 관계없이 크기와 방향이 각각 같은 벡터이므로 $\overrightarrow{ED}$와 서로 같은 벡터는 $\overrightarrow{BG}$
또 $\overrightarrow{FG}$와 서로 같은 벡터는 $\overrightarrow{EH}$, $\overrightarrow{OD}$, $\overrightarrow{BO}$
따라서 $m=1$, $n=3$이므로
$m+n=4$

4 ① $\overrightarrow{AA}=\vec{0}$이므로 $|\overrightarrow{AA}|=0$
② $\overline{AB}=\overline{BA}$이므로 $|\overrightarrow{AB}|=|\overrightarrow{BA}|$
③ $\overrightarrow{AC}+\overrightarrow{CA}=\overrightarrow{AA}=\vec{0}$
④ $\overrightarrow{AB}-\overrightarrow{CB}=\overrightarrow{AB}+\overrightarrow{BC}=\overrightarrow{AC}$
⑤ $\overrightarrow{AB}-\overrightarrow{AC}+\overrightarrow{BD}=\overrightarrow{CB}+\overrightarrow{BD}=\overrightarrow{CD}$
따라서 옳지 않은 것은 ⑤이다.

5 $\overrightarrow{AB}+\overrightarrow{BC}-\overrightarrow{CD}=\overrightarrow{AC}+\overrightarrow{DC}$
$=\overrightarrow{AC}+\overrightarrow{FA}$
$=\overrightarrow{FC}$

6 $\overrightarrow{AD}-\overrightarrow{AP}=\overrightarrow{PD}$이므로
$|\overrightarrow{AD}-\overrightarrow{AP}|=|\overrightarrow{PD}|=\overline{PD}$
선분 PD의 길이는 점 P가 점 B에 위치할 때 최대이므로 최댓값은 $\sqrt{2^2+(\sqrt{5})^2}=3$
또 선분 PD의 길이는 점 P가 점 C에 위치할 때 최소이므로 최솟값은 2
따라서 $|\overrightarrow{AD}-\overrightarrow{AP}|$의 최댓값은 3, 최솟값은 2이므로 그 차는
$3-2=1$

7 ① $\overrightarrow{AM}=\frac{1}{3}\overrightarrow{AB}=\frac{1}{3}\vec{a}$
② $\overrightarrow{AN}=\frac{1}{2}\overrightarrow{AC}=\frac{1}{2}\vec{b}$
③ $\overrightarrow{BC}=\overrightarrow{AC}-\overrightarrow{AB}=\vec{b}-\vec{a}$
④ $\overrightarrow{MN}=\overrightarrow{AN}-\overrightarrow{AM}=-\frac{1}{3}\vec{a}+\frac{1}{2}\vec{b}$
⑤ $\overrightarrow{NB}=\overrightarrow{AB}-\overrightarrow{AN}=\vec{a}-\frac{1}{2}\vec{b}$
따라서 옳지 않은 것은 ⑤이다.

8 $\overrightarrow{BF}=\overrightarrow{AF}-\overrightarrow{AB}=\vec{b}-\vec{a}$, $\overrightarrow{FC}=2\overrightarrow{AB}=2\vec{a}$이므로
$\overrightarrow{BC}=\overrightarrow{BF}+\overrightarrow{FC}$
$=(\vec{b}-\vec{a})+2\vec{a}=\vec{a}+\vec{b}$
$\therefore \overrightarrow{FM}=\frac{1}{2}\overrightarrow{FE}=\frac{1}{2}\overrightarrow{BC}$
$=\frac{1}{2}(\vec{a}+\vec{b})=\frac{1}{2}\vec{a}+\frac{1}{2}\vec{b}$
$\therefore \overrightarrow{CM}=\overrightarrow{FM}-\overrightarrow{FC}$
$=\left(\frac{1}{2}\vec{a}+\frac{1}{2}\vec{b}\right)-2\vec{a}=-\frac{3}{2}\vec{a}+\frac{1}{2}\vec{b}$

9 $\overrightarrow{CM}=\frac{1}{2}\overrightarrow{CA}=\frac{1}{2}(\overrightarrow{BA}-\overrightarrow{BC})=\frac{1}{2}(\vec{a}-\vec{b})=\frac{1}{2}\vec{a}-\frac{1}{2}\vec{b}$

이므로

$\overrightarrow{BM}=\overrightarrow{BA}+\overrightarrow{AM}$

$=\overrightarrow{BA}+\overrightarrow{MC}=\overrightarrow{BA}-\overrightarrow{CM}$

$=\vec{a}-\left(\frac{1}{2}\vec{a}-\frac{1}{2}\vec{b}\right)=\frac{1}{2}\vec{a}+\frac{1}{2}\vec{b}$

$\therefore \overrightarrow{NM}=\frac{1}{2}\overrightarrow{BM}=\frac{1}{2}\left(\frac{1}{2}\vec{a}+\frac{1}{2}\vec{b}\right)=\frac{1}{4}\vec{a}+\frac{1}{4}\vec{b}$

$\therefore \overrightarrow{NC}=\overrightarrow{NM}+\overrightarrow{MC}=\overrightarrow{NM}-\overrightarrow{CM}$

$=\left(\frac{1}{4}\vec{a}+\frac{1}{4}\vec{b}\right)-\left(\frac{1}{2}\vec{a}-\frac{1}{2}\vec{b}\right)$

$=-\frac{1}{4}\vec{a}+\frac{3}{4}\vec{b}$

따라서 $p=-\frac{1}{4}$, $q=\frac{3}{4}$이므로 $p+q=\frac{1}{2}$

10 $\overrightarrow{AB}+\overrightarrow{BC}-\overrightarrow{CD}-\overrightarrow{DA}=(\overrightarrow{AB}+\overrightarrow{BC})-(\overrightarrow{CD}+\overrightarrow{DA})$

$=\overrightarrow{AC}-\overrightarrow{CA}=\overrightarrow{AC}+\overrightarrow{AC}$

$=2\overrightarrow{AC}$

이때 $|\overrightarrow{AC}|=\overline{AC}=\sqrt{2^2+1^2}=\sqrt{5}$이므로

$|\overrightarrow{AB}+\overrightarrow{BC}-\overrightarrow{CD}-\overrightarrow{DA}|=|2\overrightarrow{AC}|=2|\overrightarrow{AC}|=2\sqrt{5}$

11 $-\vec{a}+\vec{b}+\vec{c}=-\overrightarrow{AB}+\overrightarrow{BC}+\overrightarrow{AC}$

$=(\overrightarrow{BA}+\overrightarrow{AC})+\overrightarrow{BC}$

$=\overrightarrow{BC}+\overrightarrow{BC}$

$=2\overrightarrow{BC}$

이때 $|-\vec{a}+\vec{b}+\vec{c}|=8$이므로 $|2\overrightarrow{BC}|=8$

$2|\overrightarrow{BC}|=8$, $|\overrightarrow{BC}|=4$ $\quad\therefore \overline{BC}=4$

따라서 정삼각형의 한 변의 길이는 4이다.

12 오른쪽 그림과 같이 한 정육각형의 대각선의 교점을 Q라 하면

$\overrightarrow{OQ}=\overrightarrow{OA}+\overrightarrow{OB}$

$=\vec{a}+\vec{b}$

$\therefore \overrightarrow{AP}=\overrightarrow{OP}-\overrightarrow{OA}$

$=3\overrightarrow{OQ}-\overrightarrow{OA}$

$=3(\vec{a}+\vec{b})-\vec{a}$

$=2\vec{a}+3\vec{b}$

따라서 $m=2$, $n=3$이므로 $m+n=5$

13 $\overrightarrow{AB}+\overrightarrow{AC}+\overrightarrow{AD}+\overrightarrow{AE}+\overrightarrow{AF}+\overrightarrow{AG}+\overrightarrow{AH}$

$=(\overrightarrow{OB}-\overrightarrow{OA})+(\overrightarrow{OC}-\overrightarrow{OA})+\cdots+(\overrightarrow{OH}-\overrightarrow{OA})$

$=(\overrightarrow{OB}+\overrightarrow{OC}+\cdots+\overrightarrow{OH})-7\overrightarrow{OA}$

$=(\overrightarrow{OA}+\overrightarrow{OB}+\overrightarrow{OC}+\cdots+\overrightarrow{OH})-8\overrightarrow{OA}$

$=-8\overrightarrow{OA}$ ($\because \overrightarrow{OA}+\overrightarrow{OB}+\overrightarrow{OC}+\cdots+\overrightarrow{OH}=\vec{0}$)

$\therefore k=-8$

14 $3\vec{x}-\vec{a}+2\vec{b}=\frac{1}{3}\vec{a}-\frac{5}{3}\vec{b}+\frac{1}{2}\vec{x}$에서

$\frac{5}{2}\vec{x}=\frac{4}{3}\vec{a}-\frac{11}{3}\vec{b}$ $\quad\therefore \vec{x}=\frac{8}{15}\vec{a}-\frac{22}{15}\vec{b}$

따라서 $m=\frac{8}{15}$, $n=-\frac{22}{15}$이므로

$m-n=2$

15 $\vec{x}=2\vec{a}-3\vec{b}$ $\quad\cdots\cdots$ ㉠

$\vec{y}=-\vec{a}+2\vec{b}$ $\quad\cdots\cdots$ ㉡

㉠+㉡×2를 하면

$\vec{x}+2\vec{y}=(2\vec{a}-3\vec{b})+2(-\vec{a}+2\vec{b})$

$\therefore \vec{b}=\vec{x}+2\vec{y}$

이를 ㉡에 대입하면

$\vec{y}=-\vec{a}+2(\vec{x}+2\vec{y})$ $\quad\therefore \vec{a}=2\vec{x}+3\vec{y}$

$\therefore 2\vec{a}-5\vec{b}=2(2\vec{x}+3\vec{y})-5(\vec{x}+2\vec{y})=-\vec{x}-4\vec{y}$

따라서 $m=-1$, $n=-4$이므로

$mn=4$

16 $2\vec{x}-\vec{y}=5\vec{a}-3\vec{b}$ $\quad\cdots\cdots$ ㉠

$3\vec{x}+2\vec{y}=4\vec{a}-\vec{b}$ $\quad\cdots\cdots$ ㉡

㉠×2+㉡을 하면

$7\vec{x}=14\vec{a}-7\vec{b}$ $\quad\therefore \vec{x}=2\vec{a}-\vec{b}$

이를 ㉠에 대입하면

$2(2\vec{a}-\vec{b})-\vec{y}=5\vec{a}-3\vec{b}$

$\therefore \vec{y}=-\vec{a}+\vec{b}$

$\therefore 4\vec{x}+6\vec{y}=4(2\vec{a}-\vec{b})+6(-\vec{a}+\vec{b})=2\vec{a}+2\vec{b}$

17 두 벡터가 서로 같을 조건에서

$3m+n-4=0$, $m+n=0$

두 식을 연립하여 풀면 $m=2$, $n=-2$

$\therefore m-n=4$

18 두 벡터가 서로 같을 조건에서

$x-4=y+4$, $2x-7=-(y-3)$

$\therefore x-y=8$, $2x+y=10$

두 식을 연립하여 풀면 $x=6$, $y=-2$

$\therefore x+y=4$

19 $\overrightarrow{AB}=\overrightarrow{OB}-\overrightarrow{OA}=(3\vec{a}-\vec{b})-(\vec{a}+3\vec{b})=2\vec{a}-4\vec{b}$

$\overrightarrow{AC}=\overrightarrow{OC}-\overrightarrow{OA}=(2\vec{a}+k\vec{b})-(\vec{a}+3\vec{b})$

$=\vec{a}+(k-3)\vec{b}$

이때 $m\overrightarrow{AB}=4\overrightarrow{AC}$에서

$m(2\vec{a}-4\vec{b})=4\{\vec{a}+(k-3)\vec{b}\}$

$\therefore 2m\vec{a}-4m\vec{b}=4\vec{a}+(4k-12)\vec{b}$

따라서 $2m=4$, $-4m=4k-12$이므로

$m=2$, $k=1$ $\quad\therefore km=2$

20 두 벡터 $2\vec{a}+5\vec{b}$, $m\vec{a}+(m-6)\vec{b}$가 서로 평행하려면 0이 아닌 실수 k에 대하여

$m\vec{a}+(m-6)\vec{b}=k(2\vec{a}+5\vec{b})$

$\therefore\ m\vec{a}+(m-6)\vec{b}=2k\vec{a}+5k\vec{b}$

따라서 $m=2k$, $m-6=5k$이므로 두 식을 연립하여 풀면

$k=-2$, $m=-4$

21 두 벡터 $\vec{p}-\vec{q}$, $\vec{p}+\vec{r}$가 서로 평행하려면

$\vec{p}+\vec{r}=k(\vec{p}-\vec{q})$ ...... ㉠

를 만족시키는 0이 아닌 실수 k가 존재해야 한다.

$\vec{p}-\vec{q}=(\vec{a}+2\vec{b})-(-2\vec{a}+\vec{b})=3\vec{a}+\vec{b}$

$\vec{p}+\vec{r}=(\vec{a}+2\vec{b})+(m\vec{a}+5\vec{b})=(m+1)\vec{a}+7\vec{b}$

이를 ㉠에 대입하면

$(m+1)\vec{a}+7\vec{b}=k(3\vec{a}+\vec{b})$

$\therefore (m+1)\vec{a}+7\vec{b}=3k\vec{a}+k\vec{b}$

따라서 $m+1=3k$, $7=k$이므로

$m=20$

22 두 벡터 $\overrightarrow{AB}$, $\overrightarrow{AC}$가 서로 평행하려면

$\overrightarrow{AC}=k\overrightarrow{AB}$ ...... ㉠

를 만족시키는 0이 아닌 실수 k가 존재해야 한다.

$\overrightarrow{AB}=\overrightarrow{OB}-\overrightarrow{OA}=(\vec{a}-3\vec{b})-(2\vec{a}-\vec{b})$

$=-\vec{a}-2\vec{b}$

$\overrightarrow{AC}=\overrightarrow{OC}-\overrightarrow{OA}=(4\vec{a}+m\vec{b})-(2\vec{a}-\vec{b})$

$=2\vec{a}+(m+1)\vec{b}$

이를 ㉠에 대입하면

$2\vec{a}+(m+1)\vec{b}=k(-\vec{a}-2\vec{b})$

$\therefore\ 2\vec{a}+(m+1)\vec{b}=-k\vec{a}-2k\vec{b}$

따라서 $2=-k$, $m+1=-2k$이므로

$k=-2$, $m=3$

23 두 벡터 $\vec{x}$, $\vec{y}$가 서로 평행하려면

$\vec{x}=k\vec{y}$ ...... ㉠

를 만족시키는 0이 아닌 실수 k가 존재해야 한다.

$2\vec{a}+\vec{y}=m\vec{a}+3\vec{b}$에서

$\vec{y}=(m-2)\vec{a}+3\vec{b}$ ...... ㉡

㉡을 $\vec{x}-3\vec{y}=-3\vec{a}-\vec{b}$에 대입하면

$\vec{x}-3\{(m-2)\vec{a}+3\vec{b}\}=-3\vec{a}-\vec{b}$

$\therefore\ \vec{x}=(3m-9)\vec{a}+8\vec{b}$ ...... ㉢

㉡, ㉢을 ㉠에 대입하면

$(3m-9)\vec{a}+8\vec{b}=k\{(m-2)\vec{a}+3\vec{b}\}$

$\therefore\ (3m-9)\vec{a}+8\vec{b}=(mk-2k)\vec{a}+3k\vec{b}$

따라서 $3m-9=mk-2k$, $8=3k$이므로

$k=\frac{8}{3}$, $m=11$

24 세 점 A, B, C가 한 직선 위에 있으려면

$\overrightarrow{AC}=k\overrightarrow{AB}$ ...... ㉠

를 만족시키는 0이 아닌 실수 k가 존재해야 한다.

$\overrightarrow{AB}=\overrightarrow{OB}-\overrightarrow{OA}=(-2\vec{a}+5\vec{b})-(3\vec{a}+2\vec{b})=-5\vec{a}+3\vec{b}$

$\overrightarrow{AC}=\overrightarrow{OC}-\overrightarrow{OA}=(m\vec{a}-4\vec{b})-(3\vec{a}+2\vec{b})$

$=(m-3)\vec{a}-6\vec{b}$

이를 ㉠에 대입하면

$(m-3)\vec{a}-6\vec{b}=k(-5\vec{a}+3\vec{b})$

$\therefore\ (m-3)\vec{a}-6\vec{b}=-5k\vec{a}+3k\vec{b}$

따라서 $m-3=-5k$, $-6=3k$이므로

$k=-2$, $m=13$

25 세 점 A, B, C가 한 직선 위에 있으려면

$\overrightarrow{AC}=k\overrightarrow{AB}$ ...... ㉠

를 만족시키는 0이 아닌 실수 k가 존재해야 한다.

$\overrightarrow{AB}=\overrightarrow{OB}-\overrightarrow{OA}=\vec{b}-\vec{a}$

$\overrightarrow{AC}=\overrightarrow{OC}-\overrightarrow{OA}=\{4m\vec{a}+(4-6m)\vec{b}\}-\vec{a}$

$=(4m-1)\vec{a}+(4-6m)\vec{b}$

이를 ㉠에 대입하면

$(4m-1)\vec{a}+(4-6m)\vec{b}=k(\vec{b}-\vec{a})$

$\therefore\ (4m-1)\vec{a}+(4-6m)\vec{b}=-k\vec{a}+k\vec{b}$

따라서 $4m-1=-k$, $4-6m=k$이므로 두 식을 연립하여 풀면

$k=-5$, $m=\frac{3}{2}$

26 세 점 B, P, Q가 한 직선 위에 있으려면

$\overrightarrow{BP}=k\overrightarrow{BQ}$ ...... ㉠

를 만족시키는 0이 아닌 실수 k가 존재해야 한다.

오른쪽 그림과 같이 $\overrightarrow{AD}=\vec{a}$, $\overrightarrow{AB}=\vec{b}$라 하면

$\overrightarrow{AP}=\frac{2}{5}\overrightarrow{AC}=\frac{2}{5}(\overrightarrow{AD}+\overrightarrow{AB})$

$=\frac{2}{5}(\vec{a}+\vec{b})=\frac{2}{5}\vec{a}+\frac{2}{5}\vec{b}$

$\therefore\ \overrightarrow{BP}=\overrightarrow{AP}-\overrightarrow{AB}$

$=\left(\frac{2}{5}\vec{a}+\frac{2}{5}\vec{b}\right)-\vec{b}=\frac{2}{5}\vec{a}-\frac{3}{5}\vec{b}$ ...... ㉡

또 $\overrightarrow{AQ}=\frac{m}{m+1}\overrightarrow{AD}=\frac{m}{m+1}\vec{a}$이므로

$\overrightarrow{BQ}=\overrightarrow{AQ}-\overrightarrow{AB}=\frac{m}{m+1}\vec{a}-\vec{b}$ ...... ㉢

㉡, ㉢을 ㉠에 대입하면

$\frac{2}{5}\vec{a}-\frac{3}{5}\vec{b}=k\left(\frac{m}{m+1}\vec{a}-\vec{b}\right)$

$\therefore\ \frac{2}{5}\vec{a}-\frac{3}{5}\vec{b}=\frac{mk}{m+1}\vec{a}-k\vec{b}$

따라서 $\frac{2}{5}=\frac{mk}{m+1}$, $-\frac{3}{5}=-k$이므로 $k=\frac{3}{5}$, $m=2$

Ⅱ-2 01 평면벡터의 성분

기초 문제 Training

34쪽

1 (1) $-\vec{a}-\vec{b}+2\vec{c}$ (2) $-4\vec{a}-\vec{b}+5\vec{c}$

2 (1) $\frac{3}{5}\vec{a}+\frac{2}{5}\vec{b}$ (2) $\frac{1}{2}\vec{a}+\frac{1}{2}\vec{b}$ (3) $-\frac{1}{3}\vec{a}+\frac{4}{3}\vec{b}$

3 $-\frac{2}{3}\vec{a}+\frac{1}{3}\vec{b}+\frac{1}{3}\vec{c}$

4 (1) $(1, 4)$ (2) $(0, -5)$

5 $\vec{a}=2\vec{e_1}+3\vec{e_2}$, $\vec{b}=-4\vec{e_1}+2\vec{e_2}$

6 (1) $(7, -7)$ (2) $(-12, -1)$

7 (1) 3 (2) $\sqrt{29}$

8 (1) $(1, -3)$, $\sqrt{10}$ (2) $(4, 3)$, 5

핵심 유형 Training

35~39쪽

1 $-\frac{4}{5}\vec{a}+\frac{9}{5}\vec{b}$ **2** ① **3** $-\frac{7}{12}$ **4** $\frac{6}{25}$
5 ③ **6** $\frac{1}{4}$ **7** $\frac{2}{3}$ **8** $m=-\frac{1}{6}$, $n=\frac{1}{6}$
9 ① **10** ① **11** ② **12** 18 **13** 3
14 $(0, 4)$ **15** ④ **16** ④ **17** -6 **18** ③
19 ① **20** $5\sqrt{2}$ **21** $\frac{7}{5}$ **22** ①
23 $\left(-\frac{1}{3}, 0\right)$ **24** ① **25** $(6, 2)$ **26** ⑤
27 ③ **28** $-\frac{1}{3}$ **29** $-\frac{3}{4}$ **30** ② **31** $\frac{10}{3}$
32 $3x-2y-5=0$ **33** ② **34** ②

1 세 점 P, Q, M의 위치벡터를 각각 $\vec{p}$, $\vec{q}$, $\vec{m}$이라 하면

$\vec{p}=\frac{3\vec{b}+2\vec{a}}{3+2}=\frac{2}{5}\vec{a}+\frac{3}{5}\vec{b}$, $\vec{q}=\frac{3\vec{b}-2\vec{a}}{3-2}=-2\vec{a}+3\vec{b}$

$\therefore \vec{m}=\frac{1}{2}\vec{p}+\frac{1}{2}\vec{q}=-\frac{4}{5}\vec{a}+\frac{9}{5}\vec{b}$

2 $\vec{p}=\frac{3\vec{b}+5\vec{a}}{3+5}=\frac{5}{8}\vec{a}+\frac{3}{8}\vec{b}$

$\vec{q}=\frac{5\vec{b}-3\vec{a}}{5-3}=-\frac{3}{2}\vec{a}+\frac{5}{2}\vec{b}$

$\therefore 4\vec{p}+3\vec{q}=4\left(\frac{5}{8}\vec{a}+\frac{3}{8}\vec{b}\right)+3\left(-\frac{3}{2}\vec{a}+\frac{5}{2}\vec{b}\right)$
$=-2\vec{a}+9\vec{b}$

따라서 $x=-2$, $y=9$이므로

$x+y=7$

3 $\overrightarrow{BD}=\vec{a}+\vec{b}$이므로

$\overrightarrow{BP}=\frac{3\overrightarrow{BD}+\overrightarrow{BA}}{3+1}=\frac{1}{4}\vec{a}+\frac{3}{4}(\vec{a}+\vec{b})=\vec{a}+\frac{3}{4}\vec{b}$

$\overrightarrow{BQ}=\frac{2\overrightarrow{BD}+\overrightarrow{BC}}{2+1}=\frac{2}{3}(\vec{a}+\vec{b})+\frac{1}{3}\vec{b}=\frac{2}{3}\vec{a}+\vec{b}$

$\therefore \overrightarrow{PQ}=\overrightarrow{BQ}-\overrightarrow{BP}$
$=\left(\frac{2}{3}\vec{a}+\vec{b}\right)-\left(\vec{a}+\frac{3}{4}\vec{b}\right)$
$=-\frac{1}{3}\vec{a}+\frac{1}{4}\vec{b}$

따라서 $m=-\frac{1}{3}$, $n=\frac{1}{4}$이므로

$m-n=-\frac{7}{12}$

4 선분 BP가 ∠B의 이등분선이므로

$\overline{AP} : \overline{PC}=\overline{BA} : \overline{BC}=2 : 3$

즉, 점 P는 대각선 AC를 2 : 3으로 내분하는 점이므로

$\overrightarrow{BP}=\frac{2\overrightarrow{BC}+3\overrightarrow{BA}}{2+3}=\frac{3}{5}\overrightarrow{BA}+\frac{2}{5}\overrightarrow{BC}$

따라서 $m=\frac{3}{5}$, $n=\frac{2}{5}$이므로

$mn=\frac{6}{25}$

5 $\overrightarrow{BQ}=\frac{1}{2}\overrightarrow{BC}$

$\overrightarrow{BP}=\frac{2\overrightarrow{BC}+\overrightarrow{BA}}{2+1}=\frac{1}{3}\overrightarrow{BA}+\frac{2}{3}\overrightarrow{BC}$

$\therefore \overrightarrow{QP}=\overrightarrow{BP}-\overrightarrow{BQ}=\left(\frac{1}{3}\overrightarrow{BA}+\frac{2}{3}\overrightarrow{BC}\right)-\frac{1}{2}\overrightarrow{BC}$
$=\frac{1}{3}\overrightarrow{BA}+\frac{1}{6}\overrightarrow{BC}$

또 $\overrightarrow{CA}=\overrightarrow{BA}-\overrightarrow{BC}$이므로

$3\overrightarrow{QP}-\overrightarrow{CA}=3\left(\frac{1}{3}\overrightarrow{BA}+\frac{1}{6}\overrightarrow{BC}\right)-(\overrightarrow{BA}-\overrightarrow{BC})$
$=\frac{3}{2}\overrightarrow{BC}$

$\therefore k=\frac{3}{2}$

6 $\overrightarrow{BD}=\vec{a}+\vec{b}$이므로

$\overrightarrow{BP}=\dfrac{3\overrightarrow{BD}+2\overrightarrow{BA}}{3+2}=\dfrac{3}{5}(\vec{a}+\vec{b})+\dfrac{2}{5}\vec{a}=\vec{a}+\dfrac{3}{5}\vec{b}$

삼각형 ABP에서 $\overline{BQ}:\overline{QP}=m:(1-m)$이라 하면

$\overrightarrow{BQ}=m\overrightarrow{BP}=m\vec{a}+\dfrac{3}{5}m\vec{b}$ …… ㉠

삼각형 ABC에서 $\overline{AQ}:\overline{QC}=n:(1-n)$이라 하면

$\overrightarrow{BQ}=\dfrac{n\overrightarrow{BC}+(1-n)\overrightarrow{BA}}{n+(1-n)}=(1-n)\vec{a}+n\vec{b}$ …… ㉡

㉠, ㉡에서

$m\vec{a}+\dfrac{3}{5}m\vec{b}=(1-n)\vec{a}+n\vec{b}$

두 벡터 $\vec{a}$, $\vec{b}$는 서로 평행하지 않으므로

$m=1-n$, $\dfrac{3}{5}m=n$

두 식을 연립하여 풀면 $m=\dfrac{5}{8}$, $n=\dfrac{3}{8}$

따라서 $x=\dfrac{5}{8}$, $y=\dfrac{3}{8}$이므로 $x-y=\dfrac{1}{4}$

7 두 점 G, P의 위치벡터를 각각 $\vec{g}$, $\vec{p}$라 하면

$\vec{g}=\dfrac{\vec{a}+\vec{b}+\vec{c}}{3}$, $\vec{p}=\dfrac{3\vec{b}+\vec{a}}{3+1}=\dfrac{1}{4}\vec{a}+\dfrac{3}{4}\vec{b}$

$\therefore \overrightarrow{GP}=\vec{p}-\vec{g}=\left(\dfrac{1}{4}\vec{a}+\dfrac{3}{4}\vec{b}\right)-\dfrac{\vec{a}+\vec{b}+\vec{c}}{3}$

$=-\dfrac{1}{12}\vec{a}+\dfrac{5}{12}\vec{b}-\dfrac{1}{3}\vec{c}$

따라서 $l=-\dfrac{1}{12}$, $m=\dfrac{5}{12}$, $n=-\dfrac{1}{3}$이므로

$l+m-n=\dfrac{2}{3}$

8 $\overrightarrow{AP}=\dfrac{1}{3}\overrightarrow{AB}=\dfrac{1}{3}\vec{a}$이므로

$\overrightarrow{AM}=\dfrac{\overrightarrow{AP}+\overrightarrow{AC}}{2}=\dfrac{1}{6}\vec{a}+\dfrac{1}{2}\vec{b}$

변 BC의 중점을 N이라 하면

$\overrightarrow{AG}=\dfrac{2}{3}\overrightarrow{AN}=\dfrac{2}{3}\times\dfrac{\overrightarrow{AB}+\overrightarrow{AC}}{2}=\dfrac{1}{3}\vec{a}+\dfrac{1}{3}\vec{b}$

$\therefore \overrightarrow{GM}=\overrightarrow{AM}-\overrightarrow{AG}=\left(\dfrac{1}{6}\vec{a}+\dfrac{1}{2}\vec{b}\right)-\left(\dfrac{1}{3}\vec{a}+\dfrac{1}{3}\vec{b}\right)$

$=-\dfrac{1}{6}\vec{a}+\dfrac{1}{6}\vec{b}$

$\therefore m=-\dfrac{1}{6}$, $n=\dfrac{1}{6}$

9 점 A, B, C, D, E, F, G의 위치벡터를 각각 $\vec{a}$, $\vec{b}$, $\vec{c}$, $\vec{d}$, $\vec{e}$, $\vec{f}$, $\vec{g}$라 하면

$\vec{d}=\dfrac{\vec{a}+\vec{b}}{2}$, $\vec{e}=\dfrac{\vec{b}+\vec{c}}{2}$, $\vec{f}=\dfrac{\vec{c}+\vec{a}}{2}$, $\vec{g}=\dfrac{\vec{a}+\vec{b}+\vec{c}}{3}$

$\therefore \overrightarrow{DG}+\overrightarrow{EG}+\overrightarrow{FG}$

$=(\vec{g}-\vec{d})+(\vec{g}-\vec{e})+(\vec{g}-\vec{f})$

$=3\vec{g}-(\vec{d}+\vec{e}+\vec{f})$

$=3\times\dfrac{\vec{a}+\vec{b}+\vec{c}}{3}-\left(\dfrac{\vec{a}+\vec{b}}{2}+\dfrac{\vec{b}+\vec{c}}{2}+\dfrac{\vec{c}+\vec{a}}{2}\right)$

$=\vec{a}+\vec{b}+\vec{c}-(\vec{a}+\vec{b}+\vec{c})=\vec{0}$

다른 풀이

$\overrightarrow{DG}+\overrightarrow{EG}+\overrightarrow{FG}$

$=-(\overrightarrow{GD}+\overrightarrow{GE}+\overrightarrow{GF})$

$=-\left(\dfrac{\overrightarrow{GA}+\overrightarrow{GB}}{2}+\dfrac{\overrightarrow{GB}+\overrightarrow{GC}}{2}+\dfrac{\overrightarrow{GC}+\overrightarrow{GA}}{2}\right)$

$=-(\overrightarrow{GA}+\overrightarrow{GB}+\overrightarrow{GC})=\vec{0}$

10 네 점 A, B, C, P의 위치벡터를 각각 $\vec{a}$, $\vec{b}$, $\vec{c}$, $\vec{p}$라 하면

$\overrightarrow{PA}+\overrightarrow{PB}+2\overrightarrow{PC}=\overrightarrow{CB}$에서

$(\vec{a}-\vec{p})+(\vec{b}-\vec{p})+2(\vec{c}-\vec{p})=\vec{b}-\vec{c}$

$4\vec{p}=\vec{a}+3\vec{c}$ $\quad\therefore \vec{p}=\dfrac{\vec{a}+3\vec{c}}{4}$

즉, 점 P는 변 AC를 3 : 1로 내분하는 점이므로

$m=3$, $n=1$ $\quad\therefore m-n=2$

다른 풀이

$\overrightarrow{PA}+\overrightarrow{PB}+2\overrightarrow{PC}=\overrightarrow{CB}$에서

$\overrightarrow{PA}+\overrightarrow{PB}+2\overrightarrow{PC}=\overrightarrow{PB}-\overrightarrow{PC}$

$\therefore \overrightarrow{PA}=-3\overrightarrow{PC}$

즉, 점 P는 변 AB를 3 : 1로 내분하는 점이므로

$m=3$, $n=1$ $\quad\therefore m-n=2$

11 $3\overrightarrow{OP}+2\overrightarrow{AP}+\overrightarrow{BP}=3\overrightarrow{OB}$에서

$3\overrightarrow{OP}+2(\overrightarrow{OP}-\overrightarrow{OA})+(\overrightarrow{OP}-\overrightarrow{OB})=3\overrightarrow{OB}$

$6\overrightarrow{OP}=2\overrightarrow{OA}+4\overrightarrow{OB}$ $\quad\therefore \overrightarrow{OP}=\dfrac{\overrightarrow{OA}+2\overrightarrow{OB}}{3}$

즉, 점 P는 변 AB를 2 : 1로 내분하는 점이므로

$\triangle OAP:\triangle OPB=\overline{AP}:\overline{PB}=2:1$

$\therefore \triangle OPB=\dfrac{1}{3}\triangle OAB=\dfrac{1}{3}\times 15=5$

12 $6\overrightarrow{PA}+3\overrightarrow{PC}=4\overrightarrow{BP}$에서

$6\overrightarrow{AP}=4\overrightarrow{PB}+3\overrightarrow{PC}$ $\quad\therefore 6\overrightarrow{AP}=7\times\dfrac{4\overrightarrow{PB}+3\overrightarrow{PC}}{7}$

이때 $\dfrac{4\overrightarrow{PB}+3\overrightarrow{PC}}{7}=\overrightarrow{PQ}$라 하면 점 Q는 변 BC를 3 : 4로 내분하는 점이다.

또 $6\overrightarrow{AP}=7\overrightarrow{PQ}$에서 $|\overrightarrow{AP}|:|\overrightarrow{PQ}|=7:6$이므로 점 P는 선분 AQ를 7 : 6으로 내분하는 점이다.

따라서 점 Q는 직선 AP와 변 BC의 교점이므로 점 E와 일치한다.

$\therefore \overline{BE}:\overline{EC}=3:4$

$\therefore \triangle BEP=\frac{6}{13}\triangle ABE$

$=\frac{6}{13}\times\frac{3}{7}\triangle ABC$

$=\frac{6}{13}\times\frac{3}{7}\times 91$

$=18$

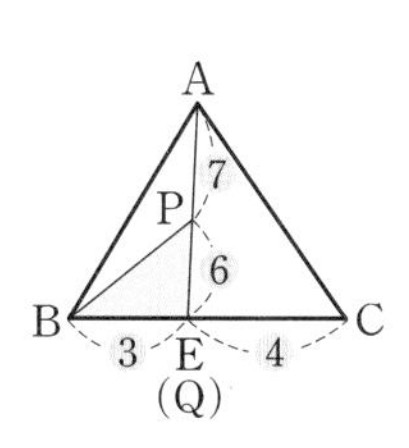

13 $2(4\vec{a}-2\vec{b}-\vec{c})-(6\vec{a}+\vec{b}-3\vec{c})$

$=2\vec{a}-5\vec{b}+\vec{c}$

$=2(-2,\ 1)-5(1,\ -1)+(3,\ 2)$

$=(-6,\ 9)$

따라서 $m=-6$, $n=9$이므로

$m+n=3$

14 $\vec{a}+2\vec{b}=(1,\ 3)$ ...... ㉠

$\vec{a}-\vec{b}=(-2,\ 6)$ ...... ㉡

㉠－㉡을 하면

$3\vec{b}=(3,\ -3)$ $\quad\therefore \vec{b}=(1,\ -1)$

$\vec{b}=(1,\ -1)$을 ㉡에 대입하면

$\vec{a}-(1,\ -1)=(-2,\ 6)$ $\quad\therefore \vec{a}=(-1,\ 5)$

$\therefore \vec{a}+\vec{b}=(0,\ 4)$

15 $\vec{a}+2\vec{b}=(1,\ 1)$이므로

$|\vec{a}+2\vec{b}|=\sqrt{1^2+1^2}=\sqrt{2}$

즉, $\vec{a}+2\vec{b}$와 방향이 같고 크기가 4인 벡터는

$4\times\frac{\vec{a}+2\vec{b}}{|\vec{a}+2\vec{b}|}=\frac{4}{\sqrt{2}}(1,\ 1)=(2\sqrt{2},\ 2\sqrt{2})$

따라서 $p=2\sqrt{2}$, $q=2\sqrt{2}$이므로

$p+q=4\sqrt{2}$

16 $2\vec{a}+t\vec{b}=(3t-2,\ -t+4)$이므로

$f(t)=|2\vec{a}+t\vec{b}|$

$=\sqrt{(3t-2)^2+(-t+4)^2}$

$=\sqrt{10(t-1)^2+10}$

즉, $f(t)$는 $t=1$일 때 최솟값 $\sqrt{10}$을 가지므로

$\alpha=1$, $m=\sqrt{10}$

$\therefore \alpha+m^2=1+10=11$

17 $\vec{c}=m\vec{a}+n\vec{b}$에서

$(-11,\ -4)=m(-3,\ 0)+n(1,\ 2)$

$=(-3m+n,\ 2n)$

$\therefore -11=-3m+n$, $-4=2n$

따라서 $m=3$, $n=-2$이므로

$mn=-6$

18 $\vec{a}=n\vec{b}+2\vec{c}$에서

$(m,\ 3)=n(1,\ -2)+2(3,\ 1)$

$=(n+6,\ -2n+2)$

$\therefore m=n+6$, $3=-2n+2$

따라서 $m=\frac{11}{2}$, $n=-\frac{1}{2}$이므로 $m+n=5$

19 $\vec{a}-2\vec{b}=\vec{b}+\vec{c}$에서 $\vec{a}=3\vec{b}+\vec{c}$이므로

$(1,\ -2)=3(2,\ x)+(1-y,\ 4)$

$=(-y+7,\ 3x+4)$

$\therefore 1=-y+7$, $-2=3x+4$

$\therefore x=-2$, $y=6$

즉, $\vec{a}=(1,\ -2)$, $\vec{b}=(2,\ -2)$, $\vec{c}=(-5,\ 4)$이므로

$\vec{a}+\vec{b}+\vec{c}=(-2,\ 0)$

$\therefore |\vec{a}+\vec{b}+\vec{c}|=\sqrt{(-2)^2+0^2}=2$

20 $\overrightarrow{CA}=(3,\ 1)$, $\overrightarrow{CB}=(1,\ 2)$이므로

$\overrightarrow{CA}+2\overrightarrow{CB}=(3,\ 1)+2(1,\ 2)=(5,\ 5)$

$\therefore |\overrightarrow{CA}+2\overrightarrow{CB}|=\sqrt{5^2+5^2}=5\sqrt{2}$

21 $\overrightarrow{OC}=(1,\ -1)$, $\overrightarrow{AB}=(1,\ 0)$, $\overrightarrow{AC}=(-1,\ -5)$이므로

$\overrightarrow{OC}=m\overrightarrow{AB}+n\overrightarrow{AC}$에서

$(1,\ -1)=m(1,\ 0)+n(-1,\ -5)$

$=(m-n,\ -5n)$

$\therefore 1=m-n$, $-1=-5n$

따라서 $m=\frac{6}{5}$, $n=\frac{1}{5}$이므로 $m+n=\frac{7}{5}$

22 $\overrightarrow{BA}=(t-1,\ t-2)$이고 $|\overrightarrow{BA}|=1$이므로

$\sqrt{(t-1)^2+(t-2)^2}=1$

양변을 제곱하면

$t^2-2t+1+t^2-4t+4=1$, $t^2-3t+2=0$

$(t-1)(t-2)=0$ $\quad\therefore t=1$ 또는 $t=2$

따라서 모든 t의 값의 합은 $1+2=3$

23 점 P의 좌표를 $(x,\ y)$라 하면

$\overrightarrow{AP}=(x+3,\ y-5)$, $\overrightarrow{BP}=(x,\ y+2)$,

$\overrightarrow{CP}=(x-1,\ y-3)$, $\overrightarrow{AB}=(3,\ -7)$

$2\overrightarrow{AP}+3\overrightarrow{BP}+\overrightarrow{CP}=\overrightarrow{AB}$이므로

$2(x+3,\ y-5)+3(x,\ y+2)+(x-1,\ y-3)=(3,\ -7)$

$(6x+5,\ 6y-7)=(3,\ -7)$

$\therefore 6x+5=3$, $6y-7=-7$

따라서 $x=-\frac{1}{3}$, $y=0$이므로 점 P의 좌표는 $\left(-\frac{1}{3},\ 0\right)$

24 점 P의 좌표를 (x, y)라 하면
$\overrightarrow{AP}=(x+2, y-3)$, $\overrightarrow{BP}=(x-3, y-4)$,
$\overrightarrow{PC}=(-x+2, -y+2)$
$\overrightarrow{AP}+\overrightarrow{BP}=\overrightarrow{PC}$이므로
$(x+2, y-3)+(x-3, y-4)=(-x+2, -y+2)$
$(2x-1, 2y-7)=(-x+2, -y+2)$
$\therefore 2x-1=-x+2, 2y-7=-y+2$
따라서 $x=1$, $y=3$이므로 $\overrightarrow{BP}=(-2, -1)$
$\therefore |\overrightarrow{BP}|=\sqrt{(-2)^2+(-1)^2}=\sqrt{5}$

25 점 C의 좌표를 (x, y)라 하면 $\overrightarrow{BC}=(x-3, y-1)$
$\overrightarrow{OA}=\overrightarrow{BC}$이므로
$(1, 2)=(x-3, y-1)$
$\therefore 1=x-3, 2=y-1$
따라서 $x=4$, $y=3$이므로 점 C의 좌표는 $(4, 3)$
점 D의 좌표를 (a, b)라 하면
$\overrightarrow{AB}=(2, -1)$, $\overrightarrow{CD}=(a-4, b-3)$
$\overrightarrow{AB}=\overrightarrow{CD}$이므로
$(2, -1)=(a-4, b-3)$
$\therefore 2=a-4, -1=b-3$
따라서 $a=6$, $b=2$이므로 점 D의 좌표는 $(6, 2)$

26 선분 OP가 $\angle AOB$의 이등분선이므로
$\overline{AP}:\overline{PB}=\overline{OA}:\overline{OB}=2:5$
즉, 점 P는 선분 AB를 $2:5$로 내분하는 점이므로
$\overrightarrow{OP}=\frac{2\overrightarrow{OB}+5\overrightarrow{OA}}{2+5}=\frac{5}{7}\overrightarrow{OA}+\frac{2}{7}\overrightarrow{OB}$
$=\frac{5}{7}(2, 0)+\frac{2}{7}(-3, 4)=\left(\frac{4}{7}, \frac{8}{7}\right)$
따라서 $7\overrightarrow{OP}=(4, 8)$이므로
$|7\overrightarrow{OP}|=\sqrt{4^2+8^2}=4\sqrt{5}$

27 점 P의 좌표를 $\left(t, \frac{4}{t}\right)$ $(t>0)$라 하면
$\overrightarrow{PA}=\left(-t-2, -\frac{4}{t}\right)$, $\overrightarrow{PB}=\left(-t+2, -\frac{4}{t}\right)$이므로
$\overrightarrow{PA}+\overrightarrow{PB}=\left(-2t, -\frac{8}{t}\right)$
$\therefore |\overrightarrow{PA}+\overrightarrow{PB}|=\sqrt{4t^2+\frac{64}{t^2}}$
$t^2>0$이므로
$4t^2+\frac{64}{t^2}\geq 2\sqrt{4t^2\times\frac{64}{t^2}}=32$
$\left(\text{단, 등호는 } 4t^2=\frac{64}{t^2}\text{, 즉 } t=2\text{일 때 성립}\right)$
따라서 $|\overrightarrow{PA}+\overrightarrow{PB}|$의 최솟값은 $4\sqrt{2}$이다.

28 두 벡터 $\vec{a}$, $\vec{b}$가 서로 평행하므로
$\vec{b}=k\vec{a}$ (단, k는 0이 아닌 실수)
$(t+1, 2t+3)=k(2, 7)=(2k, 7k)$
$\therefore t+1=2k, 2t+3=7k$
두 식을 연립하여 풀면 $k=\frac{1}{3}$, $t=-\frac{1}{3}$

29 $\vec{a}+2\vec{b}=(-2, 2p+3)$, $2\vec{a}+\vec{b}=(-7, p+6)$
두 벡터 $\vec{a}+2\vec{b}$, $2\vec{a}+\vec{b}$가 서로 평행하므로
$2\vec{a}+\vec{b}=k(\vec{a}+2\vec{b})$ (단, k는 0이 아닌 실수)
$(-7, p+6)=k(-2, 2p+3)$
$\therefore -7=-2k, p+6=k(2p+3)$
$\therefore k=\frac{7}{2}, p=-\frac{3}{4}$

30 $\vec{a}-2\vec{c}=(-6, 4)$, $t\vec{b}+\vec{c}=(2t+4, -2t+2)$
두 벡터 $\vec{a}-2\vec{c}$, $t\vec{b}+\vec{c}$가 서로 평행하므로
$t\vec{b}+\vec{c}=k(\vec{a}-2\vec{c})$ (단, k는 0이 아닌 실수)
$(2t+4, -2t+2)=k(-6, 4)=(-6k, 4k)$
$\therefore 2t+4=-6k, -2t+2=4k$
두 식을 연립하여 풀면 $k=-3$, $t=7$

31 $\overrightarrow{AB}=(-1, -a+4)$, $\overrightarrow{AC}=(-3, 2)$
세 점 A, B, C가 한 직선 위에 있으려면
$\overrightarrow{AB}=k\overrightarrow{AC}$ (단, k는 0이 아닌 실수)
$(-1, -a+4)=k(-3, 2)=(-3k, 2k)$
$\therefore -1=-3k, -a+4=2k$
$\therefore k=\frac{1}{3}, a=\frac{10}{3}$

32 점 P의 좌표를 (x, y)라 하면
$\overrightarrow{AP}=(x-6, y)$, $\overrightarrow{BP}=(x, y-4)$
$|\overrightarrow{AP}|=|\overrightarrow{BP}|$이므로
$\sqrt{(x-6)^2+y^2}=\sqrt{x^2+(y-4)^2}$
양변을 제곱하면
$x^2-12x+36+y^2=x^2+y^2-8y+16$
$\therefore 3x-2y-5=0$

33 점 P의 좌표를 (x, y)라 하면
$\overrightarrow{AP}=(x-1, y-1)$, $\overrightarrow{BP}=(x-4, y-1)$,
$\overrightarrow{CP}=(x-1, y-4)$
$\therefore \overrightarrow{AP}+\overrightarrow{BP}+\overrightarrow{CP}=(3x-6, 3y-6)$
$|\overrightarrow{AP}+\overrightarrow{BP}+\overrightarrow{CP}|=3\sqrt{5}$이므로
$\sqrt{(3x-6)^2+(3y-6)^2}=3\sqrt{5}$

양변을 제곱하면

$9(x-2)^2+9(y-2)^2=45$

$\therefore (x-2)^2+(y-2)^2=5$

따라서 점 P가 나타내는 도형은 중심이 점 (2, 2)이고 반지름의 길이가 $\sqrt{5}$인 원이므로 그 둘레의 길이는

$2\pi\times\sqrt{5}=2\sqrt{5}\pi$

34 두 점 P, Q의 좌표를 각각 (x, y), (x', y')이라 하면

$\overrightarrow{AP}=(x-4, y-6)$, $\overrightarrow{BP}=(x-4, y+4)$,

$\overrightarrow{BQ}=(x'-4, y'+4)$

$2\overrightarrow{AP}+\overrightarrow{BP}=\overrightarrow{BQ}$이므로

$2(x-4, y-6)+(x-4, y+4)=(x'-4, y'+4)$

$(3x-12, 3y-8)=(x'-4, y'+4)$

$\therefore 3x-12=x'-4,\ 3y-8=y'+4$

$\therefore x=\dfrac{x'+8}{3},\ y=\dfrac{y'+12}{3}$ ...... ㉠

점 P는 중심이 원점이고 반지름의 길이가 1인 원 위를 움직이므로 $x^2+y^2=1$

이 식에 ㉠을 대입하면

$\left(\dfrac{x'+8}{3}\right)^2+\left(\dfrac{y'+12}{3}\right)^2=1$

$\therefore (x'+8)^2+(y'+12)^2=9$

따라서 점 Q가 나타내는 도형은 중심이 점 (−8, −12)이고 반지름의 길이가 3인 원이므로 그 넓이는

$\pi\times3^2=9\pi$

Ⅱ-2 02 평면벡터의 내적

기초 문제 Training 40쪽

1 (1) **6** (2) $\mathbf{3\sqrt{3}}$ (3) $\mathbf{3\sqrt{2}}$ (4) $\mathbf{-3}$

2 (1) $\mathbf{-4}$ (2) $\mathbf{-1}$ (3) **4** (4) **2**

3 (1) $\mathbf{-5}$ (2) $\mathbf{-2}$

4 (1) **45°** (2) **60°** (3) **150°** (4) **120°**

5 (1) **4** (2) $-\dfrac{5}{2}$

6 (1) $-\dfrac{2}{5}$ (2) $\mathbf{-8}$

핵심 유형 Training 41~44쪽

1 3	**2** ②	**3** ③	**4** ①	**5** ④
6 84	**7** −18	**8** ①	**9** ②	**10** ②
11 −9	**12** ⑤	**13** ④	**14** 19	**15** $4\sqrt{3}$
16 ③	**17** $2\sqrt{3}$	**18** 3	**19** ②	**20** $\frac{4}{5}$
21 135°	**22** $\frac{\sqrt{3}}{3}$	**23** 45°	**24** ③	**25** $\sqrt{2}$
26 $\frac{7}{12}$	**27** $\frac{4}{5}$	**28** $\frac{1}{2}$, 4	**29** ①	**30** ⑤
31 (3, 3)				

1 두 벡터 $\overrightarrow{AB}$, $\overrightarrow{AC}$가 이루는 각의 크기는 60°이므로

$\overrightarrow{AB}\cdot\overrightarrow{AC}=|\overrightarrow{AB}||\overrightarrow{AC}|\cos60°$

$=\sqrt{6}\times\sqrt{6}\times\dfrac{1}{2}=3$

2 $|\overrightarrow{OM}|=\dfrac{\sqrt{3}}{2}\times3=\dfrac{3\sqrt{3}}{2}$

$|\overrightarrow{OP}|=\dfrac{1}{3}|\overrightarrow{OA}|=1$

이때 ∠MOP=30°이므로

$\overrightarrow{OM}\cdot\overrightarrow{OP}=|\overrightarrow{OM}||\overrightarrow{OP}|\cos30°$

$=\dfrac{3\sqrt{3}}{2}\times1\times\dfrac{\sqrt{3}}{2}=\dfrac{9}{4}$

3 오른쪽 그림에서

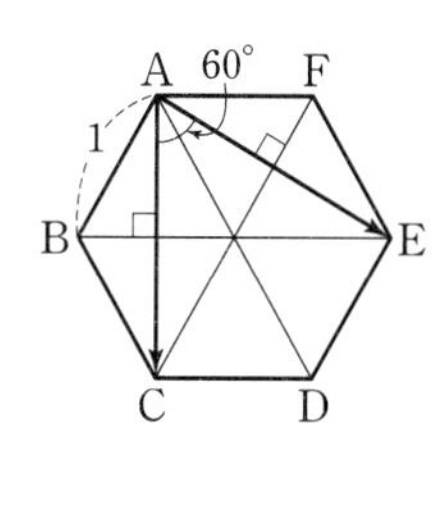

$|\overrightarrow{AC}|=|\overrightarrow{AE}|$

$=2\left(\dfrac{\sqrt{3}}{2}\times1\right)=\sqrt{3}$

이때 ∠EAC=60°이므로

$\overrightarrow{AC}\cdot\overrightarrow{AE}=|\overrightarrow{AC}||\overrightarrow{AE}|\cos60°$

$=\sqrt{3}\times\sqrt{3}\times\dfrac{1}{2}=\dfrac{3}{2}$

4 변 BC의 중점을 M이라 하면

$\overline{AM}=\dfrac{\sqrt{3}}{2}\times\sqrt{3}=\dfrac{3}{2}$

$\therefore |\overrightarrow{BG}|=|\overrightarrow{GC}|=\dfrac{2}{3}\overline{AM}=1$

오른쪽 그림에서 $\overrightarrow{BG}=\overrightarrow{GB'}$이므로

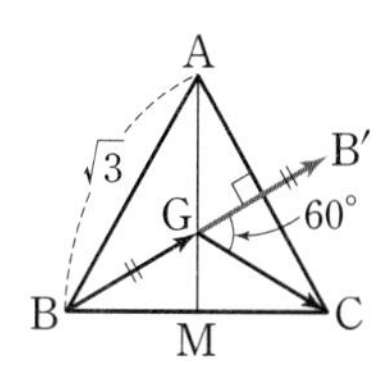

∠B′GC=60°

$\therefore \overrightarrow{BG}\cdot\overrightarrow{GC}$

$=\overrightarrow{GB'}\cdot\overrightarrow{GC}$

$=|\overrightarrow{GB'}||\overrightarrow{GC}|\cos60°$

$=1\times1\times\dfrac{1}{2}=\dfrac{1}{2}$

5 두 벡터 $\overrightarrow{BA}$, $\overrightarrow{BC}$가 이루는 각의 크기를 θ라 하면

$\theta=180°-120°=60°$

$\overrightarrow{BA}\cdot\overrightarrow{BC}=3$이므로 $|\overrightarrow{BA}||\overrightarrow{BC}|\cos 60°=3$

$3\times|\overrightarrow{BC}|\times\frac{1}{2}=3 \qquad \therefore |\overrightarrow{BC}|=2$

따라서 $\overline{BC}=2$이므로 구하는 평행사변형 ABCD의 넓이는

$2\triangle ABC=2\left(\frac{1}{2}\times\overline{BC}\times\overline{AB}\sin 60°\right)$

$=2\left(\frac{1}{2}\times2\times3\times\frac{\sqrt{3}}{2}\right)=3\sqrt{3}$

6 오른쪽 그림과 같이 점 O에서 변 AB에 내린 수선의 발을 D라 하면

$\triangle BOH\equiv\triangle BOD$

두 벡터 $\overrightarrow{BO}$, $\overrightarrow{BA}$가 이루는 각의 크기를 θ라 하면

$\angle OBD=\angle OBH=\theta$

따라서 직각삼각형 OBH에서 $\overline{BO}\cos\theta=\overline{BH}=7$이므로

$\overrightarrow{BO}\cdot\overrightarrow{BA}=|\overrightarrow{BO}||\overrightarrow{BA}|\cos\theta=|\overrightarrow{BA}||\overrightarrow{BO}|\cos\theta$

$=|\overrightarrow{BA}||\overrightarrow{BH}|=12\times7=84$

7 삼각형 BCD에서 $\overline{BD}=\sqrt{(3\sqrt{3})^2+3^2}=6$

$\overline{AP}=\frac{1}{3}\overline{AD}=\sqrt{3}$이므로 삼각형 ABP에서

$\overline{PB}=\sqrt{(\sqrt{3})^2+3^2}=2\sqrt{3}$

이때 $\angle DBC=30°$, $\angle BPA=60°$이므로 오른쪽 그림과 같이 $\overrightarrow{BD}=\overrightarrow{PD'}$이 되도록 점 D'을 잡으면

$\angle D'PB=150°$

$\therefore \overrightarrow{PB}\cdot\overrightarrow{BD}=\overrightarrow{PB}\cdot\overrightarrow{PD'}$

$=-|\overrightarrow{PB}||\overrightarrow{PD'}|\cos(180°-150°)$

$=-2\sqrt{3}\times6\times\frac{\sqrt{3}}{2}=-18$

8 $\vec{a}+\vec{b}=(2, 1)$, $\vec{a}-\vec{b}=(-6, 7)$이므로

$(\vec{a}+\vec{b})\cdot(\vec{a}-\vec{b})=-12+7=-5$

9 $\vec{a}+\vec{b}=(k+2, 3k-4)$, $|\vec{a}+\vec{b}|=10$이므로

$\sqrt{(k+2)^2+(3k-4)^2}=10$

양변을 제곱하면

$k^2+4k+4+9k^2-24k+16=100$

$k^2-2k-8=0$, $(k+2)(k-4)=0$

$\therefore k=-2$ 또는 $k=4$

그런데 $k<0$이므로 $k=-2$

따라서 $\vec{a}=(-4, -4)$, $\vec{b}=(4, -6)$이므로

$\vec{a}\cdot\vec{b}=-16+24=8$

10 $\overrightarrow{OA}\cdot\overrightarrow{OB}=16$이므로

$-x+7y=16 \qquad \therefore x-7y=-16 \qquad \cdots\cdots ㉠$

$\overrightarrow{OB}\cdot\overrightarrow{OC}=-5$이므로

$-(x-3)-y=-5 \qquad \therefore x+y=8 \qquad \cdots\cdots ㉡$

㉠, ㉡을 연립하여 풀면

$x=5$, $y=3$

따라서 A(5, 7), B(−1, 3), C(2, −1)이므로

$\overrightarrow{AB}=(-6, -4)$, $\overrightarrow{AC}=(-3, -8)$

$\therefore \overrightarrow{AB}\cdot\overrightarrow{AC}=18+32=50$

11 두 점 P, Q의 좌표를 각각 $\left(\frac{a^2}{6}, a\right)$, $\left(\frac{b^2}{6}, b\right)$라 하면

$\overrightarrow{OP}\cdot\overrightarrow{OQ}=\left(\frac{a^2}{6}, a\right)\cdot\left(\frac{b^2}{6}, b\right)=\frac{1}{36}(ab)^2+ab$

$=\frac{1}{36}(ab+18)^2-9$

따라서 $\overrightarrow{OP}\cdot\overrightarrow{OQ}$는 $ab=-18$일 때 최솟값 -9를 갖는다.

12 $\vec{a}\cdot\vec{b}=1\times2\times\cos 60°=1$이므로

$(2\vec{a}+3\vec{b})\cdot(3\vec{a}-\vec{b})$

$=6|\vec{a}|^2+7\vec{a}\cdot\vec{b}-3|\vec{b}|^2$

$=6\times1^2+7\times1-3\times2^2=1$

13 $|2\vec{a}-\vec{b}|=2\sqrt{5}$의 양변을 제곱하면

$4|\vec{a}|^2-4\vec{a}\cdot\vec{b}+|\vec{b}|^2=20$

$4\times3^2-4\vec{a}\cdot\vec{b}+2^2=20 \qquad \therefore \vec{a}\cdot\vec{b}=5$

14 $|\vec{a}+\vec{b}|=\sqrt{7}$의 양변을 제곱하면

$|\vec{a}|^2+2\vec{a}\cdot\vec{b}+|\vec{b}|^2=7 \qquad \cdots\cdots ㉠$

$|\vec{a}-\vec{b}|=3$의 양변을 제곱하면

$|\vec{a}|^2-2\vec{a}\cdot\vec{b}+|\vec{b}|^2=9 \qquad \cdots\cdots ㉡$

㉠+㉡을 하면 $2(|\vec{a}|^2+|\vec{b}|^2)=16$

$\therefore |\vec{a}|^2+|\vec{b}|^2=8$

㉠−㉡을 하면 $4\vec{a}\cdot\vec{b}=-2$

$\therefore \vec{a}\cdot\vec{b}=-\frac{1}{2}$

$\therefore (3\vec{a}+\vec{b})\cdot(\vec{a}+3\vec{b})=3|\vec{a}|^2+10\vec{a}\cdot\vec{b}+3|\vec{b}|^2$

$=3(|\vec{a}|^2+|\vec{b}|^2)+10\vec{a}\cdot\vec{b}$

$=3\times8+10\times\left(-\frac{1}{2}\right)=19$

15 $\vec{a}\cdot\vec{b}=4\times|\vec{b}|\times\cos 30°=2\sqrt{3}|\vec{b}|$

$|2\vec{a}-\vec{b}|=4$의 양변을 제곱하면

$4|\vec{a}|^2-4\vec{a}\cdot\vec{b}+|\vec{b}|^2=16$

$4\times4^2-4\times2\sqrt{3}|\vec{b}|-|\vec{b}|^2=16$

$|\vec{b}|^2-8\sqrt{3}|\vec{b}|+48=0$, $(|\vec{b}|-4\sqrt{3})^2=0$

$\therefore |\vec{b}|=4\sqrt{3}$

16 $\vec{a}\cdot\vec{b}=|\vec{a}||\vec{b}|\cos 45°=\sqrt{2}\times4\times\frac{\sqrt{2}}{2}=4$

$|\vec{a}-k\vec{b}|=2$의 양변을 제곱하면

$|\vec{a}|^2-2k\vec{a}\cdot\vec{b}+k^2|\vec{b}|^2=4$

$(\sqrt{2})^2-2k\times4+k^2\times4^2=4$

$\therefore 8k^2-4k-1=0$

따라서 모든 실수 k의 값의 합은 $-\frac{-4}{8}=\frac{1}{2}$

17 $\overline{AB}=3$, $\angle B=30°$이므로

$\overrightarrow{BA}\cdot\overrightarrow{BC}=|\overrightarrow{BA}||\overrightarrow{BC}|\cos 30°=\frac{3\sqrt{3}}{2}\overline{BC}$

$\overrightarrow{BA}\cdot(\overrightarrow{BA}+2\overrightarrow{BC})=27$이므로

$|\overrightarrow{BA}|^2+2\overrightarrow{BA}\cdot\overrightarrow{BC}=27$

$3^2+2\times\frac{3\sqrt{3}}{2}\overline{BC}=27 \qquad \therefore \overline{BC}=2\sqrt{3}$

18 정사각형의 한 변의 길이를 k라 하면 $\angle CAB=45°$, $|\overrightarrow{AC}|=\sqrt{2}k$이므로

$\vec{a}\cdot\vec{b}=|\vec{a}||\vec{b}|\cos 45°=k\times\sqrt{2}k\times\frac{\sqrt{2}}{2}=k^2$

$(\vec{a}-2\vec{b})\cdot(3\vec{a}-2\vec{b})=27$이므로

$3|\vec{a}|^2-8\vec{a}\cdot\vec{b}+4|\vec{b}|^2=27$

$3k^2-8k^2+4\times(\sqrt{2}k)^2=27$

$k^2=9 \qquad \therefore k=3$

따라서 정사각형의 한 변의 길이는 3이다.

19 선분 AP가 $\angle A$의 이등분선이므로

$\overline{BP}:\overline{PC}=\overline{AB}:\overline{AC}=5:3$

즉, 점 P는 변 BC를 $5:3$으로 내분하는 점이므로

$\overrightarrow{AP}=\frac{5\overrightarrow{AC}+3\overrightarrow{AB}}{5+3}=\frac{3}{8}\overrightarrow{AB}+\frac{5}{8}\overrightarrow{AC}$

한편 $\angle A=120°$이므로

$\overrightarrow{AB}\cdot\overrightarrow{AC}=-|\overrightarrow{AB}||\overrightarrow{AC}|\cos(180°-120°)$

$=-10\times6\times\frac{1}{2}=-30$

$\therefore \overrightarrow{AP}\cdot\overrightarrow{AC}=\left(\frac{3}{8}\overrightarrow{AB}+\frac{5}{8}\overrightarrow{AC}\right)\cdot\overrightarrow{AC}$

$=\frac{3}{8}\overrightarrow{AB}\cdot\overrightarrow{AC}+\frac{5}{8}|\overrightarrow{AC}|^2$

$=\frac{3}{8}\times(-30)+\frac{5}{8}\times6^2=\frac{45}{4}$

20 $2\vec{a}+\vec{b}=(4, 5)$에서

$2\vec{a}=(4, 5)-\vec{b} \qquad \therefore \vec{a}=(1, 2)$

따라서 $\vec{a}\cdot\vec{b}=2+2=4>0$이므로

$\cos\theta=\frac{\vec{a}\cdot\vec{b}}{|\vec{a}||\vec{b}|}=\frac{4}{\sqrt{1^2+2^2}\sqrt{2^2+1^2}}=\frac{4}{5}$

21 $2\vec{a}+3\vec{b}=(1, 3)$, $2\vec{a}-3\vec{b}=(-2, -1)$이므로

$(2\vec{a}+3\vec{b})\cdot(2\vec{a}-3\vec{b})=-2-3=-5<0$

따라서 두 벡터 $2\vec{a}+3\vec{b}$, $2\vec{a}-3\vec{b}$가 이루는 각의 크기를 $\theta\,(90°<\theta\le180°)$라 하면

$\cos(180°-\theta)=-\frac{(2\vec{a}+3\vec{b})\cdot(2\vec{a}-3\vec{b})}{|2\vec{a}+3\vec{b}||2\vec{a}-3\vec{b}|}$

$=-\frac{-5}{\sqrt{1^2+3^2}\sqrt{(-2)^2+(-1)^2}}=\frac{\sqrt{2}}{2}$

그런데 $90°<\theta\le180°$이므로

$180°-\theta=45° \qquad \therefore \theta=135°$

22 $\overrightarrow{AB}=(0, -2\sqrt{3})$, $\overrightarrow{CD}=(\sqrt{6}, -\sqrt{3})$이므로

$\overrightarrow{AB}\cdot\overrightarrow{CD}=0+6=6>0$

$\therefore \cos\theta=\frac{\overrightarrow{AB}\cdot\overrightarrow{CD}}{|\overrightarrow{AB}||\overrightarrow{CD}|}$

$=\frac{6}{\sqrt{0^2+(-2\sqrt{3})^2}\sqrt{(\sqrt{6})^2+(-\sqrt{3})^2}}=\frac{\sqrt{3}}{3}$

23 $\vec{a}\cdot\vec{b}=5$이므로

$x^2-x+3=5$, $x^2-x-2=0$

$(x+1)(x-2)=0 \qquad \therefore x=-1$ 또는 $x=2$

그런데 $x>0$이므로 $x=2$

$\therefore \vec{a}=(2, 1)$, $\vec{b}=(1, 3)$

따라서 $\vec{a}\cdot\vec{b}=5>0$이므로 두 벡터 $\vec{a}$, $\vec{b}$가 이루는 각의 크기를 $\theta\,(0°\le\theta<90°)$라 하면

$\cos\theta=\frac{\vec{a}\cdot\vec{b}}{|\vec{a}||\vec{b}|}=\frac{5}{\sqrt{2^2+1^2}\sqrt{1^2+3^2}}=\frac{\sqrt{2}}{2}$

그런데 $0°\le\theta<90°$이므로 $\theta=45°$

24 $|3\vec{a}-\vec{b}|=3\sqrt{3}$의 양변을 제곱하면

$9|\vec{a}|^2-6\vec{a}\cdot\vec{b}+|\vec{b}|^2=27$

$9\times2^2-6\vec{a}\cdot\vec{b}+3^2=27 \qquad \therefore \vec{a}\cdot\vec{b}=3$

따라서 $\vec{a}\cdot\vec{b}>0$이므로 두 벡터 $\vec{a}$, $\vec{b}$가 이루는 각의 크기를 $\theta\,(0°\le\theta<90°)$라 하면

$\cos\theta=\frac{\vec{a}\cdot\vec{b}}{|\vec{a}||\vec{b}|}=\frac{3}{2\times3}=\frac{1}{2}$

그런데 $0°\le\theta<90°$이므로 $\theta=60°$

25 $(2\vec{a}+\vec{b})\cdot(\vec{a}-2\vec{b})=-14$이므로

$2|\vec{a}|^2-3\vec{a}\cdot\vec{b}-2|\vec{b}|^2=-14$

$2\times(2\sqrt{2})^2-3\times4-2|\vec{b}|^2=-14 \qquad \therefore |\vec{b}|=3$

$\vec{a}\cdot\vec{b}>0$이므로

$\cos\theta=\frac{\vec{a}\cdot\vec{b}}{|\vec{a}||\vec{b}|}=\frac{4}{2\sqrt{2}\times3}=\frac{\sqrt{2}}{3}$

$\therefore 3\cos\theta=3\times\frac{\sqrt{2}}{3}=\sqrt{2}$

26 $\vec{a}-2\vec{b}+\vec{c}=\vec{0}$에서 $\vec{a}-2\vec{b}=-\vec{c}$

$|\vec{a}-2\vec{b}|=|-\vec{c}|$의 양변을 제곱하면

$|\vec{a}|^2-4\vec{a}\cdot\vec{b}+4|\vec{b}|^2=|\vec{c}|^2$

$3^2-4\vec{a}\cdot\vec{b}+4\times4^2=(3\sqrt{5})^2$

$\therefore \vec{a}\cdot\vec{b}=7$

따라서 $\vec{a}\cdot\vec{b}>0$이므로

$\cos\theta=\dfrac{\vec{a}\cdot\vec{b}}{|\vec{a}||\vec{b}|}=\dfrac{7}{3\times4}=\dfrac{7}{12}$

27 $|\vec{a}-\vec{b}|=|\vec{a}+\vec{b}|$의 양변을 제곱하면

$|\vec{a}|^2-2\vec{a}\cdot\vec{b}+|\vec{b}|^2=|\vec{a}|^2+2\vec{a}\cdot\vec{b}+|\vec{b}|^2$

$4\vec{a}\cdot\vec{b}=0 \qquad \therefore \vec{a}\cdot\vec{b}=0$

$\vec{a}\cdot\vec{b}=0$이므로

$|2\vec{a}+\vec{b}|^2=4|\vec{a}|^2+4\vec{a}\cdot\vec{b}+|\vec{b}|^2=4\times1^2+1^2=5$

$\therefore |2\vec{a}+\vec{b}|=\sqrt{5}$

$|\vec{a}+2\vec{b}|^2=|\vec{a}|^2+4\vec{a}\cdot\vec{b}+4|\vec{b}|^2=1^2+4\times1^2=5$

$\therefore |\vec{a}+2\vec{b}|=\sqrt{5}$

$(2\vec{a}+\vec{b})\cdot(\vec{a}+2\vec{b})=2|\vec{a}|^2+5\vec{a}\cdot\vec{b}+2|\vec{b}|^2$

$=2\times1^2+2\times1^2=4$

따라서 $(2\vec{a}+\vec{b})\cdot(\vec{a}+2\vec{b})>0$이므로

$\cos\theta=\dfrac{(2\vec{a}+\vec{b})\cdot(\vec{a}+2\vec{b})}{|2\vec{a}+\vec{b}||\vec{a}+2\vec{b}|}=\dfrac{4}{\sqrt{5}\times\sqrt{5}}=\dfrac{4}{5}$

28 두 벡터 $\vec{p}$, $\vec{q}$가 서로 수직이므로 $\vec{p}\cdot\vec{q}=0$

$(2t-2, t)\cdot(t-2, -3)=0$

$(2t-2)(t-2)-3t=0$

$2t^2-9t+4=0$, $(2t-1)(t-4)=0$

$\therefore t=\dfrac{1}{2}$ 또는 $t=4$

29 $3\vec{a}+\vec{b}=(10, 8)$, $\vec{a}+m\vec{b}=(-2m+4, 2m+2)$

두 벡터 $3\vec{a}+\vec{b}$, $\vec{a}+m\vec{b}$가 서로 수직이므로

$(3\vec{a}+\vec{b})\cdot(\vec{a}+m\vec{b})=0$

$(10, 8)\cdot(-2m+4, 2m+2)=0$

$-20m+40+16m+16=0$

$\therefore m=14$

30 두 벡터 $\vec{a}$, $\vec{b}$가 서로 수직이므로 $\vec{a}\cdot\vec{b}=0$

$(p, -2)\cdot(-5, q)=0$, $-5p-2q=0$

$\therefore 5p=-2q \qquad \cdots\cdots$ ㉠

또 두 벡터 $\vec{a}$, $\vec{c}$가 서로 평행하므로

$\vec{a}=k\vec{c}$ (단, k는 0이 아닌 실수)

$(p, -2)=k(3, 1)=(3k, k)$

$\therefore p=3k$, $-2=k$

$\therefore k=-2$, $p=-6$

$p=-6$을 ㉠에 대입하여 풀면

$q=15$

$\therefore p+q=-6+15=9$

31 점 P의 좌표를 (x, y)라 하면

$\overrightarrow{AP}=(x-1, y-2)$, $\overrightarrow{AC}=(1, -2)$, $\overrightarrow{AB}=(2, 6)$,

$\overrightarrow{CP}=(x-2, y)$

두 벡터 $\overrightarrow{AP}$, $\overrightarrow{AC}$가 서로 수직이므로

$\overrightarrow{AP}\cdot\overrightarrow{AC}=0$

$(x-1, y-2)\cdot(1, -2)=0$

$(x-1)-2(y-2)=0$

$\therefore x-2y+3=0 \qquad \cdots\cdots$ ㉠

두 벡터 $\overrightarrow{AB}$, $\overrightarrow{CP}$가 서로 평행하므로

$\overrightarrow{CP}=k\overrightarrow{AB}$ (단, k는 0이 아닌 실수)

$(x-2, y)=k(2, 6)=(2k, 6k)$

$\therefore x-2=2k$, $y=6k$

$\therefore x=2k+2$, $y=6k \qquad \cdots\cdots$ ㉡

㉡을 ㉠에 대입하여 풀면

$k=\dfrac{1}{2}$, $x=3$, $y=3$

따라서 점 P의 좌표는 $(3, 3)$

Ⅱ-2 03 직선과 원의 방정식

기초 문제 Training

45쪽

1 (1) $\dfrac{x-2}{3}=\dfrac{y+5}{-2}$ (2) $y=1$

2 (1) $\dfrac{x+2}{7}=\dfrac{y+5}{8}$ (2) $\dfrac{x}{2}=\dfrac{y-5}{-9}$

3 (1) $x+5y-10=0$ (2) $2x-3y+14=0$

4 (1) $\dfrac{\sqrt{5}}{5}$ (2) $\dfrac{\sqrt{6}}{9}$

5 (1) 2 (2) $-\dfrac{25}{2}$

6 (1) $x^2+y^2=4$ (2) $(x-2)^2+(y+3)^2=16$

핵심 유형 Training

46~48쪽

1 ①	2 ②	3 1	4 $x-1=\frac{y+3}{-2}$	
5 $(4, -1)$	6 $\sqrt{13}$	7 ④	8 ③	9 $\frac{4}{5}$
10 ①	11 -3	12 2	13 ④	14 ③
15 -2	16 3	17 ⑤	18 ③	19 ①
20 ②	21 ④	22 $(-4, 6)$		

1 점 $(-2, 3)$을 지나고 방향벡터가 $\vec{u}=(5, 2)$인 직선의 방정식은 $\frac{x+2}{5}=\frac{y-3}{2}$

이 직선이 점 $(a, -3)$을 지나므로

$\frac{a+2}{5}=\frac{-3-3}{2}$ $\therefore a=-17$

2 점 $(4, -10)$을 지나고 방향벡터가 $\vec{u}=(-1, 2)$인 직선의 방정식은 $\frac{x-4}{-1}=\frac{y+10}{2}$

$\therefore A(-1, 0), B(0, -2)$

따라서 삼각형 OAB의 넓이는 $\frac{1}{2}\times1\times2=1$

3 점 $(3, 1)$을 지나고 방향벡터가 $\overrightarrow{AB}=(-3, a-4)$인 직선의 방정식은 $\frac{x-3}{-3}=\frac{y-1}{a-4}$

$x=0$, $y=-2$를 대입하면

$\frac{-3}{-3}=\frac{-2-1}{a-4}$ $\therefore a=1$

4 $3-x=\frac{1-y}{2}$에서 $2x-y=5$ …… ㉠

$\frac{x+2}{3}=\frac{y+1}{-2}$에서 $2x+3y=-7$ …… ㉡

㉠, ㉡을 연립하여 풀면

$x=1$, $y=-3$ $\therefore (1, -3)$

직선 $x-1=\frac{5-y}{2}$의 방향벡터는 $(1, -2)$

따라서 점 $(1, -3)$을 지나고 방향벡터가 $(1, -2)$인 직선의 방정식은 $x-1=\frac{y+3}{-2}$

5 점 $(1, -3)$을 지나고 방향벡터가 $\vec{u}=(3, 2)$인 직선의 방정식은

$\frac{x-1}{3}=\frac{y+3}{2}$ $\therefore 2x-3y=11$ …… ㉠

점 $(5, -3)$을 지나고 법선벡터가 $\vec{n}=(2, 1)$인 직선의 방정식은

$2(x-5)+(y+3)=0$ $\therefore 2x+y=7$ …… ㉡

㉠, ㉡을 연립하여 풀면 $x=4$, $y=-1$

따라서 구하는 교점의 좌표는 $(4, -1)$

6 점 $(2, -1)$을 지나고 법선벡터가 $\vec{n}=(3, 2)$인 직선의 방정식은

$3(x-2)+2(y+1)=0$ $\therefore 3x+2y-4=0$

따라서 점 $(3, 4)$와 직선 $3x+2y-4=0$ 사이의 거리는

$\frac{|9+8-4|}{\sqrt{3^2+2^2}}=\sqrt{13}$

7 직선 $\frac{x-2}{3}=\frac{3-y}{2}$의 방향벡터는 $(3, -2)$

점 $(-1, 4)$를 지나고 법선벡터가 $(3, -2)$인 직선의 방정식은

$3(x+1)-2(y-4)=0$ $\therefore y=\frac{3}{2}x+\frac{11}{2}$

따라서 $m=\frac{3}{2}$, $n=\frac{11}{2}$이므로 $n-m=4$

8 삼각형 ABC가 $\overline{AB}=\overline{AC}$인 이등변삼각형이므로 $\overline{AM}\perp\overline{BC}$

두 점 B, C를 지나는 직선의 법선벡터는 $\overrightarrow{AM}=(2, -1)$이고, 이 직선이 점 $M(4, 2)$를 지나므로

$2(x-4)-(y-2)=0$ $\therefore 2x-y-6=0$

이 직선이 점 $(a, a+1)$을 지나므로

$2a-(a+1)-6=0$ $\therefore a=7$

9 두 직선 $\frac{x-3}{2}=y+1$, $x=\frac{y-3}{2}$의 방향벡터를 각각 $\vec{u}$, $\vec{v}$라 하면 $\vec{u}=(2, 1)$, $\vec{v}=(1, 2)$

$\therefore \cos\theta=\frac{|\vec{u}\cdot\vec{v}|}{|\vec{u}||\vec{v}|}=\frac{|2+2|}{\sqrt{2^2+1^2}\sqrt{1^2+2^2}}=\frac{4}{5}$

10 $x+y=5$에서 $x=\frac{y-5}{-1}$

두 직선 $x+1=\frac{y-3}{2}$, $x=\frac{y-5}{-1}$의 방향벡터를 각각 $\vec{u}$, $\vec{v}$라 하면 $\vec{u}=(1, 2)$, $\vec{v}=(1, -1)$

$\therefore \cos\theta=\frac{|\vec{u}\cdot\vec{v}|}{|\vec{u}||\vec{v}|}=\frac{|1-2|}{\sqrt{1^2+2^2}\sqrt{1^2+(-1)^2}}=\frac{1}{\sqrt{10}}$

$\therefore \cos^2\theta=\frac{1}{10}$

11 두 직선 $\frac{x+2}{2}=1-y$, $\frac{x-1}{k}=\frac{y+3}{4}$의 방향벡터를 각각 $\vec{u}$, $\vec{v}$라 하면 $\vec{u}=(2, -1)$, $\vec{v}=(k, 4)$

$\cos\theta=\frac{2\sqrt{5}}{5}$이므로 $\frac{|\vec{u}\cdot\vec{v}|}{|\vec{u}||\vec{v}|}=\frac{2\sqrt{5}}{5}$

$\frac{|2k-4|}{\sqrt{2^2+(-1)^2}\sqrt{k^2+4^2}}=\frac{2\sqrt{5}}{5}$, $|k-2|=\sqrt{k^2+16}$

양변을 제곱하면

$k^2-4k+4=k^2+16$ $\therefore k=-3$

12 두 직선 $\frac{x-3}{\sqrt{3}}=\frac{1-y}{a+1}$, $\frac{x+1}{a+1}=\frac{y-2}{-\sqrt{3}}$의 방향벡터를 각각 $\vec{u}$, $\vec{v}$라 하면

$\vec{u}=(\sqrt{3},\ -a-1)$, $\vec{v}=(a+1,\ -\sqrt{3})$

두 직선이 이루는 각의 크기가 30°이므로

$\frac{|\vec{u}\cdot\vec{v}|}{|\vec{u}||\vec{v}|}=\cos 30°$

$\frac{|\sqrt{3}(a+1)+\sqrt{3}(a+1)|}{\sqrt{(\sqrt{3})^2+(-a-1)^2}\sqrt{(a+1)^2+(-\sqrt{3})^2}}=\frac{\sqrt{3}}{2}$

$4|a+1|=a^2+2a+4$

그런데 $a>0$이므로

$4(a+1)=a^2+2a+4$, $a^2-2a=0$

$a(a-2)=0 \qquad \therefore a=2\ (\because a>0)$

13 두 점 A$(a,\ 4)$, B$(2,\ a)$를 지나는 직선의 방향벡터를 $\vec{u}$라 하면

$\vec{u}=(2-a,\ a-4)$

직선 $\frac{x-1}{4}=\frac{y-2}{-3}$의 방향벡터를 $\vec{v}$라 하면

$\vec{v}=(4,\ -3)$

두 직선이 서로 평행하므로

$\vec{u}=k\vec{v}$ (단, k는 0이 아닌 실수)

$(2-a,\ a-4)=k(4,\ -3)=(4k,\ -3k)$

$\therefore 2-a=4k,\ a-4=-3k$

두 식을 연립하여 풀면

$k=-2,\ a=10$

14 $mx+6y-12=0$에서 $\frac{x}{-6}=\frac{y-2}{m}$

두 직선 $\frac{x}{-6}=\frac{y-2}{m}$, $\frac{x-1}{5}=\frac{y+1}{3}$의 방향벡터를 각각 $\vec{u}$, $\vec{v}$라 하면

$\vec{u}=(-6,\ m)$, $\vec{v}=(5,\ 3)$

두 직선이 서로 수직이므로 $\vec{u}\cdot\vec{v}=0$

$(-6,\ m)\cdot(5,\ 3)=0$, $-30+3m=0$

$\therefore m=10$

15 두 직선 $\frac{1-x}{k}=\frac{y+1}{2}$, $\frac{x+5}{k}=\frac{3-y}{2(k+1)}$의 방향벡터를 각각 $\vec{u}$, $\vec{v}$라 하면

$\vec{u}=(-k,\ 2)$, $\vec{v}=(k,\ -2(k+1))$

두 직선이 서로 수직이므로 $\vec{u}\cdot\vec{v}=0$

$(-k,\ 2)\cdot(k,\ -2(k+1))=0$

$-k^2-4(k+1)=0$

$(k+2)^2=0 \qquad \therefore k=-2$

16 두 직선 $\frac{x+2}{2}=\frac{y-1}{t}$, $\frac{x-1}{t-1}=\frac{y+2}{3}$의 방향벡터를 각각 $\vec{u}$, $\vec{v}$라 하면 $\vec{u}=(2,\ t)$, $\vec{v}=(t-1,\ 3)$

두 직선이 서로 평행하므로

$\vec{v}=k\vec{u}$ (단, k는 0이 아닌 실수)

$(t-1,\ 3)=k(2,\ t)=(2k,\ kt)$

$\therefore t-1=2k,\ 3=kt$

두 식을 연립하여 풀면

$t=-2,\ k=-\frac{3}{2}$ 또는 $t=3,\ k=1$

그런데 $t=-2$일 때 두 직선은 $x+y+1=0$으로 서로 같으므로 $t=3$

17 세 직선 l, m, n의 방향벡터를 각각 $\vec{u_1}$, $\vec{u_2}$, $\vec{u_3}$이라 하면

$\vec{u_1}=(a,\ 3)$, $\vec{u_2}=\left(1,\ \frac{3}{2}\right)$, $\vec{u_3}=(6,\ -b)$

$l /\!/ m$이므로 $\vec{u_1}=k\vec{u_2}$ (단, k는 0이 아닌 실수)

$(a,\ 3)=k\left(1,\ \frac{3}{2}\right)=\left(k,\ \frac{3}{2}k\right)$

$\therefore a=k,\ 3=\frac{3}{2}k \qquad \therefore k=2,\ a=2$

$l\perp n$이므로 $\vec{u_1}\cdot\vec{u_3}=0$

$(2,\ 3)\cdot(6,\ -b)=0$, $12-3b=0 \qquad \therefore b=4$

$\therefore a+b=2+4=6$

18 점 H$(a,\ b)$는 직선 l: $\frac{x+3}{2}=\frac{y-5}{3}$ 위의 점이므로

$\frac{a+3}{2}=\frac{b-5}{3} \qquad \therefore 3a-2b=-19$ ...... ㉠

직선 l의 방향벡터를 $\vec{u}$라 하면 $\vec{u}=(2,\ 3)$

$\overrightarrow{PH}=(a-1,\ b+2)$, $\overline{PH}\perp l$이므로 $\overrightarrow{PH}\cdot\vec{u}=0$에서

$(a-1,\ b+2)\cdot(2,\ 3)=0$

$2(a-1)+3(b+2)=0 \qquad \therefore 2a+3b=-4$ ...... ㉡

㉠, ㉡을 연립하여 풀면

$a=-5,\ b=2 \qquad \therefore b-a=7$

19 점 A$(1,\ 7)$에서 직선 l에 내린 수선의 발을 H$(a,\ b)$라 하면 점 H는 직선 l 위의 점이므로

$\frac{a+3}{3}=\frac{b}{2} \qquad \therefore 2a-3b=-6$ ...... ㉠

직선 l의 방향벡터를 $\vec{u}$라 하면 $\vec{u}=(3,\ 2)$

$\overrightarrow{AH}=(a-1,\ b-7)$, $\overline{AH}\perp l$이므로 $\overrightarrow{AH}\cdot\vec{u}=0$에서

$(a-1,\ b-7)\cdot(3,\ 2)=0$

$3(a-1)+2(b-7)=0 \qquad \therefore 3a+2b=17$ ...... ㉡

㉠, ㉡을 연립하여 풀면 $a=3,\ b=4 \qquad \therefore$ H$(3,\ 4)$

정삼각형 ABC의 무게중심은 선분 AH를 2 : 1로 내분하는 점이므로

$\left(\frac{2\times3+1\times1}{2+1},\ \frac{2\times4+1\times7}{2+1}\right) \qquad \therefore \left(\frac{7}{3},\ 5\right)$

20 점 P의 좌표를 (x, y)라 하면

$\overrightarrow{AP}=(x+1, y-5)$, $\overrightarrow{BP}=(x-5, y+3)$

$\overrightarrow{AP}\cdot\overrightarrow{BP}=0$이므로

$(x+1, y-5)\cdot(x-5, y+3)=0$

$(x+1)(x-5)+(y-5)(y+3)=0$

$\therefore (x-2)^2+(y-1)^2=25$

따라서 점 P가 나타내는 도형은 중심이 점 (2, 1)이고 반지름의 길이가 5인 원이므로 그 도형의 둘레의 길이는

$2\pi\times5=10\pi$

다른 풀이

$\overrightarrow{AP}\cdot\overrightarrow{BP}=0$이므로 점 P가 나타내는 도형은 두 점 A, B를 지름의 양 끝 점으로 하는 원이다.

원의 반지름의 길이는

$\frac{1}{2}\overline{AB}=\frac{1}{2}\sqrt{(5+1)^2+(-3-5)^2}=5$

따라서 구하는 도형의 둘레의 길이는

$2\pi\times5=10\pi$

21 점 P의 좌표를 (x, y)라 하면 $|\overrightarrow{AP}|=\sqrt{17}$이므로

$\sqrt{(x-1)^2+(y-2)^2}=\sqrt{17}$

양변을 제곱하면

$(x-1)^2+(y-2)^2=17$

즉, 점 P는 원 $(x-1)^2+(y-2)^2=17$ 위의 점이므로 점 (1, 2)와 직선 $3x-4y-20=0$ 사이의 거리는

$\frac{|3-8-20|}{\sqrt{3^2+(-4)^2}}=5$

따라서 $M=5+\sqrt{17}$, $m=5-\sqrt{17}$이므로

$Mm=8$

22 $\vec{p}-\vec{a}=(x+2, y-3)$

$(\vec{p}-\vec{a})\cdot(\vec{p}-\vec{a})=13$이므로

$(x+2, y-3)\cdot(x+2, y-3)=13$

$\therefore (x+2)^2+(y-3)^2=13$

즉, 점 P가 나타내는 도형은 중심이 점 A(−2, 3)이고 반지름의 길이가 $\sqrt{13}$인 원이다.

따라서 $|\vec{p}|$가 최대가 되도록 하는 점 P는 오른쪽 그림과 같이 선분 OP가 지름일 때의 원 위의 점이므로 점 P의 좌표를 (x, y)라 하면

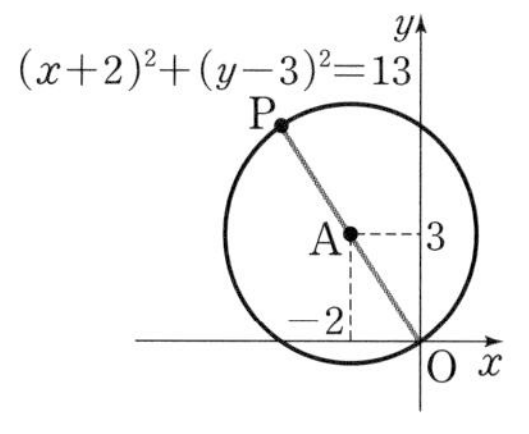

$\frac{x+0}{2}=-2$, $\frac{y+0}{2}=3$

$\therefore x=-4, y=6$

$\therefore P(-4, 6)$

Ⅲ-1 01 직선과 평면의 위치 관계

기초 문제 Training

50쪽

1 ㄴ, ㄷ

2 (1) 직선 AB, 직선 AF, 직선 GH, 직선 GL
(2) 직선 ED, 직선 GH, 직선 KJ
(3) 직선 AG, 직선 BH, 직선 EK, 직선 FL, 직선 GH, 직선 HI, 직선 KJ, 직선 LK

3 (1) 평면 AEFB, 평면 AEHD
(2) 평면 ABCD, 평면 AEFB, 평면 AEHD, 평면 DHGC
(3) 평면 DHGC, 평면 EFGH
(4) 직선 AD, 직선 AE, 직선 DH, 직선 EH

4 (1) 직선 AB
(2) 평면 DEF
(3) 평면 ADEB, 평면 ADFC, 평면 ABC, 평면 DEF

5 (1) 90° (2) 45° (3) 90°

6 (1) 45° (2) 90° (3) 60°

핵심 유형 Training

51~52쪽

1 2	**2** 7	**3** ③	**4** ④	**5** ㄱ, ㄷ
6 14	**7** ④	**8** ④	**9** 120°	**10** ①
11 60°				

1 한 점에서 만나는 두 직선으로 만들 수 있는 평면은 평면 BCDEF

한 직선과 그 위에 있지 않은 한 점으로 만들 수 있는 평면은

평면 AFD

따라서 구하는 평면의 개수는 2

유형편

2 네 개의 점 A, E, G, C는 한 평면 위에 있으므로 이 네 개의 점으로 만들 수 있는 평면은 평면 AEGC
한 직선 위에 있지 않은 서로 다른 세 점으로 만들 수 있는 평면은 평면 ACD, 평면 AED, 평면 AGD,
평면 CDE, 평면 CDG, 평면 DEG
따라서 구하는 평면의 개수는 7

3 직선 l과 네 개의 점 P, Q, R, S 중에서 한 점으로 만들 수 있는 평면의 개수는 4
네 개의 점 P, Q, R, S 중에서 세 점으로 만들 수 있는 평면의 개수는 ${}_4C_3=4$
따라서 구하는 평면의 최대 개수는 $4+4=8$

4 ④ 두 직선 AF, CE는 꼬인 위치에 있으므로 만나지 않는다.

5 ㄱ. 두 직선 AB, NM은 한 평면 위에 있지 않으므로 꼬인 위치에 있다.
ㄴ. 두 직선 BC, NM은 한 평면 위에 있고 평행하지 않으므로 한 점에서 만난다.
ㄷ. 두 직선 AC, NM은 한 평면 위에 있지 않으므로 꼬인 위치에 있다.
ㄹ. 두 직선 BE, NM은 한 평면 위에 있고 평행하지 않으므로 한 점에서 만나다.
따라서 보기 중 직선 NM과 꼬인 위치에 있는 것은 ㄱ, ㄷ이다.

6 직선 AG와 꼬인 위치에 있는 직선은
직선 BC, 직선 CD, 직선 ED, 직선 FE, 직선 HI,
직선 IJ, 직선 KJ, 직선 LK $\quad \therefore m=8$
평면 EKJD와 평행한 직선은
직선 AB, 직선 AG, 직선 BH, 직선 CI, 직선 FL,
직선 GH $\quad \therefore n=6$
$\therefore m+n=8+6=14$

7 ㄴ. 오른쪽 그림에서 $l /\!/ m$, $l \perp n$이면 $m \perp n$이다.

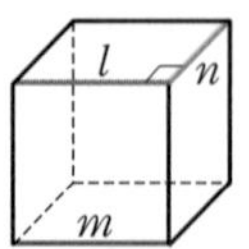

ㄷ. [반례] 오른쪽 그림에서 $l \perp m$, $l /\!/ \alpha$이지만 $m /\!/ \alpha$이다.

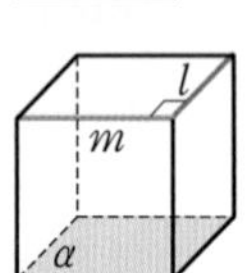

따라서 보기 중 옳은 것은 ㄱ, ㄴ이다.

8 ① [반례] 한 평면에 평행한 서로 다른 두 직선은 서로 수직이다.

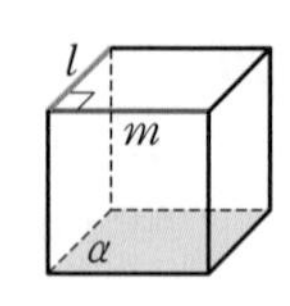

② [반례] 한 평면에 수직인 서로 다른 두 직선은 서로 평행하다.

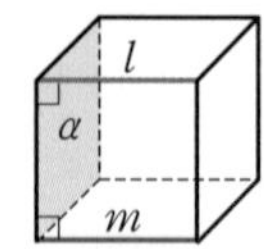

③ [반례] 한 직선에 수직인 서로 다른 두 직선은 꼬인 위치에 있다.

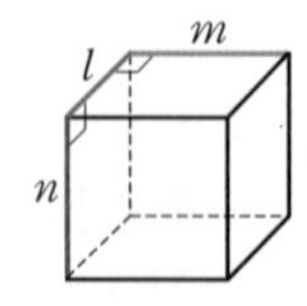

⑤ [반례] 한 직선에 평행한 서로 다른 두 평면은 서로 수직이다.

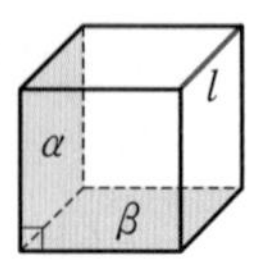

따라서 옳은 것은 ④이다.

9 $\overline{AC} /\!/ \overline{EF}$이므로 두 직선 AB, EF가 이루는 각의 크기는 두 직선 AB, AC가 이루는 각의 크기와 같다.
이때 삼각형 ABC는 정삼각형이므로 $\alpha=\angle CAB=60°$
$\overline{CD} /\!/ \overline{BE}$이므로 두 직선 AD, BE가 이루는 각의 크기는 두 직선 AD, CD가 이루는 각의 크기와 같다.
이때 삼각형 ACD는 정삼각형이므로 $\beta=\angle CDA=60°$
$\therefore \alpha+\beta=120°$

10 오른쪽 그림에서 $\overline{AB} /\!/ \overline{DE}$이므로
$\angle FAB=\theta$
이때 삼각형 ABF는
$\overline{AF}=\overline{BF}=\sqrt{\overline{BE}^2+\overline{EF}^2}=\sqrt{7}$인 이등변삼각형이므로 점 F에서 변 AB에 내린 수선의 발을 M이라 하면 $\overline{AM}=\frac{1}{2}\overline{AB}=1$
따라서 직각삼각형 FAM에서
$\cos\theta=\frac{\overline{AM}}{\overline{AF}}=\frac{1}{\sqrt{7}}=\frac{\sqrt{7}}{7}$

11 주어진 전개도로 만든 정육면체는 오른쪽 그림과 같다.
점 D를 지나면서 직선 AB에 평행한 선분을 DB′이라 하면 $\overline{DB'} /\!/ \overline{AB}$이므로 두 직선 AB, CD가 이루는 각의 크기는 두 직선 DB′, CD가 이루는 각의 크기와 같다.
이때 삼각형 CB′D는 정삼각형이므로
$\angle B'DC=60°$
따라서 두 직선 AB, CD가 이루는 각의 크기는 60°이다.

Ⅲ-1 02 삼수선의 정리와 정사영

기초 문제 Training 53쪽

1 (가) l (나) $\overline{\mathrm{OH}}$ (다) $\overline{\mathrm{PH}}$

2 (1) $90°$ (2) $45°$

3 (1) 점 A (2) 선분 EF (3) 삼각형 EFG (4) 선분 BC

4 (1) $6\sqrt{3}$ (2) $60°$

5 (1) 10 (2) $45°$

핵심 유형 Training 54~58쪽

1 7	**2** 2	**3** $2\sqrt{10}$	**4** $\frac{7\sqrt{10}}{10}$	**5** $\frac{5}{13}$
6 $\frac{4\sqrt{30}}{5}$	**7** $60°$	**8** $\frac{\sqrt{6}}{3}$	**9** $3\sqrt{5}$	**10** ⑤
11 6	**12** $\frac{\sqrt{6}}{3}$	**13** $\frac{\sqrt{3}}{3}$	**14** $\frac{\sqrt{10}}{5}$	**15** 2
16 ⑤	**17** 8	**18** $\sqrt{13}$	**19** ③	**20** $6\sqrt{3}\pi$
21 4	**22** $\frac{\sqrt{2}}{2}$	**23** $\frac{\sqrt{5}}{5}$	**24** $\frac{2}{7}$	**25** $\frac{\sqrt{3}}{12}$
26 $\sqrt{6}$	**27** 20π	**28** $54\sqrt{3}\pi$		**29** ③
30 12 cm				

1 오른쪽 그림과 같이 선분 PH를 그으면 직각삼각형 PHO에서

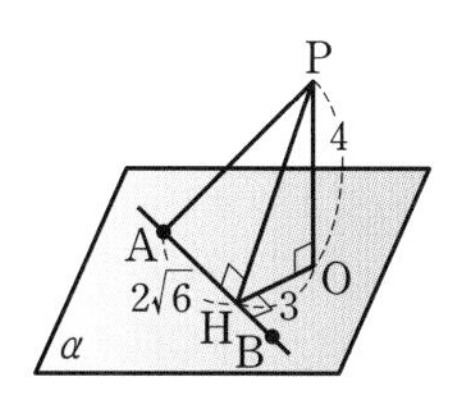

$\overline{\mathrm{PH}}=\sqrt{3^2+4^2}=5$

이때 $\overline{\mathrm{PO}}\perp\alpha$, $\overline{\mathrm{OH}}\perp\overline{\mathrm{AB}}$이므로 삼수선의 정리에 의하여

$\overline{\mathrm{PH}}\perp\overline{\mathrm{AB}}$

따라서 직각삼각형 PAH에서

$\overline{\mathrm{AP}}=\sqrt{(2\sqrt{6})^2+5^2}=7$

2 오른쪽 그림과 같이 선분 PH를 그으면 $\overline{\mathrm{PO}}\perp\alpha$, $\overline{\mathrm{OH}}\perp\overline{\mathrm{AB}}$이므로 삼수선의 정리에 의하여

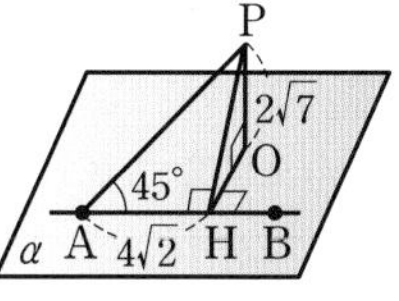

$\overline{\mathrm{PH}}\perp\overline{\mathrm{AB}}$

직각삼각형 PAH에서 $\angle\mathrm{PAH}=45°$이므로

$\overline{\mathrm{PH}}=\overline{\mathrm{AH}}\tan 45°=4\sqrt{2}$

따라서 직각삼각형 PHO에서

$\overline{\mathrm{OH}}=\sqrt{(4\sqrt{2})^2-(2\sqrt{7})^2}=2$

3 오른쪽 그림과 같이 점 P에서 직선 BC에 내린 수선의 발을 H라 하면 $\overline{\mathrm{PA}}\perp\alpha$, $\overline{\mathrm{PH}}\perp\overline{\mathrm{BC}}$이므로 삼수선의 정리에 의하여

$\overline{\mathrm{AH}}\perp\overline{\mathrm{BC}}$

이때 삼각형 ABC는 이등변삼각형이므로

$\angle\mathrm{BAH}=60°$

직각삼각형 ABH에서

$\overline{\mathrm{AH}}=\overline{\mathrm{AB}}\cos 60°=4\times\frac{1}{2}=2$

직각삼각형 PAH에서

$\overline{\mathrm{PH}}=\sqrt{6^2+2^2}=2\sqrt{10}$

따라서 점 P와 직선 BC 사이의 거리는 $2\sqrt{10}$이다.

4 오른쪽 그림과 같이 선분 HI를 그으면 $\overline{\mathrm{DH}}\perp$(평면 EFGH), $\overline{\mathrm{DI}}\perp\overline{\mathrm{EG}}$이므로 삼수선의 정리에 의하여

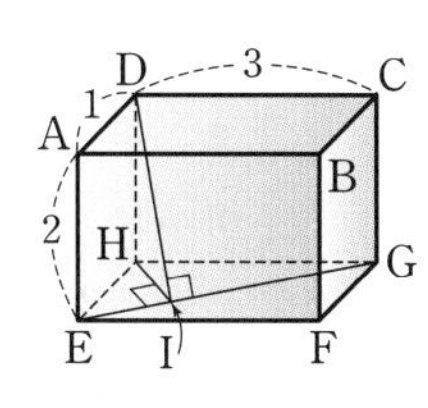

$\overline{\mathrm{HI}}\perp\overline{\mathrm{EG}}$

삼각형 EGH의 넓이에서

$\frac{1}{2}\times\overline{\mathrm{HE}}\times\overline{\mathrm{HG}}=\frac{1}{2}\times\overline{\mathrm{EG}}\times\overline{\mathrm{HI}}$

$\frac{1}{2}\times1\times3=\frac{1}{2}\times\sqrt{3^2+1^2}\times\overline{\mathrm{HI}}$

$\therefore\ \overline{\mathrm{HI}}=\frac{3\sqrt{10}}{10}$

따라서 직각삼각형 DHI에서

$\overline{\mathrm{DI}}=\sqrt{2^2+\left(\frac{3\sqrt{10}}{10}\right)^2}=\frac{7\sqrt{10}}{10}$

5 $\overline{\mathrm{OC}}\perp\overline{\mathrm{OA}}$, $\overline{\mathrm{OC}}\perp\overline{\mathrm{OB}}$이므로

$\overline{\mathrm{OC}}\perp$(평면 OAB)

$\overline{\mathrm{CH}}\perp\overline{\mathrm{AB}}$이므로 삼수선의 정리에 의하여

$\overline{\mathrm{OH}}\perp\overline{\mathrm{AB}}$

삼각형 OAB의 넓이에서

$\frac{1}{2}\times\overline{\mathrm{OA}}\times\overline{\mathrm{OB}}=\frac{1}{2}\times\overline{\mathrm{AB}}\times\overline{\mathrm{OH}}$

$\frac{1}{2}\times4\times3=\frac{1}{2}\times\sqrt{4^2+3^2}\times\overline{\mathrm{OH}}$

$\therefore\ \overline{\mathrm{OH}}=\frac{12}{5}$

따라서 직각삼각형 COH에서

$\overline{\mathrm{CH}}=\sqrt{1^2+\left(\frac{12}{5}\right)^2}=\frac{13}{5}$

$\therefore\ \sin\theta=\frac{\overline{\mathrm{OC}}}{\overline{\mathrm{CH}}}=\frac{1}{\frac{13}{5}}=\frac{5}{13}$

유형편

6 오른쪽 그림과 같이 점 N에서 모서리 BC에 내린 수선의 발을 N′이라 하고 선분 N′I를 그으면

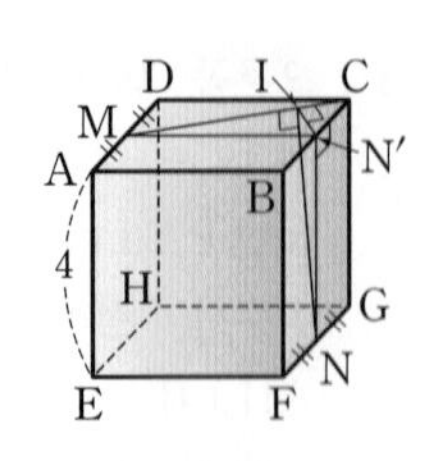

$\overline{NN'}\perp$(평면 ABCD), $\overline{NI}\perp\overline{CM}$

이므로 삼수선의 정리에 의하여

$\overline{N'I}\perp\overline{CM}$

삼각형 CMN′의 넓이에서

$\frac{1}{2}\times\overline{MN'}\times\overline{CN'}=\frac{1}{2}\times\overline{CM}\times\overline{N'I}$

$\frac{1}{2}\times4\times2=\frac{1}{2}\times\sqrt{4^2+2^2}\times\overline{N'I}$

$\therefore\ \overline{N'I}=\frac{4\sqrt{5}}{5}$

따라서 직각삼각형 NN′I에서

$\overline{NI}=\sqrt{4^2+\left(\frac{4\sqrt{5}}{5}\right)^2}=\frac{4\sqrt{30}}{5}$

7 오른쪽 그림과 같이 선분 MN을 그으면 $\overline{AN}\perp\alpha$, $\overline{AM}\perp l$이므로 삼수선의 정리에 의하여

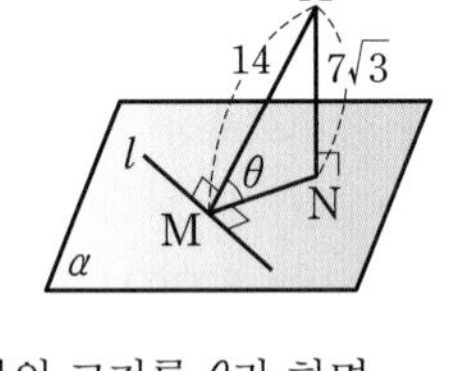

$\overline{MN}\perp l$

이때 점 A와 직선 l에 의하여 결정되는 평면과 평면 α가 이루는 각의 크기를 θ라 하면

$\angle AMN=\theta$

$\therefore\ \sin\theta=\frac{\overline{AN}}{\overline{AM}}=\frac{7\sqrt{3}}{14}=\frac{\sqrt{3}}{2}$

$\therefore\ \theta=60^\circ$

8 오른쪽 그림과 같이 선분 HF의 중점을 N이라 하면 두 삼각형 MHF, GHF는 이등변삼각형이므로

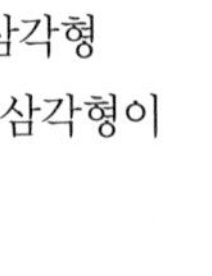

$\overline{MN}\perp\overline{HF}$, $\overline{GN}\perp\overline{HF}$

$\therefore\ \angle MNG=\theta$

이때 $\overline{GN}=\frac{1}{2}\overline{GE}=\sqrt{2}$, $\overline{MG}=1$이므로 직각삼각형 MNG에서

$\overline{MN}=\sqrt{(\sqrt{2})^2+1^2}=\sqrt{3}$

$\therefore\ \cos\theta=\frac{\overline{GN}}{\overline{MN}}=\frac{\sqrt{2}}{\sqrt{3}}=\frac{\sqrt{6}}{3}$

9 오른쪽 그림과 같이 점 A에서 평면 BCDE에 내린 수선의 발을 H라 하면 점 H는 밑면인 정사각형의 두 대각선의 교점이므로

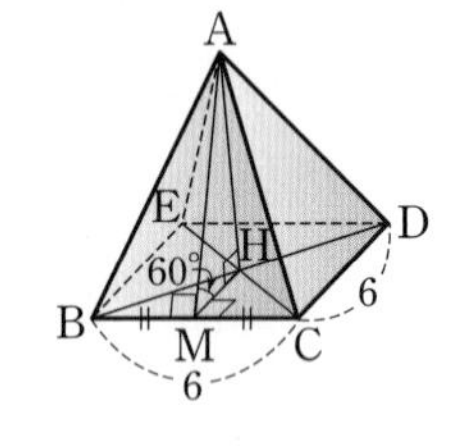

$\overline{BH}=\overline{CH}$

모서리 BC의 중점을 M이라 하면 두 삼각형 ABC, HBC는 이등변삼각형이므로

$\overline{AM}\perp\overline{BC}$, $\overline{HM}\perp\overline{BC}$

$\therefore\ \angle AMH=60^\circ$

직각삼각형 AMH에서

$\overline{AM}=\frac{\overline{MH}}{\cos 60^\circ}=\frac{3}{\frac{1}{2}}=6$

따라서 직각삼각형 ABM에서

$\overline{AB}=\sqrt{3^2+6^2}=3\sqrt{5}$

10 $\overline{AB}\perp\overline{AD}$, $\overline{AC}\perp\overline{AD}$이므로

$\angle BAC=\theta$

오른쪽 그림과 같이 두 꼭짓점 A, B에서 두 모서리 BC, AC에 내린 수선의 발을 각각 M, N이라 하자.

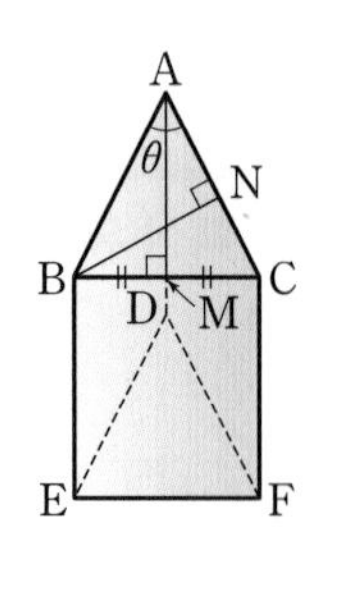

삼각형 ABC의 넓이에서

$\frac{1}{2}\times\overline{BC}\times\overline{AM}=\frac{1}{2}\times\overline{AC}\times\overline{BN}$

$\frac{1}{2}\times4\times\sqrt{(2\sqrt{5})^2-2^2}=\frac{1}{2}\times2\sqrt{5}\times\overline{BN}$

$\therefore\ \overline{BN}=\frac{8\sqrt{5}}{5}$

$\therefore\ \sin\theta=\frac{\overline{BN}}{\overline{AB}}=\frac{\frac{8\sqrt{5}}{5}}{2\sqrt{5}}=\frac{4}{5}$

11 오른쪽 그림과 같이 점 P에서 반대쪽에 있는 밑면에 내린 수선의 발을 H라 하면 $\overline{PH}\perp$(원 O를 포함한 밑면), $\overline{PO}\perp\overline{AB}$

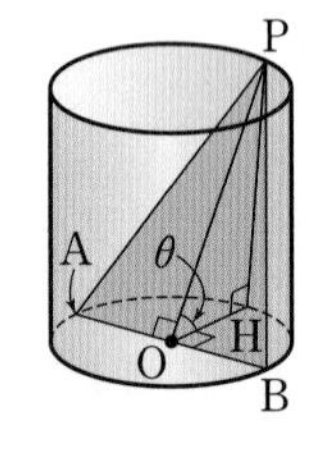

이므로 삼수선의 정리에 의하여

$\overline{HO}\perp\overline{AB}$

$\therefore\ \angle POH=\theta$

직각삼각형 POH에서

$\cos\theta=\frac{\overline{HO}}{\overline{PO}}=\frac{3}{\overline{PO}}=\frac{\sqrt{5}}{5}$ $\qquad\therefore\ \overline{PO}=3\sqrt{5}$

$\therefore\ \overline{PH}=\sqrt{(3\sqrt{5})^2-3^2}=6$

따라서 원기둥의 높이는 6이다.

12 오른쪽 그림과 같이 점 B에서 직선 l에 내린 수선의 발을 H라 하면 $\overline{BC}\perp\beta$, $\overline{BH}\perp l$이므로 삼수선의 정리에 의하여

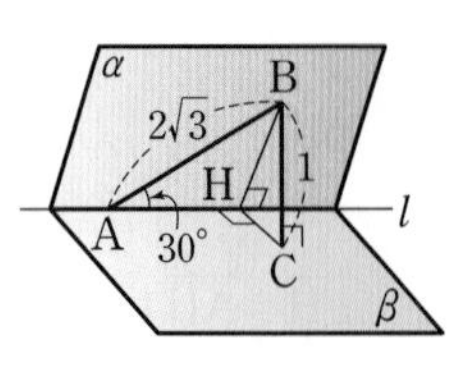

$\overline{CH}\perp l$

$\therefore\ \angle BHC=\theta$

이때 $\overline{\text{BH}}=2\sqrt{3}\sin 30^\circ=2\sqrt{3}\times\frac{1}{2}=\sqrt{3}$이므로 직각삼각형 BHC에서

$\overline{\text{CH}}=\sqrt{(\sqrt{3})^2-1^2}=\sqrt{2}$

$\therefore \cos\theta=\frac{\overline{\text{CH}}}{\overline{\text{BH}}}=\frac{\sqrt{2}}{\sqrt{3}}=\frac{\sqrt{6}}{3}$

13 오른쪽 그림과 같이 점 A에서 밑면 BCD에 내린 수선의 발을 H라 하면

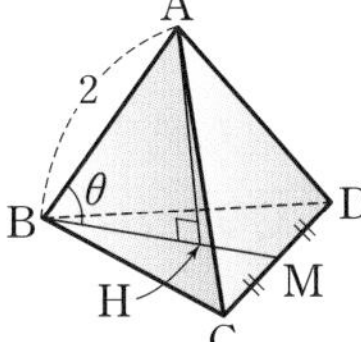

$\angle\text{ABH}=\theta$

모서리 CD의 중점을 M이라 하면

점 H는 정삼각형 BCD의 무게중심이므로

$\overline{\text{BH}}=\frac{2}{3}\overline{\text{BM}}=\frac{2}{3}\times\frac{\sqrt{3}}{2}\times 2=\frac{2\sqrt{3}}{3}$

따라서 직각삼각형 ABH에서

$\cos\theta=\frac{\overline{\text{BH}}}{\overline{\text{AB}}}=\frac{\frac{2\sqrt{3}}{3}}{2}=\frac{\sqrt{3}}{3}$

14 오른쪽 그림과 같이 점 M에서 평면 DEF에 내린 수선의 발을 H라 하면

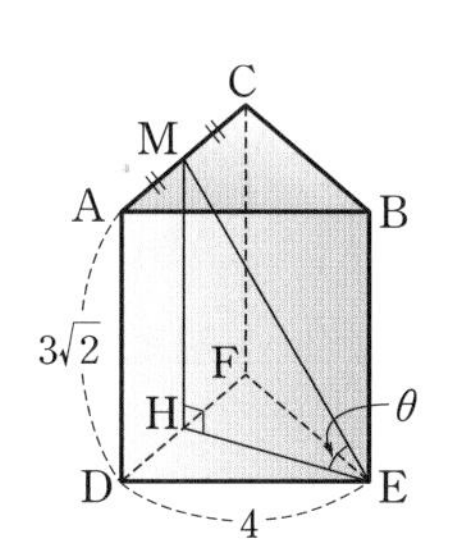

$\angle\text{MEH}=\theta$

점 H는 모서리 DF의 중점이므로

$\overline{\text{EH}}=\frac{\sqrt{3}}{2}\times 4=2\sqrt{3}$

따라서 직각삼각형 MHE에서

$\overline{\text{EM}}=\sqrt{(3\sqrt{2})^2+(2\sqrt{3})^2}=\sqrt{30}$

$\therefore \cos\theta=\frac{\overline{\text{EH}}}{\overline{\text{EM}}}=\frac{2\sqrt{3}}{\sqrt{30}}=\frac{\sqrt{10}}{5}$

15 점 F에서 평면 AEHD에 내린 수선의 발이 E이므로

$\angle\text{FDE}=\alpha$

$\overline{\text{DF}}=\sqrt{1^2+1^2+2^2}=\sqrt{6}$, $\overline{\text{DE}}=\sqrt{1^2+1^2}=\sqrt{2}$이므로

$\cos\alpha=\frac{\overline{\text{DE}}}{\overline{\text{DF}}}=\frac{\sqrt{2}}{\sqrt{6}}$

점 D에서 평면 EFGH에 내린 수선의 발이 H이므로

$\angle\text{DFH}=\beta$

$\overline{\text{FH}}=\sqrt{1^2+2^2}=\sqrt{5}$이므로

$\cos\beta=\frac{\overline{\text{FH}}}{\overline{\text{DF}}}=\frac{\sqrt{5}}{\sqrt{6}}$

점 F에서 평면 DHGC에 내린 수선의 발이 G이므로

$\angle\text{FDG}=\gamma$

$\overline{\text{DG}}=\sqrt{1^2+2^2}=\sqrt{5}$이므로

$\cos\gamma=\frac{\overline{\text{DG}}}{\overline{\text{DF}}}=\frac{\sqrt{5}}{\sqrt{6}}$

$\therefore \cos^2\alpha+\cos^2\beta+\cos^2\gamma=\frac{2}{6}+\frac{5}{6}+\frac{5}{6}=2$

16 $\overline{\text{AB}}=a$라 하면

$\overline{\text{A}_1\text{B}_1}=\overline{\text{AB}}\cos 30^\circ=\frac{\sqrt{3}}{2}a$

$\overline{\text{A}_2\text{B}_2}=\overline{\text{A}_1\text{B}_1}\cos 30^\circ=\frac{\sqrt{3}}{2}a\times\frac{\sqrt{3}}{2}=\frac{3}{4}a$

$\therefore \overline{\text{A}_1\text{B}_1}^2+\overline{\text{A}_2\text{B}_2}^2=\frac{3}{4}a^2+\frac{9}{16}a^2=\frac{21}{16}a^2$

따라서 $\frac{21}{16}a^2=\frac{21}{2}$이므로

$a^2=8 \qquad \therefore a=2\sqrt{2}\ (\because a>0)$

17 타원의 장축의 밑면 위로의 정사영은 밑면인 원의 지름이므로 타원의 장축의 길이를 a라 하면

$a\cos 60^\circ=4 \qquad \therefore a=8$

18 오른쪽 그림과 같이 점 A에서 평면 β에 내린 수선의 발을 A′, 점 A에서 교선 l에 내린 수선의 발을 H라 하면

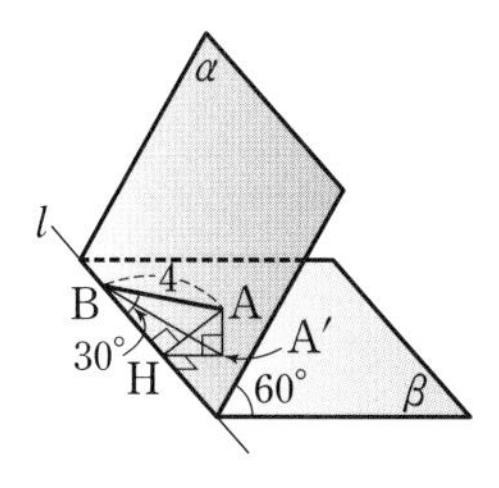

$\overline{\text{AA}'}\perp\beta$, $\overline{\text{AH}}\perp\overline{\text{BH}}$이므로

삼수선의 정리에 의하여

$\overline{\text{A}'\text{H}}\perp\overline{\text{BH}}$

직각삼각형 ABH에서

$\overline{\text{AH}}=\overline{\text{AB}}\sin 30^\circ=4\times\frac{1}{2}=2$

$\overline{\text{BH}}=\overline{\text{AB}}\cos 30^\circ=4\times\frac{\sqrt{3}}{2}=2\sqrt{3}$

두 평면 α, β가 이루는 각의 크기가 60°이므로

$\angle\text{AHA}'=60^\circ$

$\therefore \overline{\text{A}'\text{H}}=\overline{\text{AH}}\cos 60^\circ=2\times\frac{1}{2}=1$

따라서 선분 AB의 평면 β 위로의 정사영은 선분 A′B이므로 구하는 길이는

$\overline{\text{A}'\text{B}}=\sqrt{(2\sqrt{3})^2+1^2}=\sqrt{13}$

19 원기둥의 단면의 밑면을 포함한 평면 위로의 정사영은 원기둥의 밑면인 원이다.

구하는 단면의 넓이를 S라 하면 밑면인 원의 넓이는

$\pi\times(2\sqrt{2})^2=8\pi$이므로

$S\cos 60^\circ=8\pi$, $S\times\frac{1}{2}=8\pi$

$\therefore S=16\pi$

20 오른쪽 그림과 같이 밑면과 30°의 각을 이루는 평면으로 자른 단면은 원이다.

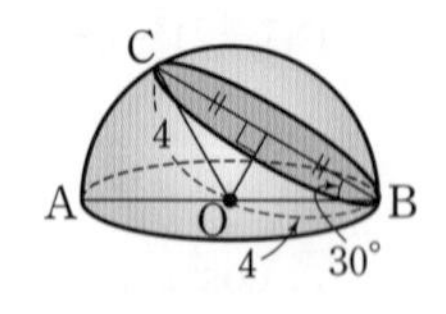

단면인 원의 지름을 선분 BC라 하면 삼각형 OBC는 $\overline{OB}=\overline{OC}=4$인 이등변삼각형이므로

$\overline{BC}=2\times\overline{OB}\cos 30°=2\times4\times\frac{\sqrt{3}}{2}=4\sqrt{3}$

이때 단면의 넓이는

$\pi\times(2\sqrt{3})^2=12\pi$

따라서 구하는 정사영의 넓이는

$12\pi\cos 30°=12\pi\times\frac{\sqrt{3}}{2}=6\sqrt{3}\pi$

21 구와 입체도형이 접하는 점들을 연결하면 구와 반지름의 길이가 같은 원이 된다.

이 원을 다음 그림과 같이 밑면과 한 점에서 만나도록 평행이동하면 이 원과 밑면이 이루는 각의 크기는 45°이다.

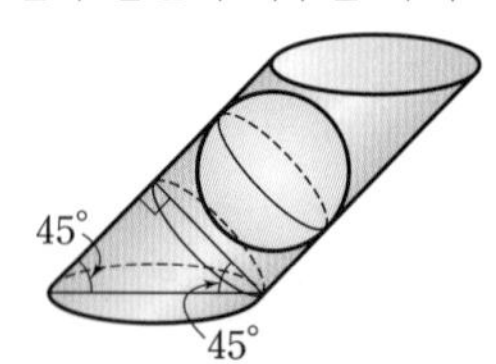

이 원을 포함하는 평면을 α라 하면 밑면인 타원의 평면 α 위로의 정사영이 이 원이므로 그 넓이는

$16\sqrt{2}\pi\cos 45°=16\sqrt{2}\pi\times\frac{\sqrt{2}}{2}=16\pi$

구의 반지름의 길이를 r라 하면

$\pi r^2=16\pi$, $r^2=16$

$\therefore r=4$ ($\because r>0$)

22 삼각형 ABC의 평면 DEF 위로의 정사영은 삼각형 DEF이므로

$\triangle DEF=\triangle ABC\cos\theta$

$\overline{AB}=2\sqrt{2}$, $\overline{BC}=\overline{CA}=\sqrt{5}$이므로 삼각형 ABC는 이등변삼각형이다.

변 AB의 중점을 M이라 하면

$\overline{CM}=\sqrt{(\sqrt{5})^2-(\sqrt{2})^2}=\sqrt{3}$

$\therefore \triangle ABC=\frac{1}{2}\times2\sqrt{2}\times\sqrt{3}=\sqrt{6}$

또 $\triangle DEF=\frac{\sqrt{3}}{4}\times2^2=\sqrt{3}$이므로

$\cos\theta=\frac{\triangle DEF}{\triangle ABC}=\frac{\sqrt{3}}{\sqrt{6}}=\frac{\sqrt{2}}{2}$

23 오른쪽 그림과 같이 두 점 P, R에서 평면 EFGH에 내린 수선의 발을 각각 P′, R′이라 하면 삼각형 PQR의 평면 EFGH 위로의 정사영은 삼각형 P′QR′이므로

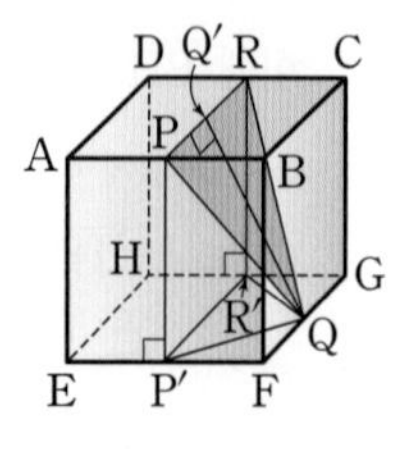

$\triangle P'QR'=\triangle PQR\cos\theta$

이때 주어진 정육면체의 한 모서리의 길이를 $2a$라 하면

$\overline{P'Q}=\sqrt{a^2+a^2}=\sqrt{2}a$

$\overline{PQ}=\sqrt{(2a)^2+(\sqrt{2}a)^2}=\sqrt{6}a$

점 Q에서 선분 PR에 내린 수선의 발을 Q′이라 하면

$\overline{QQ'}=\sqrt{(\sqrt{6}a)^2-a^2}=\sqrt{5}a$

$\therefore \triangle PQR=\frac{1}{2}\times2a\times\sqrt{5}a=\sqrt{5}a^2$

또 $\triangle P'QR'=\frac{1}{2}\times2a\times a=a^2$이므로

$\cos\theta=\frac{\triangle P'QR'}{\triangle PQR}=\frac{a^2}{\sqrt{5}a^2}=\frac{\sqrt{5}}{5}$

24 삼각형 ADC의 평면 ABC 위로의 정사영은 삼각형 AHC이므로

$\triangle AHC=\triangle ADC\cos\theta$

$\overline{BH}:\overline{HC}=5:2$이므로

$\triangle ABH:\triangle AHC=5:2$

$\therefore \triangle AHC=\frac{2}{7}\triangle ABC$

또 $\triangle ADC=\triangle ABC$이므로

$\cos\theta=\frac{\triangle AHC}{\triangle ADC}=\frac{\frac{2}{7}\triangle ABC}{\triangle ABC}=\frac{2}{7}$

25 두 평면 ABC, BCD가 이루는 각의 크기를 θ라 하면 삼각형 ABC의 평면 BCD 위로의 정사영이 삼각형 GBC이므로

$\triangle GBC=\triangle ABC\cos\theta$

$\triangle GBC=\frac{1}{3}\triangle BCD=\frac{1}{3}\triangle ABC$이므로

$\cos\theta=\frac{\triangle GBC}{\triangle ABC}=\frac{\frac{1}{3}\triangle ABC}{\triangle ABC}=\frac{1}{3}$

따라서 삼각형 GBC의 평면 ABC 위로의 정사영의 넓이는

$\triangle GBC\cos\theta=\left\{\frac{1}{3}\times\frac{\sqrt{3}}{4}\times(\sqrt{3})^2\right\}\times\frac{1}{3}=\frac{\sqrt{3}}{12}$

26 두 평면 MFND, EFGH가 이루는 각의 크기를 θ라 하면 사각형 MFND의 평면 EFGH 위로의 정사영이 사각형 EFGH이므로

$\square EFGH=\square MFND\cos\theta$

정육면체의 한 모서리의 길이를 $2a$라 하면 직각삼각형 MEF에서

$\overline{MF}=\sqrt{(2a)^2+a^2}=\sqrt{5}a$

이때 $\overline{MF}=\overline{FN}=\overline{ND}=\overline{DM}$이므로 사각형 MFND는 마름모이다.

마름모 MFND의 두 대각선의 길이는

$\overline{MN}=\sqrt{(2a)^2+(2a)^2}=2\sqrt{2}a$

$\overline{DF}=\sqrt{(2a)^2+(2\sqrt{2}a)^2}=2\sqrt{3}a$

즉, 마름모 MFND의 넓이는

$\frac{1}{2}\times 2\sqrt{2}a\times 2\sqrt{3}a=2\sqrt{6}a^2$

이때 $\square EFGH=4a^2$이므로

$\cos\theta=\frac{\square EFGH}{\square MFND}=\frac{4a^2}{2\sqrt{6}a^2}=\frac{\sqrt{6}}{3}$

따라서 사각형 EFGH의 평면 MFND 위로의 정사영의 넓이는

$\square EFGH\cos\theta=4a^2\times\frac{\sqrt{6}}{3}=\frac{4\sqrt{6}}{3}a^2$

즉, $\frac{4\sqrt{6}}{3}a^2=2\sqrt{6}$이므로

$a^2=\frac{3}{2}$　　$\therefore a=\frac{\sqrt{6}}{2}$ ($\because a>0$)

따라서 정육면체의 한 모서리의 길이는

$2a=2\times\frac{\sqrt{6}}{2}=\sqrt{6}$

27 오른쪽 그림과 같이 컵을 기울이기 전의 수면의 지름을 선분 AB라 하고, 컵을 물이 쏟아지기 직전까지 기울였을 때의 수면의 모양은 타원이므로 수면의 장축을 선분 CD, 원기둥의 밑면의 지름을 선분 CE라 하자.

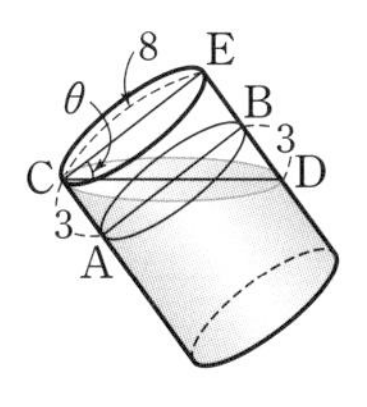

컵을 기울이면 한쪽 수면이 올라온 만큼 반대쪽 수면은 내려가므로

$\overline{AC}=\overline{BD}=3$　　$\therefore \overline{DE}=6$

직각삼각형 CDE에서

$\overline{CD}=\sqrt{8^2+6^2}=10$

$\angle DCE=\theta$라 하면

$\cos\theta=\frac{\overline{CE}}{\overline{CD}}=\frac{8}{10}=\frac{4}{5}$

이때 컵의 밑면의 넓이는

$\pi\times 4^2=16\pi$

따라서 구하는 수면의 넓이를 S라 하면

$S\cos\theta=16\pi$, $S\times\frac{4}{5}=16\pi$

$\therefore S=20\pi$

28 다음 그림과 같이 애드벌룬이 지면과 접하도록 이동하면 태양 광선과 수직이고 애드벌룬의 중심을 지나는 평면이 지면과 이루는 각의 크기는 30°이다.

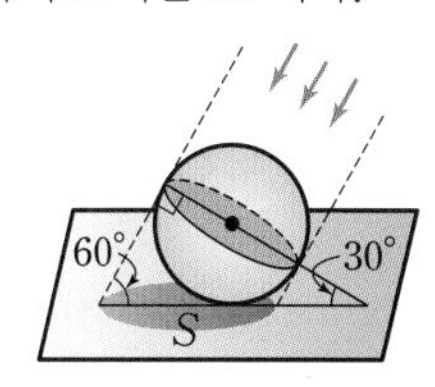

애드벌룬의 중심을 지나는 단면인 원의 넓이는

$\pi\times 9^2=81\pi$

이때 그림자의 넓이를 S라 하면

$81\pi=S\cos 30°$, $81\pi=S\times\frac{\sqrt{3}}{2}$

$\therefore S=54\sqrt{3}\pi$

29 다음 그림과 같이 평면 α 위에 있는 원뿔의 모선의 양 끝점을 각각 A, B, 밑면의 중심을 O라 하면 원뿔의 밑면과 평면 α가 이루는 각의 크기는 $\angle ABO$의 크기와 같다.

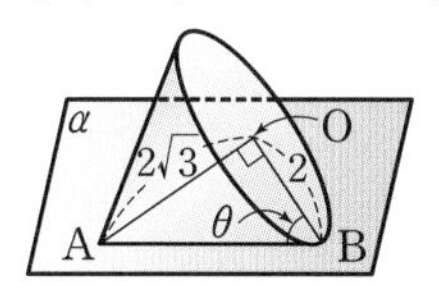

$\angle ABO=\theta$라 하면 직각삼각형 ABO에서

$\overline{AB}=\sqrt{(2\sqrt{3})^2+2^2}=4$

$\therefore \cos\theta=\frac{\overline{BO}}{\overline{AB}}=\frac{1}{2}$

따라서 그림자의 넓이는 원뿔의 밑면의 평면 α 위로의 정사영의 넓이와 같으므로

(밑면의 넓이)$\times\cos\theta=\pi\times 2^2\times\frac{1}{2}=2\pi$

30 다음 그림과 같이 태양 광선과 수직이고 공의 중심을 지나는 평면이 지면과 이루는 각의 크기는 45°이다.

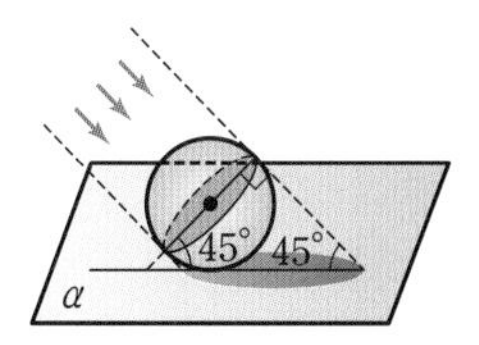

이때 공의 반지름의 길이를 r cm라 하면 공의 그림자의 넓이가 $144\sqrt{2}\pi\text{ cm}^2$이므로

$\pi r^2=144\sqrt{2}\pi\cos 45°$

$\pi r^2=144\sqrt{2}\pi\times\frac{\sqrt{2}}{2}$

$r^2=144$　　$\therefore r=12$ ($\because r>0$)

따라서 공의 반지름의 길이는 12 cm이다.

Ⅲ-2 01 공간에서의 점의 좌표

기초 문제 Training 60쪽

1 (1) $(1, 3, 2)$ (2) $(1, 3, 0)$ (3) $(1, 0, 2)$

2 (1) $(1, 0, 0)$ (2) $(0, 5, 0)$ (3) $(0, 0, -3)$

3 (1) $(7, -4, 0)$ (2) $(0, -4, 2)$ (3) $(7, 0, 2)$

4 (1) $(-2, -6, -3)$ (2) $(2, 6, -3)$ (3) $(2, -6, 3)$

5 (1) $(1, -3, 5)$ (2) $(-1, -3, -5)$
(3) $(1, 3, -5)$ (4) $(-1, 3, 5)$

6 (1) $\sqrt{3}$ (2) 7 (3) $\sqrt{14}$

7 (1) $\left(\frac{13}{3}, \frac{1}{3}, \frac{14}{3}\right)$ (2) $(5, 1, 4)$ (3) $(11, 7, -2)$

8 (1) $\left(3, -1, \frac{1}{3}\right)$ (2) $(1, -2, 2)$

핵심 유형 Training 61~65쪽

1 -8 **2** 4 **3** $(3, -6, 1)$ **4** 8
5 $2\sqrt{5}$ **6** ④ **7** ⑤ **8** -1 **9** 3
10 6 **11** ⑤ **12** ③ **13** $\frac{15}{4}$
14 $\left(-\frac{9}{4}, -\frac{9}{2}, 0\right)$ **15** ⑤ **16** $(2, 1, 0)$, $(3, 2, 0)$
17 $3\sqrt{5}$ **18** 1 **19** ④ **20** $2\sqrt{3}+2\sqrt{6}$
21 ② **22** $\frac{\sqrt{2}}{2}$ **23** ② **24** $45°$
25 $(3, 3, 4)$ **26** ④ **27** $(35, 2, -13)$
28 $\frac{5}{4}$ **29** 3 **30** ② **31** ⑤
32 $(1, 1, 2)$ **33** $\sqrt{83}$ **34** 3 **35** 6
36 ① **37** $(0, -17, 0)$ **38** 3
39 $(1, 2, -2)$

1 점 $A(2, -3, 6)$에서 zx평면에 내린 수선의 발 B의 좌표는 $(2, 0, 6)$
점 B와 y축에 대하여 대칭인 점 C의 좌표는
$(-2, 0, -6)$
따라서 $a=-2$, $b=0$, $c=-6$이므로
$a+b+c=-8$

2 점 $A(a, 2, b-1)$과 원점에 대하여 대칭인 점 B의 좌표는
$(-a, -2, -b+1)$ …… ㉠
점 $C(b+2, -2, 2a+6)$과 xy평면에 대하여 대칭인 점의 좌표는
$(b+2, -2, -2a-6)$ …… ㉡
㉠, ㉡이 일치하므로
$-a=b+2$, $-b+1=-2a-6$
두 식을 연립하여 풀면
$a=-3$, $b=1$ $\therefore b-a=4$

3 점 A의 좌표를 (a, b, c)라 하자.
점 A와 x축에 대하여 대칭인 점 B의 좌표는
$(a, -b, -c)$
점 B와 yz평면에 대하여 대칭인 점 C의 좌표는
$(-a, -b, -c)$
이 점이 점 $(-3, 6, -1)$과 일치하므로
$-a=-3$, $-b=6$, $-c=-1$
$\therefore a=3$, $b=-6$, $c=1$ $\therefore A(3, -6, 1)$

4 점 C는 점 B에서 yz평면에 내린 수선의 발이므로
$C(0, a, 3)$
점 C와 x축에 대하여 대칭인 점의 좌표는
$(0, -a, -3)$
이 점이 점 $(0, -5, b)$와 일치하므로
$-a=-5$, $-3=b$
$\therefore a=5$, $b=-3$ $\therefore a-b=8$

5 점 $A(-2, 3, 1)$과 xy평면에 대하여 대칭인 점 B의 좌표는 $(-2, 3, -1)$
점 $A(-2, 3, 1)$과 yz평면에 대하여 대칭인 점 C의 좌표는 $(2, 3, 1)$
$\therefore \overline{BC}=\sqrt{(2+2)^2+(3-3)^2+(1+1)^2}=2\sqrt{5}$

6 $\overline{AB}=2\overline{AC}$에서 $\overline{AB}^2=4\overline{AC}^2$이므로
$(1-2)^2+(3-5)^2+(a+2-2)^2$
$=4\{(3-2)^2+(4-5)^2+(1-2)^2\}$
$a^2+5=12$, $a^2=7$ $\therefore a=\sqrt{7}$ ($\because a>0$)

7 점 $A(a, 2, -4)$와 yz평면에 대하여 대칭인 점 P의 좌표는 $(-a, 2, -4)$
점 $A(a, 2, -4)$와 x축에 대하여 대칭인 점 Q의 좌표는
$(a, -2, 4)$
$\overline{PQ}=10$에서 $\overline{PQ}^2=100$이므로
$(a+a)^2+(-2-2)^2+(4+4)^2=100$
$4a^2+80=100$, $a^2=5$ $\therefore a=\sqrt{5}$ ($\because a>0$)

8 $\overline{AB}^2=(a+1)^2+(-2)^2+(1-1)^2=a^2+2a+5$

$\overline{BC}^2=(-a)^2+(-1)^2+(3-1)^2=a^2+5$

$\overline{CA}^2=(-1)^2+(2+1)^2+(1-3)^2=14$

삼각형 ABC가 $\angle B=90°$인 직각삼각형이므로

$\overline{CA}^2=\overline{AB}^2+\overline{BC}^2$

$14=a^2+2a+5+a^2+5$, $a^2+a-2=0$

$(a+2)(a-1)=0 \qquad \therefore a=-2$ 또는 $a=1$

따라서 모든 a의 값의 합은 $-2+1=-1$

9 좌표공간에서 원점을 O라 하고 직선 $z=\sqrt{3}y$ 위의 점 H의 좌표를 $(0, a, \sqrt{3}a)(a\neq0)$라 하면 삼각형 OHP는 $\angle OHP=90°$인 직각삼각형이므로

$\overline{OP}^2=\overline{OH}^2+\overline{PH}^2$

$(\sqrt{5})^2+4^2=a^2+(\sqrt{3}a)^2+(-\sqrt{5})^2+a^2+(\sqrt{3}a-4)^2$

$8a^2-8\sqrt{3}a=0$, $8a(a-\sqrt{3})=0$

$\therefore a=\sqrt{3}$ ($\because a\neq0$)

$\therefore \overline{PH}=\sqrt{(-\sqrt{5})^2+(\sqrt{3})^2+(3-4)^2}=3$

10 $\overline{AB}=\sqrt{(2-x-1)^2+(-x+2)^2+(x-1-2)^2}$

$=\sqrt{3x^2-12x+14}=\sqrt{3(x-2)^2+2}$

따라서 두 점 A, B 사이의 거리는 $x=2$일 때 최소이고 최솟값은 $\sqrt{2}$이다.

즉, $\alpha=2$, $\beta=\sqrt{2}$이므로 $\alpha^2+\beta^2=6$

11 오른쪽 그림과 같이 점 P에서 직선 l에 내린 수선의 발을 I라 하자.

$\overline{PH}\perp(xy$평면$)$, $\overline{PI}\perp l$이므로

삼수선의 정리에 의하여

$\overline{HI}\perp l$

H(2, 3, 0)이므로 $\overline{PH}=4$

직각삼각형 PIH에서 $\overline{HI}=\sqrt{(4\sqrt{2})^2-4^2}=4$

따라서 점 H와 직선 l 사이의 거리는 4이다.

12 오른쪽 그림과 같이 점 A(2, 4, -2)에서 xy평면에 내린 수선의 발을 A′이라 하면 A′(2, 4, 0)

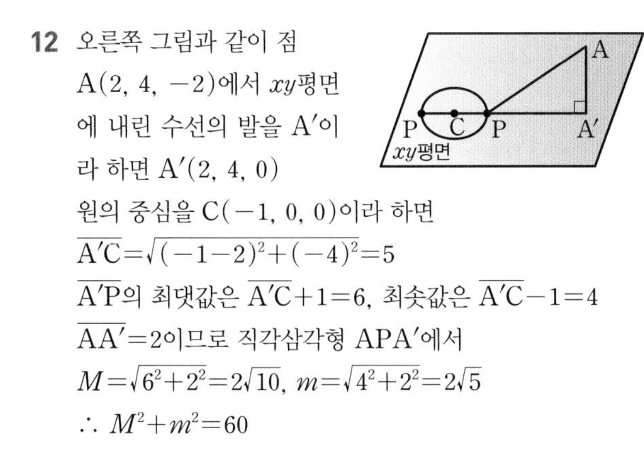

원의 중심을 C(-1, 0, 0)이라 하면

$\overline{A'C}=\sqrt{(-1-2)^2+(-4)^2}=5$

$\overline{A'P}$의 최댓값은 $\overline{A'C}+1=6$, 최솟값은 $\overline{A'C}-1=4$

$\overline{AA'}=2$이므로 직각삼각형 APA′에서

$M=\sqrt{6^2+2^2}=2\sqrt{10}$, $m=\sqrt{4^2+2^2}=2\sqrt{5}$

$\therefore M^2+m^2=60$

13 구하는 점을 P(0, 0, c)라 하면

$\overline{AP}=\overline{BP}$에서 $\overline{AP}^2=\overline{BP}^2$이므로

$(-3)^2+2^2+(c-4)^2=3^2+(-1)^2+(c-2)^2$

$c^2-8c+29=c^2-4c+14$

$-4c=-15 \qquad \therefore c=\frac{15}{4}$

따라서 구하는 점의 z좌표는 $\frac{15}{4}$

14 직선 $y=2x$ 위의 점을 P(a, $2a$, 0)이라 하면

$\overline{AP}=\overline{BP}$에서 $\overline{AP}^2=\overline{BP}^2$이므로

$(a-1)^2+(2a-2)^2+(-2)^2=(a-3)^2+(2a)^2+3^2$

$5a^2-10a+9=5a^2-6a+18$

$-4a=9 \qquad \therefore a=-\frac{9}{4}$

따라서 구하는 점 P의 좌표는 $\left(-\frac{9}{4}, -\frac{9}{2}, 0\right)$

15 점 P가 yz평면 위의 점이므로 $a=0$

$\therefore$ P(0, b, c)

$\overline{AP}=\overline{BP}$에서 $\overline{AP}^2=\overline{BP}^2$이므로

$(-2)^2+b^2+c^2=(-1)^2+b^2+(c-1)^2$

$2c=-2 \qquad \therefore c=-1$

$\overline{BP}=\overline{CP}$에서 $\overline{BP}^2=\overline{CP}^2$이므로

$(-1)^2+b^2+(c-1)^2=(-3)^2+(b-2)^2+(c-1)^2$

$4b=12 \qquad \therefore b=3$

$\therefore a+b+c=2$

16 xy평면 위의 점 C의 좌표를 (a, b, 0)이라 하자.

삼각형 ABC가 정삼각형이므로 $\overline{AB}=\overline{BC}=\overline{CA}$

$\overline{AB}=\overline{BC}$에서 $\overline{AB}^2=\overline{BC}^2$이므로

$(3-2)^2+(1-2)^2+(-1+1)^2=(a-3)^2+(b-1)^2+1^2$

$2=a^2+b^2-6a-2b+11$

$\therefore a^2+b^2-6a-2b+9=0 \qquad \cdots\cdots$ ㉠

$\overline{BC}=\overline{CA}$에서 $\overline{BC}^2=\overline{CA}^2$이므로

$(a-3)^2+(b-1)^2+1^2=(2-a)^2+(2-b)^2+(-1)^2$

$a^2+b^2-6a-2b+11=a^2+b^2-4a-4b+9$

$\therefore a=b+1 \qquad \cdots\cdots$ ㉡

㉡을 ㉠에 대입하면

$(b+1)^2+b^2-6(b+1)-2b+9=0$

$b^2-3b+2=0$, $(b-1)(b-2)=0$

$\therefore b=1$ 또는 $b=2$

$\therefore a=2, b=1$ 또는 $a=3, b=2$

따라서 구하는 점 C의 좌표는

(2, 1, 0), (3, 2, 0)

17 두 점 A, B의 z좌표의 부호가 다르므로 두 점 A, B는 xy평면을 기준으로 서로 반대쪽에 있다.

$\therefore \overline{AP}+\overline{BP}\ge\overline{AB}$
$=\sqrt{(2-4)^2+(-5+1)^2+(1+4)^2}$
$=3\sqrt{5}$

18 두 점 A, B의 y좌표의 부호가 같으므로 두 점 A, B는 zx평면을 기준으로 같은 쪽에 있다.

점 A와 zx평면에 대하여 대칭인 점을 A′이라 하면

A′(1, −3, 4)

이때 $\overline{AP}=\overline{A'P}$이므로

$\overline{AP}+\overline{BP}=\overline{A'P}+\overline{BP}$
$\ge\overline{A'B}$
$=\sqrt{(-2-1)^2+(a+3)^2+(4-4)^2}$
$=\sqrt{a^2+6a+18}$

즉, $\sqrt{a^2+6a+18}=5$이므로 양변을 제곱하여 정리하면

$a^2+6a-7=0$, $(a+7)(a-1)=0$

$\therefore a=1$ ($\because a>0$)

19 두 점 A, B의 y좌표가 0이고 z좌표의 부호가 같으므로 두 점 A, B는 zx평면 위에 있고 x축을 기준으로 같은 쪽에 있다.

점 A와 x축에 대하여 대칭인 점을 A′이라 하면

A′(−3, 0, −1)

이때 $\overline{AP}=\overline{A'P}$이므로

$\overline{AP}+\overline{BP}=\overline{A'P}+\overline{BP}$
$\ge\overline{A'B}$
$=\sqrt{(4+3)^2+(2+1)^2}=\sqrt{58}$

20 두 점 A, B의 x좌표의 부호가 같으므로 두 점 A, B는 yz평면을 기준으로 같은 쪽에 있다.

점 A와 yz평면에 대하여 대칭인 점을 A′이라 하면

A′(−1, 4, 3)

이때 $\overline{AP}=\overline{A'P}$이므로 삼각형 ABP의 둘레의 길이는

$\overline{AB}+\overline{AP}+\overline{PB}=\overline{AB}+\overline{A'P}+\overline{PB}$
$\ge\overline{AB}+\overline{A'B}$
$=\sqrt{(3-1)^2+(2-4)^2+(1-3)^2}$
$+\sqrt{(3+1)^2+(2-4)^2+(1-3)^2}$
$=2\sqrt{3}+2\sqrt{6}$

21 두 점 A, B의 yz평면 위로의 정사영을 각각 A′, B′이라 하면 A′(0, −1, 2), B′(0, −3, 1)

$\therefore \overline{A'B'}=\sqrt{(-3+1)^2+(1-2)^2}=\sqrt{5}$

22 $\overline{AB}=\sqrt{(5-2)^2+(5-1)^2+(8-3)^2}=5\sqrt{2}$

두 점 A, B의 xy평면 위로의 정사영을 각각 A′, B′이라 하면 A′(2, 1, 0), B′(5, 5, 0)

$\therefore \overline{A'B'}=\sqrt{(5-2)^2+(5-1)^2}=5$

이때 $\overline{A'B'}=\overline{AB}\cos\theta$이므로

$5=5\sqrt{2}\cos\theta$ $\quad\therefore \cos\theta=\dfrac{\sqrt{2}}{2}$

23 $\overline{AB}=\sqrt{(2-3)^2+(-a)^2+(-\sqrt{2})^2}=\sqrt{a^2+3}$

두 점 A, B의 zx평면 위로의 정사영을 각각 A′, B′이라 하면 A′(3, 0, 0), B′(2, 0, $-\sqrt{2}$)

$\therefore \overline{A'B'}=\sqrt{(2-3)^2+(-\sqrt{2})^2}=\sqrt{3}$

이때 $\overline{A'B'}=\overline{AB}\cos 60°$이므로

$\sqrt{3}=\sqrt{a^2+3}\times\dfrac{1}{2}$, $2\sqrt{3}=\sqrt{a^2+3}$

$12=a^2+3$, $a^2=9$ $\quad\therefore a=3$ ($\because a>0$)

24 $\overline{AB}=|4-1|=3$

$\overline{BC}=\sqrt{(4-2)^2+(4-4)^2+(1-3)^2}=2\sqrt{2}$

$\overline{CA}=\sqrt{(2-4)^2+(1-4)^2+(3-1)^2}=\sqrt{17}$

이때 $\overline{CA}^2=\overline{AB}^2+\overline{BC}^2$이므로 삼각형 ABC는 ∠B=90°인 직각삼각형이다.

$\therefore \triangle ABC=\dfrac{1}{2}\times\overline{AB}\times\overline{BC}=\dfrac{1}{2}\times3\times2\sqrt{2}=3\sqrt{2}$

세 점 A, B, C의 xy평면 위로의 정사영을 각각 A′, B′, C′이라 하면

A′(2, 1, 0), B′(2, 4, 0), C′(4, 4, 0)

$\therefore \overline{A'B'}=|4-1|=3$, $\overline{B'C'}=|4-2|=2$,
$\overline{C'A'}=\sqrt{(2-4)^2+(1-4)^2}=\sqrt{13}$

이때 $\overline{C'A'}^2=\overline{A'B'}^2+\overline{B'C'}^2$이므로 삼각형 A′B′C′은 ∠B′=90°인 직각삼각형이다.

$\therefore \triangle A'B'C'=\dfrac{1}{2}\times\overline{A'B'}\times\overline{B'C'}=\dfrac{1}{2}\times3\times2=3$

이때 삼각형 ABC와 xy평면이 이루는 예각의 크기를 θ라 하면 $\triangle A'B'C'=\triangle ABC\cos\theta$이므로

$3=3\sqrt{2}\cos\theta$, $\cos\theta=\dfrac{\sqrt{2}}{2}$ $\quad\therefore \theta=45°$

25 선분 AB를 1 : 2로 내분하는 점 P의 좌표는

$\left(\dfrac{1\times(-1)+2\times2}{1+2}, \dfrac{1\times(-5)+2\times1}{1+2}, \dfrac{1\times0+2\times3}{1+2}\right)$

$\therefore$ (1, −1, 2)

선분 AB를 1 : 2로 외분하는 점 Q의 좌표는

$\left(\dfrac{1\times(-1)-2\times2}{1-2}, \dfrac{1\times(-5)-2\times1}{1-2}, \dfrac{1\times0-2\times3}{1-2}\right)$

$\therefore$ (5, 7, 6)

따라서 선분 PQ의 중점의 좌표는

$\left(\frac{1+5}{2}, \frac{-1+7}{2}, \frac{2+6}{2}\right)$ $\quad\therefore (3, 3, 4)$

26 선분 PQ를 $2:1$로 외분하는 점 R의 좌표는

$\left(\frac{2\times8-1\times a}{2-1}, \frac{2\times b-1\times6}{2-1}, \frac{2\times3-1\times5}{2-1}\right)$

$\therefore (16-a, 2b-6, 1)$

이 점이 점 $(13, 4, c)$와 일치하므로

$16-a=13$, $2b-6=4$, $1=c$

$\therefore a=3, b=5, c=1 \quad \therefore a+b+c=9$

27 점 B의 좌표를 (a, b, c)라 하면 선분 AB를 $2:3$으로 내분하는 점의 좌표는

$\left(\frac{2\times a+3\times5}{2+3}, \frac{2\times b+3\times2}{2+3}, \frac{2\times c+3\times(-3)}{2+3}\right)$

$\therefore \left(\frac{2a+15}{5}, \frac{2b+6}{5}, \frac{2c-9}{5}\right)$

이 점이 점 $(-1, 2, -1)$과 일치하므로

$\frac{2a+15}{5}=-1$, $\frac{2b+6}{5}=2$, $\frac{2c-9}{5}=-1$

$\therefore a=-10, b=2, c=2$

따라서 두 점 $\mathrm{A}(5, 2, -3)$, $\mathrm{B}(-10, 2, 2)$를 $2:3$으로 외분하는 점의 좌표는

$\left(\frac{2\times(-10)-3\times5}{2-3}, \frac{2\times2-3\times2}{2-3}, \frac{2\times2-3\times(-3)}{2-3}\right)$

$\therefore (35, 2, -13)$

28 점 P가 $\angle$A의 이등분선과 변 BC의 교점이므로

$\overline{\mathrm{BP}}:\overline{\mathrm{CP}}=\overline{\mathrm{AB}}:\overline{\mathrm{AC}}$

이때 $\overline{\mathrm{AB}}=\sqrt{(-1)^2+(1+1)^2+(-1-1)^2}=3$,

$\overline{\mathrm{AC}}=\sqrt{(-2-1)^2+(3+1)^2+(1-1)^2}=5$이므로

$\overline{\mathrm{BP}}:\overline{\mathrm{CP}}=3:5$

따라서 점 P는 변 BC를 $3:5$로 내분하는 점이므로

$a=\frac{3\times(-2)+5\times0}{3+5}=-\frac{3}{4}$, $b=\frac{3\times3+5\times1}{3+5}=\frac{7}{4}$,

$c=\frac{3\times1+5\times(-1)}{3+5}=-\frac{1}{4}$

$\therefore a+b-c=\frac{5}{4}$

29 선분 AB를 $1:m$으로 내분하는 점이 xy평면 위에 있으므로 내분점의 z좌표는 0이다.

즉, $\frac{1\times(-3)+m\times1}{1+m}=0$이므로

$-3+m=0 \quad \therefore m=3$

30 선분 AB를 $2:1$로 내분하는 점이 yz평면 위에 있으므로 내분점의 x좌표는 0이다.

즉, $\frac{2\times a+1\times2}{2+1}=0$이므로

$2a+2=0 \quad \therefore a=-1$

또 선분 AB를 $3:2$로 외분하는 점이 x축 위에 있으므로 외분점의 y좌표와 z좌표는 모두 0이다.

즉, $\frac{3\times b-2\times5}{3-2}=0$, $\frac{3\times c-2\times4}{3-2}=0$이므로

$3b-10=0$, $3c-8=0 \quad \therefore b=\frac{10}{3}, c=\frac{8}{3}$

$\therefore a+b+c=5$

31 $\frac{\overline{\mathrm{BC}}}{\overline{\mathrm{AC}}}=k$라 하면 $\overline{\mathrm{BC}}=k\overline{\mathrm{AC}}$에서 $\overline{\mathrm{AC}}:\overline{\mathrm{BC}}=1:k$

따라서 점 C는 선분 AB를 $1:k$로 내분하는 점이다.

그런데 점 C가 xy평면 위에 있으므로 점 C의 z좌표는 0이다.

즉, $\frac{1\times4+k\times(-2)}{1+k}=0$이므로

$4-2k=0 \quad \therefore k=2$

32 대각선 AC의 중점의 좌표는

$\left(\frac{4+2}{2}, \frac{1-1}{2}, \frac{3+1}{2}\right) \quad \therefore (3, 0, 2)$

점 D의 좌표를 (a, b, c)라 하면 대각선 BD의 중점의 좌표는

$\left(\frac{5+a}{2}, \frac{-1+b}{2}, \frac{2+c}{2}\right)$

평행사변형의 두 대각선 AC, BD의 중점은 일치하므로

$\frac{5+a}{2}=3$, $\frac{-1+b}{2}=0$, $\frac{2+c}{2}=2$

$\therefore a=1, b=1, c=2$

따라서 점 D의 좌표는 $(1, 1, 2)$

33 점 B의 좌표를 (a, b, c)라 하면 대각선 BD의 중점의 좌표는

$\left(\frac{a-1}{2}, \frac{b+8}{2}, \frac{c+3}{2}\right)$

대각선 BD의 중점은 두 대각선의 교점과 일치하므로

$\frac{a-1}{2}=-2$, $\frac{b+8}{2}=3$, $\frac{c+3}{2}=1$

$\therefore a=-3, b=-2, c=-1$

따라서 $\mathrm{B}(-3, -2, -1)$이므로

$\overline{\mathrm{AB}}=\sqrt{(-3-6)^2+(-2+1)^2+(-1)^2}=\sqrt{83}$

34 평행사변형 ABCD의 각 변의 중점을 연결하여 만든 사각형 PQRS도 평행사변형이고, 평행사변형 PQRS의 두 대각선의 교점은 평행사변형 ABCD의 두 대각선의 교점과 일치한다.

대각선 AC의 중점의 좌표는

$\left(\frac{-3+1}{2}, \frac{1-1}{2}, \frac{2+6}{2}\right)$ $\quad\therefore (-1, 0, 4)$

따라서 $a=-1$, $b=0$, $c=4$이므로

$a+b+c=3$

35 대각선 AC의 중점의 좌표는

$\left(\frac{a+1}{2}, \frac{2+2}{2}, \frac{3-1}{2}\right)$ $\quad\therefore \left(\frac{a+1}{2}, 2, 1\right)$

대각선 BD의 중점의 좌표는

$\left(\frac{b+2}{2}, \frac{4+0}{2}, \frac{1+1}{2}\right)$ $\quad\therefore \left(\frac{b+2}{2}, 2, 1\right)$

마름모의 두 대각선 AC, BD의 중점은 일치하므로

$\frac{a+1}{2}=\frac{b+2}{2}$ $\quad\therefore b=a-1$ $\quad\cdots\cdots$ ㉠

마름모의 네 변의 길이는 모두 같으므로

$\overline{AD}=\overline{CD}$에서 $\overline{AD}^2=\overline{CD}^2$

$(2-a)^2+(-2)^2+(1-3)^2=(2-1)^2+(-2)^2+(1+1)^2$

$a^2-4a+3=0$, $(a-1)(a-3)=0$

$\therefore a=3$ $(\because a>1)$

이를 ㉠에 대입하면 $b=2$

$\therefore ab=6$

36 삼각형 ABC의 무게중심의 좌표는

$\left(\frac{a+(a-6)-1}{3}, \frac{-1+2+b}{3}, \frac{3+b+(3-b)}{3}\right)$

$\therefore \left(\frac{2a-7}{3}, \frac{b+1}{3}, 2\right)$

이 점이 점 $(-1, 1, c)$와 일치하므로

$\frac{2a-7}{3}=-1$, $\frac{b+1}{3}=1$, $2=c$

$\therefore a=2$, $b=2$, $c=2$

$\therefore a+b-c=2$

37 점 C의 좌표를 (a, b, c)라 하면 선분 CM을 $2:1$로 내분하는 점의 좌표는

$\left(\frac{2\times3+1\times a}{2+1}, \frac{2\times4+1\times b}{2+1}, \frac{2\times6+1\times c}{2+1}\right)$

$\therefore \left(\frac{6+a}{3}, \frac{8+b}{3}, \frac{12+c}{3}\right)$

이 점이 점 $G(2, -3, 4)$와 일치하므로

$\frac{6+a}{3}=2$, $\frac{8+b}{3}=-3$, $\frac{12+c}{3}=4$

$\therefore a=0$, $b=-17$, $c=0$

$\therefore C(0, -17, 0)$

38 삼각형 ABC에서 선분 AM은 삼각형 ABC의 중선이고 선분 AM을 $2:1$로 내분하는 점은 삼각형 ABC의 무게중심이다.

삼각형 ABC의 무게중심의 좌표는

$\left(\frac{2+a+8}{3}, \frac{3+0+0}{3}, \frac{-4-3+b}{3}\right)$

$\therefore \left(\frac{a+10}{3}, 1, \frac{b-7}{3}\right)$

이 점이 점 $(b-1, 1, a)$와 일치하므로

$\frac{a+10}{3}=b-1$, $\frac{b-7}{3}=a$

$\therefore a-3b=-13$, $3a-b=-7$

두 식을 연립하여 풀면

$a=-1$, $b=4$ $\quad\therefore a+b=3$

39 삼각형 ABC의 무게중심은 삼각형 PQR의 무게중심과 일치하므로 구하는 무게중심의 좌표는

$\left(\frac{0+2+1}{3}, \frac{1+3+2}{3}, \frac{-8+5-3}{3}\right)$

$\therefore (1, 2, -2)$

Ⅲ-2 02 구의 방정식

기초 문제 Training

66쪽

1 (1) 중심의 좌표: $(1, -2, 0)$, 반지름의 길이: 2
(2) 중심의 좌표: $(-3, -1, 4)$, 반지름의 길이: 5

2 (1) $(x+1)^2+(y-1)^2+(z-5)^2=16$
(2) $x^2+y^2+z^2=4$

3 (1) $x^2+y^2+z^2=50$
(2) $(x-1)^2+(y+2)^2+(z-3)^2=51$

4 (1) 중심의 좌표: $(0, 1, -2)$, 반지름의 길이: $\sqrt{5}$
(2) 중심의 좌표: $(3, -2, -1)$, 반지름의 길이: 4

5 (1) $k<13$ (2) $k>-21$

6 (1) $(x+4)^2+(y-2)^2+(z+8)^2=64$
(2) $(x+4)^2+(y-2)^2+(z+8)^2=16$
(3) $(x+4)^2+(y-2)^2+(z+8)^2=4$

7 (1) $(x-1)^2+(y+2)^2+(z-3)^2=13$
(2) $(x-1)^2+(y+2)^2+(z-3)^2=10$
(3) $(x-1)^2+(y+2)^2+(z-3)^2=5$

8 (1) $(x-3)^2+(y+4)^2=19$
(2) $(y+4)^2+(z-1)^2=11$
(3) $(x-3)^2+(z-1)^2=4$

핵심 유형 Training　67~70쪽

1 18　**2** $x^2+(y-1)^2+(z-1)^2=5$　**3** ③
4 6　**5** -3　**6** 1　**7** 5　**8** ④
9 $32\sqrt{3}\pi$　**10** ③　**11** ④　**12** 54　**13** 4
14 ②　**15** ②　**16** $2\sqrt{34}$　**17** $\sqrt{11}$　**18** ⑤
19 ⑤　**20** 4　**21** ④　**22** 42π　**23** ③
24 $2\sqrt{3}$　**25** ④　**26** 6π　**27** ③　**28** ④
29 16

1 구 $(x-3)^2+(y+1)^2+(z-2)^2=16$의 중심의 좌표는 $(3, -1, 2)$
구의 반지름의 길이는 두 점 $(3, -1, 2)$, $(2, 1, -1)$ 사이의 거리와 같으므로
$\sqrt{(2-3)^2+(1+1)^2+(-1-2)^2}=\sqrt{14}$
즉, 구의 방정식은
$(x-3)^2+(y+1)^2+(z-2)^2=14$
따라서 $a=3$, $b=-1$, $c=2$, $d=14$이므로
$a+b+c+d=18$

2 삼각형 ABC의 무게중심의 좌표는
$\left(\frac{0-3+3}{3}, \frac{2+1+0}{3}, \frac{-1+3+1}{3}\right)$　$\therefore (0, 1, 1)$
구의 반지름의 길이는 두 점 $(0, 1, 1)$, $(0, 2, -1)$ 사이의 거리와 같으므로
$\sqrt{(2-1)^2+(-1-1)^2}=\sqrt{5}$
따라서 구하는 구의 방정식은
$x^2+(y-1)^2+(z-1)^2=5$

3 선분 AB를 1 : 2로 내분하는 점 P의 좌표는
$\left(\frac{1\times(-5)+2\times4}{1+2}, \frac{1\times3+2\times0}{1+2}, \frac{1\times(-2)+2\times1}{1+2}\right)$
$\therefore (1, 1, 0)$
선분 AB를 1 : 2로 외분하는 점 Q의 좌표는
$\left(\frac{1\times(-5)-2\times4}{1-2}, \frac{1\times3-2\times0}{1-2}, \frac{1\times(-2)-2\times1}{1-2}\right)$
$\therefore (13, -3, 4)$
구의 중심은 선분 PQ의 중점과 같으므로 구의 중심의 좌표는
$\left(\frac{1+13}{2}, \frac{1-3}{2}, \frac{0+4}{2}\right)$　$\therefore (7, -1, 2)$
구의 반지름의 길이는
$\frac{1}{2}\overline{PQ}=\frac{1}{2}\sqrt{(13-1)^2+(-3-1)^2+4^2}=2\sqrt{11}$
따라서 구하는 구의 방정식은
$(x-7)^2+(y+1)^2+(z-2)^2=44$

4 구의 방정식을 $x^2+y^2+z^2+Ax+By+Cz+D=0$이라 하자.
점 $(0, 0, 0)$을 지나므로 $D=0$
점 $(2, 0, 0)$을 지나므로
$4+2A=0$　$\therefore A=-2$
점 $(0, 2, 0)$을 지나므로
$4+2B=0$　$\therefore B=-2$
점 $(0, 0, 2)$를 지나므로
$4+2C=0$　$\therefore C=-2$
즉, 구의 방정식은 $x^2+y^2+z^2-2x-2y-2z=0$이므로
$(x-1)^2+(y-1)^2+(z-1)^2=3$
따라서 $a=1$, $b=1$, $c=1$, $r^2=3$이므로
$a+b+c+r^2=6$

5 $x^2+y^2+z^2-4x+2ky-10z-6k=0$을 변형하면
$(x-2)^2+(y+k)^2+(z-5)^2=k^2+6k+29$
이때 구의 부피가 최소이려면 구의 반지름의 길이 $\sqrt{k^2+6k+29}$가 최소이어야 한다.
$k^2+6k+29=(k+3)^2+20$이므로 $k=-3$일 때 반지름의 길이가 최소이다.
따라서 구하는 k의 값은 -3이다.

6 $x^2+y^2+z^2-8x-4y+4z+20=0$을 변형하면
$(x-4)^2+(y-2)^2+(z+2)^2=4$
이므로 이 구의 중심의 좌표는 $(4, 2, -2)$, 반지름의 길이는 2이다.
오른쪽 그림과 같이 구의 중심을 C, 점 C에서 직선 l에 내린 수선의 발을 H라 하면

$\overline{CB}=2$, $\overline{BH}=\frac{1}{2}\overline{AB}=\sqrt{3}$
따라서 직각삼각형 CBH에서
$\overline{CH}=\sqrt{2^2-(\sqrt{3})^2}=1$

7 $x^2+y^2+z^2+2x-2y-4z-5=0$을 변형하면
$(x+1)^2+(y-1)^2+(z-2)^2=11$
이므로 이 구의 중심의 좌표는 $(-1, 1, 2)$
이때 구의 중심은 선분 AB의 중점이므로
$\frac{-4+a}{2}=-1$, $\frac{2+b}{2}=1$, $\frac{1+c}{2}=2$
$\therefore a=2$, $b=0$, $c=3$
$\therefore a-b+c=5$

유형편

8 $\overline{AP}:\overline{BP}=2:1$이므로 $2\overline{BP}=\overline{AP}$

$\therefore 4\overline{BP}^2=\overline{AP}^2$

점 P의 좌표를 (x, y, z)라 하면

$4\{x^2+(y+1)^2+z^2\}=x^2+y^2+(z-3)^2$

$\therefore x^2+y^2+z^2+\frac{8}{3}y+2z-\frac{5}{3}=0$

따라서 $a=0$, $b=\frac{8}{3}$, $c=2$, $d=-\frac{5}{3}$이므로

$a-b+c-d=1$

9 점 P의 좌표를 (x, y, z)라 하면 $\overline{AP}^2+\overline{BP}^2=\overline{AB}^2$이므로

$\{(x-1)^2+(y+1)^2+(z-4)^2\}$

$+\{(x+3)^2+(y-3)^2+z^2\}$

$=(-3-1)^2+(3+1)^2+(-4)^2$

$x^2+y^2+z^2+2x-2y-4z-6=0$

$\therefore (x+1)^2+(y-1)^2+(z-2)^2=12$

따라서 점 P가 나타내는 도형은 중심이 점 $(-1, 1, 2)$이고 반지름의 길이가 $2\sqrt{3}$인 구이므로 구하는 도형의 부피는

$\frac{4}{3}\pi\times(2\sqrt{3})^3=32\sqrt{3}\pi$

10 점 A의 좌표를 (x_1, y_1, z_1)이라 하면 점 A는 구 $x^2+y^2+z^2=4$ 위의 점이므로

$x_1^2+y_1^2+z_1^2=4$ …… ㉠

선분 AB의 중점의 좌표를 (x, y, z)라 하면

$x=\frac{x_1+4}{2}$, $y=\frac{y_1-3}{2}$, $z=\frac{z_1+3}{2}$

$\therefore x_1=2x-4$, $y_1=2y+3$, $z_1=2z-3$

이를 ㉠에 대입하면

$(2x-4)^2+(2y+3)^2+(2z-3)^2=4$

$\therefore (x-2)^2+\left(y+\frac{3}{2}\right)^2+\left(z-\frac{3}{2}\right)^2=1$

따라서 $a=2$, $b=-\frac{3}{2}$, $c=\frac{3}{2}$, $r=1$이므로

$a+b+c+r=3$

11 $x^2+y^2+z^2+6x-4y+2kz+k=0$을 변형하면

$(x+3)^2+(y-2)^2+(z+k)^2=k^2-k+13$

이 구가 xy평면에 접하므로

$\sqrt{k^2-k+13}=|-k|$

$k^2-k+13=k^2 \quad \therefore k=13$

12 구가 x축, y축, z축에 동시에 접하므로 구의 중심 (a, b, c)에서 x축, y축, z축에 이르는 거리는 모두 구의 반지름의 길이와 같다.

즉, $|a|=|b|=|c|$이므로 $a^2=b^2=c^2$

구의 중심에서 x축에 내린 수선의 발의 좌표는 $(a, 0, 0)$

구의 반지름의 길이가 6이므로

$\sqrt{b^2+c^2}=6$, $2b^2=36 \quad \therefore b^2=18$

$\therefore a^2+b^2+c^2=3b^2=54$

13 $x^2+y^2+z^2-2ax+4by-2z+9=0$을 변형하면

$(x-a)^2+(y+2b)^2+(z-1)^2=a^2+4b^2-8$

이 구가 yz평면에 접하므로

$\sqrt{a^2+4b^2-8}=|a|$

$a^2+4b^2-8=a^2$, $b^2=2 \quad \therefore b=\sqrt{2}\ (\because b>0)$

또 이 구가 zx평면에 접하므로

$\sqrt{a^2+4b^2-8}=|-2b|$

$a^2+4b^2-8=4b^2$, $a^2=8 \quad \therefore a=2\sqrt{2}\ (\because a>0)$

$\therefore ab=4$

14 구가 xy평면, yz평면, zx평면에 동시에 접하고 점 $(2, 1, -1)$을 지나므로 반지름의 길이를 r라 하면 구의 방정식은

$(x-r)^2+(y-r)^2+(z+r)^2=r^2$

이 구가 점 $(2, 1, -1)$을 지나므로

$(2-r)^2+(1-r)^2+(-1+r)^2=r^2$

$r^2-4r+3=0$, $(r-1)(r-3)=0$

$\therefore r=1$ 또는 $r=3$

따라서 두 구의 반지름의 길이의 합은

$1+3=4$

15 주어진 구의 방정식에 $x=0$, $z=0$을 대입하면

$y^2+6y+8=0$, $(y+4)(y+2)=0$

$\therefore y=-4$ 또는 $y=-2$

따라서 두 교점의 좌표는 $(0, -4, 0)$, $(0, -2, 0)$이므로

$\overline{AB}=|-2-(-4)|=2$

다른 풀이

$x^2+y^2+z^2-4x+6y-4z+8=0$을 변형하면

$(x-2)^2+(y+3)^2+(z-2)^2=9$

오른쪽 그림과 같이 구의 중심을 C라 하고 점 C$(2, -3, 2)$에서 y축에 내린 수선의 발을 H라 하면

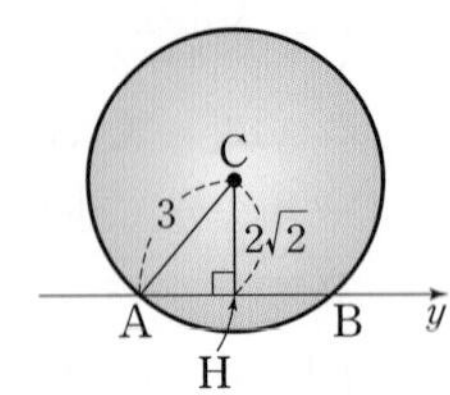

H$(0, -3, 0)$

$\therefore \overline{CH}=\sqrt{(-2)^2+(-2)^2}$

$=2\sqrt{2}$

따라서 직각삼각형 CAH에서

$\overline{AH}=\sqrt{3^2-(2\sqrt{2})^2}=1$

$\therefore \overline{AB}=2\overline{AH}=2\times1=2$

16 구의 중심은 선분 AB의 중점과 같으므로 구의 중심의 좌표는

$\left(\frac{4-8}{2}, \frac{-5+1}{2}, \frac{7+1}{2}\right)$ $\therefore (-2, -2, 4)$

또 구의 반지름의 길이는

$\frac{1}{2}\overline{AB}=\frac{1}{2}\sqrt{(-8-4)^2+(1+5)^2+(1-7)^2}=3\sqrt{6}$

즉, 구의 방정식은

$(x+2)^2+(y+2)^2+(z-4)^2=54$

이 방정식에 $y=0$, $z=0$을 대입하여 정리하면

$(x+2)^2=34$ $\therefore x=-2\pm\sqrt{34}$

따라서 주어진 구와 x축의 두 교점의 좌표는

$(-2-\sqrt{34}, 0, 0)$, $(-2+\sqrt{34}, 0, 0)$

이므로 두 점 사이의 거리는

$|(-2+\sqrt{34})-(-2-\sqrt{34})|=2\sqrt{34}$

17 주어진 구의 방정식에 $x=0$, $y=0$을 대입하여 정리하면

$z^2+8z+26-r^2=0$ ······ ㉠

주어진 구와 z축이 만나는 두 점 사이의 거리가 2이므로 z에 대한 이차방정식 ㉠의 두 근의 차가 2이다.

따라서 ㉠의 두 근을 α, $\alpha+2$라 하면 이차방정식의 근과 계수의 관계에 의하여

$\alpha+(\alpha+2)=-8$, $\alpha(\alpha+2)=26-r^2$

$\therefore \alpha=-5$, $r=\sqrt{11}$ ($\because r>0$)

18 주어진 구의 방정식에 $y=0$, $z=0$을 대입하면

$x^2+2x-3=0$, $(x+3)(x-1)=0$

$\therefore x=-3$ 또는 $x=1$

따라서 주어진 구와 x축의 두 교점의 좌표는 $(-3, 0, 0)$, $(1, 0, 0)$이므로

$\overline{AB}=|1-(-3)|=4$

이때 두 점 A, B는 구 위의 점이므로 두 선분 AC, BC의 길이는 모두 구의 반지름의 길이와 같다.

$x^2+y^2+z^2+2x+2y-4z-3=0$을 변형하면

$(x+1)^2+(y+1)^2+(z-2)^2=9$

$\therefore \overline{AC}=\overline{BC}=3$

따라서 삼각형 ABC의 둘레의 길이는

$\overline{AB}+\overline{BC}+\overline{CA}=4+3+3=10$

19 주어진 구의 방정식에 $z=0$을 대입하여 정리하면

$(x-3)^2+(y+2)^2=4$

따라서 주어진 구와 xy평면이 만나서 생기는 도형은 반지름의 길이가 2인 원이므로 구하는 도형의 둘레의 길이는

$2\pi\times2=4\pi$

다른 풀이

오른쪽 그림과 같이 구의 중심을 C, 점 C에서 xy평면에 내린 수선의 발을 H, 구와 xy평면이 만나서 생기는 원 위의 한 점을 P라 하면

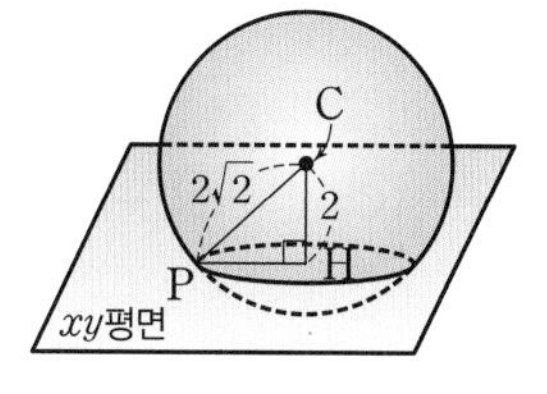

$\overline{CP}=2\sqrt{2}$, $\overline{CH}=2$

직각삼각형 CPH에서

$\overline{PH}=\sqrt{(2\sqrt{2})^2-2^2}=2$

따라서 주어진 구와 xy평면이 만나서 생기는 도형은 반지름의 길이가 2인 원이므로 구하는 도형의 둘레의 길이는

$2\pi\times2=4\pi$

20 주어진 구의 방정식에 $x=0$을 대입하면

$y^2+z^2+2y-4z+k=0$

$\therefore (y+1)^2+(z-2)^2=5-k$

이때 주어진 구와 yz평면이 만나서 생기는 원의 반지름의 길이가 1이므로

$\sqrt{5-k}=1$, $5-k=1$ $\therefore k=4$

21 구의 중심의 좌표를 (a, b, c)라 하면 구의 방정식은

$(x-a)^2+(y-b)^2+(z-c)^2=20$

이 방정식에 $y=0$을 대입하여 정리하면

$(x-a)^2+(z-c)^2=20-b^2$

이 식이 $(x-2)^2+z^2=4$와 일치하므로

$a=2$, $c=0$, $20-b^2=4$

$20-b^2=4$에서 $b^2=16$ $\therefore b=\pm4$

따라서 두 구의 중심의 좌표는 $(2, -4, 0)$, $(2, 4, 0)$이므로 두 구의 중심 사이의 거리는 $|4-(-4)|=8$

22 원기둥의 한 밑면의 둘레는 구와 yz평면이 만나서 생기는 원과 같다.

주어진 구의 방정식에 $x=0$을 대입하면

$y^2+z^2-4y+2z-2=0$

$\therefore (y-2)^2+(z+1)^2=7$ ······ ㉠

즉, 원기둥의 밑면인 원의 반지름의 길이는 $\sqrt{7}$이다.

또 $x^2+y^2+z^2+6x-4y+2z-2=0$을 변형하면

$(x+3)^2+(y-2)^2+(z+1)^2=16$

구의 중심을 $C(-3, 2, -1)$, 점 C에서 yz평면에 내린 수선의 발을 H라 하면 점 H는 원 ㉠의 중심이므로

$H(0, 2, -1)$ $\therefore \overline{CH}=3$

따라서 원기둥의 높이는 $2\overline{CH}=6$이므로 구하는 원기둥의 부피는 $\pi\times(\sqrt{7})^2\times6=42\pi$

23 $x^2+y^2+z^2+4y-2z-6=0$을 변형하면

$x^2+(y+2)^2+(z-1)^2=11$

이 구의 중심을 C라 하면 C$(0,\ -2,\ 1)$이므로

$\overline{AC}=\sqrt{(-1)^2+(-2-3)^2+(1-2)^2}=3\sqrt{3}$

오른쪽 그림과 같이 점 A에서 구에 그은 접선의 접점을 P라 하면 $\overline{CP}=\sqrt{11}$

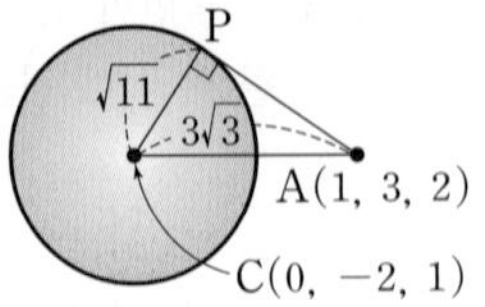

따라서 직각삼각형 APC에서

$\overline{AP}=\sqrt{(3\sqrt{3})^2-(\sqrt{11})^2}=4$

24 $\overline{AC}=\sqrt{(-2-3)^2+(3-5)^2+2^2}=\sqrt{33}$

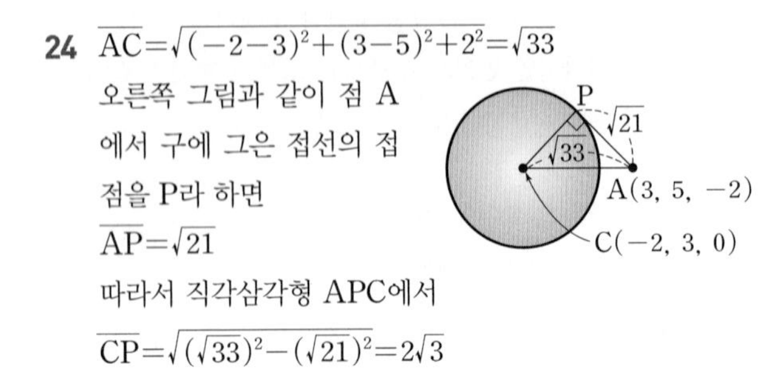

오른쪽 그림과 같이 점 A에서 구에 그은 접선의 접점을 P라 하면

$\overline{AP}=\sqrt{21}$

따라서 직각삼각형 APC에서

$\overline{CP}=\sqrt{(\sqrt{33})^2-(\sqrt{21})^2}=2\sqrt{3}$

25 $x^2+y^2+z^2-2x+2z-k=0$에서

$(x-1)^2+y^2+(z+1)^2=2+k$

이 구의 중심을 C라 하면 C$(1,\ 0,\ -1)$이므로

$\overline{AC}=\sqrt{(1-4)^2+3^2+(-1+5)^2}=\sqrt{34}$

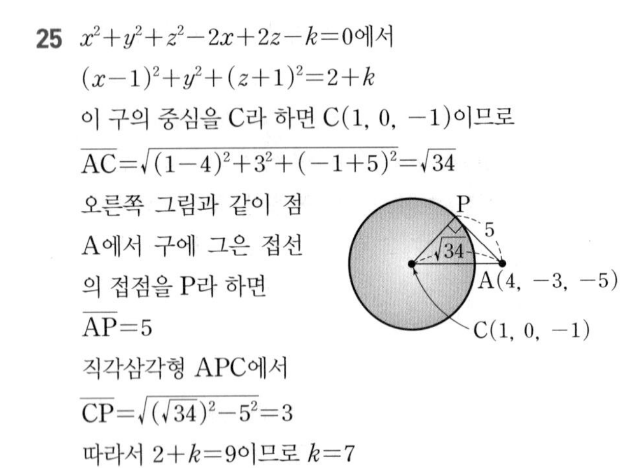

오른쪽 그림과 같이 점 A에서 구에 그은 접선의 접점을 P라 하면

$\overline{AP}=5$

직각삼각형 APC에서

$\overline{CP}=\sqrt{(\sqrt{34})^2-5^2}=3$

따라서 $2+k=9$이므로 $k=7$

26 주어진 구의 중심을 C라 하면 C$(3,\ 3,\ 0)$이므로

$\overline{AC}=\sqrt{3^2+(3+1)^2+(\sqrt{7})^2}=4\sqrt{2}$

오른쪽 그림과 같이 점 A에서 구에 그은 접선의 접점을 P라 하면

$\overline{CP}=2\sqrt{2}$

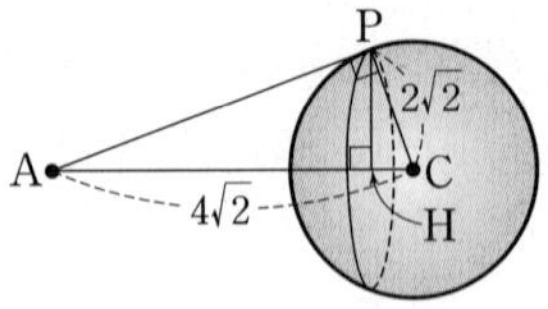

직각삼각형 ACP에서

$\overline{AP}=\sqrt{(4\sqrt{2})^2-(2\sqrt{2})^2}=2\sqrt{6}$

직각삼각형 ACP의 꼭짓점 P에서 변 AC에 내린 수선의 발을 H라 하면 삼각형 ACP의 넓이에서

$\frac{1}{2}\times 2\sqrt{2}\times 2\sqrt{6}=\frac{1}{2}\times 4\sqrt{2}\times\overline{PH}$

$\therefore\ \overline{PH}=\sqrt{6}$

따라서 접점이 나타내는 도형은 중심이 점 H이고 반지름의 길이가 $\sqrt{6}$인 원이므로 구하는 도형의 넓이는

$\pi\times(\sqrt{6})^2=6\pi$

27 구의 중심을 C라 하면 C$(-1,\ -2,\ 1)$이므로

$\overline{AC}=\sqrt{(-1-1)^2+(-2-2)^2+(1+1)^2}=2\sqrt{6}$

오른쪽 그림과 같이 직선 AC가 구와 만나는 두 점을 각각 P, Q라 하면 $\overline{CP}=\overline{CQ}=1$이므로

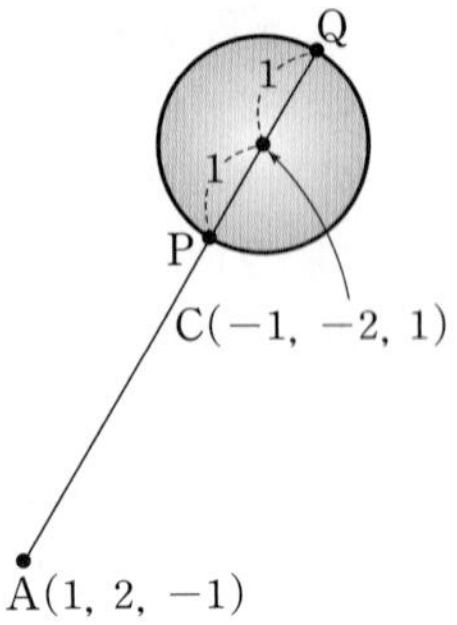

$M=\overline{AQ}=\overline{AC}+\overline{CQ}$

$=2\sqrt{6}+1$

$m=\overline{AP}=\overline{AC}-\overline{CP}$

$=2\sqrt{6}-1$

$\therefore\ Mm=24-1=23$

28 구 $x^2+y^2+z^2=1$의 중심의 좌표는 $(0,\ 0,\ 0)$이고 반지름의 길이는 1이다.

$x^2+y^2+z^2+10x-6y+8z+34=0$을 변형하면

$(x+5)^2+(y-3)^2+(z+4)^2=16$

이므로 이 구의 중심의 좌표는 $(-5,\ 3,\ -4)$이고 반지름의 길이는 4이다.

두 구의 중심 사이의 거리는

$\sqrt{(-5)^2+3^2+(-4)^2}=5\sqrt{2}$

두 점 P, Q의 위치가 오른쪽 그림과 같을 때 두 점 P, Q 사이의 거리가 최소이므로 구하는 최솟값은

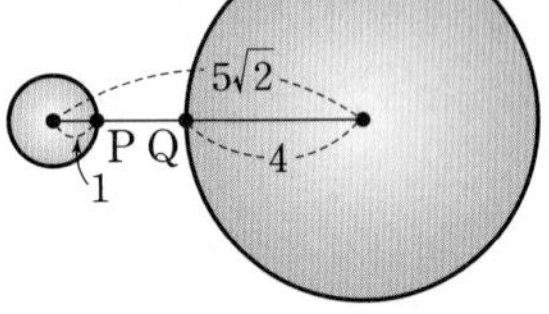

$5\sqrt{2}-(1+4)=5\sqrt{2}-5$

29 $x^2+y^2+z^2+4x+2y-4z+8=0$을 변형하면

$(x+2)^2+(y+1)^2+(z-2)^2=1$

이 구의 중심을 C라 하면 C$(-2,\ -1,\ 2)$이고 반지름의 길이는 1이다.

원점 O에 대하여 $\overline{OP}^2=x^2+y^2+z^2$

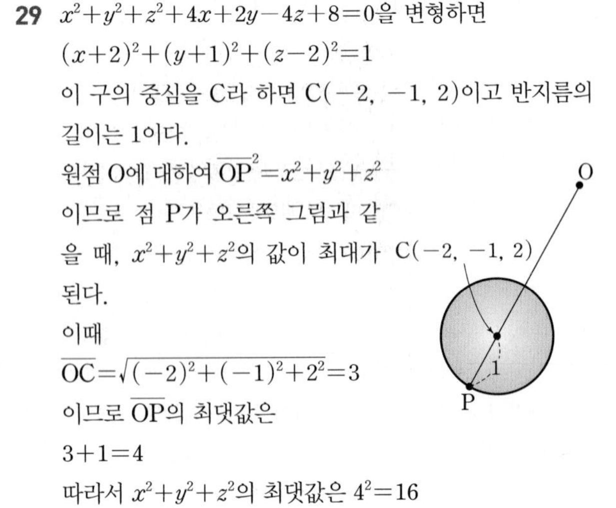

이므로 점 P가 오른쪽 그림과 같을 때, $x^2+y^2+z^2$의 값이 최대가 된다.

이때

$\overline{OC}=\sqrt{(-2)^2+(-1)^2+2^2}=3$

이므로 $\overline{OP}$의 최댓값은

$3+1=4$

따라서 $x^2+y^2+z^2$의 최댓값은 $4^2=16$